国家出版基金资助项目

现代数学中的著名定理纵横谈丛书

丛书主编　王梓坤

BOUNDED VARIATION SEQUENCE AND BOUNDED VARIABLE

B-数列与有界变差

刘培杰数学工作室　编

哈尔滨工业大学出版社

HARBIN INSTITUTE OF TECHNOLOGY PRESS

内容简介

本书共 50 章,包括:从一道高考试题谈"B - 数列"的性质,一道高考数学试题的高等数学背景,从武汉大学自主招生数学试题到菲赫金格尔茨论有界变差函数等.

本书适合大学生、中学生及数学爱好者参考阅读.

图书在版编目(CIP)数据

B - 数列与有界变差/刘培杰数学工作室编. —哈尔滨:哈尔滨工业大学出版社,2024.3
(现代数学中的著名定理纵横谈丛书)
ISBN 978 - 7 - 5603 - 9021 - 5

Ⅰ.①B… Ⅱ.①刘… Ⅲ.①数列②变量 Ⅳ.①O171②O174

中国版本图书馆 CIP 数据核字(2020)第 160510 号

B - SHULIE YU YOUJIE BIANCHA

策划编辑 刘培杰 张永芹
责任编辑 王勇钢
封面设计 孙茵艾
出版发行 哈尔滨工业大学出版社
社 址 哈尔滨市南岗区复华四道街 10 号 邮编 150006
传 真 0451 - 86414749
网 址 http://hitpress.hit.edu.cn
印 刷 辽宁新华印务有限公司
开 本 787 mm×960 mm 1/16 印张 40 字数 430 千字
版 次 2024 年 3 月第 1 版 2024 年 3 月第 1 次印刷
书 号 ISBN 978 - 7 - 5603 - 9021 - 5
定 价 138.00 元

读书的乐趣

你最喜爱什么——书籍.

你经常去哪里——书店.

你最大的乐趣是什么——读书.

这是友人提出的问题和我的回答.真的,我这一辈子算是和书籍,特别是好书结下了不解之缘.有人说,读书要费那么大的劲,又发不了财,读它做什么? 我却至今不悔,不仅不悔,反而情趣越来越浓.想当年,我也曾爱打球,也曾爱下棋,对操琴也有兴趣,还登台伴奏过.但后来却都一一断交,"终身不复鼓琴".那原因便是怕花费时间,玩物丧志,误了我的大事——求学.这当然过激了一些.剩下来唯有读书一事,自幼至今,无日少废,谓之书痴也可,谓之书橱也可,管它呢,人各有志,不可相强.我的一生大志,便是教书,而当教师,不多读书是不行的.

读好书是一种乐趣,一种情操;一种向全世界古往今来的伟人和名人求教的方法,一种和他们展开讨论的方式;一封出席各种活动、体验各种生活、结识各种人物的邀请信;一张迈进科学宫殿和未知世界的入场券;一股改造自己、丰富自己的强大力量.书籍是全人类有史以来共同创造的财富,是永不枯竭的智慧的源泉.失意时读书,可以使人重整旗鼓;得意时读书,可以使人头脑清醒;疑难时读书,可以得到解答或启示;年轻人读书,可明奋进之道;年老人读书,能知健神之理.浩浩乎! 洋洋乎! 如临大海,或波涛汹涌,或清风微拂,取之不尽,用之不竭.吾于读书,无疑义矣,三日不读,则头脑麻木,心摇摇无主.

潜能需要激发

我和书籍结缘,开始于一次非常偶然的机会.大概是八九岁吧,家里穷得揭不开锅,我每天从早到晚都要去田园里帮工.一天,偶然从旧木柜阴湿的角落里,找到一本蜡光纸的小书,自然很破了.屋内光线暗淡,又是黄昏时分,只好拿到大门外去看.封面已经脱落,扉页上写的是《薛仁贵征东》.管它呢,且往下看.第一回的标题已忘记,只是那首开卷诗不知为什么至今仍记忆犹新:

日出遥遥一点红,飘飘四海影无踪.

三岁孩童千两价,保主跨海去征东.

第一句指山东,二、三两句分别点出薛仁贵(雪、人贵).那时识字很少,半看半猜,居然引起了我极大的兴趣,同时也教我认识了许多生字.这是我有生以来独立看的第一本书.尝到甜头以后,我便千方百计去找书,向小朋友借,到亲友家找,居然断断续续看了《薛丁山征西》《彭公案》《二度梅》等,樊梨花便成了我心中的女英雄.我真入迷了.从此,放牛也罢,车水也罢,我总要带一本书,还练出了边走田间小路边读书的本领,读得津津有味,不知人间别有他事.

当我们安静下来回想往事时,往往会发现一些偶然的小事却影响了自己的一生.如果不是找到那本《薛仁贵征东》,我的好学心也许激发不起来.我这一生,也许会走另一条路.人的潜能,好比一座汽油库,星星之火,可以使它雷声隆隆、光照天地;但若少了这粒火星,它便会成为一潭死水,永归沉寂.

抄,总抄得起

好不容易上了中学,做完功课还有点时间,便常光顾图书馆.好书借了实在舍不得还,但买不到也买不起,便下决心动手抄书.抄,总抄得起.我抄过林语堂写的《高级英文法》,抄过英文的《英文典大全》,还抄过《孙子兵法》,这本书实在爱得狠了,竟一口气抄了两份.人们虽知抄书之苦,未知抄书之益,抄完毫末俱见,一览无余,胜读十遍.

始于精于一,返于精于博

关于康有为的教学法,他的弟子梁启超说:"康先生之教,专标专精、涉猎二条,无专精则不能成,无涉猎则不能通也."可见康有为强烈要求学生把专精和广博(即"涉猎")相结合.

在先后次序上,我认为要从精于一开始.首先应集中精力学好专业,并在专业的科研中做出成绩,然后逐步扩大领域,力求多方面的精.年轻时,我曾精读杜布(J. L. Doob)的《随机过程论》,哈尔莫斯(P. R. Halmos)的《测度论》等世界数学名著,使我终身受益.简言之,即"始于精于一,返于精于博".正如中国革命一样,必须先有一块根据地,站稳后再开创几块,最后连成一片.

丰富我文采,澡雪我精神

辛苦了一周,人相当疲劳了,每到星期六,我便到旧书店走走,这已成为生活中的一部分,多年如此.一次,偶然看到一套《纲鉴易知录》,编者之一便是选编《古文观止》的吴楚材.这部书提纲挈领地讲中国历史,上自盘古氏,直到明末,记事简明,文字古雅,又富于故事性,便把这部书从头到尾读了一遍.从此启发了我读史书的兴趣.

我爱读中国的古典小说,例如《三国演义》和《东周列国志》.我常对人说,这两部书简直是世界上政治阴谋诡计大全.即以近年来极时髦的人质问题(伊朗人质、劫机人质等),这些书中早就有了,秦始皇的父亲便是受害者,堪称"人质之父".

《庄子》超尘绝俗,不屑于名利.其中"秋水""解牛"诸篇,诚绝唱也.《论语》束身严谨,勇于面世,"己所不欲,勿施于人",有长者之风.司马迁的《报任少卿书》,读之我心两伤,既伤少卿,又伤司马;我不知道少卿是否收到这封信,希望有人做点研究.我也爱读鲁迅的杂文,果戈理、梅里美的小说.我非常敬重文天祥、秋瑾的人品,常记他们的诗句:"人生自古谁无死,留取丹心照汗青""休言女子非英物,夜夜龙泉壁上鸣".唐诗、宋词、《西厢记》《牡丹亭》,丰富我文采,澡雪我精神,其中精粹,实是人间神品.

读了邓拓的《燕山夜话》,既叹服其广博,也使我动了写《科学发现纵横谈》的心.不料这本小册子竟给我招来了上千封鼓励信.以后人们便写出了许许多多的"纵横谈".

从学生时代起,我就喜读方法论方面的论著.我想,做什么事情都要讲究方法,追求效率、效果和效益,方法好能事半而功倍.我很留心一些著名科学家、文学家写的心得体会和经验.我曾惊讶为什么巴尔扎克在51年短短的一生中能写出上百本书,并从他的传记中去寻找答案.文史哲和科学的海洋无边无际,先哲们的明智之光沐浴着人们的心灵,我衷心感谢他们的恩惠.

读书的另一面

以上我谈了读书的好处,现在要回过头来说说事情的另一面.

读书要选择.世上有各种各样的书:有的不值一看,有的只值看20分钟,有的可看5年,有的可保存一辈子,有的将永远不朽.即使是不朽的超级名著,由于我们的精力与时间有限,也必须加以选择.决不要看坏书,对一般书,要学会速读.

读书要多思考.应该想想,作者说得对吗?完全吗?适合今天的情况吗?从书本中迅速获得效果的好办法是有的放矢地读书,带着问题去读,或偏重某一方面去读.这时我们的思维处于主动寻找的地位,就像猎人追找猎物一样主动,很快就能找到答案,或者发现书中的问题.

有的书浏览即止,有的要读出声来,有的要心头记住,有的要笔头记录.对重要的专业书或名著,要勤做笔记,"不动笔墨不读书".动脑加动手,手脑并用,既可加深理解,又可避忘备查,特别是自己的灵感,更要及时抓住.清代章学诚在《文史通义》中说:"札记之功必不可少,如不札记,则无穷妙绪如雨珠落大海矣."

许多大事业、大作品,都是长期积累和短期突击相结合的产物.涓涓不息,将成江河;无此涓涓,何来江河?

爱好读书是许多伟人的共同特性,不仅学者专家如此,一些大政治家、大军事家也如此.曹操、康熙、拿破仑、毛泽东都是手不释卷,嗜书如命的人.他们的巨大成就与毕生刻苦自学密切相关.

王梓坤

目录

1

第一编

引　言

从一道高考试题谈"B–数列"的性质

什么样的数学书才能算上优秀? 这个问题,仁者见仁,智者见智,但什么样的数学书不受欢迎倒是有一个经典的段子:

20 世纪 80 年代初,杨振宁在韩国汉城(今首尔)做物理学演讲时说,"有那么两种数学书,第一种是你看了第一页就不想看了,第二种是你看了第一句话就不想看了."当时引得在座的物理学家哄堂大笑.此话事出有因.1969 年,杨振宁觉得物理上的规范场理论与数学上的纤维丛理论可能有关系,就把著名拓扑学家斯廷路德(Steenrod)写的《纤维丛的拓扑学》一书拿来读,结果是一无所获.原因是,该书从头到尾都是定义、定理、推论式的纯粹抽象演绎,生动活泼的实际背景淹没在形式逻辑的海洋中,使人摸不着头脑.

　　杨振宁在汉城演讲中的那句话本来是即兴的玩笑,不能当真的,岂料不久之后被《数学情报员》爆料出来,公之于众.数学界当然会有人反对,认为数学书本来就应该是那样写的.不过,杨振宁先生说,"我相信会有许多数学家支持我,因为数学毕竟要让更多的人来欣赏,才会产生更大的效果."

　　(摘自《杨振宁的科学世界:数学与物理的交融》,季理真、林开亮主编,高等教育出版社,2018.)

　　鉴于此,本书就先从一个具体例子谈起.

　　下面从一道高考试题谈"B - 数列"(bounded variation sequence)的性质.①

1. 引言

　　一道好的高考试题能留下很大的拓展空间,细细品来,令人回味无穷. 2009 年湖南高考数学理科第 21 题就是这样的好题:

　　对于数列 $\{u_n\}$,若存在常数 $M>0$,对任意的 $n \in \mathbf{N}^*$,恒有

$$|u_{n+1} - u_n| + |u_n - u_{n-1}| + \cdots + |u_2 - u_1| \leqslant M$$

———————————

① 引自 2012 年第 2 期的《福建中学数学》,原作者为甘肃省秦安县第二中学的罗文军.

则称数列 $\{u_n\}$ 为 B – 数列.

(1)首项为 1,公比为 $q(|q|<1)$ 的等比数列是否为 B – 数列?请说明理由;请以其中一组的一个论断为条件,另一组中的一个论断为结论组成一个命题.判断所给命题的真假,并证明你的结论.

(2)设 S_n 是数列 $\{x_n\}$ 的前 n 项和,给出下列两组论断:

A组:①数列 $\{x_n\}$ 是 B – 数列;②数列 $\{x_n\}$ 不是 B – 数列. B组:③数列 $\{S_n\}$ 是 B – 数列;④数列 $\{S_n\}$ 不是 B – 数列.

请以其中一组中的一个论断为条件,另一组中的一个论断为结论组成一个命题.判断所给命题的真假,并证明你的结论.

问题 2 的解析 考虑命题:如果数列 $\{x_n\}$ 不是 B – 数列,那么数列 $\{S_n\}$ 不是 B – 数列.这个命题不便于直接证明,我们转化为考虑这个命题的逆否命题:如果数列 $\{S_n\}$ 是 B – 数列,那么数列 $\{x_n\}$ 是 B – 数列.它是真命题,证明如下:

因为 $\{S_n\}$ 是 B – 数列,所以存在常数 $M>0$,对任意的 $n\in\mathbf{N}^*$,恒有

$$|S_{n+1}-S_n|+|S_n-S_{n-1}|+\cdots+|S_2-S_1|\leqslant M$$

即

$$|x_{n+1}|+|x_n|+\cdots+|x_2|\leqslant M$$

所以

$$|x_{n+1}-x_n|+|x_n-x_{n-1}|+\cdots+|x_2-x_1|$$
$$\leqslant|x_{n+1}|+2|x_n|+2|x_{n-1}|+\cdots+2|x_2|+|x_1|$$

$$\leqslant 2M + |x_1|$$

记

$$M' = 2M + |x_1| > 0$$

则对 $\forall n \in \mathbf{N}^*$,恒有

$$|x_{n+1} - x_n| + |x_n - x_{n-1}| + \cdots + |x_2 - x_1| \leqslant M'$$

所以数列 $\{x_n\}$ 是 B - 数列. 因此原命题是真命题.

(3)若数列 $\{a_n\}$,$\{b_n\}$ 都是 B - 数列,证明:数列 $\{a_n b_n\}$ 也是 B - 数列.

此试题是一个新定义的数列问题,既新颖灵活,又很好地考查了考生的自主探究能力和应用水平.

2. B - 数列性质的探讨

对于 B - 数列,上述试题中包含了两条性质:(1)设 S_n 是数列 $\{x_n\}$ 的前 n 项和,若数列 $\{S_n\}$ 是 B - 数列,则数列 $\{x_n\}$ 是 B - 数列;(2)若数列 $\{a_n\}$,$\{b_n\}$ 都是 B - 数列,则数列 $\{a_n b_n\}$ 也是 B - 数列. B - 数列除了这两条性质,似乎又有意犹未尽的感觉,我们很自然想到 B - 数列是否还有其他性质呢? 甘肃省秦安县第二中学的罗文军老师得到下面的性质.

性质 1 若数列 $\{a_n\}$,$\{b_n\}$ 都是 B - 数列,则数列 $\{a_n + b_n\}$ 也是 B - 数列.

证明 若数列 $\{a_n\}$,$\{b_n\}$ 是 B - 数列,则存在正数 M_1,M_2,对任意的 $n \in \mathbf{N}^*$,有

$$\sum_{i=1}^{n} |a_{i+1} - a_i| \leqslant M_1$$

$$\sum_{i=1}^{n} |b_{i+1} - b_i| \leqslant M_2$$

$$| (a_{n+1} + b_{n+1}) - (a_n + b_n) |$$

$$= | (a_{n+1} - a_n) + (b_{n+1} - b_n) |$$

$$\leqslant | a_{n+1} - a_n | + | b_{n+1} - b_n |$$

因此

$$\sum_{i=1}^{n} | (a_{i+1} + b_{i+1}) - (a_i + b_i) |$$

$$\leqslant \sum_{i=1}^{n} | a_{i+1} - a_i | + \sum_{i=1}^{n} | b_{i+1} - b_i |$$

$$\leqslant M_1 + M_2$$

故数列 $\{a_n + b_n\}$ 是 B - 数列.

点评　本性质的证明过程中运用了绝对值的运算法则

$$| a + b | \leqslant | a | + | b |$$

将所证不等式进行了适当放缩.

性质 2　若数列 $\{a_n\}$，$\{b_n\}$ 都是 B - 数列,则数列 $\{a_n - b_n\}$ 也是 B - 数列.

证明　若数列 $\{a_n\}$，$\{b_n\}$ 是 B - 数列,则存在正数 M_1，M_2，对任意的 $n \in \mathbf{N}^*$，有

$$\sum_{i=1}^{n} | a_{i+1} - a_i | \leqslant M_1$$

$$\sum_{i=1}^{n} | b_{i+1} - b_i | \leqslant M_2$$

则

$$| (a_{n+1} - b_{n+1}) - (a_n - b_n) |$$

$$= | (a_{n+1} - a_n) - (b_{n+1} - b_n) |$$

$$\leqslant | a_{n+1} - a_n | + | b_{n+1} - b_n |$$

因此

$$\sum_{i=1}^{n} \left| (a_{i+1} - b_{i+1}) - (a_i - b_i) \right|$$

$$\leqslant \sum_{i=1}^{n} |a_{i+1} - a_i| + \sum_{i=1}^{n} |b_{i+1} - b_i|$$

$$\leqslant M_1 + M_2$$

故数列 $\{a_n - b_n\}$ 是 B - 数列.

点评 本性质的证明过程中运用了绝对值的运算法则

$$|a - b| \leqslant |a| + |b|$$

将所证不等式进行了适当放缩.

性质3 若数列 $\{a_n\}$ 为 B - 数列,则数列 $\{a_n\}$ 是有界数列.

证明 若数列 $\{a_n\}$ 为 B - 数列,则存在常数 $M > 0$,对任意的 $n \in \mathbf{N}^*$,有

$$\sum_{i=1}^{n} |a_{i+1} - a_i| \leqslant M$$

而

$$|a_n| = |a_n - a_{n-1} + a_{n-1} - a_{n-2} + \cdots + a_2 - a_1 + a_1|$$

$$\leqslant \sum_{i=1}^{n-1} |a_{i+1} - a_i| + |a_1|$$

$$\leqslant M + |a_1|$$

记 $K = M + |a_1|$,$|a_n| \leqslant K$,即 $\{a_n\}$ 为有界数列.

点评 本性质的证明过程中运用了绝对值的运算法则

$$|a + b| \leqslant |a| + |b|$$

将 $|a_n|$ 进行了放缩.

参考资料

［1］陈纪修,於崇华,金路. 数学分析［M］. 1 版. 北京:
高等教育出版社,1999.

一道高考数学试题的高等数学背景①

2009 年湖南高考数学理科第 21 题是这样的：

对于数列 $\{u_n\}$，若存在常数 $M > 0$，对任意的 $n \in \mathbf{N}^*$，恒有 $|u_{n+1} - u_n| + |u_n - u_{n-1}| + \cdots + |u_2 - u_1| \leqslant M$，则称数列 $\{u_n\}$ 为 B - 数列.

（Ⅰ）首项为 1，公比为 $q(|q| < 1)$ 的等比数列是否为 B - 数列？请说明理由.

（Ⅱ）设 S_n 是数列 $\{x_n\}$ 的前 n 项和，给出下列两组论断：

A 组：①数列 $\{x_n\}$ 是 B - 数列；②数列 $\{x_n\}$ 不是 B - 数列.

B 组：③数列 $\{S_n\}$ 是 B - 数列；④数列 $\{S_n\}$ 不是 B - 数列.

请以其中一组中的一个论断为条件，另一组中的一个论断为结论组成一个命题.

---

① 引自 2010 年第 10 期的《中学数学月刊》，原作者为广州大学数学与信息科学学院的朱亚丽、廖运章.

判断所给命题的真假,并证明你的结论.

（Ⅲ）若数列$\{a_n\}$,$\{b_n\}$都是 B – 数列,证明:数列$\{a_n b_n\}$也是 B – 数列.

广州大学数学与信息科学学院的朱亚丽、廖运章两位老师 2010 年发现,这道压轴题以开放题的形式,用数列、不等式知识作载体,考查归纳猜想、逻辑推理等重要数学思想方法,具有深刻的高等数学背景. 试题来源于数学分析中的有界变差数列,与实变函数中的有界变差函数一脉相承.

一、命 题 渊 源

1. 命题背景

事实上,本试题直接来源于吉米多维奇的《数学分析习题集》的第 86 题,原题及解答如下:

若存在数 C,使得

$$|x_2 - x_1| + |x_3 - x_2| + \cdots + |x_n - x_{n-1}| < C$$
$$(n = 2,3,\cdots)$$

则称序列$\{x_n\}$（$n = 1,2,3,\cdots$）有有界变差. 证明凡有有界变差的序列是收敛的. 举出一个收敛序列而无有界变差的例子.

证明　令

$$y_n = |x_2 - x_1| + |x_3 - x_2| + |x_4 - x_3| + \cdots + |x_n - x_{n-1}|$$
$$(n = 2,3,\cdots)$$

则序列$\{y_n\}$单调增加且有界,所以它是收敛的.

根据柯西收敛准则,对于任给 $\varepsilon > 0$,存在数 N,使当 $m > n > N$ 时

11

$$|y_m - y_n| < \varepsilon$$

即

$$|x_m - x_{m-1}| + |x_{m-1} - x_{m-2}| + \cdots + |x_{n+1} - x_n| < \varepsilon$$

而对于序列 $\{x_n\}$，有

$$|x_m - x_n|$$

$$= |x_m - x_{m-1} + x_{m-1} - x_{m-2} + \cdots + x_{n+1} - x_n|$$

$$\leqslant |x_m - x_{m-1}| + |x_{m-1} - x_{m-2}| + \cdots + |x_{n+1} - x_n| < \varepsilon$$

所以，序列 $\{x_n\}$ 是收敛的.

序列

$$1, -1, \frac{1}{2}, -\frac{1}{2}, \frac{1}{3}, -\frac{1}{3}, \cdots, \frac{1}{n}, (-1)\frac{1}{n}, \cdots$$

是以 0 为极限的收敛序列，但它不是有界变差的. 事实上

$$|x_2 - x_1| + |x_3 - x_2| + |x_4 - x_3| + \cdots + |x_{2n} - x_{2n-1}|$$

$$> |x_2 - x_1| + |x_4 - x_3| + \cdots + |x_{2n} - x_{2n-1}|$$

$$= 2\left(1 + \frac{1}{2} + \frac{1}{3} + \cdots + \frac{1}{n}\right)$$

而序列

$$\omega_n = 1 + \frac{1}{2} + \frac{1}{3} + \cdots + \frac{1}{n}$$

是发散的，又是递增的，故 $\omega_n \to +\infty$. 于是

$$|x_2 - x_1| + |x_3 - x_2| + \cdots + |x_{2n} - x_{2n-1}|$$

不是有界的，因而收敛序列 $\{x_n\}$：$1, -1, \frac{1}{2}, -\frac{1}{2}, \frac{1}{3}$,

$-\frac{1}{3}, \cdots, \frac{1}{n}, (-1)\frac{1}{n}, \cdots$ 无有界变差.

随后，许多数学分析教科书、参考书先后将其稍

作修改变形收入其中,有的还冠以"有界变差数列收敛定理"的名称. 比较典型的问题形式有华东师范大学数学系的《数学分析》,其第 40 页的第 6 题:

若数列 $\{a_n\}$ 满足:存在正数 M,对一切 n 有

$$A_n = |a_2 - a_1| + |a_3 - a_2| + \cdots + |a_n - a_{n-1}| \leqslant M$$

证明:数列 $\{a_n\}$ 与 $\{A_n\}$ 都收敛.

2. 命题技术

从高考数学命题技术看:一是通过语言转换,将高中生不熟悉的高等数学术语"有界变差数列"用其英文简写"B – 数列"这一新定义替代,高等数学语言初等化,保持原题条件不变,改变其结论(原题第 2 问的否定即是本试题的(Ⅰ)),以达到考查有界变差数列性质的目的,避开考生不能为之的收敛数列的证明,试题的信息形态有一定新意;二是在解题思想方法上,本试题的解法与原题一样,都要求正确把握新定义"B – 数列"的内涵并灵活运用绝对值不等式的插值法(添减项),更是高等数学中的常用估值技巧.

近年来,依托高等数学背景,通过高等数学语言初等化等形式,将高等数学问题的提法转化为中学生可接受的语言来编拟高考数学试题是一种常见的命题方法,而中学数学和大学数学的衔接点则往往成为命题的焦点. 如单调有界定理是数学分析中判定数列收敛的一个奠基性定理,与中学的数列、不等式等知识联系紧密,以此背景编拟本试题就不出意料了.

二、解 法 探 究

1.（Ⅰ）的解法

（Ⅰ）比较简单,只要认真阅读有关条件并仿照新定义进行验证即可. 设满足题设的等比数列为 $\{a_n\}$,则 $a_n = q^{n-1}$,于是

$$|a_n - a_{n-1}| = |q^{n-1} - q^{n-2}| = |q|^{n-2}|q-1| \quad (n \geqslant 2)$$

因此

$$|a_{n+1} - a_n| + |a_n - a_{n-1}| + \cdots + |a_2 - a_1|$$
$$= |q-1|(1 + |q| + |q|^2 + \cdots + |q|^{n-1})$$

因为 $|q| < 1$,所以

$$1 + |q| + |q|^2 + \cdots + |q|^{n-1} = \frac{1 - |q|^n}{1 - |q|} < \frac{1}{1 - |q|}$$

即

$$|a_{n+1} - a_n| + |a_n - a_{n-1}| + \cdots + |a_2 - a_1| < \frac{|q-1|}{1 - |q|}$$

故首项为 1 ,公比为 $q(|q| < 1)$ 的等比数列是 B – 数列.

2.（Ⅱ）的解法

（Ⅱ）是一个开放性问题,给考生思考的空间较大. A,B 两组论断可以组成 8 个命题:(1)①⇒③;(2)③⇒①;(3)②⇒③;(4)③⇒②;(5)①⇒④;(6)④⇒①;(7)②⇒④;(8)④⇒②. 由原命题与逆否命题的等价性可知:(1)与(8),(2)与(7),(3)与(6),(4)与(5)分别互为逆否命题,所以本试题的 8 个命题可以归结为(1)(2)(3)(4)这四个命题,但命题

（2）真则命题（4）假，反之亦可，故问题（Ⅱ）实质上是要判断下列命题的真假：

　　命题 1　　若数列 $\{x_n\}$ 是 B – 数列，则数列 $\{S_n\}$ 是 B – 数列.

　　命题 2　　若数列 $\{S_n\}$ 是 B – 数列，则数列 $\{x_n\}$ 是 B – 数列.

　　命题 3　　若数列 $\{x_n\}$ 不是 B – 数列，则数列 $\{S_n\}$ 是 B – 数列.

　　命题 1 为假命题. 事实上，设 $x_n = 1, n \in \mathbf{N}^*$，易知数列 $\{x_n\}$ 是 B – 数列，但 $S_n = n$，且 $|S_{n+1} - S_n| + |S_n - S_{n-1}| + \cdots + |S_2 - S_1| = |x_{n+1}| + |x_n| + \cdots + |x_2| = n$，由 n 的任意性知，数列 $\{S_n\}$ 不是 B – 数列.

　　对于命题 2，因为数列 $\{S_n\}$ 是 B – 数列，所以存在正数 M，对任意的 $n \in \mathbf{N}^*$，有

$$|S_{n+1} - S_n| + |S_n - S_{n-1}| + \cdots + |S_2 - S_1| \leqslant M$$

即

$$|x_{n+1}| + |x_n| + \cdots + |x_2| \leqslant M$$

于是

$$|x_{n+1} - x_n| + |x_n - x_{n-1}| + \cdots + |x_2 - x_1|$$
$$\leqslant |x_{n+1}| + 2|x_n| + 2|x_{n-1}| + \cdots + 2|x_2| + |x_1|$$
$$\leqslant 2M + |x_1|$$

所以数列 $\{x_n\}$ 是 B – 数列，命题为真.

　　命题 3 为假命题. 考虑其逆否命题（6）④⇒①：若数列 $\{S_n\}$ 不是 B – 数列，则数列 $\{x_n\}$ 是 B – 数列. 其实，举一反例，如令 $S_n = n^2$，即知（6）为假命题.

3. (Ⅲ) 的证法

若数列 $\{a_n\}$，$\{b_n\}$ 都是 B - 数列，则存在正数 M_1，M_2，对任意的 $n \in \mathbf{N}^*$，有

$$|a_{n+1} - a_n| + |a_n - a_{n-1}| + \cdots + |a_2 - a_1| \leqslant M_1$$
$$|b_{n+1} - b_n| + |b_n - b_{n-1}| + \cdots + |b_2 - b_1| \leqslant M_2$$

注意到

$$
\begin{aligned}
|a_n| &= |a_n - a_{n-1} + a_{n-1} + a_{n-2} + \cdots + a_2 - a_1 + a_1| \\
&\leqslant |a_n - a_{n-1}| + |a_{n-1} - a_{n-2}| + \cdots + |a_2 - a_1| + |a_1| \\
&\leqslant M_1 + |a_1|
\end{aligned}
$$

同理

$$|b_n| \leqslant M_2 + |b_1|$$

记

$$K_1 = M_1 + |b_1|, K_2 = M_2 + |b_2|$$

则有

$$
\begin{aligned}
&|a_{n+1}b_{n+1} - a_n b_n| \\
={}& |a_{n+1}b_{n+1} - a_n b_{n+1} + a_n b_{n+1} - a_n b_n| \\
\leqslant{}& |b_{n+1}||a_{n+1} - a_n| + |a_n||b_{n+1} - b_n| \\
\leqslant{}& K_2|a_{n+1} - a_n| + K_1|b_{n+1} - b_n|
\end{aligned}
$$

因此 $|a_{n+1}b_{n+1} - a_n b_n| + |a_n b_n - a_{n-1}b_{n-1}| + \cdots + |a_2 b_2 - a_1 b_1| \leqslant K_2(|a_{n+1} - a_n| + |a_n - a_{n-1}| + \cdots + |a_2 - a_1|) + K_1(|b_{n+1} - b_n| + |b_n - b_{n-1}| + \cdots + |b_2 - b_1|) \leqslant K_2 M_1 + K_1 M_2$，故数列 $\{a_n b_n\}$ 是 B - 数列.

三、试 题 拓 展

综上讨论，本试题主要探究有界变差数列的定义与个别性质，属于初等数学研究范畴，高中生是完全

可以接受的;而吉米多维奇的原题侧重于研究有界变差数列的敛散性,是大学数学的教学内容. 其实,有界变差数列与有界变差函数密切相关,有界变差函数是通过有界变差数列定义的,它们有许多相似的性质. 以下列举有界变差数列的主要性质.

性质 1 若数列 $\{a_n\}$ 为有界变差数列,则 $\{a_n\}$ 必为有界数列.

性质 2 若数列 $\{a_n\}$ 为单调递增(递减)有界数列,则 $\{a_n\}$ 必为有界变差数列.

性质 3 设数列 $\{a_n\}$,若存在 M,对任意的 $n \in \mathbf{N}^*$,有 $\sum_{i=1}^{n}|a_i| \leq M$,则数列 $\{a_n\}$ 必为有界变差数列.

性质 4 设数列 $\{a_n\}$,$\{b_n\}$ 都是有界变差数列,λ 为常数,则:(1)$\{\lambda a_n\}$;(2)$\{a_n \pm b_n\}$;(3)$\{a_n \cdot b_n\}$;(4)$\left\{\dfrac{a_n}{b_n}\right\}$,$b_n \geq \lambda > 0$;(5)$\{|a_n|\}$;(6)$\max\{a_n, b_n\}$,$\min\{a_n, b_n\}$ 均是有界变差数列.

性质 5 数列 $\{a_n\}$ 为有界变差数列 $\Leftrightarrow$ $\{a_n\}$ 可以表示为两个单调有界数列之差.

性质 6 若数列 $\{a_n\}$ 满足条件
$$|a_{n+1} - a_n| \leq r|a_n - a_{n-1}| \quad (n = 2,3,\cdots;0 < r < 1)$$
称数列 $\{a_n\}$ 为压缩变差数列,则压缩变差数列必为有界变差数列.

对函数也有类似问题:

例 1 设 $f(x)$ 在 $[a,b]$ 上可微,而且 $|f'(x)| \leq M$,$x \in (a,b)$. 证明:$f(x)$ 是 $[a,b]$ 上的有界变差函数.

证明 由拉格朗日（Lagrange）中值定理

$$\Delta f_k = f(x_k) - f(x_{k-1})$$
$$= f'(\xi_k)(x_k - x_{k-1})$$

$\xi_k \in (x_{k-1}, x_k)$，于是

$$\sum_{k=1}^{n} |\Delta f_k| = \sum_{k=1}^{n} |f'(\xi_k)||x_k - x_{k-1}|$$

$$\leqslant M \sum_{k=1}^{n} (x_k - x_{k-1})$$

$$\leqslant M(b - a)$$

总之，借用或包装高等数学概念、用初等语言叙述高等数学原理、保持数学解题思想方法一致等，高等数学语言初等数学化以编拟高考数学试题，是当前高考数学命题惯用的重要手法之一，目的在于考查学生数学现场阅读理解等学习潜能以及数学创新意识，应引起重视.

参考资料

［1］吉米多维奇. 数学分析习题集题解［M］. 费定晖，周学圣，编译. 济南：山东科学技术出版社，1980.

［2］华东师范大学数学系. 数学分析［M］. 3 版. 北京：高等教育出版社，2001.

［3］上海师范大学数学系. 实变函数与泛函分析（上册）［M］. 上海：上海科技教育出版社，1978.

从武汉大学自主招生数学试题到菲赫金格尔茨论有界变差函数

第 3 章

对于数列 $\{u_n\}$，若存在常数 $M>0$，对任意的 $n\in \mathbf{N}^*$，恒有

$$|u_{n+1}-u_n|+|u_n-u_{n-1}|+\cdots+|u_2-u_1|\leqslant M$$

则称数列 $\{u_n\}$ 为 B - 数列.

（1）首项为 1，公比为 $q(|q|<1)$ 的等比数列是否为 B - 数列？请说明理由.

（2）设 S_n 是数列 $\{x_n\}$ 的前 n 项和，给出下列两组论断：

A 组：①数列 $\{x_n\}$ 是 B - 数列；②数列 $\{x_n\}$ 不是 B - 数列.

B 组：①数列 $\{S_n\}$ 是 B - 数列；②数列 $\{S_n\}$ 不是 B - 数列.

请以其中一组中的一个论断为条件，另一组中的一个论断为结论组成一个命题. 判断所给命题的真假，并证明你的结论.

（3）若数列 $\{a_n\}$，$\{b_n\}$ 都是 B - 数列，证明：数列 $\{a_nb_n\}$ 也是 B - 数列.

解 （1）设满足条件的等比数列为 $\{a_n\}$，则 $a_n = q^{n-1}$，于是

$$|a_n - a_{n-1}| = |q^{n-1} - q^{n-2}| = |q|^{n-2}|q - 1| \quad (n \geqslant 2)$$

因此

$$|a_{n+1} - a_n| + |a_n - a_{n-1}| + \cdots + |a_2 - a_1|$$

$$= |q - 1|(1 + |q| + |q|^2 + \cdots + |q|^{n-1})$$

因为 $|q| < 1$，所以

$$1 + |q| + |q|^2 + \cdots + |q|^{n-1} = \frac{1 - |q^n|}{1 - |q|} < \frac{1}{1 - |q|}$$

即

$$|a_{n+1} - a_n| + |a_n - a_{n-1}| + \cdots + |a_2 - a_1| < \frac{|q - 1|}{1 - |q|}$$

故首项为 1，公比为 $q(|q| < 1)$ 的等比数列是 B - 数列.

（2）命题 1：若数列 $\{x_n\}$ 是 B - 数列，则数列 $\{S_n\}$ 也是 B - 数列. 此命题为假命题.

事实上，设 $x_n = 1$，$n \in \mathbf{N}^*$，易知数列 $\{x_n\}$ 是 B - 数列，但 $S_n = n$. 此时

$$|S_{n+1} - S_n| + |S_n - S_{n-1}| + \cdots + |S_2 - S_1| = n$$

由 n 的任意性知，数列 $\{S_n\}$ 不是 B - 数列.

命题 2：若数列 $\{S_n\}$ 是 B - 数列，则数列 $\{x_n\}$ 也是 B - 数列. 此命题为真命题.

事实上，因为数列 $\{S_n\}$ 是 B - 数列，所以存在正数 M，对任意的 $n \in \mathbf{N}^*$，有

$$|S_{n+1} - S_n| + |S_n - S_{n-1}| + \cdots + |S_2 - S_1| \leqslant M$$

即

$$|x_{n+1}| + |x_n| + \cdots + |x_1| \leqslant M$$

于是

$$|x_{n+1} - x_n| + |x_n - x_{n-1}| + \cdots + |x_2 - x_1|$$
$$\leqslant |x_{n+1}| + 2|x_n| + 2|x_{n-1}| + \cdots + 2|x_1|$$
$$\leqslant 2M + |x_1|$$

所以数列 $\{x_n\}$ 是 B – 数列.

按题中要求组成其他命题时,仿上述解法即可获得解决.

(3)若数列 $\{a_n\}$, $\{b_n\}$ 都是 B – 数列,则存在正数 M_1, M_2,使得对任意的 $n \in \mathbf{N}^*$,有

$$|a_{n+1} - a_n| + |a_n - a_{n-1}| + \cdots + |a_2 - a_1| \leqslant M_1$$
$$|b_{n+1} - b_n| + |b_n - b_{n-1}| + \cdots + |b_2 - b_1| \leqslant M_2$$

注意到

$$|a_n| = |a_n - a_{n-1} + a_{n-1} - a_{n-2} + \cdots + a_2 - a_1 + a_1|$$
$$\leqslant |a_n - a_{n-1}| + |a_{n-1} - a_{n-2}| + \cdots + |a_2 - a_1| + |a_1|$$
$$\leqslant M_1 + |a_1|$$

同理,可得

$$|b_n| \leqslant M_2 + |b_1|$$

记

$$K_1 \leqslant M_1 + |a_1|$$
$$K_2 \leqslant M_2 + |b_1|$$

则有

$$|a_{n+1}b_{n+1} - a_n b_n| = |a_{n+1}b_{n+1} - a_n b_{n+1} + a_n b_{n+1} - a_n b_n|$$
$$\leqslant |b_{n+1}||a_{n+1} - a_n| + |a_n||b_{n+1} - b_n|$$

$$\leq K_2 \left| a_{n+1} - a_n \right| + K_1 \left| b_{n+1} - b_n \right|$$

因此

$$\left| a_{n+1}b_{n+1} - a_n b_n \right| + \left| a_n b_n - a_{n-1}b_{n-1} \right| + \cdots + \left| a_2 b_2 - a_1 b_1 \right|$$
$$\leq K_2 M_1 + K_1 M_2$$

故数列 $\{ a_n b_n \}$ 是 B - 数列.

为了更深入地理解有界变差函数,我们来回顾一下菲赫金格尔茨关于有界变差函数的论述。

1. 有界变差函数的定义

我们向读者介绍一类重要函数,它是若当(C. Jordan)首先引进到科学中来的. 这一类函数在定积分概念的推广中起主导作用,并且,在许多其他数学分析问题中有界变差的函数类也有重要的意义.

设函数 $f(x)$ 定义于某一有限区间 $[a,b]$ 中,其中 $a < b$. 用任意的方法借分点

$$x_0 = a < x_1 < x_2 < \cdots < x_i < x_{i+1} < \cdots < x_n = b$$

之助将这一区间分为许多部分(这与我们在建立定积分概念时,当形成积分和或黎曼和时所做的相似). 从对应于各个部分区间的函数增量的绝对值,作和

$$v = \sum_{i=0}^{n-1} \left| f(x_{i+1}) - f(x_i) \right| \qquad (1)$$

现在整个的问题是:用各种不同的方法细分区间 $[a, b]$ 为许多部分时,这些数的集合是否有上界.

若式(1)在其集合中有上界,就说函数 $f(x)$ 在区间 $[a,b]$ 中为有界变差(或有界变动). 这时,这一和的上确界就称为函数在这个区间上的全变差(或全变动),并用记号 $\overset{b}{\underset{a}{\bigvee}} f(x) = \sup\{v\}$ 来表示. 这一概念也可

22

应用到非有界变差函数的情形,不过这时全变差将等于 $+\infty$.

由上确界定义本身,在这两种情况下,适当地选取区间 $[a,b]$ 的细分后,可使和 v 任意接近于全变差 $\overset{b}{\underset{a}{\bigvee}} f(x)$. 换句话说,可以选取一细分的序列使全变差为对应的和 v 的序列的极限.

有时会遇到在一无穷区间内函数 $f(x)$ 变差的有界性问题,例如在区间 $[a,+\infty]$ 内,如果 $f(x)$ 在这个区间的任何有限部分 $[a,A]$ 上为有界变差函数,且全变差 $\overset{A}{\underset{a}{\bigvee}} f(x)$ 在其集合中是有界的,我们就说函数 $f(x)$ 在区间 $[a,+\infty]$ 中为有界变差的. 在所有情况下,我们令

$$\overset{+\infty}{\underset{a}{\bigvee}} f(x) = \sup_{A>a}\left\{ \overset{A}{\underset{a}{\bigvee}} f(x) \right\} \tag{2}$$

注意,在这些定义中函数 $f(x)$ 连续性的问题并没有起任何作用.

任何有界单调函数可作为有限或无穷区间 $[a,b]$ 上有界变差函数的例子. 若区间 $[a,b]$ 为有限的,则它立刻可由下式推出

$$\begin{aligned}
v &= \sum_{i=0}^{n-1} |f(x_{i+1}) - f(x_i)| \\
&= \left| \sum_{i=0}^{n-1} [f(x_{i+1}) - f(x_i)] \right| \\
&= |f(b) - f(a)|
\end{aligned}$$

故亦 $\overset{b}{\underset{a}{\bigvee}} f(x) = |f(b) - f(a)|$. 对区间 $[a,+\infty]$,显

然有

$$\overset{+\infty}{\underset{a}{V}} f(x) = \sup_{A > a} \{ |f(A) - f(a)| \} = |f(+\infty) - f(a)|$$

与通常一样,我们将 $f(+\infty)$ 理解为极限 $\lim\limits_{A \to +\infty} f(A)$.

现在举一个连续函数但不是有界变差函数的例子. 令

$$f(x) = x\cos\frac{\pi}{2x}(\text{对 } x \neq 0), f(0) = 0$$

我们来考查,例如,区间 $[0,1]$. 若取点

$$0 < \frac{1}{2n} < \frac{1}{2n-1} < \cdots < \frac{1}{3} < \frac{1}{2} < 1$$

为这一区间的分点,则容易证明

$$v = v_n > 1 + \frac{1}{2} + \cdots + \frac{1}{n} = H_n$$

而

$$\overset{1}{\underset{0}{V}} f(x) = \sup\{v\} = +\infty$$

2. 有界变差函数类

我们已经提到过,单调函数是有界变差的. 可以用下面的方法推广这一函数类:

①若在区间 $[a,b]$ 中给出的函数 $f(x)$ 是这样的:可使区间分为有限个部分

$$[a_k, a_{k+1}] \quad (k = 0, 1, \cdots, m-1; a_0 = a, a_m = b)$$

而在每一部分上 $f(x)$ 是单调的①,则它在 $[a,b]$ 上为有界变差的.

用任意方法将区间 $[a,b]$ 分为许多部分,作和 v.

––––––––––

① 这种函数我们称它在区间 $[a,b]$ 上分段单调.

因为加入每一新的分点只可能使 v 增加[1],所以,若将所有上面所谈到的点 a_k 一起加到分点中去,我们就得一和 $\bar{v} \geq v$. 若在和 $\bar{v}$ 中集出与区间 $[a_k, a_{k+1}]$ 有关的项,则在上面用一符号 (k) 表示它们的和时,我们将有

$$\bar{v}^{(k)} = |f(a_{k+1}) - f(a_k)|$$

所以

$$\bar{v} = \sum_{k=0}^{m-1} |f(a_{k+1}) - f(a_k)|$$

因为任意的和 v 不会超过这一数,所以它就是函数的全变差.

②若函数 $f(x)$ 在区间 $[a, b]$ 中满足条件

$$|f(\bar{x}) - f(x)| \leq L |\bar{x} - x| \tag{3}$$

其中 L 为常数,而 $\bar{x}$ 及 x 是区间的两任意点[2],则它是有界变差的,且

$$\bigvee_a^b f(x) \leq L(b - a)$$

这可由下面的不等式推得

$$v = \sum_{i=0}^{n-1} |f(x_{i+1}) - f(x_i)| \leq L \sum_{i=0}^{n-1} (x_{i+1} - x_i) = L(b - a)$$

③若函数 $f(x)$ 在区间 $[a, b]$ 上有有界的导数: $|f'(x)| \leq L$(其中 L 为常数),则它在这个区间上是一有界变差的函数.

---

① 若在 x_i 及 x_{i+1} 间插入一点 x',则项 $|f(x_{i+1}) - f(x_i)|$ 就代之以和

$$|f(x_{i+1}) - f(x')| + |f(x') - f(x_i)| \geq |f(x_{i+1}) - f(x_i)|$$

② 这一条件通常称为李普希茨(R. Lipschitz)条件.

事实上,由中值定理,这时

$$\left|f(\bar{x})-f(x)\right| = \left|f'(\xi)(\bar{x}-x)\right| \leq L(\bar{x}-x) \quad (x \gtreqless \xi \gtreqless \bar{x})$$

故李普希茨条件(3)适合.

由此可以推断,例如,函数

$$f(x) = x^2 \sin\frac{\pi}{x}(x \neq 0), f(0) = 0$$

有任何有限区间上变差的有界性,因为它的导数

$$f'(x) = 2x\sin\frac{\pi}{x} - \pi\cos\frac{\pi}{x}(x \neq 0), f'(0) = 0$$

是有界的. 很有趣的是,我们注意到,在包含点 0 的每一区间中,该函数"无限地振动",亦即无数次地从增加变成减少,无数次地从减少变成增加.

有界变差函数的一般类可由下面的命题做出:

④若 $f(x)$ 在一有限(或甚至在一无穷)区间 $[a, b]$ 上可表示成一有变动上限的积分的形状时

$$f(x) = c + \int_a^x \varphi(t)\,\mathrm{d}t \tag{4}$$

其中 $\varphi(t)$ 假定在这一区间上是绝对可积的,则 $f(x)$ 在该区间上是有界变差的. 这时

$$\bigvee_a^b f(x) \leq \int_a^b |\varphi(t)|\,\mathrm{d}t$$

设 $[a, b]$ 是一有限区间,则

$$v = \sum_{i=0}^{n-1} |f(x_{i+1}) - f(x_i)| = \sum_{i=0}^{n-1} \left|\int_{x_i}^{x_{i+1}} \varphi(t)\,\mathrm{d}t\right|$$

$$\leq \sum_{i=0}^{n-1} \int_{x_i}^{x_{i+1}} |\varphi(t)|\,\mathrm{d}t = \int_a^b |\varphi(t)|\,\mathrm{d}t$$

由此就推得我们的断言.

如果我们所谈的是无穷区间 $[a, +\infty]$，那么只要注意

$$\overset{A}{\underset{a}{\bigvee}} f(x) \leqslant \int_a^A |\varphi(t)| \mathrm{d}t \leqslant \int_a^{+\infty} |\varphi(t)| \mathrm{d}t$$

即可.

附注 可以证明,在有限的区间或无穷区间的情形,实际上准确的等式

$$\overset{b}{\underset{a}{\bigvee}} f(x) = \int_a^b |\varphi(t)| \mathrm{d}t$$

成立. 若函数 $\varphi(t)$ 在区间 $[a,b]$ 上可积但不是绝对可积,则 $f(x)$ 的全变差根本就是无穷的. 我们这里不再讨论它了,但仅用一些例题来说明后面讲的这一点.

设 $f(x) = x^2 \sin \dfrac{\pi}{x^2}(x \neq 0)$, $f(0) = 0$,则

$$f'(x) = \varphi(x) = 2x\sin \frac{\pi}{x^2} - \frac{2\pi}{x}\cos \frac{\pi}{x^2} \quad (x \neq 0)$$

$$f'(0) = \varphi(0) = 0$$

因此,例如对 $0 \leqslant x \leqslant 2$

$$f(x) = \int_0^x \varphi(t) \mathrm{d}t$$

可证这一积分不是绝对收敛的. 将区间 $[0,2]$ 用点

$$0, \frac{1}{\sqrt{n}}, \sqrt{\frac{2}{2n-1}}, \frac{1}{\sqrt{n-1}}, \sqrt{\frac{2}{2n-3}}, \cdots, \frac{1}{\sqrt{2}}, \sqrt{\frac{2}{3}}, 1, \sqrt{2}, 2$$

分开;对于其对应的和 v 显然有

$$v > \sum_{k=1}^n \left| f\left(\sqrt{\frac{2}{2k-1}}\right) - f\left(\frac{1}{\sqrt{k}}\right) \right| \geqslant \sum_{k=1}^n \frac{1}{k} = H_k$$

由此推得

$$\overset{2}{\underset{a}{\bigvee}} f(x) = + \infty$$

与此相类似,容易证明函数

$$f(x) = \int_0^x \frac{\sin t}{t} \mathrm{d}t$$

在区间 $[0, +\infty]$ 中不是有界变差的.

3. 有界变差函数的性质

这里一切函数所讨论的区间 $[a,b]$ 假定为有限的.

（1）任一有界变差函数是有界的.

事实上,当 $a < x' \leqslant b$ 时,我们有

$$v' = |f(x') - f(a)| + |f(b) - f(x')| \leqslant \overset{b}{\underset{a}{\bigvee}} f(x)$$

于是

$$|f(x')| \leqslant |f(x') - f(a)| + |f(a)| \leqslant |f(a)| + \overset{b}{\underset{a}{\bigvee}} f(x)$$

（2）两有界变差函数 $f(x)$ 及 $g(x)$ 的和、差及积同样是有界变差函数.

设 $s(x) = f(x) \pm g(x)$,则

$$|s(x_{i+1}) - s(x_i)| \leqslant |f(x_{i+1}) - f(x_i)| + |g(x_{i+1}) - g(x_i)|$$

对附标 i 相加

$$\sum_i |s(x_{i+1}) - s(x_i)| \leqslant \sum_i |f(x_{i+1}) - f(x_i)| +$$
$$\sum_i |g(x_{i+1}) - g(x_i)|$$
$$\leqslant \overset{b}{\underset{a}{\bigvee}} f(x) + \overset{b}{\underset{a}{\bigvee}} g(x)$$

由此推得

$$\overset{b}{\underset{a}{\bigvee}} s(x) \leqslant \overset{b}{\underset{a}{\bigvee}} f(x) + \overset{b}{\underset{a}{\bigvee}} g(x)$$

令 $p(x) = f(x)g(x)$,并设对 $a \leqslant x \leqslant b$

$$|f(x)| \leqslant K, |g(x)| \leqslant L \quad (K,L \text{ 为常数})$$

显然

$$|p(x_{i+1}) - p(x_i)| = |f(x_{i+1})[g(x_{i+1}) - g(x_i)] + g(x_i)[f(x_{i+1}) - f(x_i)]|$$

$$\leqslant K \cdot |g(x_{i+1}) - g(x_i)| + L \cdot |f(x_{i+1}) - f(x_i)|$$

由此已很容易得到

$$\bigvee_a^b p(x) \leqslant K \bigvee_a^b g(x) + L \bigvee_a^b f(x)$$

(3)若 $f(x)$ 及 $g(x)$ 为有界变差函数且 $|g(x)| \geqslant \sigma > 0$,则商 $\dfrac{f(x)}{g(x)}$ 也为有界变差函数.

由性质(2),只要求证函数 $h(x) = \dfrac{1}{g(x)}$ 为有界变差函数即可. 我们有

$$|h(x_{i+1}) - h(x_i)| = \frac{|g(x_{i+1}) - g(x_i)|}{|g(x_i)| \cdot |g(x_{i+1})|}$$

$$\leqslant \frac{1}{\sigma^2}|g(x_{i+1}) - g(x_i)|$$

所以

$$\bigvee_a^b h(x) \leqslant \frac{1}{\sigma^2} \bigvee_a^b g(x)$$

(4)设函数 $f(x)$ 定义于区间 $[a,b]$ 上且 $a < c < b$. 若函数 $f(x)$ 在区间 $[a,b]$ 上为有界变差的,则它在区间 $[a,c]$ 及 $[c,b]$ 上也为有界变差的,反过来也是如此. 这时

$$\overset{b}{\underset{a}{\bigvee}} f(x) = \overset{c}{\underset{a}{\bigvee}} f(x) + \overset{b}{\underset{c}{\bigvee}} f(x) \qquad (5)$$

设 $f(x)$ 在 $[a,b]$ 中有有界变差. 我们将区间 $[a, c]$ 及 $[c,b]$ 分别分成许多部分

$$y_0 = a < y_1 < \cdots < y_m = c$$
$$z_0 = c < z_1 < \cdots < z_n = b \qquad (6)$$

这样整个区间 $[a,b]$ 亦分成许多部分. 对区间 $[a,c]$ 及 $[c,b]$ 分别作和

$$v_1 = \sum_k \left| f(y_{k+1}) - f(y_k) \right|$$
$$v_2 = \sum_i \left| f(z_{i+1}) - f(z_i) \right|$$

对于区间 $[a,b]$ 的对应和将为 $v = v_1 + v_2$. 于是

$$v_1 + v_2 \leq \overset{b}{\underset{a}{\bigvee}} f(x)$$

因此,每一和 v_1, v_2 都是有界的,即函数 $f(x)$ 在区间 $[a,c]$ 及 $[c,b]$ 上是有界变差的. 选择许多细分式(6)使和 v_1 及 v_2 趋近于对应的全变差,到极限时得

$$\overset{c}{\underset{a}{\bigvee}} f(x) + \overset{b}{\underset{c}{\bigvee}} f(x) \leq \overset{b}{\underset{a}{\bigvee}} f(x) \qquad (7)$$

现设 $f(x)$ 在每一区间 $[a,c]$ 及 $[c,b]$ 中都是有界变差的. 将区间 $[a,b]$ 任意地分成许多部分. 若点 c 不在诸分点之列,则我们将它补充进去,我们已知这样得出的和 v 只可能增大. 仍用以前的记号,将有

$$v \leq v_1 + v_2 \leq \overset{c}{\underset{a}{\bigvee}} f(x) + \overset{b}{\underset{c}{\bigvee}} f(x)$$

由此立刻可以推得 $f(x)$ 在区间 $[a,b]$ 上的有界变差性及不等式

$$\overset{b}{\underset{a}{\bigvee}} f(x) \leq \overset{c}{\underset{a}{\bigvee}} f(x) + \overset{b}{\underset{c}{\bigvee}} f(x) \qquad (8)$$

最后,由式(7)及(8)推出式(5).

从已证的一些定理,可推得:

(5) 若在区间$[a,b]$中函数$f(x)$有有界变差,则对$a \leqslant x \leqslant b$,全变差

$$g(x) = \bigvee_{a}^{x} f(t)$$

为x的单调增加(且为有界)函数.

事实上,若$a \leqslant x' < x'' \leqslant b$,则

$$\bigvee_{a}^{x''} f(t) = \bigvee_{a}^{x'} f(t) + \bigvee_{x'}^{x''} f(t)$$

故

$$g(x'') - g(x') = \bigvee_{x'}^{x''} f(t) \geqslant 0 \qquad (9)$$

(因为由全变差定义本身它不会是负数).

现在很清楚了,在无穷区间$[b,+\infty]$中全变差的定义可不用式(2)而写成下面的形式

$$\bigvee_{a}^{+\infty} f(x) = \lim_{A \to +\infty} \bigvee_{a}^{A} f(x) \qquad (2^{*})$$

4. 有界变差函数的判定法

设函数$f(x)$定义于一有限的或无穷的区间$[a,b]$上.

(6) 要使函数$f(x)$在区间$[a,b]$上为有界变差的,充分必要条件是:对于它,在这一区间上有这样的一有界单调增加函数$F(x)$存在,使在区间$[a,b]$的任何部分$[x',x''](x' < x'')$上,函数f的增量绝对值不超过函数F的对应增量

$$|f(x'') - f(x')| \leqslant F(x'') - F(x')①$$

(有这种性质的函数 $F(x)$ 自然地称为函数 $f(x)$ 的强函数).

必要性　可从下面推得:对有界变差函数 $f(x)$,例如,函数

$$g(x) = \bigvee_a^x f(t)$$

可作为强函数,由命题(5)它是有界单调增加的. 由函数全变差的定义本身,就能推出不等式

$$|f(x'') - f(x')| \leqslant g(x'') - g(x') = \bigvee_{x'}^{x''} f(t)$$

充分性　对有限区间的情形,从不等式

$$\begin{aligned} v &= \sum_{i=0}^{n-1} |f(x_{i+1}) - f(x_i)| \\ &\leqslant \sum_{i=0}^{n-1} [F(x_{i+1}) - F(x_i)] \\ &= F(b) - F(a) \end{aligned}$$

立刻可以看出,而对无穷区间的情形,可由极限过程得出.

判定法的另一形式非常重要:

(7)要使函数 $f(x)$ 在区间 $[a,b]$ 上有有界变差,充分必要条件是它在这一区间中能表示成两个有界单调增加函数的差

$$f(x) = g(x) - h(x) \qquad (10)$$

必要性　由命题(6),对有界变差函数 $f(x)$ 应有

---

① 亦可用不带绝对值记号的不等式
$$f(x'') - f(x') \leqslant F(x'') - F(x')$$

一有界单调增加的强函数 $F(x)$ 存在. 令

$$g(x) = F(x), h(x) = F(x) - f(x)$$

所以式(10)成立. 还要证明的是函数 $h(x)$ 的单调性；但当 $x' < x''$ 时, 由强函数的定义

$$h(x'') - h(x') = [F(x'') - F(x')] - [f(x'') - f(x')] \geqslant 0$$

充分性   可从下面看出来：当有等式(10)时, 函数

$$F(x) = g(x) + h(x)$$

就是强函数, 因为

$$|f(x'') - f(x')| \leqslant [g(x'') - g(x')] + [h(x'') - h(x')]$$
$$= F(x'') - F(x')$$

关于命题(7)我们将作一补充说明. 因为函数 g 及 h 都是有界的, 所以在它们上面各加上同一常数恒可使它们都变成正的. 同样, 在函数 g 及 h 上加上任何一个严格增加的有界函数(例如, $\arctan x$), 我们便得到一个形如式(10)的拆开来的式子, 其中两个函数都已经是严格增加的.

由命题(7)中所建立的, 有界变差函数在某种意义上化为单调函数的可能性, 读者不要幻想有界变差函数的性质很"简单"：试看无限振动函数

$$f(x) = x^2 \sin \frac{\pi}{x} (x \neq 0), f(0) = 0$$

也可表示成两单调函数的差的形状！

然而, 就是因为式(10)的关系, 单调函数的某些性质也搬到有界变差函数上来了. 例如, 对任何的 $x = x_0$, 单调有界函数 $f(x)$ 的右侧及左侧的单侧极限都

存在

$$f(x_0 - 0) = \lim_{x \to x_0 - 0} f(x)$$

$$f(x_0 + 0) = \lim_{x \to x_0 + 0} f(x) \qquad (11)$$

应用这一性质到每个函数 g 及 h,亦可得出结论:

(8) 在区间 $[a,b]$ 上,有界变差函数 $f(x)$ 在这一区间的任何点 $x = x_0$ 处有有限单侧极限(11)存在.①

5. 连续的有界变差函数

(9) 设在区间 $[a,b]$ 中给出一有界变差函数 $f(x)$. 若 $f(x)$ 在某一点 $x = x_0$ 连续,则在同一点,函数

$$g(x) = \bigvee_a^x f(t)$$

也连续.

假定 $x_0 < b$,求证 $g(x)$ 在点 x_0 处右连续. 为达此目的,取一正数 $\varepsilon > 0$ 后,用点

$$x_0 < x_1 < \cdots < x_n = b$$

将区间 $[x_0,b]$ 分为许多部分,使

$$v = \sum_{i=0}^{n-1} |f(x_{i+1}) - f(x_i)| > \bigvee_{x_0}^b f(x) - \varepsilon \qquad (12)$$

依据函数 $f(x)$ 的连续性,这里可以假定 x_1 已经非常靠近 x_0,使不等式

$$|f(x_1) - f(x_0)| < \varepsilon$$

成立(在必要时,可以再插入一分点,这样,和 v 只会增加). 因此,由式(12)应得

––––––––––––

① 当然,如果 x_0 是区间的端点之一,那么只能谈到这两个极限中的一个.

34

$$\overset{b}{\underset{x_0}{\bigvee}} f(x) < \varepsilon + \sum_{i=0}^{n-1} \left| f(x_{i+1}) - f(x_i) \right|$$

$$< 2\varepsilon + \sum_{i=1}^{n-1} \left| f(x_{i+1}) - f(x_i) \right|$$

$$\leqslant 2\varepsilon + \overset{b}{\underset{x_1}{\bigvee}} f(t)$$

因而

$$\overset{x_1}{\underset{x_0}{\bigvee}} f(x) < 2\varepsilon$$

或最后

$$g(x_1) - g(x_0) < 2\varepsilon$$

于是更加有

$$0 \leqslant g(x_0 + 0) - g(x_0) < 2\varepsilon$$

因为 ε 是任意的,所以

$$g(x_0 + 0) = g(x_0)$$

同样可证明(当 $x_0 > a$ 时)

$$g(x_0 - 0) = g(x_0)$$

亦即 $g(x)$ 在点 x_0 处左连续.

从证得的定理可得出这样一个推论:

(10) 连续的有界变差函数可表示成两个连续增加函数差的形状.

事实上,若回到命题(7)的证明(特别地,关于必要性一方面),并取函数(且由命题(9),它是一连续的函数)

$$g(x) = \overset{x}{\underset{a}{\bigvee}} f(x)$$

作为单调强函数时,就能得到所求的分拆开的式子.

最后我们指出,对连续函数,在全变差的定义

35

$$\bigvee_a^b f(x) \ = \ \sup\{v\}$$

中,不论全变差是有限的或无穷的,"sup"都可用一极限来代替.

（11）设函数 $f(x)$ 在一有限区间 $[a,b]$ 上连续. 将这一区间用点

$$a \ = \ x_0 \ < \ x_1 \ < \ \cdots \ < \ x_n \ = \ b$$

分成许多部分并作和

$$v \ = \ \sum_{i=0}^{n-1} \ \big| f(x_{i+1}) \ - f(x_i) \big|$$

后,就有

$$\lim_{\lambda \to 0} v \ = \ \bigvee_a^b f(x) \tag{13}$$

其中 $\lambda \ = \ \max(x_{i+1} \ - \ x_i)$.①

我们已经说过,在添加一新的分点时和 v 不会减小. 另外,若这一新分点落在 x_k 及 x_{k+1} 间的区间内时,则由这一点所产生的和 v 的增加不会超过函数 $f(x)$ 在区间 $[x_k, x_{k+1}]$ 上振动的两倍.

注意到这一点以后,我们任取一数

$$A \ < \ \bigvee_a^b f(x)$$

并求得一和 v^* 使

$$v^* \ > \ A \tag{14}$$

设这一和对应于如下分法

$$a \ = \ x_0^* \ < \ x_1^* \ < \ \cdots \ < \ x_m^* \ = \ b$$

————————

① 这里,极限过程与对黎曼和或达布和时的极限为同一类型.

现选取一非常小的 $\delta > 0$,使得只要 $|x'' - x'| < \delta$,就有

$$\left| f(x'') - f(x') \right| < \frac{v^* - A}{4m}$$

(由函数 f 的一致连续性这是办得到的). 我们来证明,当 $\lambda < \delta$ 时,对任何的分法,有

$$v > A \qquad\qquad (15)$$

事实上,有了这样一分法(Ⅰ),我们就在(Ⅰ)上添加这些点 x_k^* 后得一新分法(Ⅱ). 若对应于分法(Ⅲ)的和为 v_0,则

$$v_0 \geqslant v^* \qquad\qquad (16)$$

另外,分法(Ⅱ)是由(Ⅰ)经过(至多)m 次添加一个点而得来的. 因为每次添加所引起和 v 的增加小于 $\dfrac{v^* - A}{2m}$,所以

$$v_0 - v < \frac{v^* - A}{2}$$

从这里以及式(16)与(14),得

$$v > v_0 - \frac{v^* - A}{2} \geqslant \frac{A + v^*}{2} > A$$

这样,当 $\lambda < \delta$ 时式(15)成立;但既然恒有

$$v \leqslant \bigvee_a^b f(x)$$

故式(13)的确成立,这就是要求证的.

6. 可求长曲线

有界变差函数的概念在曲线的可求长问题上有应用,所称概念就是在联系到这一问题时首先被若当提出的. 我们来叙述这一问题作为本节的结束.

设一曲线 (K) 由参数方程

$$x = \varphi(t), y = \psi(t) \qquad (17)$$

给出，其中函数 $\varphi(t)$ 及 $\psi(t)$ 仅假定为连续的. 同时设曲线没有重点.

取曲线上对应于参数值

$$t_0 < t_1 < t_2 < \cdots < t_n = T \qquad (18)$$

的点为曲线内接折线的顶点，对折线的周长我们有表示式

$$p = \sum_{i=0}^{n-1} \sqrt{[\varphi(t_{i+1}) - \varphi(t_i)]^2 + [\psi(t_{i+1}) - \psi(t_i)]^2}$$

如我们所知，所考查的曲线其弧长 s 可定义为所有内接折线周长 p 的集合的上确界. 如果它是有限的，曲线就称为可求长的.

若当定理　曲线 (17) 可求长的充分必要条件为函数 $\varphi(t)$ 及 $\psi(t)$ 在区间 $[t_0, T]$ 上皆为有界变差的.

必要性　若曲线可求长且长为 s，则对区间 $[t_0, T]$ 的任何细分 (18) 有

$$p = \sum_{i=0}^{n-1} \sqrt{[\varphi(t_{i+1}) - \varphi(t_i)]^2 + [\psi(t_{i+1}) - \psi(t_i)]^2} \leqslant s$$

于是，由明显的不等式

$$|\varphi(t_{i+1}) - \varphi(t_i)| \leqslant \sqrt{[\varphi(t_{i+1}) - \varphi(t_i)]^2 + [\psi(t_{i+1}) - \psi(t_i)]^2}$$

得出

$$\sum_{i=0}^{n-1} |\varphi(t_{i+1}) - \varphi(t_i)| \leqslant s$$

所以函数 $\varphi(t)$ 的确是有界变差的. 同样的结论对于函数 $\psi(t)$ 也成立.

充分性 现设函数 $\varphi(t)$ 及 $\psi(t)$ 都是有界变差的. 由明显的不等式

$$p = \sum_{i=0}^{n-1} \sqrt{\left[\varphi(t_{i+1}) - \varphi(t_i)\right]^2 + \left[\psi(t_{i+1}) - \psi(t_i)\right]^2}$$

$$\leqslant \sum_{i=0}^{n-1} \left|\varphi(t_{i+1}) - \varphi(t_i)\right| + \sum_{i=0}^{n-1} \left|\psi(t_{i+1}) - \psi(t_i)\right|$$

可以推断:所有数 p 上面有界,例如以数

$$\bigvee_{t_0}^{T} \varphi(t) + \bigvee_{t_0}^{T} \psi(x)$$

为上界,于是由上所证就能推得曲线(K)的可求长性.

我们还将两个重要的说明附于后.

由上面所述,很显然,曲线(17)的全长满足不等式

$$s \leqslant \bigvee_{t_0}^{T} \varphi(t) + \bigvee_{t_0}^{T} \psi(t)$$

考查一对应于区间 $[t_0, t]$ 中参数变化的变动弧 $s = s(t)$,应用上面的不等式到区间 $[t, t+\Delta t]$ 上,其中 Δt,譬如说大于 0,则

$$0 < \Delta s < \bigvee_{t}^{t+\Delta t} \varphi(t) + \bigvee_{t}^{t+\Delta t} \psi(t)$$

因为对无限小的 Δt,右端的两个变动量与 Δs 一起同样也是无限小的,所以我们得到结论:对可求长的连续曲线,动弧 $s(t)$ 是参数的连续函数.

因为这一函数自 0 单调增加到整个曲线的长 S,故不论 n 为怎样的自然数,我们可以设想这一曲线分为 n 个部分,每部分长 $\dfrac{S}{n}$(柯西定理). 若平面被一边长为 $\dfrac{S}{n}$ 的正方形网覆盖起来,则上述每一小段至多只能与

四个这种正方形相交. 因此, 所有与曲线相交的正方形面积的和在任何情形下不会超过 $4n \cdot \dfrac{S^2}{n^2}$, 可使它任意小:曲线有面积零.

　　由此得一有趣的推论:由一可求长曲线(或若干个这种曲线)所围的区域显然是可求面积的,亦即有一面积.

皮亚诺曲线与 B - 数列

第 4 章

一、二维连续统概念，一般曲线概念

下面的问题最早是由魏尔斯特拉斯（Weierstrass）在他的讲义中给出了必要的答案：

什么时候我们把一个二维点集（即平面上的一个点集）叫作连续统（或区域）？

平面点集中，我们称为连续统的最简单的例子是一个圆（或长方形）内部的一切点的集合；在这里，我们约定，边界点不包括在内.

在平面连续统点集的一般定义中，我们介绍以下两项性质①：

（1）首先要求集合是"连通的"：集里任意两点总可以用一条有尽可能多个边

---

① 根据拓扑学中康托的定义，连续统是含不止一点的连通闭集. 书中界定的"平面连续统"概念等价于欧氏平面的一个连通域.

构成的折线相连,折线的点都属于该集合.

(2)其次,以集合里每一点为中心,可作一圆,圆内部的点也都属于点集.

现在,关于这样一个点集的边界问题,按照我们已有的知识,已经可以举出各种各样的例子.

(1)在平面上,除去一点,所有其他点都可以属于点集.

(2)一个连续统的边界可以构成一个无处稠密的无穷集.

(3)边界还可以构成一条普通意义下的曲线(圆,长方形等).

(4)但还有别的边界.下面是 W. F. 奥斯古德(W. F. Osgood)所考虑过的内容①.

例如,只考虑正半平面(x 轴上方的一切点),并且在 x 轴上某些处作垂直于它的直割线(图1),和半平面上别的点不同,这些割线上的点都不看作是区域的点,现在设想,让这些割线不断增加,若它们和 x 轴任意一段上的交点都不处处稠密,则割线之间总有区域的带伸到 x 轴. x 轴上这样的无处稠密,因而完备,具有连续统的点集确实存在,前面我们已看到了.(回顾一下三个圆的款的自守圆形中的正交圆上的极限点.)由此可见,一个连续统可以有无穷多条割线,其排列位置就像直线上一个无处稠密、无穷且完备的

① 例如参看 *Transactions of the Amer. Math. Soc.* 第 I 卷 (1900),310,311 页.

点集.

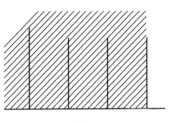

图 1

这 4 个例子表明,一个区域可以有多样化的边界(人们往往不假思索地以为它是一条曲线),因此,有必要谈谈在当前数学中关于这个问题的观点.

一个连续统的边界可能有各种各样的不同情况,因而贸然地把曲线界定为一个区域的边界是不恰当的. 当然,这是就精确数学领域来说的. 而精确数学是理想化地建立在现代实数概念的基础上的,特殊的,理想化图形又是从空间概念引出来的. 那么,一条曲线的定义应当是怎样的呢? 我们作如下说明:

令一个变量 t 经过一个闭节 $a \leqslant t \leqslant b$ 中的一切值,并令一点的坐标等于这个参数 t 的单值连续函数 $x = \varphi(t), y = \psi(t)$,这样界定的点就构成了一条曲线. 用纯文字语言表达,曲线的定义:

一条平面曲线是平面上的一个点集,它是直线上一个闭节的单值连续映象.

通过参数 t,人们不自觉地把曲线这个定义和力学观点混同. 人们可以把 t 看作时间(这也是习惯上用字母 t 的概源),并说,当参数 t 从时刻 a 到时刻 b 时,点 $x = \varphi(t), y = \psi(t)$ 描绘曲线. 换句话说,曲线是在一段

43

时间里一个点连续运动的轨迹. 这一切都是很容易懂
的. 较困难的问题是, 这样界定的一条曲线有什么样
可能的表现.

二、覆盖整个正方形的皮亚诺曲线

在这里, 我们必须提请注意 G. 皮亚诺(G. Peano)
的一项发现, 它发表在 1890 年[①], 于 1891 年由希尔伯
特在几何上加以阐明[②]. 它指出, 用单值连续函数 $x =$
$\varphi(t), y = \psi(t)$ 界定的一条曲线可以完全覆盖一块平
面区域. 这样的一条曲线叫作皮亚诺曲线; 不难给出
这样曲线的实例.

我先要说明, 这样一条曲线, 不是指像下面所说
的那样的曲线. 因为有人听到皮亚诺的成果时, 可能
会认为它是和外摆线有关的一桩旧事物.

设在一个半径为 R 的圆的外侧, 有一个半径为 r
的圆在滚动, 而比例 $\dfrac{r}{R}$ 是无理数. 在滚动的圆上任意
选定一点, 它就描绘出一条不封闭的外摆线, 因而它
所在的环形区域, 包括边界在内, 被处处稠密地覆盖
了(图 2). 但这并非表明, 环形域的每一点都在外摆线
上, 而只是说, 给定环形域的任意一点, 只要沿着外摆
线不断地向前走, 就能走到离该点任意近的地方. 在
区域边界上和内部, 都不难给出曲线达不到的点.

---

① *Math. Annalen* 第 36 卷(1890), 157~160 页.
② *Math. Annalen* 第 38 卷(1891), 459, 460 页.

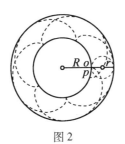

图 2

假定在滚动开始时,产生曲线的点就是固定圆和动圆的切点,在图 2 中我们用 o 表示. 设想在固定圆上取一点 p,它和 o 之间的弧长是 $\frac{m}{n}2\pi R$,其中 m 和 n 是整数. 由于 $\frac{R}{r}$ 是无理数,长度 $\frac{m}{n}2\pi R$ 和动圆的周长 $2\pi r$ 是无公度的,因而这样的点 p 都不在外摆线上. 再取这样一个和固定圆同心的圆 k,它被外摆线两个相继的弧截出长度为 b 的弧. 则 b 和圆 k 的周长 u 必无公度. 否则容易看出,外摆线就将是封闭的. 现在设 a 是外摆线在 k 上的一点,而 q 是 k 上的另一点,它和 a 之间的弧长是 $\frac{m}{n}u$,其中 m 和 n 仍是整数. 从 a 出发无论多少次在 k 上截出弧长为 b 的一段,永远达不到 q. 因此,点 q 不在外摆线上.

所以,不管这条外摆线多么有趣,绝不是皮亚诺定理中所论的曲线,那里所说的曲线要对于一定的 t 达到某块区域里的每一点.

现在对皮亚诺曲线作几何说明.

作为例子,我们选取把 xOy 平面上的正方闭节 $0 \le$

$x \leqslant 1, 0 \leqslant y \leqslant 1$ 完全覆盖的一条曲线. 我们界定这条曲线为曲线序列 $C_1, C_2, C_3, \cdots$ 的极限曲线 C_∞. 在这里，设 C_1 是正方形从坐标原点 $(0,0)$ 到点 $(1,1)$ 的对角线（图 3）. 我们采用 C_1 从 $(0,0)$ 量起的"弧长"除以 $\sqrt{2}$ 作为参数 t. 这样，函数 $\varphi_1(t)$ 和 $\psi_1(t)$ 就是 $x = t, y = t$，其中 $0 \leqslant t \leqslant 1$（图 4）.

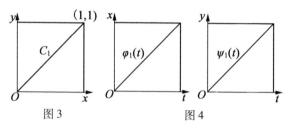

图 3　　　　　　图 4

现在到了决定性的一步，要按这一步做出 C_2, C_2 的端点依然是原来正方形对角线的始点和终点，但我们把该正方形分为较小的 9 个小正方形[①]，并把这 9 个小正方形中的对角线像图 5 那样连接起来，以代替大正方形的对角线，从而得到 C_2. 这个图指出了 C_2 从一个小正方形到另一个的转折点，使 C_2 各部分的顺序较易了解. 我们看到，大正方形内部有两个点，C_2 经过它们各两次，即小正方形 1，2，5，6 的公共点和 4，5，8，9 的公共点. 新曲线 C_2 的长显然为 C_1 的 3 倍，即 $3\sqrt{2}$. 取 C_2 的弧长除以 $3\sqrt{2}$ 作为它的参数 t，就得到代表 C_2

---

　　① 可以用大于 3 的其他奇数的平方代替 9，不需作本质改变.

的函数 $x = \varphi_2(t)$, $y = \psi_2(t)$, 这两个函数的图像就是图6和图7中的折线($0 \leqslant t \leqslant 1$). 由此可见, φ_2 的曲线可以如此得到: 把 ψ_2 的曲线按比例 $1:3$ 缩小, 再把所得 3 条折线沿对角线 φ_1 连接起来. 曲线 ψ_2 本身则可以如此得到: 把原正方形的曲线 φ_1 横向按比例 $1:3$ 压缩, 然后把所得线段及其对纵线的反射象交错地连接起来.

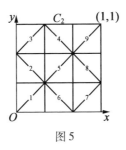

图 5

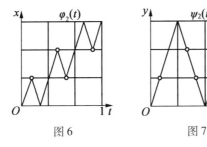

图 6   图 7

现在我们把上述由 C_1 到 C_2 的步骤在 9 个小正方形上分别重复一次, 并如此无限制地继续下去.

就像通过把正方形分成 9 个来从 C_1 得到 C_2 那样, 我们通过再次把每个小正方形分成更小的 9 个来从 C_2 得到 C_3, 这时要把已得到的每条对角线代以一条折线, 这条折线或者与缩小了的 C_2 相同, 或者是缩

小了的 C_2 的反射.

类似的,我们做出 C_4,等等.

要画出 $y = \psi_3(t)$,我们把闭节 $0 \leq t \leq 1$ 分成 9 段,同时也把闭节 $0 \leq y \leq 1$ 分成 9 段,以得到曲线 $\psi_3(t)$,它含有 27 条线段,每一条由 3 小段(项)合并而成,故共有 81 项,对应于曲线 C_3 的 81 条小对角线(图 8,9)①.

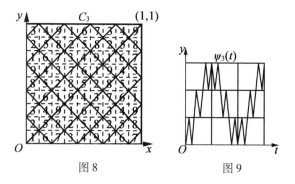

图 8　　　　　　图 9

若把 ψ_3 和 φ_2 做比较,就可以看出,由 φ_2 得到 ψ_3,就像由 φ_1 得到 ψ_2 那样.

现在又可以从曲线 ψ_3 做出 φ_3 如下:把已经画出的 ψ_3 按 1:3 的比例缩小,然后把这样所得的图形沿 φ_1 的对角线相接.

但我们还可以由 φ_2 得 φ_3,由 ψ_2 得 ψ_3. 一般的有:

为了由 φ_n 得 φ_{n+1}(或者,$n \neq 1$ 时,由 ψ_n 得 ψ_{n+1}),

---

①　在图 9 中,设想所画出的 9 个小正方形都像图 8 那样再分.

我们先把 φ_n（或 ψ_n）的每个直边分成等长的 3 项,然后把每项代以一个含 3 小段的锯形钩,钩的始点和终点都和直线项相同(图 10).

图 10

对曲线 φ_n 和 ψ_n 的这种前进规律,使我们想起魏尔斯特拉斯曲线的部分曲线,不过这里所遇到的不是正弦状的振荡,而是直齿的锯形振荡. n 越大,锯齿的高度越下降,但其宽度则不成比例地急剧减少,因而越来越陡.

我们现在试对极限曲线 $\varphi_\infty,\psi_\infty,C_\infty$ 作进一步考查.

我们把 φ_n 和 ψ_n 的始点和终点以及这两条曲线上两不同直线段相接处都叫作关节点(这样,ψ_3 和 φ_3 各有 82 个关节点),于是,这些关节点也是 φ_{n+1} 和 ψ_{n+1} 以及以后的一切曲线的关节点. 在曲线 φ_∞ 和 ψ_∞ 上,这种关节点是处处稠密的. 设想对每个 n 作曲线 φ_n 和 ψ_n 的关节点,并注意它们都属于曲线,则当 n 增大时,就得到连续曲线 φ_∞ 和 ψ_∞ 的全貌.

现在回到曲线 C_n,则除始点和终点外,φ_n 和 ψ_n 的关节点对应于 C_n 的转折点,在转折点,两条对角线垂

49

直地相接,而且构成 C_n 的多重点(如果只考虑原正方形内部的转折点的话),它们也是 C_∞ 的多重点. 一个 C_{n_0} 的转折点,对于后面的 $C_n(n > n_0)$ 仍然是转折点,不过在两个转折点之间还不断地添上新的转折点.

现在我们证明曲线 C_∞ 完全覆盖正方形 $0 \leqslant x \leqslant 1$,$0 \leqslant y \leqslant 1$. 作 C_2 的图像时,又把每个小正方形等分为 9 个更小的正方形,如此等等. 每个或大或小的正方形对应于线段 $0 \leqslant t \leqslant 1$ 上一个子节. 现在,在原正方形边上或内部的任意点 Q 可以看作一个无尽序列的,一个套一个的正方形的极限点,这些正方形的对角线 I_n 随着 n 的增大而无限制地缩减到 0. 由图可以看出,这套正方形对应于 t 轴上线段的节套,它确定节 $0 \leqslant t \leqslant 1$ 上一点 P. 因此,由点 Q 至少可以得出一个参数值 t_0,因而 Q 必在 C_∞ 上. 联系我们的图,还不难证明,对应于每个 t 值,必有皮亚诺曲线上唯一的一点,因而由线段 $0 \leqslant t \leqslant 1$ 到正方形 $0 \leqslant x \leqslant 1, 0 \leqslant y \leqslant 1$ 的映象是单值的. 为了证明这个命题,我们引进下面对子节的计数方法.

1. 线段 $\overline{01}$ ($0 \leqslant t \leqslant 1$) 上子节的计数法

第一次细分 T_1 所得子节,从左到右依次用

$$\delta_1, \delta_2, \cdots, \delta_9$$

表示. 在第二次细分 T_2 中,每个 δ_v 分为 9 等份,所得新子节仍从左到右计数. 这样,在 δ_1 里得子节

$$\delta_{11}, \delta_{12}, \cdots, \delta_{19}$$

在 δ_2 里,得

$$\delta_{21}, \delta_{22}, \cdots, \delta_{29}$$

……

在 δ_9 里,得

$$\delta_{91}, \delta_{92}, \cdots, \delta_{99}$$

我们设想,细分和计数都无限制地持续下去.

若线段 $\overline{01}$ 上一点 P 不是任何细分中子节的端点,就有唯一的一个节套确定 P. 但若 P 是某个子节的端点,则(除 0 和 1 两点外)有两个节套都可以确定 P. 其中一个节套的各子节都以 P 为左端点,因而从某个细分起,其下标止于 1;另一个节套中的子节,则以 P 为右端点,因而从某个细分起,其下标止于 9,例如 δ_{12} 的右端点,则由节套

$$\delta_1, \delta_{12}, \delta_{129}, \delta_{1\,299}, \cdots$$

和

$$\delta_1, \delta_{13}, \delta_{131}, \delta_{1\,311}, \cdots$$

确定.

2. 正方形 $\overline{01}(0 \leqslant x \leqslant 1, 0 \leqslant y \leqslant 1)$ 上子节的计数法

由第一次细分所得 9 个小正方形按图 5 那样标上号码 1 至 9,记作

$$\eta_1, \eta_2, \cdots, \eta_9$$

由第二次细分,从 η_v 所得小正方形记作

$$\eta_{v1}, \eta_{v2}, \cdots, \eta_{v9} \quad (v = 1, 2, 3, \cdots, 9)$$

在这81个小正方形的计数中,需注意以下两点:

(1)没有一个正方形重复了或跳跃过去,先 η_1 后 η_2,以及以后的都加下标1到9.

(2)由 η_1 到 η_2,一般的,由 η_v 到 η_{v+1} 也没有跳跃(图8).

设想细分和计数都无限制地继续下去.

我们看到,每个一维节 $\delta_{a_k,\cdots,a_2,\cdots,a_v}$ 对应于唯一的一个二维节 $\eta_{a_1,a_2,\cdots,a_v}$,因而每一个节套($\delta$)对应于唯一的节套($\eta$).因此,若在 $\overline{01}$ 上的点 P 不是某个子节的端点,它就对应于原正方形的一个内点 Q,当 P 位于0或1时,这当然也是对的.另外,若 P 是某个子节的端点,而(δ)和(δ')是确定它的两个节套,则根据计数步骤(2),其对应的二维节套(η)和(η')仍然确定唯一的 Q.于是已经证明了每个参数值 t 只对应于皮亚诺曲线上唯一的一点.

最后,我们来证明函数 $x=\varphi_\infty(t)$ 和 $y=\psi_\infty(t)$ 的连续性,也就是皮亚诺曲线本身的连续性.设 P 和 P' 是节01上两点,对应于参数值 t 和 t',(δ)和(δ')是确定它们的节套.若 t(或 t')是一个子节的端点,则总令(δ)(或(δ'))是以 t(或 t')为右端点的节套;我们预先排除 t 或 t' 在 0 的款.假定节套(δ)和(δ')有 n 个公共子节.现在,若 Q 和 Q' 为 t 和 t' 在皮亚诺曲线上的象,(η)和(η')是确定 Q,Q' 的二维节套,则(η)和(η')也有 n 个公共二维子节.令 t' 无限制地靠近 t,则 n 无限

制地增加,同时(δ)和(δ')的公共子节的最小长度无限制地靠近零. 由于当 n 增加时,二维子节的对角线无限制地缩短,就得

$$P' \to P \text{ 时}, QQ' \to 0$$

这样就证明了三条曲线 $\varphi_\infty(t), \psi_\infty(t), \overline{C_\infty}$ 在节01的一切点连续.（当 p 在点 0 时的处理是简明的.）

三、较狭义的曲线概念:若当曲线

现在我们提出下面自然要有的问题:

皮亚诺曲线并不像我们生活中所遇到的曲线,如何对曲线 $x = \varphi(t), y = \psi(t)$ 的定义加以限制,或者,如何要求这样界定的曲线的主要性质,使所得曲线和经验中的曲线更加类似? C. 若当在他的分析教程中作了解答.

我们的皮亚诺曲线有无穷多个折点,因而有无穷多个重点(进一步考查表明,它甚至有无穷多个三重点和四重点);对应于多重点的 t 值在节 $0 \le t \le 1$ 上处处稠密. C. 若当要求的是,公式 $x = \varphi(t), y = \psi(t)$ 所界定的曲线在定义节内部没有多重点,即不存在两个或更多的 t 值 $t_1, t_2, \cdots (a < t_1 < b, a < t_2 < b, \cdots)$ 使

$$\varphi(t_1) = \varphi(t_2), \psi(t_1) = \psi(t_2), \cdots$$

对于节的端点 a 和 b 没有规定这个条件. 若端点也满足这个条件,则 $x = \varphi(t), y = \psi(t)$ 代表的图像称为开若当曲线. 若 $\varphi(a) = \varphi(b), \psi(a) = \psi(b)$,则曲线始点和终点相合,曲线称为闭若当曲线. 因此,开若当曲线是一条线段的双向单值连续象,而闭若当曲线是一个

圆的双向单值连续象.

有以下对于分析的基本定理:

每条闭若当曲线把平面分成两个以它为边界的连通域.

为了说明这个定理并非自明的,需要指出,皮亚诺曲线之所以有异常表现,问题不出自事物本身,而出自名词的运用:因为在那里,我们使用"曲线"这个名词时,其范畴比从验经曲线所获得的类似观念要宽范得多. 为了把若当曲线所引出的问题尽可能讲清楚,我们先不谈若当曲线而谈若当点集,然后指出,涉及连通和分隔等问题时,若当点集和经验几何中的普通曲线是一致的. 事实上,如果我们直截了当地说,每一条用 $x = \varphi(t)$,$y = \psi(t)$ 界定的闭曲线,若满足若当条件,就把平面分隔成一个内域和一个外域(听起来是浅显的). 这里的根本问题在于,人们使用曲线这个词时无意中有着两种不同的含义. 也许人们本应更详细地这样讲,由经验领域出发,认为每一条闭曲线把平面分隔为一个外域和一个内域,是简单明了的,但还必须问:在理想领域,对一个点集应如何进一步界定,类似的定理才能成立? 答案是:为此,它必须满足若当条件. 这时,那样的点集才能叫作曲线! 这样,定理本身的含义就说明了,至于证明,我只能介绍其主要观点,其细节最好还是阅读若当的分析教程.

设想已给满足若当条件的点集 $x = \varphi(t)$,$y = \psi(t)$,C.若当开始其证明如下:作一个无尽序列的闭多边形 P_1,P_2,P_3,$\cdots$,其中每一个把前一个包围在内,

但都不含点集的点在其内部;再作另一个无穷序列的闭多边形 $P'_1, P'_2, P'_3, \cdots$,其中每一个把后一个包围在内,但在它们外部,都没有点集的点(图 11). 若当假定已经知道平面上每个闭多边形总把平面划分为两个域,但这后来才有证明(多边形定理).

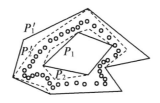

图 11

在这个思路下,再证明每个不属于点集的点都或者在诸多边形 P 中某一个的内部或者在诸多边形 P' 中某一个的外部,最后,所给点集本身就成了两个多边形序列 P_v 和 P'_v 的聚点.

对经验曲线的直观构成这个证明的指路牌,但每个具体论断逻辑上都扎根在公理中,而公理的核心则是现代实数概念. 其结果可以归纳为:适用于诸多边形(周边)的结论也适用于诸多边形(周边)的极限图像.

可以把若当定理和前面指出的连续函数的一条性质相提并论:连续函数要经过已指定的两个函数值之间的一切值. 与此类似,闭若当曲线构成它的内部和外部的无间隙的界线.

55

由上面的讨论可以看出,在连通和分割方面,我们的若当点集是可以获得曲线这个称号的,但它是否具有和普通曲线的其他性质相类似的性质呢? 换句话说,对若当曲线是否可以谈论弧长、切线、曲率半径等,或者对 φ, ψ 还要加上什么限制,才能谈论这些? (当然,我们必须对精确数学的点集提出相应的准确定义,而不是像在经验领域那样只提出近似的要求.)

我们先考虑关于若当曲线的弧长问题.

我们把 t 的有穷节 $a \leqslant t \leqslant b$ 任意地分成子节 $\Delta_1 t$, $\Delta_2 t, \cdots$,并得到 x, y 的相应的增值 $\Delta_1 x, \Delta_1 y$;$\Delta_2 x$, $\Delta_2 y$;$\cdots$ 把若当点集上的对应点用直线段按次序连起来,则这些线段的长是

$$\sqrt{\Delta_1 x^2 + \Delta_1 y^2}, \sqrt{\Delta_2 x^2 + \Delta_2 y^2}, \cdots$$

现在,设我们以任何方式把节 $a \leqslant t \leqslant b$ 分成子节的数目越来越大,同时各子节越来越小,而这样做出的多边形的长

$$\sum_v \sqrt{\Delta_v x^2 + \Delta_v y^2}$$

总有唯一的极限值,这时我们就把这个极限值作为点集的弧长.

从皮亚诺曲线的例子可以看出,这样的极限不总是存在的. 对于该曲线,在引进参数 t 后,曲线弧长就不受其多重点影响,但 C_1 的长是 $\sqrt{2}$,C_2 的长是 $3\sqrt{2}$, C_3 的长是 $9\sqrt{2}$,$\cdots\cdots$,C_n 的长是 $3^{n-1}\sqrt{2}$,$\cdots$,故连接我

们点集的关节点的多边形 C_n，随着边数增长不会有有穷的极限，它将超越一切极限.

在若当点集的款，也必须对函数 φ 和 ψ 加上一些限制，才能得到弧长. 在这里我们不给出证明，只指出其关键所在.

为此，我们必须引进现代函数论用得很多的一个概念，即有界变差函数. 已给在节 $a \leqslant x \leqslant b$ 上的函数 $f(x)$，若对于节的任意细分

$$a = x_0 < x_1 < x_2 < \cdots < x_{n-1} < x_n = b$$

总和

$$|f(x_1) - f(x_0)| + |f(x_2) - f(x_1)| + \cdots +$$

$$|f(x_n) - f(x_{n-1})|$$

总保持在一定的有穷值 A 之下，则在该节内，$f(x)$ 就称为有界变差函数.

我们还要问，有没有我们知道的非有界变差函数？请回想讨论皮亚诺曲线所遇到的函数 φ 和 ψ，它们都是直锯齿形曲线的极限. 几何上显示：对于它们，当 n 增大时，$\sum\limits_{v=1}^{n} |f(x_v) - f(x_{v-1})|$ 要超越一切界限.

关于若当曲线的弧长，C. 若当证明了，按照我们的定义，若当曲线有弧长的充要条件是 φ 和 ψ 都是有界变差函数.

四、更狭义的曲线概念：正则曲线

若进一步问，什么时候若当曲线有切线或密切

圆,则我们至少可以给出一个充分条件. 我们的曲线在一个已给节的每点有切线和曲率半径的充分条件是 φ 和 ψ 在该节内可微两次[①].

若我们的点集满足所有如下已举出的条件:

（1）φ 和 ψ 在节里连续;

（2）没有多重点;

（3）φ 和 ψ 是有界变差函数;

（4）有尽可能多的 v 次（$v \geq 2$）可微,

则对照经验曲线的类似性质,该点集就直截了当地叫作曲线,若要强调它和诸如此皮亚诺曲线的区别,我们就称之为正则曲线. 或者更准确地说,我们把这样界定的点集首先称为正则曲线段,这样,一条正则曲线就由尽可能多条正则曲线段连接而成,因而可能有（尽可能多个）重点.

这里还要补充一点:有时候我们把以前称为"当滑"的曲线也叫作正则曲线,那样的曲线在它每点有切线,而且当一点沿曲线连续移动时,切线也连续转动,这比曲率半径的要求要少些.

---

① 这不是必要条件,因为在 φ 和 ψ 对参数 t 两次可微的情况下,我们还可以把 t 代以另一个函数 $t_1 = f(t)$,使得 φ 和 ψ 对 t_1 并非两次可微. 我们只须用一个单调、连续而不可微的函数作为 $f(t)$,结果就成这样.

第 二 编
有界变差数列

关于有界变差数列的若干性质[①]

有界变差数列的概念源于吉米多维奇的《数学分析习题集》. 所谓数列 $\{x_n\}$ 有界变差,是指 $\{x_n\}$ 满足

$$\sum_{n=1}^{\infty} \left| x_n - x_{n+1} \right| < +\infty$$

(注:与原著中的定义方式稍有区别). 丁红旭、杨万铨两位老师 1995 年对有界变差数列的性质作了探讨,其结果如下:

性质 1　如果 $\{x_n\}$ 是有界变差数列,那么 $\{x_n\}$ 必定是收敛数列,而且

$$\lim_{n\to\infty} x_n = x_1 - \sum_{n=1}^{\infty} (x_n - x_{n+1})$$

证明　对于任意的自然数 N, P,有

$$\left| x_N - x_{N+P} \right| = \left| \sum_{i=N+1}^{N+P-1} (x_i - x_{i+1}) \right|$$

$$\leqslant \sum_{i=N+1}^{N+P-1} \left| x_i - x_{i+1} \right|$$

第 5 章

---

①　引自 1995 年第 3 期的《温州师范学院学报(自然科学版)》,原作者为温州师范学院数学系的丁红旭和温州大学的杨万铨.

由 $\sum\limits_{n=1}^{\infty} |x_n - x_{n+1}| < +\infty$ 可知 $\{x_n\}$ 是柯西数列,因而收敛.

进一步,由

$$\sum_{n=1}^{N} (x_n - x_{n+1}) = x_1 - x_{N+1}$$

及

$$\sum_{n=1}^{\infty} (x_n - x_{n+1})$$

的收敛性(注:绝对收敛必收敛)可知

$$\sum_{n=1}^{\infty} (x_n - x_{n+1}) = x_1 - \lim_{n \to \infty} x_n$$

即

$$\lim_{n \to \infty} x_n = x_1 - \sum_{n=1}^{\infty} (x_n - x_{n+1})$$

性质2 如果 $\{x_n\}$ 是单调增加数列,且有上界,那么 $\{x_n\}$ 必定是有界变差数列.

证明 不失一般性,可设 $\{x_n\}$ 是非负单调增加数列(否则,由 $\{x_n - x_1\}$ 取代 $\{x_n\}$ 即可),对于任意的自然数 N,由

$$\sum_{n=1}^{N} |x_n - x_{n+1}| = \sum_{n=1}^{N} (x_{n+1} - x_n) = x_{N+1} - x_1$$

及 $\{x_n\}$ 的单调增加有界性,可知

$$\lim_{N \to \infty} \sum_{n=1}^{N} |x_n - x_{n+1}| = \lim_{n \to \infty} x_n - x_1$$

即

$$\sum_{n=1}^{\infty} |x_n - x_{n+1}| = \lim_{n \to \infty} x_n - x_1 < +\infty$$

性质3　任何有界变差数列必可表示为两个单调增加数列之差.

证明　设$\{x_n\}$是有界变差数列,令

$$a_n = \sum_{i=1}^{n-1} |x_i - x_{i+1}| + x_n$$

$$b_n = \sum_{i=1}^{n-1} |x_i - x_{i+1}| - x_n$$

如果$n < m$,那么有

$$a_m - a_n = \sum_{i=n}^{m-1} |x_i - x_{i+1}| + (x_m - x_n)$$

$$= \sum_{i=n}^{m-1} |x_i - x_{i+1}| + \sum_{i=n}^{m-1} (x_{i+1} - x_i)$$

$$\geqslant 0$$

同理可得$b_m - b_n \geqslant 0$.

显然有$x_n = \dfrac{1}{2} a_n - \dfrac{1}{2} b_n$,而且$\left\{\dfrac{1}{2} a_n\right\}, \left\{\dfrac{1}{2} b_n\right\}$都是单调增加数列.

性质4　两个有界变差数列的乘积(指通项相乘)数列也有界变差.

证明　设$\{x_n\}$有界变差,$\{y_n\}$有界变差,下证$\{x_n \cdot y_n\}$有界变差.

由性质1及收敛数列的有界性可设$\sup\limits_{n \geqslant 1}\{|x_n|\}$, $\sup\limits_{n \geqslant 1}\{|y_n|\} \leqslant M.$

对于任意的自然数N

63

$$\sum_{n=1}^{N} |x_n \cdot y_n - x_{n+1} \cdot y_{n+1}|$$

$$\leqslant \sum_{n=1}^{N} |x_n - x_{n+1}| \cdot |y_n| + \sum_{n=1}^{N} |y_n - y_{n+1}| \cdot |x_{n+1}|$$

$$\leqslant M\left(\sum_{n=1}^{N} |x_n - x_{n+1}| + \sum_{n=1}^{N} |y_n - y_{n+1}|\right)$$

$$\leqslant M\left(\sum_{n=1}^{\infty} |x_n - x_{n+1}| + \sum_{n=1}^{\infty} |y_n - y_{n+1}|\right)$$

再令 $N \to +\infty$,即得

$$\sum_{n=1}^{\infty} |x_n \cdot y_n - x_{n+1} \cdot y_{n+1}|$$

$$\leqslant M\left(\sum_{n=1}^{\infty} |x_n - x_{n+1}| + \sum_{n=1}^{\infty} |y_n - y_{n+1}|\right)$$

性质 5 一致有界变差数列的极限数列(按坐标收敛)也有界变差.

证明 设 $\{x_n^{(m)}\}$ 对于每个固定的 m 是有界变差数列,而且

$$M = \sup_{m \geqslant 1} \sum_{n=1}^{\infty} |x_n^{(m)} - x_{n+1}^{(m)}| < +\infty$$

进一步,对于每个固定的 n , $\lim_{m \to \infty} x_n^{(m)} = x_n$ 存在,下证 $\{x_n\}$ 是有界变差数列.

对于任意自然数 N

$$\sum_{n=1}^{N} |x_n - x_{n+1}| = \sum_{n=1}^{N} \lim_{m \to \infty} |x_n^{(m)} - x_{n+1}^{(m)}|$$

$$= \lim_{m \to \infty} \sum_{n=1}^{N} |x_n^{(m)} - x_{n+1}^{(m)}|$$

$$\leqslant \sup_{m \geqslant 1} \sum_{n=1}^{\infty} |x_n^{(m)} - x_{n+1}^{(m)}|$$

$$= M < + \infty$$

令 $N \to + \infty$，即得

$$\sum_{n=1}^{\infty} |x_n - x_{n+1}| \leqslant M < + \infty$$

性质6 如果 $\{x_n^{(m)}\}(m = 1, 2, \cdots)$ 是一致有界变差数列，即

$$M = \sup_{m \geqslant 1} \sum_{n=1}^{\infty} |x_n^{(m)} - x_{n+1}^{(m)}| < + \infty$$

进一步，对于每个固定的 n，$\{x_n^{(m)}\}$ 是有界数列（即按坐标有界），那么必定存在子列 $\{m_k\}$ 使得 $\{x_n^{(m_k)}\}$ 按坐标收敛于某一有界变差数列.

证明 由 $\{x_1^{(m)}\}$ 有界，可知必有子列 $\{x_1^{(m_i)}\}$ 收敛，为了叙述上的方便，我们把这个子列记作 $\{x_1^{(1,i)}\}$，并设 $\lim\limits_{i \to \infty} x_1^{(1,i)} = x_1$. 再由 $\{x_2^{(1,i)}\}$ 的有界性，必有子列 $\{x_2^{(2,i)}\}$ 收敛，其中 $\{(2,i)\}$ 是 $\{(1,i)\}$ 的子列，并设

$$\lim_{i \to \infty} x_2^{(2,i)} = x_2$$

由此作法，显然有

$$\lim_{i \to \infty} x_1^{(2,i)} = x_1$$

$$\vdots$$

这样一直下去，假设子列 $\{(k,i)\}$ 已经作好，由 $\{x_{k+1}^{(k,i)}\}$ 的有界性，可从中找出子列 $\{x_{k+1}^{(k+1,i)}\}$ 收敛，设

$$\lim_{i \to \infty} x_{k+1}^{(k+1,i)} = x_{k+1}$$

这样，由数学归纳法，可以构造子列序列：$\{(1,i)\}, \{(2,i)\}, \cdots, \{(k,i)\}, \cdots$ 满足：

① $\{(k,i)\}$ 是 $\{(k-1,i)\}$ 的子列；

②$\lim\limits_{i \to \infty} x_k^{(k,i)} = x_k.$

现在我们令 $m_1 = (1,1)$，$m_2 = (2,2)$，…，$m_i = (i, i)$，…，即挑选每个子列的第 1 个元素构成一个新的子列，由上述的构造过程可知，子列 $\{x_n^{(m_k)}\}$ 按坐标收敛于 $\{x_n\}$，$\{x_n\}$ 的有界变差性由性质 5 可得. 性质 6 证毕.

参考文献

[1] 吉米多维奇 В Л. 数学分析习题集[M]. 北京:人民教育出版社,1978.

[2] 吴从炘,赵林生,刘铁夫. 有界变差函数及其推广应用[M]. 哈尔滨:黑龙江科技出版社,1988.

向量值有界变差序列的某些特性[①]

第 6 章

1. 引言

如果把数学分析中有界变差函数的概念引申到数列中考虑,那么就可以导出有界变差数列的概念:数列 $\{a_n\}$ 有界变差是指存在正常数 c,使得对于任何自然数 N 都有

$$\sum_{i=1}^{N} |a_{i+1} - a_i| \le c$$

很显然,数列 $\{a_n\}$ 有界变差当且仅当差分级数

$$\sum_{i=1}^{\infty} |a_{i+1} - a_i| < +\infty$$

关于有界变差数列的特性,丁红旭已经讨论过(详见《温州师范学院学报》1995 年第 6 期与 1996 年第 3 期).

---

① 引自 1997 年第 3 期的《温州师范学院学报(自然科学版)》,作者为温州师范学院数学系的赵焕光.

温州师范学院数学系的赵焕光老师 1997 年把有界变差数列的概念推广到赋范线性空间向量值序列的情形,推广将从两个不同角度进行.

设 X 是赋范线性空间, X^* 是 X 的共轭空间, $\{x_n\}_{n=1}^{\infty}$ 是 X 中的序列. 如果有 $\sum\limits_{n=1}^{\infty} \|x_n - x_{n+1}\| < +\infty$,那么称 $\{x_n\}$ 是 X 中的强有界变差序列;如果对于任何 $x^* \in X^*$,都有

$$\sum_{n=1}^{\infty} |x^*(x_n - x_{n+1})| < +\infty$$

那么称 $\{x_n\}$ 是弱有界变差序列.

2. 赋范线性空间完备的一个新特征

关于向量值有界变差序列的强有界变差性,从本质上讲是有界变差数列概念的平凡推广,因而专门讨论其特性并无多大意义. 但我们可以利用序列的强有界变差性建立赋范线性空间完备的一个新特征.

定理 1 赋范线性空间 X 完备当且仅当 X 中的每个强有界变差序列必强收敛.

证明 必要性是显然的,因为强有界变差序列必定是柯西序列.

事实上,由不等式

$$\|x_{n+1} - x_{n+m}\| \leqslant \sum_{i=n+1}^{n+m-1} \|x_i - x_{i+1}\| \leqslant \sum_{i=n+1}^{\infty} \|x_i - x_{i+1}\|$$

立即可得证.

充分性:如果 X 不是完备的赋范线性空间,那么存在 $\{x_n\}_{n=1}^{\infty} \subset X$ 是柯西序列,但是 $\{x_n\}_{n=1}^{\infty}$ 在 X 中不

收敛. 由柯西序列的定义, 对于每个自然数 k, 都存在自然数 n_k, 当 $m, n \geq n_k$ 时有

$$\| x_m - x_n \| \leq \frac{1}{2^k}$$

很显然, 可以设 $n_1 < n_2 < n_3 < \cdots$. 这样构造的 $\{x_{n_k}\}_{k=1}^{\infty}$ 是 X 中的强有界变差序列 (因为 $\sum_{i=1}^{\infty} \| x_{n_i} - x_{n_{i+1}} \| \leq$ $\sum_{i=1}^{\infty} \frac{1}{2^i} = 1$), 从而由条件, 存在 $x_0 \in X$, 使得 $\{x_{n_i}\}_{i=1}^{\infty}$ 强收敛于 x_0. 柯西序列 $\{x_n\}_{n=1}^{\infty}$ 有子列 $\{x_{n_i}\}_{i=1}^{\infty}$ 强收敛于 x_0, 其本身也必定强收敛于 x_0. 这与 $\{x_n\}_{n=1}^{\infty}$ 不收敛的假设矛盾.

3. 弱有界变差序列的等价刻画

定理2　设 X 是赋范线性空间, $\{x_n\}_{n=1}^{\infty}$ 是 X 中的序列. 下列结论相互等价 (即弱有界变差序列的等价刻画):

(1) $\{x_n\}_{n=1}^{\infty}$ 是弱有界变差序列.

(2) 存在常数 $c > 0$, 使得对于任何 $x^* \in X^*$ 都有

$$\sum_{n=1}^{\infty} | x^* (x_n - x_{n+1}) | \leq c \| x^* \|.$$

(3) $\beta(\{x_n\}) = \sup \left\{ \left\| \sum_{i=1}^{n} \beta_i (x_i - x_{i+1}) \right\|; \{\beta_i\} \subset \mathbf{R}, |\beta_i| \leq 1, n \in \mathbf{N} \right\} < +\infty$ (其中 $\mathbf{R}$ 表示实数集, $\mathbf{N}$ 表示自然数集).

(4) $a(\{x_n\}) = \sup \left\{ \left\| \sum_{i=1}^{n} a_i (x_i - x_{i+1}) \right\|; a_i = 0 \right.$ 或者 $\left. 1, n \in \mathbf{N} \right\} < +\infty.$

$(5)\varepsilon(\{x_n\}) = \sup\left\{\left\|\sum_{i=1}^{n}\varepsilon_i(x_i - x_{i+1})\right\|; \varepsilon_i = 1\right.$ 或者 $-1, n \in \mathbf{N}\} < +\infty.$

定理 2 的证明，我们拟采用下面的路径进行：$(1) \Rightarrow (2) \Rightarrow (3) \Rightarrow (4) \Rightarrow (5) \Rightarrow (2) \Rightarrow (1).$

证明 $(1) \Rightarrow (2)$：设 $\{x_n\}_{n=1}^{\infty}$ 是 X 中的弱有界变差序列. 利用 $\{x_n\}_{n=1}^{\infty}$，我们定义巴拿赫（Banach）空间 X^* 到序列空间 l^1 的线性算子如下

$$Tx^* = (x^*(x_n - x_{n+1})) \quad (x^* \in X^*)$$

T 是定义在 X^* 上取值在 l^1 中的线性算子是显然的. 以下我们证明 T 为闭算子（闭算子的概念可见普通的泛函分析教材）：

设在 X^* 中 $x_k^* \rightarrow x^*$，在 l^1 中

$$Tx_k^* = (x_k^*(x_n - x_{n+1})) \rightarrow y = (y_n)$$

由于在 X^* 中强收敛蕴涵着弱（$*$）收敛，因而对于每个 n，都有

$$x_k^*(x_n - x_{n+1}) \rightarrow x^*(x_n - x_{n+1})$$

根据数列极限的唯一性可知，对于每个 n，都有

$$x^*(x_n - x_{n+1}) = y_n$$

从而有

$$y = (y_n) = (x^*(x_n - x_{n+1})) = Tx^*$$

这样，我们就证明了上述定义的 T 为 X^* 上的闭算子. 由著名的闭图像定理（可在普通的泛函分析教材中找到），可知 T 是 X^* 上的有界线性算子，即存在常数 $c > 0$，使得

$$\|Tx^*\| = \|(x^*(x_n - x_{n+1}))\| = \sum_{n=1}^{\infty} |x^*(x_n - x_{n+1})|$$
$$\leqslant c\|x^*\| \quad (\forall x^* \in X^*)$$

$(1) \Rightarrow (2)$ 得证.

$(2) \Rightarrow (3)$: 任意取定实数组 $\{\beta_i\}_{i=1}^{n}$ ($|\beta_i| \leqslant 1$), 对于任何 $x^* \in X^*$, 有

$$x^*\Big(\sum_{i=1}^{n}\beta_i(x_i - x_{i+1})\Big) = \Big|\sum_{i=1}^{n}\beta_i(x^*(x_i - x_{i+1}))\Big|$$
$$\leqslant \sum_{i=1}^{n} |x^*(x_i - x_{i+1})|$$
$$\leqslant \sum_{i=1}^{\infty} |x^*(x_i - x_{i+1})|$$
$$\leqslant c \cdot \|x^*\|$$

于是

$$\Big\|\sum_{i=1}^{n}\beta_i(x_i - x_{i+1})\Big\|$$
$$= \sup_{x^* \in B(X^*)} \Big|x^*\Big(\sum_{i=1}^{n}\beta_i(x_i - x_{i+1})\Big)\Big|$$
$$\leqslant c$$

其中 $B(X^*)$ 表示 X^* 的单位球, 即 $B(X^*) = \{x^*; x^* \in X^*, \|x^*\| \leqslant 1\}$. 由 $\beta(\{x_n\})$ 的定义, 立即可知 $\beta(\{x_n\}) \leqslant c < +\infty$.

$(3) \Rightarrow (4)$, 显然, 因为 $a(\{x_n\}) \leqslant \beta(\{x_n\})$.

$(4) \Rightarrow (5)$, 显然, 因为 $\varepsilon(\{x_n\}) \leqslant 2a(\{x_n\})$.

$(5) \Rightarrow (2)$: 令 $c = \varepsilon(\{x_n\})$, 对于任何 $x^* \in X^*$, $n \in \mathbf{N}$, 当 $x^*(x_i - x_{i+1}) = 0$ 时, 令 $\varepsilon_i = 1$, 当 $x^*(x_i - x_{i+1}) \neq 0$ 时, 令 $\varepsilon_i = \text{sign}(x^*(x_i - x_{i+1}))$, 那么有

$$\sum_{i=1}^{n} |x^*(x_i - x_{i+1})| = \sum_{i=1}^{n} \varepsilon_i x^*(x_i - x_{i+1})$$

$$= x^* \left(\sum_{i=1}^{n} \varepsilon_i (x_i - x_{i+1}) \right)$$

$$\leqslant \|x^*\| \cdot \left\| \sum_{i=1}^{n} \varepsilon_i (x_i - x_{i+1}) \right\|$$

$$\leqslant c \cdot \|x^*\|$$

由 n 的任意性可得(2)成立.

(2)$\Rightarrow$(1),显然. 定理 2 证毕.

4. 弱有界变差序列的强收敛性

定理 3　如果 X 是弱序列完备的巴拿赫空间,那么 X 中的任何弱有界变差序列必定强收敛.

证明　设 $\{x_n\}_{n=1}^{\infty}$ 是 X 中的弱有界变差序列,由定义,对于每个 $x^* \in X^*$,都有

$$\sum_{n=1}^{\infty} |x^*(x_n - x_{n+1})| < +\infty$$

因而

$$\sum_{n=1}^{\infty} (x_n - x_{n+1})$$

(形式和)是巴拿赫空间 X 中的弱无条件柯西级数(参见文献[1]),再由 X 是弱序列完备巴拿赫空间的假定,可得 $\sum_{n=1}^{\infty} (x_n - x_{n+1})$ 是弱无条件收敛级数,再由弱无条件收敛级数的重要特性,有

$$\lim_{N \to \infty} \sup_{x^* \in B(X^*)} \sum_{n=N+1}^{\infty} |x^*(x_n - x_{n+1})| = 0 \qquad (1)$$

对于任何自然数 N 与 m 及任何 $x^* \in B(X^*)$,有

72

$$\left| x^* (x_{N+1} - x_{N+m}) \right|$$

$$= \left| x^* \sum_{i=N+1}^{N+m-1} (x_i - x_{i+1}) \right|$$

$$\leqslant \sum_{i=N+1}^{\infty} \left| x^* (x_i - x_{i+1}) \right|$$

$$\leqslant \sup_{x^* \in B(X^*)} \sum_{i=N+1}^{\infty} \left| x^* (x_i - x_{i+1}) \right|$$

从而有

$$\| x_{N+1} - x_{N+m} \| = \sup_{x^* \in B(X^*)} \left| x^* (x_{N+1} - x_{N+m}) \right|$$

$$\leqslant \sup_{x^* \in B(X^*)} \sum_{i=N+1}^{\infty} \left| x^* (x_i - x_{i+1}) \right|$$

由式(1)可知$\{x_n\}$是巴拿赫空间X中的柯西序列,因而强收敛. 证毕.

5. 弱有界变差序列的其他特性

这里我们主要讨论弱有界变差序列与数列的乘积收敛性问题(这是数值级数相应结果的推广),其结果如下:

定理4 设X是赋范线性空间,如果$\{x_n\}_{n=1}^{\infty}$是X中的弱有界变差序列,而且数值级数$\sum_{n=1}^{\infty} a_n$收敛,那么对于任何$x^* \in X^*$,$\sum_{n=1}^{\infty} a_n x^* (x_n)$是收敛数值级数.

证明 对于任何自然数m与n,令$\hat{S}_m = 0, \hat{S}_{m+1} = a_{m+1}, \hat{S}_{m+2} = a_{m+1} + a_{m+2}, \cdots, \hat{S}_{m+n} = a_{m+1} + a_{m+2} + \cdots + a_{m+n}$,那么易见有下面的分部求和公式成立

$$\sum_{k=m+1}^{n+m} a_k \cdot x^* (x_k)$$

73

B – 数列与有界变差

$$= \sum_{k=m+1}^{m+n} (\hat{S}_k - \hat{S}_{k-1}) x^*(x_k)$$

$$= \hat{S}_{m+n} x^*(x_{m+n}) + \sum_{k=m+1}^{m+n-1} \hat{S}_k x^*(x_k - x_{k+1})$$

于是有

$$\left| \sum_{k=m+1}^{m+n} a_k x^*(x_k) \right|$$

$$= \left\{ \max_{1 \leqslant p \leqslant n} \left| \sum_{k=m+1}^{m+p} a_k \right| \right\} \cdot \left\{ \sum_{k=m+1}^{m+n-1} \left| x^*(x_k - x_{k+1}) \right| + \left| x^*(x_{n+m}) \right| \right\}$$

$$(2)$$

再由

$$\left| x^*(x_{n+m}) \right| = \left| x^*(x_1) - \sum_{k=1}^{m+n} x^*(x_k - x_{k+1}) \right|$$

$$\leqslant \left| x^*(x_1) \right| + \sum_{k=1}^{n+m} \left| x^*(x_k - x_{k+1}) \right|$$

可得

$$\sum_{k=m+1}^{m+n-1} \left| x^*(x_k - x_{k+1}) \right| + \left| x^*(x_{m+n}) \right|$$

$$\leqslant 2 \sum_{k=1}^{\infty} \left| x^*(x_k - x_{k+1}) \right| + \left| x^*(x_1) \right|$$

于是由 $\left\{ \sum_{k=1}^{n} a_k \right\}_{n=1}^{\infty}$ 是柯西数列,可知 $\left\{ \sum_{k=1}^{n} a_k x^*(x_k) \right\}_{n=1}^{\infty}$

也是柯西数列,因而 $\sum_{n=1}^{\infty} a_n x^*(x_n)$ 收敛.

定理5 设 X 是赋范线性空间,如果 $\{x_n\}_{n=1}^{\infty}$ 是 X 中的弱有界变差序列,而且 $\{x_n\}_{n=1}^{\infty}$ 还是弱收敛于零的序列, $\left\{ \sum_{k=1}^{n} a_k \right\}_{n=1}^{\infty}$ 是有界数列,那么对于任何 $x^* \in$

74

X^*，$\displaystyle\sum_{n=1}^{\infty} a_n x^*(x_n)$ 是收敛的数值级数.

证明　由

$$\max_{1\leqslant p\leqslant n}\left\{\left|\sum_{k=m+1}^{m+p} a_k\right|\right\}\leqslant \max_{1\leqslant p\leqslant n}\left\{\left|\sum_{k=1}^{m+p} a_k\right|+\left|\sum_{k=1}^{m+1} a_k\right|\right\}$$

$$\leqslant 2\sup_{n\geqslant 1}\left\{\left|\sum_{k=1}^{n} a_k\right|\right\}$$

及定理 4 证明中的不等式(2)有

$$\left|\sum_{k=m+1}^{m+n} a_k x^*(x_k)\right|$$

$$\leqslant 2\sup_{n\geqslant 1}\left\{\left|\sum_{k=1}^{n} a_k\right|\right\}\cdot\left\{\sum_{k=m+1}^{n+m-1}\left|x^*(x_k-x_{k+1})\right|+\left|x^*(x_{n+m})\right|\right\}$$

这样由

$$\sum_{k=1}^{\infty}\left|x^*(x_k-x_{k+1})\right|<+\infty$$

及 $\lim\limits_{n\to\infty} x^*(x_n)=0$ 的假定,可知 $\left\{\displaystyle\sum_{k=1}^{n} a_k x^*(x_k)\right\}_{n=1}^{\infty}$ 是柯

西数列,因而数列级数 $\displaystyle\sum_{n=1}^{\infty} a_n x^*(x_n)$ 收敛. 证毕.

参考文献

[1] 夏道行,舒五昌,严绍宗等. 泛函分析第二教程
[M].北京:高等教育出版社,1987.

有界变差数列空间的某些性质①

第7章

温州师范学院数学系的丁红旭老师 1996 年给出有界变差数列空间 $BV(S)$ 的两个等价范数,又证明 $BV(S)$ 与 l' 等距同构,进一步指出 $BV(S)$ 是收敛数列空间 C 的共轭空间,最后证明 $BV(S)$ 在自然乘法运算下构成具有单位元的巴拿赫代数.

1. 引言

有界变差数列的定义:设 $\{b_n\}_{n=1}^{\infty}$ 是实数列,如果

$$\sum_{n=1}^{\infty} |b_n - b_{n+1}| < +\infty$$

那么称 $\{b_n\}$ 是有界变差数列.

备注:根据柯西收敛准则不难证明有界数列 $\{b_n\}_{n=1}^{\infty}$ 必是收敛数列,即 $\lim_{n \to \infty} b_n$ 存在.

① 引自 1996 年第 3 期的《温州师范学院学报(自然科学版)》,原作者为温州师范学院数学系的丁红旭.

$BV(S)$的定义:$BV(S) = \{\{b_n\};\{b_n\}$ 是有界变差数列 $\}$,我们把这样定义的空间 $BV(S)$ 称为有界变差数列空间. 备注:$BV(S)$ 显然是线性空间.

现在 $BV(S)$ 上定义非负泛函 $\|\cdot\|_1$,$\|\cdot\|_2$ 如下

$$\|\{b_n\}\|_1 \;=\; |b_1| + \sum_{n=1}^{\infty} |b_n - b_{n+1}| \qquad (1)$$

$$\|\{b_n\}\|_2 \;=\; |\lim_{n\to\infty} b_n| + \sum_{n=1}^{\infty} |b_n - b_{n+1}| \qquad (2)$$

在本章中我们将证明 $\|\cdot\|_1$ 与 $\|\cdot\|_2$ 是 $BV(S)$ 上的等价范数;$(BV(S),\|\cdot\|_1)$ 与 l' 等距同构,其中

$$l' = \{\{a_n\};\|\{a_n\}\| = \sum_{n=1}^{\infty} \{a_n\} < +\infty\}$$

$$(BV(S),\|\cdot\|_2) = C^*$$

其中 $C = \{(c_n);(c_n)$ 是收敛数列,$\|\{c_n\}\| = \sup_{n\geqslant 1}|c_n|\}$,即有界变差数列空间 $BV(S)$ 是收敛数列空间 C 的共轭空间;进一步,$(BV(S),\|\cdot\|_1)$ 在自然乘法之下构成具有单位的巴拿赫代数,其中自然乘法是指对于任何两个有界变差数列 $\{b_n\}$ 与 $\{b'_n\}$,规定 $\{b_n\}$ 与 $\{b'_n\}$ 的乘积为

$$\{d_n\} = \{b_n\} \cdot \{b'_n\},d_n = b_n \cdot b'_n \quad (n = 1,2,\cdots)$$

2. 主要结果

定理 1　前面定义的 $\|\cdot\|_1$ 与 $\|\cdot\|_2$ 是 $BV(S)$ 上的等价范数.

定理 2　$(BV(S),\|\cdot\|_1)$ 与 l' 等距同构.

定理 3　$C^* = (BV(S),\|\cdot\|_2)$.

定理 4　$(BV(S),\|\cdot\|_1)$ 在自然乘法下构成具有

单位元的巴拿赫代数.

3. 定理的证明

定理 1 的证明　根据范数的定义可直接验证 $\|\cdot\|_1$ 是 $BV(S)$ 上的范数,下面证明 $\|\cdot\|_1$ 与 $\|\cdot\|_2$ 等价. 即证明存在常数 $c_1 > 0, c_2 > 0$,使得对于每个 $\{b_n\} \in BV(S)$ 都有

$$c_1 \|\{b_n\}\|_2 \leqslant \|\{b_n\}\|_1 \leqslant c_2 \|\{b_n\}\|_2 \qquad (3)$$

注意到

$$\sum_{n=1}^{\infty} |b_n - b_{n+1}| < +\infty$$

必有 $\displaystyle\sum_{n=1}^{\infty} (b_n - b_{n+1})$ 收敛,而且有

$$\sum_{n=1}^{\infty} (b_n - b_{n+1}) = b_1 - \lim_{n \to \infty} b_n$$

这样我们有

$$\|\{b_n\}\|_1 = \left| b_1 - \lim_{n \to \infty} b_n + \lim_{n \to \infty} b_n \right| + \sum_{n=1}^{\infty} |b_n - b_{n+1}|$$

$$\leqslant \left| \sum_{n=1}^{\infty} (b_n - b_{n+1}) \right| + \left| \lim_{n \to \infty} b_n \right| + \sum_{n=1}^{\infty} |b_n - b_{n+1}|$$

$$\leqslant \sum_{n=1}^{\infty} |b_n - b_{n+1}| + \left| \lim_{n \to \infty} b_n \right| + \sum_{n=1}^{\infty} |b_n - b_{n+1}|$$

$$\leqslant 2 \|\{b_n\}\|_2$$

而

$$\|\{b_n\}\|_2 = \left| \lim_{n \to \infty} b_n - b_1 + b_1 \right| + \sum_{n=1}^{\infty} |b_n - b_{n+1}|$$

$$\leqslant \left| b_1 - \lim_{n \to \infty} b_n \right| + |b_1| + \sum_{n=1}^{\infty} |b_n - b_{n+1}|$$

$$\leqslant \sum_{n=1}^{\infty} |b_n - b_{n+1}| + |b_1| + \sum_{n=1}^{\infty} |b_n - b_{n+1}|$$

$$\leqslant 2\|\{b_n\}\|$$

令 $c_1 = \dfrac{1}{2}, c_2 = 2$，即知式(3)成立.

定理 2 的证明　对于每个 $\{b_n\} \in BV(S)$，令 $T\{b_n\} = \{c_n\}$，其中，$c_1 = b_1, c_n = b_n - b_{n-1}, n = 1, 2, \cdots$. 由定义有 $\{c_n\} \in l'$，显然 T 是单的线性映射，而且 T 是满射. 因为对于每个 $\{a_n\} \in l'$，令 $b_1 = a_1, b_2 = a_1 + a_2$，$b_3 = a_1 + a_2 + a_3, \cdots, b_n = a_1 + a_2 + \cdots + a_n, \cdots$，那么有 $b_1 = a_1, b_n - b_{n-1} = a_n (n = 1, 2, \cdots), \{b_n\} \in BV(S)$，而 $T\{b_n\} = \{a_n\}$，这样我们就证明了 $BV(S)$ 与 l' 是线性同构. 由定义可见

$$\|\{c_n\}\| = \sum_{n=1}^{\infty} |c_n| = |b_1| + \sum_{k=1}^{\infty} |b_k - b_{k+1}|$$
$$= \|\{b_n\}\|_1$$

因而 T 是 $BV(S)$ 到 l' 上的等距同构.

定理 3 的证明　对于每个 $\{b_n\} \in BV(S), \{c_n\} \in C$，令

$$f(\{c_n\}) = (\lim_{n \to \infty} b_n)(\lim_{n \to \infty} c_n) + \sum_{n=1}^{\infty} c_n(b_n - b_{n+1})$$

那么有

$$|f(\{c_n\})| = \left| (\lim_{n \to \infty} b_n)(\lim_{n \to \infty} c_n) + \sum_{n=1}^{\infty} c_n(b_n - b_{n+1}) \right|$$

$$\leqslant \left| \lim_{n \to \infty} b_n \right| \cdot \left| \lim_{n \to \infty} c_n \right| + \sum_{n=1}^{\infty} |c_n| \cdot |b_n - b_{n+1}|$$

$$\leqslant (\sup_{n \geqslant 1} |c_n|) \left(\left| \lim_{n \to \infty} b_n \right| + \sum_{n=1}^{\infty} |b_n - b_{n+1}| \right)$$

因而 f 是收敛数列空间 C 上的有界线性泛函,而且有

$$\|f\| \leq \left|\lim_{n \to \infty} b_n\right| + \sum_{n=1}^{\infty} |b_n - b_{n+1}| \qquad (4)$$

反之,如果 $f \in C^*$,记 $\tilde{e}_1 = (1,1,1,\cdots)$,$\tilde{e}_2 = (0,1,1,\cdots)$,$\cdots$,$\tilde{e}_n = (\underbrace{0,0,\cdots,0}_{n-1个},1,1,\cdots)$,$\cdots$,令 $f(\tilde{e}_k) = b_k$,那么 $\{b_k\}$ 是有界变差数列.

事实上,对于每个 N

$$\sum_{n=1}^{N} |b_n - b_{n+1}|$$

$$= \sum_{n=1}^{N} |f(\tilde{e}_n - \tilde{e}_{n+1})|$$

$$= \sum_{n=1}^{N} \mathrm{sign}\, f(\tilde{e}_n - \tilde{e}_{n+1}) \cdot f(\tilde{e}_n - \tilde{e}_{n+1})$$

$$= f\left(\sum_{n=1}^{N} \mathrm{sign}\, f(\tilde{e}_n - \tilde{e}_{n+1})(\tilde{e}_n - \tilde{e}_{n+1}) \right)$$

$$\leq \|f\| \cdot \left\| \sum_{n=1}^{N} \mathrm{sign}\, f(\tilde{e}_n - \tilde{e}_{n+1})(\tilde{e}_n - \tilde{e}_{n+1}) \right\|$$

$$= \|f\|$$

由 N 的任意性即知

$$\sum_{n=1}^{N} \|b_n - b_{n+1}\| \leq \|f\| < +\infty$$

对于每个 $\{c_n\} \in C$,设 $\lim_{n \to \infty} c_n = \xi$,那么

$$\lim_{N \to \infty} \sum_{n=1}^{N} (c_n - \xi)(\tilde{e}_n - \tilde{e}_{n+1}) = \{c_n\} - \xi \cdot \tilde{e}_1$$

按范数收敛意义在 C 中成立,于是有

$$f(\{c_n\}) = \xi \cdot f(\tilde{e}_1) + f\left(\lim_{N \to \infty} \sum_{n=1}^{N} (c_n - \xi)(\tilde{e}_n - \tilde{e}_{n+1}) \right)$$

$$= \xi \cdot b_1 + \lim_{N \to \infty} \sum_{n=1}^{N} (c_n - \xi) \cdot f(\tilde{e}_n - \tilde{e}_{n+1})$$

$$= \xi \cdot b_1 - \lim_{N \to \infty} \sum_{n=1}^{N} (c_n - \xi)(b_n - b_{n+1})$$

$$= \xi \cdot b_1 - \xi \cdot \sum_{n=1}^{N} (b_n - b_{n+1}) + \sum_{n=1}^{\infty} c_n(b_n - b_{n+1})$$

$$= \xi \cdot \left[b_1 - \sum_{n=1}^{\infty} (b_n - b_{n+1}) \right] + \sum_{n=1}^{\infty} c_n(b_n - b_{n+1})$$

$$= (\lim_{n \to \infty} c_n)(\lim_{n \to \infty} b_n) + \sum_{n=1}^{\infty} c_n(b_n - b_{n+1})$$

余下还须证明

$$\left| \lim_{n \to \infty} b_n \right| + \sum_{n=1}^{\infty} |b_n - b_{n+1}| \leqslant \|f\|$$

对于任意的自然数 N, 令

$$\{\xi_n^{(N)}\} = \begin{cases} \mathrm{sign}(b_i - b_{i+1}), i \leqslant N \\ \mathrm{sign}(\lim_{n \to \infty} b_n), i > N \end{cases}$$

那么有

$$f(\{\xi_n^{(N)}\})$$

$$= \left| \lim_{n \to \infty} b_n \right| + \sum_{n=1}^{N} |b_n - b_{n+1}| +$$

$$\mathrm{sign}(\lim_{n \to \infty} b_n) \cdot \sum_{n=N}^{\infty} (b_n - b_{n+1})$$

$$|f(\xi_n^{(N)})| \leqslant \|f\| \cdot \|\{\xi_n^{(N)}\}\| = \|f\|$$

从而有

$$\left| \lim_{n \to \infty} b_n \right| + \sum_{n=1}^{N} |b_n - b_{n+1}| +$$

$$\mathrm{sign}(\lim_{n \to \infty} b_n) \cdot \sum_{n=N}^{\infty} (b_n - b_{n+1}) \leqslant \|f\|$$

再令 $N \to \infty$，即得 $\| \{b_n\} \|_1 \leqslant \|f\|$. 结合式(4)即知

$$\|f\| = \| \{b_n\} \|_1$$

这就证明了 $C^* = (BV(S), \| \cdot \|_1)$.

定理 4 的证明 $\tilde{e} = (1, 1, 1, \cdots)$ 显然是 $BV(S)$ 的单位元，由定理 2 及 l' 的完备性可知 $(BV(S), \| \cdot \|_1)$ 是巴拿赫空间.

下面证明对于任何 $\{b_n\}$ 与 $\{b'_n\}$，$\{c_n\} = \{b_n\} \cdot \{b'_n\} = \{b_n \cdot b'_n\}$，有

$$\| \{c_n\} \|_1 = \| \{b_n \cdot b'_n\} \|_1 \leqslant \| \{b_n\} \|_1 \cdot \| \{b'_n\} \|_1$$

记 $b'_0 = b_0 = 0$. 只须证明对于每个自然数 N，都有

$$\sum_{n=0}^{N} |b_n \cdot b'_n - b_{n+1} \cdot b'_{n+1}| \leqslant \| \{b_n\} \|_1 \cdot \| \{b'_n\} \|_1$$

而

$$\sum_{n=0}^{N} |b_n b'_n - b_{n+1} b'_{n+1}|$$

$$\leqslant \sum_{n=0}^{N} |b_{i+1}| \cdot |b'_n - b'_{n+1}| + \sum_{n=0}^{N} |b'_n| \cdot |b_n - b_{n+1}|$$

$$\leqslant |b_0 - b_1| \cdot |b'_0 - b'_1| + (|b_0 - b_1| + |b_1 - b_2|) \cdot |b'_1 - b'_2| + \cdots + (|b_0 - b_1| + |b_1 - b_2| + \cdots + |b_N - b_{N+1}|) \cdot |b'_N - b'_{N+1}| + |b'_0 - b'_1| \cdot |b_1 - b_2| + (|b'_0 - b'_1| + |b'_1 - b'_2|) \cdot |b_2 - b_3| + \cdots + (|b'_0 - b'_1| + |b'_1 - b'_2| + \cdots + |b'_{N+1} - b'_N|) \cdot |b_N - b_{N+1}|$$

$$= \left(\sum_{i=0}^{N} |b_i - b_{i+1}| \right) \cdot |b'_0 - b'_1| + \left(\sum_{i=0}^{N} |b_i - b_{i+1}| \right) \cdot |b'_1 - b'_2| + \cdots + \left(\sum_{i=0}^{N} |b_i - b_{i+1}| \right) \cdot |b_N - b_{N+1}|$$

$$= \left(\sum_{i=0}^{N} |b_i - b_{i+1}| \right) \cdot \left(\sum_{i=0}^{N} |b'_i - b'_{i+1}| \right)$$

$$\leqslant \left(\sum_{i=0}^{\infty} |b_i - b_{i+1}| \right) \cdot \left(\sum_{i=0}^{\infty} |b'_i - b'_{i+1}| \right)$$

$$= \| \{b_n\} \|_1 \cdot \| \{b'_n\} \|_1$$

再令 $N \to \infty$，即得

$$\| \{c_n\} \|_1 \leqslant \| \{b_n\} \|_1 \cdot \| \{b'_n\} \|_1$$

证毕.

参考文献

[1]严绍宗,童裕孙.实变函数论与泛函分析[M].北京:经济科学出版社,1992.

[2]定光桂.巴拿赫空间引论[M].北京:科学出版社,1984.

分组有界变差条件对级数若干经典定理的推广[①]

第 8 章

1. 引言

首先给出如下定义：

非负数列 $A = \{a_n\}_{n=1}^{\infty}$ 称为拟单调的，如果对于某一 $\alpha \geq 0$，对所有 n 满足

$$a_{n+1} \leq a_n \left(1 + \frac{\alpha}{n}\right)$$

简记为 $\{a_n\} \in \text{QMS}.$

在文献[1]中首先给出了 GBV 数列，定义如下：

如果非负数列 $A = \{a_n\}_{n=1}^{\infty}$ 对所有自然数 n 满足

$$\sum_{k=n}^{2n} |\Delta a_k| \leq M(A) a_n$$

那么称数列 A 为分组有界变差数列，简记为 $A \in \text{GBVS}$，其中 $M(A)$ 是一仅依赖于数列 A 的正常数。

---

① 引自 2013 年第 43 卷第 23 期的《数学的实践与认识》，原作者为宁波大学理学院数学系的乐瑞君、解烈军.

易知,上述的拟单调数列与分组有界变差数列均是单调数列的推广.

文献[1]中已证明若数列 $A \in$ QMS,则有 $A \in$ GBVS.

文献[2]中提出了均值有界变差数列(MVBVS),定义如下:

如果非负数列 $A = \{a_n\}_{n=1}^{\infty}$ 对所有自然数 n 和某个 $\lambda \geqslant 2$ 满足

$$\sum_{k=n}^{2n} |\Delta a_k| \leqslant \frac{M(A)}{n} \sum_{k=\left[\frac{n}{\lambda}\right]}^{[\lambda n]} a_k$$

那么称 A 为均值有界变差数列,简记为 $A \in$ MVBVS.

显然,若 $\{a_n\} \in$ GBVS,则 $\{a_n\} \in$ MVBVS.

上述的拟单调数列,分组有界变差数列与均值有界变差数列在傅里叶(Fourier)分析中有广泛的应用.文献[2]中说明了均值有界变差条件在三角级数的一致收敛性证明过程中,几乎是单调性条件的最终推广.

宁波大学理学院数学系的乐瑞君、解烈军两位教授2013年把上述条件应用到经典的级数理论中.

很早以前,奥托·萨斯兹(Otto Szasz)证明了如下定理:

定理 S1　令 $\{\lambda_n\}_{n=0}^{\infty}$ 是一严格单调递增的正数列,满足

$$\lambda_{n+1} - \lambda_n = O(\lambda_n - \lambda_{n-1}) \quad (n \to \infty) \tag{1}$$

若数列 $\{a_n\} \in$ QMS,则级数 $\sum_{n=1}^{\infty} a_n$ 与 $\sum_{n=1}^{\infty} (\lambda_n - \lambda_{n-1}) a_{\lambda_n}$ 有相同的敛散性.

特殊的,若令 $\lambda_n = 2^n$,即有熟知的柯西并项检测法:$\sum\limits_{n=1}^{\infty} a_n$ 与 $\sum\limits_{n=1}^{\infty} 2^n a_{2^n}$ 有相同的敛散性.

同时,奥托·萨斯兹把数列中的拟单调条件推广到拟单调函数,有如下结论:

定理 S2 假设对任意的 $x \geqslant 1, 0 < y < 1$ 有

$$0 < a(x + y) \leqslant \left(1 + \frac{\alpha}{x}\right) a(x) \tag{2}$$

令 $a(n) = a_n$,则级数 $\sum\limits_{n=1}^{\infty} a_n$ 与积分 $\int_1^{\infty} a(x)\,\mathrm{d}x$ 有相同的敛散性.

显然上述两个定理是对经典分析中的在单调性条件下有关级数理论的推广,本章将用分组有界变差条件(GBV)来推广上述两个定理.

2. 主要定理及证明

定理 1 令 $\{\lambda_n\}_{n=0}^{\infty}$ 是一严格单调递增的正数列且满足式(1),若 $\{a_n\} \in \mathrm{GBVS}$,则级数 $\sum\limits_{n=1}^{\infty} a_n$ 与 $\sum\limits_{n=1}^{\infty} (\lambda_n - \lambda_{n-1}) a_{\lambda_n}$ 有相同的敛散性.

类似于定理 S2 中式(2)的定义,我们把分组有界变差数列推广到分组有界变差函数:

设非负函数 $f(x)$ 在任何有限区间 $[0, X]$ 上为一有界变差函数,若对充分大的 M,有

$$\int_M^{2M} |\,\mathrm{d}f(x)\,| \leqslant C(f) f(M)$$

则记 $f(x) \in \mathrm{GBVF}(\mathbf{R}_+)$,其中 $C(f)$ 为只与 f 有关的正常数.

定理 2　若 $f(x) \in \mathrm{GBVF}(\mathbf{R}_+)$，令 $f_n = f(n)$，则级数 $\sum\limits_{n=1}^{\infty} f_n$ 与积分 $\int_1^{\infty} f(x)\,\mathrm{d}x$ 有相同的敛散性.

在以下定理的证明过程中，C 或 M 都代表常数，不同的地方可能会取到不同的数值. 下文中出现的 $[x]$ 表示不超过 x 的最大整数.

定理 1 的证明　由阿贝尔（Abel）变换知

$$
\begin{aligned}
\sum_{k=\lambda_{n-1}+1}^{\lambda_n} a_k &= \sum_{k=\lambda_{n-1}+1}^{\lambda_n} \left[k - \lambda_{n-1} - (k - 1 - \lambda_{n-1}) \right] a_k \\
&= \sum_{k=\lambda_{n-1}+1}^{\lambda_n - 1} (k - \lambda_{n-1}) \Delta a_k + (\lambda_n - \lambda_{n-1}) a_{\lambda_n} \\
&\leqslant (\lambda_n - \lambda_{n-1}) \sum_{k=\lambda_{n-1}+1}^{\lambda_n - 1} |\Delta a_k| + (\lambda_n - \lambda_{n-1}) a_{\lambda_n}
\end{aligned}
$$

$$(3)$$

考虑 $\sum\limits_{k=\lambda_{n-1}+1}^{\lambda_n - 1} |\Delta a_k|$.

由式（1）知，$\lambda_n = O(\lambda_{n-1})$，因此可以选择一有限数 $N \in \mathbf{N}^*$，使得 $2^{N-1} \lambda_{n-1} \leqslant \lambda_n < 2^N \lambda_{n-1}$，则

$$
\sum_{k=\lambda_{n-1}+1}^{\lambda_n - 1} |\Delta a_k| \leqslant \sum_{j=0}^{N-1} \sum_{k=2^j \lambda_{n-1}}^{2^{j+1} \lambda_{n-1}} |\Delta a_k| \leqslant M(A) \sum_{j=0}^{N-1} a_{2^j \lambda_{n-1}}
$$

由于对任意的 $1 \leqslant j \leqslant N$ 均有

$$
a_{2^j \lambda_{n-1}} \leqslant \sum_{k=2^{j-1} \lambda_{n-1}}^{2^j \lambda_{n-1}} |\Delta a_k| + a_{2^{j-1} \lambda_{n-1}} \leqslant M(A) a_{2^{j-1} \lambda_{n-1}}
$$

所以有

$$
\sum_{j=0}^{N-1} a_{2^j \lambda_{n-1}} \leqslant (1 + M(A) + M^2(A) + \cdots + M^{N-1}(A)) a_{\lambda_{n-1}}
$$

$$
:= C a_{\lambda_{n-1}}
$$

同理可知

$$a_{\lambda_n} \leqslant C a_{\lambda_{n-1}}$$

由式(3)与(1)知

$$\sum_{k=\lambda_{n-1}+1}^{\lambda_n} a_k \leqslant C(\lambda_n - \lambda_{n-1}) a_{\lambda_{n-1}} \leqslant C(\lambda_{n-1} - \lambda_{n-2}) a_{\lambda_{n-1}}$$

即有

$$\sum_{n=1}^{\infty} a_n \leqslant \sum_{n=1}^{\infty} (\lambda_n - \lambda_{n-1}) a_{\lambda_n}$$

另外,我们分两种情况加以讨论.

(1)若 $\lambda_n \leqslant 2\lambda_{n-1}$,对任意的 $\lambda_{n-1} < j \leqslant \lambda_n$

$$a_{\lambda_n} \leqslant \sum_{k=j}^{\lambda_n} |\Delta a_k| + a_j \leqslant \sum_{k=j}^{2j} |\Delta a_j| + a_j \leqslant M(A) a_j$$

即有

$$(\lambda_n - \lambda_{n-1}) a_{\lambda_n} \leqslant M(A) \sum_{j=\lambda_{n-1}+1}^{\lambda_n} a_j$$

(2)若 $\lambda_n > 2\lambda_{n-1}$,设存在 $N \in \mathbf{N}^*$,使得

$$\frac{\lambda_n}{2^{N+1}} < \lambda_{n-1} \leqslant \frac{\lambda_n}{2^N}$$

当 $\left[\dfrac{\lambda_n}{2}\right] \leqslant j < \lambda_n$ 时

$$a_{\lambda_n} \leqslant \sum_{k=j}^{2j} |\Delta a_k| + a_j \leqslant M(A) a_j$$

同理,当 $\left[\dfrac{\lambda_n}{4}\right] \leqslant j < \dfrac{\lambda_n}{2}$时

$$a_{\left[\frac{\lambda_n}{2}\right]} \leqslant M(A) a_j$$

依此类推,当 $\lambda_{n-1} \leqslant j < \dfrac{\lambda_n}{2^N}$时

$$a\left[\frac{\lambda_n}{2^N}\right] \leqslant M(A)a_j$$

由此知

$$(\lambda_n - \lambda_{n-1})a_{\lambda_n}$$

$$\leqslant \left(\lambda_n - \left[\frac{\lambda_n}{2}\right]\right)a_{\lambda_n} + \left(\left[\frac{\lambda_n}{2}\right] - \left[\frac{\lambda_n}{4}\right]\right)a_{\left[\frac{\lambda_n}{2}\right]} + \cdots +$$

$$\left(\left[\frac{\lambda_n}{2^N}\right] - \lambda_{n-1}\right)a_{\left[\frac{\lambda_n}{2^N}\right]}$$

$$\leqslant M(A)\sum_{j=\left[\frac{\lambda_n}{2}\right]}^{\lambda_n-1} a_j + M(A)\sum_{j=\left[\frac{\lambda_n}{4}\right]}^{\left[\frac{\lambda_n}{2}\right]-1} a_j + \cdots + M(A)\sum_{j=\lambda_{n-1}}^{\left[\frac{\lambda_n}{2^N}\right]} a_j$$

$$= M(A)\sum_{j=\lambda_{n-1}}^{\lambda_n-1} a_j$$

由上述证明可知，$\sum a_n$ 与 $\sum (\lambda_n - \lambda_{n-1})a_{\lambda_n}$ 有相同的敛散性.

推论 1　若 $\{a_n\} \in GBVS$，且 $\sum a_n < +\infty$，则

$$\lim_{n\to\infty} na_n = 0$$

但是当 $\{a_n\} \in MVBVS$ 时，定理 1 不再成立. 如：
令

$$a_n = \begin{cases} \dfrac{1}{3^n}, k = 2^n \\ 1, 其他 \end{cases}$$

很容易证明 $\{a_n\} \in MVBVS$，且 $\sum a_n$ 发散. 但若令

$\lambda_n = 2^n$，则 $\sum (\lambda_n - \lambda_{n-1})a_{\lambda_n}$ 收敛.

定理 2 的证明　考虑 $n \leqslant x < 2n$

$$f(x) = f(x) - f(n) + f(n)$$

$$\leqslant \int_n^{2n} |df(t)| + f(n) \leqslant C(f)f(n)$$

即有

$$\int_n^{n+1} f(x)\,dx \leqslant C(f)f(n) \qquad (4)$$

另外,对任意的 $0 < t < 1$,有

$$f(n+1) = f(n+1) - f(n+t) + f(n+t)$$

$$\leqslant \int_{n+t}^{n+1} |df(t)| + f(n+t)$$

$$\leqslant \int_{n+t}^{2(n+t)} |df(x)| + f(n+t)$$

$$\leqslant C(f)f(n+t)$$

所以有

$$f(n+1) = \int_0^1 f(n+1)\,dt \leqslant C(f)\int_0^1 f(n+t)\,dt$$

$$= C(f)\int_n^{n+1} f(x)\,dx \qquad (5)$$

由式(4)(5)知,$\sum f(n)$ 与 $\int_1^\infty f(x)\,dx$ 有相同的敛散性.

类似于定理 2 的证明得到:

定理 3　若 $f(x) \in \mathrm{GBVF}(\mathbf{R}_+)$,且对任意的 $\mu \geqslant 0$,$\int_1^\infty x^\mu f(x)\,dx$ 收敛,则

$$\lim_{x\to\infty} x^{\mu+1}f(x) = 0$$

参考文献

[1] LE R J, ZHOU S P. A new condition for the uniform convergence of certain trigonometric series[J]. Acta

Math. Hungar. , 2005 , 108:161-169.

[2]ZHOU S P, ZHOU P, YU D S. Ultimate generalization to monotonicity for uniform convergence of trigonometric series[J]. Science China Math. , 2010, 53:1853-1862.

分组有界变差与几乎单调递减的关系[①]

第9章

1. 引言

在一致收敛和平均收敛的问题上,三角级数(傅里叶)系数的单调递减条件及其推广研究是相关研究者关注的焦点. 这类研究开始于英国学者 Chaundy 和 Jollife (1916)的工作及 Young(1913)的工作,产生了大量优秀的成果. 在系数数列集合间的关系中,目前已有很多好的成果,比如拟单调(QM)、剩余有界变差(RBV)等重要概念的引入. Le 和 Zhou 在文献[2]中提出了兼容两个发展方向(拟单调和有界变差)的分组有界变差(GBV)概念. 历史上还出现过其他一些推广性的条件,几乎单调递减(AMS)就是其中之一. 对于拟单调和有界变差这两个方向的研究已有比较丰富的结果,但关于 AMS 与各集合之间的

---

①　引自 2015 年第 33 卷第 1 期的《浙江理工大学学报》,原作者为浙江理工大学理学院的陈晓丹.

关系方面的研究相对较少.

对三角级数的一致收敛方面的研究,目前已经推广到均值有界变差(MVBV)概念,但出乎意料的是AMS条件却无法代替经典定理中的单调递减条件(参见文献[3]).在傅里叶最佳逼近中,AMS与拟几何递减条件有一定的关系.因此对AMS的探究可以增强对数列单调性的进一步认识,有助于对各种经典定理进行探索性推广,为后继研究者提供方便.浙江理工大学理学院的陈晓丹2015年研究了AMS与GBVS之间的关系.

2. 分组有界变差数列与几乎单调递减数列的定义

定义1　如果非负数列 $A = \{a_n\}_{n=1}^{\infty}$ 对所有自然数 n 满足 $\sum\limits_{k=n}^{2n} |\Delta a_k| \le M(A)a_n$,其中 $M(A)$ 是只与数列 A 相关的正常数,那么称数列 A 为分组有界变差数列,简记为 $A \in \mathrm{GBVS}$.

定义2　如果非负数列 $A = \{a_n\}_{n=1}^{\infty}$ 对任意 $k \ge n$,有 $a_k \le M(A)a_n$ 成立,其中 $M(A)$ 是只与数列 A 相关的正常数,那么称数列 A 为几乎单调递减数列,简记为 $A \in \mathrm{AMS}$.

文献[3]中已经指出 AMS 与 GBVS 之间互不包含,但目前并未给出确切证明.本章主要用构造数列的方法来证明两者的互不包含关系.

3. 定理及其证明

定理1　$\mathrm{GBVS} \not\subseteq \mathrm{AMS}, \mathrm{AMS} \not\subseteq \mathrm{GBVS}$.

证明　首先考虑 $\mathrm{GBVS} \not\subseteq \mathrm{AMS}$.

B - 数列与有界变差

设数列 $\{a_n\}$ 满足 $a_n = n^2 \geqslant 0$，则对于任意自然数 n，有下列不等式

$$\sum_{k=n}^{2n} |\Delta a_k| = a_{2n+1} - a_n = (2n+1)^2 - n^2 \leqslant 8n^2 = 8a_n$$

即数列 $\{a_n\} \in \mathrm{GBVS}$.

其中，只需令 $k = n^2$，有 $a_k = k^2 = n^4 \geqslant na_n$，即 $\lim\limits_{n \to \infty} \sup \dfrac{a_k}{a_n} = \infty$，故数列 $\{a_n\} \notin \mathrm{AMS}$.

接下来，考虑 $\mathrm{AMS} \nsubseteq \mathrm{GBVS}$.

设数列 $\{a_m\}$ 满足 $a_m = \begin{cases} 1 + \dfrac{1}{m}, & m = 2k \\ 2 - \dfrac{1}{m}, & m = 2k-1 \end{cases}, k = 1,$

$2, 3, \cdots$，易知 $a_m \geqslant 0$.

假定 $m \geqslant n$，分情况讨论：

（1）m, n 同为偶数时，由于数列 $\{a_m\}$ 单调递减，则 $a_m \leqslant a_n$.

（2）m, n 同为奇数时，即 $a_m = 2 - \dfrac{1}{m}$，$a_n = 2 - \dfrac{1}{n}$，则

$$\frac{a_m}{a_n} = \frac{2 - \dfrac{1}{m}}{2 - \dfrac{1}{n}} \leqslant \frac{2}{2 - \dfrac{1}{n}} = \frac{2n}{2n-1} \leqslant 2$$

（3）m, n 为一奇一偶时：

①m 为奇数，n 为偶数，即

$$a_m = 2 - \frac{1}{m}, \quad a_n = 1 + \frac{1}{n}$$

则

$$\frac{a_m}{a_n} = \frac{2 - \dfrac{1}{m}}{1 + \dfrac{1}{n}} \leqslant \frac{2}{1 + \dfrac{1}{n}} < 2$$

②m 为偶数, n 为奇数, 即 $a_m = 1 + \dfrac{1}{m}$, $a_n = 2 -$

$\dfrac{1}{n}$, 则

$$\frac{a_m}{a_n} = \frac{1 + \dfrac{1}{m}}{2 - \dfrac{1}{n}} \leqslant \frac{1 + \dfrac{1}{m}}{1} \leqslant 2$$

综上可知, 对任意 $m \geqslant n$, 都有 $a_m \leqslant 2a_n$, 即数列

$\{a_n\} \in \text{AMS}$.

但当 n 为偶数时, 有

$$\sum_{k=n}^{2n} |\Delta a_k| = \sum_{k=n}^{2n} \left| 1 + \frac{1}{k} - \left(2 - \frac{1}{k+1} \right) \right|$$

$$= \sum_{k=n}^{2n} \left(1 - \frac{1}{k} - \frac{1}{k+1} \right)$$

$$= n + 1 - \sum_{k=n}^{2n} \left(\frac{1}{k} + \frac{1}{k+1} \right)$$

$$\geqslant n + 1 - (n+1)\frac{2}{n}$$

$$= (n-2)\left(1 + \frac{1}{n} \right)$$

$$= (n-2)a_n$$

即

$$\limsup_{n\to\infty} \frac{\sum\limits_{k=n}^{2n} |\Delta a_k|}{a_n} = \infty$$

故数列 $\{a_n\} \notin$ GBVS. 证毕.

以上所构造的两个数列已经表明了 GBVS 与 AMS 互不包含,但这两个数列都不保证 $\lim\limits_{n\to\infty} a_n = 0$. 从实用意义上来看,我们希望能保持极限为零的特性,否则上面的例子都是平凡的. 为了对三角级数的一致收敛及其他经典定理进行更深刻的研究与应用,我们有必要进行深一步的探讨.

记 $v_m = 2^{2^m}$,定义非负数列 $\{b_n\}$

$$b_n = \begin{cases} \dfrac{1}{m^2 v_m}, & n = v_m \\[2mm] b_{v_m}\dfrac{n}{v_m}, & v_m < n \leqslant m v_m \\[2mm] b_{m v_m}, & m v_m < n < v_{m+1} \end{cases}$$

根据定义可以看出,对所有的 $n \geqslant 1$,均满足 $b_{n+1} \leqslant \left(1 + \dfrac{1}{n}\right) b_n$,这说明 $\left\{\dfrac{b_n}{n}\right\}$ 单调递减(即 $\{b_n\}$ 拟单调). 由文献 [3],我们知道 $\{b_n\} \in$ GBVS. 然而 $\dfrac{b_{m v_m}}{b_{v_m}} = m$,有 $\limsup\limits_{m\to\infty} \dfrac{b_{m v_m}}{b_{v_m}} = \infty$,故 $\{b_n\} \notin$ AMS.

这说明存在数列 $\{b_n\}$,满足 $\{b_n\} \in$ GBVS,但 $\{b_n\} \notin$ AMS,即 GBVS $\nsubseteq$ AMS.

另外,设数列 $\{b_n\}$ 满足 $b_n = \left(1 + \dfrac{(-1)^n}{2}\right)\dfrac{1}{j+1}$,其

中 $2^j \leqslant n < 2^{j+1}, j = 0, 1, 2, \cdots$.

对于任意的 $k \geqslant n$, 易知 $b_k \leqslant 3b_n$, 故数列 $\{b_n\} \in$ AMS. 然而

$$\sum_{k=2^j}^{2^{j+1}} |\Delta b_k| \geqslant \frac{2^j - 1}{j+1} = \frac{2}{3}(2^j - 1)b_{2^j}$$

即

$$\limsup_{j \to \infty} \frac{\sum_{k=2^j}^{2^{j+1}} |\Delta b_k|}{b_{2^j}} = \infty$$

故 $\{b_n\} \notin$ GBVS.

因此, 存在数列 $\{b_n\}$, 使其满足 $\{b_n\} \in$ AMS, 但 $\{b_n\} \notin$ GBVS, 即 AMS $\nsubseteq$ GBVS.

由以上两个例子, 定理得以证明.

参考文献

[1] YOUNG W H. On the Fourier series of bounded functions [J]. Proc. London Math. Soc., 1913, 12:41-70.

[2] LE R J, ZHOU S P. A new condition for the uniform convergence of certain trigonometric series [J]. Acta Math. Hungar, 2005, 108:161-169.

[3] 周颂平. 三角级数研究中的单调性条件:发展和利用 [M]. 北京:科学出版社, 2012:9-20.

实意义下分组有界变差条件对柯西并项准则的推广[①]

第 10 章

1. 引言

柯西收敛准则可以表述为:若$\{a_n\}$是一个非负递减数列,则级数$\sum_{n=1}^{\infty} a_n$和$\sum_{k=1}^{\infty} 2^k a_{2^k}$有相同的敛散性. 它是正项级数中若干经典准则之一. 学者们主要对于该定理中数列的单调性及非负性作推广工作. 1948 年,奥托·萨斯兹将柯西收敛准则中的非负递减数列推广到拟单调数列(QMS),并将数列中的拟单调条件推广到函数的拟单调条件上. 2005 年,周颂平和乐瑞君提出非负条件下的 GBV 的概念. 2013 年,乐瑞君等将文献[1]获得的条件推广至 GBV 条件,同时给出更广范围的

---

① 引自 2016 年第 35 卷第 2 期的《浙江理工大学学报(自然科学版)》,原作者为浙江理工大学理学院的陈晓丹、周颂平.

MVBV 条件下定理不成立的反例,这就说明 GBV 是该定理的最终适用范围.

基于前人的研究成果,浙江理工大学理学院的陈晓丹、周颂平两位老师 2016 年取消了 GBV 的非负性并采用巧妙的分割方法,将实意义下的分组有界变差数列之和转化为熟知的非负条件下的分组有界变差数列之和,得到实意义 GBV 条件下的数列及积分的柯西并项准则.

2. 定义

定义 1　如果实数列 $A := \{a_n\}_{n=1}^{\infty}$ 对所有 $n \geq 1$,有

$$\sum_{k=n}^{2n} |\Delta a_k| := \sum_{k=n}^{2n} |a_k - a_{k+1}| \leq M |a_n| \qquad (1)$$

成立,M 是仅依赖于数列 A 的正常数,那么称数列 $\{a_n\}_{n=1}^{\infty}$ 为分组有界变差的,记 $A \in \text{GBVS}$,不失一般性,可以假定 $M \geq 1$.

定义 2　对于任意 $X > 0$,函数 $f(x)$ 在有限区间 $[0,X]$ 上为一有界变差函数,若对充分大的 M,有

$$\int_{M}^{2M} |\mathrm{d}f| \leq C(f) |f(M)|$$

则记 $f(x) \in \text{GBVF}$,其中 $C(f)$ 是仅与 $f(x)$ 相关的正常数.

本章用 M 来代表条件 (1) 中出现的常数,M_1,M_2 等表示正常数,在不同的地方可能代表不同的值.

3. 定理及证明

引理 1　若 $A := \{a_n\}_{n=1}^{\infty} \in \text{GBVS}$,则有不等式

$$\sum_{k=n}^{2n} |\Delta a_k| \leq \frac{4M^2}{n} \sum_{n/2 \leq k \leq n} |a_k|$$

B – 数列与有界变差

证明 对任意 $n/2 \leqslant k \leqslant n$，由式(1)可知

$$|a_n| \leqslant \sum_{j=k}^{n-1} |\Delta a_j| + |a_k| \leqslant \sum_{j=k}^{2k} |\Delta a_j| + |a_k|$$
$$\leqslant (M+1)|a_k|$$

其中 M 是式(1)中的正常数. 对 k 进行从 $n/2$ 到 n 的累加，可以得到

$$|a_n| \leqslant \frac{2(M+1)}{n} \sum_{n/2 \leqslant k \leqslant n} |a_k|$$

因此

$$\sum_{k=n}^{2n} |\Delta a_k| \leqslant M|a_n| \leqslant \frac{2M(M+1)}{n}$$

$$\sum_{n/2 \leqslant k \leqslant n} |a_k| \leqslant \frac{4M^2}{n} \sum_{n/2 \leqslant k \leqslant n} |a_k|$$

引理 1 证毕.

给定一实数列 $\{a_n\}$，令 $n_1 = 1$，对所有 $k \geqslant 2$，记

$$n_k = \min\{n > n_{k-1} : a_n a_{n_{k-1}} < 0\}$$

当 n 充分大时，若数列 $\{a_n\}$ 保号，则自然数列 $\{n_k\}$ 的子列只有有限多个元素，这是平凡的情形，已经有结论成立. 不失一般性，可以假定 $\{n_k\}$ 是无限自然数子列. 由以上的定义，易知数列 $\{a_n\}$ 在每个集合

$$S_k := \{n_k, n_k + 1, \cdots, n_{k+1} - 1\} \tag{2}$$

中的符号是一致的.

记

$$M_0 = \frac{1}{128M^2} \tag{3}$$

$U = U(M_0) = \{S_k : |S_k| > M_0 n_k, k = 1, 2, \cdots\}$，其中 $|S_k|$ 表示 S_k 中元素的个数，并记

$$U^+ = \cup\{S_k \in U : a_{n_k} > 0\}$$

$$U^- = \cup\{S_k \in U : a_{n_k} < 0\}$$

然后,把 $\{S_k\} \cap U$ 的元素以递增的顺序重新排列,采用相同的方法选取 $\{n_k^*\}$,即

$$n_k^* = \min\{n > n_{k-1}^* : a_n a_{n_{k-1}^*} < 0\}$$

令

$$I_k = \{2^k, 2^k + 1, \cdots, 2^{k+1} - 1\}$$

及

$$S_{j,k}^* := S_j \cap I_k$$

同样,定义

$$J_k^{(1)} = \cup\{(S_j \cap I_k) : S_j \in U, S_j \cap I_k \neq \varnothing\}$$

$$J_k^{(2)} = \cup\{(S_j \cap I_k) : S_j \notin U, S_j \cap I_k \neq \varnothing\}$$

同时,记 $a_{\mu_{j,k}}$,使其满足

$$|a_{\mu_{j,k}}| = \max_{m \in S_{j,k}^*} |a_m|$$

定理 1　使用上文的符号,设 $\{\lambda_n\}_{n=0}^{\infty}$ 是一个严格单调递增的自然数列,满足

$$\lambda_{n+1} - \lambda_n = O(\lambda_n - \lambda_{n-1}) \quad (n = 1, 2, \cdots) \qquad (4)$$

如果 $\{a_n\} \in \mathrm{GBVS}$,且 $\{n_k^*\} \subseteq \{\lambda_n\} \subseteq U$,那么级数 $\sum_{n=1}^{\infty} |a_n|$ 与 $\sum_{\lambda_n \in U} (\lambda_n - \lambda_{n-1}) |a_{\lambda_n}|$ 有相同的敛散性.

证明　从 $\sum_{n=1}^{\infty} |a_n|$ 收敛推出 $\sum_{\lambda_n \in U} (\lambda_n - \lambda_{n-1}) \cdot |a_{\lambda_n}|$ 收敛的证明可由非负条件的结论以及 $|\Delta|a_n| \leqslant |\Delta a_n|$ 得到. 现在给出其反方向的证明.

由引理 1 与式(2),对任意固定的 k,易知

$$\frac{1}{2}\sum_{S^*_{j,k}\subseteq J^{(2)}_k}|a_{\mu_{j,k}}|\leqslant\frac{1}{2}\sum_{S^*_{j,k}\subseteq J^{(1)}_k\cup J^{(2)}_k}|a_{\mu_{j,k}}|$$

$$\leqslant\sum_{n=2^k}^{2^{k+1}}|\Delta a_n|$$

$$\leqslant\frac{4M^2}{2^k}\sum_{n=2^k/2}^{2^{k+1}}|a_n|$$

即

$$\frac{1}{2}\sum_{S^*_{j,k}\subseteq J^{(2)}_k}|a_{\mu_{j,k}}|$$

$$\leqslant\frac{4M^2}{2^k}\Big(\sum_{S^*_{j,k}\subseteq J^{(2)}_k}|S^*_{j,k}||a_{\mu_{j,k}}|+\sum_{n\in J^{(1)}_k}|a_n|\Big)+\frac{4M^2}{2^k}\sum_{n=2^k/2}^{2^{k-1}}|a_n|$$

通过移项，并且因$|S_j|\leqslant 2^{k+1}/(128M^2)$及$S^*_{j,k}\subseteq J^{(2)}_k$，可以得到以下不等式

$$\frac{1}{4}\sum_{S^*_{j,k}\subseteq J^{(2)}_k}|a_{\mu_{j,k}}|\leqslant\sum_{S^*_{j,k}\subseteq J^{(2)}_k}|a_{\mu_{j,k}}|\Big(\frac{1}{2}-4M^2|S^*_{j,k}|/2^{k+1}\Big)$$

$$\leqslant\frac{4M^2}{2^k}\sum_{n\in J^{(1)}_k}|a_n|+\frac{4M^2}{2^k}\sum_{n=2^k/2}^{2^{k-1}}|a_n|\qquad(5)$$

又因为

$$\sum_{n\in J^{(2)}_k}|a_n|\leqslant\sum_{S^*_{j,k}\subseteq J^{(2)}_k}|S_j||a_{\mu_{j,k}}|\leqslant\frac{2^{k+1}}{128M^2}\sum_{S^*_{j,k}\subseteq J^{(2)}_k}|a_{\mu_{j,k}}|$$

结合式(5)易知

$$\sum_{n\in J^{(2)}_k}|a_n|\leqslant\frac{1}{4}\sum_{n\in J^{(1)}_k}|a_n|+\frac{1}{4}\sum_{n=2^k/2}^{2^{k-1}}|a_n|$$

将$k=1$到N累计加起来，不难得出

$$\sum_{k=1}^{N}\sum_{n\in J^{(2)}_k}|a_n|\leqslant M_1|a_1|+2\sum_{k=1}^{N}\sum_{n\in J^{(1)}_k}|a_n|$$

因此

$$\sum_{j=1}^{2^N} |a_j| \leq M_1 \sum_{k=1}^{N} \sum_{n \in J_k^{(1)}} |a_n| \qquad (6)$$

对于任意的 $S_k \in U^+$，由条件 $\{n_k^*\} \subseteq \{\lambda_n\} \subseteq U$，假定

$$n_k^* = \lambda_{n_0} < \lambda_{n_0+1} < \cdots < \lambda_{n_1} \leq n_{k+1}^* - 1 < \lambda_{n_1+1}$$

对 $n = n_0+1, \cdots, n_1$，由阿贝尔变换，可得

$$\sum_{k=\lambda_{n-1}+1}^{\lambda_n} |a_k| = \left| \sum_{k=\lambda_{n-1}+1}^{\lambda_n} a_k \right|$$

$$= \left| \sum_{k=\lambda_{n-1}+1}^{\lambda_n-1} (k-\lambda_{n-1})\Delta a_k + (\lambda_n - \lambda_{n-1})a_{\lambda_n} \right|$$

$$\leq (\lambda_n - \lambda_{n-1}) \sum_{k=\lambda_{n-1}+1}^{\lambda_n} |\Delta a_k| +$$

$$(\lambda_n - \lambda_{n-1}) |a_{\lambda_n}|$$

由条件（4），易知 $\lambda_n = O(\lambda_{n-1})$. 此时，可以选择一个自然数 N_0 使得 $2^{N_0-1}\lambda_{n-1} \leq \lambda_n < 2^{N_0}\lambda_{n-1}$，故

$$\sum_{k=\lambda_{n-1}+1}^{\lambda_n} |\Delta a_k| \leq \sum_{j=0}^{N_0-1} \sum_{k=2^j\lambda_{n-1}}^{2^{j+1}\lambda_{n-1}} |\Delta a_k| \leq M_1 \sum_{j=0}^{N_0-1} |a_{2^j\lambda_{n-1}}|$$

对于任意 $1 \leq j \leq N_0$，由条件（1），有

$$|a_{2^j\lambda_{n-1}}| \leq \sum_{k=2^{j-1}\lambda_{n-1}}^{2^j\lambda_{n-1}} |\Delta a_k| + |a_{2^{j-1}\lambda_{n-1}}|$$

$$\leq M_1 |a_{2^{j-1}\lambda_{n-1}}|$$

因此

$$\sum_{j=0}^{N_0-1} |a_{2^j\lambda_{n-1}}| \leq (1 + M_1 + \cdots + M_1^{N_0-1}) |a_{\lambda_{n-1}}|$$

$$:= M_2 |a_{\lambda_{n-1}}|$$

同理，得到

$$|a_{\lambda_n}| \leq M_1 M_2 |a_{\lambda_{n-1}}|$$

103

故可知

$$\sum_{k=\lambda_{n-1}+1}^{\lambda_n} |a_k| \leq M_1 M_2 (\lambda_n - \lambda_{n-1}) |a_{\lambda_{n-1}}|$$

$$\leq M_3 (\lambda_{n-1} - \lambda_{n-2}) |a_{\lambda_{n-1}}|$$

$$(n = n_0 + 1, \cdots, n_1)$$

同样,可以得到

$$\sum_{k=\lambda_{n_1}}^{n_{k+1}^*-1} |a_k| \leq M_1 M_2 (n_{k+1}^* - \lambda_{n_1}) |a_{\lambda_{n_1}}|$$

$$\leq M_3 (\lambda_{n_1+1} - \lambda_{n_1}) |a_{\lambda_{n_1}}|$$

$$\leq M_4 (\lambda_{n_1} - \lambda_{n_1-1}) |a_{\lambda_{n_1}}|$$

左右两边进行求和

$$\sum_{n \in S_k \subseteq U^+} |a_n| \leq M_1 \left| \sum_{\lambda_n \in U^+} (\lambda_n - \lambda_{n-1}) a_{\lambda_n} \right|$$

对 U^- 有相同的结论. 因此,由条件(6),易获得

$$\sum_{n=1}^{\infty} |a_n|$$

$$\leq M_1 \max \left\{ \left| \sum_{\lambda_n \in U^+} (\lambda_n - \lambda_{n-1}) a_{\lambda_n} \right| \right.$$

$$\left. \left| \sum_{\lambda_n \in U^-} (\lambda_n - \lambda_{n-1}) a_{\lambda_n} \right| \right\}$$

$$\leq M_1 \sum_{\lambda_n \in U} (\lambda_n - \lambda_{n-1}) |a_{\lambda_n}|$$

定理 1 获证.

由定理 1 得知,在 GBV 条件下,可以避免计算数列中复杂变号的"小区间",因为它可以被"大区间"的值所控制,因此该定理有若干潜在的应用价值. 下面给出一个例子.

例 1 设 $n_k^{(1)} = 2^k$，$n_k^{(2)} = 2^k + k + 1$，$n_k^{(3)} = 2^{k+1} - k$，

$k \geqslant 3$. 对于给定常数 M，数列 $A: = \{a_n\}_{n=1}^{\infty}$ 满足：

（1）$\lim\limits_{n \to \infty} a_n = 0$；

（2）$|a_n| \leqslant M |a_{n_k^{(2)}}|$，$n_k^{(1)} \leqslant n < n_{k+1}^{(1)}$.

分段定义：

（3）当 $n_k^{(2)} \leqslant n < n_k^{(3)}$ 时，$\{|a_n|\}$ 是单调递减数列；

（4）数列 $\{a_n\}$ 在 $n_k^{(1)} \leqslant n < n_k^{(2)}$ 与 $n_k^{(3)} \leqslant n < n_{k+1}^{(1)}$ 上变号次数的上限 M 与 k 无关.

不妨以 $n_k^{(1)} \leqslant n < n_k^{(2)}$ 为例：

令 $d_k^{(i)} = n_k^{(1)} + i \left[\dfrac{k}{M} \right]$，$i = 0, 1, 2, \cdots, M - 1$. 由定义知 $n_k^{(1)} \leqslant d_k^{(i)} < n_k^{(2)}$，并记 $d_k^{(M)} = n_k^{(2)}$.

在 $d_k^{(i)} \leqslant n < d_k^{(i+1)}$ 上定义：$a_n = (-1)^i a_{n_k^{(2)}}$，即数列只在 $n = d_k^{(i)}$ 处变号，则在整个区间上共计有限个变号点，即有不等式

$$\sum_{j=n_k^{(1)}}^{n_k^{(2)}} |\Delta a_j| \leqslant 2M |a_{n_k^{(2)}}|$$

以这种方法构造出来的数列 $\{a_n\}$ 无论在小区间还是大区间上，数列 $\{a_n\}$ 都满足 GBV 条件. 采用定理 1 的分割方法易得 $\sum\limits_{j=1}^{2^N} |a_j| \leqslant M_1 \sum\limits_{k=1}^{N} \sum\limits_{j=n_k^{(2)}}^{n_k^{(3)}} |a_j|$. 同样的方法可以定义 $\{n_k^*\}$ 是经过重新排列后选取的首个与前项异号项的项数.

由此，只须令

$$n_k^{*(2)} = \lambda_{n_0} < \lambda_{n_0+1} < \cdots < \lambda_{n_1} \leqslant n_{k+1}^{*(2)} - 1 < \lambda_{n_1+1}$$

则 $\{\lambda_n\}_{n=0}^{\infty}$ 满足条件

$$\lambda_{n+1} - \lambda_n = O(\lambda_n - \lambda_{n-1}) \quad (n = 1, 2, \cdots)$$

根据定理 1 可以知道, 判断级数 $\sum\limits_{n=1}^{\infty} |a_n|$ 的敛散性, 只须判断级数 $\sum\limits_{\lambda_n \in U} (\lambda_n - \lambda_{n-1}) |a_{\lambda_n}|$ 的敛散性即可.

定理 2 使用定理 1 的符号, 若 $f(x) \in$ GBVF, 令 $f_n = f(n)$, 则级数 $\sum\limits_{n=1}^{\infty} |f_n|$ 与积分 $\int_U |f(x)| \, \mathrm{d}x$ 有相同的收敛性.

该定理的证明类似于文献[4]中定理 2 的证明, 并采用定理 1 的分割方法.

4. 结语

本章在取消 GBV 非负性条件下, 采用巧妙的分割方法, 将复杂变号的"小区间"为"大区间"的值所控制, 从而将变号条件下定理的研究转化为熟悉的"大区间"条件下定理的研究, 并将柯西并项准则推广至积分的情形. 由文献[4]可知, 分组有界变差条件是柯西并项准则适用的最终条件. 因此, 本章给出了最终适用范围的实意义分组有界变差条件下的柯西并项准则.

参考文献

[1] SZÁSZ O. Quasi-monotone series [J]. American Journal of Mathematics, 1948, 70:203-206.

[2] LE R J, ZHOU S P. A new condition for the uniform

convergence of certain trigonometric series[J]. Acta Mathematica Hungarica, 2005, 108 (1-2):161-169.

[3]周颂平. 三角级数研究中的单调性条件:发展和应用[M]. 北京:科学出版社,2012:9-20.

[4]乐瑞君,解烈军. 分组有界变差条件对级数若干经典定理的推广[J]. 数学的实践与认识,2013, 42(23):282-286.

第 三 编
有界变差函数的性质

关于有界变差函数的复合函数仍为有界变差函数的条件[①]

第
11
章

　　有界变差函数是数学分析中重要的一类函数,它对定积分概念的推广有重要意义. L. M. 菲赫金格尔茨《微积分学教程》第三卷第一分册给出了有界变差函数的概念、性质及其判别方法,嘉应大学的古定桂教授 1994 年给出了有界变差函数的复合函数仍为有界变差函数的一些条件.

　　引理 1　设函数 $f(y)$,$\varphi(x)$ 为单调函数,则函数 $f(\varphi(x))$ 也为单调函数.

　　证明　不妨设函数 $f(y)$ 为区间 J 上的单调递增函数,$\varphi(x)$ 为区间 I 上的单调递减函数,则对任意 $x_1,x_2 \in I$,当 $x_1 < x_2$ 时,有

$$\varphi(x_1) \geqslant \varphi(x_2)$$

　　①　引自 1994 年第 2 期的《嘉应大学学报(自然科学版)》,原作者为嘉应大学的古定桂.

因而有

$$f(\varphi(x_1)) \geqslant f(\varphi(x_2))$$

故 $f(\varphi(x))$ 为区间 I 上的单调函数.

同理可证其他情况.

引理 2 如果函数 $f(x)$ 满足,把区间 $[a,b]$ 分成有限个部分

$$[a_k, a_{k+1}] \quad (k = 0, 1, \cdots, m-1)$$

而在每一部分 $f(x)$ 是有界变差的,那么在 $[a,b]$ 上 $f(x)$ 是有界变差的.

证明 用任意分法借助分点

$$a = x_0 < x_1 < \cdots < x_n = b$$

将区间 $[a,b]$ 分成许多部分,作和

$$V = \sum_{i=0}^{n-1} |f(x_{i+1}) - f(x_i)|$$

由于每加入一新分点后,只可使 V 增加,故若将所有上面的 $a_k(k = 0, 1, \cdots, m-1)$ 一起加到分点中,所得和 $\overline{V} \geqslant V$. 由于

$$\overline{V} = \sum_{k=0}^{m-1} V^{(k)}$$

这里 $V^{(k)}$ 为 $f(x)$ 在区间 $[a_k, a_{k+1}]$ 上. 关于以上分点的和,由于 $f(x)$ 为 $[a_k, a_{k+1}]$ 上的有界变差函数,所以和 $V^{(k)}$ 有界,因而

$$V \leqslant \overline{V} = \sum_{k=0}^{m-1} V^{(k)}$$

也有界,故 $f(x)$ 在 $[a,b]$ 上为有界变差函数.

定理 1 设函数 $f(y)$ 为有界变差函数,$\varphi(x)$ 为单

调函数,则 $f(\varphi(x))$ 为有界变差函数.

证明　由于 $f(y)$ 为有界变差函数,所以由有界变差函数的性质知,存在两个单调增加函数 $g(y),h(y)$,使得

$$f(y) = g(y) - h(y)$$

故

$$f(\varphi(x)) = g(\varphi(x)) - h(\varphi(x))$$

由于 $\varphi(x)$ 为单调函数,由引理 1, $g(\varphi(x))$, $h(\varphi(x))$ 为单调函数,因而由《微积分学教程》中的结论, $g(\varphi(x))$, $h(\varphi(x))$ 为有界变差函数,故 $f(\varphi(x))$ 为有界变差函数.

推论 1　设 $f(y)$ 为有界变差函数,而 $\varphi(x)$ 满足条件,把区间 $[a,b]$ 分为有限个部分

$$[a_k, a_{k+1}] \quad (k = 0, 1, \cdots, m-1)$$

而在每一部分上函数 $\varphi(x)$ 单调,则 $f(\varphi(x))$ 为有界变差函数.

证明　由于 $\varphi(x)$ 在 $[a_k, a_{k+1}]$ 上单调,而 $f(y)$ 为有界变差函数,故由定理 1 知, $f(\varphi(x))$ 为 $[a_k, a_{k+1}]$ $(k = 0, 1, \cdots, m-1)$ 上的有界变差函数. 由引理 2, $f(\varphi(x))$ 在 $[a,b]$ 上为有界变差函数.

定理 2　若 $f(y)$ 满足李普希茨条件, $\varphi(x)$ 为区间 $[a,b]$ 上的有界变差函数,则 $f(\varphi(x))$ 为有界变差函数.

证明　由于函数 $f(y)$ 满足李普希茨条件,故对任意 $y, \bar{y}$ 都有

$$|f(\bar{y}) - f(y)| \leqslant \angle |\bar{y} - y| \quad (\angle = \mathrm{const})$$

由于 $\varphi(x)$ 为有界变差函数,所以用任意分法借助分点

$$a = x_0 < x_1 < \cdots < x_n = b$$

将区间 $[a,b]$ 分成许多部分, 和

$$V = \sum_{i=1}^{n} |\varphi(x_i) - \varphi(x_{i-1})|$$

有界, 因而对这一分法, 和

$$\overline{V} = \sum_{i=1}^{n} |f(\varphi(x_i)) - f(\varphi(x_{i-1}))|$$

$$\leqslant \angle \sum_{i=1}^{n} |\varphi(x_i) - \varphi(x_{i-1})|$$

也有界.

故 $f(\varphi(x))$ 为有界变差函数.

推论 2　设 $\varphi(x)$ 为有界变差函数, 函数 $f(y)$ 满足条件, 把区间 $[c,d]$ 分成有限个部分

$$[C_k, C_{k+1}] \quad (k = 0, 1, \cdots, m-1)$$

而在每一部分, $f(y)$ 满足李普希茨条件, 则 $f(\varphi(x))$ 为有界变差函数.

证明　由于 $f(y)$ 在区间 $[C_k, C_{k+1}]$ $(k = 0, 1, \cdots, m-1)$ 上满足李普希茨条件, 故对任意 $\overline{y}, y \in [C_k, C_{k+1}]$, 都有

$$|f(\overline{y}) - f(y)| \leqslant \angle_k |\overline{y} - y| \quad (\angle_k = \text{const})$$

取 $\angle = \max\limits_{0 \leqslant k \leqslant m-1} \{\angle_k\}$, 则对任意 $\overline{y}, y \in [c,d]$, 都有

$$|f(\overline{y}) - f(y)| \leqslant \angle |\overline{y} - y|$$

即 $f(y)$ 在 $[c,d]$ 上满足李普希茨条件.

由 $\varphi(x)$ 为有界变差函数, 故由定理 2, $f(\varphi(x))$ 为有界变差函数.

以上各结论对区间为无限仍成立, 这里就不再赘述了.

关于有界变差函数的几个充要条件[①]

第12章

　　锦州师范学院(现渤海大学)的王少武,辽宁工学院的于自强和黑山二中的刘艳秋三位老师于1996年讨论了有界变差函数$f(x)$在闭区间上连续的充要条件以及函数$f(x)$在闭区间上有有界变差的充要条件.

　　设函数$f(x)$在$[a,b]$上有定义,用点$x_1 < x_2 < \cdots < x_{n-1}$将$[a,b]$分为$n$段,令$a = x_0, b = x_n$. 和数

$$\sigma = \sum_{i=1}^{n} |f(x_i) - f(x_{i-1})|$$

依赖于闭区间$[a,b]$的分法. 若对于闭区间$[a,b]$的一切可能分法,此和数σ都不超过某一个正数,则说函数$f(x)$在$[a,b]$上有有界变差,且对$[a,b]$的一切可能的

---

　　① 引自1996年第16卷第1期的《辽宁工学院学报》,原作者为锦州师范学院的王少武,辽宁工学院的于自强和黑山二中的刘艳秋.

分法,和数 σ 的上确界称为函数 $f(x)$ 的变差,记为 $\overset{b}{\underset{a}{\bigvee}} f$

$$\overset{b}{\underset{a}{\bigvee}} f = \sup \sum_{i=1}^{n} |f(x_i) - f(x_{i-1})|$$

显然此上确界是对线段 $[a,b]$ 的所有分法来取的.

具有有界变差的函数称为有界变差函数,否则称为无界变差函数. 对于有界变差函数,不等式 $\overset{b}{\underset{a}{\bigvee}} f <$ $+\infty$ 成立.

如果设 $f(x)$ 是在 $[a,b]$ 上的有界变差函数,用 $F(x) = \overset{x}{\underset{a}{\bigvee}} f$ 表示 $f(x)$ 在 $[a,x]$ 这段上的变差,将有下面的定理成立.

定理 1 函数 $f(x)$ 在点 $x_0 \in [a,b]$ 为连续的充分必要条件为:函数 $F(x)$ 在点 x_0 连续.

证明 "$\Leftarrow$". 设函数 $F(x)$ 在点 x_0 连续,下面证明函数 $f(x)$ 在点 x_0 的连续性.

设 $h > 0$,那么, $|f(x_0 + h) - f(x_0)| \leqslant \overset{x_0+h}{\underset{x_0}{\bigvee}} f(x)$ 成立. 而

$$\overset{x_0+h}{\underset{x_0}{\bigvee}} f(x) = \overset{x_0+h}{\underset{a}{\bigvee}} f(x) - \overset{x_0}{\underset{a}{\bigvee}} f(x) = F(x_0 + h) - F(x)$$

所以

$$|f(x_0 + h) - f(x_0)| \leqslant F(x_0 + h) - F(x_0)$$

由 $F(x)$ 在点 x_0 的连续性得出,当 $h \to +0$ 时

$$f(x_0 + h) - f(x_0) \to 0$$

这说明 $f(x)$ 在点 x_0 右连续. 类似可证明 $f(x)$ 在点 x_0 左连续. 由此知 $f(x)$ 在点 x_0 连续.

"$\Rightarrow$". 设 $f(x)$ 在点 $x_0 \in [a,b]$ 连续,下面证明函

数 $F(x)$ 在点 x_0 连续.

任取一个 $\varepsilon > 0$，证明存在 $h > 0$，当 $x_0 < \xi < x_0 + h$ 时
$$|F(\xi) - F(x_0)| < \varepsilon$$
为此，构造线段 $[x_0, b]$ 的一种分法
$$x_0 < x_1 < x_2 < \cdots < x_n = b$$
使
$$\left| \sum_{i=1}^{h} |f(x_i) - f(x_{i-1})| - \bigvee_{x_0}^{b} f(x) \right| < \varepsilon/2$$
同时，我们总可以认为点 x_1 是如此接近 x_0，以至于
$$|f(x_1) - f(x_0)| < \varepsilon/2$$
（如果点 x_1 离 x_0 太远，可增加一个分点到诸点中，使之充分接近于 x_0，增加一个分点到诸分点中只可能使模数增加）. 于是，有
$$\sum_{i=1}^{n} |f(x_i) - f(x_{i-1})| > \bigvee_{x_0}^{b} f(x) - \varepsilon/2$$
即
$$
\begin{aligned}
\bigvee_{x_0}^{b} f(x) &< \sum_{i=1}^{n} |f(x_i) - f(x_{i-1})| + \varepsilon/2 \\
&= |f(x_1) - f(x_0)| + \sum_{i=2}^{n} |f(x_i) - f(x_{i-1})| + \varepsilon/2 \\
&< \varepsilon/2 + \bigvee_{x_1}^{b} f(x) + \varepsilon/2 \\
&= \bigvee_{x_1}^{b} f(x) + \varepsilon
\end{aligned}
$$
所以
$$\bigvee_{x_0}^{b} f(x) - \bigvee_{x_1}^{b} f(x) < \varepsilon$$
即 $\bigvee_{x_0}^{x_1} f(x) < \varepsilon$. 于是得

$$\bigvee_a^{x_1} f(x) - \bigvee_a^{x_0} f(x) < \varepsilon$$

令 $x_1 = x_0 + h$，得出

$$F(x_0 + h) - F(x_0) < \varepsilon$$

因为 $F(x)$ 是增函数，所以对于任意 $\xi, x_0 < \xi < x_0 + h$，有

$$|F(\xi) - F(x_0)| < \varepsilon$$

这说明函数 $F(x)$ 在点 x_0 右连续. 类似可证 $F(x)$ 在点 x_0 左连续，所以函数 $F(x)$ 在点 x_0 是连续的. 证毕.

如果函数在 $[a, b]$ 上是单调的，那么它的间断点所成之集至多是可数的，且它的一切间断点都是第一类间断点. 若函数在 $[a, b]$ 上有有界变差，那么它是两个间断增函数之差. 所以有界变差函数间断点所成之集也是至多可数的，且一切间断点均是第一类间断点. 于是由定理1，可得如下推论.

推论1 若 $f(x)$ 是在 $[a, b]$ 上的有界变差间断函数，则 $F(x) = \bigvee_a^x f(x)$ 在 $[a, b]$ 上也间断，并且两个函数的间断点是相同的一些点，且在每一个间断点 x_0，下列等式成立

$$|f(x_0 + 0) - f(x_0)| = F(x_0 + 0) - F(x_0)$$

$$|f(x_0) - f(x_0 - 0)| = F(x_0) - F(x_0 - 0)$$

引理1 若函数 $f(x)$ 在 $[a, b]$ 上有有界变差，则它的绝对值 $|f(x)|$ 在这个闭区间上也有有界变差.

证明 由不等式 $|\alpha - \beta| \geq ||\alpha| - |\beta||$（对任意数 α, β），很容易得出这个结论.

对 $[a, b]$ 的任意分法有

$$\sum_{i=1}^n ||f(x_i)| - |f(x_{i-1})|| \leq \sum_{i=1}^n |f(x_i) - f(x_{i-1})|$$

$$\leqslant \bigvee_a^b f(x)$$

因而函数 $|f(x)|$ 有有界变差,且 $\bigvee_a^b |f(x)| \leqslant \bigvee_a^b f(x)$.

但引理 1 逆之不真. 比如设

$$f(x) = \begin{cases} 1, & \text{当 } x \text{ 为无理数} \\ -1, & \text{当 } x \text{ 为有理数} \end{cases}$$

那么 $|f(x)| = 1$. 而 $|f(x)|$ 在任意线段 $[a,b]$ 上有有界变差. 但 $f(x)$ 在同一线段上是无界变差函数. 如果我们把条件加强为:$f(x)$ 是 $[a,b]$ 上的连续函数,将有下面的引理 2.

引理 2　设 $f(x)$ 是 $[a,b]$ 上的连续函数. 若 $|f(x)|$ 在 $[a,b]$ 上有有界变差,则 $f(x)$ 在此闭区间上也有有界变差.

证明　$f(x)$ 是连续函数,取线段 $[a,b]$ 的任一分法,用 σ 表示对这个分法函数 $f(x)$ 的改变量的模数之和. 如果在这个分法的某一线段 (x_{i-1}, x_i) 上,函数 $f(x)$ 不变号,那么函数在这个线段上的改变量按绝对值等于模函数的改变量. 如果在线段 (x_{i-1}, x_i) 上函数变号,那么根据连续性,函数 $f(x)$ 在某一点 $\xi_i (x_{i-1} < \xi_i < x_i)$ 为零,因此在每一个线段 (x_{i-1}, ξ_i) 和 (ξ_i, x_i) 上,函数的改变量按绝对值等于它的模函数的改变量. 所以

$$|f(x_i) - f(x_{i-1})|$$
$$\leqslant |f(x_i) - f(\xi_i)| + |f(\xi_i) - f(x_{i-1})|$$
$$= ||f(x_i)| - |f(\xi_i)|| + ||f(\xi_i)| - |f(x_{i-1})||$$

于是对于任意给定的分法,函数 $f(x)$ 的改变量的模数之和 σ 不超过对某一分法(就是上面的那些点 ξ_i 加到

诸分点中得到的分法)函数$|f(x)|$的改变量的模数之和σ^*,而σ^*又不大于函数$|f(x)|$的变差(按条件$|f(x)|$是有界变差函数),所以

$$\sigma \leqslant \sigma^* \leqslant \overset{b}{\underset{a}{\vee}}|f|$$

于是对$[a,b]$的任意分法,和数σ不超过$\overset{b}{\underset{a}{\vee}}|f|$.因而,$f(x)$是有界变差函数,而且$\overset{b}{\underset{a}{\vee}}f \leqslant \overset{b}{\underset{a}{\vee}}|f|$,即函数$f(x)$在$[a,b]$上也有有界变差.

由引理1得

$$\overset{b}{\underset{a}{\vee}}|f| \leqslant \overset{b}{\underset{a}{\vee}}f$$

由引理2得

$$\overset{b}{\underset{a}{\vee}}f \leqslant \overset{b}{\underset{a}{\vee}}|f|$$

由以上两个不等式比较可知,对连续函数$f(x)$,恒有等式

$$\overset{b}{\underset{a}{\vee}}f = \overset{b}{\underset{a}{\vee}}|f|$$

于是有下面的定理2.

定理2 若函数$f(x)$在$[a,b]$上连续,则$f(x)$在此闭区间上有有界变差函数的充要条件:$|f(x)|$在$[a,b]$上有有界变差.

定理3 函数$f(x)$在$[a,b]$上有有界变差的充要条件:存在这样一个增函数$\varphi(x)$,使对任意的$x \in [a,b]$,与对任意的$h>0$(满足$x+h \in [a,b]$),不等式$|f(x+h)-f(x)| \leqslant \varphi(x+h)-\varphi(x)$成立.

证明 "$\Leftarrow$". 设$f(x)$是$[a,b]$上给定的函数,

$\varphi(x)$ 是 $[a,b]$ 上的增函数，且对任意的 $x \in [a,b]$ 和任意的 $h > 0(x + h \in [a,b])$ 满足不等式

$$|f(x+h) - f(x)| \leqslant \varphi(x+h) - \varphi(x)$$

对线段 $[a,b]$ 的分法

$$a = x_0 < x_1 < x_2 < \cdots < x_{n-1} < x_n = b$$

估计 $f(x)$ 的改变量的模数之和

$$
\begin{aligned}
\sigma &= \sum_{i=1}^{n} |f(x_i) - f(x_{i-1})| \\
&\leqslant \sum_{i=1}^{n} [\varphi(x_i) - \varphi(x_{i-1})] \\
&= \varphi(b) - \varphi(a)
\end{aligned}
$$

由此可知上述和数 σ 在线段 $[a,b]$ 上的任意分法下，不超过 $\varphi(b) - \varphi(a)$. 因而 $f(x)$ 是有界变差函数，且

$$\bigvee_{a}^{b} f(x) \leqslant \varphi(b) - \varphi(a).$$

"$\Rightarrow$". 设 $f(x)$ 是 $[a,b]$ 上的有界变差函数，函数 $\varphi(x) = \bigvee_{a}^{x} f$ 是 $[a,b]$ 上的增函数，显然，对任意 $h > 0$，它满足所给不等式，因为

$$|f(x+h) - f(x)| \leqslant \bigvee_{x}^{x+h} f = \bigvee_{a}^{x+h} f - \bigvee_{a}^{x} f = \varphi(x+h) - \varphi(x)$$

证毕.

实值有界变差函数的一些性质[①]

第 13 章

德州学院数学系的董立华教授 2005 年指出了在 $[a,b]$ 上的有界变差函数 $f(x)$ 的全变差函数 $V(x) = \bigvee\limits_{a}^{x}(f)$ 也是 $[a,b]$ 上的有界变差函数,并通过例子说明对于全变差函数成立的一些性质,对于一般的有界变差函数却未必成立.

设 f 是定义在区间 $[a,b]$ 上的函数,考查 $[a,b]$ 上的任意一组分划 T

$$a = x_0 < x_1 < \cdots < x_n = b$$

当分点变动时,称上确界

$$\sup_{T} \left| \sum_{k=1}^{n} |f(x_k) - f(x_{k-1})| \right|$$

为 f 在 $[a,b]$ 上的全变差,并记为 $\bigvee\limits_{a}^{b}(f)$.

若 $\bigvee\limits_{a}^{b}(f) < +\infty$,则称 f 为 $[a,b]$ 上的

---

① 引自 2005 年第 21 卷第 4 期的《德州学院学报》,原作者为德州学院数学系的董立华.

有界变差函数, 称 $V(x) = \bigvee\limits_a^x (f)(x \in [a,b])$ 为 $f(x)$ 在 $[a,b]$ 上的全变差函数.

性质 1　单调函数是有界变差的. 反之不然.

性质 2　有界变差函数几乎处处可微, 但确实存在着全变差为无穷大的可微函数.

如: 在区间 $[0,1]$ 上定义的函数

$$f(x) = \begin{cases} x^2 \sin\left(\dfrac{1}{x^2}\right), & 0 < x \leqslant 1 \\ 0, & x = 0 \end{cases}$$

$$f'(x) = \begin{cases} 2x\sin\left(\dfrac{1}{x^2}\right) - \left(\dfrac{2}{x}\right)\cos\left(\dfrac{1}{x^2}\right), & 0 < x \leqslant 1 \\ 0, & x = 0 \end{cases}$$

因此, f 在 $[0,1]$ 上处处可微, 然而, f 在 $[0,1]$ 上的全变差却是无穷大, 事实上, 在 $[0,1]$ 中取分点

$$0 < \frac{1}{\sqrt{n\pi + \dfrac{\pi}{2}}} < \frac{1}{\sqrt{n\pi}} < \frac{1}{\sqrt{(n-1)\pi + \dfrac{\pi}{2}}}$$

$$< \cdots < \frac{1}{\sqrt{\pi + \dfrac{\pi}{2}}} < \frac{1}{\sqrt{\pi}} < \frac{1}{\sqrt{\dfrac{\pi}{2}}} < 1$$

于是便有

$$V = \left| \sin 1 - \frac{2}{\pi} \right| + \sum_{k=0}^{n} \frac{1}{k\pi + \dfrac{\pi}{2}} + \frac{1}{n\pi + \dfrac{\pi}{2}}$$

由此可见, $\bigvee\limits_0^1 (f) = +\infty$. 这说明了可微的函数未必是全变差的.

性质 3　满足李普希茨条件的函数必是有界变差

的. 反之有下面的例子.

设

$$f(x) = \begin{cases} -\dfrac{1}{\ln x}, & 0 < x \leqslant \dfrac{1}{2} \\ 0, & x = 0 \end{cases}$$

易验证 $f(x)$ 是 $\left[0, \dfrac{1}{2}\right]$ 上严格递增的连续函数,因而它是 $\left[0, \dfrac{1}{2}\right]$ 上的有界变差函数. 但是,对于任意的 $\alpha > 0$,f 不满足 α 阶赫尔德(Hölder)条件,为证明这个结论,先设 $0 < \alpha \leqslant 1$,并取 $x' = 0$. 由于

$$\lim_{x \to 0^+} \frac{|f(x) - f(0)|}{|x - 0|^\alpha} = \lim_{x \to 0^+} \frac{-\dfrac{1}{\ln x}}{x^\alpha} = \lim_{x \to 0^+} \alpha x^{-\alpha} = +\infty$$

因而对任何正数 M,存在 $x'' \in \left(0, \dfrac{1}{2}\right]$,使得

$$\frac{|f(x'') - f(0)|}{|x'' - 0|^\alpha} > M$$

即

$$|f(x'') - f(0)| > M|x'' - 0|^\alpha$$

也就是说,f 在 $\left[0, \dfrac{1}{2}\right]$ 上不满足 α 阶赫尔德条件.

再设 $\alpha > 1$,若 f 满足 α 阶赫尔德条件,则易证 f 应为常值函数,这是矛盾的,故 f 不可能满足 α 阶赫尔德条件.

性质 4 设 f 是 $[a, b]$ 上的有界变差函数,则 $V(x) = \overset{x}{\underset{a}{\bigvee}}(f)$ 也是 $[a, b]$ 上的有界变差函数,并且有

$$\bigvee_a^b (V) = \bigvee_a^b (f).$$

性质5　设 f 是 $[a,b]$ 上的有界变差函数,则 $V(x) = \bigvee_a^x (f)$ 在 $[a,b]$ 上 (R) 可积,并且 $F(x) = \int_a^x V(t)\mathrm{d}t$ 也是 $[a,b]$ 上的有界变差函数,同时 $\bigvee_a^b (F) = \int_a^b V(x)\mathrm{d}x$ 成立.

性质6　设 $f_1(x)$ 和 $f_2(x)$ 分别是 $[a,b]$ 与 $[\alpha,\beta]$ 上的有界变差函数,并设

$$V_1(x) = \bigvee_a^x (f_1), V_2(x) = \bigvee_a^x (f_2)$$

其中 $V_1([a,b]) \subset [\alpha,\beta]$,则复合函数 $V_2[V_1(x)]$ 也是 $[a,b]$ 上的有界变差函数.

注意到,两个有界变差函数可能构成非有界变差的复合函数,而两个非有界变差的函数却可以构成有界变差的复合函数,下面两个例子可以说明问题.

例1　设 $f(y) = y^{1/2}, 0 \leq y \leq 1$,则 f 是 $[0,1]$ 上的递增函数,从而它是 $[0,1]$ 上的有界变差函数,再设

$$g(x) = \begin{cases} x^2\cos^2\left(\dfrac{\pi}{2x}\right), & 0 < x \leq 1 \\ 0, & x = 0 \end{cases}$$

则

$$g'(x) = \begin{cases} 2x\cos^2\left(\dfrac{\pi}{2x}\right) + \pi\cos\dfrac{\pi}{2x}\sin\dfrac{\pi}{2x}, & 0 < x \leq 1 \\ 0, & x = 0 \end{cases}$$

所以 $|g'(x)| \leq 2 + \pi$,因此 g 在 $[0,1]$ 上满足李普希茨条件,而它也是 $[0,1]$ 上的有界变差函数,但是,复合

函数

$$F(x) = f[g(x)] = \begin{cases} x \left| \cos \dfrac{\pi}{2x} \right|, 0 < x \leqslant 1 \\ 0, x = 0 \end{cases}$$

并不是有界变差的,事实上,在 $[0,1]$ 中采取分点

$$0 < \frac{1}{2n} < \frac{1}{2n-1} < \cdots < \frac{1}{3} < \frac{1}{2} < 1$$

那么容易证明

$$V = \left| F(1) - F\left(\frac{1}{2}\right) \right| + \left| F\left(\frac{1}{2}\right) - F\left(\frac{1}{3}\right) \right| + \cdots +$$

$$\left| F\left(\frac{1}{2n}\right) - F(0) \right|$$

$$= 1 + \frac{1}{2} + \frac{1}{3} + \cdots + \frac{1}{n}$$

因而得到 $\bigvee\limits_0^1 (F) = +\infty$.

例 2　设

$$f(x) = g(x) = \begin{cases} 1, x \text{ 为有理数} \\ 0, x \text{ 为无理数} \end{cases}$$

则 f 和 g 都是无处连续的函数,从而在任何非空区间上都不是有界变差的函数,然而,复合函数 $f[g(x)] \equiv 1$ 却是任何区间上的有界变差函数.

定理 1(全变差函数列极限函数的连续性)　设 $f_n(x)(n = 1, 2, \cdots)$ 是 $[a, b]$ 上的一列有界变差函数,若 $V_n(x) = \bigvee\limits_a^x (f_n)(n = 1, 2, \cdots)$ 在 $[a, b]$ 上处处收敛,则其极限函数 $V(x)$ 也是 $[a, b]$ 上的有界变差函数,对任意 $c \in [a, b]$ 有

$$\lim_{n\to\infty} \bigvee_a^c (V_n) = \bigvee_a^c (V)$$

注意到,定理1对于全变差函数成立,但对于一般有界变差函数未必成立. 下面两个例子分别说明:一个一致收敛的有界变差函数列,其极限函数并不是有界变差的;一个不是有界变差的函数列,却一致收敛于一个有界变差的函数.

例3　在区间$[0,1]$上如下定义函数列$\{f_n\}$

$$f_n(x) = \begin{cases} 0, 0 \leq x \leq \dfrac{1}{n} \\ x\sin\dfrac{\pi}{x}, \dfrac{1}{n} \leq x \leq 1 \end{cases}$$

则对每一 n,f_n 在区间$\left[0,\dfrac{1}{n}\right]$与$\left[\dfrac{1}{n},1\right]$上都是有界变差的,因而它在$[0,1]$上也是有界变差的. 只须证$\{f_n\}$在$[0,1]$上一致收敛于函数

$$f(x) = \begin{cases} 0, x = 0 \\ x\sin\dfrac{\pi}{x}, 0 < x \leq 1 \end{cases}$$

为此,只要证明对任意正数 ε,存在正整数 N(这里只要取 $N = \left[\dfrac{1}{\varepsilon}\right]$ 即可),当 $n > N$ 时,对一切 $x \in [0,1]$,都有

$$|f_n(x) - f(x)| < \varepsilon \tag{1}$$

分下列三种情形来证明不等式(1).

①设 $n > N$ 且 $x \in \left(0, \dfrac{1}{n}\right]$,则

$$|f_n(x) - f(x)| = \left| x\sin\dfrac{\pi}{x} \right| \leq x \leq \dfrac{1}{n} < \varepsilon$$

②若 $x \in \left[\dfrac{1}{n}, 1\right]$，则

$$\left| f_n(x) - f(x) \right| = \left| x \sin \dfrac{\pi}{x} - x \sin \dfrac{\pi}{x} \right| = 0 < \varepsilon$$

③若 $x = 0$，则

$$\left| f_n(x) - f(x) \right| = \left| 0 - 0 \right| < \varepsilon$$

总之，不论哪一种情形，当 $n > N$ 时不等式（1）恒成立，因此，$\{f_n\}$ 在 $[0,1]$ 上一致收敛于函数 f，然而，f 在 $[0,1]$ 上并不有界变差.

例4 设

$$f_n(x) = \begin{cases} \dfrac{1}{n}, & x \text{ 为有理数} \\ 0, & x \text{ 为无理数} \end{cases}$$

则对每一 n，f_n 在 $[0,1]$ 上无处连续，从而它在 $[0,1]$ 上并不有界变差，但是，$\{f_n\}$ 在 $[0,1]$ 上一致收敛于有界变差函数 $f \equiv 0$.

定理2（逐项可微） 设 $f_n(x)$（$n = 1, 2, \cdots$）是 $[a, b]$ 上的一列有界变差函数

$$V_n(x) = \bigvee_a^x (f_n) \quad (n = 1, 2, \cdots)$$

若 $\displaystyle\sum_{n=1}^{\infty} V_n(b)$ 收敛，则级数 $\displaystyle\sum_{n=1}^{\infty} V_n(x)$ 在 $[a, b]$ 上一致收敛于一单调增函数 $V(x)$，并在 $[a, b]$ 上几乎处处成立 $V'(x) = \displaystyle\sum_{n=1}^{\infty} V'_n(x)$.

注意到，定理2对于全变差的函数是成立的，而对一般的有界变差函数未必成立.

定理3 设 $f_n(x)$（$n = 1, 2, \cdots$）都是 $[a, b]$ 上单调

增实值函数,而且对每一 $x \in [a,b]$, $\sum\limits_{n=1}^{\infty} f_n(x)$ 收敛于 $f(x)$,则 $f'(x) = \sum\limits_{n=1}^{\infty} f'_n(x)$.

注 定理3不得推广到有界变差函数(即使一致收敛)级数.

定理4 设函数 $f(x)$ 在无穷区间 $[1, +\infty)$ 上连续且有界变差,则级数 $\sum\limits_{n=1}^{\infty} f(n)$ 收敛的充要条件是无穷积分 $\int_{1}^{+\infty} f(x)\,\mathrm{d}x$ 收敛.

定理5 若定义在 $[a,b]$ 上的有界变差函数列 $\{f_n(x)\}$ 收敛,且其全变差数列 $\{\bigvee\limits_{a}^{b}(f_n)\}$ 有界,则 $\{f_n(x)\}$ 在 $[a,b]$ 上一致 $(\mathbf{R})$ 可积.

推论1(极限函数的可积性) 若定义在 $[a,b]$ 上的有界变差函数列 $\{f_n(x)\}$ 收敛,且其全变差数列 $\{\bigvee\limits_{a}^{b}(f_n)\}$ 有界,则其极限函数 $f(x)$ 在 $[a,b]$ 上 $(\mathbf{R})$ 可积,且有

$$\lim_{n\to\infty}\int_{a}^{b} f_n(x)\,\mathrm{d}x = \int_{a}^{b} f(x)\,\mathrm{d}x$$

注 满足推论条件的函数列不一定一致收敛,所以,该推论可用来判断一些非一致收敛函数列的逐项积分性质.

参考文献

[1]杨明顺.三类函数关系的探讨[J].吉林师范大学学报,2003(2):66-67.

［2］汪林.实分析中的反例［M］.北京:高等教育出版社,1989.

［3］李云霞.全变差函数的性质［J］.湘潭师范学院学报,2002,24(4):1-4.

［4］周性伟.实变函数［M］.北京:科学出版社,1998.

［5］廖小勇.柯西积分判别法的推广及应用［J］.黄冈师范学院学报,2003,23(3):25-30.

［6］张彩华,石辅天.全变差有界函数列的一致(**R**)可积性［J］.大学数学,2003,19(3):92-94.

函数的连续性和有界变差性[①]

1. 引言

函数的连续性和有界变差性在分析中起着非常重大的作用,但两者之间有着很大的差异. 有界变差函数不必是连续的,连续函数也不必是有界变差的. 当函数有较强的连续性时,比如说满足李普希茨条件,函数一定是有界变差的. 究竟函数有什么样的连续性才能保证其具有有界变差性,一直是人们关心的课题. 近来 H. H. Torriani 证明了赫尔德连续性不能保证有界变差性. 杭州师范学院数学系的卢志康、有名辉、蔡鑫锋三位教授 2006 年进一步讨论了这个问题,证明即使函数有强于赫尔德的连续性也无法保证其具有有界变差性.

---

① 引自 2006 年第 5 卷第 4 期的《杭州师范学院学报(自然科学版)》,原作者为杭州师范学院数学系的卢志康、有名辉、蔡鑫锋.

2. 定义

设 $f(x)$ 是定义在闭区间 $I=[0,1]$ 上的实值函数. 对于任意的 $x,y\in I$：

① 设 $P:=\{t_0,t_1,t_2,\cdots,t_{n-1},t_n\}$ 是 I 的一个分割，即 $0=t_0<t_1<t_2<\cdots<t_{n-1}<t_n=1$. 记

$$V(f;P):=\sum_{i=1}^{n}\left|f(t_i)-f(t_{i-1})\right|$$

是 f 关于 P 的变差. 设 $P(I)$ 是 I 上的分割所成的集. 记

$$V(f):=\sup_{P\in P(I)}V(f;P)$$

是 f 在 I 上的全变差. 若 $V(f)$ 是有限的，则称 f 是有界变差函数，记作 $f\in BV$.

② 若存在常数 $c>0,0<\alpha\leqslant1$，使得对 I 上的每一对元素 $\{x,y\}$，都有

$$\left|f(x)-f(y)\right|\leqslant c\left|x-y\right|^{\alpha}$$

则称 $f(x)$ 满足赫尔德条件，记作 $f\in H^{\alpha}$. 当 $\alpha=1$ 时，也称 $f(x)$ 满足李普希茨条件，记作 $f\in\mathrm{Lip}\,1$.

③ 若存在常数 $c>0,\beta>0$，使得对 I 上的每一对元素 $\{x,y\}$，都有

$$\left|f(x)-f(y)\right|\leqslant c\left|x-y\right|\left[\log\frac{1}{|x-y|}+\beta\right]^{\beta}$$

则称 $f(x)$ 满足 $H\log^{\beta}H$ 条件，记作 $f\in H\log^{\beta}H$.

可以看出函数满足连续性条件 $H\log^{\beta}H(\beta>0)$ 的要求要强于赫尔德条件 $f\in H^{\alpha}(0<\alpha<1)$，但弱于 $\mathrm{Lip}\,1$ 条件.

3. 一类非有界变差函数的构造

设 $\sum_{n=1}^{\infty}a_n,\sum_{n=1}^{\infty}b_n$ 是两个正项级数，满足：

① $\sum\limits_{n=1}^{\infty} a_n = 1$；

② $\sum\limits_{n=1}^{\infty} b_n = \infty$，$\lim\limits_{n \to \infty} b_n = 0$.

记：$\varepsilon_0 = 0$，$\varepsilon_{2n} = a_1 + a_2 + \cdots + a_n$，$\varepsilon_{2n-1} = a_1 + a_2 + \cdots + a_{n-1} + \dfrac{a_n}{2}$.

定义

$$f(x) = \begin{cases} 0, x = \varepsilon_{2n}, n = 0, 1, 2, \cdots \\ b_n, x = \varepsilon_{2n-1}, n = 1, 2, \cdots \\ \text{线性连接}, x \in (\varepsilon_{2n-1}, \varepsilon_{2n}) \text{ 或 } x \in (\varepsilon_{2n}, \varepsilon_{2n+1}) \end{cases}$$

$$(1)$$

容易证明在 I 上 $f(x)$ 不是有界变差函数.

4. 主要结果

定理 1　存在一个非有界变差函数 $f(x)$ 满足 $H\log^{\beta}H$ 条件.

证明　记

$$\sigma = \sum_{n=1}^{\infty} \frac{1}{(n+1)\log^{1+\beta}(n+1)}$$

取

$$a_n = \frac{1}{\sigma(n+1)\log^{1+\beta}(n+1)}$$

$$b_n = \frac{1}{(n+1)\log(n+1)}$$

显然 $\{a_n\}$，$\{b_n\}$ 满足条件①和②. 由式（1）定义的函数是非有界变差函数. 下面证明 $f(x)$ 满足 $H\log^{\beta}H$ 条件.

（1）当 $x,y \in [\varepsilon_{2n-1},\varepsilon_{2n}]$ 或 $x,y \in [\varepsilon_{2n-2},\varepsilon_{2n-1}]$ 时

$$|f(x)-f(y)| = \frac{2}{(n+1)a_n\log(n+1)}|x-y|$$

$$\leqslant \frac{2}{(n+1)a_n\log(n+1)}\Big[\log^{-\beta}\frac{2}{a_n}\Big] \cdot$$

$$|x-y|\log^{\beta}\frac{1}{|x-y|}$$

由于

$$\lim_{n\to\infty}\frac{2}{(n+1)a_n\log(n+1)}\log^{-\beta}\frac{2}{a_n}$$

$$=\lim_{n\to\infty}2\sigma\Big[\frac{\log(n+1)}{\log 2\sigma+\log(n+1)+(1+\beta)\log\log(n+1)}\Big]^{\beta}$$

$$=2\sigma$$

所以存在常数 c，使得

$$|f(x)-f(y)| \leqslant c|x-y|\Big[\log\frac{1}{|x-y|}+\beta\Big]^{\beta} \quad (2)$$

（2）当 $x<y$ 不属于同一区间 $[\varepsilon_{2n-1},\varepsilon_{2n}]$ 或 $[\varepsilon_{2n-2},\varepsilon_{2n-1}]$ 时，这时可取 $y_1<y$，使 x,y_1 属于同一区间 $[\varepsilon_{2n-1},\varepsilon_{2n}]$ 或 $[\varepsilon_{2n-2},\varepsilon_{2n-1}]$，且 $f(y_1)=f(y)$. 于是由式（2）得

$$|f(x)-f(y)| = |f(x)-f(y_1)|$$
$$\leqslant c|x-y_1|\Big[\log\frac{1}{|x-y_1|}+\beta\Big]^{\beta} \quad (3)$$

显然函数 $g(t)=t\Big[\log\frac{1}{t}+\beta\Big]^{\beta}$ 在 $[0,1]$ 上是单调上升的（事实上 $g'(t)=\log\frac{1}{t}\Big[\log\frac{1}{t}+\beta\Big]^{\beta-1}\geqslant 0$），故由式（3）可得

$$|f(x) - f(y)| \leqslant c|x - y| \left[\log \frac{1}{|x-y|} + \beta \right]^{\beta}$$

综上,我们证明了 $f(x)$ 满足 $H\log^{\beta}H$ 条件. 定理证毕.

参考文献

[1] TORRIANI H H. Continuous families of Hölder functions that are not of bounded variation [J]. Acta Math. Hung. , 2004, 104(1-2):71-93.

[2] SUN H M. Design of time-stamped proxy signatures with traceable receivers[J]. IEE Proc-Computers & Digital Techniques, 2000, 147(6):462-466.

[3] SUN H M, LEE N Y, HWANG T. Thresh old proxy signatures[J]. IEE Proc-Computers & Digital Techniques, 1999, 146(5):259-263.

[4] DAI J Z, YANG X H, DONG J X. Designated-receiver proxy signature scheme[J]. Journal of Zhejiang University (Engineering Science), 2004, 38(11):1422-1425.

[5] ENEZES A M, OORSCHOT P V, ANSTONE S V. Handbook of Applied Cryptography [R]. Boca Raton:CRC Press, 1997.

几种有界变差函数等价性与级数收敛的关系①

第 15 章

文献[1]得到了取值于局部凸空间矢值测度的几个重要性质,文献[2]研究了取值于局部凸空间的抽象囿变函数与级数收敛的关系,在此基础上,茂名学院理学院的孙立民、金祥菊两位教授2007年引入了取值于局部凸空间矢值测度的几种抽象有界变差函数,研究了它们与级数收敛的关系.

本研究恒假设(X,T)为局部凸的豪斯多夫(Hausdorff)空间,X_p表示(X,T)上的连续半范$p(x)$所产生的半范空间,R是非空集Ω生成的σ代数,有关局部凸空间和矢值测度方面的记号和术语参见文献[3].

定义1 设$F:R\rightarrow(X,T)$为一矢值测度,若对(X,T)上任何连续半范$P(x)$,存

---

① 引自2007年第17卷第6期的《茂名学院学报》,原作者为茂名学院理学院的孙立民、金祥菊.

在 $M_p > 0$,使

$$|F|_p(\Omega) = \sup_\pi \sum_{A \in \pi} P(F(A)) \leqslant M_p$$

其中 π 是 Ω 的有限 R 分划,则称 F 是有界变差的. 同样可定义 $\sigma(X, X^*)$ 有界变差,称为弱有界变差.

定义 2 设 $F : R \to (X, T)$ 为一矢值测度,若对 $\sigma(X^*, X)$ 中的有界集 B,存在 $M_B > 0$,使

$$\sup_\pi \sum_{A \in \pi} \sup_{f \in B} |f(F(A))| \leqslant M_B$$

则称 F 是 H 有界变差的.

定义 3 称 (X, T) 中级数 $\sum_{n=1}^\infty x_n$ 是 H 收敛的,若对任何 $\sigma(X^*, X)$ 中的有界集 B,有 $\sum_{n=1}^\infty \sup_{f \in B} |f(x_n)| < \infty$,称级数 $\sum_{n=1}^\infty x_n$ 是绝对收敛的,若对 (X, T) 上任何连续半范 $P(x)$,$\sum_{n=1}^\infty P(x_n) < \infty$,称级数 $\sum_{n=1}^\infty x_n$ 是弱无条件收敛的,若对每个 $x^* \in X^*$,$\sum_{n=1}^\infty |x^*(x_n)| < \infty$ 成立.

由定义 1 和定义 2 易证:矢值测度 $F : R \to (X, T)$ 的 H 有界变差 $\Rightarrow$ 有界变差 $\Rightarrow$ 弱有界变差.

由定义 3 易证:级数 $\sum_{n=1}^\infty x_n H$ 收敛 $\Rightarrow$ 绝对收敛 $\Rightarrow$ 弱无条件收敛.

定理 1 若 (X, T) 中级数 $\sum_{n=1}^\infty x_n H$ 收敛与绝对收敛等价,则矢值测度 $F : R \to (X, T)$ 的 H 有界变差与有

界变差等价.

证明 若存在矢值测度 $F: R \to (X, T)$ 有界变差而非 H 有界变差，则存在 $\sigma(X^*, X)$ 中有界集 B，使

$$\sup_{\pi} \sum_{A \in \pi} \sup_{f \in B} |f(F(A))| = +\infty \qquad (1)$$

这样存在 Ω 的 R 分划 $\pi_1 = \{A_1^1, A_2^1, \cdots, A_{k_1}^1\}$，使

$$\sum_{i=1}^{k_1} \sup_{f \in B} |f(F(A_i^1))| > 1$$

由式 (1)，在 $\{A_i^1\}_{i=1}^{k_1}$ 中至少存在一个 $A_{i_1}^1$，使得

$$\sup_{\pi(A_{i_1}^1)} \sum_{A \in \pi} \sup_{f \in B} |f(F(A))| = +\infty$$

这里分划 π_1 是对 $A_{i_1}^1$ 的有限 R 分划. 同样对 $A_{i_1}^1$ 又有 $A_{i_1}^1$ 的有限 R 分划 $\pi_2 = \{A_1^2, A_2^2, \cdots, A_{k_2}^2\}$，使得

$$\sum_{i=1}^{k_2} \sup_{f \in B} |f(A_1^2)| > 2$$

在 $\{A_1^2\}_{i=1}^{k_2}$ 中至少存在一个 $A_{i_2}^1$，使得

$$\sup_{\pi(A_{i_2}^1)} \sum_{A \in \pi} \sup_{f \in B} |f(F(A))| = +\infty$$

这里分划 π 是 $A_{i_2}^1$ 的有限 R 分划，依此类推产生 R 中元列 $\{\{A_m^j\}_{m=1}^{k_j}\}_{j=1}^{\infty}$ 满足

$$\sum_{m=1}^{k_j} \sup_{f \in B} \sum_{n=1}^{\infty} |f(A_m^j)| > j \quad (j = 1, 2, \cdots)$$

令

$$x_m^j = \begin{cases} F(A_m^j), & A_m^j \neq A_{i_j}^j \\ \theta, & A_m^j = A_{i_j}^j \end{cases} \quad (1 \leqslant m \leqslant k_j, j = 1, 2, \cdots)$$

先 j 后 m 排列 $\{\{x_{i_m}^{k_j}\}_{m=1}^{k_j}\}_{j=1}^{\infty}$ 得 (X, T) 中元列 $\{x_n\}_{n=1}^{\infty}$.

下证级数 $\sum_{n=1}^{\infty} x_n$ 是绝对收敛的.

由 $F:R(X,T)$ 有界变差,知对 (X,T) 上任何连续半范 $p(x)$,存在 $M_p>0$,使

$$|F|_p(\Omega)=\sup_{\pi}\sum_{A\in\pi}P(F(A))\leqslant M_p \qquad (2)$$

对任何自然数 n,取 $l>n$,使 $\{x_i\}_{i=1}^{l}$ 恰好对应于 $\{\{A_m^j\}_{m=1}^{k_0}\}_{j=1}^{j_0}$,则因 $\{\{A_m^j\}_{m=1}^{k_j}\}_{j=1}^{j_0}$ 恰好构成 Ω 的有限 R 分划,于是有

$$\sum_{k=1}^{n}P(x_k)\leqslant\sum_{k=1}^{l}P(x_k)=\sum_{j=1}^{j_0}\sum_{m=1}^{k_j}P(F(A_{i_m}^j))$$

由式 (2) 知 $\sum\limits_{k=1}^{n}P(x_k)<\infty$（$n=1,2,\cdots$）,从而级数 $\sum\limits_{n=1}^{\infty}x_n$ 绝对收敛,但由 $\{x_n\}_{n=1}^{\infty}$ 的构造知级数 $\sum\limits_{n=1}^{\infty}x_n$ 非 H 收敛,与条件矛盾.

定理 2　设 R 是可列生成的集代数,则矢值测度 $F:R\to(X,T)$ 的 H 有界变差与有界变差等价 $\Leftrightarrow(X,T)$ 中级数 $\sum\limits_{n=1}^{\infty}x_n\,H$ 收敛与绝对收敛等价.

证明　由定理 1,只须证明必要性. 若 (X,T) 中级数 $\sum\limits_{n=1}^{\infty}x_n\,H$ 收敛与绝对收敛不等价,则存在 $\sigma(X^*,X)$ 中有界集 B_0 及级数 $\sum\limits_{n=1}^{\infty}x_n$ 满足

$$\sum_{n=1}^{\infty}\sup_{f\in B_0}|f(x_n)|=+\infty$$

但级数 $\sum\limits_{n=1}^{\infty}x_n$ 绝对收敛. 构造矢值测度 $F:R\to(X,T)$ 如下

$$F(A) = \begin{cases} \sum\limits_{k=1}^{m} x_{n_k}, A = \bigcup\limits_{k=1}^{n} A_{n_k} \\ -\sum\limits_{k=1}^{m} x_{n_k}, A = \Omega / \bigcup\limits_{k=1}^{m} A_{n_k} \\ \theta, A = \varnothing \text{ 或 } \Omega \end{cases}$$

由 F 的定义知,对 Ω 的任意有限 R 分划 π,有

$$\sum_{A \in \pi} P(F(A)) \leqslant 2 \sum_{n=1}^{\infty} P(x_n)\pi < \infty$$

所以 $F: R \to (X, T)$ 是有界变差的,从而为 H 有界变差,这样对 $\sigma(X^*, X)$ 中有界集 B_0,有 $M_{B_0} > 0$,使

$$\sup_{\pi} \sum_{A \in \pi} \sup_{f \in B_0} |f(F(A))| \leqslant M_{B_0}$$

对任何自然数 n,令 Ω 的 R 分划 $\pi_n = \{A_1, A_2, \cdots A_n, \bigcup\limits_{m=n+1}^{\infty} A_m\}$,则

$$\sum_{A \in \pi_n} \sup_{f \in B_0} |f(F(A))|$$

$$= \sum_{i=1}^{n} \sup_{f \in B_0} |f(A_i)| + \sup_{f \in B_0} |f(F(\bigcup\limits_{m=n}^{\infty} A_n))|$$

$$\geqslant \sum_{i=1}^{n} \sup_{f \in B_0} |f(x_i)|$$

令 $n \to \infty$,有

$$\sum_{i=1}^{\infty} \sup_{f \in B_0} |f(x_i)| < M_{B_0}$$

这与假设矛盾.

定理3 若 (X, T) 中级数 $\sum\limits_{n=1}^{\infty} x_n$ 绝对收敛与弱无条件收敛等价,则矢值测度 $F: R \to (X, T)$ 有界变差与弱有界变差等价.

证明　若存在矢值测度 $F:R\rightarrow(X,T)$ 是弱有界变差而非有界变差,则有 (X,T) 上任何连续半范 $P(x)$,满足

$$\sup_{\pi}\sum_{A\in\pi}P(F(A))=+\infty$$

利用与定理 1 相似的方法可找到点列 $\{x_n\}_{n=1}^{\infty}$ 满足 $\sum_{n=1}^{\infty}P(x_n)=+\infty$,而对任意 $f\in X^*$ 有 $\sum_{n=1}^{\infty}|f(x_n)|<\infty$,与条件矛盾.

所以,假设不成立.

定理 4　设 R 是可列生成的集代数,则矢值测度 $F:R\rightarrow(X,T)$ 有界变差与弱有界变差等价 $\Leftrightarrow(X,T)$ 中级数 $\sum_{n=1}^{\infty}x_n$ 绝对收敛与弱无条件收敛等价.

用定理 2 相似的方法可证明定理 4.

参考文献

[1]孙立民. 取值于局部凸空间矢值测度的几个性质[J]. 哈尔滨师范大学学报(自然科学版),1996,12(4):16-19.

[2]吴从炘,薛小平. 取值于局部凸空间的抽象围变函数[J]. 数学学报,1990,331(1):107-112.

[3]WILANSKY A. Morden methods in topological vector spaces[M]. New York:Mc Graw-Hill Inc. ,1978.

对有界变差函数全变差可加性定理的注记①

第16章

理解并掌握有界变差函数全变差可加性定理的证明,可以使读者更好地理解全变差的含义,也为进一步学习若当分解等一系列定理奠定了理论基础. 在大多数教材中关于有界变差函数全变差可加性定理的证明,都是先证明每个子区间的全变差的和大于或等于全区间的全变差,然后再证明全区间的全变差大于或等于每个子区间的全变差的和,即得子区间的全变差的和等于全区间的全变差(这里的子区间并起来等于全区间). 但在教材证明描述过程中,对于"全区间的全变差大于或等于每个子区间的全变差的和"这一步没有交代清楚,即为什么当全区间的全变差大于或等于子区间的变差的和时,可以得到全区间的全变差大于或等于子区间的

---

①　引自 2012 年第 1 卷第 4 期的《蚌埠学院学报》,原作者为蚌埠学院数学与物理系的陶桂秀.

全变差的和. 蚌埠学院数学与物理系的陶桂秀教授 2012 年对此进行了严密的证明, 使得读者能够更好地理解和掌握全变差函数可加性的证明.

1. 预备知识

定义 1　设 C 是平面上的一条连续弧, $x = \varphi(t)$, $y = \psi(t)$, $\alpha \leqslant t \leqslant \beta$ 是它的参数表示, 这里 $\varphi(t)$, $\psi(t)$ 为 $[\alpha, \beta]$ 上的连续函数, 相应于区间 $[\alpha, \beta]$ 的任一分划

$$T : \alpha = t_0 < t_1 < \cdots < t_n = \beta$$

得到 C 上一组分点 $P_i = (\varphi(t_i), \psi(t_i))$, $i = 0, 1, 2, \cdots, n$. 设依次联结各分点 P_i 所得内接折线的长为 $L(T)$, 如果对于 $[\alpha, \beta]$ 的一切分划 T, $\{L(T)\}$ 构成一有界数集, 那么称 C 为可求长的, 并称其上确界 $L = \sup\limits_T L(T)$ 为 C 之长.

定义 2　设 $f(x)$ 为 $[a, b]$ 上的有限函数, 如果对于 $[a, b]$ 的一切分划 T, 使 $\left\{ \sum\limits_{i=1}^{n} |f(x_i) - f(x_{i-1})| \right\}$ 构成一有界数集, 那么称 $f(x)$ 为 $[a, b]$ 上的有界变差函数 (或囿变函数), 并称该有界数集的上确界为 $f(x)$ 在 $[a, b]$ 上的全变差, 记为 $\bigvee\limits_a^b(f)$. 用一个分划做成的和数 $\sum\limits_{i=1}^{n} |f(x_i) - f(x_{i-1})|$ 称为 $f(x)$ 在此分划下对应的变差.

2. 有界变差函数全变差可加性证明存在的问题

大多数教材中关于有界变差函数全变差可加性的证明分为两个步骤, 证明如下:

（1）对$[a_1, b_1]$任取一分划$T: a_1 = x_0 < x_1 < \cdots < x_n = b_1$，对应的变差为$V$，而取$a < a_1 < x_1 < \cdots < x_{n-1} < b_1 < b$为$[a, b]$的一分划$T_1$，其对应变差为$V_1$，显然有

$$V \leqslant V_1 \leqslant \bigvee_a^b (f)，所以 \bigvee_{a_1}^{b_1} (f) \leqslant \bigvee_a^b (f)，即 f(x) 在 [a_1, b_1]$$

上有界变差.

对$[a, b]$作一分划T，其对应变差为V，再插入一分点c，得又一分划$T_0: x_0 = a < x_1 < \cdots < x_n = b$，其中$x_m = c, 1 \leqslant m \leqslant n$，其对应的变差为$V_0$，计算得

$$V \leqslant V_0 = \sum_{k=1}^{m} |f(x_k) - f(x_{k-1})| +$$

$$\sum_{k=m+1}^{n} |f(x_k) - f(x_{k-1})|$$

$$= V_1 + V_2$$

其中，V_1, V_2分别为$[a, c], [c, b]$上的变差.

由此得到

$$V \leqslant \bigvee_a^c (f) + \bigvee_c^b (f)$$

所以

$$\bigvee_a^b (f) \leqslant \bigvee_a^c (f) + \bigvee_c^b (f)$$

这说明$f(x)$在$[a, b]$上为有界变差函数.

（2）设$f(x)$在$[a, b]$上有界变差，c为(a, b)上任意一点，对$[a, c]$与$[c, b]$分别任取两个分划：$T_1: a = y_0 < y_1 < \cdots < y_m = c, T_2: c = z_0 < z_1 < \cdots < z_n = b$，得相应的变差分别为

$$V_1 = \sum_{k=1}^{m} |f(y_k) - f(y_{k-1})|$$

$$V_2 = \sum_{k=1}^{n} \left| f(z_k) - f(z_{k-1}) \right|$$

将上述两组分点并起来,则得到 $[a,b]$ 的一分划,其对应变差为 V,且有 $V = V_1 + V_2$.

由此得

$$V_1 + V_2 \leqslant \bigvee_{a}^{b}(f)$$

所以

$$\bigvee_{a}^{c}(f) + \bigvee_{c}^{b}(f) \leqslant \bigvee_{a}^{b}(f)$$

综上可得: $\bigvee_{a}^{c}(f) + \bigvee_{c}^{b}(f) = \bigvee_{a}^{b}(f)$.

上面证明中"因为 $V_1 + V_2 \leqslant \bigvee_{a}^{b}(f)$,所以 $\bigvee_{a}^{c}(f) + \bigvee_{c}^{b}(f) \leqslant \bigvee_{a}^{b}(f)$"存在着步骤的跳跃,读者在阅读该处时会产生疑问,不能理解.

3. 采用固定变量法证明

用固定变量法对"因为 $V_1 + V_2 \leqslant \bigvee_{a}^{b}(f)$,所以 $\bigvee_{a}^{c}(f) + \bigvee_{c}^{b}(f) \leqslant \bigvee_{a}^{b}(f)$"这个推导步骤进行详细展开.

证明　先对 T_2 进行给定,这里 T_2 可以是任意的,则 V_2 是确定的.

对任意的 T_1 所对应的 V_1,有 $V_1 + V_2 \leqslant \bigvee_{a}^{b}(f)$,即 $V_1 \leqslant \bigvee_{a}^{b}(f) - V_2$(右边两项均为常数,所以差也为常数).

由此可得 $\bigvee_{a}^{b}(f) - V_2$ 是 V_1 的一个上界,所以

$\overset{c}{\underset{a}{V}}(f) \leq \overset{b}{\underset{a}{V}}(f) - V_2$，变换可得 $V_2 \leq \overset{b}{\underset{a}{V}}(f) - \overset{c}{\underset{a}{V}}(f)$.

又因为 T_2 是任意给定的，所以 $\overset{b}{\underset{c}{V}}(f) \leq \overset{b}{\underset{a}{V}}(f) -$ $\overset{c}{\underset{a}{V}}(f)$，即得 $\overset{c}{\underset{a}{V}}(f) + \overset{b}{\underset{c}{V}}(f) \leq \overset{b}{\underset{a}{V}}(f)$. 证毕.

4. 结论

通过上述证明，解决了为什么当全区间的全变差大于或等于每个子区间的变差的和时，可以得到全区间的全变差大于或等于每个子区间的全变差的和的问题. 因此读者能够很清晰地了解该性质的证明全过程，从而更好地理解其他相关性质，为将来深层次的知识学习打下基础.

参考文献

[1] 程其襄,张奠宙,魏国强,等. 实变函数与泛函分析基础[M]. 北京:高等教育出版社,2010:150 -151.

[2] 江泽坚,吴智泉. 实变函数论[M]. 北京:人民教育出版社,1961:106.

[3] 夏道行,严绍宗. 实变函数与应用泛函分析基础[M]. 上海:上海科学技术出版社,1987:67-95.

[4] 李云霞. 全变差函数的性质[J]. 湘潭师范学院学报(自然科学版),2002,24(4):1-4.

[5] 王少武,于自强,刘艳秋. 关于有界变差函数的几个充要条件[J]. 辽宁工学院学报,1996,16(1):88-90.

基于分段均值有界变差条件下正弦与余弦积分的收敛性①

第 17 章

浙江理工大学教学研究所的张静、周颂平两位教授 2015 年介绍了分段均值有界变差函数(PMBVF)的定义,分别给出了正弦与余弦积分一致收敛性的充分必要条件.

1. 引言

定义以下形式的三角级数

$$\sum_{n=1}^{\infty} a_n \sin nx \qquad (1)$$

与

$$\sum_{n=1}^{\infty} a_n \cos nx \qquad (2)$$

通过假设系数数列的单调性和非负性,人们得到了许多收敛性和可积性的结果. 后来,许多数学工作者减弱了单调性条件,考虑了在拟单调、有界变差等情况下的收

---

①　引自 2015 年第 44 卷第 2 期的《数学进展》,原作者为浙江理工大学数学研究所的张静、周颂平.

敛性和可积性(见文献[3]).

同时,在傅里叶分析中,如果 $f(x) \in AC_{loc}^1(\mathbf{R}^+)$,称

$$F(t) = \int_0^{+\infty} f(x)\sin xt\mathrm{d}x \quad (t \in [0, +\infty)) \quad (3)$$

为 $f(x)$ 的正弦傅里叶变换

$$G(t) = \int_0^{+\infty} f(x)\cos xt\mathrm{d}x \quad (t \in [0, +\infty)) \quad (4)$$

为 $f(x)$ 的余弦傅里叶变换,其中 $AC_{loc}^1(\mathbf{R}^+)$ 为 $\mathbf{R}^+$ 上局部绝对连续函数类(locally absolutely continuous function).

在文献[2]中,Mórica 将系数数列满足均值有界变差(MVBV)和非单边有界变差(NBV)条件的三角级数(1)所获得的结论减弱到满足 MVBV 和 NBV 条件的正弦傅里叶变换式(3),证明了正弦傅里叶变换式(3)一致收敛的充分必要条件是 $\lim_{x\to\infty} xf(x) = 0$ 以及非单边有界变差函数类(NBVF)是均值有界变差函数类(MVBVF)的直子集. 而在文献[1]中,Kórus 则将上确界有界变差序列(SBVS)的相关结论减弱到上确界有界变差函数(SBVF)及其变形 $SBVF_2$. 本章要做的就是基于上面两篇文献的想法,将三角级数系数数列的分段均值有界变差(PMBV)条件减弱到傅里叶变换的 PMBV 条件.

我们首先给出以下细致的定义:

定义 1 设 $f(x)$ 是在任意有限区间 $[0,X]$ 上可积的函数. 给定数列 $\{a_n\}_{n=0}^{\infty}$ 满足 $a_0 = 0, a_1 = 1, \dfrac{a_{n+1}}{a_n} \geq \lambda > 1, n = 1,2,\cdots$,对于 $a_{k-1} \leq x \leq a_k$,记

$$v(x) = \min\{2x, a_k\}, \mu(x) = \max\left\{\frac{x}{2}, a_{k-1}\right\} \quad (5)$$

若 $f(x)$ 在 $a_{k-1} < x < a_k$ 上保号，且在每一段子区间 $[a_{k-1}, a_k]$ 上都是有界变差函数，并且满足下列条件之一：

①对于 $a_{k-1} \leqslant x \leqslant a_k$

$$\int_x^{v(x)} |\mathrm{d}f(t)| \leqslant \frac{C(A)}{x} \int_{\mu(x)}^{v(x)} |f(t)| \mathrm{d}t \quad (6)$$

②对于 $a_{k-1} \leqslant x \leqslant a_k$

$$\int_{\mu(x)}^x |\mathrm{d}f(t)| \leqslant \frac{C(A)}{x} \int_{\mu(x)}^{v(x)} |f(t)| \mathrm{d}t \quad (7)$$

则称函数 $f(x)$ 满足分段均值有界变差(piecewise mean value bounded variation)条件，记作 $f(x) \in \mathrm{PMBVF}$.

显然，PMBVF 也是 MVBVF 的推广，即把 MVBV 条件看作是一整段上的"分段"条件.

本章中，$C(X_1, X_2, \cdots)$ 表示仅和 $X_1, X_2, \cdots$ 有关的正常数，如 $C(A)$ 就是表示仅和数列 A 有关的正常数，不同场合表示的数值不同.

本章最终目的就是给出以下两个定理：

定理 1 如果 $f(x) \in \mathrm{PMBVF}$，那么

$$F(t) = \int_0^{+\infty} f(x) \sin xt \mathrm{d}x$$

在 $[0, +\infty)$ 上一致收敛的充分必要条件是 $\lim\limits_{x \to +\infty} xf(x) = 0$.

定理 2 如果 $f(x) \in \mathrm{PMBVF}$，那么

$$G(t) = \int_0^{+\infty} f(x) \cos xt \mathrm{d}x$$

在 $[0, +\infty)$ 上一致收敛的充分必要条件是 $\lim\limits_{x \to \infty} xf(x) = 0$

和 $\int_0^{+\infty} f(x)\,\mathrm{d}x$ 收敛.

2. 引理

为了证明定理 1 和定理 2, 我们需要建立如下引理:

引理 1　设 $f(x) \in \mathrm{PMBVF}$, 则对于 $a_{k-1} \le x \le a_k$, 有

$$\int_x^{a_k} |\mathrm{d}f(t)| \le C(A) \int_{\mu(x)}^{a_k} \frac{|f(t)|}{t}\mathrm{d}t \tag{8}$$

证明　情形 $1: f(x)$ 满足条件①, 则选择 $p \in \mathbf{N}$, 使得 $2^p x \le a_k < 2^{p+1}x$, 这时就有(若 $p = 0$, 则规定 $\displaystyle\sum_{l=1}^p = 0$)

$$\int_x^{a_k} |\mathrm{d}f(x)|$$

$$= \sum_{l=1}^p \int_{2^{l-1}x}^{2^l x} |\mathrm{d}f(t)| + \int_{2^p x}^{a_k} |\mathrm{d}f(t)|$$

$$= \int_x^{2x} |\mathrm{d}f(t)| + \sum_{l=2}^p \int_{2^{l-1}x}^{2^l x} |\mathrm{d}f(t)| + \int_{2^p x}^{a_k} |\mathrm{d}f(t)|$$

$$\le C(A) \Big[\frac{1}{x} \int_{\mu(x)}^{2x} |f(t)|\mathrm{d}t +$$

$$\sum_{l=2}^p \frac{1}{2^{l-1}x} \int_{2^{l-2}x}^{2^l x} |f(t)|\mathrm{d}t + \frac{1}{2^p x} \int_{2^p x}^{a_k} |f(t)|\mathrm{d}t \Big]$$

$$\le C(A) \Big[\frac{1}{x} \int_{\mu(x)}^{2x} t\frac{|f(t)|}{t}\mathrm{d}t +$$

$$\sum_{l=2}^p \frac{1}{2^{l-1}x} \int_{2^{l-2}x}^{2^l x} t\frac{|f(t)|}{t}\mathrm{d}t + \frac{1}{2^p x} \int_{2^p x}^{a_k} t\frac{|f(t)|}{t}\mathrm{d}t \Big]$$

$$\le C(A) \Big[\int_{\mu(x)}^{2x} \frac{|f(t)|}{t}\mathrm{d}t +$$

$$\sum_{l=2}^{p} \int_{2^{l-2}x}^{2^{l}x} \frac{|f(t)|}{t} \mathrm{d}t + \int_{2^{p}x}^{a_k} \frac{|f(t)|}{t} \mathrm{d}t]$$

$$\leqslant C(A) \int_{\mu(x)}^{a_k} \frac{|f(t)|}{t} \mathrm{d}t$$

情形 2：$f(x)$ 满足条件 ②，则选择 $p \in \mathbf{N}$，使得 $2^{p}x \leqslant a_k < 2^{p+1}x$，则以同样的方式可以算出

$$\int_{x}^{a_k} |\mathrm{d}f(t)|$$

$$\leqslant \sum_{l=1}^{p} \int_{2^{l-1}x}^{2^{l}x} |\mathrm{d}f(t)| + \int_{\mu(a_k)}^{a_k} |\mathrm{d}f(t)|$$

$$\leqslant \sum_{l=1}^{p-1} \int_{2^{l-1}x}^{2^{l}x} |\mathrm{d}f(t)| + \int_{2^{p-1}x}^{2^{p}x} |\mathrm{d}f(t)| + \int_{\mu(a_k)}^{a_k} |\mathrm{d}f(t)|$$

$$\leqslant C(A) \Big[\sum_{l=1}^{p-1} \frac{1}{2^{l}x} \int_{2^{l-1}x}^{2^{l+1}x} |f(t)| \mathrm{d}t + \frac{1}{2^{p}x} \int_{2^{p-1}x}^{a_k} |f(t)| \mathrm{d}t +$$

$$\frac{1}{a_k} \int_{\mu(a_k)}^{a_k} |f(t)| \mathrm{d}t \Big]$$

$$\leqslant C(A) \Big[\sum_{l=1}^{p-1} \frac{1}{2^{l}x} \int_{2^{l-1}x}^{2^{l+1}x} t \frac{|f(t)|}{t} \mathrm{d}t + \frac{1}{2^{p}x} \int_{2^{p-1}x}^{a_k} t \frac{|f(t)|}{t} \mathrm{d}t +$$

$$\frac{1}{a_k} \int_{\mu(a_k)}^{a_k} t \frac{|f(t)|}{t} \mathrm{d}t \Big]$$

$$\leqslant C(A) \Big[\sum_{l=1}^{p-1} \int_{2^{l-1}x}^{2^{l+1}x} \frac{|f(t)|}{t} \mathrm{d}t + \int_{2^{p-1}x}^{a_k} \frac{|f(t)|}{t} \mathrm{d}t +$$

$$\int_{\mu(a_k)}^{a_k} \frac{|f(t)|}{t} \mathrm{d}t \Big]$$

$$\leqslant C(A) \int_{\mu(x)}^{a_k} \frac{|f(t)|}{t} \mathrm{d}t$$

从而引理 1 得证.

引理 2　设 $f(x) \in \mathrm{PMBVF}$ 对于 $a_{k-1} \leqslant x \leqslant a_k$ 满足条件①，则成立

$$|f(a_{k-1})| \le \frac{C(A)}{a_{k-1}} \int_{a_{k-1}}^{v(a_{k-1})} |f(t)| \mathrm{d}t \qquad (9)$$

若 $f(x) \in \mathrm{PMBVF}$ 对于 $a_{k-1} \le x \le a_k$ 满足条件②, 则成立

$$|f(a_k)| \le \frac{C(A)}{a_k} \int_{\mu(a_k)}^{a_k} |f(t)| \mathrm{d}t \qquad (10)$$

证明 仅需证明第一个不等式, 第二个不等式可以用类似的方法得到. 显然对任何 $a_{k-1} < x \le v(a_{k-1})$ 均有

$$\begin{aligned}
|f(a_{k-1})| &\le \int_{a_{k-1}}^{x} |\mathrm{d}f(t)| + |f(x)| \\
&\le \int_{a_{k-1}}^{v(a_{k-1})} |\mathrm{d}f(t)| + |f(x)| \\
&\le \frac{C(A)}{a_{k-1}} \int_{a_{k-1}}^{v(a_{k-1})} |f(t)| \mathrm{d}t + |f(x)|
\end{aligned}$$

显然

$$v(a_{k-1}) - a_{k-1} \ge C(A) a_{k-1}$$

再利用 x 的任意性就很容易判定

$$|f(a_{k-1})| \le \frac{C(A)}{a_{k-1}} \int_{a_{k-1}}^{v(a_{k-1})} |f(t)| \mathrm{d}t$$

从而引理 2 得证.

引理 3 设 $f(x) \in \mathrm{PMBVF}$, 若

$$\lim_{x \to +\infty} xf(x) = 0$$

则有

$$\lim_{b \to +\infty} b \int_{b}^{+\infty} |\mathrm{d}f(t)| = 0$$

证明 由于 $\lim_{x \to +\infty} xf(x) = 0$, 则对任意 $\varepsilon > 0$, 存在 X_1, 对任何 $x \ge a_{j-1} > X_1$, 均有 $|xf(x)| < \varepsilon$, 则当 $b \ge a_{j-1}$

时,不妨设 $b \in [a_{k-1}, a_k)$,利用引理 1 知

$$b \int_b^{+\infty} | \, \mathrm{d}f(t) \, | \leqslant b \int_b^{a_k} | \mathrm{d}f(t) | + b \sum_{j=k}^{\infty} \int_{a_j}^{a_{j+1}} | \mathrm{d}f(t) |$$

$$\leqslant C(A) b \Big[\int_{\mu(b)}^{a_k} \frac{|f(t)|}{t} \mathrm{d}t +$$

$$\sum_{j=k}^{\infty} \int_{a_j}^{a_{j+1}} \frac{|f(t)|}{t} \mathrm{d}t \Big]$$

$$\leqslant C(A) b \varepsilon \Big[\int_{\mu(b)}^{a_k} \frac{1}{t^2} \mathrm{d}t + \sum_{j=k}^{\infty} \int_{a_j}^{a_{j+1}} \frac{1}{t^2} \mathrm{d}t \Big]$$

$$\leqslant C(A) b \varepsilon \Big[\frac{1}{\mu(b)} + \sum_{j=k}^{\infty} \frac{1}{a_j} \Big]$$

$$\leqslant C(A) \varepsilon \Big[\frac{b}{\mu(b)} + \sum_{j=k}^{\infty} \frac{a_k}{a_j} \Big]$$

$$\leqslant C(A) \varepsilon \Big(2 + \sum_{j=k}^{\infty} \frac{1}{\lambda^{j-k}} \Big)$$

$$\leqslant C(A) \varepsilon$$

从而引理 3 得证.

3. 定理的证明

定理 1 的证明　充分性. 只给出满足条件①的情况的证明,对于满足条件②的情况可通过类似的证明而得到. 由分析可知,对于任意给定的 $\varepsilon > 0$,存在 X_0,使得对任何 $\mu(x) > X_0$ 成立

$$|xf(x)| < \varepsilon$$

当 $t = 0$ 时,定理 1 充分性的结论是显然的. 下设 $t \in (0, +\infty)$,取 $T = \frac{1}{t}$,对任何满足 $\mu(x_1), \mu(x_2) > X_0$ 的 $x_1 < x_2$,有

$$\left| \int_{x_1}^{x_2} f(x) \sin xt \mathrm{d}x \right| \leqslant \left| \int_{x_1}^{T} f(x) \sin xt \mathrm{d}x \right| +$$

$$\left| \int_{T}^{a_j} f(x) \sin xt \mathrm{d}x \right| +$$

$$\left| \int_{a_j}^{x_2} f(x) \sin xt \mathrm{d}x \right|$$

$$: = I_1 + I_2 + I_3$$

这里假设 $X_0 < a_{j-1} \leqslant T < a_j$，根据 t 和 x_1, x_2 取值不同，I_1, I_2, I_3 中某些表达式可能为零，但都不影响最终证明，仅考虑三个表达式都存在的情形.

由 $|\sin xt| \leqslant xt$ 算得

$$|I_1| = \left| \int_{x_1}^{T} f(x) \sin xt \mathrm{d}x \right|$$

$$\leqslant \int_{x_1}^{T} |f(x) \sin xt| \mathrm{d}x$$

$$\leqslant \varepsilon t (T - x_1)$$

$$\leqslant \varepsilon$$

利用分部积分和引理 3 可知

$$|I_2| = \left| \int_{T}^{a_j} f(x) \sin xt \mathrm{d}x \right|$$

$$= T \left| \int_{T}^{a_j} f(x) \mathrm{d}\cos xt \right|$$

$$\leqslant T |f(a_j)| + T |f(T)| + T \int_{T}^{a_k} |\mathrm{d}f(x)|$$

$$\leqslant 2\varepsilon + T \int_{T}^{\infty} |\mathrm{d}f(x)|$$

$$\leqslant C(A)\varepsilon$$

进一步利用分部积分和引理 3，则有

$$|I_3| = \left| \int_{a_j}^{x_2} f(x) \sin xt \mathrm{d}x \right|$$

$$\leqslant T\left|\int_{a_j}^{x_2} f(x)\,\mathrm{dcos}\,xt\right|$$

$$\leqslant T|f(x_2)| + T|f(a_j)| + T\int_{a_j}^{x_2}|\mathrm{d}f(x)|$$

$$\leqslant 2\varepsilon + a_j\int_{a_j}^{\infty}|\mathrm{d}f(x)|$$

$$\leqslant C(A)\varepsilon$$

综上,由柯西收敛准则,充分性得证.

必要性. 考虑 $y \in (a_{k-1}, a_k]$. 如果 $\lambda a_{k-1} < y \leqslant a_k$,
对于任何 $\mu(y) \leqslant z \leqslant y$,显然能推出 $y \leqslant v(z)$,从而

$$|f(y)|$$

$$\leqslant |f(y) - f(z)| + |f(z)|$$

$$\leqslant \int_z^y |\mathrm{d}f(x)| + |f(z)|$$

$$\leqslant \int_z^{v(z)} |\mathrm{d}f(x)| + |f(z)|$$

$$\leqslant \frac{C(A)}{2}\int_{\mu(z)}^{v(z)}|f(x)|\mathrm{d}x + |f(z)|$$

$$\leqslant \frac{C(A)}{\mu(y)}\int_{\mu(\mu(y))}^{v(y)}|f(x)|\mathrm{d}x + |f(z)|$$

$$\leqslant \frac{C(A)}{y}\int_{\mu(\mu(y))}^{v(y)}|f(x)|\mathrm{d}x + |f(z)|$$

利用 z 的任意性,容易得到

$$|yf(y)| \leqslant C(A)\int_{\mu(\mu(y))}^{v(y)}|f(x)|\mathrm{d}x + C(A)\int_{\mu(y)}^{y}|f(x)|\mathrm{d}x$$

$$\leqslant C(A)\int_{\mu(\mu(y))}^{v(y)}|f(x)|\mathrm{d}x$$

而 $\mu(\mu(y)) \geqslant \dfrac{y}{8}$,并且 $f(y)$ 在 $y \in (a_{k-1}, a_k)$ 保号,取

$t_0 = \dfrac{\pi}{4y}$，那么有

$$\left| \int_{\mu(\mu(y))}^{v(y)} f(x) \sin xt_0 \mathrm{d}x \right| \geqslant C(A) \int_{\mu(\mu(y))}^{v(y)} |f(x)| \mathrm{d}x$$

如果 $a_{k-1} < y \leqslant \lambda a_{k-1}$，那么由引理 1 与引理 2 的证明方法同样可以得到

$$
\begin{aligned}
|yf(y)| &\leqslant y \left[\int_{a_{k-1}}^{y} |\mathrm{d}f(x)| + |f(a_{k-1})| \right] \\
&\leqslant \lambda a_{k-1} \left[\int_{a_{k-1}}^{\lambda a_{k-1}} |\mathrm{d}f(x)| + |f(a_{k-1})| \right] \\
&\leqslant C(A) \left[\int_{a_{k-1}}^{\lambda a_{k-1}} |f(x)| \mathrm{d}x + \right. \\
&\quad \left. \int_{a_{k-1}}^{v(a_{k-1})} |f(x)| \mathrm{d}x \right] \\
&\leqslant C(A) \left[\left| \int_{a_{k-1}}^{\lambda a_{k-1}} f(x) \sin xt_0^* \mathrm{d}x \right| + \right. \\
&\quad \left. \left| \int_{a_{k-1}}^{v(a_{k-1})} f(x) \sin xt_0^* \mathrm{d}x \right| \right]
\end{aligned}
$$

这里 $t_0^* = \dfrac{\pi}{4\lambda a_{k-1}}$，从而可知 $\lim\limits_{x \to +\infty} xf(x) = 0$。

综上，定理 1 证毕。

定理 2 的证明　和定理 1 的证明类似，仍然只给出满足条件①的情况的证明，对于满足条件②的情况可通过类似的证明得到。

充分性．由条件可知，当 $t = 0$ 时，$G(0)$ 收敛，现考虑 $t \in (0, +\infty)$，令 $T = \dfrac{1}{t} \in [a_{k-1}, a_k]$，又由

$$\lim_{x \to +\infty} xf(x) = 0$$

和 $\displaystyle\int_0^{+\infty} f(x) \mathrm{d}x$ 收敛可知，对任何 $\varepsilon > 0$，存在充分大的

X_1,对任何 $x_2 > x_1 > X_1$,均有

$$| x_1 f(x_1) | < \varepsilon$$

和

$$\left| \int_{x_1}^{x_2} f(x) \mathrm{d}x \right| < \varepsilon$$

成立,从而

$$\left| \int_{x_1}^{x_2} f(x) \cos xt \mathrm{d}x - \int_{x_1}^{x_2} f(x) \mathrm{d}x \right|$$

$$= \left| \int_{x_1}^{x_2} f(x)(\cos xt - 1) \mathrm{d}x \right|$$

$$\leqslant \left| \int_{x_1}^{T} f(x)(\cos xt - 1) \mathrm{d}x \right| +$$

$$\left| \int_{T}^{a_k} f(x)(\cos xt - 1) \mathrm{d}x \right| +$$

$$\left| \int_{a_k}^{x_2} f(x)(\cos xt - 1) \mathrm{d}x \right|$$

$$: = J_1 + J_2 + J_3$$

计算得到

$$| J_1 | = \left| \int_{x_1}^{T} f(x) 2\sin^2 \frac{xt}{2} \mathrm{d}x \right|$$

$$\leqslant \int_{x_1}^{T} | f(x) | xt \mathrm{d}x$$

$$\leqslant \varepsilon t(T - x_1)$$

$$< \varepsilon$$

同时,利用引理 3,有

$$| J_2 | = \left| \int_{T}^{a_k} f(x) \mathrm{d}\left(\frac{\sin xt}{t} - x \right) \right|$$

$$\leqslant \left| \left(\frac{\sin a_k t}{t} - a_k \right) f(a_k) - \left(\frac{\sin Tt}{t} - T \right) f(T) \right| +$$

$$\left| \int_T^{a_k} \left(\frac{\sin xt}{t} - x \right) \mathrm{d}f(x) \right|$$

$$\leq 2a_k |f(a_k)| + 2T|f(T)| +$$

$$T \left| \int_T^{a_k} (\sin xt - xt) \mathrm{d}f(x) \right|$$

$$\leq 4\varepsilon + T \int_T^{a_k} |\sin xt| |\mathrm{d}f(x)| + \left| \int_T^{a_k} x \mathrm{d}f(x) \right|$$

$$\leq 4\varepsilon + T \int_T^{a_k} |\mathrm{d}f(x)| + |a_k f(a_k)| +$$

$$|Tf(T)| + \left| \int_T^{a_k} f(x) \mathrm{d}x \right|$$

$$\leq C(A)\varepsilon$$

再次利用引理 3 类似地有

$$|J_3| = \left| \int_{a_k}^{x_2} f(x)(\cos xt - 1) \mathrm{d}x \right|$$

$$\leq T \left| \int_{a_k}^{x_2} f(x) \mathrm{d}(\sin xt - xt) \right|$$

$$\leq 2x_2 |f(x_2)| + 2a_k |f(a_k)| +$$

$$T \left| \int_{a_k}^{x_2} \sin(xt) \mathrm{d}f(x) \right| + \left| \int_{a_k}^{x_2} x \mathrm{d}f(x) \right|$$

$$\leq C(A)\varepsilon$$

综合上述所有估计,利用柯西收敛准则就可推得 $G(t)$ 在 $t \in [0, +\infty)$ 上是一致收敛的.

必要性. 由于 $G(t)$ 在 $t \in [0, +\infty)$ 上是一致收敛的,显然就有 $\int_0^{+\infty} f(x) \mathrm{d}x$ 收敛. 后面的证明过程和定理 1 的必要性证明过程类似,只要利用定理 1 的必要性证明的前一部分就可以判定必要性是成立的. 综上,定理 2 得证.

参考文献

［1］KÓRUS P. On the uniform convergence of special sine integrals［J］. Acta Math. Hungar. , 2011, 133(1/2):82-91.

［2］MÓRICA F. On the uniform convergence of sine integrals［J］. J. Math. Anal. Appl. , 2009,354(1): 213 -219.

［3］周颂平. 三角级数研究中的单调性条件:发展和应用［M］. 北京:科学出版社,2012.

［4］ZHOU S P, FENG F J, ZHANG L J. Trigonometric series with piecewise mean value bounded variation coefficients［J］. Sci. China Math. , 2013,56(8): 1661-1677.

第 四 编
广义有界变差函数

广义有界变差函数[①]

荆州师专数学科 882 班的魏清虹、陈云霞两位学员 1991 年给出了二元有界变差函数的一种定义;在新偏序定义的基础上,讨论了二元有界变差函数的一些性质;最后给出了此类有界变差函数的应用,即平面正则曲线的可求长问题.

1. 有界变差函数的定义

首先,我们在 $1R^2$ 上引进偏序,则有如下定义:

定义 1 称 $M_1(x_1, y_1) < M_2(x_2, y_2)$,当且仅当 $x_1 \leqslant x_2, y_1 \leqslant y_2$. (其中 < 为偏序符号,相应的, > 也为偏序符号.)

注 并非 $1R^2$ 上所有的两点都能利用偏序比较. 若 $M_1 = (1, 0), M_2 = (2, -1), 1 < 2, 0 > -1$,二者不能比较,本章讨

---

① 引自 1991 年第 14 卷第 5 期的《荆州师专学报(自然科学版)》,原作者为荆州高等专科学校数学科 882 班的魏清虹、陈云霞.

论的都是能比较的情况.

如果 $A < B$, 那么记如图 1 所示的矩形区域为 $[A, B]$.

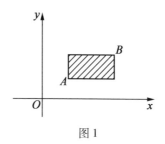

图 1

定义 2 $f(x, y)$ 是 $1R^2$ 上的二元实函数. 已知 A, $B \in 1R^2$, 且 $A < B$, 如果中间插入 $n - 1$ 个分点

$$A = M_0 < M_1 < M_2 < \cdots < M_n = B$$

称为 $[A, B]$ 上的一个分划 T.

设

$$V_f(A, B) = \sup_T \sum_{i=1}^n |f(M_i) - f(M_{i-1})| \tag{1}$$

记 $V_T = \sum_{i=1}^n |f(M_i) - f(M_{i-1})|$, 则式 (1) 可记为

$$V_f(A, B) = \sup_T V_T \tag{1'}$$

若 $V_f(A, B) < +\infty$, 则称 $f(x, y)$ 在 $[A, B]$ 上是有界变差的, 且称 $V_f(A, B)$ 为 $f(x, y)$ 在 $[A, B]$ 上的总变差. $V_f(A, B)$ 也可记为 $\bigvee_A^B (f)$, 若 $A(x_A, y_A)$, $B(x_B, y_B)$, 则 $V_f(A, B)$ 可记为 $\bigvee_{(x_A, y_A)}^{(x_B, y_B)} (f)$.

例 1 设 $f(x, y) = x + y, A = (0, 0), B = (1, 1)$, 讨论 $f(x, y)$ 在 $[A, B]$ 上是否有界变差函数.

164

解　在 $[A,B]$ 上取一个分划 T

$$(0,0) = P_0 < P_1 < P_2 < \cdots < P_n = (1,1)$$

$$P_i = (x_i, y_i) \quad (i = 0, 1, \cdots, n)$$

则

$$V_T = \sum_{i=1}^{n} |f(P_i) - f(P_{i-1})|$$

$$= \sum_{i=1}^{n} |x_i + y_i - x_{i-1} - y_{i-1}|$$

由

$$P_{i-1} < P_i \Rightarrow x_i - x_{i-1} \geqslant 0, y_i - y_{i-1} \geqslant 0$$

故

$$V_T = \sum_{i=1}^{n} (x_i - x_{i-1}) + \sum_{i=1}^{n} (y_i - y_{i-1})$$

$$= (x_n - x_0) + (y_n - y_0) = 2$$

从而

$$V_f(A,B) = \sup_T V_T = \sup_T 2 = 2$$

由定义 2 与例 1,显然有

$$\bigvee_A^B (-f) = \bigvee_A^B (f)$$

2. 两种有界变差函数

定义 3　$f(x,y)$ 在 $[A,B]$ 上有意义,如果任取 M_1, $M_2 \in [A,B]$,且 $M_1 < M_2$,有

$$f(M_1) \leqslant f(M_2) \quad (或 f(M_1) \geqslant f(M_2))$$

那么称 $f(x,y)$ 在 $[A,B]$ 上单调增加(减少),$f(x,y)$ 为 $[A,B]$ 上的单调增加(减少)函数.

定理 1　单调函数是有界变差的.

证明　不妨设 $f(x,y)$ 在 $[A,B]$ 上单调增加. 任取

$[A,B]$ 上的一个分划 T

$$A = M_0 < M_1 < M_2 < \cdots < M_n = B$$

$$V_T = \sum_{i=1}^{n} |f(M_i) - f(M_{i-1})|$$

$$= \sum_{i=1}^{n} [f(M_i) - f(M_{i-1})]$$

$$= f(B) - f(A)$$

则

$$V_f(A,B) = \sup_T V_T = f(B) - f(A) < +\infty$$

定理证完.

注 例 1 是一个单调函数,从而是有界变差的.

例 2 $A = (0,0)$, $B = (1,1)$, $f(x,y) = xy$.

易证 $f(x,y)$ 在 $[A,B]$ 上单调增加. $\forall M_1, M_2 \in [A, B]$,且 $M_1(x_1,y_1) < M_2(x_2,y_2)$,有 $x_1 y_1 \leqslant x_2 y_2$,从而

$$f(x_1,y_1) \leqslant f(x_2,y_2)$$

故 $f(x,y) = xy$ 在 $[A,B]$ 上单调增加.

由定理 1 的证明知

$$\bigvee_A^B (f) = f(B) - f(A) = 1 - 0 = 1 < +\infty$$

定义 4 在 $[A,B]$ 上的函数 $f(x,y)$,如果任取 $M_1, M_2 \in [A,B]$,有常数 K 满足不等式

$$|f(M_1) - f(M_2)| \leqslant K|M_1 - M_2|$$

(注 $|M_1 - M_2|$ 为 M_1 到 M_2 的距离.)那么称 $f(x,y)$ 是 $[A,B]$ 上的李普希茨函数.

定理 2 李普希茨函数是有界变差的.

证明 设 $A(a_1,a_2) < B(b_1,b_2)$,T 是 $[A,B]$ 上的一个分划

$$A = M_0 < M_1 < M_2 < \cdots < M_n = B$$

$$M_i = (x_i, y_i) \quad (i = 0, 1, \cdots, n)$$

$f(x, y)$ 为 $[A, B]$ 上的李普希茨函数,则

$$V_T = \sum_{i=1}^{n} |f(M_i) - f(M_{i-1})|$$

$$\leqslant K \sum_{i=1}^{n} |M_i - M_{i-1}|$$

$$\leqslant K \sum_{i=1}^{n} (|x_i - x_{i-1}| + |y_i - y_{i-1}|)$$

$$= K \left[\sum_{i=1}^{n} (x_i - x_{i-1}) + \sum_{i=1}^{n} (y_i - y_{i-1}) \right]$$

$$= K(b_1 - a_1 + b_2 - a_2)$$

则

$$V_f(A, B) = \sup_T V_T \leqslant K(b_1 - a_1 + b_2 - a_2) < +\infty$$

定理证完.

3. 有界变差函数的性质

定理 3　有界变差函数在有界闭区域上有界.

证明　设 G 为有界闭区域, $f(x, y)$ 为 G 上的有界变差函数. 我们找得到 $A < B$, 使得 $G \subset [A, B]$, 对任意 $P(x, y)$, $A < P < B$, 有

$$|f(P)| = |f(P) - f(A) + f(A)|$$

$$\leqslant |f(P) - f(A)| + |f(A)|$$

$$\leqslant V_T + |f(A)|$$

$$\leqslant \bigvee_A^B (f) + |f(A)|$$

即 $f(x, y)$ 在 G 上有界. 定理证完.

定理 4　两个有界变差函数之和仍为有界变差

函数.

证明 设 $f(x,y),g(x,y)$ 为 $[A,B]$ 上的两个有界变差函数, 令 $h(x,y)=f(x,y)+g(x,y)$, 则

$$|h(x_{k+1},y_{k+1})-h(x_k,y_k)|$$
$$\leqslant |f(x_{k+1},y_{k+1})-f(x_k,y_k)|+|g(x_{k+1},y_{k+1})-g(x_k,y_k)|$$

从而

$$V_k(A,B)\leqslant V_f(A,B)+V_g(A,B)$$

故 $h(x,y)$ 为有界变差函数. 同样可证 $f(x,y)-g(x,y)$ 为有界变差函数.

其次, 设 $P(x,y)=f(x,y)\cdot g(x,y)$, 令

$$m=\sup_T \langle |f(x,y)|\rangle, n=\sup_T\langle |g(x,y)|\rangle$$

则

$$|P(x_{k+1},y_{k+1})-P(x_k,y_k)|$$
$$=|f(x_{k+1},y_{k+1})g(x_{k+1},y_{k+1})-f(x_k,y_k)g(x_{k+1},y_{k+1})+$$
$$f(x_k,y_k)g(x_{k+1},y_{k+1})-f(x_k,y_k)g(x_k,y_k)|$$
$$\leqslant |f(x_{k+1},y_{k+1})g(x_{k+1},y_{k+1})-f(x_k,y_k)g(x_{k+1},y_{k+1})|+$$
$$|f(x_k,y_k)g(x_{k+1},y_{k+1})-f(x_k,y_k)g(x_k,y_k)|$$
$$\leqslant n|f(x_{k+1},y_{k+1})-f(x_k,y_k)|+$$
$$m|g(x_{k+1},y_{k+1})-g(x_k,y_k)|$$

从而

$$V_P(A,B)\leqslant nV_f(A,B)+mV_g(A,B)$$

故 $f(x,y)\cdot g(x,y)$ 是有界变差函数. 定理证完.

定理 5 设 $f(x,y),g(x,y)$ 都是有界变差函数, 若 $|g(x,y)|\geqslant \sigma>0$, 则 $f(x,y)/g(x,y)$ 也是有界变差函数.

证明 令

168

$$m = \sup_{T}\{\,|f(x,y)|\,\}$$

$$n = \sup_{T}\{\,|g(x,y)|\,\}$$

则

$$\left|\frac{f(x_{k+1},y_{k+1})}{g(x_{k+1},y_{k+1})} - \frac{f(x_k,y_k)}{g(x_k,y_k)}\right|$$

$$= \left|\frac{f(x_{k+1},y_{k+1})g(x_k,y_k) - f(x_k,y_k)g(x_{k+1},y_{k+1})}{g(x_{k+1},y_{k+1})\cdot g(x_k,y_k)}\right|$$

$$\leqslant \frac{1}{\sigma^2}\left|f(x_{k+1},y_{k+1})g(x_k,y_k) - f(x_{k+1},y_{k+1})g(x_{k+1},y_{k+1}) + \right.$$

$$\left. f(x_{k+1},y_{k+1})g(x_{k+1},y_{k+1}) - f(x_k,y_k)g(x_k,y_k)\right|$$

$$\leqslant \frac{1}{\sigma^2}\left|f(x_{k+1},y_{k+1})g(x_{k+1},y_{k+1}) - f(x_{k+1},y_{k+1})g(x_k,y_k)\right| +$$

$$\left|f(x_{k+1},y_{k+1})g(x_{k+1},y_{k+1}) - f(x_k,y_k)g(x_{k+1},y_{k+1})\right|$$

$$\leqslant \frac{1}{\sigma^2}m\left|g(x_{k+1},y_{k+1}) - g(x_k,y_k)\right| +$$

$$\frac{n}{\sigma^2}\left|f(x_{k+1},y_{k+1}) - f(x_k,y_k)\right|$$

从而

$$V_P(A,B) \leqslant \frac{m}{\sigma^2}V_f(A,B) + \frac{n}{\sigma^2}V_g(A,B)$$

故 $f(x,y)/g(x,y)$ 是有界变差函数. 定理证完.

定理 6 二元函数 $f(x,y)$ 是有界变差函数的充要条件是 $f(x,y)$ 可以表示为两个增加函数的差.

证明 充分性由定理 1 与定理 3 可直接导出,下面证必要性.

令 $\Pi(x,y) = \bigvee\limits_{(a_1,a_2)}^{(x,y)}(f)$ (取 $A(a_1,a_2) < P(x,y) < B$

169

$(b_1, b_2))$，$\Pi(A) = \overset{(a_1, a_2)}{\underset{(a_1, a_2)}{\bigvee}}(f) = 0.$

设

$$A < P_1(x_1, y_1) < P_2(x_2, y_2) < B$$

取$[(a_1, a_2)(x_2, y_2)]$的分划为

$$M_0 = A < M_1 < M_2 < \cdots < P_1 = M_n < P_2$$

$$V_T = \sum_{i=1}^{n} |f(M_i) - f(M_{i-1})| + |f(P_2) - f(P_1)|$$

$$\overset{(x_2, y_2)}{\underset{(a_1, a_2)}{\bigvee}}(f) \geq \sup_T V_T = \overset{(x_1, y_1)}{\underset{(a_1, a_2)}{\bigvee}}(f) + |f(x_2, y_2) - f(x_1, y_1)|$$

$$\overset{(x_2, y_2)}{\underset{(a_1, a_2)}{\bigvee}}(f) - \overset{(x_1, y_1)}{\underset{(a_1, a_2)}{\bigvee}}(f) \geq |f(x_2, y_2) - f(x_1, y_1)| > 0 \quad (2)$$

从而$\Pi(x, y)$为增加函数.

令

$$h(x, y) = \Pi(x, y) - f(x, y)$$

则

$$h(x_2, y_2) - h(x_1, y_1)$$

$$= \Pi(x_2, y_2) - \Pi(x_1, y_1) - [f(x_2, y_2) - f(x_1, y_1)]$$

由式(2)，有

$$\Pi(x_2, y_2) - \Pi(x_1, y_1) - |f(x_2, y_2) - f(x_1, y_1)| \geq 0$$

于是

$$\Pi(x_2, y_2) - \Pi(x_1, y_1) - [f(x_2, y_2) - f(x_1, y_1)] \geq 0$$

即$h(x_2, y_2) \geq h(x_1, y_1)$，$h(x, y)$为增加函数. 而$f(x, y) = \Pi(x, y) - h(x, y)$为两个增加函数的差. 定理证完.

4. 有界变差函数的应用

定义5 曲线C称为平面上的正则曲线，若任取

170

C 上点 M_1, M_2，有 $M_1 < M_2$（或 $M_1 > M_2$）.

比如，$y = x^2, 0 \leqslant x \leqslant 1$ 时，取 $M_1(0,0), M_2(1/2, 1/4)$，有 $M_1 < M_2, y = x^2$ 所表示的曲线是正则曲线.

命题 1　单调函数的图形是正则曲线.

很明显，任取 $x_1 \leqslant x_2$ 时，$y_1 \leqslant y_2, f(x, y) = 0$ 是单调函数（x_1, x_2 是满足定义域的）. $M_1(x_1, y_1) < M_2(x_2, y_2)$，则曲线 $f(x, y) = 0$ 是正则曲线.

定义 6　称 L 是空间（限定三维空间）的正则曲线，若 l 是空间曲面有界变差函数 $Z = f(x, y)$ 上的曲线，且 l 在 xOy 面上的投影是正则的.

比如，l 是曲面 $Z = 2x^2 - y$ 上的一曲线，在 $[0, 1]$ 上，$M_1(1, 2) < M_2(2, 7), Z = 2x^2 - y$ 为有界变差函数，且 $2x^2 - y = 0$ 是正则的，所以 l 是正则曲线.

定义 7　如果一条曲线可以分解为有限条正折曲线，那么称这条曲线是简单曲线.

因而我们可证明下面的定理.

定理 7　简单连续曲线可求长.

证明　给定一条简单曲线 Γ（为确定起见，假定是在普通的三维空间中），$x = x(t), y = y(t), z = z(t)$（$a \leqslant t \leqslant b$）；$A = (x(a), y(a)), B = (x(b), y(b)), x(t), y(t), z(t)$ 均连续. 只须证单调增加函数上的正则曲线可求长.

给定一个分划 T（L 是 Γ 上一单调增加函数上的正则曲线）

$$a = t_0 < t_1 < \cdots < t_n = b$$

对应于参数 t_k，在曲线上是点 $P_k(k = 0, 1, \cdots, n)$，得到曲线的一条内接折线 $P_0 P_1 \cdots P_n$，随着分划 T 的不同

折线长不同,当分划越来越细密,即 $\parallel T \parallel \to 0$ 时,其长就认为是曲线 l 的长. 因而只须证折线 $P_0 P_1 \cdots P_n$ 可求长

$$V_T = \sum_{i=1}^{n} \sqrt{(x_{t_i} - x_{t_{i-1}})^2 + (y_{t_i} - y_{t_{i-1}})^2 + (z_{t_i} - z_{t_{i-1}})^2}$$

$$\sum_{i=1}^{n} \left| x_{t_i} - x_{t_{i-1}} \right|$$

$$\leqslant V_T$$

$$\leqslant V_T(A,B) + \sum_{i=1}^{n} \left| x_{t_i} - x_{t_{i-1}} \right| + \sum_{i=1}^{n} \left| y_{t_i} - y_{t_{i-1}} \right|$$

即

$$\sum_{i=1}^{n} \left| x_{t_i} - x_{t_{i-1}} \right|$$

$$\leqslant V_T$$

$$\leqslant x_{t_n} - x_{t_0} - y_{t_n} - y_{t_0} + V_t(A,B)$$

$$= \sup_{T} V_T$$

故正则曲线长即有界,又有上确界. 从而,单调增加函数可求长.

而简单曲线是有限条正则曲线的和,并且正则曲线可写成两个增加函数的差,故简单曲线可求长.

参考文献

[1] 那汤松. 实变函数论(上册)[M]. 北京:人民教育出版社,1961.

[2] 黎茨,塞克佛尔维 – 纳吉. 泛函分析讲义(第一卷)[M]. 北京:科学出版社,1983.

关于∧－有序有界变差的定义[①]

第19章

设 $\wedge = (\lambda_i)$ 是一个单调不增的正数序列,且满足条件 $\sum\limits_{n=1}^{\infty} \lambda_n = +\infty$,对于每一 $m = 0,1,2,\cdots$,我们用 $\wedge_{(m)}$ 表示 $\wedge$ －序列 $(\lambda_{m+i})_{i=1}^{\infty}$. 令 $[\alpha,\beta]$ 为一个闭区间,$f(x)$ 为定义在 $[\alpha,\beta]$ 上的实函数,对于 $[\alpha,\beta]$ 的一个子区间 $I = [s,t]$,记

$$f(I) = |f(t) - f(s)|$$

如果

$$\wedge - \mathrm{var}(f;[\alpha,\beta])$$

$$= \sup \sum \lambda_i f(I_i) < +\infty \qquad (1)$$

其中,记号 sup 表示关于区间 $I = [\alpha,\beta]$ 内每一互不重叠的区间列 $\{I_i\}$ 取上确界,那么称函数 $f(x)$ 是 $[\alpha,\beta]$ 上的 $\wedge$ －有界变差函数,记作 $f \in \wedge \mathrm{BV}$.

---

① 引自 1992 年第 6 期的《杭州师范学院学报》,原作者为杭州师范学院数学系的卢志康、方铭.

设 $\{I_i, i = 1, 2, \cdots, n\}$ 为 $[\alpha, \beta]$ 的互不重叠的子区间列,如果 $\sup I_{i+1} \leqslant \inf I_i$ ($\sup I_i \leqslant \inf I_{i+1}$) 对每一 i 成立,那么称 $\{I_i\}$ 是左有序的(右有序的). 记

$$\wedge - \mathrm{lovar}(f; [\alpha, \beta]) = \sup_1 \sum \lambda_i(I_i)$$

和

$$\wedge - \mathrm{rovar}(f; [\alpha, \beta]) = \sup_2 \sum \lambda_i f(I_i)$$

其中 $\sup_1$($\sup_2$)表示关于区间 $[\alpha, \beta]$ 内每一互不重叠的左(右)有序的子区间列 $\{I_n\}$ 取上确界. 如果

$$\wedge - \mathrm{ovar}(f; [\alpha, \beta]) = \max\{\wedge - \mathrm{lovar}(f; [\alpha, \beta])$$

$$\wedge - \mathrm{rovar}(f; [\alpha, \beta])\} < +\infty$$

我们就称 $f(x)$ 是区间 $[\alpha, \beta]$ 上的 $\wedge$ – 有序有界变差函数,记作 $f \in O\wedge BV$.

D. Waterman 曾证明 $\wedge$ – 有界变差有一个等价的定义:

$f \in \wedge BV$ 的充要条件是对 $[\alpha, \beta]$ 中每一不相重叠的区间列 $\{I_n\}$

$$\sum \lambda_n f(I_n) < +\infty \tag{2}$$

杭州师范学院数学系的卢志康、方铭于 1992 年曾在一定的附加条件下指出,对于定义 $\wedge$ – 有序有界变差函数,式(1)不再与式(2)等价.

本章目的即在于取消此种附加条件,指出对于一般的 $\wedge$ – 序列,定义 $\wedge$ – 有序有界变差函数,式(1)与(2)不等价.

定理 1 对于任一 $\wedge$ – 序列 $\wedge = (\lambda_i)$,存在连续函数 $f(x)$,对每一有序(右有序或左有序)的不相重叠

的区间到 $\{I_n\}$，式（2）成立，但 $f \notin \mathrm{O} \wedge \mathrm{BV}$.

记 $n, k_1, \cdots, k_n$ 是正整数，$(a_i)_{i=1}^n$ 是递减的正数序列，称函数 $f(x) \in F_{k_1, \cdots, k_n}^{a_1, \cdots, a_n}[\alpha, \beta]$，如果存在一个递减序列 $(t_i)_{i=1}^{r_n+1}$，满足 $t_1 = \beta, t_{r_n+1} = \alpha$，且

$$f(t_i) = 0 \quad (i = 1, 3, 5, \cdots, r_n + 1)$$

$$f(t_i) = a_j$$

$$(j = 1, \cdots, n, i = r_{j-1} + 2, r_{j-1} + 4, \cdots, r_i)$$

$f(t)$ 在 $[t_{i+1}, t_i]$ 上是线性的，$i = 1, \cdots, r_n$，其中

$$r_j = 2 \sum_{i=1}^{j} k_i \quad (j = 0, 1, \cdots, n)$$

引理1　设 n 为正整数，对于任意的 $a, \gamma, \varepsilon < 0$ 和任意的 $\wedge$ – 序列 $\wedge = (\lambda_i)$，存在正数 $a_1 > \cdots > a_n$，满足 $a_1 < a$ 和正整数 $k_1, \cdots, k_n$，使得当 $f \in F_{k_1, \cdots, k_n}^{a_1, \cdots, a_n}[\alpha, \beta]$ 时

$$\wedge - \mathrm{var}(f; [\alpha, \beta]) = \wedge - \mathrm{lovar}(f; [\alpha, \beta]) = n\gamma$$

$$\wedge - \mathrm{rovar}(f; [\alpha, \beta]) \leqslant \gamma + \varepsilon$$

定理1 **的证明**　设 $(t_n)_{n=1}^{\infty}$ 是单调增加趋于 β 的序列，且有 $t_1 = \alpha$，又设 $\sum \varepsilon_i$ 为一个收敛的正项级数，由引理1，对于 $n = 1, 2, \cdots$，存在正数 $a_1^{(n)} > \cdots > a_{2^n}^{(n)}$ 和正整数 $k_1^{(n)}, \cdots, k_{2^n}^{(n)}$，及函数 $f_n(x) \in F_{k_1^{(n)}, \cdots, k_{2^n}^{(n)}}^{a_1^{(n)}, \cdots, a_{2^n}^{(n)}}[t_n, t_{n+1}]$，使得对 $n = 1, 2, \cdots$，有：

（1）$a_1^{(n)} \leqslant d_n$.

（2）$\wedge(\omega_{n-1}) - \mathrm{lovar}(f_n; (t_n; t_{n+1}]) = 2^n \cdot n^{-2}$.

（3）$\wedge(\omega_{n-1}) - \mathrm{rovar}(f_n; (t_n; t_{n+1}]) \leqslant n^{-2} + \varepsilon_n/2$.

（4）$d_1 = 1$，且对 $n = 1, 2, \cdots$，有

$$d_{n+i} = \min\left\{\frac{1}{2}a_{2^n}^{(n)}, \varepsilon_{n+1}\left(2\sum_{i=1}^{\omega_n}\lambda_i\right)^{-1}\right\}$$

（5）$\omega_n = 2\sum_{j=1}^{n}\sum_{i=1}^{2^j}k_i^{(j)}$.

对于 $n = 1, 2, \cdots$，我们定义连续函数 $y_n : [t_1, t_{n+1}]\to R$，满足 $y_n(t) = f_i(t)$，$t \in [t_i, t_{i+1}]$，$i = 1, \cdots, n$，我们将证明

（6）$\wedge - \mathrm{rovar}(y_n; [t_1, t_{n+1}]) \leqslant \sum_{i=1}^{n}i^{-2} + \sum_{i=1}^{n}\varepsilon_i$，$n = 1, 2, \cdots$

当 $n = 1$ 时，由（3）知其成立.

假设 n 是一个正整数，使得（6）成立. 令 $\{I_i, i = 1, \cdots, l\}$ 是 $[t_1, t_{n+2}]$ 的互不重叠的右有序的子区间列. 不失一般性，我们假设 $t_{n+1} \notin \mathrm{int}\ I_i$，$i = 1, \cdots, l$. 设 $z = \max\{i = 1, \cdots, l : I_i \subset [t_1, t_{n+1}]\}$（$\max\ \phi = 0$）和 $h = \min\{l, \max\{z, \omega_n\}\}$. 由（1）（3）（4）及归纳假设可得

$$\sum_{i=1}^{l}\lambda_i y_{n+1}(I_i)$$

$$\leqslant \sum_{i=1}^{z}\lambda_i y_n(I_i) + \sum_{i=z+1}^{h}\lambda_i f_{n+1}(I_i) + \sum_{i=h+1}^{1}\lambda_i f_{n+1}(I_i)$$

$$\leqslant \wedge - \mathrm{rovar}(y_n; [t_1, t_{n+1}]) + a_1^{(n+1)}\sum_{i=1}^{\omega_n}\lambda_i +$$

$$\wedge(\omega_n) - \mathrm{rovar}(f_{n+1}; [t_{n+1}, t_{n+2}])$$

$$\leqslant \sum_{i=1}^{n}i^{-2} + \sum_{i=1}^{h}\varepsilon_i + \frac{1}{2}\varepsilon_{n+1} + (n+1)^{-2} + \frac{1}{2}\varepsilon_{n+1}$$

故有

$$\wedge - \mathrm{rovar}(y_{n+1}; [t_1, t_{n+2}]) \leqslant \sum_{i=1}^{n+1}i^{-2} + \sum_{i=1}^{n+1}\varepsilon_i$$

这就证明了(6).

现在,我们定义函数 $y:[\alpha,\beta]\to R$,使得
$$y(\beta)=0$$
$$y(t)=f_n(t) \quad (t\in[t_n,t_{n+1}], n=1,2,\cdots)$$
由(1)和(4)可看出 $\lim\limits_{t\to\beta}y(t)=0$,所以,$y(t)$ 是 $[\alpha,\beta]$ 上的连续函数.

设 $\{I_i\}$ 是 $[\alpha,\beta]$ 上任一互不重叠的右有序子区间列,对任一自然数 l,存在一个正整数 n,使
$$\sup I_1\leqslant t_{n+1}$$
于是由式(6)有
$$\sum_{i=1}^{l}\lambda_i y(I_i)\leqslant\wedge-\mathrm{rovar}(y_n;[t_1,t_{n+1}])$$
$$\leqslant\frac{\pi^2}{6}+\sum_i\varepsilon_i$$
可见式(2)成立.

设 $\{I_i\}$ 是 $[\alpha,\beta]$ 上任一互不重叠的左有序子区间列,若其只由有限个区间组成,则式(2)自然成立,今设 $\{I_i\}$ 由无限多个区间构成,记
$$m=\min\{i=1,2,\cdots:[t_i,t_{i+1}]\cap(\cup_i I_i)\neq\varnothing\}$$
又记 $[t_m,t_m+1]$ 内 $y(t)$ 取值为 $0,a_1^{(m)},\cdots,a_{2^m}^{(m)}$ 的点为
$$s_1,\cdots,s_g\left(g=2\sum_{i=1}^{2^m}k_i^{(m)}+1\right)$$
且使 $\{s_i\}$ 成单调递减排列,令
$$v=\max\{i=1,\cdots,g-1:[s_{i+1},s_i]\cap(\cup_i I_i)\neq\varnothing\}$$
我们可设 I_i 从第 k 项后完全包含在 $[s_{v+1},s_v]$ 中,那么

$$\sum_{i=1}^{\infty} \lambda_i y(I_i)$$

$$= \sum_{i=1}^{k} \lambda_i y(I_i) + \sum_{i=k+1}^{\infty} \lambda_i y(I_i)$$

$$\leqslant \sum_{i=1}^{k} \lambda_i y(I_i) + \lambda_{k+1} \sum_{i=k+1}^{\infty} y_m(I_i)$$

$$\leqslant \sum_{i=1}^{k} \lambda_i y(I_i) + \lambda_{k+1} a_1^{(m)}$$

$$< + \infty$$

上述讨论表明,函数 y 满足式(2),但是

$$\wedge - \mathrm{lovar}(y;[\alpha,\beta])$$

$$\geqslant \wedge - \mathrm{lovar}(y;[t_n,t_{n+1}])$$

$$\geqslant \wedge(\omega_{n-1}) - \mathrm{lovar}(f_n;[t_n,t_{n+1}])$$

$$= 2^n n^{-2}$$

所以

$$\wedge - \mathrm{lovar}(y;[\alpha,\beta]) = + \infty$$

即 $y \notin O \wedge BV$. 定理证毕.

广义有界变差函数空间上的拓扑结构[①]

第
20
章

哈尔滨工业大学数学系的姚小波、哈明虎两位教授 1994 年讨论了广义有界变差函数空间（$VBG[a,b]$ 和 $VBG_*[a,b]$）及这两种空间的子空间（$ACG[a,b]$ 和 $ACG_*[a,b]$）上的拓扑结构及这两种空间中紧集的构造.

1. 预备知识

定义 1 设 $F(x)$ 是定义在 $[a,b]$ 上的实值函数，$F(x)$ 是 VBG 函数是指：总存在 $[a,b]$ 上的可列闭集列 $\{E_n\}_{n=1}^{\infty}$，使得 $F(x)$ 是 $VB(E_n)$ 的，且 $\bigcup_{n=1}^{\infty} E_n = [a,b]$，即对固定的 n，存在一常数 $M > 0$，使得对于任何互不重叠的区间列 $\{[a_s,b_s]\}_s$，$a_s,b_s \in E_n$，则

---

① 引自 1994 年第 14 卷第 2 期的《河北大学学报（自然科学版）》，原作者为哈尔滨工业大学数学系的姚小波、哈明虎.

$$\sum_s |\ F(b_s) - F(a_s)\ | \leqslant M$$

记 $V(F;E_n) = \sup_{\pi} \sum_s |\ F(b_s) - F(a_s)|, \pi$ 是指满足以上条件的分划 $\{[a_s, b_s]\}_s$ 的全体, 又记 $VBG[a,b]$ 为全体 VBG 函数.

定义 2 $F(x)$ 是定义在 $[a,b]$ 上的实值函数, $F(x)$ 是 ACG 函数是指:总存在 $[a,b]$ 上的一闭集列 $\{E_n\}_{n=1}^{\infty}, \bigcup_{n=1}^{\infty} E_n = [a,b]$ 且 $F(x)$ 是 $AC(E_n)$ 的, 即对于固定的 n, 任意的 $\varepsilon > 0$, 存在 $\delta > 0$, 对于互不重叠的 $\{[a_s, b_s]\}_s, a_s, b_s \in E_n$, 只要 $\sum_s (b_s - a_s) < \delta$, 便有

$$\sum_s |F(b_s) - F(a_s)| < \varepsilon$$

记全体 ACG 函数全体为 $ACG[a,b]$.

定义 3 设 $F(x)$ 是定义在 $[a,b]$ 上的实值函数, $F(x)$ 是 VBG_* 函数是指:总存在 $[a,b]$ 上的一闭集列 $\{E_n\}_{n=1}^{\infty}, \bigcup_{n=1}^{\infty} E_n = [a,b]$ 使得 $F(x)$ 是 $VB_*(E_n)$ 的, 即对固定的 n, 总存在 $M > 0$, 对于任何互不重叠的区间列 $\{[a_s, b_s]\}, a_s, b_s \in E_n$, 则

$$\sum_s o(F(x);[a_s, b_s]) \leqslant M$$

这里 $o(F(x);[a_s, b_s]) = \sup\{|F(x_1) - F(x_2)|; x_1, x_2 \in [a_s, b_s]\}$, 全体 VBG_* 函数记为 $VGB_*[a,b]$.

定义 4 设 $F(x)$ 是定义在 $[a,b]$ 上的实值连续函数, $F(x)$ 是 ACG_* 函数是指:总存在一闭集列 $\{E_n\}_{n=1}^{\infty}$, 满足 $\bigcup_{n=1}^{\infty} E_n = [a,b]$ 且 $F(x)$ 是 $AC_*(E_n)$, 即对固定的

n,任意的 $\varepsilon > 0$,存在 $\delta > 0$,对于互不重叠的区间列 $\{[a_s, b_s]\}_s, a_s, b_s \in E_n$,只要 $\sum\limits_s (b_s - a_s) < \delta$,则

$$\sum\limits_s o(F(x); [a_s, b_s]) < \varepsilon$$

全体 ACG_* 函数记为 $ACG_*[a, b]$.

注　(1)由以上定义易知,$VBG_*[a, b] \subset VBG[a, b]$,$ACG_*[a, b] \subset ACG[a, b]$,$ACG_*[a, b] \subset VBG_*[a, b]$,$ACG[a, b] \subset VBG[a, b]$.

(2)$ACG(VBG)$ 是 $ACG_*(VBG_*)$ 的充要条件是,对于任意的 n,$\sum\limits_{i=1}^{\infty} o(F(x); [a_i^{(n)}, b_i^{(n)}]) < +\infty$,这里 $(a, b) \backslash E_n = \bigcup\limits_{i=1}^{\infty} (a_i^{(n)}, b_i^{(n)})$ 且 $(a_i^{(n)}, b_i^{(n)})$ 互不相交.

下面我们分两部分讨论广义有界变差函数空间上的拓扑结构,有关线性拓扑空间的知识可在文献[2]中找到,这里略去.

2. $VGB[a, b]$ 空间上的拓扑结构

记 $\lambda = \{E_n\}_{n=1}^{\infty}$,这里的 E_n 为单调上升的闭集,而且满足 $\bigcup\limits_{n=1}^{\infty} E_n = [a, b]$,全体这样的 λ 记为 $\wedge$,在 $\wedge$ 上定义序关系如下:

$\lambda_1 \leqslant \lambda_2 \rightleftharpoons$ 对于任何的 $E_i^{(2)} \in \lambda_2$,总存在 $E_i^{(1)} \in \lambda_1$,使得 $E_i^{(1)} \supset E_i^{(2)}$.

容易验证,这样定义的序确实是 $\wedge$ 上的偏序,但显然并非全序.

定义 $VBG_\lambda[a, b] = \{f \in VBG[a, b], f$ 在 $\lambda = \{E_n\}_{n=1}^{\infty}$ 的任意元素上是 VB 的函数$\}$,显然 $VBG[a,$

$b] = \bigcup\limits_{\lambda \in \Lambda} VBG_{\lambda}[a,b]$.

下面首先给出 $VBG_{\lambda}[a,b]$ 上的拓扑.

定义 $p_n(f) = \bigvee(f,E_n)$，这里 $f \in VBG_{\lambda}[a,b]$.

引理 1 $\rho_n(f)$ 是定义在 $VBG_{\lambda}[a,b]$ 上的一族丰范.

证明 这由 $V(f,E_n)$ 的定义容易得到.

定理 1 由 $\{\rho_n(\cdot)\}_n$ 导出的拓扑是可分离的局部凸拓扑.

证明 事实上，只要证明若 $\rho_n(f) = 0, n = 1,$ $2,\cdots,$ 则 $f = 0$ 即可. 因篇幅关系略去详细证明.

定理 2 由 $\{\rho_n(\cdot)\}_n$ 导出的拓扑是可度量化的完备拓扑.

证明 只要证明完备性即可，至于可度量化由 ρ_n 可数立得，具体过程从略.

定理 3 $ACG_{\lambda}[a,b]$ 在上面拓扑的意义下是 $VBG_{\lambda}[a,b]$ 的闭子空间.

证明 由 $AC(E_n)$ 是 $VB(E_n)$ 的闭子空间即证.

下面我们来刻画 $ACG_{\lambda}[a,b]$ 中紧集的构造，先引入如下的定义：

定义 5 设 $\{f_{\alpha}(t)\}_{\alpha \in T}$ 是定义在 $[a,b]$ 上的实值函数，称 $\{f_{\alpha}\}_{\alpha \in T}$ 是 $\bigcup ACG$ 的，是指存在集列 $\{E_n\}_{n=1}^{\infty}$，$\bigcup\limits_{n=1}^{\infty} E_n = [a,b]$，满足对于任意固定的 n，$\{f_{\alpha}\}_{\alpha \in T}$ 是 $\bigcup AC(E_n)$ 的，即对任意的 $\varepsilon > 0$，存在 $\delta > 0$，对于互不重叠的区间列 $\{[a_s,b_s]\}_s$，$a_s, b_s \in E_n$，只要 $\sum\limits_s (b_s - a_s) < \delta$，则对于任意的 $\alpha \in T$，有

182

$$\sum_s |f_\alpha(b_s) - f_\alpha(a_s)| < \varepsilon$$

引理 2 若 $A \subset ACG_\lambda[a,b]$，则 A 是相对紧集的充分必要条件是对任何的 n，A_{E_n} 是 $AC(E_n)$ 中的相对紧集. 这里 $A_{E_n} = \{fE_n; f \in A\}$.

定理 4 若 $A \subset ACG_\lambda[a,b]$，则 A 是相对紧的充分条件是：

(1) 对于任何的 n，A_{E_n} 是 $AC(E_n)$ 中的有界集.

(2) A 是 $\cup ACG$ 的.

定义如下的集合族，设 $\{\lambda_n\}_{n=1}^m$ 是 $\wedge$ 中的任何单调上升的有限集，记

$$G_{\{\lambda_m\}} = \bigcup_{n=1}^\infty G_{\lambda_n}$$

引理 3 设 $\{\lambda_\alpha\}_{a \in T}$ 是 $\wedge$ 中任何单调上升的全序，则总存在这样的一个全序集其势 $\geqslant c$，其中 c 是一连续统势.

下面考虑 $\bigcup\limits_{\lambda \in \{\lambda_\alpha\}_\alpha} VBG_\lambda$ 上的拓扑结构. 对于 $\{\lambda_\alpha\}_{\alpha \in T}$ 中的任何有限集 $\{\lambda_i\}_{i=1}^m$，定义如下的集合

$$G = \bigcup_{\lambda \in \{\lambda_i\}_{i=1}^m} G_{\lambda_i}$$

这里 G_{λ_i} 是 VBG_{λ_i} 中的任何一个邻域，$\{\lambda_\alpha\}_{\alpha \in T}$ 是引理 3 中的势大于或等于 c 的全序集.

定理 5 $\bigcup\limits_{\lambda \in \{\lambda_\alpha\}} VBG$ 以 $\{G\}$，$G = \bigcup\limits_{\lambda_i \in \{\lambda_i\}_i} G_{\lambda_i}$ 为零点邻域基构成局部凸 T_2 空间.

定理 6 $\bigcup\limits_{\lambda \in \{\lambda_\alpha\}} VBG_\lambda$ 是序列完备的.

推论 1 $\bigcup\limits_{\lambda \in \{\lambda_\alpha\}_\alpha} VBG$ 中集合是序列紧的充要条件是对任何的 $\{f_n\}_n \subset A$，存在 λ_0，使此序列在 VBG_{λ_0}

183

中紧.

定理7 $\bigcup\limits_{\lambda \in \{\lambda_\alpha\}_\alpha} VBG_\lambda \supset \bigcup\limits_{\lambda \in \{\lambda_\alpha\}_\alpha} A \subset G_\lambda$，且 $\bigcup\limits_{\lambda \in \{\lambda_\alpha\}_\alpha} ACG_\lambda$

是 $\bigcup\limits_{\lambda \in \{\lambda_\alpha\}} VBG_\lambda$ 的序列闭子空间，且 $\bigcup\limits_{\lambda \in \{\lambda_\alpha\}} ACG_\lambda$ 中集合

A 是序列紧的充要条件是对于 A 中的任何序列 $\{f_n\}_n$，

总存在 $\lambda \in \{\lambda_\alpha\}$，使得 $\{f_n\}_n$ 在 ACG_λ 中存在收敛的

子列.

下面给出另外一子空间上的拓扑，设 $\{\lambda_n\}_n$ 是单

调上升的 $\wedge$ 中的集合，定义子空间 $\bigcup\limits_{n=1}^{\infty} VBG_{\lambda_n}$，按照

$\bigcup\limits_{\lambda \in \{\lambda_\alpha\}} VBG$ 同样的方法可以建立起此空间上的拓扑

结构.

定理8 $\bigcup\limits_{n=1}^{\infty} VBG_n$ 是可度量化的局部凸拓扑且

$\bigcup\limits_{n=1}^{\infty} VGB_{\lambda_n}$ 中序列收敛于某一元的充要条件是存在某一

n，使得此序列在 VBG_{λ_n} 中收敛.

3. $VBG_*[a,b]$ 上的拓扑结构

我们首先考虑对于 $\lambda \in \wedge$，定义 VBG_λ 上的拓扑.

由定义4后面的注(2)，我们得到对任何 $E_n \in \lambda$，

$f(x)$ 是 $VB_*(E_n)$ 的充要条件是：$f(x)$ 是 $VB(E_n)$ 的且

满足 $\sum\limits_{i=1}^{\infty} o(f(x);[a_n^i,b_n^i]) < +\infty$，这里 $\bigcup\limits_{i=1}^{\infty} (a_n^i,b_n^i) =$

$(a,b)\backslash E_n$，且 $\{(a_n^i,b_n^i)\}$ 是 $(a,b)\backslash E_n$ 是最大合成区

间. 定义

$$\rho_n(f) = \bigvee (f(x);E_n) + \bigcup\limits_{i=1}^{\infty} o(f(x);[a_n^i,b_n^i])$$

可以证明 $\rho_n(\cdot)$ 是 $VBG_*(\lambda)$ 上的丰范数.

定理9 由 $\{\rho_n(\cdot)\}_n$ 导出的 $VBG_*(\lambda)$ 上的拓扑

是度量化的局部凸拓扑.

此定理的证明和定理 1 完全类似,下面考虑空间的完备性,我们有

定理 10　空间 $VBG_*(\lambda)$ 是完备的.

下面考虑空间中紧集的结构.

定理 11　对任意 $f \in A, f(a) = 0, A \subset ACG_*(\lambda)$ 是相对紧的充要条件是 A 是 ACG 中的相对紧集且 A 是 $\cup ACG_*$ 的

证明　从略.

在 VBG_* 空间中,我们也可以得到类似于定理 6,定理 8 的结论.

参考文献

[1]丁传松,李秉彝.广义黎曼积分[M].北京:科学出版社,1989.

[2]吉田耕作.泛函分析[M].吴元恺,等译.北京:人民教育出版社,1980.

广义 Carathéodory 系统有界变差解的存在性[①]

第 21 章

考虑系统

$$x' = f(t, x) \tag{1}$$

其中,$x \in \mathbf{R}^n$, $x' = \dfrac{\mathrm{d}x}{\mathrm{d}t}$, $f: G \to \mathbf{R}^n$, G 是 $\mathbf{R}^{n+1}$ 中的开集. 若式(1)右端函数 f 在 G 上具有某种不连续性,则称系统(1)为不连续系统. 文献[1]综述了不连续系统理论及其几类不连续系统的应用研究概况. 不论文献[1]中介绍哪一种系统,其解首先是绝对连续的. 但存在形如式(1)的不连续系统,其右端的向量值函数 $f(t, x)$ 在所考虑的区间上非勒贝格(Lebesgue)可积,出现解为非绝对连续却有界变差的情形.

因而,对一些高度振动的函数而言,仅有勒贝格积分是不够的. 20 世纪 50 年

① 本章引自 2007 年第 19 卷第 4 期的《甘肃科学学报》,原作者为西北师范大学数学与信息科学学院的李宝麟、吕卫生.

代末,英国数学家 Henstock 和捷克数学家 Kurzweil 分别独立地运用黎曼(Riemann)和的形式定义了 Henstock-Kurzweil 积分,这种非绝对型积分包含了牛顿,黎曼和勒贝格积分. 西北师范大学数学与信息科学学院的李宝麟、吕卫东两位教授 2007 年利用 Henstock-Kurzweil 积分,建立了广义 Carathéodory 系统有界变差解的存在性定理.

1. 预备知识

设 $[a,b] \subset \mathbf{R}^1$, $x: [a,b] \to \mathbf{R}^n$ 为 $[a,b]$ 上的向量值函数. 对 $x \in \mathbf{R}^n$, $\|x\|$ 为 $\mathbf{R}^n$ 上欧氏范数.

称函数 $x: [a,b] \to \mathbf{R}^n$ 在区间 $[a,b]$ 上满足条件 (L),是指存在定义在区间 $[a,b]$ 上的有界变差函数 $l: [a,b] \to \mathbf{R}^1$,使得 $x(t)$ 对区间 $[a,b]$ 的每一个闭子区间 $[u,v]$ 有

$$\|x(\tau)(v-u)\| \leqslant |l(v)-l(u)| \quad (\tau \in [u,v])$$

成立.

在以下讨论中,总假定 I 是 $\mathbf{R}^1$ 中的开集,Ω 是 $\mathbf{R}^n$ 中的开集.

定义 1 设 $\delta[a,b] \to (0,+\infty)$,称区间 $[a,b]$ 的一个分法 π 是 δ - 精细的是指有序分点 $a = t_0 \leqslant t_1 \leqslant t_2 \leqslant \cdots \leqslant t_n = b$ 与结点 $\xi_1, \xi_2, \cdots, \xi_n$ 满足条件:对每个 i 都有

$$\xi_i \in [t_{i-1}, t_i] \subset (\xi_i - \delta(\xi_i), \xi_i + \delta(\xi_i))$$

记该 δ 精细分法为 $\pi = \{([t_{i-1} - t_i] \xi_i)\}|_{i=1}^n$.

定义 2 设 $x: [a,b] \to \mathbf{R}^n$ 是一个函数,若存在

$A \in \mathbf{R}^n$,对任给 $\varepsilon > 0$,存在

$$\delta(t): [a,b] \to (0, +\infty)$$

使得对 $[a,b]$ 的任意 δ 精细分法

$$D = \{([t_{i-1}, t_i], \xi_i)\}_{i=1}^n$$

有

$$\left\| \sum_{i=1}^n x(\xi_i)(t_i - t_{i-1}) - A \right\| < \varepsilon$$

则称 $x(t)$ 在 $[a,b]$ 上是 Henstock-Kurzweil 可积的,A 为积分值,记作 $\int_a^b x(t)\mathrm{d}t = A$.

对于函数 $p: I \times \Omega \to \mathbf{R}^n$,$m, k: I \to \mathbf{R}^n$,定义记号 $m(t) \leqslant p(t,x) \leqslant k(t)$ 表示向量函数 m, p, k 的对应分量函数满足不等式 "$\leqslant$",即

$$m_i(t) \leqslant p_i(t,x) \leqslant k_i(t) \quad (i = 1,2,\cdots,n)$$

定义 3 设非自治微分方程(1)定义在 $G = I \times \Omega$ 上的右端函数 $f(t,x)$ 是 Carathéodory 函数,如果对每个有界闭域 $G_0 \subset G$ 存在 Henstock-Kurzweil 可积的函数 $g(t)$ 及 $h(t)$,使得

$$g(t) \leqslant f(t,x) \leqslant h(t) \tag{2}$$

对满足 $(t,x) \in G_0$ 的所有 x 和几乎所有的 t 成立,那么称 $f(t,x)$ 在 $I \times \Omega$ 上满足广义 Carathéodory 条件,而称方程(1)为广义 Carathéodory 系统.

定义 4 函数 $x: [a, b] \to \mathbf{R}^n$ 称为广义 Carathéodory 系统(1)的一个有界变差解,如果 $x(t)$ 满足下列条件:

(1)函数 $x(t)$ 在 $[a,b]$ 的每一个闭子区间上有界

变差；

（2）对于每一个 $t \in [a,b], (t,\boldsymbol{x}) \in G$；

（3）$\boldsymbol{x}' = f(t,\boldsymbol{x})$ 对几乎所有的 $t \in [a,b]$ 成立.

定理 1　如果 $\boldsymbol{x}(t)$ 在 $[a,b]$ 上勒贝格可积，那么 $\boldsymbol{x}(t)$ 在 $[a,b]$ 上 Henstock-Kurzweil 可积.

定理 2　如果 $\boldsymbol{x}(t)$ 在 $[a,b]$ 上 Henstock-Kurzweil 可积且非负，那么 $\boldsymbol{x}(t)$ 在 $[a,b]$ 上勒贝格可积.

定理 3　如果函数 $f: [a,b] \to \mathbf{R}^n$ 在 $[a,b]$ 上 Henstock-Kurzweil 可积，那么其原函数 $F(t) = \int_a^t f(s)\,\mathrm{d}s$ 在 $[a,b]$ 上连续.

2. 主要结果

引理 1　设 $g: [a,b] \to \mathbf{R}^n$ 为 $[a,b]$ 上的 Henstock-Kurzweil 可积函数，若 $g(t)$ 在 $[a,b]$ 上满足条件 (L)，则函数

$$G(t) = \int_{t_0}^t g(s)\,\mathrm{d}s \quad (t_0 \in [a,b])$$

为 $[a,b]$ 上连续的有界变差函数.

证明　由于 $g(t)$ 在 $[a,b]$ 上 Henstock-Kurzweil 可积，所以对任意的 $s_1, s_2 \in [a,b]$，不妨设 $s_1 < s_2$，$g(t)$ 在 $[s_1, s_2]$ 上 Henstock-Kurzweil 可积. 因而，对任意的 $\varepsilon > 0$，存在 $\delta(t): [s_1, s_2] \to (0, +\infty)$，使得对 $[s_1, s_2]$ 的任意 δ 精细分法

$$D = \left\{ ([t_{i-1}, t_i], \xi_i) \right\}_{i=1}^m$$

有

$$\left\| \sum_{i=1}^{m} g(\xi_i)(t_i - t_{i-1}) - \int_{s_1}^{s_2} g(s)\,\mathrm{d}s \right\| < \varepsilon$$

又由于 $g(t)$ 在 $[a,b]$ 上满足条件 (L)，即存在定义在区间 $[a,b]$ 上的有界变差函数 $l: [a,b] \to \mathbf{R}^1$，使得 $g(t)$ 对区间 $[a,b]$ 的每一个闭子区间 $[u,v]$ 有

$$\| g(\tau)(v-u) \| \leq | l(v) - l(u) |$$

$\tau \in [u,v]$ 成立. 从而

$$\left\| \int_{s_1}^{s_2} g(s)\,\mathrm{d}s \right\|$$

$$= \left\| \int_{s_1}^{s_2} g(s)\,\mathrm{d}s - \sum_{i=1}^{n} g(\xi_i)(t_i - t_{i-1}) \right\| +$$

$$\left\| \sum_{i=1}^{n} g(\xi_i)(t_i - t_{i-1}) \right\|$$

$$< \varepsilon + \left\| \sum_{i=1}^{n} g(\xi_i)(t_i - t_{i-1}) \right\|$$

$$< \varepsilon + \sum_{i=1}^{n} \| g(\xi_i)(t_i - t_{i-1}) \|$$

$$< \varepsilon + \sum_{i=1}^{n} | l(t_i) - l(t_{i-1}) |$$

$$< \varepsilon + \mathrm{var}_{s_1}^{s_2}(l)$$

因 ε 具有任意性，所以有

$$\left\| \int_{s_1}^{s_2} g(s)\,\mathrm{d}s \right\| \leq \mathrm{var}_{s_1}^{s_2}(l) \tag{3}$$

设 $a = t_0 < t_1 < t_2 < \cdots < t_n = b$ 是区间 $[a,b]$ 的任意分划，由式 (3) 有

$$\sum_{i=1}^{m} \| G(t_i) - G(t_{i-1}) \| = \sum_{i=1}^{n} \left\| \int_{t_{i-1}}^{t_i} g(s)\,\mathrm{d}t \right\|$$

$$\leqslant \sum_{i=1}^{n} \mathrm{var}_{t_i}^{t_{i-1}}(l)$$

在上式的左端对$[a,b]$的所有分划取上确界,可得

$$\mathrm{var}_a^b(G) \leqslant \mathrm{var}_a^b(l) < +\infty$$

即G是$[a,b]$上连续的有界变差函数.

定理4　设$f(t,\boldsymbol{x})$是定义于G的闭区域G_0:
$|t-\tau| \leqslant a$,$\|\boldsymbol{x}-\boldsymbol{\xi}\| \leqslant b$ 上的 Carathéodory 函数,如果在
$|t-\tau| \leqslant a$ 上存在 2 个 Henstock-Kurzweil 可积函数
$u(t),v(t)$,使得

$$u(t) \leqslant f(t,\boldsymbol{x}) \leqslant v(t)$$

对满足$(t,\boldsymbol{x}) \in G_0$的所有$\boldsymbol{x}$以及几乎所有的$t$成立,且
$u(t)$在区间$|t-\tau| \leqslant a$上满足条件(L),那么方程(1)
必在某个区间$|t-\tau| \leqslant \beta,\beta > 0$上存在满足初始条件
$\varphi(\tau) = \boldsymbol{\xi}$的连续的有界变差解$\varphi(t)$.

证明　令$m(t) = v(t) - u(t)$,则由

$$u(t) \leqslant f(t,\boldsymbol{x}) \leqslant v(t)$$

有

$$0 \leqslant f(t,\boldsymbol{x}) - u(t) \leqslant m(t)$$

由定理 2 知,$m(t)$在区间$|t-\tau| \leqslant a$上勒贝格可积.

令

$$F(t,\boldsymbol{x}) = f\left(t,\boldsymbol{x} + \int_\tau^t u(s)\,\mathrm{d}s\right) - u(t) \qquad (4)$$

则F是一个 Carathéodory 函数,且

$$0 \leqslant F(t,\boldsymbol{x})$$

$$= f\left(t,\boldsymbol{x} + \int_\tau^t u(s)\,\mathrm{d}s\right) - u(t)$$

$$\leqslant m(t) \quad ((t,\boldsymbol{x}) \in G'_0) \tag{5}$$

这里 G'_0 是 G_0 的有界闭子域,且对所有的 $(t,\boldsymbol{x}) \in G'_0$ 满足条件

$$\left\|\left(\boldsymbol{x} + \int_{\tau}^{t} u(s)\,\mathrm{d}s\right) - \boldsymbol{\xi}\right\| \leqslant b$$

因此,方程

$$\boldsymbol{x}' = F(t,\boldsymbol{x}) \tag{6}$$

是 G'_0 上的 Carathéodory 系统. 根据 Carathéodory 系统解的存在定理,初值问题

$$\begin{cases} \boldsymbol{x}' = F(t,\boldsymbol{x}) \\ \boldsymbol{x}(\tau) = \boldsymbol{\xi} \end{cases} \tag{7}$$

必在某个区间 $|t-\tau| \leqslant \beta$ 上存在一个解 $\varphi(t)$,使得

$$\phi(\tau) = \boldsymbol{\xi}$$

令

$$\phi(t) = \varphi(t) + \int_{\tau}^{t} u(s)\,\mathrm{d}s$$

由于 $u(t)$ 在区间 $|t-\tau| \leqslant \alpha$ 上满足条件 (L),则 $u(t)$ 在 $|t-\tau| \leqslant \alpha$ 的任何子区间上满足条件 (L). 故由引理 1 可知 $\int_{\tau}^{t} u(s)\,\mathrm{d}s$ 是区间 $|t-\tau| \leqslant \beta$ 上连续的有界变差函数,且 $\varphi(t)$ 是区间 $|t-\tau| \leqslant \beta$ 上的绝对连续函数,因而 $\phi(t)$ 是区间 $|t-\tau| \leqslant \beta$ 上连续的有界变差函数,且对几乎所有的 t 有

$$\begin{aligned}
\phi'(t) &= \varphi'(t) + u(t) \\
&= F(t,\varphi(t)) + u(t) \\
&= f\left(t,\varphi(t) + \int_{\tau}^{t} u(s)\,\mathrm{d}s\right) - u(t) + u(t)
\end{aligned}$$

192

$$= f(t, \phi(t))$$

$$\phi(\tau) = \varphi(\tau) + \int_{\tau}^{\tau} u(s)\,\mathrm{d}s$$

$$= \xi + \mathbf{0}$$

$$= \xi$$

即 $\phi(t)$ 为方程(1)在区间 $|t - \tau| \leqslant \beta$ 上满足初始条件 $\phi(\tau) = \xi$ 的连续的有界变差解.

参考文献

[1]贺建勋,陈彭年.不连续微分方程的某些理论与应用[J].数学进展,1987,16(1):17-32.

[2] KURZWEIL J. Generalized Ordinary Differential Equations and Continuous Dependence on a Parameter[J]. Czechoslovak Math. J., 1957,7:418 - 449.

[3]HENSTOCK R. Lecture on the Theory of Integration [M]. Singapore：World Scientific,1988.

[4] SCHWABIK S. Generalized Ordinary Differential Equations[M]. Singapore：World Scientific,1992.

[5]WU C X, LI B L, STANLEY L E. Discontinuous Systems and Henstock-Kurzweil Integrals [J]. J. Math. Anal. Appl.,1999,229(1):119-139.

[6]李宝麟,薛小平. $x' = g(x,t) + h(t)$ 型方程的拓扑动力系统与 Kurzweil-Henstock 积分[J]. 数学学报,2003,46(4):79-804.

[7]武斌,叶国菊.SH 积分的收敛定理和 Riesz 型定义

[J]. 甘肃科学学报,2004,16(4):30-33.

[8]李定麟,马学敏. 一类脉冲微分系统与 Kurzweil 广义常微分方程的关系[J]. 甘肃科学学报,2007,19(1):1-6.

[9]尤秉礼. 常微分方程补充教程[M]. 北京:人民教育出版社,1981.

关于有界变差函数的模糊
Henstock-Stieltjes 积分[①]

第

22

章

Chang 和 Zadeh 自 1972 年结合概率分布函数的性质提出模糊数的概念以来，由于在实际生活中的广泛用途和深刻背景，取值为模糊数的模糊函数的微积分理论已成为模糊数学研究中重要课题之一. 2000 年，Wu 和 Gong 给出了模糊数值函数的 Henstock 积分的概念，这是一种非绝对模糊积分，包含了模糊 Riemann 积分、Sugeno 积分以及 Kaleva 积分. 2006 年，吴从炘和任雪昆以及 H. C. Wu 等对模糊数值函数关于实值函数和实值函数关于模糊数值函数两种形式的 Riemann-Stieltjes 积分进行了系统研究，发现连续的模糊数值函数关于单调不减函数是 Riemann-Stieltjes 可积的；然而，如果所讨论的模糊

---

① 引自 2017 年第 31 卷第 1 期的《模糊系统与数学》，原作者为重庆邮电大学理学院的邵亚斌与西北师范大学数学与统计学院的巩增泰.

数值函数在某种意义下不连续,甚至不是 Riemann-Stieltjes 可积时,已有的方法将受到限制. 2010 年,巩增泰等定义和讨论了模糊数值函数关于实值增函数的模糊 Henstock-Stieltjes 积分及其性质,得到了可积的充分必要条件并且该积分的数值积分的几个公式. 重庆邮电大学理学院的邵亚斌与西北师范大学数学与统计学院巩增泰两位教授 2017 年讨论了模糊数值函数关于有界变差函数的模糊 Henstock-Stieltjes 积分及其性质并给出积分的收敛定理以及原函数的连续性. 特别的,在关于有界变差函数的模糊 Henstock-Stieltjes 积分意义下,我们证明了模糊数值函数 $\tilde{f}$ 关于实值有界变差函数 $\alpha(x)$ 在 $[a,b]$ 上 FHS 可积,则当 $\alpha(x)$ 在 $[a,b]$ 上连续时,其原函数 $\widetilde{F}(x) = \int_a^x \tilde{f}\mathrm{d}\alpha$ 是绝对连续的.

1. 预备知识

定理 1 记 $E^1 = \{u \mid u: \mathbf{R} \to [0,1]$ 满足以下性质 (1)—$(4)\}$:

（1）u 是正规的模糊集;

（2）u 凸模糊集;

（3）u 是上半连续函数;

（4）$[u]^0 = \overline{\{x \in R \mid u(x) > 0\}}$ 是紧集.

则 $u \in E^1$ 称为模糊数,E^1 称为模糊数空间.

1975 年 C. V. Negoita 和 D. A. Ralescu 和 $\mathbf{R}^n$ 上的模糊数 $\tilde{u}$ 看作 $\mathbf{R}^n$ 中满足某种特定条件的非空紧凸子集族 $\{[\tilde{u}]^r \mid r \in [0,1]\}$,建立了模糊数的 r - 截集形式

的表示定理. 1986 年, R. Geotschel 和 W. Voxman 用两族参考函数 $\{a(r),b(r)\mid r\in[0,1]\}$ 来刻画模糊数 $\tilde{u}$, 从而得到了模糊数的函数形式的表示定理.

定理2　若 $u\in E^1$, 则:

(1)对 $\lambda\in[0,1]$, $[u]_\lambda$ 均为非空有界闭区间;

(2)若 $0\leqslant\lambda_1\leqslant\lambda_2$, 则

$$[u]\lambda_2\subset[u]\lambda_1$$

(3)若正数 λ_n 非降收敛于 $\lambda\in[0,1]$, 则

$$\bigcap_{n=1}^{\infty}[u]\lambda_n=[u]_\lambda$$

反之, 若对任何 $\lambda_n\in[0,1]$, 均存在 $A_\lambda\subset R$, 并满足相应的 (1)—(3), 则有唯一的模糊数 $u\in E^1$, 使 $[u]_\lambda=A_\lambda,\lambda\in[0,1]$ 且

$$[u]^0=\overline{\bigcup_{\lambda\in[0,1]}[u]_\lambda}\subset A_0$$

1986 年, M. L. Puri 和 D. A. Ralescu 将紧凸集 Hausdotörff 距离推广成 E^n 上的 Hausdotörff 距离

$$D: D(\tilde{u},\tilde{v})=\sup_{r\in[0,1]}d([u]^r,[v]^r)\quad(\forall\tilde{u},\tilde{v}\in E^n)$$

对于此距离, 当 $n=1$ 时, 即为模糊数空间 E^1 时, 定义两个模糊数的距离为

$$D: E^1\times E^1\to\mathbf{R}^+\cup0$$

即

$$
\begin{aligned}
D(\tilde{u},\tilde{v})&=\sup_{r\in[0,1]}d([u]^r,[v]^r)\\
&=\sup_{n[0,1]}\max\{\mid u_r^--v_r^-\mid,\mid u_r^++v_r^+\mid\}
\end{aligned}
$$

此处 d 是 Hausdotörff 距离. 对于模糊数的距离满足下述性质:

（1）(E^n, D) 是完备的度量空间；

（2）对任意的 $\tilde{u}, \tilde{v}, \tilde{w} \in E^n, D(\tilde{u} + \tilde{w}, \tilde{v} + \tilde{w}) = D(\tilde{u}, \tilde{v})$；

（3）对任意 $k \in \mathbf{R}, D(k\tilde{u}, k\tilde{v}) = |k| D(\tilde{u}, \tilde{v})$；

（4）$D(\tilde{u} + \tilde{v}, \tilde{w} + \tilde{e}) \leqslant D(\tilde{u}, \tilde{w}) + D(\tilde{v}, \tilde{e})$；

（5）$D(\tilde{u} + \tilde{v}, \hat{o}) \leqslant D(\tilde{u}, \hat{o}) + D(\tilde{v}, \hat{o})$；

（6）$D(\tilde{u} + \tilde{v}, \tilde{w}) \leqslant D(\tilde{u}, \tilde{w}) + D(\tilde{v}, \hat{o})$；

（7）若 $\tilde{u} \leqslant \tilde{w} \leqslant \tilde{v}$，则 $D(\tilde{v}, \tilde{w}) \leqslant D(\tilde{v}, \tilde{u})$.

2. 模糊值函数的 Henstock-Stieltjes 积分及性质

对任意的 $\varepsilon > 0, P = \{\xi_i, [x_i, x_{i-1}]\}_{i=1}^p$ 是区间 $I_0 = [a, b]$ 上的一个 δ – 精细分法，模糊数值函数 $\check{f}: I_0 \to E^1$，实值函数 $\alpha: I_0 \to \mathbf{R}$ 是一有界变差函数，记其在 I_0 上的全变差为 $\mathrm{var}(\alpha, I_0)$. 记

$$S(\check{f}, \alpha, P) = \sum_{i=1}^p \check{f}(\xi_i)[\alpha(x_i) - \alpha(x_{i-1})]$$

为模糊数值函数 $\check{f}$ 关于 α 的 Riemann-Stieltjes 和.

定义 1 设 $\alpha: I_0 \to \mathbf{R}$ 是 I_0 上的有界变差函数. 模糊数值函数 $\check{f}: I_0 \to E^1$ 在 I_0 上关于函数 α 是 Henstock-Stieltjes 可积的，是指存在模糊数 $\tilde{A} \in E^1$，对 $\forall \varepsilon > 0$，存在 I_0 上任意的 δ – 精细 Henstock 分法

$$P = \{(I_i, \xi_i)\}_{i=1}^p$$

有

$$D(S(\check{f}, \alpha, P), \tilde{A}) < \varepsilon$$

记为 $\tilde{A} = \int_{t_0} \check{f} \mathrm{d}\alpha$ 或 $\check{f} \in \mathrm{FHS}(I_0)$.

定理3 设 $\alpha: I_0 \rightarrow \mathbf{R}$ 是 I_0 上的有界变差函数. 模糊数值函数 $\tilde{f}: I_0 \rightarrow E^1$ 在 I_0 上关于函数 α 是 Henstock-Stieltjes 可积的, 则

$$D\left(\int_{t_0} \tilde{f}\mathrm{d}\alpha, \hat{o} \right) \leqslant \sup_{x \in I_0} D\left(\int_{t_0} \tilde{f}\mathrm{d}\alpha, \hat{o} \right) \cdot \mathrm{var}(\alpha, I_0)$$

证明 对任意的 $\varepsilon > 0$, 因为 $\tilde{f} \in \mathrm{FHS}(I_0)$, 则

$$D\left(\int_{t_0} \tilde{f}\mathrm{d}\alpha, \hat{o} \right) \leqslant D\left(\int_1 \tilde{f}\mathrm{d}\alpha, s(\tilde{f}\alpha P) \right) + D(S(\tilde{f}, \alpha, P), \hat{o})$$

$$< \varepsilon + \sum_{i=1}^{p} D(\tilde{f}(\xi_i), \hat{o}) \cdot \mathrm{var}(\alpha, I_0)$$

由 ε 的任意性, 我们有

$$D\left(\int_{t_0} \tilde{f}\mathrm{d}\alpha, \hat{o} \right) \leqslant \sup_{x \in I_0} D(\tilde{f}\mathrm{d}\alpha, \hat{o}) \cdot \mathrm{var}(\alpha, I_0)$$

定理4 设 $\alpha: I_0 \rightarrow \mathbf{R}$ 是 I_0 上的有界变差函数, 模糊数值函数 $\tilde{f}, \tilde{g}$ 在 I_0 上关于 α 是 FHS 可积的, 则有:

(1) a 是任意的实数, 则 $a\tilde{f}$ 在 I_0 上关于函数 α 是 FHS 可积的, 且

$$\int_{I_0} a\tilde{f}\mathrm{d}\alpha = a \int_{I_0} \tilde{f}\mathrm{d}\alpha$$

(2) $\tilde{f} + \tilde{g}$ 在 I_0 上关于函数 α 是 FHS 可积的, 则

$$\int_{I_0} (\tilde{f} + \tilde{g})\mathrm{d}\alpha = \int_{I_0} \tilde{f}\mathrm{d}\alpha + \int_{I_0} \tilde{g}\mathrm{d}\alpha$$

(3) 设 $\forall c \in [a, b]$, 模糊数值函数 $\tilde{f}$ 在 $[a, c]$, $[c, b]$ 上关于 α 是 FHS 可积的, 则 $\tilde{f}$ 在 $[a, b]$ 上关于 α 是 FHS 可积的且

$$\int_{I_0} \tilde{f}\mathrm{d}\alpha = \int_a^c \tilde{f}\mathrm{d}\alpha + \int_c^b \tilde{f}\mathrm{d}\alpha$$

定理 5 设 $\alpha: I_0 \to \mathbf{R}$ 是 I_0 上的有界变差函数且 $\alpha \in C^1(I_0)$. 如果 $\tilde{f}' = \hat{o}$ 在 I_0 上几乎处处成立,那么 $\tilde{f}'$ 在 I_0 上关于函数 α 是 FHS 可积的且 $\int_{I_0} \tilde{f}' \mathrm{d}\alpha = \hat{o}$.

定理 6 设 $\alpha: I_0 \to \mathbf{R}$ 是 I_0 上的有界变差函数,则 $\tilde{f}'$ 在 I_0 上关于函数 α 模糊 HS 可积的充要条件是对任意的 $\varepsilon > 0$,存在 I_0 上任意的 δ - 精细 Henstock 分法 P_1 和 P_2,有

$$D(S(\tilde{f}', \alpha, P_1), S(\tilde{f}', \alpha, P_2)) < \varepsilon$$

证明 (必要性)给定 $\varepsilon > 0$. 设 $\tilde{f}'$ 在 I_0 上关于函数 α 模糊 HS 可积,则对 I_0 上任意的 δ - 精细 Henstock 分法 P_1 和 P_2,有

$$D\left(S(\tilde{f}', \alpha, P_1), \int_{I_0} \tilde{f}' \mathrm{d}\alpha\right) < \varepsilon/2$$
$$D\left(S(\tilde{f}', \alpha, P_2), \int_{I_0} \tilde{f}' \mathrm{d}\alpha\right) < \varepsilon/2$$

则

$$D(S(\tilde{f}', \alpha, P_1), S(\tilde{f}', \alpha, P_2))$$
$$\leqslant D\left(S(\tilde{f}', \alpha, P_1), \int_{I_0} \tilde{f}' \mathrm{d}\alpha\right) + D\left(S(\tilde{f}', \alpha, P_2), \int_{I_0} \tilde{f}' \mathrm{d}\alpha\right)$$
$$< \frac{\varepsilon}{2} + \frac{\varepsilon}{2} = \varepsilon$$

(充分性)对任意的 $n \in \mathbf{N}$,选取 I_0 上的一个 $\delta_n(\xi_i) > 0$,对 I_0 上的 δ_n - 精细分法 P_1 和 P_2,使得

$$D(S(\tilde{f}', \alpha, P_1), S(\tilde{f}', \alpha, P_2)) < \frac{1}{n}$$

设 $\{\delta_n\}$ 是非增的函数列,对每个 $n, m > N$,有

$$D(S(\mathring{\tilde{f}}, \alpha, P_n), S(\mathring{\tilde{f}}, \alpha, P_m)) < \frac{1}{N}$$

则 $\{S(\mathring{\tilde{f}}, \alpha, P_n)\}$ 是柯西列且

$$D(S(\mathring{\tilde{f}}, \alpha, P_n), \tilde{L}) < \frac{\varepsilon}{2}$$

则

$$D(S(\mathring{\tilde{f}}, \alpha, P), \tilde{L})$$

$$\leqslant D(S(\mathring{\tilde{f}}, \alpha, P), S(\mathring{\tilde{f}}, \alpha, P_n)) + D(S(\mathring{\tilde{f}}, \alpha, P_N), \tilde{L})$$

$$< \frac{1}{N} + \frac{\varepsilon}{2} < \varepsilon$$

则 $\mathring{\tilde{f}}$ 在 I_0 上关于函数 α 是 FHS 可积的.

定理 7 设 $\alpha: I_0 \to \mathbf{R}$ 是 I_0 上的有界变差函数. 如果 $\mathring{\tilde{f}}$ 在 I_0 上关于函数 α 是 FHS 可积的, 那么 $\mathring{\tilde{f}}$ 在 I_0 的任意子区间 I 上关于函数 α 是 FHS 可积的.

定义 2 模糊数值函数 $\mathring{\tilde{f}}$ 是正则的是指, 对任意的 $\varepsilon > 0$, 存在 $[a, b]$ 上的一个分法 $P: a = x_0 < x_1 < \cdots < x_n = b$, 对任意的 $\xi_i, \eta_i \in [x_{i-1}, x_i]$ 有

$$D(\mathring{\tilde{\xi}}(x_i), \mathring{\tilde{f}}(\eta_i)) < \varepsilon$$

定理 8 设 $\alpha: I_0 \to \mathbf{R}$ 是 I_0 上的有界变差函数且 $\mathring{\tilde{f}}$ 是正则的模糊数值函数, 则 $\int_{I_0} \mathring{\tilde{f}} \mathrm{d}\alpha$ 存在.

证明 因为模糊数值函数 $\mathring{\tilde{f}}$ 是正则的, 即对任意的 $\varepsilon > 0$, 存在 $[a, b]$ 上的一个分法 $P: a = x_0 < x_1 < \cdots < x_n = b$, 对任意的 $\xi_i, \eta_i \in [x_{i-1}, x_i]$ 有

$$D(\hat{\hat{f}}(\xi_i), \hat{\hat{f}}(\eta_i)) < \varepsilon$$

设 $P = \{(I_i, \xi_i)\}_{i=1}^p$ 是 I_0 上的 δ - 精细 Henstock 分法，对 $\forall \varepsilon_1 > 0$，则

$$D\left(S(\hat{\hat{f}}, \alpha, P), \int_{I_0} \hat{\hat{f}} \mathrm{d}\alpha\right)$$

$$= D\left(\sum_{i=1}^p \hat{\hat{f}}(\xi_i)[\alpha(x_i) - \alpha(x_{i-1})], \sum_{i=1}^p \int_{x_{i-1}}^{x_i} \hat{\hat{f}} \mathrm{d}\alpha\right)$$

$$\leqslant D(\hat{\hat{f}}(\xi_i), \hat{\hat{f}}(\eta_i)) \cdot \sup_{x_i \in I_0} \sum_{i=1}^p |\alpha(x_i) - \alpha(x_{i-1})|$$

$$< \varepsilon \cdot \mathrm{var}(\alpha, I_0) = \varepsilon_1$$

3. 收敛定理

我们首先讨论模糊数值函数列 $\{\hat{\hat{f}}_n\}$ 在 I_0 上关于有界变差函数 α 模糊 Henstock-Stieltjes 积分的收敛定理.

定理 9（一致收敛定理） 设 $\alpha: I_0 \to \mathbf{R}$ 是 I_0 上的有界变差函数. $\{\hat{\hat{f}}_n\}$ 是 I_0 上关于函数 α 模糊 Henstock-Stieltjes 可积函数列. 设 $\{\hat{\hat{f}}_n\}$ 一致收敛到 $\hat{\hat{f}}$，则 $\hat{\hat{f}}$ 在 I_0 上关于函数 α 是 FHS 可积的且

$$\lim_{n \to \infty} \int_{I_0} \hat{\hat{f}}_n \mathrm{d}\alpha = \int_{I_0} \hat{\hat{f}} \mathrm{d}\alpha$$

证明 给定 $\varepsilon > 0$. 因为 $\{\hat{\hat{f}}_n\}$ 一致收敛到 $\hat{\hat{f}}$，存在 $N \in \mathbf{N}$，当 $n > N$ 时，有

$$D(\hat{\hat{f}}_n, \hat{\hat{f}}) < \frac{\varepsilon}{6[\mathrm{var}(\alpha, I_0) + 1]}$$

因此对 $\forall n, m > N$，有

$$D(\overset{\vee}{f}_n,\overset{\vee}{f}_m) \leqslant D(\overset{\vee}{f}_n,\overset{\vee}{f}) + D(\overset{\vee}{f}_m,\overset{\vee}{f})$$

$$< \frac{\varepsilon}{6\left[\operatorname{var}(\alpha,I_0)+1\right]} + \frac{\varepsilon}{6\left[\operatorname{var}(\alpha,I_0)+1\right]}$$

$$< \frac{\varepsilon}{3\left[\operatorname{var}(\alpha,I_0)+1\right]}$$

我们考虑

$$D\left(\int_{I_0}\overset{\vee}{f}_n\mathrm{d}\alpha,\int_{I_0}\overset{\vee}{f}_m\mathrm{d}\alpha\right)$$

$$\leqslant \sup_{x\in I_0} D(\overset{\vee}{f}_n,\overset{\vee}{f}_m) \cdot \operatorname{var}(\alpha,I_0)$$

$$< \frac{\varepsilon}{3\left[\operatorname{var}(\alpha,I_0)+1\right]} \cdot \operatorname{var}(\alpha,I_0)$$

$$< \frac{\varepsilon}{3}$$

即 $\{\overset{\vee}{f}_n\}$ 是收敛的柯西列.

设 $\lim\limits_{n\to\infty}\int_{I_0}\overset{\vee}{f}_n\mathrm{d}\alpha = \widetilde{A}$. 对上述 ε, 当 $n > N_1$ 时, 有

$$D\left(\int_{I_0}\overset{\vee}{f}_n\mathrm{d}\alpha,\widetilde{A}\right) < \frac{\varepsilon}{3}$$

设 $m > \max\{N,N_1\}$. 因为 $\int_{I_0}\overset{\vee}{f}_n\mathrm{d}\alpha$ 存在, 因此对任意的

δ – 精细分法 $P: a = x_0 < x_1 < \cdots < x_n = b$, 有

$$D\left(S(\overset{\vee}{f}_m,\alpha,P),\int_{I_0}\overset{\vee}{f}_m\mathrm{d}\alpha\right) < \frac{\varepsilon}{3}$$

以及

$$D(S(\overset{\vee}{f},\alpha,P),\widetilde{A})$$

$$= D\left(\sum_{i=1}^p \overset{\vee}{f}(\xi_i)\left[\alpha(x_i)-\alpha(x_{i-1})\right],\widetilde{A}\right)$$

B – 数列与有界变差

$$\leqslant D\Big(\sum_{i=1}^{p}\check{f}(\xi_i)[\alpha(x_i)-\alpha(x_{i-1})],$$

$$\sum_{i=1}^{p}\check{f}_m(\xi_i)[\alpha(x_i)-\alpha(x_{i-1})]\Big)+$$

$$D\Big(\sum_{i=1}^{p}\check{f}_m(\xi_i)[\alpha(x_i)-\alpha(x_{i-1})],\int_{I_0}\check{f}_m\mathrm{d}\alpha\Big)+$$

$$D\Big(\int_{I_0}\check{f}_m\mathrm{d}\alpha,\widetilde{A}\Big)$$

$$< D\Big(\sum_{i=1}^{p}\check{f}(\xi_i)[\alpha(x_i)-\alpha(x_{i-1})],\sum_{i=1}^{p}\check{f}_m(\xi_i)[\alpha(x_i)-$$

$$\alpha(x_{i-1})]\Big)+\frac{\varepsilon}{3}+\frac{\varepsilon}{3}$$

我们考查下列不等式

$$D\Big(\sum_{i=1}^{p}\check{f}(\xi_i)[\alpha(x_i)-\alpha(x_{i-1})],$$

$$\sum_{i=1}^{p}\check{f}_m(\xi_i)[\alpha(x_i)-\alpha(x_{i-1})]\Big)$$

$$\leqslant \sum_{i=1}^{p}(D\check{f}(\xi_i)[\alpha(x_i)-\alpha(x_{i-1})],$$

$$\check{f}_m(\xi_i)[\alpha(x_i)-\alpha(x_{i-1})])$$

$$\leqslant \max\{D(\check{f}(\xi_i),\check{f}_m(\xi_i))\}\cdot\sum_{i=1}^{p}|\alpha(x_i)-\alpha(x_{i-1})|$$

$$= \max\{D(\check{f}(\xi_i),\check{f}_m(\xi_i))\}\cdot\mathrm{var}(\alpha,I_0) < \frac{\varepsilon}{3}$$

则 $\check{f}$ 在 I_0 关于函数 α 是 FHS 可积的且

$$\lim_{n\to\infty}\int_{I_0}f_n\mathrm{d}\alpha = \int_{I_0}\check{f}\mathrm{d}\alpha$$

定义 3　设 $\alpha:I_0\to\mathbf{R}$ 是 I_0 上的有界变差函数. 模糊数值函数列 $\{\check{f}_n\}$ 关于函数 α 是 FHS 等度可积是指:

204

每个 $\overset{\smile}{f}_n$ 在 I_0 上关于 α 是 FHS 的,且对任意的 δ – 精细 Henstock 分法 $P = \{(I_i, \xi_i)\}_{i=1}^{p}$,有

$$D\left(S(\overset{\smile}{f}_n, \alpha, P), \int_{I_0} \overset{\smile}{f}_n \mathrm{d}\alpha\right) < \varepsilon$$

定理 10　设 $\alpha: I_0 \to \mathbf{R}$ 是 I_0 上的有界变差函数. 若模糊数值函数列 $\{\overset{\smile}{f}_k\}$ 在 I_0 关于函数 α 是 FHS 等度可积的,并且 $\lim\limits_{n\to\infty} \overset{\smile}{f}_n(x) = \overset{\smile}{f}(x)$,则 $\overset{\smile}{f}$ 在 I_0 关于函数 α 是 FHS 可积的且

$$\lim_{n\to\infty} \int_{I_0} \overset{\smile}{f}_n \mathrm{d}\alpha = \int_{I_0} \overset{\smile}{f} \mathrm{d}\alpha$$

证明　因为模糊数值函数列 $\{\overset{\smile}{f}_n\}$ 在 I_0 关于函数 α 是 FHS 等度可积的,则对任意的 δ – 精细 Henstock 分法 $P = \{(I_i, x_i)\}_{i=1}^{p}$,有

$$D\left(S(\overset{\smile}{f}_n, \alpha, P), \int_{I_0} \overset{\smile}{f}_n \mathrm{d}\alpha\right) < \varepsilon$$

固定划分 P. 因为

$$\lim_{n\to\infty} \int_{I_0} \overset{\smile}{f}_n(x) = \overset{\smile}{f}(x)$$

则存在 $N_0 \in \mathbf{N}$,当 $n > N_0$ 时,有

$$D(S(\overset{\smile}{f}_n, \alpha, P), S(\overset{\smile}{f}, \alpha, P)) < \varepsilon$$

则

$$D\left(\int_{I_0} \overset{\smile}{f}_n \mathrm{d}\alpha, \int_{I_0} \overset{\smile}{f} \mathrm{d}\alpha\right)$$

$$\leqslant D\left(\int_{I_0} \overset{\smile}{f}_n \mathrm{d}\alpha, S(\overset{\smile}{f}_n, \alpha, P)\right) + D(S(\overset{\smile}{f}_n, \alpha, P), S(\overset{\smile}{f}, \alpha, P)) +$$

$$D\left(S(\overset{\smile}{f}, \alpha, P), \int_{I_0} \overset{\smile}{f} \mathrm{d}\alpha\right)$$

$$\leqslant 3\varepsilon$$

则 $\tilde{f}$ 在 I_0 关于函数 α 是 FHS 可积的且

$$\lim_{n\to\infty}\int_{I_0}\tilde{f}_n\mathrm{d}\alpha = \int_{I_0}\tilde{f}\mathrm{d}\alpha$$

下面我们给出模糊数值函数 $\tilde{f}$ 关于有界变差函数列 $\{\alpha_n\}$ 模糊 Henstock-Stieltjes 积分的收敛定理.

定理 11 设 $\tilde{f}$ 是正则的模糊数值函数, $\{\alpha_n\}$ 是 I_0 上的有界变差函数列且 $\lim\limits_{n\to\infty}\int\alpha_n = \alpha$, 则 $\tilde{f}$ 在 I_0 关于函数 α 是 FHS 可积的且

$$\lim_{n\to\infty}\int_{I_0}\tilde{f}\mathrm{d}\alpha_n = \int_{I_0}\tilde{f}\mathrm{d}\alpha$$

证明 由已知条件, $\int_{I_0}\tilde{f}\mathrm{d}\alpha$ 存在, 又因为 $\tilde{f}$ 在 I_0 关于函数 α_n 是 FHS 可积的, 则对任意的 $\varepsilon > 0$, 存在 I_0 上 δ - 精细 Henstock 分法 $P = \{(I_i,\xi_i)\}_{i=1}^p$ 是

$$D\left(S(\tilde{f},\alpha,P),\int_{I_0}\tilde{f}\mathrm{d}\alpha\right) < \varepsilon$$

$$D\left(S(\tilde{f},\alpha_n,P),\int_{I_0}\tilde{f}\mathrm{d}\alpha_n\right) < \varepsilon$$

因为 $\lim\limits_{n\to\infty}\alpha_n = \alpha$, 则存在 I_0 上 δ - 精细 Henstock 分法 $P_0 = \{(I_i,\xi_i)\}_{i=1}^p$ 使得

$$D(S(\tilde{f},\alpha_n,P_0),S(\tilde{f},\alpha,P_0)) < \varepsilon$$

从而

$$D\left(\int_{I_0}\tilde{f}\mathrm{d}\alpha_n,\int_{I_0}\tilde{f}\mathrm{d}\alpha\right)$$

$$\leqslant D\left(\int_{I_0}\tilde{f}\mathrm{d}\alpha_n,S(\tilde{f},\alpha_n,P_0)\right) + D(S(\tilde{f},\alpha_n,P_0),$$

$$S(\overset{\circ}{f},\alpha,P_0)) + D\Big(S(\overset{\circ}{f},\alpha,P_0),\int_{I_0}\overset{\circ}{f}\mathrm{d}\alpha\Big)$$

$$< 3\varepsilon$$

即

$$\lim_{n\to\infty}\int_{I_0}\overset{\circ}{f}\mathrm{d}\alpha_n = \int_{I_0}\overset{\circ}{f}\mathrm{d}\alpha$$

定理 12　设 $\overset{\circ}{f}$ 是正则的模糊数值函数，$\{\alpha_n\}$ 是 I_0 上的有界变差函数列且对 $\forall k, M > 0$，使得

$$\mathrm{var}(\alpha_k, I_0) \leqslant M$$

则 $\overset{\circ}{f}$ 在 I_0 上关于 $\{\alpha_n\}$ 等度 FHS 可积.

证明　因为 $\overset{\circ}{f}$ 是正则的模糊数值函数，即对任意的 $\varepsilon > 0$，存在 $[a,b]$ 上的一个分法 $P: a = x_0 < x_1 < \cdots < x_n = b$，对任意的 $\xi_i, \eta_i \in [x_{i-1}, x_i]$ 有

$$D(\overset{\circ}{f}(\xi_i),\overset{\circ}{f}(\eta_i)) < \varepsilon$$

固定 i，定义

$$\alpha_k^* = \begin{cases} \alpha_k(x_{i-1}^+), & x = x_i \\ \alpha_k(x), & x \in (x_{i-1}, x_i) \\ \alpha_k(x_i^-), & x = x_i \end{cases}$$

则我们可得

$$\int_{x_{i-1}}^{x_i}\overset{\circ}{f}\mathrm{d}\alpha_k$$

$$= \int_{x_{i-1}}^{x_i}\overset{\circ}{f}\mathrm{d}\alpha_k^* + \overset{\circ}{f}(x_{i-1})(\alpha_k(x_{i-1}^+) - \alpha_k(x_{i-1})) +$$

$$\overset{\circ}{f}(x_i)(\alpha_k(x_i) - \alpha_k(x_i^-))$$

设 $P = P_1 \cup P_2 \cup \cdots \cup P_n$，其中 P_i 为 $[x_{i-1}, x_i]$ 上的 δ – 精细 Henstock 分法，因此

$$D\left(S(\mathring{f},\alpha_k,P_i),\int_{x_{i-1}}^{x}\mathring{f}\mathrm{d}\alpha_k\right)$$

$$= D\left(S(\mathring{f},\alpha_k^*,P_i),\int_{x_{i-1}}^{x_i}\mathring{f}\mathrm{d}\alpha_k^*\right)$$

$$\leqslant \varepsilon \mathrm{var}(\alpha_k,[x_{i-1},x_i])$$

因此对 I_0 上任意的 δ - 精细 Henstock 分法 $P = \{(I_i,\xi_i)\}_{i=1}^{p}$, 有

$$D\left(S(\mathring{f},\alpha_k,P),\int_{I_0}\mathring{f}\mathrm{d}\alpha_k\right)$$

$$= D\left(\sum_{i=1}^{p}\mathring{f}(x\xi_i)\alpha_k(x_i)-\alpha_k(x_{i-1}),\sum_{i=1}^{p}\int_{x_{i-1}}^{x_i}\mathring{f}\mathrm{d}\alpha_k\right)$$

$$\leqslant \sum_{i=1}^{p}D\left(S(\mathring{f},\alpha_k,P_i),\int_{x_{i-1}}^{x_i}\mathring{f}\mathrm{d}\alpha_k\right)$$

$$\leqslant \varepsilon \cdot \mathrm{var}(\alpha_k,I_0)$$

$$\leqslant \varepsilon \cdot M$$

即 $\mathring{f}$ 在 I_0 上关于 $\{\alpha_n\}$ 等度 FHS 可积.

4. 模糊 Henstock-Stieltjes 积分的原函数刻画

对于关于递增函数 α 模糊 Henstock-Stieltjes 可积函数的原函数连续的性质,Gong 等进行了详细的研究,结果表明,模糊数值函数 $\mathring{f}$ 关于实值增函数 $\alpha(x)$ 在 $[a,b]$ 上 FHS 可积,则当 $\alpha(x)$ 在 $[a,b]$ 上连续时,其原函数 $\widetilde{F}(x) = \int_a^x \mathring{f}\mathrm{d}\alpha$ 连续. 这里的主要结果为:模糊数值函数 $\mathring{f}$ 关于实值有界变差函数 $\alpha(x)$ 在 $[a,b]$ 上 FHS 可积,则当 $\alpha(x)$ 在 $[a,b]$ 上连续时,其原函数 $\widetilde{F}(x) = \int_a^x \mathring{f}\mathrm{d}\alpha$ 是绝对连续的.

定理 13　设 $\alpha: I_0 \to \mathbf{R}$ 是 I_0 上的有界变差函数. $\mathring{f}$ 在 I_0 上关于 α 是 FHS 可积的,则对任意的 $\varepsilon > 0$,存在 $[a, b]$ 上的一个分法 $P = \{(I_i, \xi_i)\}_{i=1}^{p}$ 对任意的 $\xi_i \in [x_{i-1}, x_i]$,有

$$\sum_{i=1}^{p} D(\mathring{f}(\xi_i)) \left(\alpha(x_i) - \alpha(x_{i-1}), \int_{\xi-1}^{x_i} \tilde{f} \mathrm{d}\alpha \right) < \varepsilon$$

证明　因为 $\mathring{f}$ 在 I_0 上关于 α 是 FHS 可积的,根据定义,则对任意的 $\varepsilon > 0$,存在 $[a, b]$ 上的一个分法 $P = \{(I_i, \xi_i)\}_{i=1}^{p}$ 对任意的 $\xi_i \in [x_{i-1}, x_i]$,有

$$D\left(S(\mathring{f}, \alpha, P), \int_{I_0} \tilde{f} \mathrm{d}\alpha \right) < \varepsilon$$

对任意的 $\varepsilon > 0$,存在 $[x_{i-1}, x_i]$ 上的两个 δ - 精细分法 $P_1^i = \{(I_j^i, \xi_j^i)\}$ 与 $P_2^i = \{(I_j^i, \zeta_j^i)\}$,因为 $\mathring{f}$ 在 I_0 上关于 α 是 FHS 可积的,对所有的 $i, 0 \leqslant i \leqslant p$,柯西准则成立,即

$$D(S(\mathring{f}, \alpha, P_1^i), S(\mathring{f}, \alpha, P_2^i)) < \frac{\varepsilon}{p}$$

因此

$$\sum_{i=1}^{p} D(S(\mathring{f}, \alpha, P_1^i), S(\mathring{f}, \alpha, P_2^i)) < \varepsilon$$

进而,下列不等式成立

$$\sum_{i=1}^{p} D\left(\sum_{j} \mathring{f}(\xi_j^i)(\alpha(x_j^i) - \alpha(x_{i-1}^i)), \right.$$

$$\left. \sum_{j} \mathring{f}(\zeta_j^i)(\alpha(x_j^i) - \alpha(x_{j-1}^i)) \right) < \varepsilon$$

以及

$$\sum_{i=1}^{p}\sum_{j}\left(\tilde{f}(\xi_j^i)\left(\alpha(x_j^i)-\alpha(x_{j-1}^i)\right)\right),$$

$$\tilde{f}(\zeta_j^i)\left(\alpha(x_j^i)\alpha(x_{j-1}^i)\right)\right)<\varepsilon$$

由上述不等式,可得

$$\lim_{n\to\infty}\sum_{j}\tilde{f}(\zeta_j^i)\left(\alpha(x_j^i)-\alpha(x_{j-1}^i)\right)=\int_{x_{i-1}}^{x_i}\tilde{f}\mathrm{d}\alpha$$

则

$$\sum_{i=1}^{p}D\left(\sum_{j}f(\xi_j^i)\alpha(x_j^i)-\alpha(x_{j-1}^i),\int_{x_{i-1}}^{x_i}\tilde{f}\mathrm{d}\alpha\right)$$

$$=\sum_{i=1}^{p}D\left(\tilde{f}(\xi^i)(\alpha(x^i)-\alpha(x_{i-1})),\int_{x_{i-1}}^{x_i}\tilde{f}\mathrm{d}\alpha\right)<\varepsilon$$

定理 14 设 $\alpha\colon I_0\to\mathbf{R}$ 是 I_0 上的有界变差函数且 $\alpha\in C^1(I_0)$. $\tilde{f}$ 在 I_0 上关于 αFHS 可积,则其原函数 $\widetilde{F}(x)=\int_a^x\tilde{f}\mathrm{d}\alpha$ 在 I_0 上是绝对连续的.

证明 对任意的 $\varepsilon>0$,设 $P=\{(I_i,\xi_i)\}_{i=1}^{p}$ 是 $[a,b]$ 上的一个 δ – 精细分法. 存在 $\eta>0$,设 $([r_k,s_k])_{1\le k\le q}$ 是 $[a,b]$ 上互不相交的子区间且

$$\sum_{k=1}^{q}|r_k-s_k|<\eta$$

设 $M=1+\max_{1\le k\le q}\{\tilde{f}(\xi_k),\hat{o}\}$ 且 $\eta=\dfrac{\varepsilon}{2MB}$,其中 $|\alpha'(x)|\le B$,则

$$\sum_{i=1}^{p}D\left(\int_{r_k}^{s_k}\tilde{f}\mathrm{d}\alpha,\hat{o}\right)$$

$$\le\sum_{i=1}^{q}D\left(\tilde{f}(\zeta_k)(\alpha(x_k)-\alpha(r_k)),\int_{r_k}^{s_k}\tilde{f}\mathrm{d}\alpha\right)+$$

$$\sum_{i=1}^{q} D(\tilde{f}(\xi_k)(\alpha(x_k) - \alpha(r_k)), \hat{o})$$

由 $\tilde{f}$ 的 FHS 可积性，我们有

$$\sum_{i=1}^{q} D\left(\tilde{f}(\xi_k)(\alpha(s_k) - \alpha(r_k)), \int_{r_k}^{s_k} \tilde{f} d\alpha\right) < \frac{\varepsilon}{2}$$

又因为 $\alpha \in C^1(I_0)$，由微分中值定理，存在 $\theta_k \in (r_k, s_k)$，使得

$$\alpha(s_k) - \alpha(r_k) = \alpha'(\theta_k)(s_k - r_k)$$

则

$$\sum_{i=1}^{q} D(\tilde{f}(\xi_k)(\alpha(s_k) - \alpha(r_k)), \hat{o})$$

$$= \sum_{i=1}^{q} D(\tilde{f}(\xi_k)\alpha'(\theta_k)(s_k - r_k), \hat{o})$$

$$= \sum_{i=1}^{q} |\alpha'(\theta_k)| \cdot D(\tilde{f}(\xi_k), \hat{o}) \cdot (s_k - r_k)$$

$$\leqslant \sum_{i=1}^{q} B \cdot M(s_k - r_k)$$

$$< B \cdot M \cdot \frac{\varepsilon}{2MB}$$

$$= \frac{\varepsilon}{2}$$

由上述不等式，我们有

$$\sum_{i=1}^{q} D\left(\int_{r_k}^{s_k} \tilde{f} d\alpha, \hat{o}\right) < \varepsilon$$

进而

$$\sum_{i=1}^{q} D\left(\int_{a}^{s_k} \tilde{f} d\alpha, \int_{a}^{r_k} \tilde{f} d\alpha\right) < \varepsilon$$

由绝对连续函数的定义,得证.

定理 15 设 $\alpha: I_0 \to \mathbf{R}$ 是 I_0 上的有界变差函数且 $\alpha \in C^1(I_0)$. 模糊数值函数列 $\{\check{f}_n\}$ 在 I_0 关于函数 α 是 FHS 可积的,则原函数序列 $\widetilde{F}_n(x) = \int_a^x \check{f} \mathrm{d}\alpha$ 在 $I_0 = [a, b]$ 上一致绝对连续.

证明 给定 $\varepsilon > 0$. 由假设,对每个 $n \in \mathbf{N}$,存在 $[a, b]$ 上的一个 δ - 精细分法 $P = \{(I_i, \xi_i)\}_{i=1}^p$,有

$$D\left(S(\check{f}_n, \alpha, P), \int_{I_0} \check{f} \mathrm{d}\alpha\right) < \varepsilon$$

设 $\{[r_k, s_k]\}_{0 \leqslant k \leqslant q}$ 是互不相交的区间集,且存在 $\eta > 0$,有 $\sum_{i=1}^q (s_k - r_k) < \eta$. 对 $n_0 \in \mathbf{N}^*$,设

$$M = 1 + \max_{0 \leqslant k \leqslant q, n \geqslant n_0} \{\check{f}_n(\xi_k), \hat{o}\} \quad \eta = \frac{\varepsilon}{MB}$$

是 $\alpha'(x)| \leqslant B$. 取 $[a, b]$ 的另一个 δ - 精细分法 $P_2 = \{\xi, [x'_{i-1}, x'_i]\}$ 使得 r_k, s_k 包含在 P_2 中. 则由定理 14,对所有的 $n \in \mathbf{N}$,有

$$\sum_{k=1}^q D\left(\sum_{i, r_k < x_i < s_k} \check{f}_n(\xi'_i)(\alpha(x'_i) - \alpha(x'_{i-1})), \int_{r_k}^{s_k} \check{f}_n \mathrm{d}\alpha\right) < \varepsilon$$

则对 $\sum_{i=1}^q (s_k - r_k) < \eta$,我们有

$$\sum_{k=1}^q D(\widetilde{F}_n(s_k), \widetilde{F}_n(r_k))$$

$$= \sum_{k=1}^q D\left(\int_a^{s_k} \check{f}_n \mathrm{d}\alpha, \int_a^{s_k} \check{f}_n \mathrm{d}\alpha\right)$$

$$= \sum_{k=1}^q D\left(\int_{r_k}^{s_k} \check{f}_n \mathrm{d}\alpha, \hat{o}\right)$$

$$\leqslant \sum_{k=1}^{q} D\Big(\sum_{i,r_k < x_i < s_k} \tilde{\tilde{f}}_n(\xi_i)(\alpha(x_i) - \alpha(x_{i-1})), \hat{o})\Big) +$$

$$\sum_{k=1}^{q} D\Big(\sum_{r,r_k < x_i < s_k} f_n(\xi_i)\big(\alpha(x_i) - \alpha(x_{i-1}), \int_{r_k}^{s_k}\tilde{\tilde{f}}_n \mathrm{d}\alpha\big)\Big)$$

$$\leqslant \sum_{k=1}^{q} D\Big(\sum_{i,r_k < x_i < s_k} \tilde{\tilde{f}}_n(\xi_i)(\alpha(x_i) - \alpha(x_{i-1})), \hat{o})\Big) + \varepsilon$$

$$= \sum_{k=1}^{q} D\Big(\sum_{i,r_k < x_i < s_k} \tilde{\tilde{f}}_n(\xi_i)\alpha(\theta_i)(x_i - x_{i-1}), \hat{o}\Big) + \varepsilon$$

$$\leqslant \sum_{k=1}^{q} (s_k - r_k) \cdot MB + \varepsilon$$

$$< \varepsilon + \varepsilon$$

$$= 2\varepsilon$$

因为 $\widetilde{F}_k, k = 1, 2, \cdots, n_0$ 是绝对连续的,根据上述不等式,则存在 $\eta > 0$,当 $\sum_{i=1}^{q} (s_k - r_k) < \eta$ 时,对任意的 $n \in \mathbf{N}$,我们有

$$\sum_{k=1}^{q} D(\widetilde{F}_n(s_k), \widetilde{F}_n(r_k)) \leqslant \varepsilon$$

即原函数序列 $\{\widetilde{F}_n\}$ 在 I_0 上致绝对连续.

参考文献

[1] CHANG S S L, ZADEH L A. On fuzzy mapping and control [J]. IEEE Tranc. Systems Man Cybernet, 1972, 2:30-34.

[2] WU C, GONG Z. On Henstock integral of fuzzy-number-valued functions [J]. Fuzzy Sets and Systems, 2001, 120:523-532.

[3] WU H C. Evaluate fuzzy Riemann integrals using the Monte Carlo method[J]. Journal of Mathematics Analysis and Applications, 264(2001) :324-343.

[4] SUGENO M. Theory of fuzzy integrals and its applications[D]. PhD thesis, Tokyo Institute of Technology, 1974.

[5] KALEVA O. Fuzzy Differential Equations[J]. Fuzzy Sets and Systems, 1987,24 :301-317.

[6] REN X, WU C, ZHU Z. A new kind of fuzzy Riemann-Stieltjes intetgral [C]. Proceedings of 2006 Conference on Machine Learning and Cybernetics. LosAlamitos : IEEE Computer Society Press, 2006, 1885-1888.

[7] WU HSEIN-CHUNG. The fuzzy Riemann-Stieltjes integral [J]. International Journal of Uncertainty, Fuzziness and Knowledge-Based Systems, 1998, 6 :51-67.

[8] 巩增泰,王亮亮. 模糊数值函数的 Henstock-Stieltjes 积分[J]. 兰州大学学报,2010,46(4) :89-98.

[9] GONG ZENGTAI, WANG LIANGLIANG. The Henstock-Stieltjes integral of fuzzy-number-valued functions [J]. Information Sciences, 2012, 188 : 276-297.

[10] NEGOITA C V, RALESCU D. A. Applications of Fuzzy Sets to Systems Analysis [M]. New York : Wiley : 1975.

［11］GOETSCHEL R, VOXMAN W. Elementary fuzzy calculous［J］. Fuzzy Sets and Systems, 1986,18: 31 -43.

［12］PURI M L, RALESCU D A. Fuzzy random varariables［J］. Journal of Mathematical Analysis and Applications, 1986,114:109-422.

第五编

三角级数
与有界变差函数

有界变差函数的混合型傅里叶－雅可比级数的收敛速度[①]

第 23 章

山东大学数学系的木乐华教授 1993 年对于在 $[-1,1]$ 上的有界变差函数,估计了用它的混合型傅里叶－雅可比级数的部分和逼近的偏差.

设 $p_n^{(\alpha,\beta)}(x)(\alpha>-1,\beta>-1)$ 是满足条件 $P_n^{(\alpha,\beta)}(1)=\binom{n+\alpha}{n}$ 的雅可比(Jacobi)多项式. 又设 $f(x)$ 适合下述条件

$$(1-x)^\alpha(1+x)^\beta f(x)\in L[-1,1]$$

令

$$a_n^{(\alpha,\beta)}=\{h_n^{(\alpha,\beta)}\}^{-1}\int_{-1}^{1}(1-x)^\alpha\cdot$$
$$(1+x)^\beta f(x)p_n^{(\alpha,\beta)}(x)\mathrm{d}x \qquad (1)$$

其中

$$h_n^{(\alpha,\beta)}=\int_{-1}^{1}(1-x)^\alpha(1+x)^\beta\{p_n^{(\alpha,\beta)}(x)\}^2\mathrm{d}x$$

---

① 引自 1993 第 28 卷第 1 期的《山东大学学报(自然科学版)》,原作者为山东大学数学系的木乐华.

则称级数

$$\sum_0^\infty a_n^{(\alpha,\beta)} p_n^{(\alpha,\beta)}(x) \qquad (2)$$

为 $f(x)$ 的傅里叶 – 雅可比级数,当 $\alpha = \dfrac{1}{2}$, $\beta = -\dfrac{1}{2}$ 和 $\alpha = -\dfrac{1}{2}$, $\beta = \dfrac{1}{2}$ 时,级数(2)被称为混合型傅里叶 – 雅可比级数.

关于求有界变差函数的傅里叶 – 雅可比级数的收敛速度的估计问题,R. Bojanic 和 M. Vuilleumier 在文献[1]中已经讨论了 $\alpha = \beta = 0$ 的情形. 本章讨论 $\alpha = \dfrac{1}{2}$, $\beta = -\dfrac{1}{2}$ 和 $\alpha = -\dfrac{1}{2}$, $\beta = \dfrac{1}{2}$ 的情形.

令 $S_n^{(\alpha,\beta)}(f;x)$ 是级数(2)的部分和. 当 $\alpha = \dfrac{1}{2}$, $\beta = -\dfrac{1}{2}$ 时,注意到

$$h_k^{(\frac{1}{2},-\frac{1}{2})} = \left(\frac{(2k-1)!!}{(2k)!!} \right)^2 \pi \quad (k \geqslant 1)$$

和

$$h_0^{(\frac{1}{2},-\frac{1}{2})} = \pi$$

我们有

$$S_n^{(\frac{1}{2},-\frac{1}{2})}(f;x) = \sum_0^n a_k^{(\frac{1}{2},-\frac{1}{2})} P_k^{(\frac{1}{2},-\frac{1}{2})}(x)$$

$$= \int_{-1}^1 f(y) \sqrt{\frac{1-y}{1+y}} K_n^{(\frac{1}{2},-\frac{1}{2})}(x,y)\,dy \qquad (3)$$

其中

$$K_n^{(\frac{1}{2},-\frac{1}{2})}(x,y)$$

$$= \frac{1}{\pi} \Big\{ p_0^{(\frac{1}{2},-\frac{1}{2})}(x) p_0^{(\frac{1}{2},-\frac{1}{2})}(y) +$$

$$\sum_1^n \Big(\frac{(2k)!!}{(2k-1)!!} \Big)^2 p_k^{(\frac{1}{2},-\frac{1}{2})}(x) p_k^{(\frac{1}{2},-\frac{1}{2})}(y) \Big\} \qquad (4)$$

定理1　设 $f(x)$ 是 $[-1,1]$ 上的有界变差函数,记

$$A_x(y) = \begin{cases} f(y) - f(x-0), & -1 \leqslant y < x \\ 0, & y = x \\ f(y) - f(x+0), & x < y \leqslant 1 \end{cases}$$

则对于 $-1 < x < 1, n \geqslant 1$ 时,有

$$\Big| S_n^{(\frac{1}{2},-\frac{1}{2})}(f;x) - \frac{1}{2}(f(x+0) + f(x-0)) \Big|$$

$$\leqslant \frac{8\sqrt{2}}{n\pi\sqrt{1-x}} \Big\{ \frac{1}{1+x} \sum_{k=1}^n \bigvee_{x-\frac{1+x}{k}}^x (A_x) +$$

$$\frac{1}{1-x} \sum_1^n \bigvee_x^{x+\frac{1-x}{k}} (A_x) \Big\} +$$

$$\frac{16}{\pi\sqrt{1-x^2}} \bigvee_{x-\frac{1+x}{n}}^{x+\frac{1-x}{n}} (A_x) +$$

$$\frac{1}{n\pi\sqrt{1-x}} \Big(\sqrt{2} + \frac{2}{\sqrt{1+x}}\Big) |f(x-0) - f(x+0)|$$

$$(5)$$

其中 $\bigvee_a^b (A_x)$ 是函数 $A_x(y)$ 在 $[a,b]$ 上的总变差.

注意到 $A_x(y)$ 在 $y = x$ 处连续,故有

$$\bigvee_{x-\frac{1+x}{n}}^{x+\frac{1-x}{n}} (A_x) \to 0 \quad (n \to \infty)$$

且

$$\frac{1}{n}\left\{\frac{1}{1+x}\sum_{1}^{n}\bigvee_{x-\frac{1+x}{k}}^{x}(A_x)+\frac{1}{1-x}\sum_{1}^{n}\bigvee_{x}^{x+\frac{1-x}{k}}(A_x)\right\}$$

$$\leqslant\frac{2}{n(1-x^2)}\sum_{1}^{n}\bigvee_{x-\frac{1+x}{k}}^{x+\frac{1-x}{k}}(A_x)\to 0\quad(n\to\infty)$$

$$(6)$$

定理 1 的证明 当 $-1<x<1,n\geqslant1$ 时,由 $A_x(y)$ 的定义及式(3),有

$$S_n^{(\frac{1}{2},-\frac{1}{2})}(f;x)-\frac{1}{2}(f(x+0)+f(x-0))$$

$$=\left\{\int_{-1}^{x-\frac{1+x}{n}}+\int_{x-\frac{1+x}{n}}^{x+\frac{1+x}{n}}+\int_{x+\frac{1-x}{n}}^{1}\right\}A_x(y)\cdot$$

$$\sqrt{\frac{1-y}{1+y}}K_n^{(\frac{1}{2},-\frac{1}{2})}(x,y)\mathrm{d}y+$$

$$f(x-0)\left\{\int_{-1}^{x}\sqrt{\frac{1-y}{1+y}}K_n^{(\frac{1}{2},-\frac{1}{2})}(x,y)\mathrm{d}y-\frac{1}{2}\right\}+$$

$$f(x+0)\left\{\int_{x}^{1}\sqrt{\frac{1-y}{1+y}}K_n^{(\frac{1}{2},-\frac{1}{2})}(x,y)\mathrm{d}y-\frac{1}{2}\right\}$$

$$=[I_1+I_2+I_3]+I_4+I_5$$

先估计 I_4+I_5. 由式(4)和 $p_0^{(\frac{1}{2},-\frac{1}{2})}(x)=1$

$$p_n^{(\frac{1}{2},-\frac{1}{2})}(x)=\frac{(2n-1)!!}{(2n)!!}\frac{\sqrt{2}\sin\frac{2n+1}{2}\arccos x}{\sqrt{1-x}}\quad(n\geqslant1)$$

$$(7)$$

可以得到

$$\int_{x}^{1}\sqrt{\frac{1-y}{1+y}}K_n^{(\frac{1}{2},-\frac{1}{2})}(x,y)\mathrm{d}y-\frac{1}{2}$$

222

$$= \left\{ \frac{1}{\pi} \int_x^1 \sqrt{\frac{1-y}{1+y}} \mathrm{d}y - \frac{1}{2} \right\} + \frac{\sqrt{2}}{\pi} \sum_1^n \frac{\sin \dfrac{2k+1}{2} \arccos x}{\sqrt{1-x}} \cdot$$

$$\int_x^1 \sqrt{\frac{2}{1+y}} \cdot \sin \frac{2k+1}{2} \arccos y \mathrm{d}y$$

$$= J_1 + J_2$$

令 $x = \cos\theta$,经过简单计算可得

$$J_2 = \frac{1}{\pi \sin \dfrac{\theta}{2}} \sum_1^n \sin \frac{2k+1}{2} \theta \left(\frac{1}{k} \sin k\theta - \right.$$

$$\left. \frac{1}{k+1} \sin(k+1)\theta \right)$$

$$= \frac{1}{\pi} \sin\theta - \frac{1}{(n+1)\pi \sin \dfrac{\theta}{2}} \sin \frac{2n+1}{2} \theta \sin(n+1)\theta +$$

$$\frac{1}{\pi} \sum_1^n \frac{\sin 2k\theta}{k} \quad (0 < \theta < \pi)$$

另外

$$J_1 = \frac{1}{2} - \frac{1}{\pi} \sqrt{1-x^2} - \frac{2}{\pi} \arcsin \sqrt{\frac{1+x}{2}}$$

$$= -\frac{1}{2} - \frac{1}{\pi} \sin\theta + \frac{\theta}{\pi} \quad (x = \cos\theta, 0 < \theta < \pi)$$

利用已知的公式 $\theta = \pi - 2 \sum_1^\infty \dfrac{\sin k\theta}{k}$,$J_1$ 可以化成

$$J_1 = -\frac{1}{\pi} \sin\theta - \frac{1}{\pi} \sum_1^\infty \frac{\sin 2k\theta}{k}$$

从而

$$\int_x^1 \sqrt{\frac{1-y}{1+y}} K_n^{(\frac{1}{2}, -\frac{1}{2})}(x,y) \mathrm{d}y - \frac{1}{2}$$

$$= - \frac{1}{(n+1)\pi\sin\frac{\theta}{2}}\sin\frac{2n+1}{2}\theta\sin(n+1)\theta -$$

$$\frac{1}{\pi}\sum_{n+1}^{\infty}\frac{\sin 2k\theta}{k} \quad (0 < \theta < \pi) \tag{8}$$

类似有

$$\int_{-1}^{x}\sqrt{\frac{1-y}{1+y}}K_n^{(\frac{1}{2},-\frac{1}{2})}(x,y)\mathrm{d}y - \frac{1}{2}$$

$$= \frac{1}{(n+1)\pi\sin\frac{\theta}{2}}\sin\frac{2n+1}{2}\theta\sin(n+1)\theta +$$

$$\frac{1}{\pi}\sum_{n+1}^{\infty}\frac{\sin 2k\theta}{k} \quad (0 < \theta < \pi) \tag{9}$$

注意到

$$\left|\sum_{n+1}^{\infty}\frac{\sin 2k\theta}{k}\right| \leqslant \frac{2}{(n+1)\sin\theta}$$

$$= \frac{2}{(n+1)\sqrt{1-x^2}}$$

$$(x = \cos\theta, 0 < \theta < \pi)$$

及式(8)(9)可得

$$|I_4 + I_5|$$

$$\leqslant \frac{1}{n\pi\sqrt{1-x}}\left(\sqrt{2} + \frac{2}{\sqrt{1+x}}\right)|f(x-0) - f(x+0)| \tag{10}$$

其次估计 I_2. 由式(4)(7),有

$$\sqrt{\frac{1-y}{1+y}}|K_n^{(\frac{1}{2},-\frac{1}{2})}(x,y)|$$

$$= \frac{1}{\pi}\left|\sum_{0}^{n}\frac{2\sin\frac{2k+1}{2}\arccos x \cdot \sin\frac{2k+1}{2}\arccos y}{\sqrt{1-x}\sqrt{1+y}}\right|$$

224

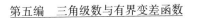

$$\leqslant \frac{2(n+1)}{\pi \sqrt{1-x} \sqrt{1+y}} \tag{11}$$

由 $A_x(x)=0$ 知,当 $y\in\left[x-\dfrac{1+x}{n}, x+\dfrac{1-x}{n}\right]$ 时,有

$$|A_x(y)| = |A_x(y) - A_x(x)| \leqslant \bigvee_{x-\frac{1+x}{n}}^{x+\frac{1-x}{n}} (A_x)$$

于是由式(11)知

$$|I_2| \leqslant \frac{2(n+1)}{\pi \sqrt{1-x}} \bigvee_{x-\frac{1+x}{n}}^{x+\frac{1-x}{n}} (A_x) \cdot \int_{x-\frac{1+x}{n}}^{x+\frac{1-x}{n}} \frac{\mathrm{d}y}{\sqrt{1+y}}$$

$$\leqslant \frac{16}{\pi \sqrt{1-x^2}} \bigvee_{x-\frac{1+x}{n}}^{x+\frac{1-x}{n}} (A_x) \tag{12}$$

最后估计 I_3.

记

$$B_n^{(\frac{1}{2}, -\frac{1}{2})} (x,t) = -\int_t^1 \sqrt{\frac{1-y}{1+y}} K_n^{(\frac{1}{2}, -\frac{1}{2})} (x,y)\mathrm{d}y \tag{13}$$

利用已知公式,得到

$$B_n^{(\frac{1}{2}, -\frac{1}{2})} (x,t) = \frac{(2n)!!(2n+2)!!}{2\pi(2n-1)!!(2n+1)!!} \int_t^1 \sqrt{\frac{1-y}{1+y}} \cdot$$

$$\frac{p_{n+1}^{(\frac{1}{2}, -\frac{1}{2})} (x) p_n^{(\frac{1}{2}, -\frac{1}{2})} (y) - p_{n+1}^{(\frac{1}{2}, -\frac{1}{2})} (y) p_n^{(\frac{1}{2}, -\frac{1}{2})} (x)}{y-x}\mathrm{d}y$$

取 $x<t\leqslant 1$,由积分第二中值定理知,必存在 $\xi(t\leqslant\xi\leqslant 1)$,使得

$$B_n^{(\frac{1}{2}, -\frac{1}{2})} (x,t)$$

$$= \frac{(2n)!!(2n+2)!!}{2\pi(2n-1)!!(2n+1)!!(t-x)} \cdot$$

$$\left\{ p_{n+1}^{(\frac{1}{2},-\frac{1}{2})}(x) \int_t^\zeta \sqrt{\frac{1-y}{1+y}} p_n^{(\frac{1}{2},-\frac{1}{2})}(y)\,\mathrm{d}y + \right.$$

$$\left. p_n^{(\frac{1}{2},-\frac{1}{2})}(x) \int_t^\zeta \sqrt{\frac{1-y}{1+y}} p_{n+1}^{(\frac{1}{2},-\frac{1}{2})}(y)\,\mathrm{d}y \right\} \qquad (14)$$

由式(7)知

$$\int_t^\zeta \sqrt{\frac{1-y}{1+y}} p_n^{(\frac{1}{2},-\frac{1}{2})}(y)\,\mathrm{d}y$$

$$= \frac{(2n-1)!!}{(2n)!!} \cdot \left\{ \frac{1}{n+1}\sin(n+1)\arccos y - \right.$$

$$\left. \frac{1}{n}\sin n\arccos y \right\}_t^\xi$$

故

$$\left| \int_t^\zeta \sqrt{\frac{1-y}{1+y}} p_n^{(\frac{1}{2},-\frac{1}{2})}(y)\,\mathrm{d}y \right| \leqslant \frac{(2n-1)!!}{(2n)!!} \cdot \frac{4}{n}$$

从此及式(7)(14),有

$$\left| B_n^{(\frac{1}{2},-\frac{1}{2})}(x,t) \right| \leqslant \frac{4\sqrt{2}}{n\pi \sqrt{1-x}(t-x)} \qquad (x < t \leqslant 1)$$

$$(15)$$

注意到式(13),有

$$I_3 = \int_{x+\frac{1-x}{n}}^1 A_x(y)\,\frac{\partial}{\partial y} B_n^{(\frac{1}{2},-\frac{1}{2})}(x,y)\,\mathrm{d}y$$

$$= A_x(y) B_n^{(\frac{1}{2},-\frac{1}{2})}(x,y) -$$

$$\int_{x+\frac{1-x}{n}}^1 x + \frac{1-x}{n} B_n^{(\frac{1}{2},-\frac{1}{2})}(x,y)\,\mathrm{d}A_x(y)$$

根据式(15)和 $B_n^{(\frac{1}{2},-\frac{1}{2})}(x,1)=0$ 且注意到 $A_x(x)=0$,有

$$|I_3|$$

$$\leqslant \left| A_x\left(x + \frac{1-x}{n}\right) B_n^{(\frac{1}{2},-\frac{1}{2})}\left(x, x+\frac{1-x}{n}\right) \right| +$$

$$\int_{x+\frac{1-x}{n}}^{1} \left| B_n^{(\frac{1}{2},-\frac{1}{2})}(x,y) \right| d \bigvee_{x}^{y}(A_x)$$

$$\leqslant \frac{4\sqrt{2}}{\pi(1-x)\sqrt{1-x}} \bigvee_{x}^{x+\frac{1-x}{n}}(A_x) +$$

$$\frac{4\sqrt{2}}{n\pi\sqrt{1-x}} \int_{x+\frac{1-x}{n}}^{1} \frac{d \bigvee_{x}^{y}(A_x)}{y-x} \tag{16}$$

而积分

$$\int_{x+\frac{1-x}{n}}^{1} \frac{d \bigvee_{x}^{y}(A_x)}{y-x}$$

$$= \frac{\bigvee_{x}^{1}(A_x)}{1-x} - \frac{n}{1-x} \bigvee_{x}^{x+\frac{1-x}{n}}(A_x) + \int_{x+\frac{1-x}{n}}^{1} \frac{\bigvee_{x}^{y}(A_x)}{(y-x)^2} dy \tag{17}$$

故

$$|I_3| \leqslant \frac{4\sqrt{2}}{n\pi(1-x)\sqrt{1-x}} \bigvee_{x}^{1}(A_x) +$$

$$\frac{4\sqrt{2}}{n\pi\sqrt{1-x}} \int_{x+\frac{1-x}{n}}^{1} \frac{\bigvee_{x}^{y}(A_x)}{(y-x)^2} dy$$

令 $y = x + \dfrac{1-x}{u}$，上式右方第二项的积分为

$$\int_{x+\frac{1-x}{n}}^{1} \frac{\bigvee_{x}^{y}(A_x)}{(y-x)^2} dy$$

$$= \int_{1}^{n} \frac{\bigvee_{x}^{x+\frac{1-x}{n}}(A_x)}{1-x} du$$

$$\leqslant \frac{1}{1-x} \sum_{1}^{n} \bigvee_{x}^{x-\frac{1-x}{k}} (A_x)$$

从此及式(16)(17),有

$$|I_3| \leqslant \frac{8\sqrt{2}}{n\pi(1-x)\sqrt{1-x}} \sum_{1}^{n} \bigvee_{x}^{x+\frac{1-x}{k}} (A_x) \quad (18)$$

类似的,令

$$C_n^{(\frac{1}{2},-\frac{1}{2})}(x,t) = \int_{-1}^{t} \sqrt{\frac{1-y}{1+y}} K_n^{(\frac{1}{2},-\frac{1}{2})}(x,y)\mathrm{d}y$$

如式(15)(18)的证明那样,可得

$$\left| C_n^{(\frac{1}{2},-\frac{1}{2})}(x,t) \right| \leqslant \frac{4\sqrt{2}}{n\pi\sqrt{1-x}(x-t)} \quad (-1 \leqslant t < x)$$

和

$$|I_1| = \left| \int_{-1}^{x-\frac{1-x}{n}} A_x(y) \frac{\partial}{\partial y} C_n^{(\frac{1}{2},-\frac{1}{2})}(x,y)\mathrm{d}y \right|$$

$$\leqslant \frac{8\sqrt{2}}{n\pi(1+x)\sqrt{1-x}} \sum_{1}^{n} \bigvee_{x-\frac{1+x}{n}}^{x} (A_x) \quad (19)$$

从此及式(6)(10)(12)(18)可得定理 1 的结论.

设 $f(x)$ 是 $[-1,1]$ 上的有界变差的连续函数时,则在定理 1 的式(5)中有

$$\frac{1}{2}(f(x+0)+f(x-0)) = f(x)$$

$$f(x-0)-f(x+0) = 0$$

对于傅里叶 - 雅可比级数(式(2))来说,设 $\alpha = -\frac{1}{2}, \beta = \frac{1}{2}$ 时,有下面的定理.

定理 2 设 $f(x)$ 是 $[-1,1]$ 上的有界变差函数,则对于 $-1 < x < 1, n \geqslant 1$ 时,有

$$\left| S_n^{(-\frac{1}{2},\frac{1}{2})}(f;x) - \frac{1}{2}(f(x+0)+f(x-0)) \right|$$

$$\leqslant \frac{8\sqrt{2}}{n\pi} \frac{1}{\sqrt{1+x}} \left\{ \frac{1}{1+x} \sum_1^n \bigvee_{x-\frac{1+x}{k}}^{x}(A_x) + \right.$$

$$\left. \frac{1}{1-x} \sum_1^n \bigvee_{x}^{x+\frac{1-x}{k}}(A_x) \right\} +$$

$$\frac{16}{\pi} \frac{1}{\sqrt{1-x^2}} \bigvee_{x-\frac{1+x}{n}}^{x+\frac{1-x}{n}}(A_x) +$$

$$\frac{1}{n\pi} \frac{1}{\sqrt{1+x}} (\sqrt{2} + \frac{2}{\sqrt{1-x}}) \left| f(x-0) - f(x+0) \right|$$

其中 $A_x(y)$ 如定理 1 所述.

证明 由式(1)和

$$h_k^{(-\frac{1}{2},\frac{1}{2})} = \left(\frac{(2k-1)!!}{(2k)!!} \right)^2 \pi \quad (k \geqslant 1)$$

和

$$h_0^{(-\frac{1}{2},\frac{1}{2})} = \pi$$

我们能够得到

$$S_n^{(-\frac{1}{2},\frac{1}{2})}(f;x) - \frac{1}{2}(f(x+0)+f(x-0))$$

$$= \left\{ \int_{-1}^{x-\frac{1+x}{n}} + \int_{x-\frac{1+x}{n}}^{x+\frac{1-x}{n}} + \int_{x+\frac{1-x}{n}}^{1} \right\} A_x(y) \cdot \sqrt{\frac{1+y}{1-y}} K_n^{(-\frac{1}{2},\frac{1}{2})}(x,y)\mathrm{d}y +$$

$$f(x-0) \left\{ \int_{-1}^{x} \sqrt{\frac{1+y}{1-y}} K_n^{(-\frac{1}{2},\frac{1}{2})}(x,y)\mathrm{d}y - \frac{1}{2} \right\} +$$

$$f(x+0) \left\{ \int_{x}^{1} \sqrt{\frac{1+y}{1-y}} K_n^{(-\frac{1}{2},\frac{1}{2})}(x,y)\mathrm{d}y - \frac{1}{2} \right\}$$

$$= \{ I_1^* + I_2^* + I_3^* \} + I_4^* + I_5^* \qquad (20)$$

类似于定理 1 的式(10)(12)(18)(19)的证明可得

$$\left| I_4^* + I_5^* \right|$$

$$\leqslant \frac{1}{n\pi \ \sqrt{1+x}} \left(\sqrt{2} + \frac{2}{\sqrt{1-x}} \right) \left| f(x-0) - f(x+0) \right|$$

$$\left| I_2^* \right| \leqslant \frac{16}{\pi \ \sqrt{1-x^2}} \bigvee_{x-\frac{1+x}{n}}^{x+\frac{1-x}{n}} (A_x)$$

$$\left| I_3^* \right| \leqslant \frac{8\sqrt{2}}{n\pi \ \sqrt{1+x}\,(1-x)} \sum_1^n \bigvee_x^{x+\frac{1-x}{k}} (A_x)$$

$$\left| I_1^* \right| \leqslant \frac{8\sqrt{2}}{n\pi \ \sqrt{1+x}\,(1+x)} \sum_1^n \bigvee_{x-\frac{1+x}{k}}^{x} (A_x)$$

由此及式(20),定理 2 得证.

参考文献

[1] BOJANIC R, VUILLEUMIER M. On the Rate of convergence of Fourier-Legendre Series of Function of Bounded Variation [J]. J. Approx Theory, 1981, 31:67-79.

[2] SZEGO G. Orthogonal Polynomials [M]. Providence:Amer. Math. Soc. Collog. Publ., 1939.

[3] ZYGMAND A. Trigonometric Series [M]. Cambridge:Cambridge at the university press, 1959.

有界变差函数的切比雪夫－傅里叶级数的部分和的逼近度[①]

1. 引言及定理

设 $f(x)$ 为 $[-1,1]$ 上的有界变差函数

$$T_0(x) = \sqrt{\frac{1}{\pi}}$$

$$T_k(x) = \sqrt{\frac{2}{\pi}} \cos k \operatorname{arccos} x \quad (k = 1, 2, \cdots)$$

为切比雪夫多项式序列,称

$$f(x) \sim \sum_{k=0}^{\infty} a_k T_k(x)$$

为 $f(x)$ 的切比雪夫－傅里叶级数,其中

$$a_k = \int_{-1}^{1} f(x) T_k(x) \frac{\mathrm{d}x}{\sqrt{1-x^2}}$$

$$(k = 0, 1, 2, \cdots)$$

记

$$S_n(f, x) = \sum_{k=0}^{n} a_k T_k(x)$$

---

① 引自 1999 年第 19 卷第 5 期的《绍兴文理学院学报》,原作者为绍兴文理学院纺织服装系的徐延安.

则 $S_n(f,x) = \int_{-1}^{1} f(t) K_n(t,x) \dfrac{\mathrm{d}t}{\sqrt{1-t^2}}$,其中 $K_n(t,x) =$

$\sum\limits_{k=0}^{n} T_k(t) T_k(x)$.

关于用代数多项式逼近有界变差函数的结果,可参看 R. Bojanic, M. Vuilleumier 的文献[1],Cheng Fuhua 的文献[2]及郭顺生的文献[3]等. 绍兴文理学院纺织服装系的徐延安教授 1999 年讨论了切比雪夫 - 傅里叶级数的部分和 $S_n(f,x)$ 的逼近度,结果如下述.

定理1 设 $f(x)$ 为[-1,1]上的有界变差函数,则,对一切 $x \in (-1,1)$,有

$$\left| S_n(f,x) - \frac{1}{2}(f(x+0) + f(x-0)) \right|$$

$$\leqslant \frac{24}{\pi n(1-x^2)} \sum_{k=1}^{n} \bigvee_{x-\frac{1+x}{k}}^{x+\frac{1-x}{k}} (g_x) +$$

$$\frac{1}{n \sqrt{1-x^2}} |f(x+0) - f(x-0)| \tag{1}$$

其中

$$g_x(t) = \begin{cases} f(t) - f(x-0) , & -1 \leqslant t < x \\ 0, & t = x \\ f(t) - f(x+0) , & x < t \leqslant 1 \end{cases}$$

而 $\bigvee\limits_{\alpha}^{\beta} (g_x)$ 为 $g_x(t)$ 在[α,β]上的全变差.

2. 引理

引理1 对任何 $x \in (-1,1)$,有

$$\left| \int_{-1}^{1} \mathrm{sgn}(t-x) K_n(t,x) \frac{\mathrm{d}t}{\sqrt{1-t^2}} \right|$$

$$\leqslant \frac{2}{(n+1) \sqrt{1-x^2}}$$

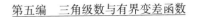

证明 记 $x = \cos y$

$$\int_x^1 \frac{K_n(t,x)}{\sqrt{1-t^2}}\mathrm{d}t$$

$$= \frac{1}{\pi}\int_x^1 \frac{\mathrm{d}t}{\sqrt{1-t^2}} + \sum_{k=1}^n T_k(x)\int_x^1 \frac{T_k(t)}{\sqrt{1-t^2}}\mathrm{d}t$$

$$= \frac{y}{\pi} + \frac{2}{\pi}\sum_{k=1}^n \cos ky \int_0^y \cos ku\,\mathrm{d}u$$

$$= \frac{y}{\pi} + \frac{1}{\pi}\sum_{k=1}^n \frac{\sin 2ky}{k}$$

$$\int_{-1}^x \frac{K_n(t,x)}{\sqrt{1-t^2}}\mathrm{d}t = \int_{-1}^1 \frac{K_n(t,x)}{\sqrt{1-t^2}}\mathrm{d}t - \int_x^1 \frac{K_n(t,x)}{\sqrt{1-t^2}}\mathrm{d}t$$

$$= 1 - \left(\frac{y}{\pi} + \frac{1}{\pi}\sum_{k=1}^n \frac{\sin 2ky}{k}\right)$$

又 $\sum_{k=1}^\infty \dfrac{\sin k\alpha}{k} = \dfrac{\pi-\alpha}{2}(0 < \alpha < 2\pi)$，故 $x \in (-1,1)$，即 $y \in (0,\pi)$，时

$$\int_{-1}^1 \operatorname{sgn}(t-x)K_n(t,x)\frac{\mathrm{d}t}{\sqrt{1-t^2}}$$

$$= \int_x^1 \frac{K_n(t,x)}{\sqrt{1-t^2}}\mathrm{d}t - \int_{-1}^x \frac{K_n(t,x)}{\sqrt{1-t^2}}\mathrm{d}t$$

$$= \frac{2y}{\pi} + \frac{2}{\pi}\sum_{k=1}^n \frac{\sin 2ky}{k} - 1$$

$$= \frac{2}{\pi}\sum_{k=n+1}^\infty \frac{\sin 2ky}{k}$$

记

$$\overline{D}_n(x) = \sum_{k=1}^n \sin kx$$

233

$$= \frac{\cos \dfrac{x}{2} - \cos \dfrac{2n+1}{2}x}{2\sin \dfrac{x}{2}} \quad (x \in [0,1))$$

即 $y \in \left(0, \dfrac{\pi}{2}\right]$ 时由阿贝尔变换

$$\left| \sum_{k=n+1}^{\infty} \frac{\sin 2ky}{k} \right|$$

$$= \left| \sum_{k=n+1}^{\infty} \left(\frac{1}{k} - \frac{1}{k+1} \right) \overline{D}_k(2y) - \frac{1}{n+1} \overline{D}_n(2y) \right|$$

$$\leqslant \frac{\pi}{2y} \frac{1}{n+1} + \frac{1}{n+1} \frac{\pi}{2y}$$

$$= \frac{\pi}{(n+1)y}$$

又

$$y = \arccos x \geqslant \sqrt{1-x^2} \quad (x \in [0,1))$$

故

$$\left| \sum_{k=n+1}^{\infty} \frac{\sin 2ky}{k} \right| \leqslant \frac{\pi}{(n+1)\sqrt{1-x^2}}$$

同样可得 $x \in (-1,0)$，即 $y \in \left(\dfrac{\pi}{2}, \pi\right]$ 时

$$\left| \sum_{k=n+1}^{\infty} \frac{\sin 2ky}{k} \right| \leqslant \frac{\pi}{(n+1)(\pi-y)}$$

$$\leqslant \frac{\pi}{(n+1)\sqrt{1-x^2}}$$

引理 1 得证.

引理 2 对任何 $x \in (-1,1)$，有

$$\int_{x-\frac{1+x}{n+1}}^{x+\frac{1-x}{n+1}} \frac{\mathrm{d}t}{\sqrt{1-t^2}} \leqslant \frac{2\sqrt{2}}{(n+1)\sqrt{1-x^2}}$$

证明 记

$$\cos \theta_1 = x + \frac{1-x}{n+1}$$

$$\cos \theta_2 = x - \frac{1+x}{n+1}$$

当 $0 \leqslant x < 1$ 时

$$\cos \theta_2 \geqslant -\frac{1}{2}, 0 \leqslant \theta_2 \leqslant \frac{2\pi}{3}$$

由中值定理

$$\cos \theta_1 - \cos \theta_2 = (\theta_2 - \theta_1) \sin \xi$$

其中,$\theta_1 < \xi < \theta_2$.

当 $0 \leqslant \theta_1 < \xi \leqslant \frac{\pi}{3}$ 时

$$\sin \xi \geqslant \sin \theta_1$$

$$= (1 - \cos \theta_1)^{\frac{1}{2}} (1 + \cos \theta_1)^{\frac{1}{2}}$$

$$\geqslant (1 - x)^{\frac{1}{2}} (1 - \frac{1}{n+1})^{\frac{1}{2}} (1 + x)^{\frac{1}{2}}$$

$$\geqslant \frac{1}{\sqrt{2}} (1 - x^2)^{\frac{1}{2}}$$

当 $\frac{\pi}{3} < \xi < \frac{2\pi}{3}$ 时

$$\sin \xi \geqslant \frac{\sqrt{3}}{2} \geqslant \frac{1}{\sqrt{2}} \geqslant \frac{1}{\sqrt{2}} (1 - x^2)^{\frac{1}{2}}$$

从而

$$\frac{2}{n+1} = \cos \theta_1 - \cos \theta_2 \geqslant \frac{1}{\sqrt{2}} (1 - x^2)^{\frac{1}{2}} (\theta_2 - \theta_1)$$

即

B - 数列与有界变差

$$\int_{x-\frac{1+x}{n+1}}^{x+\frac{1-x}{n+1}} \frac{\mathrm{d}t}{\sqrt{1-t^2}} = \theta_2 - \theta_1$$

$$\leqslant \frac{2\sqrt{2}}{(n+1)\sqrt{1-x^2}}$$

当 $-1 < x < 0$ 时

$$\int_{x-\frac{1+x}{n+1}}^{x+\frac{1-x}{n+1}} \frac{\mathrm{d}t}{\sqrt{1-t^2}} = \int_{-|x|-\frac{1-|x|}{n+1}}^{-|x|+\frac{1+|x|}{n+1}} \frac{\mathrm{d}t}{\sqrt{1-t^2}}$$

$$= \int_{|x|-\frac{1+|x|}{n+1}}^{|x|+\frac{1-|x|}{n+1}} \frac{\mathrm{d}u}{\sqrt{1-u^2}}$$

$$\leqslant \frac{2\sqrt{2}}{(n+1)\sqrt{1-x^2}}$$

引理 2 证毕.

引理 3

$$K_n(t,x) = \frac{1}{2(x-t)}\big[T_{n+1}(x)T_n(t) - T_n(x)T_{n+1}(t) \big]$$

引理 4   当 $-1 \leqslant t < x < 1$ 时

$$\left| \int_{-1}^{t} K_n(\tau,x) \frac{\mathrm{d}\tau}{\sqrt{1-\tau^2}} \right| \leqslant \frac{4}{\pi n} \frac{1}{x-t} \qquad (2)$$

当 $-1 < x < t \leqslant 1$ 时

$$\left| \int_{t}^{1} K_n(\tau,x) \frac{\mathrm{d}\tau}{\sqrt{1-\tau^2}} \right| \leqslant \frac{4}{\pi n} \frac{1}{t-x} \qquad (3)$$

证明   对固定的 $x \in (-1,1)$, 当 $-1 \leqslant \tau \leqslant t < x$ 时, $\dfrac{1}{x-\tau}$ 是 τ 的增函数, 由引理 3 及积分第二中值定理有 $\xi_1, \xi_2 \in (-1,t)$, 使

$$\left| \int_{-1}^{t} K_n(\tau,x) \frac{\mathrm{d}\tau}{\sqrt{1-\tau^2}} \right|$$

236

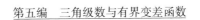

$$= \left| \int_{-1}^{t} \frac{1}{2} \frac{T_{n+1}(x)T_{n}(\tau) - T_{n}(x)T_{n+1}(\tau)}{(x - \tau)\sqrt{1 - \tau^2}} d\tau \right|$$

$$= \frac{1}{2} \frac{1}{x - t} \left| T_{n+1}(x) \int_{\xi_1}^{t} \frac{T_{n}(\tau)}{\sqrt{1 - \tau^2}} d\tau - \right.$$

$$\left. T_{n}(x) \int_{\xi_2}^{t} \frac{T_{n+1}(\tau)}{\sqrt{1 - \tau^2}} d\tau \right|$$

$$= \frac{1}{\pi} \frac{1}{x - t} \left| \cos(n + 1)y \int_{\arccos t}^{\arccos \xi_1} \cos nu du - \right.$$

$$\left. \cos ny \int_{\arccos t}^{\arccos \xi_2} \cos(n + 1)u du \right|$$

$$\leqslant \frac{4}{\pi n} \frac{1}{x - t}$$

（2）证毕，而式（3）的证明是类似的，我们略去之.

3. 定理的证明

对 $x \in (-1, 1)$

$$S_n(f, x)$$

$$= \int_{-1}^{1} f(t)K_n(t, x) \frac{dt}{\sqrt{1 - t^2}}$$

$$= \int_{-1}^{x} [f(t) - f(x - 0)]K_n(t, x) \frac{dt}{\sqrt{1 - t^2}} +$$

$$\int_{x}^{1} [f(t) - f(x + 0)]K_n(t, x) \frac{dt}{\sqrt{1 - t^2}} +$$

$$f(x - 0) \int_{-1}^{x} K_n(t, x) \frac{dt}{\sqrt{1 - t^2}} +$$

$$f(x + 0) \int_{x}^{1} K_n(t, x) \frac{dt}{\sqrt{1 - t^2}}$$

$$= \int_{-1}^{1} g_x(t)K_n(t, x) \frac{dt}{\sqrt{1 - t^2}} +$$

B - 数列与有界变差

$$\frac{1}{2}[f(x+0)+f(x-0)]\int_{-1}^{1}K_n(t,x)\frac{\mathrm{d}t}{\sqrt{1-t^2}}+$$

$$\frac{1}{2}[f(x+0)-f(x-0)]\cdot$$

$$\int_{-1}^{1}\mathrm{sgn}(t-x)K_n(t,x)\frac{\mathrm{d}t}{\sqrt{1-t^2}}$$

从而有

$$\left|S_n(f,x)-\frac{1}{2}[f(x+0)+f(x-0)]\right|$$

$$\leqslant\left|\int_{-1}^{1}g_x(t)K_n(t,x)\frac{\mathrm{d}t}{\sqrt{1-t^2}}\right|+$$

$$\frac{1}{2}|f(x+0)-f(x-0)|\cdot$$

$$\left|\int_{-1}^{1}\mathrm{sgn}(t-x)K_n(t,x)\frac{\mathrm{d}t}{\sqrt{1-t^2}}\right| \qquad (4)$$

由引理1式(4)右边的第二项不超过

$$\frac{1}{n}\frac{1}{\sqrt{1-x^2}}|f(x+0)-f(x-0)|$$

对式(4)右边第一项,我们记

$$\int_{-1}^{1}g_x(t)\cdot K_n(t,x)\frac{\mathrm{d}t}{\sqrt{1-t^2}}$$

$$=\int_{-1}^{x-\frac{1+x}{n+1}}+\int_{x-\frac{1+x}{n+1}}^{x+\frac{1-x}{n+1}}+\int_{x+\frac{1-x}{n+1}}^{1}$$

$$:=I_1+I_2+I_3$$

由于 $t\in\left[x-\frac{1+x}{n+1},x+\frac{1-x}{n+1}\right]$ 时

$$|g_x(t)|=|g_x(t)-g_x(x)|$$

238

$$\leqslant \bigvee_{x-\frac{1+x}{n+1}}^{x+\frac{1-x}{n+1}} (g_x)$$

由引理 2

$$|I_2| \leqslant \int_{x-\frac{1+x}{n+1}}^{x+\frac{1-x}{n+1}} |g_x(t)| \cdot |K_n(t,x)| \frac{\mathrm{d}t}{\sqrt{1-t^2}}$$

$$\leqslant \bigvee_{x-\frac{1+x}{n+1}}^{x+\frac{1-x}{n+1}} (g_x) \cdot \frac{2}{\pi}(n+1) \int_{x-\frac{1+x}{n+1}}^{x+\frac{1-x}{n+1}} \frac{\mathrm{d}t}{\sqrt{1-t^2}}$$

$$\leqslant \frac{4\sqrt{2}}{\pi \sqrt{1-x^2}} \bigvee_{x-\frac{1+x}{n+1}}^{x+\frac{1-x}{n+1}} (g_x)$$

$$< \frac{8}{\pi(1-x^2)} \bigvee_{x-\frac{1+x}{n+1}}^{x+\frac{1-x}{n+1}} (g_x)$$

为估计 I_1，我们记

$$z = x - \frac{1+x}{n+1}$$

$$\lambda_n(t,x) = \int_{-1}^{t} \frac{K_n(\tau,x)}{\sqrt{1-\tau^2}} \mathrm{d}\tau$$

则

$$|I_1|$$

$$= \left| \int_{-1}^{z} g_x(t) \mathrm{d}\lambda_n(t,x) \right|$$

$$= \left| g_x(z)\lambda_n(z,x) - \int_{-1}^{z} \lambda_n(t,x) \mathrm{d}g_x(t) \right|$$

$$\leqslant |g_x(z)||\lambda_n(z,x)| + \int_{-1}^{z} |\lambda_n(t,x)| \mathrm{d}(-\bigvee_{t}^{x}(g_x))$$

由 $|g_x(z)| \leqslant \bigvee_{z}^{x}(g_x)$ 及引理 4 得

$$|I_1| \leqslant \frac{4}{\pi n}\left[\frac{\overset{x}{\underset{z}{\bigvee}}(g_x)}{x-z} + \int_{-1}^{z}\frac{1}{x-t}\mathrm{d}\left(-\overset{x}{\underset{t}{\bigvee}}(g_x)\right)\right]$$

而

$$\int_{-1}^{z}\frac{1}{x-t}\mathrm{d}\left(-\overset{x}{\underset{t}{\bigvee}}(g_x)\right)$$

$$= -\frac{1}{x-t}\overset{x}{\underset{t}{\bigvee}}(g_x)\,\Big|_{-1}^{z} + \int_{-1}^{z}\overset{x}{\underset{t}{\bigvee}}(g_x)\frac{\mathrm{d}t}{(x-t)^2}$$

作变换 $t = x - \dfrac{1+x}{u}$，我们得到

$$\int_{-1}^{z}\overset{x}{\underset{t}{\bigvee}}(g_x)\frac{\mathrm{d}t}{(x-t)^2} = \frac{1}{1+x}\int_{1}^{n+1}\overset{x}{\underset{x-\frac{1+x}{u}}{\bigvee}}(g_x)\,\mathrm{d}u$$

$$\leqslant \frac{1}{1+x}\sum_{k=1}^{n}\overset{x}{\underset{x-\frac{1+x}{k}}{\bigvee}}(g_x)$$

$$\leqslant \frac{2}{1-x^2}\sum_{k=1}^{n}\overset{x}{\underset{x-\frac{1+x}{k}}{\bigvee}}(g_x)$$

由此

$$|I_1| \leqslant \frac{4}{\pi n}\left(\frac{2}{1-x^2}\overset{x}{\underset{-1}{\bigvee}}(g_x) + \frac{2}{1-x^2}\sum_{k=1}^{n}\overset{x}{\underset{x-\frac{1+x}{k}}{\bigvee}}(g_x)\right)$$

$$\leqslant \frac{16}{\pi n(1-x^2)}\sum_{k=1}^{n}\overset{x}{\underset{x-\frac{1+x}{k}}{\bigvee}}(g_x)$$

类似可得 $|I_3| \leqslant \dfrac{16}{\pi n(1-x^2)}\sum_{k=1}^{n}\overset{x+\frac{1-x}{k}}{\underset{x}{\bigvee}}(g_x)$，从而

$$\left|\int_{-1}^{1}g_x(t)K_n(t,x)\frac{\mathrm{d}t}{\sqrt{1-t^2}}\right| \leqslant |I_1| + |I_2| + |I_3|$$

$$\frac{8}{\pi(1-x^2)}\overset{x+\frac{1-x}{k}}{\underset{x-\frac{1+x}{k}}{\bigvee}}(g_x) + \frac{16}{\pi n(1-x^2)}\sum_{k=1}^{n}\overset{x+\frac{1-x}{k}}{\underset{x-\frac{1+x}{k}}{\bigvee}}(g_x)$$

$$\leqslant \frac{24}{\pi n(1-x^2)}\sum_{k=1}^{n}\bigvee_{x-\frac{1+m}{k}}^{x+\frac{1-x}{k}}(g_x)$$

定理证毕.

4. 注记

当 $f(x)$ 在 x 处连续时,式(1)成为

$$|S_n(f,x)-f(x)|\leqslant\frac{24}{\pi n(1-x^2)}\sum_{k=1}^{n}\bigvee_{x-\frac{1+m}{k}}^{x+\frac{1-x}{k}}(f) \quad (5)$$

我们要指出式(5)在本质上是不可改进的.

取 $f(x)=|x|^{1/2}$,当 $x=0$ 时,$y=\arccos x=\dfrac{\pi}{2}$,有

$$S_n(f,0)=\frac{1}{\pi}\int_{-\pi}^{\pi}f\left(\cos\left(\frac{\pi}{2}+t\right)\right)D_n(t)\mathrm{d}t$$

$$=\frac{2}{\pi}\int_{0}^{\pi}\sqrt{\sin t}\,\frac{\sin\dfrac{2n+1}{2}t}{2\sin\dfrac{t}{2}}\mathrm{d}t$$

$$=\frac{\sqrt{2}}{\pi}\int_{0}^{\pi}\sqrt{\cot\frac{t}{2}}\sin\frac{2n+1}{2}t\mathrm{d}t$$

由于 $f(0)=0$ 及 $\cot\dfrac{t}{2}$ 在 $(0,\pi)$ 单调减少,由积分第二中值定理

$$|S_n(f,0)-f(0)|$$

$$\geqslant\frac{\sqrt{2}}{\pi}\int_{0}^{\frac{2\pi}{2n+1}}\sqrt{\cot\frac{t}{2}}\sin\frac{2n+1}{2}t\mathrm{d}t-$$

$$\frac{\sqrt{2}}{\pi}\sqrt{\cot\frac{\pi}{2n+1}}\left|\int_{\frac{2\pi}{2n+1}}^{\xi}\sin\frac{2n+1}{2}t\mathrm{d}t\right|$$

$$\geqslant\frac{\sqrt{2}}{\pi}\frac{2}{2n+1}\left(\int_{0}^{\pi/2}\sqrt{\cot\frac{u}{2n+1}}\sin u\mathrm{d}u+\right.$$

$$\sqrt{\cot\frac{\pi}{2n+1}}\int_{\pi/2}^{\pi}\sin u\,du - 2\sqrt{\cot\frac{\pi}{2n+1}}\,\Big)$$

由于 $0 < \alpha < \dfrac{\pi}{2}$ 时,有 $1 - \alpha^2 < \cos\alpha < 1$, $\dfrac{2}{\pi}\alpha < \sin\alpha < \alpha$

及 $\sqrt{1-\alpha^2} > 1 - \dfrac{\alpha^2}{2}$,我们有

$$|S_n(f,0) - f(0)|$$

$$\geqslant \frac{2\sqrt{2}}{\pi}\frac{1}{2n+1}\Big[\int_0^{\pi/2}\sqrt{\frac{2n+1}{u}}\Big(1 -$$

$$\frac{(\frac{u}{2n+1})^2}{2}\Big)\sin u\,du - \sqrt{\frac{2n+1}{2}}\,\Big]$$

$$\geqslant \frac{2}{\pi}\frac{1}{\sqrt{n+1}}\Big(\int_0^{\pi/2}\frac{\sin u}{\sqrt{u}}\,du - \frac{1}{\sqrt{2}}\Big) + o\Big(\frac{1}{2n+1}\Big)$$

$$\geqslant \frac{2}{\pi}\frac{1}{\sqrt{n+1}}\Big(\int_0^{\pi/2}\frac{2}{\pi}\sqrt{u}\,du - \frac{1}{\sqrt{2}}\Big) + o\Big(\frac{1}{2n+1}\Big)$$

$$= \frac{2\sqrt{2}}{\pi}\Big(\frac{\pi}{3} - \frac{1}{2}\Big)\frac{1}{\sqrt{n+1}} + o\Big(\frac{1}{2n+1}\Big) \tag{6}$$

另一方面,由式(5)及 $\overset{\beta}{\underset{0}{\bigvee}}(f) = \beta^{\frac{1}{2}}$ $(0 < \beta < 1)$,我们有

$$|S_n(f,0) - f(0)| \leqslant \frac{24}{\pi n}\sum_{k=1}^{n}\overset{\frac{1}{k}}{\underset{-\frac{1}{k}}{\bigvee}}(f)$$

$$= \frac{48}{\pi n}\sum_{k=1}^{n}\overset{\frac{1}{k}}{\underset{0}{\bigvee}}(f)$$

$$= \frac{48}{\pi n}\sum_{k=1}^{n}\frac{1}{\sqrt{k}}$$

$$\leqslant \frac{96}{\pi \sqrt{n}} \tag{7}$$

由式(6)及(7)我们可断言式(5)在本质上已不可改进了.

由于 $g_x(t)$ 在 $t = x$ 处的连续性含有

$$\bigvee_{x-\delta}^{x+\delta}(g_x) \to 0 \quad (\delta \to 0^+)$$

可推知式(1)的左边收敛于0.

参考文献

[1] BOJANIC R, VUILLCUMIER M. On the rate of convergence of Fourier Legendre series of functions of bounded variation [J]. J. Approx. Theory, 1981(31): 67-79.

[2] CHENG FUHUA. On the rate of convergence of Bernstein polynomials of functions of bounded variation [J]. J. Approx. Theory, 1983(39): 259-274.

[3] 郭顺生. Degree of approximation to functions of bounded variation by certain operators [J]. Approx. Theory and its Appl., 1988(7): 9-18.

[4] CHENEY E W. 逼近论导引 [M]. 中文版. 上海: 上海科技出版社, 1981: 150.

有界变差函数的傅里叶级数费耶尔和的收敛速度[①]

第 25 章

河北北方学院数学系的张玉俊与华北科技学院基础部的王文祥两位教授 2005 年讨论了有界变差函数的傅里叶级数费耶尔 (Fejér) 和的问题,得到了其绝对收敛速度的估计式.

设 f 是在 $[-\pi,\pi]$ 上周期为 2π 的可积函数,则 f 有傅里叶级数

$$S(f)(x) = \frac{a_0}{2} + \sum_{k=1}^{\infty}(a_k\cos kx + b_k\sin kx)$$

其中

$$a_k = \frac{1}{\pi}\int_{-\pi}^{\pi}f(t)\cos kt\mathrm{d}t$$

$$(k = 0,1,2,\cdots)$$

$$b_k = \frac{1}{\pi}\int_{-\pi}^{\pi}f(t)\sin kt\mathrm{d}t$$

$$(k = 1,2,\cdots)$$

---

① 引自 2005 年第 21 卷第 4 期的《河北北方学院学报(自然科学版)》,原作者为河北北方学院数学系的张玉俊与华北科技学院基础部的王文祥.

令 $S_n(f)(x)$ 表示级数的部分和序列

$$\sigma_n(f)(x) = \frac{1}{n} \sum_{k=0}^{n-1} S_k(f)(x)$$

称为 f 的傅里叶级数费耶尔和. 由文献[1],若设函数 f 在 $[-\pi, \pi]$ 上为有界变差函数,则 $\{\sigma_n(f)(x)\}$ 绝对收敛. 令

$$R_n(f)(x) = \sum_{k=n+1}^{\infty} |\sigma_k(f)(x) - \sigma_{k-1}(f)(x)|$$

以下将通过两个引理,建立定理给出 $R_n(f)(x)$ 的估计式.

引理 1　设

$$\rho_n(f)(x) = \frac{1}{n+1} \sum_{k=1}^{n} k(a_k \cos kx + b_k \sin kx)$$

则对 $n \geq 1$,有

$$\rho_n(f)(x) = n[\rho_n(f)(x) - \rho_{n-1}(f)(x)]$$

证明　由

$$\rho_n(f)(x) = \frac{1}{n+1} \sum_{k=1}^{n} k[S_k(f)(x) - S_{k-1}(f)(x)]$$

$$\sum_{k=1}^{n} k[S_k(f) - S_{k-1}(f)]$$

$$= \sum_{k=1}^{n} kS_k(f) - \sum_{k=1}^{n} kS_{k-1}(f)$$

$$= \sum_{k=0}^{n} kS_k(f) - \sum_{k=0}^{n-1} (k+1)S_k(f)$$

$$= \sum_{k=0}^{n} (n - n + k)S_k(f) - \sum_{k=0}^{n-1} (k+1)S_k(f)$$

$$= \sum_{k=0}^{n} nS_k(f) - \sum_{k=0}^{n} (n-k)S_k(f) - \sum_{k=0}^{n-1} (k+1)S_k(f)$$

$$= \sum_{k=0}^{n} nS_k(f) - \sum_{k=0}^{n-1} (n-k)S_k(f) - \sum_{k=0}^{n-1} (k+1)S_k(f)$$

$$= \sum_{k=0}^{n} nS_k(f) - \sum_{k=0}^{n-1} (n+1)S_k(f)$$

$$= n(n+1)\sigma_n(f) - (n+1)n\sigma_{n-1}(f)$$

所以

$$\rho_n(f)(x) = \frac{1}{n+1} \sum_{k=1}^{n} k(S_k(f)(x) - S_{k-1}(f)(x))$$

$$= n[\rho_n(f)(x) - \rho_{n-1}(f)(x)]$$

引理 2 令 $\lambda_n(x) = \dfrac{1}{n+1} \sum_{k=1}^{n} \sin kx$，则

$$|\lambda_n(x)| \leqslant \frac{n}{2}|x| \quad (x \in \mathbf{R}, n = 1, 2, \cdots)$$

$$|\lambda_n(x)| \leqslant \frac{\pi}{(n+1)x} \quad (x \in (0, \pi), n = 1, 2, \cdots)$$

证明 由

$$|\lambda_n(x)| = \left| \frac{1}{n+1} \sum_{k=1}^{n} \sin kx \right|$$

$$\leqslant \frac{1}{n+1} \sum_{k=1}^{n} |\sin kx|$$

$$\leqslant \frac{1}{n+1} \sum_{k=1}^{n} k|x|$$

$$= \frac{|x|}{n+1} \sum_{k=1}^{n} k$$

$$= \frac{n}{2}|x|$$

$$\sum_{k=1}^{n} \sin kx$$

$$= \frac{1}{2\sin \dfrac{x}{2}} \sum_{k=1}^{n} 2\sin kx \sin \dfrac{x}{2}$$

$$= \frac{1}{2\sin \dfrac{x}{2}} \sum_{k=1}^{n} \left[\cos\left(k - \frac{1}{2}\right)x - \cos\left(k + \frac{1}{2}\right)x \right]$$

$$= \frac{\cos \dfrac{x}{2} - \cos\left(n + \dfrac{1}{2}\right)x}{2\sin \dfrac{x}{2}}$$

$x \in (0, \pi]$ 时，$\sin \dfrac{x}{2} \geqslant \dfrac{x}{\pi}$，从而有

$$\left| \lambda_n(x) \right| = \left| \frac{1}{n+1} \sum_{k=1}^{n} \sin kx \right|$$

$$\leqslant \frac{1}{n+1} \frac{1}{\sin \dfrac{x}{2}}$$

$$\leqslant \frac{1}{n+1} \cdot \frac{\pi}{x}$$

$$= \frac{\pi}{(n+1)x}$$

定理 1 设 f 是在 $[-\pi, \pi]$ 上周期为 2π 的有界变差函数，则

$$R_n(f)(x) \leqslant \frac{\pi + 4}{2\pi n} \sum_{k=1}^{n} \overset{\pi/k}{\underset{0}{\bigvee}} (\varphi_x)$$

其中

$$\varphi_x(t) = f(x + t) + f(x - t) - f(x + 0) - f(x - 0)$$

$\overset{\pi/k}{\underset{0}{\bigvee}}(\varphi_x)$ 表面函数 $\varphi_x(t)$ 在 $[0,\pi/k]$ 上的全变差.

证明 由引理 1

$$R_n(f)(x) = \sum_{k=n+1}^{\infty} |\sigma_k(f)(x) - \sigma_{k-1}(f)(x)|$$

$$= \sum_{k=n+1}^{\infty} \frac{|\rho k(f)(x)|}{k}$$

又

$$a_k \cos kx + b_k \sin kx$$

$$= \cos kx \cdot \frac{1}{\pi} \int_{-\pi}^{\pi} f(t) \cos kt \, dt + \sin kx \cdot \frac{1}{\pi} \int_{-\pi}^{\pi} f(t) \sin kt \, dt$$

$$= \frac{1}{\pi} \int_{-\pi}^{\pi} f(t) \cos k(x-t) \, dt$$

$$= \frac{1}{\pi} \int_{-\pi}^{\pi} f(x-t) \cos kt \, dt$$

$$= \frac{1}{\pi} \int_{0}^{\pi} [f(x+t) + f(x-t)] \cos kt \, dt$$

$$= \frac{1}{\pi} \int_{0}^{\pi} [f(x+t) + f(x-t) - f(x+0) - f(x-0)] \cos kt \, dt$$

$$= \frac{1}{\pi} \int_{0}^{\pi} \varphi_x(t) \cos kt \, dt$$

$$\rho_n(f)(x) = \frac{1}{n+1} \sum_{k=1}^{n} k(a_k \cos kx + b_k \sin kx)$$

$$= \frac{1}{\pi} \sum_{k=1}^{n} \frac{k}{n+1} \int_{0}^{\pi} \varphi_x(t) \cos kt \, dt$$

$$= \frac{1}{\pi} \sum_{k=1}^{n} \frac{k}{n+1} \left[-\frac{1}{k} \int_{0}^{\pi} \sin kt \, d\varphi_x(t) \right]$$

$$= -\frac{1}{\pi} \int_{0}^{\pi} \frac{1}{n+1} \sum_{k=1}^{n} \sin kt \, d\varphi_x(t)$$

$$= -\frac{1}{\pi}\int_0^\pi \lambda_n(t)\,\mathrm{d}\varphi_x(t)$$

$$R_n(f)(x) = \sum_{k=n+1}^{\infty}\frac{|\rho_k(f)(x)|}{k}$$

$$\leqslant \frac{1}{\pi}\int_0^\pi\sum_{k=n+1}^{\infty}\frac{|\lambda_k(t)|}{k}\mathrm{d}\varphi_x(t)$$

$$\leqslant \frac{1}{\pi}\int_0^\pi\sum_{k=n+1}^{\infty}\frac{|\lambda_k(t)|}{k}\mathrm{d}\bigvee_0^t(\varphi_x)$$

$$= A_n + B_n$$

其中

$$A_n = \int_0^{\pi/n}\sum_{k=n+1}^{\infty}\frac{|\lambda_k(t)|}{k}\mathrm{d}\bigvee_0^t(\varphi_x)$$

$$B_n = \int_{\pi/n}^\pi\sum_{k=n+1}^{\infty}\frac{|\lambda_k(t)|}{k}\mathrm{d}\bigvee_0^t(\varphi_x)$$

又

$$A_n \leqslant \int_0^{\pi/n}\sum_{k=1}^{\infty}\frac{|\lambda_k(t)|}{k}\mathrm{d}\bigvee_0^t(\varphi_x)$$

$$= \int_0^{\pi/n}\Big(\sum_{k\leqslant\pi/t}+\sum_{k>\pi/t}\Big)\frac{|\lambda_k(t)|}{k}\mathrm{d}\bigvee_0^t(\varphi_x)$$

由引理 2

$$\sum_{k\leqslant\pi/t}\frac{|\lambda_k(t)|}{k} \leqslant \sum_{k\leqslant\pi/t}\frac{k/2}{k}t = \frac{1}{2}\sum_{k\leqslant\pi/t}t$$

$$\leqslant \frac{1}{2}t[\pi/t] \leqslant \frac{\pi}{2}$$

$$\sum_{k>\pi/t}\frac{|\lambda_k(t)|}{k} \leqslant \pi\sum_{k>\pi/t}\frac{1}{k(k+1)t}$$

$$\leqslant \frac{\pi}{t}\sum_{k=[\pi/t]+1}\frac{1}{k(k+1)}$$

$$\leqslant \frac{\pi}{t} \cdot \frac{1}{[\pi/t]+1}$$

$$\leqslant 1$$

$$A_n \leqslant \frac{1}{\pi} \int_0^{\pi/n} \left(\frac{\pi}{2}+1\right) \mathrm{d} \bigvee_0^t (\varphi_x)$$

$$\leqslant \left(\frac{1}{2}+\frac{1}{\pi}\right) \bigvee_0^{\pi/n} (\varphi_x)$$

$$B_n = \frac{1}{\pi} \int_{\pi/n}^{\pi} \sum_{k=n+1}^{\infty} \frac{|\lambda_k(t)|}{k} \mathrm{d} \bigvee_0^t (\varphi_x)$$

$$\leqslant \frac{1}{\pi} \int_{\pi/n}^{\pi} \sum_{k=n+1}^{\infty} \frac{\pi}{k(k+1)t} \mathrm{d} \bigvee_0^t (\varphi_x)$$

$$\leqslant \int_{\pi/n}^{\pi} \frac{1}{t} \sum_{k=n+1}^{\infty} \frac{1}{k(k+1)} \mathrm{d} \bigvee_0^t (\varphi_x)$$

$$\leqslant \frac{1}{n+1} \int_{\pi/n}^{\pi} \frac{1}{t} \mathrm{d} \bigvee_0^t (\varphi_x)$$

由分部积分,得

$$\int_{\pi/n}^{\pi} \frac{1}{t} \mathrm{d} \bigvee_0^t (\varphi_x)$$

$$= \frac{1}{\pi} \bigvee_0^{\pi} (\varphi_x) - \frac{n}{\pi} \bigvee_0^{\pi/n} (\varphi_x) + \int_{\pi/n}^{\pi} \frac{\bigvee_0^t (\varphi_x)}{t^2} \mathrm{d}t$$

$$\int_{\pi/n}^{\pi} \frac{\bigvee_0^t (\varphi_x)}{t^2} \mathrm{d}t$$

$$= \frac{1}{\pi} \int_1^n \bigvee_0^{\pi/t} (\varphi_x) \mathrm{d}t$$

$$= \frac{1}{\pi} \left[\int_1^2 \bigvee_0^{\pi/t} (\varphi_x) \mathrm{d}t + \int_2^3 \bigvee_0^{\pi/t} (\varphi_x) \mathrm{d}t + \cdots + \int_{n-1}^n \bigvee_0^{\pi/t} (\varphi_x) \mathrm{d}t \right]$$

250

$$\leqslant \frac{1}{\pi}\Big[\bigvee_{0}^{\pi}(\varphi_x) + \bigvee_{0}^{\pi/2}(\varphi_x) + \cdots + \bigvee_{0}^{\pi/n-1}(\varphi_x)\Big]$$

$$\leqslant \frac{1}{\pi}\sum_{k=1}^{n}\bigvee_{0}^{\pi/k}(\varphi_x)$$

从而

$$B_n$$

$$\leqslant \frac{1}{n+1}\Big[\frac{1}{\pi}\bigvee_{0}^{\pi}(\varphi_x) - \frac{n}{\pi}\bigvee_{0}^{\pi/n}(\varphi_x) + \frac{1}{\pi}\sum_{k=1}^{n}\bigvee_{0}^{\pi/k}(\varphi_x)\Big]$$

$$\leqslant \frac{1}{n\pi}\Big[\bigvee_{0}^{\pi}(\varphi_x) - \frac{1}{\pi}\bigvee_{0}^{\pi/n}(\varphi_x) + \frac{1}{n\pi}\sum_{k=1}^{n}\bigvee_{0}^{\pi/k}(\varphi_x)\Big]$$

$$B_n(f)(x)$$

$$= A_n + B_n$$

$$\leqslant \Big(\frac{1}{2}+\frac{1}{\pi}\Big)\bigvee_{0}^{\pi/n}(\varphi_x) + \frac{1}{n\pi}\bigvee_{0}^{\pi}(\varphi_x) -$$

$$\frac{1}{\pi}\bigvee_{0}^{\pi/n}(\varphi_x) + \frac{1}{n\pi}\sum_{k=1}^{n}\bigvee_{0}^{\pi/k}(\varphi_x)$$

$$= \frac{1}{2}\bigvee_{0}^{\pi/n}(\varphi_x) + \frac{1}{n\pi}\bigvee_{0}^{\pi}(\varphi_x) + \frac{1}{n\pi}\sum_{k=1}^{n}\bigvee_{0}^{\pi/k}(\varphi_x)$$

$$\leqslant \frac{1}{2n}\sum_{k=1}^{n}\bigvee_{0}^{\pi/k}(\varphi_x) + \frac{1}{n\pi}\sum_{k=1}^{n}\bigvee_{0}^{\pi/k}(\varphi_x) + \frac{1}{n\pi}\sum_{k=1}^{n}\bigvee_{0}^{\pi/k}(\varphi_x)$$

$$= \frac{\pi+4}{2\pi n}\sum_{k=1}^{n}\bigvee_{0}^{\pi/k}(\varphi_x)$$

参考文献

[1]BOSANQUET L S. Note on the absolute summability (C) of a Fourier series[J]. J. London Math. Soc., 1936,22(2):11-15.

[2]NATALIA HUMPHREYS. Rate of Convergence for

the Absolutely （C） Summable Fourier Series of Functions of Bounded Variation ［J］. Journal of Approximation Theory, 1999, 101（1）:212-220.

［3］YGMUND A Z. Trigonometric Series（Vol I）［M］. Cambridge:Cambridge Univ. Press, 1959:74-124.

［4］江泽坚,吴智泉. 实变函数论［M］. 2 版. 北京:高等教育出版社,1994:261-300.

［5］王昆扬. 简明数学分析［M］. 北京:高等教育出版社,2001:248-257.

具有分段有界变差系数的三角级数[①]

1. 引言

我们对具有如下形式的三角级数

$$f(x) := \sum_{m=1}^{\infty} a_m \cos mx \qquad (1)$$

和

$$g(x) := \sum_{m=1}^{\infty} a_m \sin mx \qquad (2)$$

感兴趣. 通过假设系数数列的单调性和非负性, 已经获得了许多三角级数(1)与(2)的收敛性和可积性的经典结果(如文献[1,2]). 总而言之, 对于建立这些定理, 系数的单调性和非负性极其重要. 最近, 一些研究者研究了系数不一定要求非负情形时的级数(1)与(2)的收敛问题. Telyakovskii 考虑了具有罕变(seldom change 或 rarely change)系数的级数的收敛问题.

---

① 引自 2008 年第 51 卷第 4 期的《数学学报(中文版)》, 原作者为周颂平、虞旦盛、周平.

第

26

章

B – 数列与有界变差

Zhou 最先使用了有界变差的概念来研究分段系数数列(不必罕变)从而拓广了文献[4]的结果,我们在文献[5]中给出了更多的应用. 本章进一步研究具有不必同号的系数的级数(1)及(2)的收敛性和可积性问题. 首先,延续 Zhou 的思想方法,正式定义一类新的系数数列并命名为分段有界变差数列(PBVS).

定义 1 设 $\{n_k\}$ 是一个满足 Hadamard 条件以及 $n_1 = 1$ 的缺项级数,即存在一个正常数 δ,使得

$$\frac{n_{k+1}}{n_k} \geqslant \delta > 1 \quad (k = 1, 2, \cdots) \tag{3}$$

一个数列 $\lambda = \{\lambda_n\}$ 被称为是 PBVS,以记号 $\lambda \in \text{PBVS}$ 表示,如果它满足 $n_0 = 0$ 并且对于 $n_{m-1} < n \leqslant n_m, m = 1, 2, \cdots$ 满足下列条件①或②之一:

①存在一个仅依赖于 λ 的正常数 $C(\lambda)$,使得

$$\sum_{k = n_{m-1}+1}^{n-1} |\Delta\lambda_k| \leqslant C(\lambda) |\lambda_n| \quad (n_{m-1} + 1 < n \leqslant n_m) \tag{4}$$

进一步,对于 $n_{m-1} < n \leqslant n_m, \lambda_n$ 保持符号并且有 $\delta_0, 1 < \delta_0 < \delta$,使得

$$|\lambda_{n_m}| \leqslant C(\lambda) |\lambda_{[n_m/\delta_0]-1}|$$

②存在一个仅依赖于 λ 的正常数 $C(\lambda)$,使得

$$\sum_{k=n}^{n_m-1} |\Delta\lambda_k| \leqslant C(\lambda) |\lambda_n| \quad (n_{m-1} + 1 \leqslant n < n_m) \tag{5}$$

进一步,对于 $n_{m-1} < n \leqslant n_m, \lambda_n$ 保持符号并且有 $\delta_0, 1 < \delta_0 < \delta$,使得

$$|\lambda_{n_{m-1}+1}| \leqslant C(\lambda)|\lambda_{[\delta_0 n_{m-1}]+1}|$$

显然,任何在 $[n_{k-1}+1, n_k]$ 上保号且其绝对值为非负递增(递减)的数列必定满足条件①(条件②). 特别的,任何满足

$$a_m = a_{n_k} \quad (n_{k-1} < m \leqslant n_k) \tag{6}$$

的数列(即为 Telyakovskii 引进的"孛变数列")当然同时满足条件①和条件②.

为方便起见,以 $\phi(x)$ 代表 $f(x)$ 或 $g(x)$ 之一,记 λ_n 为其相关的傅里叶系数,即 λ_n 为 a_n 或 b_n 之一. 贯穿全文,C 总是表示一个与 n 及 x 无关的正常数,但其值在不同的场合不必相同.

本章将证明,如果将系数数列的单调性条件推广为分段有界变差条件,若干傅里叶分析中的重要经典结果仍然保持成立.

2. PBVS 的性质

这里给出 PBVS 的一些重要性质,它们对以后建立三角级数的收敛性和可积性定理至关紧要.

命题 1　设 $\{\lambda_n\} \in \mathrm{PBVS}$. 若对于某个固定非负整数 s 及 $n_s+1 \leqslant n \leqslant n_{s+1}$,$\lambda_n$ 满足条件①,则有

$$|\lambda_{n_{s+1}}| \leqslant C \sum_{i=[n_{s+1}/\delta_0]-1}^{n_{s+1}} \frac{|\lambda_i|}{i} \tag{7}$$

以及

$$|\lambda_n| \leqslant C|\lambda_{n_{s+1}}| \tag{8}$$

特别

$$|\lambda_{n_{s+1}}| \leqslant C|\lambda_{n_{s+1}}| \tag{9}$$

若对于某个固定非负整数 s 及 $n_s+1 \leqslant n \leqslant n_{s+1}$,$\lambda_n$ 满

足条件②,则有

$$|\lambda_{n_{s+1}}| \leqslant C \sum_{i=n_s+1}^{[\delta_0 n_s]+1} \frac{|\lambda_i|}{i} \tag{10}$$

以及

$$|\lambda_n| \leqslant C|\lambda_{n_{s+1}}| \tag{11}$$

特别

$$|\lambda_{n_{s+1}}| \leqslant C|\lambda_{n_{s+1}}| \tag{12}$$

证明 如果对于某个固定非负整数 s 及 $n_s+1 \leqslant n \leqslant n_{s+1}$,$\lambda_n$ 满足条件①,则对 $i = [n_{s+1}/\delta_0]$,$[n_{s+1}/\delta_0]+1,\cdots,n_{s+1}$,有

$$\begin{aligned}
|\lambda_{n_{s+1}}| &\leqslant C|\lambda_{[n_{s+1}/\delta_0]-1}| \\
&\leqslant C\Big(\sum_{\mu=[n_{s+1}/\delta_0]-1}^{i-1} |\Delta\lambda_\mu| + |\lambda_i|\Big) \\
&\leqslant C|\lambda_i|
\end{aligned}$$

即有式(7). 由式(4),我们对于 $n_s+1 \leqslant n \leqslant n_{s+1}-1$,得到

$$\begin{aligned}
|\lambda_n| &\leqslant \sum_{k=n}^{n_{s+1}-1} |\Delta\lambda_k| + |\lambda_{n_{s+1}}| \\
&\leqslant C|\lambda_{n_{s+1}}|
\end{aligned}$$

即有式(8)成立.

如果对于某个固定非负整数 s 及 $n_s+1 \leqslant n_{s+1}$,λ_n 满足条件②,则式(10)可由下面的不等式(参见式(5))推出:对于 $n_s+1 \leqslant i \leqslant [\delta_0 n_s]+1$

$$\begin{aligned}
|\lambda_{n_{s+1}}| &\leqslant C|\lambda_{[\delta_0 n_s]+1}| \\
&\leqslant C\Big(\sum_{k=i}^{[\delta_0 n_s]+1} |\Delta\lambda_k| + |\lambda_i|\Big)
\end{aligned}$$

$$\leqslant C\,|\,\lambda_i\,|$$

这样式（11）可以从式（5）以以下方式直接推出

$$|\,\lambda_n\,| \leqslant \sum_{k=n_s+1}^{n-1} |\,\Delta\lambda_k\,| + |\,\lambda_{n_s+1}\,|$$

$$\leqslant C\,|\,\lambda_{n_s+1}\,|$$

命题 2 若 $\{\lambda_n\} \in$ PBVS，则对所有 $j \geqslant 1$

$$\sum_{k=j}^{\infty} |\,\Delta\lambda_k\,| \leqslant C\Big(\,|\,\lambda_j\,| + \sum_{k=j}^{\infty} \frac{|\,\lambda_k\,|}{k}\,\Big)$$

证明 设 $\{\lambda_n\} \in$ PBVS，由式（7）（9）（10）及（12），我们见到

$$\sum_{i=n_s+1}^{n_{s+1}-1} |\,\Delta\lambda_i\,| + |\,\Delta\lambda_{n_s}\,|$$

$$\leqslant C\,(\,|\,\lambda_{n_{s+1}}\,| + |\,\lambda_{n_s}\,| + |\,\lambda_{n_s+1}\,|\,)$$

$$\leqslant C \sum_{i=[n_{s+1}/\delta_0]-1}^{n_{s+1}} \frac{|\,\lambda_i\,|}{i} + C \sum_{i=[n_s/\delta_0]-1}^{n_s} \frac{|\,\lambda_i\,|}{i} + C \sum_{i=n_s+1}^{[\delta_0 n_s]+1} \frac{|\,\lambda_i\,|}{i} +$$

$$C \sum_{i=n_{s-1}+1}^{[\delta_0 n_{s-1}]+1} \frac{|\,\lambda_i\,|}{i}$$

$$\leqslant C \sum_{i=n_{s-1}+1}^{n_{s+1}} \frac{|\,\lambda_i\,|}{i} \tag{13}$$

现在假设 $n_{\mu-1} < j \leqslant n_\mu, \mu = 1, 2, \cdots$，我们需要以下的不等式

$$\sum_{k=j}^{n_\mu-1} |\,\Delta\lambda_k\,| \leqslant C\Big(\,|\,\lambda_j\,| + \sum_{k=j}^{\infty} \frac{|\,\lambda_k\,|}{k}\,\Big) \quad (n_{\mu-1} < j < n_\mu) \tag{14}$$

以及

$$\sum_{k=n_\mu+1}^{n_{\mu+1}-1} |\Delta\lambda_k| + |\Delta\lambda_{n_\mu}|$$

$$\leqslant \sum_{k=n_\mu+1}^{n_{\mu+1}-1} |\Delta\lambda_k| + |\lambda_{n_\mu}| + |\lambda_{n_\mu+1}| \qquad (15)$$

$$\leqslant C\left(|\lambda_j| + \sum_{k=j}^{\infty} \frac{|\lambda_k|}{k} \right)$$

$$(n_{\mu-1} < j \leqslant n_\mu)$$

考虑以下两种不同的情形,我们来证明式(14).

情形1 λ_n 对于 $n_{\mu-1}+1 \leqslant n \leqslant n_\mu$ 满足条件①. 在这种情形下,由式(4)及(7),对于

$$n_{\mu-1} < j \leqslant [n_\mu/\delta_0] - 1$$

我们获得

$$\sum_{k=j}^{n_\mu-1} |\Delta\lambda_k| \leqslant C|\lambda_{n_\mu}|$$

$$\leqslant C \sum_{k=[n_\mu/\delta_0]-1}^{n_\mu} \frac{|\lambda_k|}{k}$$

$$\leqslant C \sum_{k=j}^{\infty} \frac{|\lambda_k|}{k}$$

以及对于

$$[n_\mu/\delta_0] \leqslant j < n_\mu$$

有

$$\sum_{k=j}^{n_\mu-1} |\Delta\lambda_k| \leqslant C|\lambda_{n_\mu}|$$

$$\leqslant C|\lambda_{[n_\mu/\delta_0]-1}|$$

$$\leqslant C \sum_{k=[n_\mu/\delta_0]-1}^{j-1} |\Delta\lambda_k| + |\lambda_j|$$

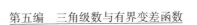

$$\leqslant C|\lambda_j|$$

因此,我们就证明了式(14).

情形 2　对于 $n_{\mu-1}+1\leqslant n\leqslant n_\mu$,$\lambda_n$ 满足条件②. 由于式(5)(14)成立.

我们还需要证明式(15). 考虑以下不同的情形.

情形 I　对于 $n_{\mu-1}+1\leqslant n\leqslant n_\mu$ 及 $n_\mu+1\leqslant n\leqslant n_{\mu+1}$,$\lambda_n$ 满足条件①. 从情形 1 式(14)的讨论中可以看到

$$|\lambda_{n_\mu}|\leqslant C\Big(|\lambda_j|+\sum_{k=j}^{\infty}\frac{|\lambda_k|}{k}\Big)$$

$$(n_{\mu-1}+1\leqslant j\leqslant n_\mu) \tag{16}$$

因而,由式(7)和(9),可以推导出

$$\sum_{k=n_\mu+1}^{n_{\mu+1}-1}|\Delta\lambda_k|+|\Delta\lambda_{n_\mu}|$$

$$\leqslant C(|\lambda_{n_{\mu+1}}|+|\lambda_{n_\mu}|+|\lambda_{n_\mu}+1|)$$

$$\leqslant C(|\lambda_{n_{\mu+1}}|+|\lambda_{n_\mu}|)$$

$$\leqslant C\Big(\sum_{k=[n_{\mu+1}/\delta_0]-1}^{n_\mu+1}\frac{|\lambda_k|}{k}+|\lambda_{n_\mu}|\Big)$$

$$\leqslant C\Big(|\lambda_j|+\sum_{k=j}^{\infty}\frac{|\lambda_k|}{k}\Big)$$

$$(n_{\mu-1}+1\leqslant j\leqslant n_\mu)$$

情形 II　对于 $n_{\mu-1}+1\leqslant n\leqslant n_\mu$ 和 $n_\mu+1\leqslant n\leqslant n_{\mu+1}$,$\lambda_n$ 分别满足条件①和条件②. 这种情形下,从式(10)和(16),对于 $n_{\mu-1}+1\leqslant j\leqslant n_\mu$,我们推出

$$\sum_{k=n_\mu+1}^{n_{\mu+1}-1} |\Delta\lambda_k| + |\Delta\lambda_{n_\mu}|$$

$$\leqslant C(|\lambda_{n_{\mu+1}}| + |\lambda_{n_\mu}|)$$

$$\leqslant C\Big(\sum_{k=n_\mu+1}^{[\delta_0 n_\mu]+1} \frac{|\lambda_k|}{k} + |\lambda_{n_\mu}| \Big)$$

$$\leqslant C\Big(|\lambda_j| + \sum_{k=j}^{\infty} \frac{|\lambda_k|}{k} \Big)$$

情形Ⅲ 对于 $n_{\mu-1} + 1 \leqslant n \leqslant n_\mu$ 和 $n_\mu + 1 \leqslant n \leqslant n_{\mu+1}$，$\lambda_n$ 分别满足条件②和条件①. 很清楚,对于 $n_{\mu-1} + 1 \leqslant j < n_\mu$,有

$$|\lambda_{n_\mu}| \leqslant \sum_{k=j}^{n_\mu-1} |\Delta\lambda_k| + |\lambda_j|$$

$$\leqslant C|\lambda_j| \qquad\qquad (17)$$

于是,与情形 Ⅰ 类似地讨论,我们可以得到这个情形下的式(15).

情形Ⅳ 对于 $n_{\mu-1} + 1 \leqslant n \leqslant n_\mu$ 和 $n_\mu + 1 \leqslant n \leqslant n_{\mu+1}$,$\lambda_n$ 满足条件②. 可由式(17)以及情形 Ⅱ 类似的讨论得到式(15).

联合情形 Ⅰ —Ⅳ 即得式(15).

现在应用式(13)—(15),对于 $n_{\mu-1} + 1 \leqslant j \leqslant n_\mu$,我

们计算 $\Big($ 若 $j = n_\mu$,置 $\sum_{k=j}^{n_\mu-1} |\Delta\lambda_k| = 0 \Big)$

$$\sum_{k=j}^{\infty} |\Delta\lambda_k|$$

$$\leqslant \sum_{k=j}^{n_\mu-1} |\Delta\lambda_k| + \sum_{s=\mu}^{\infty} \Big(\sum_{i=n_s+1}^{n_{s+1}-1} |\Delta\lambda_i| + |\Delta\lambda_{n_s}| \Big)$$

$$\leqslant C\left(|\lambda_j| + \sum_{k=j}^{\infty} \frac{|\lambda_k|}{k} + \sum_{s=\mu+1}^{\infty}\left(\sum_{i=n_s+1}^{n_{s+1}-1} |\Delta\lambda_i| + |\Delta\lambda_{n_s}|\right)\right)$$

$$\leqslant C\left(|\lambda_j| + \sum_{k=j}^{\infty} \frac{|\lambda_k|}{k} + \sum_{s=\mu+1}^{\infty}\sum_{i=n_{s-1}+1}^{n_{s+1}} \frac{|\lambda_i|}{i}\right)$$

$$\leqslant C\left(|\lambda_j| + \sum_{k=j}^{\infty} \frac{|\lambda_k|}{k}\right)$$

3. 点态收敛

以下的引理将被应用于点态收敛定理和一致收敛定理的证明中.

引理 1　设 $\{\lambda_n\} \in \mathrm{PBVS}$,则对任何 $x \in (0,\pi)$ 成立

$$|g(x) - S_n(g,x)| \leqslant$$

$$C\begin{cases} \dfrac{1}{x}\left(|\lambda_n| + \displaystyle\sum_{k=n+1}^{\infty} \frac{|\lambda_k|}{k}\right), \text{若} \dfrac{1}{x} \leqslant n \\ \dfrac{1}{x}\left(x^2 \displaystyle\sum_{k=n}^{[1/x]-1} k|\lambda_k| + |\lambda_{[1/x]}| + \displaystyle\sum_{k=[1/x]+1}^{\infty} \frac{|\lambda_k|}{k}\right), \text{若} \dfrac{1}{x} > n \end{cases}$$

$$(18)$$

及

$$|f(x) - S_n(f,x)| \leqslant$$

$$C\begin{cases} \dfrac{1}{x}\left(|\lambda_n| + \displaystyle\sum_{k=n+1}^{\infty} \frac{|\lambda_k|}{k}\right), \text{若} \dfrac{1}{x} \leqslant n \\ \dfrac{1}{x}\left(x \displaystyle\sum_{k=n}^{[1/x]-1} |\lambda_k| + |\lambda_{[1/x]}| + \displaystyle\sum_{k=[1/x]+1}^{\infty} \frac{|\lambda_k|}{k}\right), \text{若} \dfrac{1}{x} > n \end{cases}$$

$$(19)$$

证明　我们在此只须证明式(18)(19)的证法是类似的.

设 $n_j < n \leqslant n_{j+1}, j=0,1,2,\cdots,$ 若 $x \geqslant \dfrac{1}{n},$ 则有

$$\left| g(x) - S_n(g,x) \right|$$

$$\leqslant \left| \sum_{k=n}^{n_{j+1}} \lambda_k \sin kx \right| + \sum_{s=j+1}^{\infty} \left| \sum_{k=n_s+1}^{n_{s+1}} \lambda_k \sin kx \right|$$

$$=: I_1 + I_2 \tag{20}$$

从式（16）知道，如果对于 $n_j < n \leqslant n_{j+1}, \{\lambda_n\}$ 满足条件①

$$\left| \lambda_{n_{j+1}} \right| \leqslant C\left(\left| \lambda_n \right| + \sum_{k=n}^{\infty} \frac{|\lambda_k|}{k} \right) \tag{21}$$

同时从式（17）看出，对于 $n_j < n \leqslant n_{j+1},$ 当 $\{\lambda_n\}$ 满足条件②时，式（21）同样成立. 由阿贝尔变换，联合式（21）式，命题 2 以及周知的不等式

$$\left| D_k(x) \right| := \left| \sum_{j=1}^{k} \sin jx \right| \leqslant \frac{C}{x} \quad (k=1,2,\cdots)$$

即可得到

$$I_1 \leqslant \left| \lambda_n D_{n-1}(x) \right| + \left| \lambda_{n_{j+1}} D_{n_{j+1}}(x) \right| + \sum_{k=n}^{n_{j+1}-1} \left| \Delta\lambda_k \right| \left| D_k(x) \right|$$

$$\leqslant \frac{C}{x}\left(\left| \lambda_n \right| + \left| \lambda_{n_{j+1}} \right| + \sum_{k=n}^{n_{j+1}-1} \left| \Delta\lambda_k \right| \right)$$

$$\leqslant \frac{C}{x}\left(\left| \lambda_n \right| + \sum_{k=n}^{\infty} \frac{|\lambda_k|}{k} \right) \tag{22}$$

因为

$$\frac{n_{s+1}}{\delta_0} \geqslant \frac{\delta}{\delta_0} n_s > n_s, \delta_0 n_s \leqslant \frac{\delta_0}{\delta} n_{s+1} < n_{s+1}$$

引用命题 1

$$\sum_{s=j+1}^{\infty} \left(\left| \lambda_{n_s+1} \right| + \left| \lambda_{n_{s+1}} \right| \right)$$

$$\leqslant C \sum_{s=j+1}^{\infty} \left(\sum_{i=\left[n_{s+1}/\delta_0 \right]-1}^{n_{s+1}} \frac{|\lambda_i|}{i} + \sum_{i=n_s+1}^{\left[\delta_0 n_s \right]+1} \frac{|\lambda_i|}{i} \right)$$

$$\leqslant C \sum_{k=n_{j+1}}^{\infty} \frac{|\lambda_k|}{k}$$

$$\leqslant C \sum_{k=n}^{\infty} \frac{|\lambda_k|}{k}$$

这样联系式(15)和(13)

$$\sum_{s=j+1}^{\infty} \sum_{k=n_s+1}^{n_{s+1}-1} |\Delta\lambda_k|$$

$$\leqslant C \left(|\lambda_n| + \sum_{k=n}^{\infty} \frac{|\lambda_k|}{k} \right) + C \left(\sum_{s=j+2}^{\infty} \sum_{k=n_{s-1}+1}^{n_{s+1}} \frac{|\lambda_k|}{k} \right)$$

于是

$$I_2 \leqslant \frac{C}{x} \sum_{s=j+1}^{\infty} \left(|\lambda_{n_{s+1}}| + |\lambda_{n_{s+1}}| + \sum_{k=n_s+1}^{n_{s+1}-1} |\Delta\lambda_k| \right)$$

$$\leqslant \frac{C}{x} \left(|\lambda_n| + \sum_{k=n}^{\infty} \frac{|\lambda_k|}{k} + \sum_{s=j+2}^{\infty} \sum_{k=n_{s-1}+1}^{n_{s+1}} \frac{|\lambda_k|}{k} \right)$$

$$\leqslant \frac{C}{x} \left(|\lambda_n| + \sum_{k=n}^{\infty} \frac{|\lambda_k|}{k} \right) \tag{23}$$

综合式(20)(22)和(23),对于 $x \geqslant \dfrac{1}{n}$ 的情形,我们已经证明了式(18).

对于 $x < \dfrac{1}{n}$ 的情形,有 $\left[\dfrac{1}{x} \right] \geqslant n$. 同样的论证可以推导出

$$|g(x) - S_n(g,x)|$$

$$\leqslant \left| \sum_{k=n}^{\left[1/x \right]-1} \lambda_k \sin kx \right| + |g(x) - S_{\left[1/x \right]}(g,x)|$$

$$\leqslant C \frac{1}{x} \left(x^2 \sum_{k=n}^{[1/x]-1} k |\lambda_k| + |\lambda_{[1/x]}| + \sum_{k=[1/x]}^{\infty} \frac{|\lambda_k|}{k} \right)$$

这已经完成了在 $x < \frac{1}{n}$ 的情形下式(18)的证明,因此式(18)成立.

定理 1 设 $\{\lambda_n\} \in$ PBVS,并且

$$\sum_{n=1}^{\infty} \frac{|\lambda_n|}{n} < \infty$$

则对于除去 $x = 2k\pi, k \in \mathbf{Z}$ 外的所有 x,级数(1)收敛;对于所有 x,级数(2)收敛;对于任意给定的 $0 < \varepsilon < \pi$,这两个级数都在区间 $[\varepsilon, 2\pi - \varepsilon]$ 上一致收敛.

证明 对于给定的 $x \neq 0$,对充分大的 $n, 1/x < n$ 成立. 所以,应用引理 1 中式(19)和(18)的第一部分结论即可证明定理 1.

4. 一致收敛

定理 2 设 $\{\lambda_k\} \in$ PBVS,则有:

①级数(2)一致收敛的充分必要条件是

$$\lim_{n \to \infty} n\lambda_n = 0$$

②级数(2)一致有界的充分必要条件是

$$n\lambda_n \leqslant C$$

证明 我们仅证明①②的证明是类似的.

(充分性)写

$$\varepsilon_n := \max_{v \geqslant n} \{v |\lambda_v|\}$$

于是 $\lim_{n \to \infty} \varepsilon_n = 0$. 由式(18),对于 $\frac{1}{x} \leqslant n$,我们有

$$\|g - S_n(g)\| \leqslant C \left(\varepsilon_n + n\varepsilon_n \sum_{k=n+1}^{\infty} \frac{1}{k^2} \right) \leqslant C\varepsilon_n$$

而对于 $\dfrac{1}{x} > n$

$$\| g - S_n(g) \|$$

$$\leqslant C \Big(x \sum_{k=n}^{[1/x]-1} k |\lambda_k| + \frac{1}{x} |\lambda_{[1/x]}| + \frac{1}{x} \sum_{k=[1/x]+1}^{\infty} \frac{|\lambda_k|}{k} \Big)$$

$$\leqslant C\varepsilon_n \Big(1 + \frac{1}{x} \sum_{k=[1/x]+1}^{\infty} \frac{1}{k^2} \Big)$$

$$\leqslant C\varepsilon_n$$

因此而完成了充分性的证明.

（必要性）设 $n_j < n \leqslant n_{j+1}, j = 0, 1, \cdots$，并假设对于 $n_j < n \leqslant n_{j+1}, \lambda_n$ 满足条件①. 若 $n_j < n \leqslant [n_{j+1}/\delta_0]$，则对 $x_0 = \dfrac{\pi}{2n\delta_0}$，有

$$\| S_n(g) - S_{[n\delta_0]}(g) \| \geqslant | S_n(g, x_0) - S_{[n\delta_0]}(g, x_0) |$$

$$= \Big| \sum_{k=n+1}^{[n\delta_0]} \lambda_k \sin kx_0 \Big|$$

$$\geqslant C \Big| \sum_{k=n+1}^{[n\delta_0]} \lambda_k \Big|$$

$$= C \sum_{k=n+1}^{[n\delta_0]} |\lambda_k| \qquad (24)$$

从条件①对于

$$n_j < n < i \leqslant [n\delta_0] \leqslant n_{j+1}$$

即可推得

$$|\lambda_n| \leqslant \sum_{s=n}^{i-1} |\Delta\lambda_s| + |\lambda_i| \leqslant C |\lambda_i|$$

联合式(24)，从此得到

$$n |\lambda_n| \leqslant C([n\delta_0] - n) |\lambda_n|$$

B - 数列与有界变差

$$\leq C \sum_{k=n+1}^{[n\delta_0]} |\lambda_k|$$
$$\leq C \|S_{[n\delta_0]}(g) - S_n(g)\| \to 0 \quad (n \to \infty)$$

$$(25)$$

特别

$$([n_{j+1}/\delta_0] - 1) |\lambda_{[n_{j+1}/\delta_0]-1}| \to 0 \quad (n \to \infty) \quad (26)$$

若$[n_{j+1}/\delta_0] < n \leq n_{j+1}$,再次由条件①,则可获得(注意式(26))

$$n|\lambda_n| \leq n \left(\sum_{k=n}^{n_{j+1}-1} |\Delta\lambda_k| + |\lambda_{n_{j+1}}| \right)$$
$$\leq Cn|\lambda_{n_{j+1}}|$$
$$\leq C([n_{j+1}/\delta_0] - 1) |\lambda_{[n_{j+1}/\delta_0]-1}| \to 0 \quad (n \to \infty)$$

$$(27)$$

现在,对于$n_j < n \leq n_{j+1}$,假设λ_n满足条件②. 若$[\delta_0 n_j] + 1 \leq n \leq n_{j+1}$(此意味着$[n/\delta_0] + 1 > n_j$),则对于$y_0 = \dfrac{\pi}{2n}$,有

$$\|S_n(g) - S_{[n/\delta_0]}(g)\| \geq |S_n(g, y_0) - S_{[n/\delta_0]}(g, y_0)|$$
$$\geq \left| \sum_{k=[n/\delta_0]+1}^{n} \lambda_k \sin ky_0 \right|$$
$$\geq C \left| \sum_{k=[n/\delta_0]+1}^{n} \lambda_k \right|$$
$$= C \sum_{k=[n/\delta_0]+1}^{n} |\lambda_k|$$

另一方面,对于$[n/\delta_0] + 1 \leq j < n \leq n_{j+1}$,从条件②看出

$$|\lambda_n| \leq \sum_{s=j}^{n-1} |\Delta\lambda_s| + |\lambda_j| \leq C|\lambda_j|$$

266

于是

$$n|\lambda_n| \leqslant C(n-[n/\delta_0])|\lambda_n|$$

$$\leqslant C\sum_{k=[n/\delta_0]+1}^{n}|\lambda_k|$$

$$\leqslant C\|S_{[n/\delta_0]}(g)-S_n(g)\| \to 0 \quad (n\to\infty) \quad (28)$$

特别

$$([\delta_0 n_j]+1)|\lambda_{[\delta_0 n_j]+1}| \to 0 \quad (n\to\infty)$$

结合条件②,对于 $n_j < n < [\delta_0 n_j]+1$,就有

$$n|\lambda_n| \leqslant n\Big(\sum_{k=n_j+1}^{n-1}|\Delta\lambda_k|+|\lambda_{n_j+1}|\Big)$$

$$\leqslant Cn|\lambda_{n_j+1}|$$

$$\leqslant C([\delta_0 n_j]+1)|\lambda_{[\delta_0 n_j]+1}| \to 0 \quad (n\to\infty)$$

$$(29)$$

综合式(25)和式(27)—(29),我们已经完成了必要性的证明.

类似的,应用式(19),我们能够证明以下的结果:

定理3　若 $\{\lambda_k\} \in$ PBVS,则:

①级数(1)一致收敛的充分必要条件是 $\sum_{k=0}^{\infty}\lambda_k$ 收敛并且 $\lim_{n\to\infty}n\lambda_n=0$.

②级数(1)一致有界的充分必要条件是其部分和 $\sum_{k=0}^{\infty}\lambda_k$ 有界并且对所有 $n,n\lambda_n \leqslant C$.

系数满足条件(6)之定理2和定理3的结果出现在文献[4],系数满足条件②之相应结果出现在文献[6].

在现在的结果中, $f(x)$ 的傅里叶系数可能具有不同的符号. 显然, 在 (n_k, n_{k+1}) 与 (n_{k+1}, n_{k+2}), $k = 1, 2, \cdots$, 之间不可能要求有必然的联系, 因而, PBVS 定义中的条件①要求存在一个 $\delta_0, 1 < \delta_0 < \delta$, 使得

$$|\lambda_{n_m}| \leqslant C(\lambda)|\lambda_{[n_m/\delta_0]-1}|$$

(条件②要求存在一个 $\delta_0, 1 < \delta_0 < \delta$, 使得 $|\lambda_{n_{m-1}+1}| \leqslant C(\lambda)|\lambda_{[\delta_0 n_{m-1}]+1}|$) 在一般意义下无法再减弱, 这可以从 Zhou 在文献[6]中给出的以下例子看出: 置 $n_j = 2^j$, $j = 0, 1, \cdots; a_0 = 1$

$$a_{n_j+1} := (-1)^j j^{-2}$$
$$a_k = (-1)^j 3^{-j-1}$$
$$n_j + 1 < k \leqslant n_{j+1}$$
$$(j = 1, 2, \cdots)$$

这样, 除了存在一个 $\delta_0, 1 < \delta_0 < \delta$, 使得

$$|\lambda_{n_{m-1}+1}| \leqslant C(\lambda)|\lambda_{[\delta_0 n_{m-1}]+1}|$$

这一点外, $\{a_n\}$ 满足条件②的其他所有要求. 定义一个三角级数 $\sum_{k=1}^{\infty} a_k \sin kx$, 我们可以立即看出此级数一致收敛但 $\lim_{m \to \infty} 2^m a_{2^m+1} \neq 0$. 最后, Yu, Le 和 Zhou 在条件①和条件②下分别对 L^1 - 收敛获得了充分必要条件, 同时同样证明了在①和②中的相应条件不能进一步减弱.

5. L^1 - 可积性

定理 4 设 $\{\lambda_k\} \in$ PBVS, $\phi(x)$ 代表 $f(x)$ 或 $g(x)$ 之一. 于是对任何给定的 $0 < \gamma < 1$, $x^{-\gamma}\phi(x) \in L^1(0, \pi)$ 的充分必要条件是

$$\sum_{k=1}^{\infty} k^{\gamma-1} |\lambda_k| < \infty \qquad (30)$$

我们需要下面重要的引理,它本身是文献[1]中引理 2.13 和引理 2.14 的一个有趣推广.

引理 2 设 $\{n_j\}$ 是一个满足 Hadamard 条件的数列,$0 < \gamma < 1, x \in (0,\pi)$,则成立

$$\sum_{j=0}^{\infty} \left| \sum_{k=n_j+1}^{n_{j+1}} k^{\gamma-1} \sin kx \right| = O(x^{-\gamma}) \qquad (31)$$

以及

$$\sum_{j=0}^{\infty} \left| \sum_{k=n_j+1}^{n_{j+1}} k^{\gamma-1} \cos kx \right| = O(x^{-\gamma}) \qquad (32)$$

证明 我们仅证明式(31)(32)可以类似地处理 因为 $\{n_k\}$ 满足 Hadamard 条件(3),在指标 n_{j-1} 和 n_j ($j = 1,2,\cdots$)之间插入下列新的指标项

$$\sqrt{\delta}\, n_{j-1}, (\sqrt{\delta})^2 n_{j-1}, (\sqrt{\delta})^3 n_{j-1}, \cdots, (\sqrt{\delta})^{N_j-1} n_{j-1} \qquad (33)$$

其中

$$N_j := \left[\log_{\sqrt{\delta}} n_j - \log_{\sqrt{\delta}} n_{j-1} \right]$$

以此方式我们就得到了一个新的数列 $\{n_k^*\}$,其通项由 $\{n_k\}$ 和新插入的指标项(33)以递增的方式构成. 容易看出

$$1 < \sqrt{\delta} < \frac{n_{k+1}^*}{n_k^*} < \delta \quad (k = 1,2,\cdots)$$

以及

$$\sum_{j=0}^{\infty} \left| \sum_{k=n_j+1}^{n_{j+1}} k^{\gamma-1} \sin kx \right| \leqslant \sum_{j=0}^{\infty} \left| \sum_{k=n_j^*+1}^{n_{j+1}^*} k^{\gamma-1} \sin kx \right|$$

如此，我们只须证明

$$\sum_{j=0}^{\infty} \left| \sum_{k=n_j^*+1}^{n_{j+1}^*} k^{\gamma-1} \sin kx \right| = O(x^{-\gamma}) \qquad (34)$$

注意到

$$\int_{k-1/2}^{k+1/2} \sin xt\,dt = \frac{2\sin \dfrac{1}{2}x}{x}\sin kx$$

以及

$$\frac{x}{2\sin \dfrac{1}{2}x} \left| \sum_{k=n_j^*+1}^{n_{j+1}^*} k^{\gamma-1} \int_{k-1/2}^{k+1/2} \sin xt\,dt - \int_{n_j^*+1/2}^{n_{j+1}^*+1/2} t^{\gamma-1}\sin xt\,dt \right|$$

$$= \frac{x}{2\sin \dfrac{1}{2}x} \left| \sum_{k=n_j^*+1}^{n_{j+1}^*} \int_{k-1/2}^{k+1/2} (k^{\gamma-1} - t^{\gamma-1})\sin xt\,dt \right|$$

$$= O\left(\frac{x}{2\sin \dfrac{1}{2}x} \sum_{k=n_j^*+1}^{n_{j+1}^*} \int_{k-1/2}^{k+1/2} t^{\gamma-2}\, |\sin xt|\, dt \right)$$

$$= O\left(x^{1-\gamma} \sum_{k=n_j^*+1}^{n_{j+1}^*} \int_{(k-1/2)x}^{(k+1/2)x} u^{\gamma-2}\, |\sin u|\, du \right)$$

$$= O\left(x^{1-\gamma} \int_{(n_j^*+1/2)x}^{(n_{j+1}^*+1/2)x} u^{\gamma-2}\, |\sin u|\, du \right)$$

我们有

$$\left| \sum_{k=n_j^*}^{n_{j+1}^*-1} k^{\gamma-1}\sin kx \right| = O\left(x^{1-\gamma} \int_{(n_j^*+1/2)x}^{(n_{j+1}^*+1/2)x} u^{\gamma-2}\, |\sin u|\, du \right) +$$

$$O\left(\left| \int_{(n_j^*+1/2)x}^{(n_{j+1}^*+1/2)x} t^{\gamma-1}\sin xt\,dt \right| \right)$$

$$= O\left(x^{1-\gamma} \int_{(n_j^*+1/2)x}^{(n_{j+1}^*+1/2)x} u^{\gamma-2}\, |\sin u|\, du \right) +$$

$$O\left(x^{-\gamma} \left| \int_{(n_j^* + 1/2)x}^{(n_{j+1}^* + 1/2)x} u^{\gamma-1} \sin u\, du \right| \right)$$

因而

$$\sum_{j=0}^{\infty} \left| \sum_{k=n_j^*+1}^{n_{j+1}^*} k^{\gamma-1} \sin kx \right|$$

$$= O(x^{1-\gamma}) \sum_{j=0}^{\infty} \int_{(n_j^*+1/2)x}^{(n_{j+1}^*+1/2)x} u^{\gamma-2} \left| \sin u \right| du +$$

$$O(x^{-\gamma}) \sum_{j=0}^{\infty} \left| \int_{(n_j^*+1/2)x}^{(n_{j+1}^*+1/2)x} u^{\gamma-1} \sin u\, du \right|$$

$$= O(x^{1-\gamma}) \int_0^{\infty} u^{\gamma-2} \left| \sin u \right| du +$$

$$O(x^{-\gamma}) \sum_{j=0}^{\infty} \left| \int_{(n_j^*+1/2)x}^{(n_{j+1}^*+1/2)x} u^{\gamma-1} \sin u\, du \right|$$

这样,如果

$$\sum_{j=0}^{\infty} \left| \int_{(n_j^*+1/2)x}^{(n_{j+1}^*+1/2)x} u^{\gamma-1} \sin u\, du \right| = O(1) \qquad (35)$$

则有式(34)成立. 现在证明式(35). 设 $x \in \left(\dfrac{\pi}{n_{j_0+1}^*}, \right.$

$\left. \dfrac{\pi}{n_{j_0}^*} \right], j_0 \geqslant 1$,则

$$\frac{\pi}{\delta} \leqslant \frac{n_{j_0}^* + 1/2}{n_{j_0+1}^*} \pi$$

$$\leqslant (n_{j_0}^* + 1/2)x$$

$$\leqslant \frac{n_{j_0}^* + 1/2}{n_{j_0}^*} \pi$$

$$< 3\pi/2$$

因此

$$\sum_{j=0}^{\infty}\left|\int_{(n_j^*+1/2)x}^{(n_{j+1}^*+1/2)x}u^{\gamma-1}\sin u\,du\right| = \sum_{j=0}^{j_0-1}\left|\int_{(n_j^*+1/2)x}^{(n_{j+1}^*+1/2)x}u^{\gamma-1}\sin u\,du\right| +$$

$$\sum_{j=j_0}^{\infty}\left|\int_{(n_j^*+1/2)x}^{(n_{j+1}^*+1/2)x}u^{\gamma-1}\sin u\,du\right|$$

$$\leqslant \int_0^{3\pi/2}u^{\gamma-1}\left|\sin u\right|du +$$

$$\sum_{j=j_0}^{\infty}\left|\int_{(n_j^*+1/2)x}^{(n_{j+1}^*+1/2)x}u^{\gamma-1}\sin u\,du\right|$$

对于任意 $j \geqslant j_0$,由分部积分得到

$$\left|\int_{(n_j^*+1/2)x}^{(n_{j+1}^*+1/2)x}u^{\gamma-1}\sin u\,du\right|$$

$$\leqslant \left|((n_{j+1}^*+1/2)x)^{\gamma-1}\cos(n_{j+1}^*+1/2)x - ((n_j^*+1/2)x)^{\gamma-1}\cos(n_j^*+1/2)x\right| +$$

$$\left|\int_{(n_j^*+1/2)x}^{(n_{j+1}^*+1/2)x}u^{\gamma-2}\cos u\,du\right|$$

$$\leqslant 2((n_j^*+1/2)x)^{\gamma-1} + \int_{(n_j^*+1/2)x}^{(n_{j+1}^*+1/2)x}u^{\gamma-2}\left|\cos u\right|du$$

综合起来

$$\sum_{j=j_0}^{\infty}\left|\int_{(n_j^*+1/2)x}^{(n_{j+1}^*+1/2)x}u^{\gamma-1}\sin u\,du\right|$$

$$\leqslant 2\sum_{j=j_0}^{\infty}((n_j^*+1/2)x)^{\gamma-1} + \sum_{j=j_0}^{\infty}\int_{(n_j^*+1/2)x}^{(n_{j+1}^*+1/2)x}u^{\gamma-2}\left|\cos u\right|du$$

$$\leqslant 2\sum_{j=j_0}^{\infty}((n_j^*+1/2)x)^{\gamma-1} + \int_{\pi/\delta}^{\infty}u^{\gamma-2}\left|\cos u\right|du$$

$$\leqslant C(((n_{j_0}^*+1/2)x)^{\gamma-1}+1)$$

$$\leqslant C$$

这证明了式(35).

定理 4 的证明 仅需要证明 $\phi(x)=g(x)$ 情形下

定理 4 的结论, 另一种情形 $\phi(x) = f(x)$ 的论证是类似的.

(必要性) 若 $x^{-\gamma} g(x) \in L(0, \pi)$, 则 $g(x) \in L(0, \pi)$, 此即

$$\lambda_k = \frac{1}{\pi} \int_0^\pi g(x) \sin kx \, dx$$

因而

$$\left| \sum_{k=n_j}^{n_{j+1}-1} k^{\gamma-1} \lambda_k \right| = \frac{1}{\pi} \left| \sum_{k=n_j}^{n_{j+1}-1} k^{\gamma-1} \int_0^\pi g(x) \sin kx \, dx \right|$$

$$= \frac{1}{\pi} \left| \int_0^\pi g(x) \sum_{k=n_j}^{n_{j+1}-1} k^{\gamma-1} \sin kx \, dx \right|$$

$$\leqslant \frac{1}{\pi} \int_0^\pi |g(x)| \left| \sum_{k=n_j}^{n_{j+1}-1} k^{\gamma-1} \sin kx \right| dx$$

应用引理 2 得到

$$\sum_{k=1}^\infty k^{\gamma-1} |\lambda_k| = \sum_{j=1}^\infty \left| \sum_{k=n_j}^{n_{j+1}-1} k^{\lambda-1} \lambda_k \right|$$

$$\leqslant \frac{1}{\pi} \int_0^\pi |g(x)| \sum_{j=1}^\infty \left| \sum_{k=n_j}^{n_{j+1}-1} k^{\gamma-1} \sin kx \right| dx$$

$$\leqslant \frac{1}{\pi} \int_0^\pi x^{-\gamma} |g(x)| \, dx < \infty$$

(充分性) 假设式 (30) 成立. 对某个 $m \geqslant 1$ 和某个 $\mu \geqslant 0$, 写 $x \in \left(\dfrac{\pi}{m+1}, \dfrac{\pi}{m} \right]$ 及 $n_\mu < m \leqslant n_{\mu+1}$. 于是 $\Big($ 如果 $\mu = 0$, 则置 $\sum\limits_{j=0}^{\mu-1} \left| \sum\limits_{k=n_j+1}^{n_{j+1}} \lambda_k \sin kx \right| = 0 \Big)$

$$|g(x)| \leqslant \sum_{j=0}^{\mu-1} \left| \sum_{k=n_j+1}^{n_{j+1}} \lambda_k \sin kx \right| + \left| \sum_{k=n_\mu+1}^m \lambda_k \sin kx \right| +$$

$$\left| \sum_{k=m}^{n_{\mu+1}} \lambda_k \sin kx \right| + \sum_{j=\mu+1}^{\infty} \left| \sum_{k=n_j+1}^{n_{j+1}} \lambda_k \sin kx \right|$$

以及

$$\int_0^\pi x^{-\gamma} |g(x)| \,dx = \sum_{m=1}^\infty \int_{\frac{\pi}{m+1}}^{\frac{\pi}{m}} x^{-\gamma} |g(x)| \,dx$$

$$\leqslant \sum_{m=1}^\infty \int_{\frac{\pi}{m+1}}^{\frac{\pi}{m}} x^{-\gamma} \sum_{j=0}^{\mu-1} \left| \sum_{k=n_j+1}^\infty \lambda_k \right| \,dx +$$

$$\sum_{m=1}^\infty \int_{\frac{\pi}{m+1}}^{\frac{\pi}{m}} x^{-\gamma} \left| \sum_{k=n_\mu+1}^m k\lambda_k x \right| \,dx +$$

$$\sum_{m=1}^\infty \int_{\frac{\pi}{m+1}}^{\frac{\pi}{m}} x^{-\gamma} \left| \sum_{k=m}^{n_{\mu+1}} \lambda_k \sin kx \right| \,dx +$$

$$\sum_{m=1}^\infty \int_{\frac{\pi}{m+1}}^{\frac{\pi}{m}} x^{-\gamma} \sum_{j=\mu+1}^\infty \left| \sum_{k=n_j+1}^{n_{j+1}} \lambda_k \sin kx \right| \,dx$$

$$=: I_1 + I_2 + I_3 + I_4 \tag{36}$$

为了估计 I_1，我们假设存在一个正常数 C^*，使得（否则可用 $\{n_j^*\}$ 来代替 $\{n_j\}$）

$$\frac{n_j}{n_{j+1}} \geqslant C^*$$

因此

$$I_1 = O\left(\sum_{m=1}^\infty m^{\gamma-2} \sum_{j=0}^{\mu-1} \right) \left| \sum_{k=n_j+1}^{n_{j+1}} \lambda_k \right|$$

$$= O\left(\sum_{j=0}^\infty \left| \sum_{k=n_j+1}^{n_{j+1}} \lambda_k \right| \left(\sum_{m=n_{j+1}+1}^\infty m^{\gamma-2} \right) \right)$$

$$= O\left(\sum_{j=0}^\infty \left| \sum_{k=n_j+1}^{n_{j+1}} \lambda_k \right| (n_{j+1}+1)^{\gamma-1} \right)$$

$$= O\left(\sum_{j=0}^\infty \left| \sum_{k=n_j+1}^{n_{j+1}} \lambda_k k^{\gamma-1} \right| \right)$$

$$= O\Big(\sum_{k=1}^{\infty} k^{\gamma-1} \mid \lambda_k \mid \Big) \tag{37}$$

直接计算可以获得

$$
\begin{aligned}
I_2 &= O\Big(\sum_{m=1}^{\infty} \int_{\frac{\pi}{m+1}}^{\frac{\pi}{m}} x^{-\gamma+1} \Big| \sum_{k=n_\mu+1}^{m} k\lambda_k \Big| \mathrm{d}x \Big) \\
&= O\Big(\sum_{m=1}^{\infty} m^{\gamma-3} \Big| \sum_{k=n_\mu+1}^{m} k\lambda_k \Big| \Big) \\
&= O\Big(\sum_{j=0}^{\infty} \Big| \sum_{k=n_j+1}^{n_{j+1}} k\lambda_k \Big(\sum_{s=k}^{n_{j+1}} s^{\gamma-3} \Big) \Big| \Big) \\
&= O\Big(\sum_{j=0}^{\infty} \Big| \sum_{k=n_j+1}^{n_{j+1}} k^{\gamma-1}\lambda_k \Big| \Big) \\
&= O\Big(\sum_{k=1}^{\infty} k^{\gamma-1} \mid \lambda_k \mid \Big) \tag{38}
\end{aligned}
$$

由阿贝尔变换和$\{\lambda_k\} \in \mathrm{PBVS}$的假设,我们见到

$$
\begin{aligned}
&\Big| \sum_{k=m}^{n_{\mu+1}} \lambda_k \sin kx \Big| \\
&= O\Big(\frac{1}{x}\Big(\sum_{k=m}^{n_{\mu+1}-1} \mid \Delta\lambda_k \mid + \mid \lambda_m \mid + \mid \lambda_{n_{\mu+1}} \mid \Big)\Big) \\
&= O\Big(\frac{1}{x}\Big(\mid \lambda_m \mid + \mid \lambda_{n_{\mu+1}} \mid \Big)\Big)
\end{aligned}
$$

若对$n_\mu+1 \leqslant k \leqslant n_{\mu+1}$,$\lambda_k$满足条件②,则从 PBVS 的定义可获得

$$\mid \lambda_{n_{\mu+1}} \mid \leqslant \sum_{k=m}^{n_{\mu+1}-1} \mid \Delta k_k \mid + \mid \lambda_m \mid \leqslant C \mid \lambda_m \mid$$

另一方面,若对$n_\mu+1 \leqslant k \leqslant n_{\mu+1}$,$\lambda_k$满足条件①,则结合式(8)和(16),得到

$$\mid \lambda_m \mid + \mid \lambda_{n_{\mu+1}} \mid \leqslant C \mid \lambda_{n_{\mu+1}} \mid \leqslant C\Big(\mid \lambda_m \mid + \sum_{k=m}^{\infty} \frac{\mid \lambda_k \mid}{k} \Big)$$

于是

$$I_3 = O\Big(\sum_{m=1}^{\infty} m^{\gamma-1} \Big(|\lambda_m| + \sum_{k=m}^{\infty} \frac{|\lambda_k|}{k} \Big) \Big)$$

$$= O\Big(\sum_{m=1}^{\infty} m^{\gamma-1} |\lambda_m| + \sum_{k=1}^{\infty} \frac{|\lambda_k|}{k} \Big(\sum_{m=1}^{k} m^{\gamma-1} \Big) \Big)$$

$$= O\Big(\sum_{k=1}^{\infty} k^{\gamma-1} |\lambda_k| \Big) \qquad\qquad (39)$$

对于 I_4,我们应用命题 1 得出

$$\sum_{j=\mu+1}^{\infty} \Big| \sum_{k=n_j+1}^{n_{j+1}} \lambda_k \sin kx \Big|$$

$$= O\Big(\frac{1}{x} \Big(\sum_{j=\mu+1}^{\infty} \Big(\sum_{k=n_j+1}^{n_{j+1}-1} |\Delta\lambda_k| + |\lambda_{n_j+1}| + |\lambda_{n_{j+1}}| \Big) \Big) \Big)$$

$$= O\Big(\frac{1}{x} \Big(\sum_{j=\mu+1}^{\infty} \Big(|\lambda_{n_j+1}| + |\lambda_{n_{j+1}}| \Big) \Big) \Big)$$

$$= O\Big(\frac{1}{x} \Big(\sum_{j=\mu+1}^{\infty} \Big(\sum_{k=[n_{j+1}/\delta_0]}^{n_{j+1}} \frac{|\lambda_k|}{k} + \sum_{k=n_j+1}^{[\delta_0 n_j]} \frac{|\lambda_k|}{k} \Big) \Big) \Big)$$

因而

$$I_4 = O\Big(\sum_{m=1}^{\infty} m^{\gamma-1} \Big(\sum_{j=\mu+1}^{\infty} \Big(\sum_{k=[n_{j+1}/\delta_0]}^{n_{j+1}} \frac{|\lambda_k|}{k} + \sum_{k=n_j+1}^{[\delta_0 n_j]} \frac{|\lambda_k|}{k} \Big) \Big) \Big)$$

$$= O\Big(\sum_{j=1}^{\infty} \Big(\sum_{k=[n_{j+1}/\delta_0]}^{n_{j+1}} \frac{|\lambda_k|}{k} + \sum_{k=n_j+1}^{[\delta_0 n_j]} \frac{|\lambda_k|}{k} \Big) \Big(\sum_{s=1}^{n_j} s^{\gamma-1} \Big) \Big)$$

$$= O\Big(\sum_{j=1}^{\infty} \Big(\sum_{k=[n_{j+1}/\delta_0]}^{n_{j+1}} \frac{|\lambda_k|}{k} + \sum_{k=n_j+1}^{[\delta_0 n_j]} \frac{|\lambda_k|}{k} \Big) n_j^{\gamma} \Big)$$

$$= O\Big(\sum_{j=1}^{\infty} \Big(\sum_{k=[n_{j+1}/\delta_0]}^{n_{j+1}} k^{\gamma-1} |\lambda_k| + \sum_{k=n_j+1}^{[\delta_0 n_j]} k^{\gamma-1} |\lambda_k| \Big) \Big)$$

$$= O\Big(\sum_{j=1}^{\infty} \Big| \sum_{k=n_j+1}^{n_{j+1}} k^{\gamma-1} \lambda_k \Big| \Big)$$

$$= O\left(\sum_{k=1}^{\infty} k^{\gamma-1}|\lambda_k|\right) \tag{40}$$

综合所有的式（36）—（40），最终完成了充分性的证明.

参考文献

［1］BOAS P R. Integrability theorems for trigonometric transforms［M］. Berlin：Springer，1967.

［2］ZYGMUND A. Trigonometric series，Vol Ⅰ［M］. 2nd Ed. Cambridge：Cambridge Univ. Press，1959.

［3］TELYAKOVSKII S A. Convergence of trigonometric series in the metric of L with coefficients that seldom change［J］. Proc. Steklov. Inst. Math.，1993（2）：353-358.

［4］TELYAKOVSKII S A. Uniform convergence of trigonometric series with rarely changing coefficients［J］. Math. Notes，2001（70）：553-559.

［5］YU D S，LE R J，ZHOU S P. Remarks on convergence of trigonometric series with special varying coefficients［J］. J. Math. Anal. Appl.，2007（333）：1128-1137.

［6］ZHOU S P. A remark on the uniform convergence of certain trigonometric series ［J］. Chinese Adv. Math.，2007（36）：239-244.

有界变差函数的傅里叶 – 拉普拉斯级数的收敛速度[①]

第 27 章

华北科技学院基础部的王文祥教授 2012 年利用单位球面上的等收敛算子及平移算子,给出了球面上在一点处具有有界变差性质的函数的傅里叶 – 拉普拉斯级数的收敛速度.

设

$$\Omega_n = \left\{ (\xi_1, \xi_2, \cdots, \xi_n) : \xi_1^2 + \xi_2^2 + \cdots + \xi_n^2 = 1 \right\}$$

是 $\mathbf{R}^n (n \geqslant 3)$ 中的单位球面,$f \in L(\Omega_n)$,$Y_k(f)$ 为 f 在球调和函数空间 H_k^n 上的投影算子,级数 $\sum_{k=0}^{\infty} Y_k(f)$ 为 f 的傅里叶 – 拉普拉斯级数,其 δ 阶 Cesàro 平均定义为

$$\sigma_N^S(f)(\xi) = \frac{1}{A_N^S} \sum_{k=0}^{N} A_{N-k}^S Y_k(f)(\xi)$$

其中

$$A_N^S = \frac{\Gamma(N + \delta + 1)}{\Gamma(\delta + 1)\Gamma(N + 1)} \quad (\delta > -1)$$

---

① 引自 2012 年第 28 卷第 4 期的《科技通报》,原作者为华北科技学院基础部的王文祥.

δ 阶 Cesàro 平均的临界值记为

$$\lambda = \frac{n-2}{2}$$

球面 Ω_n 上的平移算子,其定义为

$$S_\theta(f)(\xi) = \frac{1}{|l_\xi(\theta)|} \int_{l_\xi(\theta)} f(\eta)\,\mathrm{d}\eta$$

其中

$$l_\xi(\theta) = \{\xi \in \Omega_n : \xi \cdot \eta = \cos\theta\}$$

$$|l_\xi(\theta)| = |\Omega_{n-1}||\sin^{n-2}\theta$$

引入等收敛算子,δ 阶 Cesàro 算子的等收敛算子的定义是

$$E_N^\delta(f)(\xi) = \gamma_N^S \int_{\Omega_n} f(\xi) P_N^{\left(\frac{n-1}{2}+\delta,\frac{N-3}{2}\right)}(\xi\eta)\,\mathrm{d}\eta$$

其中

$$\gamma_N^\delta = \frac{\Gamma(\delta+1)\Gamma(N+1)\Gamma(N+n-1)}{(4\pi)^{\frac{n-1}{2}}\Gamma(N+\delta+1)\Gamma(N+1)\left(N+\dfrac{n-1}{2}\right)}$$

$P_N^{(\alpha,\beta)}(t)$ 为雅可比多项式.

设 $\delta > -1$,D 是 Ω_n 的非空子集,$f \in L(\Omega_n)$,且

$$\sup\{|f(\xi)| : \xi \in D\} < \infty$$

$\sigma_N^S(f)(\xi)$ 为函数 $f(\xi)$ 的傅里叶 – 拉普拉斯级数的 δ 阶 Cesàro 平均,则在 D 上一致收敛意义下,极限

$$\lim_{N \to \infty} \sigma_N^S(f)(\xi) = f(\xi)$$

与

$$\lim_{N \to \infty} E_N^\delta(f)(\xi) = f(\xi)$$

等价.本章用等收敛算子代替平均算子,求收敛速度的估计式.

引理 1 设 a 为常数,则当 $N \to \infty$ 时,有

$$\frac{\Gamma(N+a)}{\Gamma(N)} = N^a + O(N^{a-1})$$

证明 由 Γ 函数的性质,当 $x > 0$ 时

$$\Gamma(x) = \sqrt{2\pi} x^{x-\frac{1}{2}} e^{-x}\left(1 + O\left(\frac{1}{x}\right)\right)$$

从而

$$\Gamma(N) = \sqrt{2\pi} x^{N-\frac{1}{2}} e^{-N}\left(1 + O\left(\frac{1}{N}\right)\right)$$

$$\Gamma(N+a) = \sqrt{2\pi}(N+a)^{N+a-\frac{1}{2}} e^{-N-a}\left(1 + O\left(\frac{1}{N}\right)\right)$$

又

$$(N+a)^{N+a-\frac{1}{2}} = N^{N+a-\frac{1}{2}}\left(1 + \frac{a}{N}\right)^{N+a-\frac{1}{2}}$$

$$= N^{N+a-\frac{1}{2}} e^{a+o\left(\frac{1}{N}\right)}$$

$$= N^{N+a-\frac{1}{2}} e^a\left(1 + O\left(\frac{1}{N}\right)\right)$$

则

$$\Gamma(N+a) = \sqrt{2\pi} N^{N+a-\frac{1}{2}} e^{-N}\left(1 + O\left(\frac{1}{N}\right)\right)$$

$$= N^a \cdot \Gamma(N)\left(1 + O\left(\frac{1}{N}\right)\right)$$

即

$$\frac{\Gamma(N+a)}{\Gamma(N)} = N^a + O(N^{a-1})$$

由引理 1 可得

$$\gamma_N^S = \frac{\Gamma(\delta+1)\Gamma(N+1)\Gamma(N+n-1)}{(4\pi)^{\frac{n-1}{2}}\Gamma(N+\delta+1)\Gamma\left(N+\frac{n-1}{2}\right)}$$

$$= O(N^{\frac{n-1}{2}} - \delta)$$

关于雅可比多项式 $P_N^{(\alpha,\beta)}(t)$ 的性质及渐进公式，有以下结论：

引理 2　设 $\alpha > -1, \beta > -1$，则：

$(1)\, P_N^{(\alpha,\beta)}(-t) = (-1)^N P_N^{(\alpha,\beta)}(t).$

(2) 当 $0 \leqslant \theta \leqslant \dfrac{\pi}{N}$ 时，$P_N^{(\alpha,\beta)}(\cos\theta) = O(N^a).$

(3) 当 $\dfrac{\pi}{N} \leqslant \theta \leqslant \pi - \dfrac{\pi}{N}$ 时

$$P_N^{(\alpha,\beta)}(\cos\theta)$$

$$= \frac{1}{\sqrt{N\pi}} \frac{\cos(M\theta - \gamma) + O(1)(N\sin\theta)^{-1}}{\left(\sin\dfrac{\theta}{2}\right)^{a+\frac{1}{2}} \left(\cos\dfrac{\theta}{2}\right)^{\beta+\frac{1}{2}}}$$

其中

$$M = N + \frac{\alpha+\beta+1}{2},\ \gamma = \left(\alpha + \frac{1}{2}\right)\frac{\pi}{2}$$

定理 1　设 $f \in L(\Omega_n), \xi \in \Omega_n, S_\theta(f)(\xi)$ 在点 ξ 关于 θ 是 $[0,\pi]$ 上的有界变差函数

$$\varphi_\xi(\theta) = S_\theta(f)(\xi) - f(\xi)$$

则

$$\left| E_N^S(f)(\xi) - f(\xi) \right|$$

$$\leqslant \begin{cases} \dfrac{B}{N} \sum_{k=1}^{N} \bigvee_0^{\frac{\pi}{k}} (\varphi_\xi), \delta \geqslant \lambda \\[4mm] \dfrac{C}{N^{1+\delta-\lambda}} \sum_{k=1}^{N} K^{\delta-\lambda} \bigvee_0^{\frac{\pi}{k}} (\varphi_\xi), \lambda - 1 < \delta < \lambda \end{cases}$$

其中，$B, C < 0$ 是与 n 和 δ 有关的常数，$\bigvee_a^b (h)$ 表示函

数 h 在 $[a,b]$ 上的全变差.

证明 以下只对 $\delta \geqslant \lambda$ 情形进行证明. 由等收敛算子和平移算子的定义

$$E_N^S(f)(\xi) - f(\xi)$$

$$= \gamma_N^S \int_{\Omega_n} f(\xi) P_N^{\left(\frac{n-1}{2}+\delta,\frac{N-3}{2}\right)}(\xi\eta)\,\mathrm{d}\eta - f(\xi)$$

$$= \gamma_N^S |\Omega_{n-1}| \int_0^\pi [S_\theta(f)(\xi) - f(\xi)] \cdot$$

$$P_N^{\left(\frac{n-1}{2}+\delta,\frac{N-3}{2}\right)}(\cos\theta)\sin^{n-2}\theta\,\mathrm{d}\theta$$

$$= \gamma_N^S |\Omega_{n-1}| \int_0^\pi \varphi_\xi(\theta) P_N^{\left(\frac{n-1}{2}+\delta,\frac{N-3}{2}\right)}(\cos\theta)\sin^{n-2}\theta\,\mathrm{d}\theta$$

$$= I_1 + I_2 + I_3$$

其中

$$I_1 = \gamma_N^S |\Omega_{n-1}| \int_0^{\frac{\pi}{N}} \varphi_\xi(\theta) P_N^{\left(\frac{n-1}{2}+\delta,\frac{N-3}{2}\right)}(\cos\theta)\sin^{n-2}\theta\,\mathrm{d}\theta$$

$$I_2 = \gamma_N^S |\Omega_{n-1}| \int_{\frac{\pi}{N}}^{\pi-\frac{\pi}{N}} \varphi_\xi(\theta) P_N^{\left(\frac{n-1}{2}+\delta,\frac{N-3}{2}\right)}(\cos\theta)\sin^{n-2}\theta\,\mathrm{d}\theta$$

$$I_3 = \gamma_N^S |\Omega_{n-1}| \int_{\pi-\frac{\pi}{N}}^{\pi} \varphi_\xi(\theta) P_N^{\left(\frac{n-1}{2}+\delta,\frac{N-3}{2}\right)}(\cos\theta)\sin^{n-2}\theta\,\mathrm{d}\theta$$

以下分别估计 I_1, I_2, I_3.

由引理 2

$$P_N^{\left(\frac{n-1}{2}+\delta,\frac{N-3}{2}\right)}(\cos\theta) = O(N^{\frac{n-1}{2}+\delta}) \quad (0 \leqslant \theta \leqslant \frac{\pi}{N})$$

于是

$$I_1 = \gamma_N^\delta |\Omega_{n-1}| \int_0^{\frac{\pi}{N}} \varphi_\xi(\theta) P_N^{\left(\frac{n-1}{2}+\delta,\frac{N-3}{2}\right)}(\cos\theta)\sin^{n-2}\theta\,\mathrm{d}\theta$$

$$= \gamma_N^S |\Omega_{n-1}| O(N^{\frac{n-1}{2}+\delta}) \int_0^{\frac{\pi}{N}} \varphi_\xi(\theta)\sin^{n-2}\theta\,\mathrm{d}\theta$$

$$= O(N^{n-1}) \int_0^{\frac{\pi}{N}} \varphi_\xi(\theta) \sin^{n-2}\theta d\theta \left| \int_0^{\frac{\pi}{N}} \varphi_\xi(\theta) \sin^{n-2}\theta d\theta \right|$$

$$\leqslant \int_0^{\frac{\pi}{N}} \bigvee_0^\theta (\varphi_\xi) \theta^{n-2} d\theta$$

$$\leqslant \bigvee_0^{\frac{\pi}{N}} (\varphi_\xi) \int_0^{\frac{\pi}{N}} \theta^{n-2} d\theta$$

$$= \frac{\pi^{n-1}}{n-1} \cdot \frac{1}{N^{n-1}} \bigvee_0^{\frac{\pi}{N}} (\varphi_\xi)$$

从而

$$I_1 = O(1) \bigvee_0^{\frac{\pi}{N}} (\varphi_\xi)$$

由引理 2，$\frac{\pi}{N} \leqslant \theta \leqslant \pi - \frac{\pi}{N}$ 时

$$P_N^{\left(\frac{n-1}{2}+\delta, \frac{N-3}{2}\right)}(\cos\theta)$$

$$= \frac{1}{\sqrt{N\pi}} \frac{\cos(M\theta-\gamma) + O(1)(N\sin\theta)^{-1}}{k(\theta)}$$

其中

$$M = N + \frac{n-1+\delta}{2}, \gamma = \left(\frac{n}{2}+\delta\right)\frac{\pi}{2}$$

$$k(\theta) = \left(\sin\frac{\theta}{2}\right)^{\frac{n}{2}+\delta} \left(\cos\frac{\theta}{2}\right)^{\frac{n-2}{2}}$$

于是

$$I_2 = \gamma_N^\delta |\Omega_{n-1}| \left| \int_{\frac{\pi}{N}}^{\pi-\frac{\pi}{N}} \varphi_\xi(\theta) P_N^{\left(\frac{n-1}{2}+\delta, \frac{N-3}{2}\right)}(\cos\theta) \sin^{n-2}\theta d\theta \right.$$

$$= I_{21} + I_{22}$$

其中

$$I_{21} = \gamma_N^{\delta} |\Omega_{n-1}| \frac{1}{\sqrt{N\pi}} \int_{\frac{\pi}{N}}^{\pi-\frac{\pi}{N}} \varphi_{\xi}(\theta) \frac{\cos(M\theta - \gamma)}{k(\theta)} \sin^{n-2}\theta d\theta$$

$$I_{22} = \gamma_N^{\delta} |\Omega_{n-1}| \frac{1}{\sqrt{N\pi}} \int_{\frac{\pi}{N}}^{\pi-\frac{\pi}{N}} \varphi_{\xi}(\theta) \frac{O(1)(N\sin\theta)^{-1}}{k(\theta)} \sin^{n-2}\theta d\theta$$

先估计 I_{22}.

其中

$$I_{22} = \gamma_N^{\delta} |\Omega_{n-1}| \frac{1}{\sqrt{N\pi}} \int_{\frac{\pi}{N}}^{\pi-\frac{\pi}{N}} \varphi_{\xi}(\theta) \frac{O(1)(N\sin\theta)^{-1}}{k(\theta)} \sin^{n-2}\theta d\theta$$

$$= O(N^{\frac{n-1}{2}-\delta-\frac{3}{2}}) \int_{\frac{\pi}{N}}^{\pi-\frac{\pi}{N}} \varphi_{\xi}(\theta) \frac{1}{\sin\theta} \left(\sin\frac{\theta}{2}\right)^{\lambda-\delta-1} \left(\cos\frac{\theta}{2}\right)^{\lambda} d\theta$$

$$= O(N^{\lambda-\delta-1}) \int_{\frac{\pi}{N}}^{\frac{\pi}{2}} \varphi_{\xi}(\theta) \frac{1}{\sin\theta} \left(\sin\frac{\theta}{2}\right)^{\lambda-\delta-1} \left(\cos\frac{\theta}{2}\right)^{\lambda} d\theta +$$

$$O(N^{\lambda-\delta-1}) \int_{\frac{\pi}{2}}^{\pi-\frac{\pi}{N}} \varphi_{\xi}(\theta) \frac{1}{\sin\theta} \left(\sin\frac{\theta}{2}\right)^{\lambda-\delta-1} \left(\cos\frac{\theta}{2}\right)^{\lambda} d\theta$$

当 $0 < \theta < \frac{\pi}{2}$ 时, 有 $\sin\theta > \frac{2}{\pi}\theta$ 及 $\sin\frac{\theta}{2} > \frac{1}{\pi}\theta$, 则

$$\left| \int_{\frac{\pi}{N}}^{\frac{\pi}{2}} \varphi\xi(\theta) \frac{1}{\sin\theta} \left(\sin\frac{\theta}{2}\right)^{\lambda-\delta-1} \left(\cos\frac{\theta}{2}\right)^{\lambda} d\theta \right|$$

$$\leqslant \int_{\frac{\pi}{N}}^{\frac{\pi}{2}} \bigvee_0^{\theta}(\varphi_{\xi}) \frac{\pi}{2\theta} \left(\frac{\theta}{\pi}\right)^{\lambda-\delta-1} d\theta$$

$$\leqslant \left(\frac{1}{\pi}\right)^{\lambda-\delta-2} \left(\frac{\pi}{N}\right)^{\lambda-\delta} \int_{\frac{\pi}{N}}^{\frac{\pi}{2}} \frac{\bigvee_0^{\theta}(\varphi_{\xi})}{\theta^2} d\theta$$

$$= N^{\delta-\lambda} \pi^2 \int_{\frac{\pi}{2}}^{\frac{\pi}{N}} \bigvee_0^{\theta}(\varphi_{\xi}) d\left(\frac{1}{\theta}\right)$$

$$= N^{\delta-\lambda} \pi \int_2^N \bigvee_0^{\frac{\pi}{t}}(\varphi_{\xi}) d(t)$$

284

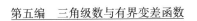

$$\leqslant N^{\delta-\lambda}\pi\sum_{k=2}^{N-1}\bigvee_{0}^{\frac{\pi}{k}}(\varphi_{\xi})$$

由定积分换元法

$$\int_{\frac{\pi}{2}}^{\pi-\frac{\pi}{N}}\varphi_{\xi}(\theta)\frac{1}{\sin\theta}\Big(\sin\frac{\theta}{2}\Big)^{\lambda-\delta-1}\Big(\cos\frac{\theta}{2}\Big)^{\lambda}\mathrm{d}\theta$$

$$=\int_{\frac{\pi}{N}}^{\frac{\pi}{2}}\varphi_{\xi}(\pi-t)\frac{1}{\sin t}\Big(\cos\frac{t}{2}\Big)^{\lambda-\delta-1}\Big(\sin\frac{t}{2}\Big)^{\lambda}\mathrm{d}t$$

则

$$\left|\int_{\frac{\pi}{2}}^{\pi-\frac{\pi}{N}}\varphi\xi(\theta)\frac{1}{\sin\theta}\Big(\sin\frac{\theta}{2}\Big)^{\lambda-\delta-1}\Big(\cos\frac{\theta}{2}\Big)^{\lambda}\mathrm{d}\theta\right|$$

$$\leqslant\bigvee_{0}^{\pi}(\varphi_{\xi})\int_{\frac{\pi}{N}}^{\frac{\pi}{2}}\frac{\pi}{2t}\Big(\frac{\sqrt{2}}{2}\Big)^{\lambda-\delta-1}\Big(\frac{t}{2}\Big)^{\lambda}\mathrm{d}t=O(1)$$

从而

$$I_{22}=O(N^{\lambda-\delta-1})\Big(N^{\delta-\lambda}\pi\sum_{k=2}^{N-1}\bigvee_{0}^{\frac{\pi}{k}}(\varphi_{\xi})+O(1)\Big)$$

$$=O\Big(\frac{1}{N}\Big)\sum_{k=2}^{N-1}\bigvee_{0}^{\frac{\pi}{k}}(\varphi_{\xi})$$

下面估计 I_{21}

$$I_{21}=\gamma_{N}^{\delta}|\Omega_{n-1}|\frac{1}{\sqrt{N\pi}}\int_{\frac{\pi}{N}}^{\pi-\frac{\pi}{N}}\varphi_{\xi}(\theta)\frac{\cos(M\theta-\gamma)}{k(\theta)}\sin^{n-2}\theta\mathrm{d}\theta$$

$$=\gamma_{N}^{\delta}|\Omega_{n-1}|\frac{1}{\sqrt{N\pi}}$$

$$\int_{\frac{\pi}{N}}^{\pi-\frac{\pi}{N}}\varphi_{\xi}(\theta)2n^{-2}\sin^{\frac{n}{2}-2-\delta}\frac{\theta}{2}\cos^{\frac{n-2}{2}}\theta\cdot\cos(M\theta-\gamma)\mathrm{d}\theta$$

$$=\gamma_{N}^{\delta}|\Omega_{n-1}|\frac{2^{n-2}}{\sqrt{N\pi}}$$

$$\int_{\frac{\pi}{N}}^{\pi-\frac{\pi}{N}} \varphi_\xi(\theta) \sin^{\lambda-\delta-1}\frac{\theta}{2}\cos^\lambda\theta \cdot \cos(M\theta-\gamma)\,\mathrm{d}\theta$$

$$= \gamma_N^\delta |\Omega_{n-1}| \frac{2^{n-2}}{\sqrt{N\pi}}\frac{1}{M}$$

$$\int_{\frac{\pi}{N}}^{\pi-\frac{\pi}{N}} \varphi_\xi(\theta)\sin^{\lambda-\delta-1}\frac{\theta}{2}\cos^\lambda\frac{\theta}{2}\,\mathrm{d}\sin(M\theta-\gamma)$$

$$= O(N^{\lambda-\delta-1})\left[\left.\varphi\xi(\theta)\sin^{\lambda-\delta-1}\frac{\theta}{2}\cos^\lambda\frac{\theta}{2}\sin(M\theta-\gamma)\right|_{\frac{\pi}{N}}^{\pi-\frac{\pi}{N}} - \right.$$

$$\left. \int_{\frac{\pi}{N}}^{\pi-\frac{\pi}{N}}\sin(M\theta-\gamma)\,\mathrm{d}\left(\varphi_\xi(\theta)\sin^{\lambda-\delta-1}\frac{\theta}{2}\cos^\lambda\frac{\theta}{2}\right)\right]$$

$$= O(N^{\lambda-\delta-1})\left[O(1) + O(N^{\lambda-\delta-1})\bigvee_0^{\frac{\pi}{N}}(\varphi_\xi) - \right.$$

$$\left. \int_{\frac{\pi}{N}}^{\pi-\frac{\pi}{N}}\sin(M\theta-\gamma)\,\mathrm{d}\left(\varphi_\xi(\theta)\sin^{\lambda-\delta-1}\frac{\theta}{2}\cos^\lambda\frac{\theta}{2}\right)\right]$$

而

$$\int_{\frac{\pi}{N}}^{\pi-\frac{\pi}{N}}\sin(M\theta-\gamma)\,\mathrm{d}\left(\varphi_\xi(\theta)\sin^{\lambda-\delta-1}\frac{\theta}{2}\cos^\lambda\frac{\theta}{2}\right)$$

$$= \int_{\frac{\pi}{N}}^{\pi-\frac{\pi}{N}}\sin(M\theta-\gamma)\sin^{\lambda-\delta-1}\frac{\theta}{2}\cos^\lambda\frac{\theta}{2}\,\mathrm{d}(\varphi_\xi(\theta)) + $$

$$\int_{\frac{\pi}{N}}^{\pi-\frac{\pi}{N}}\sin(M\theta-\gamma)\varphi_\xi(\theta)\,\mathrm{d}\left(\sin^{\lambda-\delta-1}\frac{\theta}{2}\cos^\lambda\frac{\theta}{2}\right)$$

$$\left|\int_{\frac{\pi}{N}}^{\pi-\frac{\pi}{N}}\sin(M\theta-\gamma)\sin^{\lambda-\delta-1}\frac{\theta}{2}\cos^\lambda\frac{\theta}{2}\,\mathrm{d}(\varphi_\xi(\theta))\right|$$

$$\leqslant \int_{\frac{\pi}{N}}^{\pi}\sin^{\lambda-\delta-1}\frac{\theta}{2}\,\mathrm{d}\left(\bigvee_0^\theta(\varphi_\xi)\right)$$

$$\leqslant \left(\frac{1}{\pi}\right)^{\lambda-\delta-1}\int_{\frac{\pi}{N}}^{\pi}\theta^{\lambda-\delta-1}\,\mathrm{d}\left(\bigvee_0^\theta(\varphi_\xi)\right)$$

$$\leqslant \left(\frac{1}{\pi}\right)^{\lambda-\delta-1}\left(\frac{\pi}{N}\right)^{\lambda-\delta}\int_{\frac{\pi}{N}}^{\pi}\frac{1}{\theta}\mathrm{d}\Big(\bigvee_{0}^{\theta}(\varphi_{\xi})\Big)$$

$$= \pi N^{\delta-\lambda}\left[\frac{1}{\theta}\bigvee_{0}^{\theta}(\varphi_{\xi})\Big|_{\frac{\pi}{N}}^{\pi}-\int_{\frac{\pi}{N}}^{\pi}\bigvee_{0}^{\theta}(\varphi_{\xi})\mathrm{d}\Big(\frac{1}{\theta}\Big)\right]$$

$$\leqslant \pi(N^{\lambda-\delta-1})\Big(O(1)+O(N)\bigvee_{0}^{\frac{\pi}{N}}(\varphi_{\xi})+\frac{1}{\pi}\sum_{k=2}^{N-1}\bigvee_{0}^{\frac{\pi}{k}}(\varphi_{\xi})\Big)$$

又

$$\Big(\sin^{\lambda-\delta-1}\frac{\theta}{2}\cos^{\lambda}\frac{\theta}{2}\Big)$$

$$= \frac{1}{2}(\lambda-\delta-1)\sin^{\lambda-\delta-2}\frac{\theta}{2}\cos^{\lambda+1}\frac{\theta}{2}-$$

$$\quad \frac{1}{2}\lambda\sin^{\lambda-\delta}\frac{\theta}{2}\cos^{\lambda-1}\frac{\theta}{2}$$

$$= \frac{1}{2}\sin^{\lambda-\delta-2}\frac{\theta}{2}\cos^{\lambda-1}\frac{\theta}{2}\Big[(\lambda-1-\delta)\cos^{2}\frac{\theta}{2}-$$

$$\quad \lambda\sin^{2}\frac{\theta}{2}\Big]$$

则

$$\left|\int_{\frac{\pi}{n}}^{\pi-\frac{\pi}{N}}\sin(M\theta-\gamma)\varphi_{\xi}(\theta)\mathrm{d}\Big(\sin^{\lambda-\delta-1}\frac{\theta}{2}\cos^{\lambda}\frac{\theta}{2}\Big)\right|\leqslant O$$

$$\left|\int_{\frac{\pi}{n}}^{\pi-\frac{\pi}{N}}\bigvee_{0}^{\theta}(\varphi_{\xi})\sin^{\lambda-\delta-2}\frac{\theta}{2}\cos^{\lambda-1}\frac{\theta}{2}\mathrm{d}\theta\right|=O$$

$$\left|\int_{\frac{\pi}{n}}^{\pi-\frac{\pi}{N}}\bigvee_{0}^{\theta}(\varphi_{\xi})\frac{2}{\sin\theta}\sin^{\lambda-\delta-1}\frac{\theta}{2}\cos^{\lambda}\frac{\theta}{2}\mathrm{d}\theta\right|$$

利用 I_{22} 的估计式

$$\left|\int_{\frac{\pi}{n}}^{\pi-\frac{\pi}{N}}\sin(M\theta-\gamma)\varphi_{\xi}(\theta)\mathrm{d}\Big(\sin^{\lambda-\delta-1}\frac{\theta}{2}\cos^{\lambda}\frac{\theta}{2}\Big)\right|$$

$$= O(N^{\delta-\lambda})\sum_{k=2}^{N-1}\bigvee_{0}^{\frac{\pi}{k}}(\varphi_{\xi})$$

则

$$I_{21} = O\left(\frac{1}{N}\right) \sum_{k=2}^{N-1} \bigvee_{0}^{\frac{\pi}{k}} (\varphi_\xi) + O(1) \bigvee_{0}^{\frac{\pi}{N}} (\varphi_\xi)$$

从而

$$I_2 = I_{21} + I_{22} = O\left(\frac{1}{N}\right) \sum_{k=1}^{N-1} \bigvee_{0}^{\frac{\pi}{k}} (\varphi_\xi) + O(1) \bigvee_{0}^{\frac{\pi}{N}} (\varphi_\xi)$$

最后估计 I_3 ,由引理 2

$$I_3 = \gamma_N^\delta |\Omega_{n-1}| \int_{\pi-\frac{\pi}{N}}^{\pi} \varphi_\xi(\theta) P_N^{\left(\frac{n-1}{2}+\delta, \frac{N-3}{2}\right)}(\cos\theta) \sin^{n-2}\theta d\theta$$

$$= \gamma_N^\delta |\Omega_{n-1}| \int_0^{\frac{\pi}{N}} \varphi_\xi(\pi-\theta) P_N^{\left(\frac{n-1}{2}+\delta, \frac{N-3}{2}\right)}(-\cos\theta) \sin^{n-2}\theta d\theta$$

$$= \gamma_N^\delta |\Omega_{n-1}| (-1)^N \int_0^{\frac{\pi}{N}} \varphi_\xi(\pi-\theta) P_N^{\left(\frac{N-3}{2}, \frac{n-1}{2}+\delta\right)} \cdot$$

$$(\cos\theta) \sin^{n-2}\theta d\theta \gamma_N^\delta |\Omega_{n-1}| O(N^{\frac{n-3}{2}}) \cdot$$

$$\int_0^{\frac{\pi}{N}} \varphi_\xi(\pi-\theta) \sin^{n-2}\theta d\theta$$

$$= O(N^{n-2-\delta}) \int_0^{\frac{\pi}{N}} \varphi_\xi(\pi-\theta) \sin^{n-2}\theta d\theta$$

而

$$\left| \int_0^{\frac{\pi}{N}} \varphi_\xi(\pi-\theta) \sin^{n-2}\theta d\theta \right|$$

$$\leqslant \bigvee_0^\pi (\varphi_\xi) \int_0^{\frac{\pi}{N}} \theta^{n-2}$$

$$= \frac{\pi^{n-1}}{n-1} \cdot \frac{1}{N^{n-1}} \bigvee_0^\pi (\varphi_\xi)$$

$$= O\left(\frac{1}{N^{n-1}}\right)$$

所以

288

$$I_3 = O(N^{\delta-1}) = O\left(\frac{1}{N}\right)$$

综合以上结论有

$$\left| E_N^{\delta}(f)(\xi) - f(\xi) \right| = \gamma_N^{\delta} \left| \Omega_{n-1} \right| \left| I_1 + I_2 + I_3 \right|$$

$$O\left(\frac{1}{N}\right) \sum_{k=1}^{N-1} \bigvee_0^{\frac{\pi}{k}} (\varphi_{\xi}) + O(1) \bigvee_0^{\frac{\pi}{N}} (\varphi_{\xi}) + O\left(\frac{1}{N}\right)$$

$$= O\left(\frac{1}{N}\right) \left(\sum_{k=1}^{N-1} \bigvee_0^{\frac{\pi}{k}} (\varphi_{\xi}) + N \bigvee_0^{\frac{\pi}{k}} (\varphi_{\xi}) \right) + O\left(\frac{1}{N}\right)$$

而

$$N \bigvee_0^{\frac{\pi}{k}} (\varphi_{\xi}) \leqslant \sum_{k=1}^{N-1} \bigvee_0^{\frac{\pi}{k}} (\varphi_{\xi})$$

从而当 $\delta \geqslant \lambda$ 时存在常数 $B > 0$,使得

$$\left| E_N^{\delta}(f)(\xi) - f(\xi) \right| \leqslant \frac{B}{N} \sum_{k=1}^{N-1} \bigvee_0^{\frac{\pi}{k}} (\varphi_{\xi})$$

类似可证当 $\lambda - 1 < \delta < \lambda$ 时

$$\left| E_N^{\delta}(f)(\xi) - f(\xi) \right| \leqslant \frac{C}{N^{1+\delta-\lambda}} \sum_{k=1}^{N-1} K^{\delta-\lambda} \bigvee_0^{\frac{\pi}{k}} (\varphi_{\xi})$$

定理证毕.

具有分段有界变差系数的三角级数的一个性质[①]

第28章

浙江理工大学数学研究所的何基龙教授2014年将莱因德勒(Leindler)定理的条件推广到 PBVS 中. 当正弦级数的傅里叶系数满足分段有界变差条件时,结合最佳逼近的定义,运用分段讨论方法,在 $L_{2\pi}^p$ 范数下研究得到正弦级数的最佳逼近与傅里叶系数之间的关系式,并对关系式进行了证明.

1. 引言

本章中记 $f(x) := \sum_{n=1}^{\infty} a_n \sin nx$, $S_n(f, x)$ 为级数的 n 阶部分和,$E_n(f, p)$ 为 f 在 $L_{2\pi}^p$ 中的 n 次多项式逼近的最佳逼近.

在三角级数的一致收敛性与傅里叶级数的 L_1 收敛中,单调性条件的推广得到

---

① 本章引自 2014 年第 31 卷第 1 期的《浙江理工大学学报(自然科学版)》,原作者为浙江理工大学数学研究所的何基龙.

了如下的结果,详细定义可见文献[1]

$$RBVS \subseteq NBVS \subseteq MVBVS$$

在 $L_{2\pi}^p$ 空间中三角级数的最佳逼近与傅里叶系数的关系,莱因德勒得到了如下的结论:

对于 $f(x) := \sum_{n=1}^{\infty} a_n \sin nx$,当 $\{a_n\} \in RBVS$,如果 $1 < p < \infty$,并且

$$\sum_{n=1}^{\infty} a_n^p n^{p-2} < \infty$$

则

$$E(f,p) \leqslant C\Big(a_{n+1}(n+1)^{\frac{1}{q}} + \Big(\sum_{k=n+1}^{\infty} a_k^p k^{p-2}\Big)^{\frac{1}{p}}\Big)$$
$$(n = 0,1,2\cdots)$$

这里 $q = \dfrac{p}{p-1}$.

上面结果最近被推广到了 NBVS 中,并且得到了与上面一样的结果,但无论是 RBVS 还是 NBVS 都要求系数是非负的. 一些研究者也研究了系数不一定是非负时的收敛问题,Telyakovskii 考虑了具有罕变系数的级数收敛问题. 周颂平教授等最先使用有界变差的概念,得到了许多的结果,例如在三角级数的一致收敛与可积性方面的研究.

下面给出分段有界变差数列的定义,简记 PBVS.

定义 1　设 $\{n_k\}$ 是一个满足哈达玛条件以及 $n_1 = 1$ 的缺项级数,即存在一个正常数 δ,使得

$$\frac{n_{k+1}}{n_k} \geqslant \delta > 1 \quad (k = 1,2,\cdots)$$

B - 数列与有界变差

一个数列 $\lambda = \{\lambda_n\}$ 被称为 PBVS,以记号 $\lambda \in$ PBVS 表示,如果它满足 $n_0 = 0$ 并且对于 $n_{m-1} < n \leq n_m, m = 1,$ $2, \cdots$ 满足下列条件①或②之一:

①存在一个仅依赖于 λ 的正常数 $C(\lambda)$,使得

$$\sum_{k = n_{m-1}+1}^{n-1} |\Delta\lambda_k| \leq C(\lambda) |\lambda_n| \quad (n_{m-1} + 1 < n \leq n_m)$$

进一步,对应于 $n_{m-1} + 1 < n \leq n_m, \lambda_n$ 保持符号并且有 $\delta_0, 1 < \delta_0 < \delta$,使得

$$\left|\lambda_{n_m}\right| \leq C(\lambda) \left|\lambda_{\left[\frac{n_m}{\delta_0}\right]-1}\right|$$

②存在一个仅依赖于 λ 的正常数 $C(\lambda)$,使得

$$\sum_{k = n}^{n_m-1} |\Delta\lambda_k| \leq C(\lambda) |\lambda_n| \quad (n_{m-1} + 1 < n \leq n_m)$$

进一步,对于 $n_{m-1} + 1 < n \leq n_m, \lambda_n$ 保持符号并且有 δ_0, $1 < \delta_0 < \delta$,使得

$$\left|\lambda_{n_{m-1}} + 1\right| \leq C(\lambda) \left|\lambda_{\left[\delta_0 n_{m-1}\right]+1}\right|$$

显然上面的定义就包括了在 $\left[n_{k-1} + 1, n_k\right]$ 上保号且其绝对值为非负递增(递减)的数列必定满足条件①或②.

本章把莱因德勒定理中的条件推广到 PBVS 中,得到了最佳逼近与傅里叶系数之间的关系. 文中 C 总表示一个正常数,不同场合可能不同.

2. 结论与引理

定理 1 设 $f(x) := \sum_{n=1}^{\infty} a_n \sin nx$,其中 $\{a_n\} \in$ PBVS. 若 $1 < p < \infty$,且 $\sum_{n=1}^{\infty} a_n^p n^{p-2} < \infty$ 成立,则有

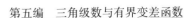

$$E_n(f,p) \leqslant C \Big(a_{n+1} n^{\frac{1}{q}} + \Big(\sum_{k=n+1}^{\infty} a_k^p k^{p-2} \Big)^{\frac{1}{p}} \Big)$$

其中 $q = \dfrac{p}{p-1}$.

引理 1   若 $\{\lambda_n\} \in \mathrm{PBVS}$, 则对所有 $j \geqslant 1$, 有

$$\sum_{k=j}^{\infty} |\Delta\lambda_k| \leqslant C \Big(|\lambda_j| + \sum_{k=j}^{\infty} \frac{|\lambda_k|}{k} \Big)$$

引理 2   设 $\{\lambda_n\} \in \mathrm{PBVS}$, 若对于某个固定非负整数 s 及 $n_s + 1 \leqslant n \leqslant n_{s+1}$, λ_n 满足条件①, 则有

$$|\lambda_{n_{s+1}}| \leqslant C \sum_{i=\left[\frac{n_{s+1}}{\delta_0}\right]-1}^{n_{s+1}} \frac{|\lambda_i|}{i}$$

以及

$$|\lambda_n| \leqslant C |\lambda_{n_{s+1}}|$$

特别

$$|\lambda_{n_s+1}| \leqslant C |\lambda_{n_{s+1}}|$$

若对于某个固定非负整数 s 及 $n_s + 1 \leqslant n \leqslant n_{s+1}$, λ_n 满足条件②, 则有

$$|\lambda_{n_s+1}| \leqslant C \sum_{i=n_s+1}^{\left[\delta_0 n_s\right]+1} \frac{|\lambda_i|}{i}$$

以及

$$|\lambda_n| \leqslant C |\lambda_{n_{s+1}}|$$

特别

$$|\lambda_{n_s+1}| \leqslant C |\lambda_{n_{s+1}}|$$

引理 3   若 $p \geqslant 1$, $a_n \geqslant 0$, $\lambda_n > 0$, $n = 1, 2, \cdots$ 时, 有

$$\sum_{n=1}^{\infty} \lambda_n \Big(\sum_{k=1}^{n} \alpha_k \Big)^p \leqslant p^p \sum_{n=1}^{\infty} \lambda_n^{1-p} \Big(\sum_{k=n}^{\infty} \lambda_k \Big)^p \alpha_n^p$$

$$\sum_{n=1}^{\infty} \lambda_n \Big(\sum_{k=n}^{\infty} \alpha_k \Big)^p \leqslant p^p \sum_{n=1}^{\infty} \lambda_n^{1-p} \Big(\sum_{k=1}^{n} \lambda_k \Big)^p \alpha_n^p$$

3. 结论的证明

定理 1 的证明　记

$$D_n(x) = \sum_{k=1}^{n} \sin kx \quad (x \in (0, \pi])$$

则

$$|D_n(x)| \leqslant \frac{\pi}{|x|}$$

$\{a_n\}$ 属于 PBVS,由阿贝尔变换和引理 1,2 知,设 $n_j < n+1 \leqslant n_{j+1}$ 时,得到

$$|f(x) - S_n(f, x)|$$

$$\leqslant \Big| \sum_{k=n+1}^{n_{j+1}} a_k \sin kx \Big| + \sum_{s=j+1}^{\infty} \Big| \sum_{k=n_s+1}^{n_{s+1}} a_k \sin kx \Big|$$

$$= I_1 + I_2$$

如果对于 $n_j < n+1 \leqslant n_{j+1}$,$\{a_n\}$ 满足条件①或②时,都有

$$|a_{n_{j+1}}| \leqslant C \Big(|a_{n+1}| + \sum_{k=n+1}^{\infty} \frac{|a_k|}{k} \Big)$$

则

$$I_1 \leqslant |a_{n+1} D_n(x)| + |a_{n_{j+1}} D_{n_{j+1}}(x)| +$$

$$\sum_{k=n+1}^{n_{j+1}-1} |\Delta a_k| |D_k(x)|$$

$$\leqslant \frac{C}{x} \Big(|a_{n+1}| + |a_{n_{j+1}}| + \sum_{k=n+1}^{n_{j+1}-1} |\Delta a_k| \Big)$$

$$\leqslant \frac{C}{x} \Big(|a_{n+1}| + \sum_{k=n+1}^{\infty} \frac{|a_k|}{k} \Big)$$

因为

$$\frac{n_{s+1}}{\delta_0} \geqslant \frac{\delta}{\delta_0} n_s > n_s, \delta_0 n_s \leqslant \frac{\delta_0}{\delta} n_{s+1} \leqslant n_{s+1}$$

得到

$$\sum_{s=j+1}^{\infty} (|a_{n_{s+1}}| + |a_{n_{s+1}}|)$$

$$\leqslant C \sum_{s=j+1}^{\infty} \left(\sum_{i=\left[\frac{n_{s+1}}{\delta_0}\right]-1}^{n_{s+1}} \frac{|a_i|}{i} + \sum_{i=n_{s+1}}^{[\delta_0 n_s]+1} \frac{|a_i|}{i} \right)$$

$$\leqslant C \sum_{k=n_{j+1}}^{\infty} \frac{|a_k|}{k} \leqslant C \sum_{k=n+1}^{\infty} \frac{|a_k|}{k}$$

$$\sum_{s=j+1}^{\infty} \sum_{k=n_s+1}^{n_{s+1}-1} |\Delta a_k| \leqslant C \left(|a_{n+1}| + \sum_{k=n+1}^{\infty} \frac{|a_k|}{k} \right) +$$

$$C \left(\sum_{s=j+2}^{\infty} \sum_{k=n_{s-1}+1}^{n_{s+1}} \frac{|a_k|}{k} \right)$$

则

$$I_2 \leqslant \frac{C}{x} \sum_{s=j+1}^{\infty} \left(|a_{n_{s+1}}| + |a_{n_{s+1}}| + \sum_{k=n_s+1}^{n_{s+1}-1} |\Delta a_k| \right)$$

$$\leqslant \frac{C}{x} \left(|a_{n+1}| + \sum_{k=n+1}^{\infty} \frac{|a_k|}{k} + \sum_{s=j+2}^{\infty} \sum_{k=n_{s-1}+1}^{n_{s+1}} \frac{|a_k|}{k} \right)$$

$$\leqslant \frac{C}{x} \left(|a_{n+1}| + \sum_{k=n+1}^{\infty} \frac{|a_k|}{k} \right)$$

结合 I_1 与 I_2 得

$$|f(x) - s_n(f,x)| \leqslant \frac{C}{x} \left(|a_{n+1}| + \sum_{k=n+1}^{\infty} \frac{|a_k|}{k} \right)$$

则

B – 数列与有界变差

$$\int_0^\pi |f - S_n(f,x)|^p \mathrm{d}x$$

$$= \int_0^{\frac{\pi}{n+1}} |f - S_n(f,x)|^p \mathrm{d}x + \int_{\frac{\pi}{n+1}}^\pi |f - S_n(f,x)|^p \mathrm{d}x$$

$$= J_1 + J_2$$

结合上面结果分别求得

$$J_1 = \sum_{m=1}^n \int_{\frac{\pi}{m+1}}^{\frac{\pi}{m}} |f - S_n(f,x)|^p \mathrm{d}x$$

$$\leqslant C \Big(\sum_{m=1}^n m^{p-2} (a_{n+1})^p + \Big(\sum_{k=n+1}^\infty \frac{|a_k|}{k} \Big)^p \Big)$$

$$\leqslant C \Big(n^{p-1} a_{n+1}^p + n^{p-1} \Big(\sum_{k=n+1}^\infty \frac{|a_k|}{k} \Big)^p \Big)$$

由赫尔德不等式知

$$n^{p-1} \Big(\sum_{k=n+1}^\infty \frac{|a_k|}{k} \Big)^p = n^{p-1} \sum_{k=n+1}^\infty a_k^p k^{p-2} \Big(\sum_{k=n+1}^\infty k^{(\frac{2}{p}-2)\frac{p}{p-1}} \Big)^{p-1}$$

$$\leqslant C \sum_{k=n+1}^\infty a_k^p k^{p-2}$$

因此

$$J_1 \leqslant C \Big(n^{p-1} a_{n+1}^p + \sum_{k=n+1}^\infty a_k^p k^{p-2} \Big)$$

再由 PBVS 的定义,且对某个 $\mu \geqslant 0$,有 $n_\mu < m \leqslant n_{\mu+1}$,$m \geqslant n+1$,于是

$$J_2 = \sum_{m=n+1}^\infty \int_{\frac{\pi}{m+1}}^{\frac{\pi}{m}} |f - S_n(f,x)|^p \mathrm{d}x$$

$$= \sum_{m=n+1}^\infty \int_{\frac{\pi}{m+1}}^{\frac{\pi}{m}} \Big(\Big| \sum_{k=n+1}^m a_k \sin kx \Big| + \Big| \sum_{k=m+1}^{n_{\mu+1}} a_k \sin kx \Big| +$$

$$\sum_{j=\mu+1}^\infty \Big| \sum_{k=n_j+1}^{n_{j+1}} a_k \sin kx \Big| \Big)^p \mathrm{d}x$$

296

$$\leqslant C \sum_{m=n+1}^{\infty} \int_{\frac{\pi}{m+1}}^{\frac{\pi}{m}} \Big| \sum_{k=n+1}^{m} a_k \Big|^p + \Big(\Big| \sum_{k=m+1}^{n_{\mu+1}} a_k \sin kx \Big| +$$

$$\sum_{j=\mu+1}^{\infty} \Big| \sum_{k=n_j+1}^{n_{j+1}} a_k \sin kx \Big| \Big)^p \mathrm{d}x$$

由前面知

$$\Big| \sum_{k=m+1}^{n_{\mu+1}} a_k \sin kx \Big| + \sum_{j=\mu+1}^{\infty} \Big| \sum_{k=n_j+1}^{n_{j+1}} a_k \sin kx \Big|$$

$$\leqslant \frac{C}{x} \Big(|a_{m+1}| + \sum_{k=m+1}^{\infty} \frac{|a_k|}{k} \Big)$$

代入 J_2 得

$$J_2 \leqslant C \sum_{m=n+1}^{\infty} m^{-2} \Big(\sum_{k=n+1}^{m} a_k \Big)^p + C \sum_{m=n+1}^{\infty} m^{p-2} \Big(a_{m+1}^p +$$

$$\Big(\sum_{k=m+1}^{\infty} \frac{|a_k|}{k} \Big)^p \Big)$$

其中在文献[6]中已经证明了

$$\sum_{m=n+1}^{\infty} m^{-2} \Big(\sum_{k=n+1}^{m} a_k \Big)^p \leqslant C \Big(\sum_{k=n+1}^{\infty} a_k^p k^{p-2} \Big)$$

同样地由引理 3 与 J_1 中后半部分的证明得到

$$J_2 \leqslant C \Big(\sum_{k=n+1}^{\infty} a_k^p k^{p-2} \Big)$$

结合 J_1 与 J_2 得到结论

$$E_n(f,p) \leqslant C \Big(a_{n+1} n^{\frac{1}{q}} + \Big(\sum_{k=n+1}^{\infty} a_k^p k^{p-2} \Big)^{\frac{1}{p}} \Big)$$

其中

$$q = \frac{p}{p-1}$$

得证.

参考文献

［1］周颂平. 三角级数研究中的单调性条件：发展与应用［M］. 北京：科学出版社,2012.

［2］周颂平,乐瑞君. 单调性条件在 Fourier 级数收敛性中的最终推广：历史,发展,应用和猜想［J］. 数学进展,2011,40：129-155.

［3］HARDY, LITTLEWOOD. Elementary theorems concerning power series with positive coefficients and moment constants of positive function［J］. J. Fur Math, 1927,157：141-158.

［4］周颂平,虞旦盛,周平. 有分段有界变差系数的三角级数［J］. 数学学报,2008,51：633-646.

［5］梅颖,韦宝荣. 关于 Leindler 的两个定理的推广［J］. 浙江大学学报：理学版,2009,36：620-626.

［6］LEINDLER. Best approximation and Fourier coefficients［J］. Anal Math,2005,31：117-129.

第 六 编
有界变差函数的应用

有界变差函数的一个性质及应用[①]

第29章

湖南财经学院的赵志坚与国防科学技术大学应用数学系的粟塔山两位教授 1996 年表述并证明了有界变差函数一个很有用的性质. 利用该性质, 给出了一类最优控制问题极值条件的另一种证明.

1. 记号和预备结论

$C[t_0, t_1]$ 表示区间 $[t_0, t_1]$ 上连续函数空间, $C^n[t_0, t_1]$ 表示 $[t_0, t_1]$ 上 n 维连续矢量函数空间. $NBV[t_0, t_1]$ 表示 $[t_0, t_1]$ 上规范化的有界变差函数空间, 即在点 t_0 为零, 且在 $[t_0, t_1)$ 上右连续的有界变差函数类. $NBV^n[t_0, t_1]$ 有类似的意义. 下面三个定理是泛函最优化领域的经典结果.

[①]　引自 1996 年第 13 卷第 2 期的《经济数学》, 原作者为湖南财经学院的赵志坚与国防科学技术大学的粟塔山.

定理 1（变分基本引理） 若 $\alpha(t),\beta(t) \in C[t_0,t_1]$，对任意在 $[t_0,t_1]$ 上连续可微且满足 $h(t_0)=h(t_1)=0$ 的函数 $h(t)$，有

$$\int_{t_0}^{t_1}\left[\alpha(t)h(t)+\beta(t)\overset{*}{h}(t)\right]\mathrm{d}t = 0$$

则 $\beta(t)$ 在 $[t_0,t_1]$ 上连续可微，且在 $[t_0,t_1]$ 上成立

$\overset{*}{\beta}(t)=\alpha(t)$.

定理 2（Riesz 表现定理） $C^n[t_0,t_1]$ 的对偶空间是 $NBV^n[t_0,t_1]$. 即对 $C^n[t_0,t_1]$ 上任一有界线性泛函 J，存在唯一的 n 维矢量函数 $\boldsymbol{\lambda}(t) \in NBV^n[t_0,t_1]$，使得对任意的 $\boldsymbol{x}(t) \in C^n[t_0,t_1]$

$$J(x) = \int_{t_0}^{t_1}\boldsymbol{x}^{\mathrm{T}}(t)\,\mathrm{d}\boldsymbol{\lambda}(t) = \sum_{i=1}^{n}\int_{t_0}^{t_1}x_i(t)\,\mathrm{d}\lambda_i(t)$$

设 X,Z 是两个巴拿赫空间，f 是 X 上 Fréchet 可微的实泛函，H 是 X 到 Z 的 Fréchet 可微映射. Z^* 表示 Z 的对偶空间. $x_0 \in X$ 是映射 H 的正则点是指，H 在 x_0 处的 Fréchet 导数 $H'(x_0)$ 是 X 到 Z 的满映射. 在上述意义下，我们有

定理 3（拉格朗日） 如果 f 在满足约束 $H(x)=\theta$ 的条件下，在正则点 x_0 处取极值，则存在 $z_0^* \in Z^*$，使得对任意的 $h \in X$

$$\delta f(x_0,h)+\langle \delta H(x_0,h),z_0^*\rangle =0$$

这里，$\delta f(x_0,h)$ 表示实泛函 f 在 x_0 处关于 h 的变分，$\delta H(x_0,h)$ 有类似的意义，$\langle *,z_0^*\rangle$ 表示有界线性泛函 z_0^* 在相应点处的取值.

2. 主要结果

定理 2 的结论是优美而深刻的,但是一般的有界变差函数不具有良好的解析性质,而且 stieltjes 积分也不如黎曼积分那样有各种灵活的运算处理手段. 所以,通常情况下,定理 2 的结果难以进一步展开. 下面表述了有界变差函数的一个性质,将此性质与定理 3 结合起来,对处理实际问题中有约束的泛函极值问题,有相当广泛的使用价值. 因为连续函数空间(或连续矢量函数空间)是最常用的空间.

引理 1　设 $\lambda(t) \in NBV[t_0, t_1]$, $\alpha \in (t_0, t_1)$, $\lambda(\alpha - 0)$ 表示 $\lambda(t)$ 在 α 处的左极限,即

$$\lambda(\alpha - 0) = \lim_{t \to a^-} \lambda(t)$$

则有

$$\lim_{n \to \infty} n \cdot \int_{a - \frac{1}{n}}^{a} \lambda(t)\,\mathrm{d}t = \lambda(\alpha - 0)$$

$$\lim_{n \to \infty} n \cdot \int_{a}^{a + \frac{1}{n}} \lambda(t)\,\mathrm{d}t = \lambda(\alpha)$$

证明　由左极限的意义,对任意给定的 $\varepsilon > 0$,存在 $\delta > 0$,使得当 $t \in (\alpha - \delta, \alpha)$ 时,总有

$$|\lambda(t) - \lambda(\alpha - 0)| < \varepsilon$$

令 n 充分大,使得 $\alpha - \frac{1}{n} \in (\alpha - \delta, \alpha)$,此时总有

$$\left| n \cdot \int_{a - \frac{1}{n}}^{a} \lambda(t)\,\mathrm{d}t - \lambda(\alpha - 0) \right|$$

$$= \left| n \cdot \int_{a - \frac{1}{n}}^{a} (\lambda(t) - \lambda(\alpha - 0))\,\mathrm{d}t \right|$$

$$\leqslant n \cdot \int_{\alpha - \frac{1}{n}}^{\alpha} |\lambda(t) - \lambda(\alpha - 0)|\,\mathrm{d}t < \varepsilon$$

所以

$$\lim_{n\to\infty} n \cdot \int_{\alpha-\frac{1}{n}}^{\alpha} \lambda(t)\,\mathrm{d}t = \lambda(\alpha-0)$$

此外,由 $\lambda(t)$ 在 α 处的右连续性,同理可证

$$\lim_{n\to\infty} n \cdot \int_{\alpha}^{\alpha+\frac{1}{n}} \lambda(t)\,\mathrm{d}t = \lambda(\alpha)$$

证毕.

定理 4 设 $x(t), y(t) \in C[t_0, t_1]$, $\lambda(t) \in NBV[t_0, t_1]$,如果对任意的 $h(t) \in C[t_0, t_1]$,都有

$$\int_{t_0}^{t_1} (x(t) + \lambda(t)y(t))h(t)\,\mathrm{d}t +$$

$$\int_{t_0}^{t_1} h(t)\,\mathrm{d}\lambda(t) + ph(t_1) = 0 \qquad (1)$$

则 $\lambda(t)$ 在 $[t_0, t_1)$ 中连续可微,且在 $[t_0, t_1)$ 中满足

$$-\dot{\lambda}(t) = x(t) + \lambda(t)y(t)$$

而在点 t_1 处, $\lambda(t)$ 有跳跃 $-p$. 如果 $p = 0$,则上述结果在 $[t_0, t_1]$ 上成立.

证明 下面分三步来证明.

(1)证明 $\lambda(t)$ 在 $[t_0, t_1)$ 中连续,在点 t_1 有跳跃 $-p$.

因为 $\lambda(t) \in NBV[t_0, t_1]$, $\lambda(t)$ 在点 t_0 处右连续,只须证 $\lambda(t)$ 在 (t_0, t_1) 中连续.

假若 $\lambda(t)$ 在 $\alpha \in (t_0, t_1)$ 处不连续. 因有界变差函数只能有第一类间断点,故不妨设

$$\lim_{t\to\alpha^-} \lambda(t) = \lambda(\alpha-0) \neq \lambda(\alpha)$$

作 $[t_0, t_1]$ 上连续函数 $h_n(t)$ 如下(图1)

$$h_n(t) = \begin{cases} 0, t_0 \leqslant t < \alpha - \dfrac{1}{n} \\[2mm] n(t-\alpha)+1, \alpha - \dfrac{1}{n} \leqslant t \leqslant \alpha \\[2mm] -n(t-\alpha)+1, \alpha < t \leqslant \alpha + \dfrac{1}{n} \\[2mm] 0, a + \dfrac{1}{n} < t \leqslant t_1 \end{cases}$$

这里 n 恰当大, 使

$$\alpha - \frac{1}{n} > t_0, \alpha + \frac{1}{n} < t_1$$

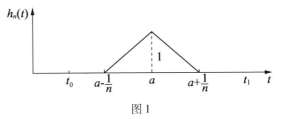

图 1

由式(1), 并注意到 $h_n(t_1) = 0$, 则有

$$\int_{\alpha - \frac{1}{n}}^{\alpha + \frac{1}{n}} [x(t) + \lambda(t)y(t)] h_n(t) \mathrm{d}t + \int_{\alpha - \frac{1}{n}}^{\alpha + \frac{1}{n}} h_n(t) \mathrm{d}\lambda(t) = 0$$

$$(2)$$

若记 $M = \sup\limits_{t \in [t_0, t_1]} |x(t) + \lambda(t)y(t)|$, 显然有

$$\left| \int_{\alpha - \frac{1}{n}}^{\alpha + \frac{1}{n}} [x(t) + \lambda(t)y(t)] h_n(t) \mathrm{d}t \right| \leqslant M \cdot \frac{2}{n}$$

所以

$$\int_{\alpha - \frac{1}{n}}^{\alpha + \frac{1}{n}} [x(t) + \lambda(t)y(t)] h_n(t) \mathrm{d}t \to 0 \quad (n \to \infty)$$

下面来计算式(2)中第二项积分. 由分部积分公式, 并

注意到

$$h_n\left(\alpha - \frac{1}{n}\right) = h_n\left(\alpha + \frac{1}{n}\right) = 0$$

则有

$$
\begin{aligned}
\int_{\alpha-\frac{1}{n}}^{\alpha+\frac{1}{n}} h_n(t)\,\mathrm{d}\lambda(t) &= -\int_{\alpha-\frac{1}{n}}^{\alpha+\frac{1}{n}} \lambda(t)\,\mathrm{d}h_n(t) \\
&= -\int_{\alpha-\frac{1}{n}}^{\alpha} - \int_{\alpha}^{\alpha+\frac{1}{n}} \\
&= -n \cdot \int_{\alpha-\frac{1}{n}}^{\alpha} \lambda(t)\,\mathrm{d}t + n \cdot \int_{\alpha}^{\alpha+\frac{1}{n}} \lambda(t)\,\mathrm{d}t
\end{aligned}
$$

由引理即知

$$\int_{\alpha-\frac{1}{n}}^{\alpha+\frac{1}{n}} h_n(t)\,\mathrm{d}\lambda(t) \to \lambda(\alpha) - \lambda(\alpha-0) \quad (n \to \infty)$$

在式(2)中,令 $n \to \infty$,即得 $\lambda(\alpha) - \lambda(\alpha-0) = 0$,此与假设 $\lambda(\alpha) \neq \lambda(\alpha-0)$ 矛盾. 所以,$\lambda(t)$ 在 $[t_0, t_1)$ 中连续.

再证 $\lambda(t)$ 在 t_1 处有跳跃 $-p$. 作 $[t_0, t_1]$ 上连续函数 $h_n(t)$ 如下(图 2)

$$
h_n(t) = \begin{cases}
0, & t_0 \leqslant t < t_1 - \dfrac{1}{n} \\
n(t-t_1) + 1, & t_1 - \dfrac{1}{n} \leqslant t \leqslant t_1
\end{cases}
$$

这里 n 恰当大,使 $t_1 - \dfrac{1}{n} > t_0$.

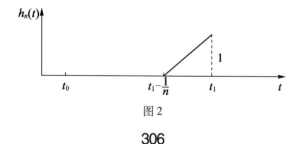

图 2

由式(1)并注意到 $h_n(t_1) = 1$, 则有

$$\int_{t_1 - \frac{1}{n}}^{t_1} \left[x(t) + \lambda(t) y(t) \right] h_n(t) \mathrm{d}t +$$

$$\int_{t_1 - \frac{1}{n}}^{t_1} h_n(t) \mathrm{d}\lambda(t) + p = 0 \qquad (3)$$

与上面证明类似地有

$$\int_{t_1 - \frac{1}{n}}^{t_1} \left[x(t) + \lambda(t) y(t) \right] h_n(t) \mathrm{d}t \to 0 \qquad (n \to \infty)$$

$$\int_{t_1 - \frac{1}{n}}^{t_1} h_n(t) \mathrm{d}\lambda(t)$$

$$= h_n(t) \lambda(t) \bigg| \int_{t_1 - \frac{1}{n}}^{t_1} - \int_{t_1 - \frac{1}{n}}^{t_1} \lambda(t) \mathrm{d}h_n(t)$$

$$= \lambda(t_1) - n \cdot \int_{t_1 - \frac{1}{n}}^{t_1} \lambda(t) \mathrm{d}t \to \lambda(t_1) - \lambda(t_1 - 0)$$

$$(n \to \infty)$$

最后一步利用了引理.

在式(3)中令 $n \to \infty$, 即得

$$\lambda(t_1) - \lambda(t_1 - 0) + p = 0$$

也即

$$\lambda(t_1) - \lambda(t_1 - 0) = -p$$

所以, $\lambda(t)$ 在 t_1 处有跳跃 $-p$.

(2)证明当 $p = 0$ 时, $\lambda(t)$ 在 $[t_0, t_1]$ 上连续可微, 且成立 $-\lambda(t) = x(t) + \lambda(t) y(t)$.

当 $p = 0$ 时, 由(1)即知, $\lambda(t)$ 在 $[t_0, t_1]$ 上连续. 因为式(1)对任意的 $h(t) \in C[t_0, t_1]$ 成立, 那么, 特别对于在 $[t_0, t_1]$ 上连续可微且 $h(t_0) = h(t_1) = 0$ 的 $h(t)$ 成立, 于是, 对这样的 $h(t)$, 有

$$\int_{t_0}^{t_1} \left[x(t) + \lambda(t) y(t) \right] h(t)\,\mathrm{d}t + \int_{t_0}^{t_1} h(t)\,\mathrm{d}\lambda(t) = 0$$

$$(4)$$

对式（4）中第二项分部积分，注意到

$$h(t_0) = h(t_1) = 0$$

则有

$$\int_{t_0}^{t_1} h(t)\,\mathrm{d}\lambda(t) = -\int_{t_0}^{t_1} \lambda(t) h(t)\,\mathrm{d}t$$

再代入式（4），即得

$$\int_{t_0}^{t_1} \left[(x(t) + \lambda(t) y(t)) h(t) - \lambda(t)\dot{h}(t) \right]\mathrm{d}t = 0$$

由定理1，可知 $\lambda(t)$ 在 $[t_0, t_1]$ 上连续可微，且

$$-\dot{\lambda}(t) = x(t) + \lambda(t) y(t)$$

（3）一般情形，即 $p \neq 0$，证明 $\lambda(t)$ 在 $[t_0, t_1)$ 中连续可微，且有

$$-\dot{\lambda}(t) = x(t) + \lambda(t) y(t)$$

对 $t \in [t_0, t_1)$.

任取 $\alpha \in (t_0, t_1)$，作区间 $[r, s]$ 使 $\alpha \in [r, s] \subseteq [t_0, t_1]$.

设 $h(t)$ 是 $[r, s]$ 上任意连续．作 $[t_0, t_1]$ 上连续函数 $h_n(t)$ 如下（图3）

$$h_n(t) = \begin{cases} 0, & t \in \left[t_0, r - \dfrac{1}{n} \right] \\[2mm] nh(r)(t - r) + h(r), & t \in \left(r - \dfrac{1}{n}, r \right] \\[2mm] h(t), & t \in (r, s) \\[2mm] -nh(s)(t - s) + h(s), & t \in \left[s, s + \dfrac{1}{n} \right) \\[2mm] 0, & t \in \left[s + \dfrac{1}{n}, t_1 \right] \end{cases}$$

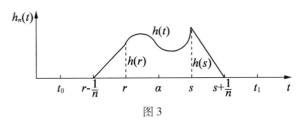

图3

由式(1)并注意到 $h_n(t_1)=0$,则有

$$\int_{t_0}^{t_1}[x(t)+\lambda(t)y(t)]h_n(t)\mathrm{d}t+\int_{t_0}^{t_1}h_n(t)\mathrm{d}\lambda(t)=0$$

将上面的积分在各区间上分段写出:即有

$$\int_{r-\frac{1}{n}}^{r}[x(t)+\lambda(t)y(t)]h_n(t)\mathrm{d}t+\int_{r}^{s}[x(t)+$$

$$\lambda(t)y(t)]h(t)\mathrm{d}t+\int_{s}^{s+\frac{1}{n}}[x(t)+\lambda(t)y(t)]h_n(t)\mathrm{d}t+$$

$$\int_{r-\frac{1}{n}}^{r}h_n(t)\mathrm{d}\lambda(t)+\int_{r}^{s}h(t)\mathrm{d}\lambda(t)+\int_{s}^{s+\frac{1}{n}}h_n(t)\mathrm{d}\lambda(t)=0$$

$$(5)$$

显然,式(5)中第一项和第三项积分当 $n\to\infty$ 时趋于零. 对于第四项和第六项积分

$$\int_{r-\frac{1}{n}}^{r}h_n(t)\mathrm{d}\lambda(t)$$

$$=h_n(t)\lambda(t)\Big|_{r-\frac{1}{n}}^{r}-\int_{r-\frac{1}{n}}^{r}\lambda(t)\mathrm{d}h_n(t)$$

$$=h(r)\lambda(r)-h(r)\cdot n\cdot\int_{r-\frac{1}{n}}^{r}\lambda(t)\mathrm{d}t\to$$

$$h(r)\lambda(r)-h(r)\lambda(r-0)$$

$$=0$$

这里,倒数第二步利用了引理,最后一步是因为(1)中

已证明 $\lambda(t)$ 在 r 处连续. 同理

$$\int_s^{s+\frac{1}{n}} h_n(t)\,\mathrm{d}\lambda(t) \to 0 \quad (n \to \infty)$$

于是,在式(5)中令 $n \to \infty$,得到

$$\int_r^s [x(t) + \lambda(t)y(t)]h(t)\,\mathrm{d}t + \int_r^s h(t)\,\mathrm{d}\lambda(t) = 0$$

由于 $h(t)$ 的任意性及(2)已证明的结果, $\lambda(t)$ 在 $[r,s]$ 上连续可微,从而在 α 处连续可微. 最后关于 t_0 处,也可类似地证明. 所以,在 $[t_0,t_1)$ 上, $\lambda(t)$ 连续可微,且成立

$$-\dot\lambda(t) = x(t) + \lambda(t)y(t)$$

3. 应用

设受控系统在 $[t_0,t_1]$ 上满足如下微分方程组及初值条件

$$\begin{cases} \dot{\boldsymbol{x}}(t) = f(\boldsymbol{x}(t),\boldsymbol{u}(t)) \\ \boldsymbol{x}(t_0) = \boldsymbol{x}_0 \end{cases} \tag{6}$$

式中 $\boldsymbol{x}(t) = (x_1(t) \cdots x_n(t))^{\mathrm{T}}$ 为 n 维状态矢量, $\boldsymbol{u}(t) = (u_1(t) \cdots u_m(t))^{\mathrm{T}}$ 为 m 维控制矢量, $\boldsymbol{f} = (f_1 \cdots f_n)^{\mathrm{T}}$ 是 $\mathbf{R}^n \times \mathbf{R}^m$ 到 $\mathbf{R}^n$ 的映射, f 关于 $\boldsymbol{x}$ 和 $\boldsymbol{u}$ 连续可微. 假定该系统是可控的,取允许控制类为 $U = C^m[t_0, t_1]$,且假定任给一个 $\boldsymbol{u} \in U$,方程(6)产生唯一的连续解 $\boldsymbol{x}(t)$,称为系统的容许轨道. 所有允许轨道类取为 $X = C^n[t_0, t_1]$,现在,要求最优控制 $u_0(t) \in U$,使轨道 $x_0(t)$ 满足系统方程(6)和终点约束

$$\boldsymbol{G}\boldsymbol{x}(t_1) = \boldsymbol{c} \tag{7}$$

并使目标泛函

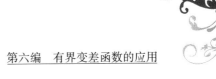

$$J = \int_{t_0}^{t_1} L(\boldsymbol{x}(t), \boldsymbol{u}(t)) \mathrm{d}t$$

取极值. 这里, $\boldsymbol{G}$ 是 $r \times n$ 的行满秩矩阵, $\boldsymbol{c}$ 是 r 维向量, L 关于 $\boldsymbol{x}$ 和 $\boldsymbol{u}$ 连续可微.

J 可视为 $X \times U$ 上的泛函, 容易验证 Fréchet 是可微的. 对任意的 $\boldsymbol{h}(t) \in X, \boldsymbol{v}(t) \in U$, 可算出

$$\delta J(x_0, u_0; \boldsymbol{h}, \boldsymbol{v}) = \int_{t_0}^{t_1} \big[\frac{\partial L}{\partial \boldsymbol{x}}(x_0, u_0)\boldsymbol{h}(t) +$$

$$\frac{\partial L}{\partial \boldsymbol{u}}(x_0, u_0)\boldsymbol{v}(t) \big] \mathrm{d}t$$

其中

$$\frac{\partial L}{\partial \boldsymbol{x}} = \Big(\frac{\partial L}{\partial x_1}, \cdots, \frac{\partial L}{\partial x_n} \Big), \frac{\partial L}{\partial \boldsymbol{u}} = \Big(\frac{\partial L}{\partial u_1}, \cdots, \frac{\partial L}{\partial u_m} \Big)$$

改写(6)为积分形式

$$\boldsymbol{x}(t) - x_0 - \int_{t_0}^{t} f(\boldsymbol{x}(\tau), \boldsymbol{u}(\tau)) \mathrm{d}\tau = 0 \qquad (8)$$

约束分为两部分, 第一部分为过程约束(8), 记为 $A(\boldsymbol{x}, \boldsymbol{u}) = 0$, 第二部分为终点约束(7), 记为 $B(\boldsymbol{x}) = 0$. A 与 B 合在一起形成一个从 $X \times U \to C^n[t_0, t_1] \in \mathbf{R}^r$ 的映射 H. 在可控性假设及 $\boldsymbol{G}$ 行满秩的条件下, 可以证明, 映射 H 在其定义域中是处处正则的.

对任意的 $\boldsymbol{h} \in X, \boldsymbol{v} \in U$, 可以算出

$$\delta A(x_0, u_0; \boldsymbol{h}, \boldsymbol{v})$$

$$= \boldsymbol{h}(t) - \int_{t_0}^{t} \frac{\partial f}{\partial \boldsymbol{x}}(x_0(\tau), u_0(\tau))\boldsymbol{h}(\tau) \, \mathrm{d}\tau -$$

$$\int_{t_0}^{t} \frac{\partial f}{\partial \boldsymbol{u}}(x_0(\tau), u_0(\tau))\boldsymbol{v}(\tau) \mathrm{d}\tau$$

$$\delta B(x_0, \boldsymbol{h}) = \boldsymbol{G}\boldsymbol{h}(t_1) \qquad (9)$$

这里

$$\frac{\partial f}{\partial \boldsymbol{x}} = \begin{bmatrix} \dfrac{\partial f_1}{\partial x_1} & \cdots & \dfrac{\partial f_1}{\partial x_n} \\ \vdots & & \vdots \\ \dfrac{\partial f_n}{\partial x_1} & \cdots & \dfrac{\partial f_n}{\partial x_n} \end{bmatrix}, \frac{\partial f}{\partial \boldsymbol{u}} = \begin{bmatrix} \dfrac{\partial f_1}{\partial u_1} & \cdots & \dfrac{\partial f_1}{\partial u_m} \\ \vdots & & \vdots \\ \dfrac{\partial f_n}{\partial x_1} & \cdots & \dfrac{\partial f_n}{\partial x_m} \end{bmatrix}$$

假设泛函 J 在上述两部分约束下,在 (x_0, u_0) 处取极值,根据定理 3 和定理 2,存在 n 维矢量函数 $\boldsymbol{\lambda}(t) \in NBV^n[t_0, t_1]$ 及 r 维向量 $\boldsymbol{\beta}$(因为 $\mathbf{R}^r$ 的对偶空间为其自身),使得对任意的 $\boldsymbol{h} \in X, \boldsymbol{v} \in U$,都有

$$\delta J(x_0, u_0; \boldsymbol{h}, \boldsymbol{v}) + \langle \delta A(x_0, u_0; \boldsymbol{h}, \boldsymbol{v}), \boldsymbol{\lambda} \rangle + \boldsymbol{\beta}^{\mathrm{T}} Gh(t_1) = 0$$

也即(由式(8)(9))

$$\int_{t_0}^{t_1} \left[\frac{\partial L}{\partial \boldsymbol{x}} h(t) + \frac{\partial L}{\partial \boldsymbol{u}} v(t) \right] \mathrm{d}t + \int_{t_0}^{t_1} \mathrm{d}\boldsymbol{\lambda}^{\mathrm{T}}(t) \left[h(t) - \right.$$

$$\left. \int_{t_0}^{t} \left(\frac{\partial f}{\partial \boldsymbol{x}} h(\tau) + \frac{\partial f}{\partial \boldsymbol{u}} v(\tau) \right) \mathrm{d}\tau \right] + \boldsymbol{\beta}^{\mathrm{T}} Gh(t_1) = 0$$

因为 $\boldsymbol{h}$ 和 $\boldsymbol{v}$ 可以独立地分别取零,故有下二式

$$\int_{t_0}^{t_1} \frac{\partial L}{\partial \boldsymbol{x}} h(t) \mathrm{d}t + \int_{t_0}^{t_1} (\mathrm{d}\boldsymbol{\lambda}^{\mathrm{T}}(t)) \cdot h(t) -$$

$$\int_{t_0}^{t_1} \mathrm{d}\boldsymbol{\lambda}^{\mathrm{T}}(t) \cdot \int_{t_0}^{t} \frac{\partial f}{\partial \boldsymbol{x}} h(\tau) \mathrm{d}\tau + \boldsymbol{\beta}^{\mathrm{T}} Gh(t_1) = 0 \quad (10)$$

$$\int_{t_0}^{t_1} \frac{\partial L}{\partial \boldsymbol{x}} v(t) \mathrm{d}t - \int_{t_0}^{t_1} \mathrm{d}\boldsymbol{\lambda}^{\mathrm{T}}(t) \cdot \int_{t_0}^{t} \frac{\partial f}{\partial \boldsymbol{x}} v(\tau) \mathrm{d}\tau = 0$$

$$(11)$$

将式(11)中第三项分部积分,并注意到 $\boldsymbol{\lambda}(t_0) = 0$,则有

$$\int_{t_0}^{t_1} \mathrm{d}\boldsymbol{\lambda}^{\mathrm{T}}(t) \cdot \int_{t_0}^{t} \frac{\partial f}{\partial \boldsymbol{x}} \boldsymbol{h}(\tau) \mathrm{d}\tau$$

$$= \boldsymbol{\lambda}^{\mathrm{T}}(t_1) \cdot \int_{t_0}^{t_1} \frac{\partial f}{\partial \boldsymbol{x}} \boldsymbol{h}(t) \mathrm{d}t - \int_{t_0}^{t_1} \boldsymbol{\lambda}^{\mathrm{T}}(t) \frac{\partial f}{\partial \boldsymbol{x}} \boldsymbol{h}(t) \mathrm{d}t$$

$$= -\int_{t_0}^{t_1} (\boldsymbol{\lambda}^{\mathrm{T}}(t) - \boldsymbol{\lambda}^{\mathrm{T}}(t_1)) \frac{\partial f}{\partial \boldsymbol{x}} \cdot \boldsymbol{h}(t) \mathrm{d}t$$

代入式(11)即得

$$\int_{t_0}^{t_1} \left[\frac{\partial L}{\partial \boldsymbol{x}} + (\boldsymbol{\lambda}^{\mathrm{T}}(t) - \boldsymbol{\lambda}^{\mathrm{T}}(t_1)) \frac{\partial f}{\partial \boldsymbol{x}} \right] \boldsymbol{h}(t) \mathrm{d}t +$$

$$\int_{t_0}^{t_1} \boldsymbol{h}^{\mathrm{T}}(t) \mathrm{d}\boldsymbol{\lambda}(t) + \boldsymbol{\beta}^{\mathrm{T}} G \boldsymbol{h}(t_1) = 0 \qquad (12)$$

在式(12)中,对 $\boldsymbol{h}(t)$ 的每一个分量使用定理 4,(例如令 $h_2(t) = \cdots = h_n(t) = 0$)可知 $\boldsymbol{\lambda}(t)$ 在 $[t_0, t_1]$ 中连续可微,且满足

$$-\dot{\boldsymbol{\lambda}}(t) = \frac{\partial L}{\partial \boldsymbol{x}} + (\boldsymbol{\lambda}^{\mathrm{T}}(t) - \boldsymbol{\lambda}^{\mathrm{T}}(t_1)) \frac{\partial f}{\partial \boldsymbol{x}} \qquad (13)$$

而在 t_1 处 $\boldsymbol{\lambda}(t)$ 有跳跃 $-\boldsymbol{\beta}^{\mathrm{T}} G$,即

$$\boldsymbol{\lambda}^{\mathrm{T}}(t_1) - \boldsymbol{\lambda}^{\mathrm{T}}(t_1 - 0) = -\boldsymbol{\beta}^{\mathrm{T}} G \qquad (14)$$

另外,再将式(11)中第二项分部积分

$$\int_{t_0}^{t_1} \mathrm{d}\boldsymbol{\lambda}^{\mathrm{T}}(t) \cdot \int_{t_0}^{t} \frac{\partial f}{\partial \boldsymbol{u}} \boldsymbol{v}(\tau) \mathrm{d}\tau$$

$$= \boldsymbol{\lambda}^{\mathrm{T}}(t_1) \cdot \int_{t_0}^{t_1} \frac{\partial f}{\partial \boldsymbol{u}} \boldsymbol{v}(t) \mathrm{d}t - \int_{t_0}^{t} \boldsymbol{\lambda}^{\mathrm{T}}(t) \frac{\partial f}{\partial \boldsymbol{u}} \boldsymbol{v}(t) \mathrm{d}t$$

$$= -\int_{t_0}^{t_1} (\boldsymbol{\lambda}^{\mathrm{T}}(t) - \boldsymbol{\lambda}^{\mathrm{T}}(t_1)) \frac{\partial f}{\partial \boldsymbol{u}} \boldsymbol{v}(t) \mathrm{d}t$$

代入式(11),得到

$$\int_{t_0}^{t_1} \left[\frac{\partial L}{\partial \boldsymbol{u}} + (\boldsymbol{\lambda}^{\mathrm{T}}(t) - \boldsymbol{\lambda}^{\mathrm{T}}(t_1)) \frac{\partial f}{\partial \boldsymbol{u}} \right] \boldsymbol{v}(t) \mathrm{d}t = 0$$

由 $\boldsymbol{v}$ 之任意性,可知

$$\frac{\partial L}{\partial \boldsymbol{u}} + (\boldsymbol{\lambda}^{\mathrm{T}}(t) - \boldsymbol{\lambda}^{\mathrm{T}}(t_1))\frac{\partial f}{\partial \boldsymbol{u}} = 0 \qquad (15)$$

最后将条件(13)(14)(15)简化一点,引入 $\boldsymbol{\rho}(t) = \boldsymbol{\lambda}(t) - \boldsymbol{\lambda}(t_1)$,则式(13)可写成

$$-\dot{\boldsymbol{\rho}}(t) = \frac{\partial}{\partial \boldsymbol{u}}(L(\boldsymbol{x},\boldsymbol{u}) + \boldsymbol{\rho}^{\mathrm{T}}(t)f(\boldsymbol{x},\boldsymbol{u}))\mid_{(x_0,u_0)}$$

$$(16)$$

称为最优控制的协态方程. 而式(15)可写成

$$\frac{\partial}{\partial \boldsymbol{u}}(L(\boldsymbol{x},\boldsymbol{u}) + \boldsymbol{\rho}^{\mathrm{T}}(t)f(\boldsymbol{x},\boldsymbol{u}))\mid_{(x_0,u_0)} = 0 \qquad (17)$$

称为最优控制的极值条件,式(14)可写成

$$\boldsymbol{\rho}^{\mathrm{T}}(t_1 - 0) = \boldsymbol{B}^{\mathrm{T}}\boldsymbol{G} \qquad (19)$$

称为横截条件. 它们与状态方程和初值条件(6)终点约束(7)一起构成一个完整的方程组,据此可确定 $x_0(t),u_0(t),\boldsymbol{\rho}(t)$ 和 $\boldsymbol{\beta}$.

参考文献

[1] LUENBERGER, DAVID G. Optimization By Vector Space Methods[M]. 蒋正新,译. Hoboken:John Wiley & Sons. Inc, 1987.

[2] BLUM E K. The Calculus of Variations, Functional Analysis, and Optimal Control Problems, Topics in Optimization [M]. New York:Academic Press, 1967:417-461.

关于均值有界变差函数的
重要不等式[①]

第 30 章

　　浙江理工大学理学院的万秋阅同学 2015 年在分析均值有界变差数列的相关不等式的基础上,将均值有界变差条件推广到函数空间,并通过分部积分法和适当放缩法等数学方法,建立和证明了勒贝格可测函数在此条件下的两个重要不等式.

1. 引言

　　非负性条件和单调性条件是数学中最基本的两个条件. 三角级数各种收敛性的研究,始于 Chaundy 和 Jolliffe 的关于正弦级数的一致收敛性的一个充要条件的命题,其中对应项的系数满足非负单调性条件(MS). 之后经过 Zhou 等的努力,在保证充分必要条件仍成立的情况下,将单调性条件推广到分组有界变差条件(GBV),非单边有界变差条件(NBV),并最终推广

---

　　① 引自 2015 年第 33 卷第 3 期的《浙江理工大学学报(自然科学版)》,原作者为浙江理工大学理学院的万秋阅.

到均值有界变差条件（MVBV），并证明了此条件在本质上已不能再改进. 在此基础上，Móricz 等研究者建立了非单边有界变差函数（NBVF）和均值有界变差函数（MVBVF）等概念. 如果勒贝格可测函数 $f: \mathbf{R}^+ \to \mathbf{R}^+$ 是局部有界变差函数并且存在依赖于函数的常数 $M > 0$ 以及 $A > 1$，对所有的自然数 $a > A$ 和某个 $\lambda \geqslant 2$ 满足

$$\int_a^{2a} | \, \mathrm{d}f \, | \leqslant \frac{M}{a} \int_{a/\lambda}^{\lambda a} f(x) \, \mathrm{d}x \qquad (1)$$

其中 $\mathbf{R}^+ = [0, +\infty)$，则称 $f(x)$ 是均值有界变差函数，记为 $f(x) \in$ MVBVF. 并类比三角级数的结论证明了傅里叶变换中的对应定理.

为了进一步推广均值有界变差条件在函数空间的 L^1 收敛性、L^p 可积性、加权可积性等结论，与之对应的重要不等式的证明也是必不可少的. MVBV 这一概念的研究一直是很受关注的. 周颂平和冯磊在研究均值有界变差数列的加权可积性的前提下得到了这样两个不等式：设实数序列 $\{a_n\} \in$ MVBVS，则对所有的 n 和 $x \in [0, \pi]$，$\left| \sum_{k=1}^n a_k \sin kx \right| = O(1)$ 成立当且仅当 $na_n = O(1)$；若 $0 < \gamma < 1$，则对任意的 n，$\left| \sum_{k=1}^n a_k \sin kx \right| = O(x^{-\gamma})$ 成立当且仅当 $n^{1-\gamma} a_n = O(1)$.

通过对在均值有界变差数列以上重要不等式的比较，并结合函数积分形式与数列的区别，本章建立了勒贝格可测函数与之相对应的两个重要不等式并给出了证明，便于进一步研究均值有界变差函数的加

权可积性,也提供了在函数空间对均值有界变差条件研究的思路和方向. 本章中 M 表示在式(1)中出现的正常数, M_1, M_2, M_3, M_4, M_5 表示正常数,其值在不同的场合下可能有所不同.

2. 定理

引理 1　设函数 $f(x) \in \mathrm{MVBVF}$,则存在 $M > 0$ 和某个 $\lambda \geqslant 2$,使得当 $x > A$ 时,有

$$xf(x) \leqslant M \int_{x/\lambda}^{\lambda x} f(t)\,\mathrm{d}t$$

证明　由引言中给出的定义可知,对于 $A < x_0 \leqslant y \leqslant 2x_0$,有

$$
\begin{aligned}
f(x_0) - f(y) &\leqslant |f(x_0) - f(y)| \\
&\leqslant \int_{x_0}^{2x_0} |\mathrm{d}f(x)| \\
&\leqslant \frac{M}{x_0} \int_{x_0/\lambda}^{\lambda x_0} |f(x)|\,\mathrm{d}x \\
&= \frac{M}{x_0} \int_{x_0/\lambda}^{\lambda x_0} f(x)\,\mathrm{d}x
\end{aligned}
$$

两边同时积分,即有

$$
\begin{aligned}
\int_{x_0}^{2x_0} (f(x_0) - f(y))\,\mathrm{d}y &\leqslant \int_{x_0}^{2x_0} \frac{M}{x_0} \int_{x_0/\lambda}^{\lambda x_0} f(x)\,\mathrm{d}x\mathrm{d}y \\
&= x_0 \frac{M}{x_0} \int_{x_0/\lambda}^{\lambda x_0} f(x)\,\mathrm{d}x \\
&= M \int_{x_0/\lambda}^{\lambda x_0} f(x)\,\mathrm{d}x
\end{aligned}
$$

所以得到

$$x_0 f(x_0) \leqslant M \int_{x_0/\lambda}^{\lambda x_0} f(x)\,\mathrm{d}x \qquad (2)$$

定理 1　设函数 $f(x) \in$ MVBVF，则对于任意给定的 $b > 1$ 和 $t \in (0, +\infty)$

$$\left| \int_1^b f(x) \sin xt \mathrm{d}x \right| = O(1)$$

成立的充分必要条件是

$$xf(x) = O(1) \quad (x \in [1, +\infty))$$

定理 2　设函数 $f(x) \in$ MVBVF，则对于任意给定的 $b > 1$ 和 $t \in [0, +\infty)$

$$\left| \int_1^b f(x) \sin xt \mathrm{d}x \right| = O(t^{-\gamma})$$

成立的充分必要条件是

$$x^{1-\gamma} f(x) = O(1) \quad (x \in [1, +\infty))$$

3. 定理的证明

定理 1 的证明　首先，由

$$\left| \int_1^b f(x) \sin xt \mathrm{d}x \right| = O(1)$$

分为以下两种情况：

当 $x_0 \in [\lambda, +\infty)$ 时，从

$$\left| \int_1^{\lambda x_0} f(x) \sin tx \mathrm{d}x \right| = O(1)$$

与

$$\left| \int_1^{x_0/\lambda} f(x) \sin tx \mathrm{d}x \right| = O(1)$$

得到

$$\left| \int_{x_0/\lambda}^{\lambda x_0} f(x) \sin tx \mathrm{d}x \right| = O(1) \tag{3}$$

令 $t = \dfrac{\pi}{2\lambda x_0}$，当 $\dfrac{x_0}{\lambda} \leqslant x \leqslant \lambda x_0$ 时，$\dfrac{\pi}{2\lambda^2} \leqslant tx \leqslant \dfrac{\pi}{2}$. 此时

$$\int_{x_0/\lambda}^{\lambda x_0} f(x)\sin\,tx\mathrm{d}x \geqslant \sin\frac{\pi}{2\lambda^2}\int_{x_0/\lambda}^{\lambda x_0} f(x)\,\mathrm{d}x \qquad (4)$$

结合式（2）和（4）可知，当 $x_0 \in [\lambda,+\infty)$ 时，$x_0 f(x_0) = O(1)$ 成立.

当 $x \in [1,\lambda)$ 时，$xf(x) \leqslant \lambda f(x)$. 由于 $f(x)$ 是局部有界变差函数，则当 $x \in [1,\lambda)$ 时，$f(x)$ 有界，即 $f(x) \leqslant M_1$，有 $xf(x) \leqslant \lambda M_1$. 因此，$xf(x) = O(1)$，从而必要性得证.

另一方面，当 $t = 0$ 时

$$\left|\int_1^b f(x)\sin\,xt\mathrm{d}x\right| = O(1)$$

显然成立. 下设 $t > 0$，因为 $xf(x) = O(1)$，则存在 $M_2 > 0$，对所有的 $x \in [1,+\infty)$，有 $xf(x) \leqslant M_2$.

当 $1 < b < \dfrac{1}{t}$ 时

$$\left|\int_1^b f(x)\sin\,xt\mathrm{d}x\right| \leqslant t\int_1^b x\mid f(x)\mid\,\mathrm{d}x$$

$$\leqslant t\int_1^{1/t} x\mid f(x)\mid\,\mathrm{d}x$$

$$\leqslant M$$

当 $0 < \dfrac{1}{t} < 1 < b$ 时

$$\left|\int_1^b f(x)\sin\,xt\mathrm{d}x\right| = \left|-\frac{1}{t}\int_1^b f(x)\mathrm{d}\cos\,tx\right|$$

$$\leqslant \frac{1}{t}\left|f(b) + f(1) + \int_1^b \cos\,tx\mathrm{d}f\right|$$

$$\leqslant \frac{1}{t}\mid f(b) + f(1)\mid + \frac{1}{t}\int_1^b\mid\mathrm{d}f\mid \quad (5)$$

由 $f(x) \in \mathrm{MVBVF}$，且 $f(x)$ 是局部有界变差函数

可知,存在 $M_3 > 0$ 与 $B > 1$,使得 $\int_1^B |\,\mathrm{d}f| \leqslant M_3$. 从而

$$\int_1^b |\,\mathrm{d}f| = \int_1^B |\,\mathrm{d}f| + \int_B^b |\,\mathrm{d}f|$$

$$\leqslant M_3 + \int_B^\infty |\,\mathrm{d}f|$$

$$\leqslant M_3 + \sum_{j=0}^\infty \int_{2^j B}^{2^{j+1}B} |\,\mathrm{d}f|$$

$$\leqslant M_3 + M \sum_{j=0}^\infty \frac{1}{2^j B} \int_{2^j B/\lambda}^{\lambda 2^{j+1}B} |f(x)|\,\mathrm{d}x$$

$$\leqslant M_3 + \frac{MM_1}{B} \sum_{j=0}^\infty \frac{1}{2^j} \int_{2^j B/\lambda}^{\lambda 2^{j+1}B} \frac{1}{x}\,\mathrm{d}x$$

$$\leqslant M_3 + \frac{M_4}{B} \sum_{j=0}^\infty \frac{1}{2^j}$$

$$\leqslant M_5$$

所以当 $0 < \dfrac{1}{t} < 1 < b$ 时

$$\left| \int_1^b f(x) \sin xt\,\mathrm{d}x \right| \leqslant M$$

当 $1 \leqslant \dfrac{1}{t} < b$ 时,结合以上两种不同情况不等式仍然成立.

综上所述,定理 1 证毕.

定理 2 的证明 首先,因为 $x^{1-\gamma}f(x) = O(1), x \in [1, +\infty)$,则存在 $M_1 > 0$,使得 $x^{1-\gamma}f(x) \leqslant M_1$,即 $xf(x) \leqslant x^\gamma M_1$.

当 $1 < b < \dfrac{1}{t}$ 时

$$\left| \int_1^b f(x) \sin xt \mathrm{d}x \right| \leqslant t \int_1^b x \left| f(x) \right| \mathrm{d}x$$

$$\leqslant t \int_1^{1/t} x \left| f(x) \right| \mathrm{d}x$$

$$\leqslant t M_1 \int_1^{1/t} x^\gamma \mathrm{d}x$$

$$= \frac{M_1 t}{1 + \gamma} \left(\frac{1}{t^{\gamma+1}} - 1 \right)$$

$$\leqslant M_2 t^{-\gamma}$$

当 $1 < \dfrac{1}{t} < b$ 时

$$\left| \int_1^b f(x) \sin xt \mathrm{d}x \right| \leqslant \left| \int_1^{1/t} f(x) \sin tx \mathrm{d}x \right| +$$

$$\left| \int_{1/t}^b f(x) \sin tx \mathrm{d}x \right|$$

$$: = I_1 + I_2$$

类似于前一情况的证明,可得

$$I_1 \leqslant t \int_1^{1/t} x \left| f(x) \right| \mathrm{d}x \leqslant M_3 t^{-\gamma}$$

而

$$I_2 = \left| -\frac{1}{t} \int_{1/t}^b f(x) \mathrm{d}\cos tx \right|$$

$$\leqslant \frac{1}{t} \left| f(b) + f\left(\frac{1}{t} \right) + \int_{1/l}^b \cos tx \mathrm{d}f \right|$$

$$\leqslant \frac{1}{t} \left| f(b) + f\left(\frac{1}{t} \right) \right| + \frac{1}{t} \int_{1/t}^b \left| \mathrm{d}f \right|$$

这样

$$\int_{\frac{1}{t}}^b \left| \mathrm{d}f \right| \leqslant \int_{\frac{1}{t}}^\infty \left| \mathrm{d}f \right|$$

$$= \sum_{j=0}^{\infty} \int_{2j/t}^{2^{j+1}/t} |\, \mathrm{d}f\,|$$

$$\leqslant Mt \sum_{j=0}^{\infty} \frac{1}{2^j} \int_{2j/t\lambda}^{\lambda 2^{j+1}/t} |f(x)|\,\mathrm{d}x$$

$$\leqslant Mt \sum_{j=0}^{\infty} \frac{1}{2^j} \int_{2j/t\lambda}^{\lambda 2^{j+1}/t} x^{\gamma}M_1 \,\mathrm{d}x$$

$$\leqslant M_4 t^{-\gamma}$$

这就有

$$I_2 \leqslant M_5 t^{-\gamma}$$

综上

$$\left| \int_1^b f(x)\sin\,xt\mathrm{d}x \right| = O(t^{-\gamma})$$

另一方面,因为

$$\left| \int_1^b f(x)\sin\,xt\mathrm{d}x \right| = O(t^{-\gamma})$$

有

$$t^{\gamma} \left| \int_1^b f(x)\sin\,xt\mathrm{d}x \right| = O(1)$$

当 $x_0 \in [\lambda, +\infty)$ 时,令 $t = \dfrac{\pi}{2\lambda x_0}$,当 $\dfrac{x_0}{\lambda} \leqslant x \leqslant \lambda x_0$ 时

$$\frac{\pi}{2\lambda^2} \leqslant tx \leqslant \frac{\pi}{2}$$

此时

$$t^{\gamma} \int_{x_0/\lambda}^{\lambda x_0} f(x)\sin\,tx\mathrm{d}x \geqslant \left(\frac{\pi}{2\lambda} \right)^{\gamma} x_0^{-\gamma}\sin\frac{\pi}{2\lambda^2} \int_{x_0/\lambda}^{\lambda x_0} f(x)\,\mathrm{d}x$$

则有

$$\int_{x_0/\lambda}^{\lambda x_0} f(x)\,\mathrm{d}x = O(x_0^{\gamma}) \qquad\qquad (6)$$

由引理中的式(2)已经知道

$$x_0 f(x_0) \leqslant M \int_{x_0/\lambda}^{\lambda x_0} f(x)\, \mathrm{d}x$$

再结合式(5)可得到

$$x_0^{1-\gamma} f(x_0) = O(1)$$

又当 $x_0 \in [1, \lambda)$ 时,有

$$x_0^{1-\gamma} f(x_0) \leqslant \lambda^{1-\gamma} f(x_0)$$

因为 $f(x)$ 局部有界变差,则当 $x_0 \in [1, \lambda)$ 时,$f(x_0)$ 有界,即 $f(x_0) \leqslant M$.

此时有

$$x_0^{1-\gamma} f(x_0) \leqslant \lambda^{1-\gamma} M$$

所以,对所有 $x \in [1, +\infty)$ 有

$$x^{1-\gamma} f(x) = O(1)$$

综上所述,定理 2 证毕.

参考文献

[1]周颂平.三角级数研究中的单调性条件:发展和应用[M].北京:科学出版社,2012:124-127.

[2]ZHOU S P, ZHOU P, YU D S. Ultimate generalization to monotonicity for uniform convergence of trigonometric series [J]. Science China Mathematics, 2010,53(7):1853-1862.

[3]MÓRICZ F. On the uniform convergence of sine integrals[J]. Journal of Mathematical Analysis and Application. 2009,354:213-219.

第 七 编

Φ 有界变差

Φ 有界变差的一些性质[①]

第 31 章

　　杭州大学数学与信息科学系的梅雪峰教授 1995 年把熟知的函数空间 ΛBV 的一些性质,推广到更大的函数空间上去,并给出了 ΦBV 中函数的傅里叶系数的阶的估计,同时给出了 ΦBV 中函数的傅里叶级数绝对收敛的一个充分条件.

1. 引言

　　设 $f(x)$ 是定义在区间 $I = [a, b]$ 的实函数,$\{I_n\}$ 是一列互不重复的区间. $I_n = [a_n, b_n] \subset [a, b]$,记

$$f(I_n) = f(b_n) - f(a_n)$$

若 $\Phi = \{\phi_n\}$ 是一列定义在 $[0, +\infty)$ 上递增凸函数,$\phi_n(0) = 0, \phi_n(x) > 0$ 对所有 n 及 x 成立.

---

　　① 引自 1996 年第 23 卷第 3 期的《杭州大学学报(自然科学版)》,原作者为杭州大学数学与信息科学系的梅雪峰.

B – 数列与有界变差

定义 1 若对所有的 n 及 x 有

$$\phi_{n+1}(x) \leqslant \phi_n(x)$$

则称 $\Phi = \{\phi_n\}$ 是一个 Φ^* – 序列;若 Φ^* – 序列满足条件

$$\sum_{n=1}^{\infty} \phi_n(x) = \infty \quad (x > 0)$$

则称该序列为 Φ – 序列.

定义 2 设 $\Phi = \{\phi_n\}$ 是一个 Φ – 序列,且对任意非重叠的区间列 $\{I_n\}$,Φ – 和有界,即

$$\sum_{n=1}^{\infty} \phi_n(|f(I_n)|) < \infty \quad (1)$$

则称 $f \in \Phi BV$.

从定义 2 知,通过选择各种函数 $\phi_n(x)$,则获得各种推广的有界变差函数:

(1)若取 $\phi_n(x) = x$,则 ΦBV 就是通常意义下 BV 类.

(2)若 $\Lambda = \{\lambda_n\}$ 是 Waterman 意义的 Λ – 序列,取 $\phi_n(x) = \dfrac{x}{\lambda_n}$,则类 ΦBV 就是类 ΛBV.

(3)若 ϕ 是 Young 意义下的 N – 函数,对所有的 $n \in N$,取 $\phi_n(x) = \phi(x)$,则类 ΦBV 就是类 ϕBV.

(4)若 ϕ 是 N 函数,$\Lambda = \{\lambda_n\}$ 是 Waterman 意义下的 Λ – 序列,取 $\phi_n(x) = \dfrac{\phi(x)}{\lambda_n}$,则可以得到函数类 $\phi \Lambda BV$.

因此从这种意义上讲,ΦBV 是更广的一个函

数类.

定义 3 设 $f \in \Phi BV$,数

$$V(I) = V_\Phi(f, I) = \sup\Big\{\sum_n \phi_n(\,|f(I_n)|\,) : I_n \subset I\Big\}$$

$$(2)$$

称为 f 在区间 I 的 Φ – 变差.

定义 4 设 $f \in \Phi BV$,记

$$\Phi_m = \{\phi_{n+m}\} \quad (m = 1, 2, \cdots)$$

若

$$V_{\Phi_m}(f, I) \to 0 \quad (m \to \infty)$$

$$(3)$$

则称 f 在 Φ 变差下连续,并记为 ΦBV_c.

显然 $\phi_n(x) = x$ 时,即 ΦBV 为通常的 BV 类时,满足式(3)只能是常值函数,因此在考虑 Φ – 变差下的连续函数时,应假设 $\phi_n(x)$ 是一个严格单调递增函数 $(n = 1, 2, \cdots)$.

下面考虑如何刻画出 Φ – 变差下的连续函数?即 $f \in \Phi BV_c$ 的一个充要条件是什么? 下面定理 1 是它的答案.

定理 1 $f \in \Phi BV_c$ 的充要条件是:存在一个 Φ – 序列 $\Phi^{(1)} = \{\phi_n^{(1)}\}$,对所有固定的 n

$$\phi_n(x) \neq \mathrm{cons}\, t, \phi_n = o(\phi_n^{(1)}) \quad (n \to \infty)$$

使得 $f \in \Phi^{(1)} BV$,即

$$\Phi BV_c = \bigcup_{\Phi = o(\Phi^{(1)})} \Phi^{(1)} BV$$

这里的 $\Phi = o(\Phi^{(1)})$ 表示函数列 $\{\phi_n\}$ 满足条件 $\phi_n = o(\phi_n^{(1)})\,(n \to \infty)$.

证明 充分性：设 $\phi_n^{(1)}$（$n = 1, 2, \cdots$）是满足条件 $\phi_n = o(\phi_n^{(1)})$（$n \to \infty$）的一列凸函数列. 由 $f \in \Phi^{(1)} BV$ 知，存在常数 $M > 0$ 使得关系式

$$\sum_{n=1}^{\infty} \phi_n^{(1)}(\,|f(I_n)|\,) \leqslant M \qquad (4)$$

对一切不重叠的区间列 $\{I_n\}$ 成立. 今设 $\varepsilon > 0$ 是任意的正数，$\{I_n\}$ 是一列不重叠的区间. 于是存在自然数 N 使得关系式

$$\phi_n(x) < \frac{\varepsilon}{M} \phi_n^{(1)}(x) \qquad (n \geqslant N) \qquad (5)$$

对一切 $x \in I$ 成立. 因此对一切 $x \in I$，当 $N \geqslant M$ 时，有

$$\sum_{n=1}^{\infty} \phi_{n+m}(\,|f(I_n)|\,) < \frac{\varepsilon}{M} \sum_{n=1}^{\infty} \phi_{n+m}^{(1)}(\,|f(I_n)|\,)$$

$$< \frac{\varepsilon}{M} \sum_{n=1}^{\infty} \phi_n^{(1)}(\,|f(I_n)|\,)$$

$$< \frac{\varepsilon}{M} \cdot M$$

$$= \varepsilon \qquad (6)$$

必要性：若 $f \in \Phi BV_c$，则 $f \in \Phi BV$，故 $V_{\Phi}(f, I) \leqslant M$，再由 $f \in \Phi BV_c$ 的定义知：$V_{\Phi_m}(f, I) \to 0$（$m \to \infty$）. 因此存在一列增加的自然数 $\{m_k\}$，使得 $k\Phi_{m_k} \downarrow 0$（$k \to \infty$）及不等式

$$V\Phi_{m_k}(f, I) \leqslant \frac{M}{2^k} \qquad (k = 0, 1, 2, \cdots) \qquad (7)$$

成立，这里 $m_0 = 0$. 令 $\Phi^{(1)} = \{\phi_n^{(1)}\}$（$n = 1, 2, \cdots$）是如下定义的正数

$$\phi_n^{(1)} = k\phi_n \qquad (m_k + 1 \leqslant n \leqslant m_{k+1}, k = 0, 1, 2, \cdots) \qquad (8)$$

由式(8)及 $k\phi_{m_k} \downarrow 0$ 知

$$\phi_n(x) = o(\phi_n^{(1)}) \quad (n \to \infty) \tag{9}$$

并且 $\phi_n^{(1)}(x)$ 单调下降 $(n \to \infty)$.

下证 $f \in \Phi^{(1)}BV$. 事实上,若 $\{I_n\}$ 是 I 的一列不重叠的区间,于是在式(7)中依次令 $k = 0, 1, 2, \cdots$,得

$$\begin{cases} \sum_{k=0}^{\infty} (\phi_{m_{k+1}}(|f(I_{m_{k+1}})|) + \phi_{m_{k}+2}(|f(I_{m_{k}+2})|) + \cdots + \\ \quad \phi_{m_{k+1}}(|f(I_{m_{k+1}})|)) \leq M \\[2mm] \sum_{k=1}^{\infty} (\phi_{m_{k+1}}(|f(I_{m_{k+1}})|) + \phi_{m_{k}+2}(|f(I_{m_{k}+2})|) + \cdots + \\ \quad \phi_{m_{k+1}}(|f(I_{m_{k+1}})|)) \leq \dfrac{M}{2} \\[2mm] \sum_{k=v}^{\infty} (\phi_{m_{k+1}}(|f(I_{m_{k+1}})|) + \phi_{m_{k}+2}(|f(I_{m_{k}+2})|) + \cdots + \\ \quad \phi_{m_{k+1}}(|f(I_{m_{k+1}})|)) \leq \dfrac{M}{2^v} \end{cases} \tag{10}$$

把式(10)诸式相加,即得

$$\sum_{v=0}^{\infty} \sum_{k=v}^{\infty} (\phi_{m_{k+1}}(|f(I_{m_{k+1}})|) + \phi_{m_{k}+2}(|f(I_{m_{k}+2})|) + \cdots + \\ \phi_{m_{k+1}}(|f(I_{m_{k+1}})|)) \leq 2M \tag{11}$$

式(11)即为

$$\sum_{k=0}^{\infty} \sum_{k=0}^{k} (\phi_{m_{k+1}}(|f(I_{m_{k+1}})|) + \phi_{m_{k}+2}(|f(I_{m_{k}+2})|) + \cdots + \\ \phi_{m_{k+1}}(|f(I_{m_{k+1}})|)) \leq 2M$$

上式即为

$$\sum_{k=0}^{\infty} \left(k\phi_{m_{k}+1}\left(\left| f(I_{m_{k}+1}) \right| \right) + k\phi_{m_{k}+2}\left(\left| f(I_{m_{k}+2}) \right| \right) + \cdots + k\phi_{m_{k}+1}\left(\left| f(I_{m_{k}+1}) \right| \right) \right) \leqslant 2M$$

此即

$$\sum_{n=1}^{\infty} \phi_n^{(1)}\left(\left| f(I_n) \right| \right) \leqslant 2M$$

因此 $f \in \Phi^{(1)}BV.$

2. 主要结论及证明

从现在起,假设 f 是周期为 2π 的周期函数, $I = [0, 2\pi]$,并且在 I 上, $f \in \Phi BV$,下面对 $f \in \Phi BV$ 的傅里叶系数 $a_n(f)$ 与 $b_n(f)$ 给出估计. 此外,对 f 的傅里叶级数 $\sigma[f]$ 绝对收敛性给出了一个充分条件.

引理 1 设 $\Phi = \{\phi_i\}$ $(i = 1, 2, \cdots)$ 是一个 Φ – 序列,则函数列 $\{g_n\} = \left\{ \sum_{i=1}^{n} \phi_i \right\}$ 是一个递增的凸函数列,从而 g_n^{-1} 存在.

证明 因为 $\Phi = \{\phi_i\}$ 是一个 Φ – 序列,故 $\{\phi_i\}$ 是一个递增的凸函数列,对任意 $x \in [0, +\infty)$ 有

$$\phi_i(0) = 0, \phi_i(x) > 0 \quad (i = 1, 2, \cdots)$$

设 $\alpha, \beta > 0$ 且 $\alpha + \beta = 1$,则对任意 $x, y \in [0, +\infty)$

$$\phi_i(\alpha x + \beta y) \leqslant \alpha\phi_i(x) + B\phi_i(y) \quad (i = 1, 2, \cdots)$$

因此

$$\begin{aligned} g_n(\alpha x + \beta y) &= \left(\sum_{i=1}^{n} \phi_i \right)(\alpha x + \beta y) \\ &= \sum_{i=1}^{n} \left(\phi_i(\alpha x + \beta y) \right) \\ &\leqslant \sum_{i=1}^{n} \left(\alpha\phi_i(x) + \beta\phi_i(y) \right) \end{aligned}$$

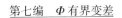

$$\leqslant \alpha \left(\sum_{i=1}^{n} \phi_i \right)(x) + \beta \left(\sum_{i=1}^{n} \phi_i \right)(y)$$

这样可知 $g_n(x) = \left(\sum_{i=1}^{n} \phi_i \right)(x)$ 是一个凸函数,另外由 $\phi_i(x)$ 在 $[0, +\infty)$ 上递增可知 $g_n(x)$ 在 $[0, +\infty)$ 是一个增函数,从而 g_n^{-1} 存在.

定理 2　设 $f \in \Phi BV$,$\Phi = \{\phi_n\}$ 是一个 Φ – 序列,则 f 的积分连续模 $W(\delta, f)_{L_1}$ 满足如下条件

$$W_1(f, \delta)_{L_1} = \sup_{|t| \leqslant \delta} \int_0^{2\pi} |f(x+t) - f(x)| \mathrm{d}x$$
$$= O(g_n^{-1}(V_\Phi(f, I))) \qquad (12)$$

证明　设 $|t| \leqslant 2\pi/n$,我们有

$$\int_0^{2\pi} |f(x+t) - f(x)| \mathrm{d}x$$

$$= \sum_{j=1}^{n} \int_{(j-1) \cdot \frac{2\pi}{n}}^{j \cdot \frac{2\pi}{n}} |f(x+t) - f(x)| \mathrm{d}x$$

$$= \sum_{j=1}^{n} \int_0^{\frac{2\pi}{n}} \left| f\left(x + t + (j-1)\frac{2\pi}{n}\right) - f\left(x + (j-1)\frac{2\pi}{n}\right) \right| \mathrm{d}x$$

令

$$V_j(t) = \int_0^{2\pi/n} \left| f\left(x + t + (j-1)\frac{2\pi}{n}\right) - f\left(x + (j-1)\frac{2\pi}{n}\right) \right| \mathrm{d}x$$

$$m_i(n) = \begin{cases} i, 1 \leqslant i \leqslant n \\ n-i, n < i \leqslant 2n-1 \end{cases}$$

则

$$g_n\left(\sum_{j=1}^n V_j(t)\right) = \left(\sum_{i=1}^n \phi_i\right)\left(\sum_{j=1}^n V_j(t)\right)$$

$$= \sum_{k=0}^{n-1}\sum_{i=1}^n \left(\phi_i \circ V_{m_{i+k}(n)}(t)\right)$$

因此

$$\left(\sum_{i=1}^n \phi_i\right) \cdot \left(\int_0^{2\pi} |f(x+t) - f(x)|\right)dx$$

$$= \sum_{k=0}^{n-1}\sum_{i=1}^n \phi_i\left(V_{m_{i+k}(n)}(t)\right)$$

$$= \sum_{k=0}^{n-1}\sum_{i=1}^n \phi_i\left(\int_0^{2\pi/n} \left|f\left(x+t+(m_{i+k}(n)-1)\frac{2\pi}{n}\right) - f\left(x+(m_{i+k}(n)-1)\frac{2\pi}{n}\right)\right|\right)dx$$

对于固定的 $k(0 \leqslant k \leqslant n-1)$，注意到 $|t| \leqslant \dfrac{2\pi}{n}$，区间

$$\left(x+(m_{i+k}(n)-1)\frac{2\pi}{n}, x+t+\left(m_{i+k}(n)-1\right)\frac{2\pi}{n}\right)$$

是互不重叠的，从 $f \in \Phi BV$ 的定义知

$$\sum_{i=1}^n \phi_i\left(\left|f\left(x+t+(m_{i+k}(n)-1)\frac{2\pi}{n}\right) - f\left(x+(m_{i+k}(n)-1)\frac{2\pi}{n}\right)\right|\right)$$

$$\leqslant V_\Phi(f,[-2\pi,4\pi])$$

$$\leqslant 3V_\Phi(f,I)$$

所以

$$g_n\left(\int_0^{2\pi}|f(x+t)-f(x)|dx\right)$$

334

$$\leqslant \sum_{k=0}^{n-1} \int_0^{2\pi/n} 3V_\Phi(f,I)\,\mathrm{d}x$$

$$= 6\pi V_\Phi(f,I) \qquad\qquad (13)$$

故

$$\int_0^{2\pi} |f(x+t) - f(x)|\,\mathrm{d}x \leqslant g_n^{-1}(6\pi V_\Phi(f,I))$$

$$= O(g_n^{-1}(V_\Phi(f,I)))$$

即有

$$W(f,\delta)_{L_1} = O(g_n^{-1}(V_\Phi(f,I)))$$

特别的,当 $\phi_n(x) = \dfrac{\phi(x)}{\lambda_n}$ 时,其中 $\phi(x)$ 是 Young 意义下的 N - 函数,则有

$$g_n(x) = \sum_{i=1}^n \phi_i(x) = \left(\sum_{i=1}^n \frac{1}{\lambda_i}\right)\phi(x)$$

且

$$g_n^{-1}(x) = \phi^{-1}\left(\frac{1}{\displaystyle\sum_{i=1}^n \frac{1}{\lambda_i}}x\right)$$

此时定理 2 的结论就变为

$$W(f,\delta)_{L_1} = O(g_n^{-1}(V_\Phi(f,I)))$$

$$= O\left(\phi^{-1}\left(\left(\sum_{i=1}^n \frac{1}{\lambda_i}\right)^{-1} \cdot V_\Phi(f,I)\right)\right)$$

$$= O\left(\phi^{-1}\left(\frac{1}{\displaystyle\sum_{i=1}^n \frac{1}{\lambda_i}}\right)\right)$$

当 $\phi_n(x) = \dfrac{x}{\lambda_n}$,此时 ΦBV 就是 ΛBV

$$g_n(x) = \sum_{i=1}^n \phi_i(x) = \left(\sum_{i=1}^n \frac{1}{\lambda_i}\right)x$$

$$g_n^{-1}(x) = \left(\sum_{i=1}^{n} \frac{1}{\lambda_i} \right)^{-1} x$$

定理 2 结论就变为

$$W(f,\delta)_{L_1} = O\left(g_n^{-1}(V_\Phi(f,I)) \right)$$

$$= O\left(\left(\sum_{i=1}^{n} \frac{1}{\lambda_i} \right)^{-1} \cdot V_\Phi(f,I) \right)$$

$$= O\left(\left(\sum_{i=1}^{n} \frac{1}{\lambda_i} \right)^{-1} \right) \quad (\delta \to \infty)$$

定理 3 设 $f \in \Phi BV_c$，$\Phi = \{\phi_n\}$ 是 Φ – 序列，则

$$W(f,\delta)_{L_1} = o\left((g_n^{(1)})^{-1}(V_\Phi(f,I)) \right)$$

证明 因 $f \in \Phi BV_c$，由定理 1 知，存在 Φ – 序列 $\Phi^{(1)} = \{\phi_n^{(1)}\}$，使得

$$\phi_n = o(\phi_n^{(1)}) \quad (n \to \infty)$$

$\Phi^{(1)} = \{\phi_n^{(1)}\}$ 是 Φ – 序列，故由引理 1 知 $\{g_n^{(1)}\}$ = $\{\sum_{i=1}^{n} \phi_i^{(1)}\}$ 是一个递增凸函数列，因此 $g_n^{(1)}$ 的逆 $(g_n^{(1)})^{-1}$ 存在，又由式 (13) 知

$$W(\delta,f)_{L_1} \leqslant g_n^{-1}(6\pi V_\Phi(f,I))$$

$$= o\left((g_n^{(1)})^{-1} V_\Phi(f,I) \right)$$

下面给出本章的主要结论：

定理 4 设 $f \in \Phi BV$，$\Phi = \{\phi_n\}$ 是一个 Φ – 序列，则 f 的傅里叶系数

$$\left. \begin{aligned} a_n(f) &= \frac{1}{\pi} \int_0^{2\pi} f(t) \cos nt \, dt \\ b_n(f) &= \frac{1}{\pi} \int_0^{2\pi} f(t) \sin nt \, dt \end{aligned} \right\} = O(g_n^{-1}(V_\Phi(f,I)))$$

若 $f \in \Phi BV_c$，则有

336

$$\left.\begin{array}{c} a_n(f) \\ b_n(f) \end{array}\right\} = O\big((g_n^{(1)})^{-1}(V_\Phi(f,I))\big)$$

证明 f 的傅里叶系数

$$c_n(f) = a_n(f) + \mathrm{i}b_n(f) = \frac{1}{\pi}\int_0^{2\pi} f(t)\,\mathrm{e}^{\mathrm{i}nt}\mathrm{d}t$$

$$= \frac{1}{2\pi}\int_0^{2\pi}\Big[f(t) - f\Big(t + \frac{\pi}{n}\Big)\Big]\mathrm{e}^{\mathrm{i}nt}\mathrm{d}t$$

因此

$$2\pi\,|\,c_n(f)\,| \leqslant \int_0^{2\pi}\Big|f\Big(t + \frac{\pi}{n}\Big) - f(t)\Big|\mathrm{d}t$$

$$= \begin{cases} O(g_n^{-1}(V_\Phi(f,I))), & f \in \Phi BV \\ o(g_n^{(1)})^{-1}(V_\Phi(f,I)), & f \in \Phi BV_c \end{cases}$$

对于函数空间 ΦBV 中的函数的傅里叶级数的敛散性问题给出如下结论：

定理 5 设 $[a,b] = [0,2\pi] = I$，若 ΦBV 真包含 HBV，则存在连续函数 $f \in \Phi BV_0$，使得 f 的傅里叶级数 $\sigma[f]$ 在点 $x=0$ 处发散.（$\Phi BV_0 = \{f\,|\,f \in \Phi BV, f(a) = 0\}$）

下面我们讨论 ΦBV 中函数的傅里叶级数的绝对收敛性问题，定理 6 是这一问题的答案.

定理 6 若 $f \in \Phi BV$，$\Phi = \{\phi_n\}$ 是一个 Φ - 序列，当级数

$$\sum_{n=1}^\infty \left(\frac{W\big(f,\frac{1}{n}\big)}{n} \cdot g_n^{-1}(V_\Phi(f,I))\right)^{\frac{1}{2}} < \infty \quad (14)$$

时，$\sigma[f]$ 绝对收敛.

证明 设

$$W^{(2)}\left(\frac{1}{n}, f\right) = \sup_{0 \le h \le \frac{1}{n}} \left\{ \int_0^{2\pi} |f(x+h) - f(x-h)|^2 \mathrm{d}x \right\}^{\frac{1}{2}}$$

那么由 Szasz 定理知,当 $\displaystyle\sum_{n=1}^{\infty} \left(\frac{W^{(2)}\left(\frac{1}{n}, f\right)}{\sqrt{n}} \right) < \infty$ 时,

$\sigma[f]$ 绝对收敛. 设 $0 \le h \le \dfrac{1}{n}$,由于

$$\int_0^{2\pi} |f(x+h) - f(x-h)|^2 \mathrm{d}x$$

$$\le \max_{x \in [0, 2\pi]} |f(x+h) - f(x-h)| \int_0^{2\pi} |f(x+h) - f(x-h)| \mathrm{d}x$$

$$\le 2W\left(f, \frac{1}{n}\right) \cdot 2W\left(f, \frac{1}{n}\right)_{L_1}$$

由定理 2 知

$$W\left(f, \frac{1}{n}\right)_{L_1} = O(g_n^{-1}(V_\Phi(f, I)))$$

因此有

$$W^{(2)}\left(f, \frac{1}{n}\right) = O\left(\sqrt{W\left(f, \frac{1}{n}\right) \cdot g_n^{-1}(V_\Phi(f, I))} \right)$$

故当条件

$$\sum_{n=1}^{\infty} \frac{W^{(2)}\left(f, \frac{1}{n}\right)}{\sqrt{n}} = O\left(\sum_{n=1}^{\infty} \left[\frac{W\left(f, \frac{1}{n}\right)}{n} \cdot g_n^{-1}(V_\Phi(f, I)) \right]^{\frac{1}{2}} \right) < \infty$$

成立时,由 Szasz 定理知 $\sigma[f]$ 绝对收敛.

在此定理中,令 $\Phi = \{\phi_n\} = \left\{ \dfrac{x}{\lambda_n} \right\}$,此时 ΦBV 就是

338

熟知的 ΛBV

$$g_n(x) = \left(\sum_{n=1}^{n} \frac{1}{\lambda_i} \right) x$$

$$g_n^{-1}(x) = \left(\sum_{i=1}^{n} \frac{1}{\lambda_i} \right)^{-1} x$$

且

$$g_n^{-1}(V_\Phi(f,I)) = \left(\sum_{i=1}^{n} \frac{1}{\lambda_i} \right)^{-1} V_\Phi(f,I)$$

$$= O\left(\left(\sum_{i=1}^{n} \frac{1}{\lambda_i} \right)^{-1} \right)$$

$\sigma[f]$ 绝对收敛的充分条件就变为

$$\left(\sum_{n=1}^{\infty} \left(\frac{W\left(f,\frac{1}{n}\right)}{n} \cdot g_n^{-1}(V_\Phi(f,I)) \right) \right)^{\frac{1}{2}}$$

$$= \sum_{n=1}^{\infty} \left(\frac{W\left(f,\frac{1}{n}\right)}{n \sum\limits_{i=1}^{n} \frac{1}{\lambda_i}} \cdot V_\Phi(f,I) \right)^{\frac{1}{2}} < \infty$$

一类方程 Φ 有界变差解对参数的连续依赖性[①]

第 32 章

1. 引言

考虑

$$x' = f(t, x) \qquad (1)$$

其中 $x = (x_1, x_2, \cdots, x_n)^T$，$x' = \dfrac{\mathrm{d}x}{\mathrm{d}t}$，$f: G \to \mathbf{R}^n$，$G$ 是 $\mathbf{R}^{n+1}$ 中的开域. 如果式（1）右端函数 f 在 G 上具有某种不连续性，则称系统（1）为不连续系统. 当 f 为 Carathéodory 函数时，称系统为 Carathéodory 系统.

Φ 有界变差函数理论由 Musielak 及 Orlicz 等人提出，Φ 有界变差函数理论是有界变差函数理论的推广与发展. 西北民族大学计算机科学与信息工程学院的肖艳萍教授 2009 年建立了含参数的 Carathéodory 系统

① 引自 2009 年第 30 卷总第 75 期的《西北民族大学学报（自然科学版）》，原作者为西北民族大学计算机科学与信息工程学院的肖艳萍.

$$x' = f(t, x, \mu) \qquad (2)$$

在 $\overline{G} = G \times I <_{\mu}$，$G = I \in B_c$，$I_{\mu} = \{\mu \mid \|\mu - \mu_0\| < c_1, \mu \in \mathbf{R}^m\}$ 上的 Φ 有界变差解对参数的连续依赖性.

2. 预备知识

本章中的 $\Phi(u)$ 是对 $u \geqslant 0$ 定义的连续不减函数，满足 $\Phi(0) = 0$，对 $u > 0$，$\Phi(u) > 0$ 我们在本章将用到以下条件：

（1）存在 $\mu_0 \geqslant 0$ 及 $L \geqslant 0$，使得对 $0 < u \leqslant \mu_0$，$\Phi(2u) \leqslant L\Phi(u)$；

（2）$\Phi(u)$ 是凸函数，即

$$\Phi\left(\frac{u+v}{2}\right) \leqslant \frac{\Phi(u) + \Phi(v)}{2} \qquad (u, v \geqslant 0)$$

设 $[a, b] \subset \mathbf{R}^1$，考虑函数 $x: [a, b] \to \mathbf{R}^n$，$x(t)$ 称为 $[a, b]$ 上的 Φ 有界变差函数，是指对 $[a, b]$ 的任意分划 $\pi: a = t_0 < t_1 < \cdots < t_m = b$，有

$$V_{\Phi}(x; [a, b]) = \sup_{\pi} \sum_{i=1}^{m} \Phi(\|x(t_i) - x(t_{i-1})\|) < +\infty$$

并称 $V_{\Phi}(x; [a, b])$ 为 $x(t)$ 在 $[a, b]$ 上的 Φ 变差.

用 BV_{Φ} 表示 $[a, b]$ 上 Φ 有界变差函数 $x(t)$ 满足 $x(a) = 0$ 所组成的集合. 若 $\Phi(u)$ 满足条件（1）和（2），则 $(BV_{\Phi}, \|\cdot\|_{\Phi})$ 在范数

$$\|x\|_{\Phi} = \inf\left\{k > 0; V_{\Phi}\left(\frac{x}{k}; [a, b]\right) \leqslant 1\right\}$$

下构成巴拿赫空间. 以下总假设 $\Phi(u)$ 满足条件（1）和（2）.

3. 主要结果及证明

定义1　称定义在 $\overline{G}$ 上的函数 $f \in V_\Phi(\overline{G}, h, \omega)$ ，如果 f 满足下列条件：

（1）存在正值函数 $\delta: I \to (0, +\infty)$ ，对每个区间 $[u, v]$ ，满足

$$\tau \in [u, v] \subset (\tau - \delta(\tau), \tau + \delta(\tau)) \subset I$$

及

$$\|f(\tau, x, \mu)\|(v - u) \leqslant \Phi(h(v) - h(u))$$

（2）对每个区间 $[u, v]$ ，满足 $\tau \in [u, v] \subset (\tau - \delta(\tau), \tau + \delta(\tau)) \subset I$ 及 $x, y \in B_c$ ，有

$$\|f(\tau, x, \mu) - f(\tau, y, \mu)\|(v - u)$$
$$\leqslant \omega(\|x - y\|)\Phi(h(v) - h(u))$$

其中 $h: I \to \mathbf{R}^1$ 为单调增加连续函数， $\omega: [0, +\infty) \to \mathbf{R}^1$ 是连续增加函数且 $\omega(r) > 0, r > 0; \omega(0) = 0$.

（3）对每个定义在 $[\alpha, \beta] \subset I$ 的阶梯函数 $u(t)$ ， $f(t, u(t), \mu)$ 是 H－K 可积的.

引理1　设 $f \in V_\Phi(\overline{G}, h, \omega)$ ，如果 $x: [\alpha, \beta] \to \mathbf{R}^n$ 是函数列 $x_k: [a, b] \to \mathbf{R}^n, k = 1, 2, \cdots$ 逐点收敛的极限，使得对 $k \in \mathbf{N}$ 及 $t \in [\alpha, \beta]$ ，有 $(t, x_k(t), \mu) \in \overline{G}, (t, x(t), \mu) \in \overline{G}$ ，且 H－K 积分 $\int_\alpha^\beta f(t, x_k(t), \mu)\mathrm{d}t$ 存在，则 $\int_\alpha^\beta f(t, x(t), \mu)\mathrm{d}t$ 存在，且

$$\int_\alpha^\beta f(t, x(t), \mu)\mathrm{d}t = \lim_{k \to \infty} \int_\alpha^\beta f(t, x_k(t), \mu)\mathrm{d}t$$

引理2　设 $f \in V_\Phi(\overline{G}, h, \omega)$ ，如果 $x: [\alpha, \beta] \to \mathbf{R}^n$

是 Φ 有界变差函数且正则,使得对 $t \in [\alpha, \beta]$,$(t,$
$x(t), \mu) \in \overline{G}$,则 H – K 积分 $\int_{\alpha}^{\beta} f(t, x(t), \mu) \mathrm{d}t$ 存在.

定理1 设 $f \in V_{\Phi}(\overline{G}, h, \omega)$,且 $(t_0, x_0(t), \mu_0) \in$
$\overline{G}$,对 $u > 0$ 有

$$\lim_{v \to 0^+} v \int_v^u \frac{1}{\omega(r)} \mathrm{d}r \to + \infty$$

则存在 $\alpha > 0$,使含有参数的 Carathéodory 系统(2)满
足 $x(t_0) = x_0$ 的 Φ 有界变差解 $x_\mu(t) = x(t, \mu)$ 在 $[t_0 -$
$\alpha, t_0 + \alpha]$ 存在且局部唯一.

定理2 设定理1条件满足且对每个定义在 I 上
的阶梯函数 $u(t)$ 有

$$\lim_{\mu \to \mu_0} \int_0^t f(s, u(s), \mu) \mathrm{d}x = \int_0^t f(s, u(s), \mu_0) \mathrm{d}s$$

则对任意的 $\mu \in I_\mu$,存在 $\alpha > 0$,使系统(2)在 $[t_0 - \alpha,$
$t_0 + \alpha]$ 上存在唯一连续的 Φ 有界变差解 $x_\mu(t) = x(t, \mu)$.

证明 由定理1,系统(2)在 $[t_0 - \alpha, t_0 + \alpha]$ 存在
唯一关于 t 连续的 Φ 有界变差解 $x_\mu(t) = x(t, \mu)$,只
须证在 $[t_0, t_0 + \alpha]$ 结论成立即可. 令
$M = \{x_\mu(t) \mid \|\mu - \mu_0\| < c_1, x_\mu(t)$ 是关于 t 连续的 Φ 有
界变差解$\}$
对任意的 $\varepsilon > 0$,存在 $\delta > 0$,对任意的 $t_1, t_2 \in [t_0, t_0 +$
$\alpha]$,当 $|t_1 - t_2| < \delta$ 时,对 $\forall \mu \in I_\mu, x_\mu \in M$,有

$$\|x_\mu(t_2) - x_\mu(t_1)\|$$
$$= \left\| \int_1^{t_2} f(s, x_\mu(s), \mu) \mathrm{d}s \right\|$$

$$< \frac{\varepsilon}{2} + \sum_{i=1}^{n} \left\| f(\tau_i, x_\mu(\tau_i), \mu)(t_i - t_{i-1}) \right\|$$

$$\leqslant \frac{\varepsilon}{2} + \sum_{i=1}^{n} \Phi(h(t_i) - h(t_{i-1}))$$

$$= \frac{\varepsilon}{2} + \Phi(h(t_2) - h(t_1))$$

$$< \frac{\varepsilon}{2} + \frac{\varepsilon}{2}$$

$$= \varepsilon$$

其中 $\{\tau_i; [t_{i-1}, t_i]\}, i = 1, 2, \cdots, n$ 满足 $\tau_i \in [t_{i-1}, t_i] \subset (\tau_i - \delta(\tau_i), \tau_i + \delta(\tau_i)) \subset I$ 是 $[t_1, t_2]$ 的 δ 精细分划,又 Φ, h 都为连续函数,当 $|t_1 - t_2| < \delta$ 时

$$\Phi(h(t_2) - h(t_1)) < \frac{\varepsilon}{2}$$

从而 M 是等度连续的. 由 Heine-Borel 覆盖定理 M 一致有界,故在 $[t_0, t_0 + \alpha]$ 上存在一致收敛于 $\phi(t)$ 的子列 $\{x_{\mu(k)}(t)\}$,即

$$x_{\mu(k)}(t) \rightarrow \phi(t), \mu(k) \rightarrow \mu_0, k \rightarrow \infty$$

$\forall t \in [t_0, t_0 + \alpha]$,对每个 $k \in \mathbf{N}$

$$x_{\mu(k)}(t) = x_0 + \int_0^t f(s, x_{\mu(k)}(s), \mu) \mathrm{d}s$$

下面证明 $\phi(t)$ 是系统(2)当 $\mu = \mu_0$ 时对应的解. 由于

$$\left\| \int_0^t f(s, x_{\mu(k)}(s), \mu) \mathrm{d}s - \int_0^t f(s, \phi(s), \mu_0) \mathrm{d}s \right\|$$

$$\leqslant \left\| \int_0^t \left[f(s, x_{\mu(k)}(s), \mu) - f(s, \phi(s), \mu) \right] \mathrm{d}s \right\| +$$

$$\left\| \int_0^t \left[f(s, \phi(s), \mu) - f(s, \phi(s), \mu_0) \right] \mathrm{d}s \right\|$$

344

由引理 1,对任意的 $\varepsilon > 0$

$$\left\| \int_0^t \left[f(s, x_{\mu(k)}(s), \mu) - f(s, \phi(s), \mu) \right] \mathrm{d}s \right\| < \frac{\varepsilon}{2}$$

因为 $\phi(s)$ 是有界变差函数,故对 $\forall \eta > 0$,存在定义在 $[t_0, t_0 + \alpha]$ 上的有限阶梯函数 $u(t)$,使

$$\| \phi(s) - u(s) \| < \eta \quad (\forall s \in [t_0, t_0 + \alpha])$$

从而

$$\left\| \int_0^t \left[f(s, \phi(s), \mu) - f(s, \phi(s), \mu_0) \right] \mathrm{d}s \right\|$$

$$\leqslant \left\| \int_0^t \left[f(s, \phi(s), \mu) - f(s, u(s), \mu) \right] \mathrm{d}s \right\| +$$

$$\left\| \int_0^t \left[f(s, u(s), \mu) - f(s, u(s), \mu_0) \right] \mathrm{d}s \right\| +$$

$$\left\| \int_0^t \left[f(s, u(s), \mu_0) - f(s, \phi(s), \mu_0) \right] \mathrm{d}s \right\|$$

由于函数 $f(s, \phi(s), \mu) - f(s, u(s), \mu)$ 在 $[t_0, t]$ 上 H–K 可积,$\omega = \omega(r)$ 连续,$\omega(0) = 0$ 且 $\Phi(h(t))$ 是单调递增的连续函数,因而 $\int_0^t \omega(\| \phi(s) - u(s) \|) \mathrm{d}\Phi(h(s))$ 存在,且对上述的 $\varepsilon > 0$,有

$$\omega(\| \phi(s) - u(s) \|) \leqslant \omega(\eta) < \frac{\varepsilon}{12\Phi(h(t) - h(t_0))}$$

所以,存在区间 $[t_0, t]$ 上的一个正值函数 $\theta: [t_0, t] \to (0, +\infty)$,使得 $\theta(s) < \delta(s)$,$s \in [t_0, t]$. 对 $[t_0, t]$ 在任意精细分划,有

$$\left\| \int_0^t \left[f(s, \phi(s), \mu) - f(s, u(s), \mu) \right] \mathrm{d}s \right\|$$

$$\leqslant \left\| \int_0^t \left[f(s, \phi(s), \mu) - f(s, u(s), \mu) \right] \mathrm{d}s - \right.$$

$$\left. \sum_{j=1}^p \left[f(\xi_j, \phi(\xi_j), \mu) - f(\xi_j, u(\xi_j), \mu) \right] (t_j - t_{j-1}) \right\| +$$

$$\left\| \sum_{j=1}^{p} \left[f(\xi_j, \phi(\xi_j), \mu) - f(\xi_j, u(\xi_j), \mu) \right] (t_j - t_{j-1}) \right\|$$

$$\leqslant \frac{\varepsilon}{12} + \omega(\eta) \sum_{j=1}^{p} \Phi(h(t_j) - h(t_{j-1}))$$

$$< \frac{\varepsilon}{12} + \frac{\varepsilon}{12\Phi(h(t) - h(t_0))} \Phi(h(t) - h(t_0))$$

$$= \frac{\varepsilon}{6}$$

同理

$$\left\| \int_0^t \left[f(s, u(s), \mu) - f(s, u(s), \mu_0) \right] \mathrm{d}s \right\| < \frac{\varepsilon}{6}$$

$$\left\| \int_0^t \left[f(s, u(s), \mu_0) - f(s, \phi(s), \mu_0) \mathrm{d}s \right] \right\| < \frac{\varepsilon}{6}$$

从而

$$\left\| \int_0^t f(s, x_{\mu(k)}(s), \mu) \mathrm{d}s - \int_0^t f(s, \phi(s), \mu_0) \mathrm{d}s \right\| < \varepsilon$$

所以

$$\phi(t) = x_0 + \int_0^t f(s, \phi(s), \mu_0) \mathrm{d}s$$

是 $\mu = \mu_0$ 时系统(2)满足 $x(t_0) = x_0$ 的解,从而 $x_\mu(t)$ 收敛于 $\phi(t)$,即

$$x(t, \mu) \rightarrow \phi(t, \mu_0), \mu \rightarrow \mu_0, t \in [t_0, t_0 + \alpha]$$

参考文献

[1] MUSIELAK J, ORLICZ W. On generalized variations [J]. Stuadia Math. ,1959,18:11 −41.

[2] STEFAN SCHWABIK. Generalized Differential Equations[M]. Singapore:World Scientific,1992.

Φ 有界变差解与 H – K 积分①

第33章

1. 预备知识

考虑 Carathéodory 系统

$$x' = f(t, x) \tag{1}$$

其中，$x = (x_1, x_2, \cdots, x_n)^{\mathrm{T}}$，$x' = \dfrac{\mathrm{d}x}{\mathrm{d}t}$，$f: G \to \mathbf{R}^n$，$G$ 是 $\mathbf{R}^{n+1}$ 中的开域，函数 f 是 Carathéodory 函数.

运用勒贝格积分，不连续的 Carathéodory 系统和 Filippov 系统解的存在性、唯一性及稳定性在文献[1-2]中已经讨论；但对函数 $f(t, x) = t^2 x + F'(x)$，其中

$$F(x) = x^2 \sin \frac{1}{x^2}, x \neq 0$$

$$F(0) = 0$$

就不能用勒贝格积分考虑，因为 $F'(x)$ 是高

①　引自 2010 年第 33 卷第 6 期的《四川师范大学学报（自然科学版）》，原作者为西北民族大学的肖艳萍和西北师范大学的李宝麟.

度无限振荡的函数,自然就要用更加广泛的 Henstock-Kurzweil 积分考虑上述问题.

J. Musielak 及 W. Orlicz 等提出的 Φ 函数理论是有界变差函数理论的推广与发展. 研究一类系统解的存在性与唯一性,进而可以讨论该类系统所描述现象的变化趋势,在文献[4]不连续系统有界变差解基础上,文献[5]建立了 Carathéodory 系统 Φ 有界变差解存在性定理. 西北民族大学计算机科学与信息工程学院的肖艳萍、西北师范大学数学与信息科学学院李宝麟两位教授 2010 年在 Henstock-Kurzweil 积分下运用 Φ 函数理论考虑了 Carathéodory 系统解的唯一性,从而可以讨论含有高度无限振荡函数系统解的其他性质,对 Carathéodory 系统的研究具有一定的指导意义.

这里 $\Phi(u)$ 是对 $u \geqslant 0$ 定义的连续不减函数,满足 $\Phi(0) = 0$,对 $u > 0, \Phi(u) > 0$. 这里将用到以下条件:

(1)存在 $u_0 > 0$ 及 $L > 0$,使得对 $0 < u \leqslant u_0, \Phi(2u) \leqslant L\Phi(u)$;

(2)$\Phi(u)$ 是凸函数,即

$$\Phi\left(\frac{u+v}{2}\right) \leqslant \frac{\Phi(u) + \Phi(v)}{2} \quad (u, v \geqslant 0)$$

设 $[a, b] \subset \mathbf{R}^1, -\infty < a < b < +\infty$. 考虑函数 $\boldsymbol{x}: [a, b] \to \mathbf{R}^n, \boldsymbol{x}(t)$ 称为 $[a, b]$ 上的 Φ 有界变差函数,是指对 $[a, b]$ 的任意分划 $\Delta: a = t_0 < t_1 < \cdots < t_m = b$,有

$$V_\Phi(\boldsymbol{x}; [a, b]) = \sup_\pi \sum_{i=1}^m \Phi(\|\boldsymbol{x}(t_i) - \boldsymbol{x}(t_{i-1})\|) < +\infty$$

并称 $V_\Phi(\boldsymbol{x}; [a, b])$ 为函数 $\boldsymbol{x}(t)$ 在 $[a, b]$ 上的 Φ 变差.

用 BV_Φ 表示 $[a,b]$ 上所有 Φ 有界变差函数 $\boldsymbol{x}(t)$ 满足 $\boldsymbol{x}(a)=0$ 组成的集合. 如果 $\Phi(u)$ 满足条件 (1) 和 (2), 则 $(BV_\Phi, \|\cdot\|_\Phi)$ 在通常意义的元素的加法和纯量乘法下是巴拿赫空间,范数为

$$\|\boldsymbol{x}\|_\Phi = \inf\{k>0; V_\Phi(\boldsymbol{x}/k;[a,b]) \leqslant 1\}$$

本章讨论中总假设 $\Phi(u)$ 满足条件 (1) 和 (2). 给定 $c>0$,记 $B_c = \{\boldsymbol{x} \in \mathbf{R}^n; \|\boldsymbol{x}\| < c\}$,其中 $\|\cdot\|$ 为 n 维欧式空间 $\mathbf{R}^n$ 中范数, $I = (a,b) \subset \mathbf{R}^1$, $-\infty < a < b < +\infty$, $G = I \times B_c$.

定义 1　设 $\delta: [a,b] \to (0,+\infty)$,称区间 $[a,b]$ 的一个分法是 δ 精细的是指有序分点 $a = t_0 < t_1 < \cdots < t_n = b$ 与结点 $\xi_1, \xi_2, \cdots, \xi_n$ 满足条件:对每个 i,都有 $\xi_i \in [t_{i-1}, t_i] \subset (\xi_i - \delta(\xi_i), \xi_i + \delta(\xi_i))$. 记该 δ 精细分法为

$$\Delta = \{([t_{i-1}, t_i], \xi_i)\}_{i=1}^n$$

定义 2　设 $\boldsymbol{x}: [a,b] \to \mathbf{R}^n$ 是一个函数,若存在 $A \in \mathbf{R}^n$,对任给 $\varepsilon > 0$,存在 $\delta(t): [a,b] \to (0,+\infty)$,使得对 $[a,b]$ 的任意 δ 精细分法 $\Delta = \{([t_{i-1}, t_i], \xi_i)\}_{i=1}^n$ 有

$$\left\| \sum_{i=1}^n \boldsymbol{x}(\xi_i)(t_i - t_{i-1}) - A \right\| < \varepsilon$$

则称 $\boldsymbol{x}(t)$ 在 $[a,b]$ 上 Henstock-Kurzweil 可积,简称 $(\mathrm{H}-\mathrm{K})$ 可积, A 为积分值,记作 $\int_a^b \boldsymbol{x}(t)\mathrm{d}t = A$(这里提到的积分均为 $\mathrm{H}-\mathrm{K}$ 积分).

引理 1　如果 $\boldsymbol{x}: [a,b] \to \mathbf{R}^{[n]}$ 在 $[a,b]$ 上相对于 $\boldsymbol{y}: [a,b] \to \mathbf{R}^n$ 是 Henstock 可积的,则对每个 $c \in [a,b]$,有

$$\lim_{s \to c} \left[\int_a^s \boldsymbol{x}(t)\mathrm{d}\boldsymbol{y}(t) - \boldsymbol{x}(c)(\boldsymbol{y}(s) - \boldsymbol{y}(c)) \right] = \int_a^c \boldsymbol{x}(t)\mathrm{d}\boldsymbol{y}(t)$$

$$\lim_{s\to c}\left[\int_s^b \boldsymbol{x}(t)\mathrm{d}\boldsymbol{y}(t)+\boldsymbol{x}(c)(\boldsymbol{y}(s)-\boldsymbol{y}(c))\right]=\int_c^b \boldsymbol{x}(t)\mathrm{d}\boldsymbol{y}(t)$$

引理 2[4]　若 $\Phi(u)$ 满足条件(2),则有

$$V_\Phi(x_1+\cdots+x_n)\leqslant\frac{1}{n}\left[V_\Phi(nx_1)+\cdots+V_\Phi(nx_n)\right]$$

引理 3　设 $h:[a,b]\to\mathbf{R}^1$ 是非负不减左连续函数,$f:[0,+\infty)\to[0,+\infty)$ 是不减连续函数且 $F:[0,+\infty)\to\mathbf{R}^1$ 满足

$$F'(s)=\left(\frac{\mathrm{d}F}{\mathrm{d}s}(s)\right)=f(s)\quad(s\in[0,+\infty))$$

则积分 $\displaystyle\int_a^b f(h(\tau))\mathrm{d}h(\tau)$ 存在且

$$\int_a^b f(h(\tau))\mathrm{d}h(\tau)\leqslant F(h(b))-F(h(a))$$

引理 4　设 $\psi:[a,b]\to[0,+\infty)$ 有界,$h:[a,b]\to[0,+\infty)$ 为单调增加左连续函数,$\omega:[0,+\infty)\to\mathbf{R}^1$ 是连续不减函数,$\omega(0)=0;r>0,\omega(r)>0$. 对 $u>0$,设

$$\Omega(u)=\int_{u_0}^u\frac{1}{\omega(r)}\mathrm{d}r\qquad(2)$$

其中 $u_0>0$. 函数 $\Omega:(0,+\infty)\to\mathbf{R}$ 单调增加

$$\Omega(u_0)=0$$

$$\lim_{u\to 0^+}\Omega(u)=\alpha\geqslant-\infty$$

$$\lim_{u\to+\infty}\Omega(u)=\beta\leqslant+\infty$$

对 $\xi\in[a,b]$,不等式

$$\psi(\xi)\leqslant k+\int_a^\xi\Omega(\psi(\tau))\mathrm{d}\Phi(h(\tau))\qquad(3)$$

成立,其中 $k>0$ 为常数,$\Phi:[0,+\infty)\to[0,+\infty)$ 为连续不减函数且 $\Phi(0)=0$. 如果

350

$$\Omega(k) + \Phi(h(b)) - \Phi(h(a)) < \beta$$

则对 $\xi \in [a,b]$，有

$$\psi(\xi) \leqslant \Omega^{-1}(\Omega(k) + \Phi(h(\xi)) - \Phi(h(a)))$$

其中，$\Omega^{-1}:(\alpha,\beta) \to \mathbf{R}^1$ 是函数 Ω 的反函数.

证明 如果 $\Omega(l) + \Phi(h(b)) - \Phi(h(a)) < \beta, l > 0$，

则对每个 $\tau \in [a,b]$，有

$$\alpha < \Omega(l) + \Phi(h(\tau)) - \Phi(h(a)) < \beta$$

因此对 $\tau \in [a,b]$，$\Omega(l) + \Phi(h(\tau)) - \Phi(h(a))$ 的值属于 Ω^{-1} 的定义域，对每个 $\tau \in [a,b]$，定义

$$H_l(\tau) = \Omega^{-1}(\Omega(l) + \Phi(h(\tau)) - \Phi(h(a)))$$

进一步设

$$\Phi(s) = \omega(\Omega^{-1}(\Omega(l) + s))$$

$$s \in [0, \beta - \Omega(l)] \qquad (4)$$

函数 Ω 在点 $\Omega^{-1}(\Omega(l) + s)$ 的导数 Ω' 存在，且

$$\Omega'(\Omega^{-1}(\Omega(l) + s)) = \frac{1}{\omega(\Omega^{-1}(\Omega(l) + s))} \neq 0$$

因此，由反函数的求导公式，对 $s \in [0, \beta - \Omega(l)]$

$$\frac{\mathrm{d}}{\mathrm{d}s}[\Omega^{-1}(\Omega(l) + s)] = \frac{1}{\Omega'(\Omega^{-1}(\Omega(l) + s))}$$

$$= \omega(\Omega^{-1}(\Omega(l) + s))$$

$$= \phi(s) \qquad (5)$$

如果 $\xi \in [a,b]$，由式(4)有

$$\int_a^\xi \omega(H_l(\tau)) \mathrm{d}\Phi(h(\tau))$$

$$= \int_a^\xi \Phi(\Phi(h(\tau)) - \Phi(h(a))) \cdot$$

$$\mathrm{d}(\Phi(h(\tau)) - \Phi(h(a)))$$

由引理 3 得

$$\int_a^\xi \omega(H_l(\tau))\mathrm{d}\Phi(h(\tau))$$

$$\leqslant \Omega^{-1}(\Omega(l) + \Phi(h(\xi)) - \varphi(h(a))) - \Omega^{-1}(\Omega(l))$$

$$= H_l(\xi) - l$$

即对 $\xi \in [a, b]$，有

$$l + \int_a^\xi \omega(H_l(\tau))\mathrm{d}\Phi(h(\tau)) \leqslant H_l(\xi)$$

对足够小 $\varepsilon > 0$，设 $l = k + \varepsilon$，得

$$k + \varepsilon + \int_a^\xi \omega(H_{k+\varepsilon}(\tau))\mathrm{d}\Phi(h(\tau)) \leqslant H_{k+\varepsilon}(\xi) \quad (\varepsilon < \varepsilon_0)$$

其中

$$\Omega(k + \varepsilon_0) + \Phi(h(b)) - \Phi(h(a)) < \beta$$

由式（3）及以上不等式有

$$\psi(\xi) - H_{k+\varepsilon}(\xi)$$

$$\leqslant -\varepsilon + \int_a^\xi [\omega(\psi(\tau)) - \omega(H_{k+\varepsilon}(\tau))]\mathrm{d}\Phi(h(\tau))$$

$$(\xi \in ([a, b])) \tag{6}$$

因此

$$\psi(a) - H_{k+\varepsilon}(a) < -\varepsilon$$

$$\omega(\psi(a)) - \omega(H_{k+\varepsilon}(a)) \leqslant 0$$

因为 ψ 与 $H_{k+\varepsilon}$ 有界，故存在常数 $c > 0$，使得对 $\tau \in [a, b]$，有

$$|\omega(\psi(\tau)) - \omega(H_{k+\varepsilon}(\tau))| < c$$

从而

$$\psi(\xi) - H_{k+\varepsilon}(\xi)$$

$$\leqslant -\varepsilon + c \lim_{\delta \to 0^+} [\Phi(h(\xi)) - \Phi(h(a+\delta))]$$

$$= -\varepsilon + c[\Phi(h(\xi)) - \Phi(h(a^+))]$$

因为

$$\lim_{\xi\to a^+}\Phi(h(\xi))=\Phi(h(a^+))$$

故存在 $\eta>0$,使得对 $\xi\in(a,a+\eta)$

$$\Phi(h(\xi))-\Phi(h(a^+))<\frac{\varepsilon}{2c+1}$$

对 $\xi\in(a,a+\eta)$,有

$$\psi(\xi)-H_{k+\varepsilon}(\xi)<-\varepsilon+\frac{c\varepsilon}{2c+1}<-\frac{\varepsilon}{2}<0$$

设

$$T=\sup\{t\in[a,b]\},\psi(\xi)-H_{k+\varepsilon}(\xi)<0,\xi\in[a,t]$$

明显 $T>a$,而对 $\xi\in[a,T)$,有 $\psi(\xi)-H_{k+\varepsilon}(\xi)\leqslant 0$. 因此也就有 $\omega(\psi(\xi))-\omega(H_{k+\varepsilon}(\xi))\leqslant 0,\xi\in[a,T)$. 由式(6)有

$$\begin{aligned}&\psi(T)-H_{k+\varepsilon}(T)\\ \leqslant&-\varepsilon+\lim_{\delta\to0^+}\int_a^{T-\delta}[\omega(\psi(\tau))-\omega(H_{k+\varepsilon}(\tau))]\mathrm{d}\Phi(h(\tau))+[\omega(\psi(\tau))-\omega(H_{k+\varepsilon}(T))]\times(\Phi(h(T))-\Phi(h(T^-)))\\ \leqslant&-\varepsilon<0\end{aligned}$$

这是由于

$$\begin{aligned}&\Phi(h(T))-\Phi(h(T^-))\\ =&\Phi(h(T))-\lim_{\tau\to T^-}\Phi(h(\tau))\\ =&0\end{aligned}$$

且

$$\lim_{\delta\to0^+}\int_a^{T-\delta}[\omega(\psi(\tau))-\omega(H_{k+\varepsilon}(\tau))]\mathrm{d}\Phi(h(\tau))\leqslant 0$$

下证 $T=b$. 如果 $T<b$,则对 $\xi>T$,因

$$\psi(\xi) - H_{k+\varepsilon}(\xi)$$

$$\leqslant -\varepsilon + \int_T^\xi \left[\omega(\psi(\tau)) - \omega(H_{k+\varepsilon}(\tau)) \right] \mathrm{d}\Phi(h(\tau))$$

做如上同样的步骤,有 $\psi(\xi) - H_{k+\varepsilon}(\xi) < 0, \xi \in [T, T+\eta], \eta > 0$,矛盾! 因此 $T = b$

$$\psi(\xi)$$

$$< H_{k+\varepsilon}(\xi)$$

$$= \omega^{-1}(\Omega(k+\varepsilon) + \Phi(h(\xi)) - \Phi(h(a))) \quad (\xi \in [a,b])$$

由 ε 的任意性及 Ω 连续性有

$$\psi(\xi) \leqslant \Omega^{-1}(\Omega(k) + \Phi(h(\xi)) - \Phi(h(a)))$$

推论 1   如果 ψ, h, k 满足引理 4 的假设,而且对 $\xi \in [a,b]$

$$\psi(\xi) \leqslant k + \left(L \int_a^\xi \psi(t) \mathrm{d}\Phi(h(t)) \right)$$

成立,其中 $L > 0$ 为常数,则对每个 $\xi \in [a,b]$,有

$$\psi(\xi) \leqslant k \exp(L(\Phi(h(\xi)) - \Phi(h(a))))$$

2 主要结果及证明

定义 3   Carathéodory 系统 (1) 的解 $\boldsymbol{x} : [t_0, t_0+\eta] \to \mathbf{R}^n$ 称为对 t 是局部右行唯一的,如果对系统 (1) 的任意解 $\boldsymbol{y} : [t_0, t_0+\sigma] \to \mathbf{R}^n$ 满足 $\boldsymbol{y}(t_0) = \boldsymbol{x}(t_0)$,都存在 $\eta_1 > 0$,使得对 $t \in [t_0, t_0+\eta] \cap [t_0, t_0+\sigma] \cap [t_0, t_0+\eta_1]$,有 $\boldsymbol{x}(t) = \boldsymbol{y}(t)$.

定理 1   设 Carathéodory 系统 (1) 的右侧函数 $f(t, \boldsymbol{x})$ 在 $G_0 : \|t - t_0\| \leqslant a, \|\boldsymbol{x} - \boldsymbol{x}_0\| \leqslant b$ 上满足

$$\|f(\theta, \boldsymbol{x}) - f(\theta, \boldsymbol{y})\|(v-u)$$

$$\leqslant \omega(\|\boldsymbol{x} - \boldsymbol{y}\|)\Phi(h(v) - h(u))$$

其中,$\theta \in [u,v] \subset [t_0 - a, t_0 + a]$, $\boldsymbol{x}, \boldsymbol{y} \in \overline{B}(\boldsymbol{x}_0, b)$, $\overline{B}(\boldsymbol{x}_0, b)$ 表示以 $\boldsymbol{x}_0$ 为圆心,b 为半径的闭球,$h: [t_0 - a, t_0 + a] \rightarrow \mathbf{R}^1$ 是单调增加左连续函数,$\omega: [0, +\infty) \rightarrow \mathbf{R}^1$ 是单调增加连续函数,$\omega(r) > 0, r > 0; \omega(0) = 0$,而且

$$\lim_{v \to 0+} \int_v^u \frac{1}{\omega(r)} \mathrm{d}r \to +\infty \quad (u > 0)$$

则 Carathéodory 系统(1)的每个满足 $\boldsymbol{x}(t_0) = \boldsymbol{x}_0$, $(t_0, \boldsymbol{x}_0) \in G$ 的解是局部右行唯一的.

证明 设 $\boldsymbol{x}, \boldsymbol{y}$ 是在 $[t_0, t_0 + \eta]$ 上满足 $\boldsymbol{x}(t_0) = \boldsymbol{y}(t_0) = \boldsymbol{x}_0$ 的系统(1)的两个解. 对 $\forall \varepsilon > 0$ 及每个 $s \in (t_0, t_0 + \eta]$,存在 $[t_0, s]$ 上的一个 δ 精细分划:$\tau_j {}^* [t_{j-1}, t_j], j = 1, 2, \cdots, n$,从而

$$\|\boldsymbol{x}(s) - \boldsymbol{y}(s)\|$$

$$= \left\| \int_{t_0}^s [f(s, \boldsymbol{x}(s)) - f(s, \boldsymbol{y}(s))] \mathrm{d}s \right\|$$

$$\leqslant \varepsilon + \sum_{j=1}^n \omega(\|\boldsymbol{x}(\tau_j) - \boldsymbol{y}(\tau_j)\|) \cdot \Phi(h(t_j) - h(t_{j-1}))$$

$$= \varepsilon + \sum_{j=1}^n \omega(\|\boldsymbol{x}(\tau_j) - \boldsymbol{y}(\tau_j)\|) \cdot$$

$$[\Phi(h(t_j) - h(t_{j-1})) - \Phi(h(t_{j-1}) - h(t_{j-1}))]$$

$$\tag{7}$$

因为 ω 连续,$\Phi(t)$ 连续不减,故积分 $\int_{t_0}^s \omega(\tau) \mathrm{d}\Phi(\tau)$ 存在,从而

$$\omega(\|\boldsymbol{x}(\tau_j) - \boldsymbol{y}(\tau_j)\|)[\Phi(h(t_j) - h(t_{j-1})) -$$

$$\Phi(h(t_{j-1}) - h(t_{j-1}))]$$

$$\leqslant \left\| \omega(\|x(\tau_j) - y(\tau_j)\|) [\Phi(h(t_j) - h(t_{j-1})) - \right.$$

$$\Phi(h(t_{j-1}) - h(t_{j-1}))] -$$

$$\left. \int_{h(t_{j-1})-h(t_{j-1})}^{h(j)-h(t_{j-1})} \omega(\|x(h^{-1}(u)) - \right.$$

$$\left. y(h^{-1}(u))\|) \mathrm{d}\Phi(u) \right\| +$$

$$\left\| \int_{h(t_{j-1})-h(t_{j-1})}^{h(j)-h(t_{j-1})} \omega(\|x(h^{-1}(u)) - y(h^{-1}(u))\|) \mathrm{d}\Phi(u) \right\|$$

$$< \frac{\varepsilon}{n} + \int_{h(t_{j-1})-h(t_{j-1})}^{h(j)-h(t_{j-1})} \omega(\|x(h^{-1}(u)) - $$

$$y(h^{-1}(u))\|) \mathrm{d}\Phi(u)$$

$$\leqslant \int_{h(t_{j-1})}^{h(j)} \omega(\|x(h^{-1}(u)) - y(h^{-1}(u))\|) \mathrm{d}\Phi(u)$$

$$= \int_{t_{j-1}}^{j} \omega(\|x(s) - y(s)\|) \mathrm{d}\Phi(h(s)) \qquad (8)$$

其中，$u = h(s)$，$h^{-1}: \mathbf{R}^1 \rightarrow [t_0 - a, t_0 + a]$ 为 h 的反函数. 所以，由式(7)和(8)有

$$\|x(s) - y(s)\|$$

$$\leqslant \varepsilon + \sum_{j=1}^{n} \omega(\|x(\tau_j) - y(\tau_j)\|) \Phi(h(t_j) - h(t_{j-1}))$$

$$\leqslant \varepsilon + \int_{t_0}^{s} \omega(\|x(s) - y(s)\|) \mathrm{d}\Phi(h(s))$$

对 $0 < \delta < s - t_0$，有

$$\int_{t_0}^{s} \omega(\|x(s) - y(s)\|) \mathrm{d}\Phi(h(s))$$

$$= \int_{t_0}^{0+\delta} \omega(\|x(s) - y(s)\|) \mathrm{d}\Phi(h(s)) +$$

$$\int_{t_0+\delta}^{s} \omega(\|\boldsymbol{x}(s) - \boldsymbol{y}(s)\|)\mathrm{d}\varPhi(h(s)) \qquad (9)$$

由引理 1, 又 $\boldsymbol{y}(t_0) = \boldsymbol{x}(t_0)$, 有

$$\int_{t_0}^{0+\delta} \omega(\|\boldsymbol{x}(s) - \boldsymbol{y}(s)\|)\mathrm{d}\varPhi(h(s))$$

$$\leqslant \sup_{\tau \in (t_0, t_0+\delta]} \omega(\|\boldsymbol{x}(\tau) - \boldsymbol{y}(\tau)\|) \cdot$$

$$(\varPhi(h(t_0+\delta)) - \varPhi(h(t_0^+)))$$

$$= A(\delta)$$

因为

$$\lim_{\delta \to 0^+}[h(t_0+\delta) - h(t_0^+)] = 0$$

所以 $\lim\limits_{\delta \to 0^+} A(\delta) = 0$. 因此对每个 $\varepsilon > 0, s \in [t_0+\delta, t_0+\eta]$, 由式 (9) 及 ω 为单调递增函数有

$$\|\boldsymbol{x}(s) - \boldsymbol{y}(s)\| + \varepsilon \leqslant A(\delta) + \varepsilon +$$

$$\int_{t_0+\delta}^{s} \omega(\|\boldsymbol{x}(\tau) - \boldsymbol{y}(\tau)\|)\mathrm{d}\varPhi(h(\tau))$$

$$\leqslant A(\delta) + \varepsilon + \int_{t_0+\delta}^{s} \omega(\|\boldsymbol{x}(\tau) - \boldsymbol{y}(\tau)\| + \varepsilon)\mathrm{d}\varPhi(h(\tau))$$

对 $s \in [t_0+\delta, t_0+\eta_1], 0 < \eta_1 \leqslant \eta$, 对 $\varepsilon > 0, \delta > 0, \eta_1 > 0$ 选取足够小, 则有

$$\varOmega(A(\delta) + \varepsilon) + \varPhi(h(t_0+\eta_0)) - \varPhi(h(t_0+\delta))$$

$$\leqslant \varOmega(A(\delta) + \varepsilon) + \varPhi(h(t_0+\eta_1)) - \varPhi(H(t_0^+))$$

$$< \beta$$

$$= \lim_{u \to +\infty} \varOmega(u)$$

由引理 4 从而

$$\|\boldsymbol{x}(s) - \boldsymbol{y}(s)\| + \varepsilon$$

$$\leqslant \varOmega^{-1}(\varOmega(A(\delta) + \varepsilon) + \varPhi(h(s)) - \varPhi(h(t_0+\delta)))$$

$$\qquad (10)$$

对式(10)两边同时作用 Ω 有

$$\Omega(\|x(s)-y(s)\|+\varepsilon)$$
$$\leqslant\Omega(A(\delta)+\varepsilon)+\Phi(h(s))-\Phi(h(t_0+\delta))$$

设存在 $s^*\in(t_0,t_0+\eta_1]$,使得

$$\|x(s^*)-y(s^*)\|=k$$

则选取 $\varepsilon>0$ 及 $\delta>0$,使得 $A(\delta)+\varepsilon<k+\varepsilon$,从而

$$\int_{A(\delta)+\varepsilon}^{k+\varepsilon}\frac{1}{\omega(r)}\mathrm{d}r\leqslant\Phi(h(t_0+\eta_1))-\Phi(h(t_0^+))$$

但当 $\delta\to0$, ε 足够小时

$$\int_{A(\delta)+\varepsilon}^{k+\varepsilon}\frac{1}{\omega(r)}\mathrm{d}r\to+\infty$$

矛盾! 因此,对 $s\in[t_0,t_0+\eta]$ 有

$$\|x(s)-y(s)\|=0$$

又因为 $\Phi(u)$ 满足条件(2),由引理2,故存在 $k\in\mathbf{N}$ 使得对区间 $[t_0,t_0+\eta]$ 的任意分划: $t_0=v_0<v_1<\cdots<v_n=t_0+\eta$,有

$$\sum_{i=1}^{n}\Phi(\|x(v_i)-y(v_i)-x(v_{i-1})+y(v_{i-1})\|)$$
$$\leqslant\sum_{i=1}^{n}\Phi(\|x(v_i)-y(v_i)\|+\|x(v_{i-1})-y(v_{i-1})\|)$$
$$\leqslant\frac{1}{k}\sum_{i=1}^{n}(\Phi(k\|x(v_i)-y(v_i)\|)+$$
$$\Phi(k\|x(v_{i-1})-y(v_{i-1})\|))$$
$$=0$$

所以, $V_\Phi(x-y;[t_0,t_0+\eta])=0$,即 $\|x-y\|_\Phi=0$. 命题得证.

推论2 如果 $f\in V_\Phi(G,h,\omega)$, $\omega(r)=Lr,r\geqslant0$,

$L>0$ 为常数,则 Carathéodory 系统(1)的满足 $x(t_0)=x_0,(t_0,x_0)\in G$ 的每个 Φ 有界变差解是右行唯一的.

参考文献

[1]FILIPPOV A F. Differential equations with discontinuous right-hand side[J]. SIAM Rev. ,1990,32(2):312-315.

[2]HE J, CHEN P. Some aspects of the theory and applications of discontinuous differential equations[J]. Adv. Math. ,1987,16:17-32.

[3]MUSIELAK J, ORLICZ W. On generalized variations (Ⅰ)[J]. Stuadia Math. ,1959,18:11-41.

[4]吴从炘,李宝麟.不连续系统的有界变差解[J].数学研究,1998,31(4):417-427.

[5]肖艳萍,李宝麟.一类不连续系统 Φ 有界变差解[J].工程数学学报,2008,25(3):489-494.

[6]STEFAN SCHWABIK. Generalized Differential Equations[M]. Singapore:World Scientific,1992.

[7]李宝麟,肖艳萍,臧子龙.含参量 Cauchy 系统的有界变差解[J].西北师范大学学报:自然科学版,2005,41(4):12-15.

[8]李宝麟,吴从炘.Kurzweil 方程的 Φ 有界变差解[J].数学学报,2003,46(3):561-570.

[9]CARL S, HEIKKILA S. Nonlinear Differential Equations in Ordered Spaces[M]. New York:Boca Raton,2000.

[10] HEIKKILA S, KUMPULAINEN M, SEIKKALA S. Convergence theorems for HL integrable vector-valued functions with applications[J]. Nonlinear A-nal:TMA,2009,70(5):1939-1955.

[11] BIANCA-RENATA S. Nonlinear volterra integral e-quations in Henstock integrability Setting[J]. J. Diff. Eqns. ,2008,39:1-9.

[12] SIKORSKA-NOWAK A. Retarded functional differ-ential equations in Banach spaces and Henstock-Kurzweil integrals[J]. Demonstratio Mathematica, 2002,35(1):49-60.

[13] CHEW T S, FLORDELIZA F. On $x' = f(t,x)$ and Henstock-Kurzweil integrals[J]. Diff. Int. Eqns. , 1991,4(4):861-868.

[14] O'REGAN D. Existence results for nonlinear inte-gral equations[J]. J. Math. Anal. Appl. ,1995, 192(3):705-726.

[15] SCHWABIK S, YE GUO-jU. Topics in Banach Space Integration[M]. Singapore:World Scientific, 2005.

第 八 编
算子与有界变差函数

费勒算子对 p 阶有界变差函数的逼近[①]

1. 引言

F. Cheng[1]给出了 Bernstein 算子逼近有界变差函数的速度估计. 文献[2,3]推广并改进了 Cheng 的结果. 最近孙燮华[4]考虑了 Bernstein 算子对 p 阶有界变差函数收敛的估计,从而拓广了 Cheng 的结果,并且考虑了导函数是 p 阶有界变差函数的情况. 本章考虑较一般的费勒(Feller)算子(见文献[5,6]):

设 $\{X_n, n \geqslant 1\}$ 是一列独立同分布非负随机变量,期望 $E(X_1) = x \in [0, +\infty)$,方差为 $\sigma^2(x)(0 < \sigma(x) < +\infty)$. 设 $S_n = \sum_{i=1}^{n} X_i$,对函数 $f(x)$ 定义算子

[①]　引自 1991 年第 34 卷第 4 期的《数学学报》,原作者为河北师范大学数学系的王元燮、郭顺生.

$$L_n(f,x) = \int_0^\infty f\left(\frac{t}{n}\right) \mathrm{d}_t F_{n,x}(t)$$

$$= E\left\{f\left(\frac{S_n}{n}\right)\right\} \qquad (1)$$

此处 $F_{n,s}(t)$ 是 S_n 的分布函数, f 是 $F_{n,x}$ 可积的,称 L_n 为费勒算子. 它包含许多著名的算子. 如 Bernstein, Szász, Baskakov, Gamma 和 Meyer-Koing-Zeller 算子等. 它的性质已有不少研究(如文献[5,6]). 由定义显见

$$L_n(1,x) = 1, L_n(t,x) = x$$

另外已知(见文献[5])

$$L_n((t-x)^2,x) = \frac{\sigma^2(x)}{n} \qquad (2)$$

河北师范大学数学系的王元夑、郭顺生两位教授 1991 年考虑了费勒算子对 p 阶有界变差函数的逼近以及导函数是 p 阶有界变差函数的情况,他们的结果推广并改进了孙燮华文献[4]的相应结果. F. Cheng [1,7]的结果也是本章结果的特例.

设 f 是 $[a,b]$ 上 p 阶有界变差函数($p \geq 1$),定义见文献[4]. 用 $V_p(f,[a,b])$ 表示其在 $[a,b]$ 上的 p 阶全变差,即

$$V_p(f,[a,b]) = \sup_{\{t_i\}} \left(\sum_{i=0}^{n-1} |f(t_{i+1}) - f(t_i)|^p\right)^{1/p} < \infty$$

其中 $\{t_i\}$ 是 $[a,b]$ 的任一分划 $a = t_0 < t_1 < \cdots < t_n = b$.

记函数类 $B_A = \{f|f$ 在任何有限区间 $[0,a]$ 上都是

p 阶有界变差的,且 $f(x) = O(\mathrm{e}^{Ax})$, $x\to\infty$, $A>0$ }

2. 主要结果

定理 1 设 $\{X_n , n\geqslant 1\}$ 是一列独立同分布非负随机变量,期望为 $x\in(0 , +\infty)$,且 $E|X_1-x|^r < \infty$ $(r\geqslant 2)$.方差 $\sigma^2(x)$ $(\sigma(x)>0)$, $E(\mathrm{e}^{2As_n/n}) = O(1)$ $(n\to\infty$,

$S_n = \sum_{i=1}^{n} X_i)$, $f\in B_A$ 且是规范的,则对式(1)定义的费勒算子,有

$$|L_n(f,x) - f(x)|$$

$$\leqslant \frac{4\sigma^2(x) + x^2}{nx^2}\sum_{k=1}^{n} V_p\left(g_x , \left[x - \frac{x}{\sqrt{k}},x + \frac{x}{\sqrt{k}}\right]\right) +$$

$$\frac{E|X_1-x|^r}{2\sqrt{n}\,\sigma^3(x)}|f(x+) - f(x-)| + O(\rho^{n/2}) \qquad (3)$$

其中 $0<\rho<1$ 为某常数,且

$$g_x(t) = \begin{cases} f(t) - f(x+) , t > x \\ 0 , t = x \\ f(t) - f(x-) , 0 \leqslant t < x \end{cases}$$

证明 首先

$$L_n(f,x) - \frac{1}{2}(f(x+) + f(x-))$$

$$= L_n(g_x,x) + \frac{1}{2}(f(x+) - f(x-))L_n(\mathrm{sign}(t-x),x)$$

$$\qquad (4)$$

我们在文献[8]中已用概率方法证明了如下结果(其方法也可参考文献[2,3])

$$|L_n(\text{sign}(t-x),x)| \leqslant \frac{E|X_1-x|^3}{\sqrt{n}\sigma^3(x)} \tag{5}$$

因而为证式（3），只须估计 $L_n(g_x,x)$，为此令

$$L_n(g_x,x) = \int_0^\alpha + \int_\alpha^\beta + \int_\beta^r + \int_r^\infty g_x\left(\frac{t}{n}\right)dF_{n,x}(t)$$

$$:= \Delta_1 + \Delta_2 + \Delta_3 + \Delta_4 \tag{6}$$

其中 $\alpha = nx\left(1-\frac{1}{\sqrt{n}}\right), \beta = nx\left(1+\frac{1}{\sqrt{n}}\right), \gamma = 2nx.$

首先估计 Δ_2，由于 $g_x(x)=0$，知

$$|\Delta_2| \leqslant \int_\alpha^\beta \left| g_x\left(\frac{t}{n}\right) - g_x(x) \right| dF_{n,x}(t)$$

$$= \int_\alpha^\beta \left(\left| g_x\left(\frac{t}{n}\right) - g_x(x) \right|^p \right)^{1/p} dF_{n,x}(t)$$

$$\leqslant V_p\left(g_x, \left[x - \frac{x}{\sqrt{n}}, x + \frac{x}{\sqrt{n}} \right] \right) \tag{7}$$

为简单计，下面记 $V_p(gx,[a,b])$ 为 $V_p[a,b]$. 现在估计 Δ_1. 注意到 $\frac{\alpha}{n} < x$，应用分部积分，有

$$|\Delta_1| \leqslant \int_0^a \left(\left| g_x(x) - g_x\left(\frac{t}{n}\right) \right|^p \right)^{1/p} dF_{n,x}(t)$$

$$\leqslant \int_0^a V_p\left[\frac{t}{n}, x \right] dF_{n,x}(t)$$

$$= V_p\left[x - \frac{x}{\sqrt{n}}, x \right] F_{n,x}(\alpha) + \int_0^a F_{n,x}(t) d_t\left(-V_p\left[\frac{t}{n}, x \right] \right)$$

应用切比雪夫不等式（见文献[9]），有

$$F_{n,x}(t) = P(S_n \leqslant t) = P\left(\frac{S_n}{n} - x \leqslant \frac{t}{n} - x \right)$$

366

$$\leqslant P\left(\left|\frac{S_n}{n} - E\left(\frac{S_n}{n}\right)\right| \geqslant x - \frac{t}{n}\right) \leqslant \frac{\sigma^2(x)}{n\left(\frac{t}{n} - x\right)^2} \quad (8)$$

因而

$$|\Delta_1|$$

$$\leqslant V_p\left[x - \frac{x}{\sqrt{n}}, x\right]\frac{\sigma^2(x)}{x^2} +$$

$$\frac{\sigma^2(x)}{n}\int_0^a \frac{1}{\left(\frac{t}{n} - x\right)^2}\mathrm{d}\left(-V_p\left[\frac{t}{n}, x\right]\right)$$

对上式右端积分再次分部积分,得

$$\frac{\sigma^2(x)}{n}\int_0^a \frac{1}{\left(\frac{t}{n} - x\right)^2}\mathrm{d}\left(-V_p\left[\frac{t}{n}, x\right]\right)$$

$$= -V_p\left[x - \frac{x}{\sqrt{n}}, x\right]\frac{\sigma^2(x)}{x^2} + V_p[0, x]\frac{\sigma^2(x)}{nx^2} +$$

$$\frac{2\sigma^2(x)}{n}\int_0^a -\frac{1}{n\left(\frac{t}{n} - x\right)^3}V_p\left[\frac{t}{n}, x\right]\mathrm{d}t$$

将上式右端积分中的 $\frac{t}{n}$ 代换为 $x - \frac{x}{\sqrt{t}}$,得

$$\int_0^a \frac{2}{n\left(x - \frac{t}{n}\right)^3}V_p\left[\frac{t}{n}, x\right]\mathrm{d}t = \frac{1}{x^2}\int_1^n V_p\left[x - \frac{x}{\sqrt{t}}, x\right]\mathrm{d}t$$

$$\leqslant \frac{1}{x^2}\sum_{k=1}^{n-1} V_p\left[x - \frac{x}{\sqrt{k}}, x\right]$$

于是

$$|\Delta_1| \leq \frac{\sigma^2(x)}{nx^2}\left(V_p[0,x] + \sum_{k=1}^{n-1} V_p\left[x - \frac{x}{\sqrt{k}}, x\right]\right)$$

$$\leq \frac{2\sigma^2(x)}{nx^2}\sum_{k=1}^{n-1} V_p\left[x - \frac{x}{\sqrt{k}}, x\right] \tag{9}$$

用完全类似的方法可以证明

$$|\Delta_3| \leq \frac{2\sigma^2(x)}{nx^2}\sum_{k=1}^{n} V_p\left[x, x + \frac{x}{\sqrt{k}}\right] \tag{10}$$

现在估计 Δ_4. 由 $f(t) = O(e^{At})$，知存在 $M > 0$，使

$$|\Delta_4| \leq M\int_{2nx}^{\infty} e^{At/n}\mathrm{d}F_{n,x}(t)$$

由柯西 - 施瓦茨不等式及假设条件 $E(e^{2AS_n/n}) = O(1)$ 知

$$\int_{2n^x}^{\infty} e^{At/n}\mathrm{d}F_{n,x}(t)$$

$$\leq \left(\int_{2nx}^{\infty} e^{2At/n}\mathrm{d}F_{n,x}(t)\right)^{1/2} \cdot \left(\int_{2nx}^{\infty}\mathrm{d}F_{n,x}(t)\right)^{1/2}$$

$$= O(1)[P(S_n \geq 2nx)]^{1/2}$$

据文献[5]引理3知，存在常数 $0 < \rho < 1$ 使

$$P(S_n \geq 2nx) = P(S_n - nx \geq nx) \leq \rho^*$$

因而

$$|\Delta_4| = O(\rho^{n/2}) \tag{11}$$

从式(4)—(11)可知式(3)成立. 证完.

定理2 设 $F(x) \in C[0, +\infty)$，处处存在左、右导数 $F'_-(x), F'_+(x)$，且 $F'_-(x), F'_+(x) \in B_A$，其余条件同定理1，则

$$|L_n(F, x) - F(x)|$$

$$\leqslant \frac{4\sigma^2(x) + x^2}{nx} \sum_{k=1}^{n} \frac{1}{\sqrt{k}} V_P\left(h_x, \left[x - \frac{x}{\sqrt{k}}, x + \frac{x}{\sqrt{k}}\right]\right) +$$

$$\frac{\sigma(x)}{2\sqrt{n}} |F'_+(x) - F'_-(x)| + O(\rho^{n/2}) \qquad (12)$$

其中 $0 < \rho < 1$ 为常数

$$h_x(t) = \begin{cases} \dfrac{1}{2}(F'_+(t) + F'_-(t)) - F'_+(x), t > x \\ 0, t = x \\ \dfrac{1}{2}(F'_+(t) + F'_-(t)) - F'_-(x), 0 \leqslant t < x \end{cases}$$

为证定理 2,需要下述引理.

引理 1　若 $F(x)$ 满足定理 2 中的条件,则 $F(x)$ 在任意有限区间 $[0,a]$ 上绝对连续,且 $F(x)$ 可表示为

$$F(x) = \int_0^x f(t)\mathrm{d}t + F(0)$$

其中

$$f(t) = \frac{1}{2}(F'_+(t) + F'_-(t))$$

且

$$f(t+) = F'_+(t), f(t-) = F'_-(t), f(t) \in B_A$$

证明　任取 $[0,a]$ 因 $F'_+(x), F'_-(x) \in B_A$,故都是 $[0,a]$ 上的有界函数. 任取 $[0,a]$ 内的一组子区间 $\{[t_i, t_{i+1}], 1 \leqslant i \leqslant n\}$ 满足 $\sum_{i=1}^{n} (t_{i+1} - t_i) < \delta$. 由文献 [4] 引理 3 知

$$\sum_{i=1}^{n} |F(t_{i+1}) - F(t_i)| = \sum_{i=1}^{n} |F'_+(\xi_i)|(t_{i+1} - t_i)$$

$$\leqslant M_1\delta$$

其中 M_1 是 $|F'_+(x)|$ 在 $[0,a]$ 上的上界. 可见 $F(x)$ 在 $[0,a]$ 上绝对连续,因而几乎处处可导,且可表示为

$$F(x) = \int_0^x f(t)\,\mathrm{d}t + F(0) \qquad (13)$$

在 $F'(x)$ 存在的 x 处

$$F'(x) = f(x)$$
$$= F'_+(x)$$
$$= F'_-(x)$$
$$= \frac{1}{2}(F'_+(x) + F'_-(x))$$

在 $F'(x)$ 不存在的 x 处,令

$$f(x) = \frac{1}{2}(F'_+(x) + F'_-(x))$$

故有

$$f(x) = \frac{1}{2}(F'_+(x) + F'_-(x)) \in B_A$$

另外,由式(13)知

$$F'_+(x) = \lim_{\Delta x \to 0^+} \frac{1}{\Delta x} \int_x^{x+\Delta x} f(t)\,\mathrm{d}t$$

$$= f(x+) + \lim_{\Delta x \to 0^+} \frac{1}{\Delta x} \int_x^{x+\Delta x} [f(t) - f(x+)]\,\mathrm{d}t$$

由于 $\Delta x \to 0^+$ 时

$$f(t) \to f(x+)$$

可知上式右端第二项极限为零,从而

$$F'_+(x) = f(x-)$$

370

同理 $F'_-(x) = f(x-)$. 引理 1 证完.

定理 2 的证明 由引理 1 知

$$F(t) = \int_0^t f(u)\,du + F(0)$$

且

$$f(t) = h_x(t) + \frac{1}{2}(f(x+) + f(x-)) +$$

$$\frac{1}{2}(f(x+) - f(x-))\operatorname{sign}(t - x)$$

其中

$$h_x(t) = \begin{cases} f(t) - f(x+), t > x \\ 0, t = x \\ f(t) - f(x-), 0 \leqslant t < x \end{cases}$$

于是

$$F(t) - F(x) = \int_x^t h_x(u)\,du + \left[\frac{1}{2}(f(x+) + \right.$$

$$\left. f(x-)) + F(0)\right](t - x) +$$

$$\frac{1}{2}(f(x+) - f(x-)) \cdot$$

$$\int_x^t \operatorname{sign}(u - x)\,du$$

注意到

$$L_n((t - x), x) = 0$$

及

$$\int_x^t \operatorname{sign}(u - x)\,du = |t - x|$$

故

$$L_n(F,x) - F(x) = L_n\left(\int_x^t h_x(u)\,\mathrm{d}u,x\right) + \frac{1}{2}(f(x+) -$$

$$f(x-))L_n(\,|\,t-x\,|\,,x) \qquad (14)$$

首先由柯西 – 施瓦茨不等式及式(12),有

$$L_n(\,|\,t-x\,|\,,x) \leqslant \left[\,L_n((\,(t-x)^2,x)\,\right]^{\frac{1}{2}} = \frac{\sigma(x)}{\sqrt{n}} \qquad (15)$$

记 $\int_x^t h_x(u)\,\mathrm{d}u = H_x(t)$,则式(15)右端第一项为

$$L_n(H_x(t),x) = \int_0^\alpha + \int_\alpha^\beta + \int_\beta^\gamma + \int_\gamma^\infty H_x\left(\frac{t}{n}\right)\mathrm{d}F_{n,x}(t)$$

$$: = J_1 + J_2 + J_3 + J_4 \qquad (16)$$

其中,α,β,γ 的含义同定理 1 的证明中所设. 下面分别估计 $J_i,i=1,2,3,4$.

首先估计 J_2. 在 $[\alpha,\beta]$ 上

$$\left|H_x\left(\frac{t}{n}\right)\right| = \left|\int_x^{t/n} h_x(u)\,\mathrm{d}u\right|$$

$$\leqslant \left|\int_x^{t/n}(\,|\,h_x(u) - h_x(x)\,|^p)^{1/p}\mathrm{d}u\right|$$

$$\leqslant V_p\left(h_x,\left[\,x-\frac{x}{\sqrt{n}},x+\frac{x}{\sqrt{n}}\,\right]\right) \cdot \frac{x}{\sqrt{n}}$$

因而

$$|J_2| \leqslant \frac{x}{\sqrt{n}}V_p\left(h_x,\left[\,x-\frac{x}{\sqrt{n}},x+\frac{x}{\sqrt{n}}\,\right]\right) \qquad (17)$$

现在估计 J_1. 应用分部积分

$$J_1 = \int_0^\alpha H_x\left(\frac{t}{n}\right)\mathrm{d}F_{n,x}(t)$$

$$= H_x\left(\frac{\alpha}{n}\right)F_{n,x}(\alpha) - \int_0^\alpha F_{n,x}(t)\,dH_x(t/n)$$

注意到在 $[0,\alpha]$ 上

$$\left|H_x\left(\frac{t}{n}\right)\right| = \left|\int_x^{t/n} h_x(u)\,du\right|$$

$$\leqslant \int_{t^n}^x |h_x(u)|\,du$$

$$\xlongequal{\text{def}} G_x\left(\frac{t}{n}\right)$$

因而应用定理 1 证明中的式(8),得

$$|J_1|$$

$$\leqslant G_x\left(\frac{\alpha}{n}\right)F_{n,x}(\alpha) + \int_0^a F_{n,x}(t)\,d_t\left(-G_x\left(\frac{t}{n}\right)\right)$$

$$\leqslant G_x\left(x - \frac{x}{\sqrt{n}}\right)\frac{\sigma^2(x)}{x^2} + \frac{\sigma^2(x)}{n}\int_0^a \frac{1}{\left(x - \frac{t}{n}\right)^2}\,d\left(-G_x\left(\frac{t}{n}\right)\right)$$

$$\leqslant \frac{\sigma^2(x)G_x(0)}{nx^2} + \frac{2\sigma^2(x)}{n^2}\int_0^a G_x\left(\frac{t}{n}\right)\frac{1}{\left(x - \frac{t}{n}\right)^3}\,dt$$

将上式最后的积分中的 $\frac{t}{n}$ 代换为 $x - \frac{x}{\sqrt{t}}$,得

$$\frac{2\sigma^2(x)}{n^2}\int_0^a G_x\left(\frac{t}{n}\right)\frac{1}{\left(x - \frac{t}{n}\right)^3}\,dt$$

$$= \frac{\sigma^2(x)}{nx^2}\int_1^n G_x\left(x - \frac{x}{\sqrt{t}}\right)\,dt$$

$$\leqslant \frac{\sigma^2(x)}{nx^2}\sum_{k=1}^n G_x\left(x - \frac{x}{\sqrt{k}}\right)$$

注意到 $h_x(x) = 0$, 可得

$$G_x(0) = \int_0^x \left(\mid h_x(t) - h_x(x) \mid^t \right)^{1/p} \mathrm{d}t$$

$$\leqslant x V_p(h_x, [0, x])$$

$$G_x\left(x - \frac{x}{\sqrt{n}}\right) = \int_{x-x/\sqrt{k}}^x \left(\mid h_x(t) - h_x(x) \mid^p \right)^{1/p} \mathrm{d}t$$

$$\leqslant \frac{x}{\sqrt{k}} V_p\left(h_x, \left[x - \frac{x}{\sqrt{k}}, x\right]\right)$$

于是

$$\mid J_1 \mid \leqslant \frac{2\sigma^2(x)}{nx} \sum_{k=1}^n \frac{1}{\sqrt{k}} V_p\left(h_x, \left[x - \frac{x}{\sqrt{k}}, x\right]\right) \quad (18)$$

用类似的方法可以证得

$$\mid J_3 \mid \leqslant \frac{2\sigma^2(x)}{nx} \sum_{k=1}^n \frac{1}{\sqrt{k}} V_p\left(h_x, \left[x, x + \frac{x}{\sqrt{k}}\right]\right) \quad (19)$$

现在估计 J_4. 由 $h_x(t) = O(e^{At})$, 知存在 $M > 0$, 使

$$\mid J_4 \mid \leqslant \int_{2nx}^\infty \int_x^{t/n} \mid h_x(u) \mid \mathrm{d}u \mathrm{d}F_{n,x}(t)$$

$$\leqslant M \int_{2nx}^\infty \int_s^{t/n} e^{Au} \mathrm{d}u \mathrm{d}F_{n,x}(t)$$

$$\leqslant M \int_{2nx}^\infty e^{At/n} \mathrm{d}F_{n,x}(t)$$

$$= O(\rho^{n/2}) \quad (20)$$

上式中最后的等式用到式(11). 由式(14)—(20)可推出式(12). 证完.

3. 注

①令 $P(X_1 = 1) = x = 1 - P(X_1 = 0), x \in (0, 1)$, 则

$$L_n(f,x) = B_n(f,x)$$

B_n 表示 Bernstein 算子. 此时, $\sigma^2(x) = x(1-x)$ 且

$$E\,|X_1 - x|^3 = \sigma^2(x)(2x^2 - 2x + 1)$$

显然此时式（3）和（12）中 $O(\rho^{n/2})$ 将不出现（此时对 $[0,1]$ 的分法可适当改变, 见文献[3]）. 由定理 1 和 2 可以得到对 Bernstein 算子的估计, 它改进了由文献 [4] 得到的结果.

②令 $P(X_1 = k) = \mathrm{e}^{-x} x^k / k!, k = 0, 1, 2, \cdots$, 则得到 Szász 算子, 即

$$L_n(f,x) = S_n(f,x) = \mathrm{e}^{-nx} \sum_{k=0}^{\infty} f\left(\frac{k}{n}\right) \frac{(nx)^k}{k!}$$

此时 $\sigma^2(x) = x$, 且

$$E\,|X_1 - x|^3 = x + 2\mathrm{e}^{-x} \sum_{k=0}^{|x|} (x - k)^3 \frac{x^k}{k!}$$

由定理 1 和 2 可以得到 Szász 算子的相应结果. 当 $p = 1$ 时, 由定理 1 可得到 Cheng 的文献[7]的结果.

③当 X_1 有 Gamma 分布时, 可得到 Gamma 算子; 当 X_1 有几何分布时, 可得到 Baskakov 算子, 经过适当变换可得到 Meyer-Köing-Zeller 算子; 若将 L_n 的定义考虑为 $(-\infty, +\infty)$ 上的积分, 类似地可得到魏尔斯特拉斯算子. 对以上算子都可由定理 1 和 2 得到相应的结果. 这里不一一列举.

参考文献

[1]CHENG F. On the rate of convergence of bernstein

polynomials of function of bounded variation[J]. J. Approx. Theory. ,1983(39),259-274.

[2]陈文忠,郭顺生.某些正线性算子对有界变差函数的点态逼近度[J].高等学校计算数学学报,1987,9(3):243-252.

[3]郭顺生.关于 SBK 算子对有界变差函数的点态逼近度[J].科学通报,1980,31(20):1521-1526.

[4]SUN X H. On bernstein polynomils of functions of bounded variation of order[J]. P. J. Approx Th. and its Appl. ,1986,2(2):27-37.

[5]AKHAN R. Some probabilistic Methods in the theory of approximation operators[J]. Acta. Math. Acad. Scien. Hung,1980(35):193-203.

[6] HERMANN T. Approximation of unbounded functions on unbounded interval[J]. Acta. Math. Acad. Scien. Hung,1977(29):393-398.

[7]CHENG F. On the rate of convergence of the Szász-Mirakyan operator for functions of bounded variation [J]. J. Approx. Theory,1984(40):226-241.

[8]GUO S S, KHAN M K. On the rate of convergence of some operators on function of bounded variation [J]. J. Approx. Th. ,1989(58):90 -101.

[9]王梓坤.概率论基础及其应用[M].北京:科学出版社,1979.

一类新的 Meyer-König 和 Zeller 型 算子对有界变差函数的逼近[①]

第 35 章

1. 主要结果

1987 年,陈文忠引入了一类新的 Meyer-König 和 Zeller 型算子

$$\widetilde{M}_n(f,x) = \sum_{k=0}^{\infty} m_{n,k}(x)\Phi_{n,k}(f) \quad (0 \leqslant x \leqslant 1)$$

$$(1)$$

其中,$n = 3, 4, 5, \cdots$

$$m_{n,k}(x) = \binom{n+k}{k} x^k (1-x)^{n+1}$$

$$(k = 0, 1, 2, \cdots)$$

$$\Phi_{n,k}(f) = \begin{cases} f(0), k = 0 \\ \dfrac{(n+k-2)(n+k-1)}{n-1} \cdot \\ \displaystyle\int_0^1 f(t) m_{n-2,k-1}(t)\,\mathrm{d}t, k > 0 \end{cases}$$

$f(t)$ 是闭区间 $[0,1]$ 上的勒贝格可积函数.

---

① 引自 1991 年第 8 卷第 4 期的《黑龙江大学自然科学学报》,原作者为芜湖师范专科学校数学系的姜功建.

B - 数列与有界变差

芜湖师范专科学校数学系的姜功建教授 1991 年对于算子(1)研究类似的问题.

定理 1　设 f 是闭区间 $[0,1]$ 上的有界变差函数,则对于 $0 < x < 1$,当 n 充分大时成立

$$\left| \widetilde{M}_n(f,x) - \frac{1}{2}\left[f(x+) + f(x-)\right]\right|$$

$$\leqslant \frac{16}{27x^2(n+1)} \sum_{k=1}^{n} \bigvee_{x-(x/\sqrt{k})}^{x+[(1-x)/\sqrt{k}]} (g_x) + \bigvee_{x-(x/\sqrt{n})}^{x+[(1-x)/\sqrt{n}]} (g_x) +$$

$$(1-x)^{n+1}\left|f(0) - f(x-)\right| + \left[\frac{50}{\sqrt{n+1}}x^{-\frac{3}{2}} + 2(1-x)^{n+1}\right]\left|f(x+) - f(x-)\right| \qquad (2)$$

其中

$$g_x(t) = \begin{cases} f(t) - f(x+), & x < t \leqslant 1 \\ 0, & t = x \\ f(t) - f(x-), & 0 \leqslant t < x \end{cases}$$

$\bigvee\limits_{a}^{b}(g_x)$ 表示函数 g_x 在区间 $[a,b]$ 上的全变差.

由式(2)给出的逼近度是不能加以改进的.

2. 几个引理

引理 1　对于任何 $k = 0,1,2,\cdots$,成立

$$m_{n,k}(x) \leqslant \frac{33}{\sqrt{n+1}}x^{-\frac{3}{2}} \quad (0 < x < 1) \qquad (3)$$

证明　由

$$m_{n,k}(x) = P(\eta_{n+J} = k) = P(k-1 < \eta_{n+1} \leqslant k) =$$

$$P\left(\frac{k-1-\dfrac{(n+1)x}{1-x}}{\dfrac{\sqrt{(n+1)x}}{1-x}} < \frac{n_{n+1}-\dfrac{(n+1)x}{1-x}}{\dfrac{\sqrt{(n+1)x}}{1-x}} \leqslant \frac{k-\dfrac{(n+1)x}{1-x}}{\dfrac{\sqrt{(n+1)x}}{1-x}} \right)$$

令 $a_1 = \dfrac{x}{1-x}, b_1 = \dfrac{\sqrt{x}}{1-x}$, 可得

$$\left| P(\eta_{n+1} = k) - \frac{1}{\sqrt{2\pi}} \int_I e^{-\frac{t^2}{2}} dt \right| \leqslant \frac{2C}{\sqrt{n+1}} \frac{\beta_3}{b_1^3} \qquad (4)$$

其中

$$I = \left[\frac{k-1-\dfrac{(n+1)x}{1-x}}{\dfrac{\sqrt{(n+1)x}}{1-x}}, \frac{k-\dfrac{(n+1)x}{1-x}}{\dfrac{\sqrt{(n+1)x}}{1-x}} \right]$$

是个闭区间

$$\frac{1}{\sqrt{2\pi}} \leqslant C < 0.82, \beta_3 \leqslant \frac{16}{(1-x)}^3$$

故有

$$\frac{2C}{\sqrt{n+1}} \frac{\beta_3}{b_1^3} \leqslant \frac{32}{\sqrt{n+1}} x^{-\frac{3}{2}}$$

又易证

$$\frac{1}{\sqrt{2\pi}} \int_I e^{-t^2/2} dt \leqslant \frac{1-x}{\sqrt{2\pi x (n+1)}}$$

再由式(4), 推知式(3)成立.

引理 2　对于 $k = 1,2,3,\cdots,0 < x < 1$, 成立

$$\left| \sum_{j=0}^{k} m_{n,j}(x) - \sum_{j=0}^{k-1} m_{n-1,j}(x) \right| \leqslant \frac{33}{\sqrt{n+1}} x^{-\frac{3}{2}} \qquad (5)$$

证明　可知

$$\sum_{j=0}^{k} m_{n,j}(x) = P(\eta_{n+1} \leqslant k)$$

$$\sum_{j=0}^{k-1} m_{n-1,j}(x) = P(\eta_n \leqslant k-1)$$

作两个区间

$$I_1\left(-\infty, \frac{k - \dfrac{(n+1)x}{1-x}}{\dfrac{\sqrt{(n+1)x}}{1-x}}\right]$$

$$I_2 = \left(-\infty, \frac{k-1-\dfrac{nx}{1-x}}{\dfrac{\sqrt{nx}}{1-x}}\right]$$

有

$$\left|\sum_{j=0}^{k} m_{n,j}(x) - \frac{1}{\sqrt{2\pi}}\int_{I_1} e^{-\frac{t^2}{2}} dt\right| \leqslant \frac{16}{\sqrt{n+1}}x^{-\frac{3}{2}}$$

$$\left|\sum_{j=0}^{k-1} m_{n-1,j}(x) - \frac{1}{\sqrt{2\pi}}\int_{I_2} e^{-\frac{t^2}{2}} dt\right| \leqslant \frac{16}{\sqrt{n}}x^{-\frac{3}{2}}$$

从这两个不等式可以推知式(5)成立.

引理 3　对于 $k = 1, 2, 3, \cdots, 0 < x < 1$，成立

$$\sum_{j=0}^{k-1} m_{n-1,j}(x) = \frac{(n+k-2)(n+k-1)}{n-1}\int_x^1 m_{n-2,k-1}(t) dt$$

$$(6)$$

证明　通过对 x 求导，可以证明式(6)成立.

引理 4　对于 $0 < x < 1$，令

$$R_n(x,t) = \sum_{k=1}^{\infty} \frac{(n+k-2)(n+k-1)}{n-1} \cdot$$

$$m_{n,k}(x) m_{n-2,k-1}(t)$$

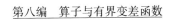

$$(0 \leqslant t \leqslant 1)$$

则成立

$$\int_0^y R_n(x,t)\,\mathrm{d}t \leqslant \frac{8}{27}\frac{1}{(n+1)(x-y)^2} \quad (0 \leqslant y < x)$$

$$(7)$$

$$\int_z^1 R_n(x,t)\,\mathrm{d}t \leqslant \frac{8}{27}\frac{1}{(n+1)(Z-x)^2} \quad (x < Z \leqslant 1)$$

$$(8)$$

证明　只证式(7),知

$$\widetilde{M}_n(1,x)=1,\widetilde{M}_n(t,x)=x \qquad (9)$$

$$\widetilde{M}_n((t-x)^2,x)\leqslant\frac{8}{27}\frac{1}{n+1} \quad (0<x<1) \quad (10)$$

当 $0\leqslant y<x,t\in[0,y]$ 时,有 $\dfrac{x-t}{x-y}\geqslant 1$,故从式

(10),得到

$$\int_0^y R_n(x,t)\,\mathrm{d}t$$

$$\leqslant \int_0^y\left(\frac{x-t}{x-y}\right)^2 R_n(x,t)\,\mathrm{d}t$$

$$\leqslant \frac{1}{(x-y)^2}\int_0^1(x-t)^2 R_n(x,t)\,\mathrm{d}t$$

$$\leqslant \frac{1}{(x-y)^2}\widetilde{M}_n((t-x)^2,x)$$

$$\leqslant \frac{8}{27}\frac{1}{(n+1)(x-y)^2}$$

引理5　设 $0<x<1$,则当 n 充分大时有

$$\frac{x(1-x)^2}{n}\leqslant\widetilde{M}_n((t-x)^2,x)\leqslant\frac{4x(1-x)^2}{n} \quad (11)$$

$$\widetilde{M}_n((t-x)^4,x) \leqslant \frac{A}{n^2} \quad (A \text{ 是绝对正常数}) \quad (12)$$

证明　由式(9)知

$$\widetilde{M}_n((t-x)^2,x) = \frac{2x(1-x)^2}{n} + O\left(\frac{1}{n}\right)$$

由此知当 n 充分大时式(11)成立.

3. 定理 1 证明

根据函数 $g_x(t)$ 的定义,我们有

$$\left| \widetilde{M}_n(f,x) - \frac{1}{2}[f(x+)+f(x-)] \right|$$

$$\leqslant |\widetilde{M}_n(g_x,x)| + \frac{1}{2}|f(x+)-f(x-)| \cdot$$

$$|\widetilde{M}_n(\operatorname{sgn}(t-x),x)| \quad (13)$$

其中 $\operatorname{sgn}(t-x)$ 是 $t-x$ 的符号函数.

先估计 $\widetilde{M}_n(\operatorname{sgn}(t-x),x)$,令 $(0<x<1)$

$$A_n(x) = \int_x^1 R_n(x,t)\,\mathrm{d}t, \quad B_n(x) = \int_0^x R_n(x,t)\,\mathrm{d}t$$

则

$$\widetilde{M}_n(\operatorname{sgn}(t-x),x)$$

$$= \int_0^1 \operatorname{sgn}(t-x)R_n(x,t)\,\mathrm{d}t + (1-x)^{n+1}\operatorname{sgn}(0-x)$$

$$= A_n(x) - B_n(x) - (1-x)^{n+1} \quad (14)$$

据引理 3,我们有

$$A_n(x)$$

$$= \sum_{k=1}^\infty \frac{(n+k-2)(n+k-1)}{n-1} m_{n,k}(x) \int_x^1 m_{n-2,k-1}(t)\,\mathrm{d}t$$

$$= \sum_{k=1}^{\infty} \left[m_{n,k}(x) \sum_{j=0}^{k-1} m_{n-1,j}(x) \right]$$

令

$$S' = \sum_{k=1}^{\infty} \left[m_{n,k}(x) \sum_{j=0}^{k} m_{n,j}(x) \right]$$

$$S = \sum_{k=0}^{\infty} \left[m_{n,k}(x) \sum_{j=0}^{k} m_{n,j}(x) \right]$$

根据引理 2,知

$$\left| A_n(x) - S' \right| \leqslant \frac{33}{\sqrt{n+1}} x^{-\frac{3}{2}} \qquad (15)$$

利用

$$\sum_{k=0}^{\infty} m_{n,k}(x) = \widetilde{M}_n(1,x) = 1$$

可证

$$2S - 1 = \sum_{k=1}^{\infty} \left[m_{n,k}(x) \right]^2$$

因为 $S = m_{n,0}(x) m_{n,0}(x) + S' = (1-x)^{2n+2} + S'$,故有

$$2S' - 1 = 2S - 1 - 2(1-x)^{2n+2}$$

$$= \sum_{k=0}^{\infty} \left[m_{n,k}(x) \right]^2 - 2(1-x)^{2n+2}$$

再根据引理 1,有

$$\left| S' - \frac{1}{2} \right| \leqslant (1-x)^{2n+2} + \frac{33}{2\sqrt{n+1}} x^{-\frac{3}{2}} \sum_{k=0}^{\infty} m_{n,k}(x)$$

$$\leqslant (1-x)^{2n+2} + \frac{17}{\sqrt{n+1}} x^{-\frac{3}{2}} \qquad (16)$$

从式(15)(16),可得

$$\left| A_n(x) - \frac{1}{2} \right| \leqslant (1-x)^{2n+2} + \frac{50}{\sqrt{n+1}} x^{-\frac{3}{2}} \qquad (17)$$

另一方面

$$A_n(x) + B_n(x) = \int_0^1 R_n(x,t)\,\mathrm{d}t = 1 - (1-x)^{n+1}$$

故从式(17),可得

$$|A_n(x) - B_n(x)| \leqslant |2A_n(x) - 1| + (1-x)^{n+1}$$

$$\leqslant 3(1-x)^{n+1} + \frac{100}{\sqrt{n+1}}x^{-\frac{3}{2}}$$

由此,并结合式(14),可得

$$|\widetilde{M}_n(\mathrm{sgn}(t-x),x)| \leqslant 4(1-x)^{n+1} + \frac{100}{\sqrt{n+1}}x^{-\frac{3}{2}}$$

$$(18)$$

为了估计 $\widetilde{M}_n(g_x,x)$,将闭区间 $[0,1]$ 分成三个区间

$$J_1 = \left[0, x - \frac{x}{\sqrt{n}}\right]$$

$$J_2 = \left[x - \frac{x}{\sqrt{n}}, x + \frac{1-x}{\sqrt{n}}\right]$$

$$J_3 = \left[x + \frac{1-x}{\sqrt{n}}, 1\right]$$

令

$$\Delta_1 = \int_{J_1} R_n(x,t)g_x(t)\,\mathrm{d}t \quad (i=1,2,3)$$

由于

$$\widetilde{M}_n(g_x,x) = \int_0^1 R_n(x,t)g_x(t)\,\mathrm{d}t + g_x(0)(1-x)^{n+1}$$

所以有

$$|\widetilde{M}_n(g_x,x)|$$

$$\leqslant |\Delta_1| + |\Delta_2| + |\Delta_3| + (1-x)^{n+1} |f(0) - f(x-)|$$

$$(19)$$

利用引理 4,可证

$$|\Delta_2| \leqslant \bigvee_{x-(x/\sqrt{n})}^{x+[(1-x)/\sqrt{n}]} (g_x)$$

$$|\Delta_1| \leqslant \frac{16}{27} \frac{1}{x^2(n+1)} \sum_{k=1}^{n} \bigvee_{x-(x/\sqrt{k})}^{x} (g_x)$$

$$|\Delta_3| \leqslant \frac{16}{27} \frac{1}{x^2(n+1)} \sum_{k=1}^{n} \bigvee_{x}^{x+[(1-x)/\sqrt{k}]} (g_x)$$

将 $\Delta_i (i=1,2,3)$ 的估计代入到式(19)中,再结合(13)(18),即得式(2).

下面证明定理得到的逼近度是不能改进的.

给定 $0 < x < 1$,考虑函数

$$f_0(t) = |t - x| \quad (0 \leqslant t \leqslant 1)$$

引用引理 5

$$(1-x)^{n+1} = O\left(\frac{1}{n}\right) \quad (n \to \infty)$$

对于充分小的 $\delta > 0$ 和充分大的 n,可以证明

$$\widetilde{M}_n(|t-x|, x) \leqslant \delta + \frac{4x(1-x)^2}{n\delta} + O\left(\frac{1}{n}\right)$$

$$\widetilde{M}_n(|t-x|, x) \geqslant \frac{x(1-x)^2}{n\delta} - \frac{A}{n^2\delta^3} + O\left(\frac{1}{n}\right)$$

选取

$$\delta = \frac{2\sqrt{A}}{\sqrt{nx(1-x)^2}}$$

则有

$$\left(\frac{1}{2} - \frac{1}{\sqrt{8}}\right) \frac{x^{3/2}(1-x)^3}{\sqrt{An}} + O\left(\frac{1}{n}\right)$$

$$\leqslant M_n(\,|\,t-x\,|\,,x)$$

$$\leqslant \frac{2}{\sqrt{An}}\left[\frac{A}{\sqrt{x}(1-x)}+x^{3/2}(1-x)^3\right]+O\left(\frac{1}{n}\right) \quad (20)$$

另一方面,从式(2),我们得到

$$|\widetilde{M}_n(f_0,x)-f_0(x)|$$

$$\leqslant \frac{16}{27x^2(n+1)}\sum_{k=1}^{n}\bigvee_{x-(x/\sqrt{k})}^{x+[(1-x)/\sqrt{k}]}(f_0)+$$

$$\bigvee_{x-(x/\sqrt{n})}^{x+[(1-x)/\sqrt{n}]}(f_0)+x(1-x)^{n+1}$$

$$\leqslant \frac{32}{27x^2\sqrt{n}}+\frac{2}{\sqrt{n}}+O\left(\frac{1}{n}\right) \quad (21)$$

比较式(20)(21),我们见到式(2)不能改进.

4. 后记

在证明定理的过程中,如果我们用式(11)来代替(10)进行估计,则式(2)中的常数因子$\frac{16}{27}$可以用$8x(1-x)^2$来代替.

386

BBH 算子对 P 次有界变差函数的逼近度[①]

第 36 章

1. 引言

近年来 Bleimann,Butzer 和 Hahn 的文献[1,2]引进了一种 Bernstein 型算子

$$L_n(f,x) = (1+x)^{-n} \sum_{k=0}^{n} f\left(\frac{k}{n-k+1}\right)\binom{n}{k}x^k$$

(1)

我们简称其为 BBH 算子,其中 $f \in C[0, +\infty]$,$C[0, +\infty]$ 是 $[0, +\infty)$ 上的连续函数空间. BBH 算子对于连续函数的逼近定理与量化估计已进行了一些研究(见文献[1,2]). 本章讨论 BBH 算子对非连续函数的逼近问题. 我们假定函数 $f(x)$ 是正规的,即它只有第一类间断点,且

$$f(x) = \frac{1}{2}[f(x+) + f(x-)]$$

$[a,b]$ 上的 $P(P \geqslant 1)$ 次有界变差函数 $f \in BV_P[a,b]$ 是满足下述条件的函数

---

① 引自 1994 年第 14 卷第 1 期的《数学物理学报》,原作者为湖北大学数学系的徐吉华、张泽银.

$$\sup_{N}\left[\left(\sum_{i=0}^{n-1}\mid f(t_{i+1})-f(t_i)\mid^{P}\right)^{1/P}\right]<\infty \qquad (2)$$

其中上确界遍取$[a,b]$的一切划分$N:a=t_0<t_1<\cdots<t_n=b$. 我们记此上确界值为$V_P(f,[a,b])$,称它为$f(x)$在$[a,b]$上的P次有界变差. 显然,BV_P是通常有界变差数类BV的推广,且$BV\subset BV_p(p\geqslant 1)$.

湖北大学数学系的徐吉华、张泽银两位教授1994年研究了BBH算子(1)对在$[0,+\infty)$的任一有限子区间上具有P次有界变差的函数的逼近度估式以及左右导数存在时的逼近问题. 这里被逼近的函数可以是无界的. 只要它们满足一定的增长条件. 我们采用的是概率论中的一些方法和结论. 当$P=1$时,我们的结果可以包含用 Bojanic 方法所得的相应结果(参见文献[6]),便增加了左右导数存在时逼近的内容及渐近公式. 此外,值得注意的是:由于P次有界变差函数当$P>1$时一般不能表为两个单增函数之差,推演中不能利用 L－S 积分工具与分部积分法,我们成功地运用了处理离散情形的累次阿贝尔变换.

2. 逼近度估式

设$y_1,y_2,\cdots$为独立同分布的随机变量列,$P(y_1=1)=p,P(y_1=0)=q$,其中$p=\dfrac{x}{1+x},q=\dfrac{1}{1+x},x\in[0,+\infty)$,显然$S_n=y_1+y_2+\cdots+y_n$成二项分布

$$P(S_n=k)=\binom{n}{k}p^k q^{n-k}$$

令$X_n=S_n/n-s_n+1(n\in\mathbf{N})$,则式$(1)$可以写作

388

$$Ef(X_n) = L_n(f, x) = \sum_{k=0}^{n} f\left(\frac{k}{n-k+1}\right) P_{kn}(x)$$

其中 E 表示数学期望

$$P_{kn}(x) = \binom{n}{k} x^k (1+x)^{-n} \quad (x \in [0, +\infty))$$

引理 1 $\quad EX_n = x - xp^n = x - x\left(\dfrac{x}{1+x}\right)^n.$

证明 $\quad EX_n = (1+x)^{-n} \sum_{k=0}^{n} \dfrac{k}{n-k+1} \binom{n}{k} x^k$

$$= (1+x)^{-n} \sum_{k=1}^{n} \binom{n}{k-1} x^k$$

$$= x(1+x)^{-n} \sum_{k=0}^{n-1} \binom{n}{k} x^k$$

$$= x - x\left(\frac{x}{1+x}\right)^n$$

引理 2 $\quad E(X_n - x)^2 \leqslant \dfrac{4x(1+x)^2}{n}.$

证明 参见文献[2].

引理 3 令

$$\delta_0^2(x) = \sum_{k=0}^{n} (k-nx)^2 \binom{n}{k} x^k (1-x)^{n-k} \quad (0 \leqslant x \leqslant 1)$$

则有

$$\sum_{k=0}^{2r} (k-nx)^{2r} \binom{n}{k} x^k (1-x)^{n-k} = \sum_{v=0}^{r} a_v(x) n^v$$

其中 $a_r(x) = \dfrac{(2r)!}{r! \, 2^r} \delta_\sigma^{2r}(x).$

证明 见文献[4]中引理 1.

引理 4 设 $\{X_k\}$ 为独立同分布的随机变量列

389

$$a_1 = EX_1, b_1^2 = \text{var } X_1 = E(x_1 - a_1)^2$$

$$0 < b_1^2 < +\infty, \beta_3 = E|X_1 - a_1|^3 < \infty$$

则

$$\max_y \left| P\left(\frac{1}{b_1\sqrt{n}} \sum_{k=1}^{n} (X_k - a_1) \leqslant y \right) - \frac{1}{\sqrt{2\pi}} \int_{-\infty}^{y} e^{-t^2/2} dt \right| \leqslant \frac{C\beta_3}{\sqrt{n} b_1^3}$$

其中$\dfrac{1}{\sqrt{2\pi}} < C < 0.82.$

此定理参见文献[5].

引理 5 任给$x \in (0, +\infty), 0 \leqslant k \leqslant n$,则有

$$P_{kn}(x) \leqslant \frac{5(1+x)}{2\sqrt{nx}}$$

证明 由文献[6]中引理 2 知任给$p, q \in (0, 1)$,$p + q = 1, 0 \leqslant k \leqslant n$,有

$$\binom{n}{k} p^k q^{n-k} \leqslant \frac{5}{2\sqrt{npq}}$$

用变量代换

$$p = \frac{x}{1+x}, q = \frac{1}{1+x}$$

代入上式即得

$$P_{kn}(x) = \binom{n}{k}\left(\frac{x}{1+x}\right)^k \left(\frac{1}{1+x}\right)^{n-k}$$

$$\leqslant \frac{5(1+x)}{2\sqrt{nx}}$$

定理 1 设$f(x)$是在$[0, +\infty)$的任何有限子区间上具有$P(P \geqslant 1)$次有界变差的函数,且存在某一

390

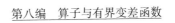

$m = m(f) > 0, f(t) = O(t^m)$，则当

$$n \geq \max\left\{ \left(\frac{4}{x}\right)^{1/1-\beta}, (2x)^{2/1-\beta} \right\}$$

有

$$\left| L_n(f, x) - \frac{1}{2}(f(x+) + f(x-)) \right|$$

$$\leq 2V_P\left(g_x, \left[x - \frac{1}{\eta^\beta}, x + \frac{1}{\eta^\beta}\right]\right) +$$

$$4(1+x)\left(\frac{1+x}{nx}\right)^{1/P} V_P(g_x, [0, x]) +$$

$$\frac{128}{(nx)^{1/P}} \sum_{k=1}^{n} V_P\left(g_x, \left[x - \frac{x}{k^\beta}, x\right]\right) \frac{1}{K^{(1-\beta-\beta)/P}} +$$

$$|f(x+) - f(x-)| \left(\frac{c\beta_3}{\sqrt{n}\, b_1^3} + \frac{15(1+x)}{\sqrt{nx}}\right) + O_x\left(\frac{1}{n^s}\right)$$

$$(3)$$

其中 $0 < \beta < \frac{1}{2}, \beta_3 = E\left|y_1 - \frac{x}{1+x}\right|^3, \frac{1}{\sqrt{2\pi}} < c < 0.82$，

s 为任意正实数，而

$$g_x(t) = \begin{cases} f(t) - f(x+), & t > x \\ 0, & t = x \\ f(t) - f(x-), & t < x \end{cases}$$

证明 记

$$\operatorname{sgn}(t - x) = \begin{cases} 1, & t > x \\ 0, & t = x \\ -1, & t < x \end{cases}$$

则由

$$L_n(1, x) = 1$$

有

$$L_n(f,x) = \frac{1}{2}\Big[f(x+) + f(x-) + L_n(g_x,x) +$$

$$\frac{1}{2}(f(x+) - f(x-)L_n(\mathrm{sgn}(t-x),x))\Big] \quad (4)$$

首先估计 $L_n(g_x,x)$.

用 k_1,k_2 表示满足下面条件的正整数

$$\frac{k_1}{n-k_1+1} \leqslant x - \frac{x}{n^\beta} < \frac{k_1+1}{n-k_1}$$

$$\frac{k^2}{n-k_2+1} \leqslant x + \frac{x}{n^\beta} < \frac{k_2+1}{n-k_2}$$

$$L_n(g_x,x) = \sum_{k=0}^{n} g_x\Big(\frac{k}{n-k+1}\Big)\binom{n}{k}x^k(1+x)^{-n}$$

$$= \Big(\sum_{k=0}^{k_1+1} + \sum_{k=k_1+2}^{k_2} + \sum_{k=k_2+1}^{n}\Big)g_x\Big(\frac{k}{n-k+1}\Big)P_{kn}(x)$$

$$= I_1 + I_2 + I_3 \quad (5)$$

对于 I_2 有

$$|I_2| \leqslant \sum_{k=k_1+2}^{k_2} \Big| g_x\Big(\frac{k}{n-k+1}\Big) - g_x(x) \Big| P_{kn}(x)$$

$$\leqslant V_P\Big(g_x,\Big[x-\frac{x}{n^\beta}, x+\frac{x}{n^\beta}\Big]\Big) \quad (6)$$

下面估计 I_1 式.

当 $k \leqslant k_1$ 时

$$\frac{k}{n-k+1} \leqslant \frac{k_1}{n-k_1+1} \leqslant x - \frac{x}{n^\beta} < x$$

$$\sum_{i \leqslant k} P_{in}(x)$$

$$\leqslant \sum_{i=1}^{k} \left(x - \frac{i}{n-i+1} \right)^2 P_{in}(x) \frac{1}{\left(x - \dfrac{k}{n-k+1} \right)^2}$$

$$\leqslant E(X_n - x)^2 \frac{1}{\left(x - \dfrac{k}{n-k+1} \right)^2}$$

运用引理 2 得

$$\sum_{i \leqslant k} P_{in}(x) \leqslant \frac{4x(1+x)^2}{n \left(x - \dfrac{k}{n-k+1} \right)^2} \qquad (7)$$

当 $n \geqslant \max\left\{ \left(\dfrac{4}{x} \right)^{1/1-\beta}, (2x)^{2/1-\beta} \right\}$ 时对 I_1 作三次阿贝尔变换,并利用式(7)

$$|I_1|$$

$$= \left| g_x \left(\frac{k_1}{n-k_1+1} \right) \sum_{k=0}^{k_1+1} P_{hx}(x) + \sum_{k=0}^{k_1} \left[g_x \left(\frac{k}{n-l+1} \right) - \right. \right.$$

$$\left. \left. g_x \left(\frac{k+1}{n-k} \right) \right] \left(\sum_{i=0}^{k} P_{in}(x) \right) \right|$$

$$\leqslant V_P \left(g_x, \left[x - \frac{x}{n^\beta}, x \right] \right) - \sum_{k=0}^{k_1} \left| g_x \left(\frac{k}{n-k+1} \right) - \right.$$

$$\left. g_x \left(\frac{k+1}{n-k} \right) \right| \frac{4x(1+x)^2}{n \left(x - \dfrac{k}{n-k+1} \right)^2}$$

$$\leqslant V_P \left(g_x, \left[x - \frac{x}{n^\beta}, x \right] \right) +$$

$$\frac{4(1+x)^2}{nx} \sum_{k=0}^{k} \left| g_x \left(\frac{k}{n-k+1} \right) - g_x \left(\frac{k+1}{n-k} \right) \right| +$$

$$\frac{16x}{n^2} \sum_{k=1}^{k_1} \frac{1}{\left(x - \frac{k}{n-k+1}\right)^3} \sum_{i=k}^{k_1} \left| g_x\left(\frac{i}{n-i+1}\right) - \right.$$

$$\left. g_x\left(\frac{i+1}{n-i}\right) \right|$$

$$\leqslant V_P\left(g_x, \left[x - \frac{x}{n^\beta}, x\right]\right) + 4(1+x)\left(\frac{1+x}{nx}\right)^{1/P} V_P(g_x, [0, x]) +$$

$$\frac{16x}{n^{1+1/P}} \sum_{k=1}^{k_1} \frac{1}{\left(x - \frac{k}{n-k+1}\right)^{2+1/P}} V_P\left(g_x, \left[\frac{k}{n-k+1}, x\right]\right)$$

而又

$$\frac{16x}{n^{1+1/P}} \sum_{k=1}^{k_1} \frac{1}{\left(x - \frac{k}{n-k+1}\right)^{2+1/P}} V_P\left(g_x, \left[\frac{k}{n-k+1}, x\right]\right)$$

$$\leqslant \frac{16 \times 8x}{n^{1/P}} \int_0^{x-x/n^\beta} \frac{V_P(g_x, [t, x])}{(x-t)^{2+1/P}} dt$$

$$\leqslant \frac{128}{(nx)^1 P} \int_0^n \frac{V_P\left(g_x, \left[x - \frac{x}{u^\beta}, x\right]\right)}{u^{1-\beta-\beta/P}} du$$

$$\leqslant \frac{128}{(nx)^{1/P}} \sum_{k=1}^n V_P\left(g_x, \left[x - \frac{x}{k^\beta}, x\right]\right) \frac{1}{k^{(1-\beta-\beta)/P}} \quad (8)$$

最后估计 I_3

$$|I_3| = \sum_{k=k_2+1}^n g_x\left(\frac{k}{n-k+1}\right) P_{hn}(x)$$

$$= O(1) \sum_{k=k_2+1}^n \left(\frac{k}{n-k+1}\right)^m P_{tn}(x)$$

$$\leqslant O(1) n^m \sum_{k=k_2+1}^n \left(\frac{k}{n} - \frac{x}{1+x}\right)^{2r} P_{kn}(x) /$$

$$\left(\frac{k_2+1}{n}-\frac{x}{1+x}\right)^{2r}$$

$$\leqslant O(1)n^m\sum_{k=k_2+1}^{n}\left(\frac{k}{n}-\frac{x}{1+x}\right)^{2r}P_{hn}(x)n^{2r\beta}\left(\frac{(1+x)^2}{n}\right)^{2r}$$

其中 r 为充分大的正整数.

运用引理3,作代替 $P=\dfrac{x}{1+x}$,得

$$\sum_{k=0}^{n}\left(\frac{k}{n}-\frac{x}{1+x}\right)^{2r}P_{hn}(x)$$

$$=\sum_{h=0}^{n}\left(\frac{k}{n}-P\right)^{2r}P^k(1-P)^{n-k}$$

$$=\frac{1}{n^r}\cdot\frac{(2r)!}{r!2^r}\left(\frac{x}{(1+x)^2}\right)^{2r}+O\left(\frac{1}{n^{r+1}}\right)$$

于是

$$|I_3|=O(1)\frac{1}{n^{r-2r\beta-m}}\left(\frac{x}{(1+x)^2}\right)^{2r}+o_x\left(\frac{1}{n^{r+1-2r\beta-m}}\right)$$

故当 r 充分大时,对任何给定的正实数 s 有 $|I_3|=$

$$o_x\left(\frac{1}{n^s}\right)\qquad\qquad(9)$$

综合式(6)(8)(9)得

$$|L_n(g_x,x)|$$

$$\leqslant 2V_p\left(\left[x-\frac{x}{n^\beta},x+\frac{x}{n^\beta}\right]\right)+4(1+x)\left(\frac{1+x}{nx}\right)^{1/p}V_p(g_x,$$

$$[0,x])+\frac{128}{(nx)^{1/p}}\sum_{k=0}^{n}V_p\left(\left[x-\frac{x}{n^\beta},x\right]\right)\frac{1}{k^{1-\beta-\beta/p}}+$$

$$o_x\left(\frac{1}{n^s}\right)\qquad\qquad(10)$$

其次,再估计 $L_n(\mathrm{sgn}(t-x),x)$

$$L_n(\operatorname{sgn}(t-x),x)$$

$$= \sum_{x < \frac{k}{n=k+1} \leqslant n} P_{kn}(x) - \sum_{0 \leqslant \frac{k}{n-k+1} < x} P_{kn}(x)$$

$$= \sum_{\frac{(n+1)x}{1+x} < k \leqslant n} P_{kn}(x) - \sum_{0 \leqslant k < \frac{(n+1)s}{1+x}} P_{kn}(x)$$

$$= 1 - 2 \sum_{0 \leqslant k < \frac{(n+1)x}{1+x}} P_{kn} + P_{k_0 n}(x) I_{k_0}$$

$$= 1 - 2 \sum_{0 \leqslant k \leqslant \frac{nx}{1+x}} P_{kn}(x) + 2 \sum_{\frac{nx}{1+x} < k \leqslant \frac{(n+1)x}{1+x}} P_{kn}(x) + P_{k_0 n}(x) I_{k_0}$$

其中 k_0 为正整数

$$I_{h_a} = \begin{cases} 1, k_0 = \left[\dfrac{(n+1)x}{1+x} \right] \\ 0, 其他 \end{cases}$$

满足条件 $\dfrac{nx}{1+x} < k \leqslant \dfrac{(n+1)x}{1+x}$ 的整数 k 至多只能

有 1 个. 不妨设有一个为 k_1, 利用引理 4 有

$$\left| 1 - 2 \sum_{k \leqslant \frac{nx}{1+x}} P_{kn}(x) \right| = 2 \left| P\left(\frac{1}{b_1 \sqrt{n}} \sum_{k=1}^{n} \left(y_k - \frac{x}{1+x} \right) \right) \right.$$

$$\left. \leqslant 0 - \frac{1}{\sqrt{2\pi}} \int_{-\infty}^{0} \mathrm{e}^{-t^2/2} \, \mathrm{d}t \right| \leqslant \frac{2c\beta_3}{\sqrt{n} \, b_1^3}$$

其中

$$\beta_3 = E \left| x_1 - \frac{x}{1+x} \right|^3$$

$$b_1^2(x) = \frac{x}{(1+x)^2}$$

$$\frac{1}{\sqrt{2\pi}} < c < 0.82$$

同时利用引理 5 有

$$\left| L_n\left(\operatorname{sgn}(t-x),x\right)\right|$$

$$\leqslant \left| 1-2\sum_{0\leqslant k\leqslant \frac{nx}{1+x}} P_{kn}(x)\right| + P_{k_0 m}\, I_{kn} + 2P_{k_1 n}(x)$$

$$\leqslant \frac{2c\beta_3}{\sqrt{n}\, b_1^3} + \frac{15(1+x)}{2\sqrt{nx}} \tag{11}$$

最后由式(4)(6)(10)(11)即证得式(3).

3. 对左右导数存在的函数的逼近度及渐近公式

引理 6　设 $f\in C[a,b]$，且 f 在 (a,b) 内左右导数存在，分别记为 $f'_-(x), f'_+(x)$，则存在 $0<\theta_i<1$，使得对任意 $x, x+\Delta x\in[a,b]$，有

$$f'_+(x+\theta_1\Delta x)\Delta x\leqslant f(x+\Delta x)-f(x)$$
$$\leqslant f'_+(x+\theta_2\Delta x)\Delta x$$
$$f'_-(x+\theta_3\Delta x)\Delta x\leqslant f(x+\Delta x)-f(x)$$
$$\leqslant f'_-(x+\theta_4\Delta x)\Delta x$$

证明　参见文献[3].

定理 2　设 $f\in C[0,+\infty)$，且在 $[0,+\infty)$ 内左右导数存在. 若 $f'_\pm(x)$ 在 $[0,+\infty)$ 的任一有限子区间上是 $P(P\geqslant 1)$ 次有界变差函数且存在 $m=m(f)>0$ 使得 $f'_\pm(t)=O(t^m)$，则当

$$m\geqslant\max\left\{\left(\frac{4}{x}\right)^{1/1-\beta},(2x)^{2/1-\beta}\right\}$$

有

$$\left| L_n(f,x)-f(x)\right|$$

$$\leqslant \frac{1}{2}\left| f'_+(x)+f'_-(x)\right|\left(\frac{x}{1+x}\right)^n +$$

$$4(1+x)\left(\frac{x}{n}\right)^{1/2}V_P\left(h_x,\left[x,\frac{1}{n^\beta},x+\frac{1}{n^\beta}\right]\right) +$$

$$\frac{4(1+x)^4}{n^{1-\beta}}V_P\left(h_x,\left[x-\frac{1}{n^\beta},x\right]\right)+$$

$$\frac{5}{2}(1+x)^2\left(\frac{x}{n}\right)^{1/2}V_P(h_x,[0,x])\cdot$$

$$\left(\left(\frac{1+x}{nx}\right)^{1/P}+\frac{4(1+x)}{n}\right)+$$

$$\frac{(1+x)^2}{n^{1-\beta}}\left(4(1+x)^2+\frac{16x}{n}\right)V_P(h_x,[0,x])+$$

$$|f'_+(x)-f'_-(x)|\left(\frac{x}{n}\right)^{1/2}+o_x\left(\frac{1}{n^s}\right) \qquad (12)$$

其中

$$h_x(t)=\begin{cases}f'_+(t)-f'_+(x),t>x\\0,t=x\\f'_-(t)-f'_-(x),t<x\end{cases}$$

s 为任意正实数.

证明 由引理 1 知

$$EX_n=x-x\left(\frac{x}{1+x}\right)^n$$

故

$$E(X_n-x)=-x\left(\frac{x}{1+x}\right)^n$$

于是有

$$L_n(f,x)-f(x)$$

$$=E(f(X_n)-f(x))$$

$$=E\left[f(X_n)-f(x)-\frac{1}{2}(f'_+(t)+f'_-(x))(X_n-x)\right]-$$

$$\frac{1}{2}(f'_+(x)+f'_-(x))\left(\frac{x}{1+x}\right)^n$$

$$= -\frac{1}{2}(f'_+(x) + f'_-(x))\left(\frac{x}{1+x}\right)^n +$$

$$\left(\sum_{k=0}^{k_1+2} + \sum_{k_1+3 \leqslant k < \frac{(n+1)x}{1+x}}\right)\left[f\left(\frac{k}{n-k+1}\right) - f(x) - \right.$$

$$\left. f'_-(x)\left(\frac{k}{n-k+1} - x\right)\right]P_{kn}(x) +$$

$$\left(\sum_{\frac{(n+1)x}{1+x} < k \leqslant k_2} + \sum_{k=k_2+1}^{n}\right)\left[f\left(\frac{k}{n-k+1}\right) - f(x) - \right.$$

$$\left. f'_+(x)\left(\frac{k}{n-k+1} - x\right)\right]P_{kn}(x) + \frac{1}{2}[f'_+(x) - $$

$$f'_-(x)]\sum_{k=0}^{n}\left|\frac{k}{n-k+1} - x\right|P_{kn}(x)$$

$$= I_1 + I_2 + I_3 + I_4 + I_5 + I_6$$

其中 k_1, k_2 与式(5)中的表示相同. I_1 依次表示上述和式拆开所成的 6 部分.

运用引理 6 有

$$\sum_{k=k_1+3}^{k_2} h_x(\xi_k^1)\left(\frac{k}{n-k+1} - x\right)P_{kn}(x)$$

$$\leqslant I_3 + I_4$$

$$\leqslant \sum_{k=k_1+3}^{k_2} h_x(\xi_k)\left(\frac{k}{n-k+1} - x\right)P_{kn}(x) \quad (13)$$

其中

$$\begin{cases} \dfrac{k}{n-k+1} < \xi'_k, \xi_k < x, \ \text{当} \ k_1+3 \leqslant k < \dfrac{(n+1)x}{1+x} \\ x < \xi'_k, \xi_k < \dfrac{k}{n-k+1}, \ \text{当} \ \dfrac{(n+1)x}{1+x} < k \leqslant k_2 \end{cases}$$

于是

$$\left| I_3 + I_4 \right|$$

$$\leqslant V_P\left(h_x,\left[x-\frac{1}{n^\beta},x+\frac{1}{n^\beta}\right]\right)\sum_{k=k_1+3}^{k_2}\left|\frac{k}{n-k+1}-x\right|P_{kn}(x)$$

利用引理 2 有

$$\left| I_3 + I_4 \right|$$

$$\leqslant 2(1+x)\left(\frac{x}{n}\right)^{1/2}V_P\left(h_x,\left[x-\frac{x}{n^\beta},x+\frac{x}{n^\beta}\right]\right) \qquad (14)$$

为估计 I_2 利用阿贝尔变换并利用式(7)

$$I_2$$

$$=\left[f\left(\frac{k+1}{n-k}\right)-f(x)-f'_-(x)\left(\frac{k+1}{n-k}-x\right)\right]\sum_{k=0}^{k_1+2}P_{kn}(x)+$$

$$\sum_{k=0}^{k_1+1}\left[f\left(\frac{k}{n-k+1}\right)-f\left(\frac{k+1}{n-k}\right)+\right.$$

$$\left.\frac{n+1}{(n-k)(n-k+1)}f'_-(x)\right]\left(\sum_{i=0}^{k}P_{in}(x)\right)$$

$$\leqslant h_x(\xi_{k_1+2})\left(\frac{k_1+2}{n}-x\right)\sum_{k=0}^{k_1+2}P_{kn}(x)-$$

$$\sum_{k=0}^{k_1+1}\frac{n+1}{(n-k_1)(n-k+1)}h_x(\eta_k)\left(\sum_{i=0}^{k}P_{in}(x)\right)$$

$$=h_x(\xi_{k_1+2})\left(\frac{k_1+2}{n}-x\right)\cdot$$

$$\sum_{k=0}^{k_1+2}P_{km}(x)-\sum_{k=0}^{k_1+1}\frac{n+1}{(n-k)(n-k+1)}h_x(\eta_k)\left(\sum_{i=0}^{k}P_{im}(x)\right)$$

$$=h_x(\xi_{k_1+2})\left(\frac{k_1+2}{n}-x\right)\sum_{k=0}^{k_1+2}P_{kn}(x)-\frac{n+1}{(n-k_1)(n-k_1-1)}\cdot$$

$$h_x(\eta_{k_1+1})(\sum_{j=0}^{k_1+1}(\sum_{i=0}^{j}P_{in}(x)) - P_{im}(x)) \cdot$$

$$\sum_{k=0}^{k_1}\Big[\frac{n+1}{(n-k)(n-k+1)}h_x(\eta_k) -$$

$$\frac{n+1}{(n-k-1)(n-k)}h_x(\eta_{k+1})\Big] -$$

$$(n+1)\sum_{k=1}^{k_1}\Big(\sum_{i=k}^{k_1}\Big[\frac{h_x(\eta_i)}{(n-i)(n-i+1)} -$$

$$\frac{h_x(\eta_{i+1})}{(n-i-1)(n-i)}\Big]\Big)(\sum_{i=0}^{k}P_{in}(x))$$

$$= I_{11} + I_{22} + I_{23} + I_{24}$$

其中

$$\frac{k_1+2}{n-k_1-1} < \xi_{k_1+2} < x, \frac{k}{n-k+1} < \eta_k < \frac{k+1}{n-k}$$

$$|I_{21}| \le V_P\Big(h_x,\Big[x - \frac{x}{n^3},x\Big]\Big) \cdot$$

$$\sum_{k=0}^{k_1+2}\Big|\frac{k}{n-k+1} - x\Big|P_{kn}(x)$$

$$\le 2(1+x)\Big(\frac{x}{n}\Big)^{1/2}V_P\Big(h_x,\Big[x - \frac{x}{n^3},x\Big]\Big) \quad (15)$$

$$|I_{23}| \le P_m(x)\sum_{k=0}^{k_1}\frac{n+1}{(n-k)(n-k+1)} \cdot$$

$$|h_x(\eta_k) - h_x(\eta_{k+1})| + P_m(x)\sum_{k=0}^{k_1}|h_x(\eta_{k+1})| \cdot$$

$$\Big|\frac{n+1}{(n-k-1)(n-k)} - \frac{n+1}{(n-k)(n-k+1)}\Big|$$

当 $n \ge \Big\{\Big(\frac{4}{x}\Big)^{1/1-\beta},(2x)^{2/1-\beta}\Big\}$ 时有

$$|I_{23}| \leqslant \frac{(1+x)^2}{n} \cdot \frac{5(1+x)}{2\sqrt{nx}} V_P(h_x, [0,x]) \left(\frac{nx}{1+x}\right)^{1-1/P} +$$

$$\frac{5(1+x)}{2\sqrt{nx}} V_P(h_x, [0,x]) \frac{4(1+x)^3}{n^2} \cdot \frac{nx}{1+x}$$

$$= \frac{5}{2} \left(\frac{x}{n}\right)^{1/2} V_P(h_x, [0,x]) \left[\left(\frac{1+x}{nx}\right)^{1/P} +\right.$$

$$\left. 4\frac{1+x}{n}\right](1+x)^2 \tag{16}$$

$$|I_{22}|$$

$$\leqslant \frac{(1+x)^2}{n} V_P\left(h_x, \left[x, -\frac{x}{n^\beta}, x\right]\right) \sum_{j=0}^{k_1+1} \frac{4x(1+x)^2}{n\left(x - \dfrac{j}{n-j+1}\right)^2}$$

$$\leqslant \frac{4(1+x)^4}{n^{1-\beta}} V_P\left(h_x, \left[x - \frac{x}{n^\beta}, x\right]\right) \tag{17}$$

$$|I_{24}|$$

$$= (n+1) \left| \sum_{k=1}^{k_1} \left(\frac{h_x(\eta_k)}{(n-k)(n-k+1)} \right.\right.$$

$$\left.\left. - \frac{h_x(\eta_{k_1+1})}{(n-k_1-1)(n-k_1)}\right) \left(\sum_{i=0}^{k} P_{in}(x)\right) \right|$$

$$\leqslant \sum_{k=1}^{k_1} \left[\frac{(1+x)^2}{n} |h_x(\eta_k) - h_x(\eta_{k_1+1})| +\right.$$

$$(n+1)|h_x(\eta_{k_1+1})| \cdot$$

$$\left| \frac{1}{(n-k)(n-k+1)} - \frac{1}{(n-k_1-1)(n-k_1)} \right| \cdot$$

$$\left(\sum_{i=0}^{k} P_{in}(x)\right)$$

$$\leqslant \sum_{k=1}^{k_1} \frac{(1+x)^2}{n} V_P(h_x, [0,x]) \frac{4x(1+x)^2}{n\left(x - \dfrac{k}{n-k+1}\right)^2} +$$

$$\sum_{k=1}^{k_1} \frac{4x(1+x)^2}{n^2} \cdot \frac{4x(1+x)^2}{n\left(x - \dfrac{k}{n-k+1}\right)^2} V_P(h_x, [0, x])$$

$$\leqslant \frac{4(1+x)^4}{n^{1-\beta}} V_P(h_x, [0, x]) +$$

$$\frac{16x(1+x)^2}{n^{2-\beta}} V_P(h_x, [0, x]) \tag{18}$$

为估计 I_5 采用与定理证明中估计 I_3 的同样方法得

$$|I_5| = o_x\left(\frac{1}{n^s}\right) \quad (s \text{ 为任意正实数})$$

$$|I_6|$$

$$\leqslant \frac{1}{2} |f'_+(x) - f'_-(x)| \cdot$$

$$\left(\sum_{k=0}^n \left(\frac{k}{n-k+1} - x\right)^2 P_{kn}(x)\right)^{1/2}$$

$$= \frac{1}{2} |f'_+(x) - f'_-(x)| (E(X_n - x)^2)^{1/2}$$

$$\leqslant |f'_+(x) - f'_-(x)| (1+x)\left(\frac{x}{n}\right)^{1/2} \tag{19}$$

综合式(13)—(18)即证得式(12).

对定理 2 的证明过程及式(12)右端各项的阶进行分析,我们还可得出下面的定理 3.

定理 3 设 $f(x)$ 为满足定理 2 条件的函数,则有渐近公式

$$L_n(f. x) - f(x) = (f'_+(x) - f'_-(x))(1+x) \cdot$$

$$\left(\frac{x}{2n\pi}\right)^{1/2} + o_x(n^{-1/2}) \tag{20}$$

证明 首先,利用文献[7]已有结果

$$\lim_{n\to\infty}n^{1/2}\sum_{k=0}^{n}\left|P-\frac{k}{n}\right|\binom{n}{k}P^{k}(1-P)^{n-k}$$

$$=\left(\frac{2P(1-P)}{\pi}\right)^{1/2}\quad(0\leqslant P\leqslant1)$$

对于 $x\in[0,+\infty]$，作变换 $P=\dfrac{x}{1+x}$，得

$$\lim_{n\to\infty}n^{1/2}\sum_{k=0}^{n}\left|\frac{x}{1+x}-\frac{k}{n}\right|P_{nk}(x)=\left(\frac{2x}{\pi}\right)^{1/2}\cdot\frac{1}{1+x}$$

$$(21)$$

检查定理 2 的证明，由式（13）及 I_1—I_5 各项阶的估计有

$$L_{n}(f,x)-f(x)=\frac{1}{2}(f'_{+}(x)-f'_{-}(x))\cdot$$

$$\sum_{k=0}^{n}\left|\frac{1}{n-k+1}-x\right|P_{kn}(x)+o_{x}(n^{1/2})$$

$$(22)$$

又

$$\sum_{k=0}^{n}\left|\frac{k}{n-k+1}-x\right|P_{kn}(x)$$

$$=E(x-X_{n})+2\sum_{\frac{(n+1)x}{1+x}<k\leqslant n}\left(\frac{k}{n-k+1}-x\right)P_{kn}(x)$$

$$=x\left(\frac{x}{1+x}\right)^{n}+2\left[\sum_{\frac{(n+1)x}{1+x}<k\leqslant n}\binom{n}{k-1}x^{k}(1+x)^{-n}-\right.$$

$$\left.\sum_{\frac{(n+1)x}{1+x}<k\leqslant n}\left(\binom{n+1}{k}-\binom{n}{k-1}\right)\cdot x^{k+1}(1+x)^{-n}\right]$$

$$=-x\left(\frac{x}{1+x}\right)^{n}+2\sum_{\frac{(n+1)x}{1+x}<k\leqslant(n+1)}\left(\frac{k}{n+1}-\right.$$

$$\frac{x}{1+x}\Big)x^k(1+x)^{-n+1}\binom{n+1}{k}$$

$$=-x\left(\frac{x}{1+x}\right)^n+(1+x)^2\sum_{k=0}^{n+1}\left|\frac{k}{n+1}-\frac{x}{1+x}\right|P_{n+1,k}$$

利用式(21)得

$$\sum_{k=0}^{n}\left|\frac{k}{n-k+1}-x\right|P_{kn}(x)=\left(\frac{2x}{\pi n}\right)^{1/2}(1+x)+o_x(n^{-1/2})$$

$$(23)$$

由式(22)(23)即得渐近式(20).

参考文献

[1]BLCIMANN G, BUTZER P L, HAHN L. A Bernstein-type operator spproximation continuous functions on the semiaxis[J]. Indag. Math. ,1980,42: 225 -262.

[2]KHAN R A. A note on a Bernstein-type operator of bleimann, Butzer and Hahn[J]. J. Approx. Theory,1988,53:295-303.

[3]SUN XIE HUA. On Bernstein polynomial of functions of bounded variation of order P[J]. ATA. ,1986, 1(2):27-37.

[4]WOLFGANG. Gawroski and Vlrich Stadt Muller. Lincar combination of iterated generalized Bernstein functions with on application to density cstimation [J]. Acta. Sci. Math. ,1984,47:205-221.

[5]王梓坤. 概率论及其应用[M]. 北京:科学出版社,1986.

［6］SHUNSHENG GUO. On the rate of convergence of the Durrmeycr operator for functions of bounded variation［J］. J. Approx. Theory,1987,51:183-192.

［7］陈文忠. 算子逼近论［M］. 厦门:厦门上大学出版社,1988.

Sikkema-Bézier 型算子对有界变差函数的点态逼近度①

第 37 章

1. 引言及定理

考虑如下两种 Sikkema 型算子

$$S_n(f,x) = \sum_{k=0}^{n} \left(\frac{k}{n+a(n)} \right) p_{nk}(x)$$

$$(x \in [0,1]) \qquad (1)$$

和

$$S_n^*(f,x) = (\varphi_n + 1) \sum_{0}^{n} p_{nk}(x) \int_{\frac{k}{\varphi_n+1}}^{\frac{k+1}{\varphi_n+1}} f(t)\,\mathrm{d}t$$

$$(2)$$

其中

$$p_{nk}(x) = \binom{n}{k} x^k (1-x)^{n-k}$$

$$\varphi_n = n + a(n), a(n) \geqslant 0$$

且 $\lim\limits_{n\to\infty} \frac{a(n)}{n} = 0$. 它们分别是 Bernstein 算子,Bernstein-Kantorovich 算子的推广.

① 引自 2004 年第 24 卷第 7 期的《绍兴文理学院学报》,原作者为丽水师范专科学校数学系的李江波.

B-数列与有界变差

郭在文献[1]中研究了算子(1)(2)对有界变差函数的点态逼近,证明了当

$$\lim_{n\to\infty}\frac{a^2(n)}{n}=0 \qquad (3)$$

时,成立

定理1 设$f\in BV[0,1]$($BV[0,1]$表示$[0,1]$上的规范化有界变差函数集合),则对任意$x\in(0,1)$,当n充分大时,有

$$\left|S_n(f,x)-\frac{1}{2}(f(x+)+f(x-))\right|$$

$$\leq\frac{3}{nx(1-x)}\sum_{k=1}^{n}\bigvee_{x-x/\sqrt{k}}^{x+(1-x)/\sqrt{k}}(g_x)+$$

$$\frac{4+a(n)}{\sqrt{nx(1-x)}}|f(x+)-f(x-)|$$

其中$\bigvee_{a}^{b}(g_x)$表示g_x在$[a,b]$上的全变差,g_x定义为

$$g_x(t)=\begin{cases}f(t)-f(x+), & x<t\leq1\\0, & t=x\\f(t)-f(x-), & 0\leq t\leq x\end{cases} \qquad (4)$$

定理2 设$f\in BV[0,1]$,对任意$x\in(0,1)$,当n充分大时,有

$$\left|S_n^*(f,x)-\frac{1}{2}(f(x+)+f(x-))\right|$$

$$\leq\frac{5}{2\sqrt{nx(1-x)}}\bigvee_{0}^{1}(f)+$$

$$\frac{3}{nx(1-x)}\sum_{k=1}^{n}\bigvee_{x-x/\sqrt{k}}^{x+(1-x)/\sqrt{k}}(g_x)+$$

$$\frac{5+a(n)}{\sqrt{nx(1-x)}}|f(x+)-f(x-)|$$

丽水师范专科学校数学系的李江波教授 2004 年引进两个新的算子,我们分别称之为 Sikkema-Bézier 型算子和 Sikkema-Kantorovich-Bézier 算子(它们是相应的 Sikkeman 型算子(1)(2)的推广).

设

$$p_{nk}(x) = \binom{n}{k} x^k (1-x)^{n-k} \quad (0 \leqslant k \leqslant n)$$

是 Bernstein 基函数, $J_{n,k}(x) = \sum_{j=k}^{n} p_{nk}(x)$ 是 Bézier 基函数. 对 $\alpha \geqslant 1$ 及 $[0,1]$ 上的函数 f, Sikkema-Bézier 算子 $S_{n,\alpha}(f,x)$ 定义为

$$S_{n,\alpha} = \sum_{k=0}^{n} f\left(\frac{k}{n+a(n)}\right) Q_{nk}^{\alpha}(x) \tag{5}$$

对 $f \in L_1[0,1]$. Sikkema-Kantorovich-Bézier 算子 $S_{n,\alpha}^{*}(f,x)$ 定义为

$$S_{n,\alpha}^{*}(f,x) = (\varphi_n + 1) \sum_{k=0}^{n} Q_{nk}^{\alpha}(x) \int_{I_k} f(t)\,\mathrm{d}t \tag{6}$$

其中

$$I_k = [k/(\varphi_n + 1), k+1/(\varphi_n + 1)] \quad (0 \leqslant k \leqslant n)$$

$$Q_{nk}^{\alpha}(x) = J_{n,k}^{\alpha}(x) - J_{n,k+1}^{\alpha}(x) - J_{n,k+1}^{\alpha}(x) \equiv 0$$

$$a(n) \geqslant 0, \lim_{n \to \infty} \frac{a(n)}{n} = 0$$

且满足式(3). 不难看出 $S_{n,\alpha}, S_{n,\alpha}^{*}$ 均为正线性算子且

$$S_{n,\alpha}(1,x) = 1, S_{n,\alpha}^{*}(1,x) = 1$$

当 $\alpha = 1$ 即为算子(1)(2). 当 $a(n) = 0$ 即为文献[3]中所研究的算子.

本章主要研究了算子 $S_{n,\alpha}, S_{n,\alpha}^{*}$, 对有界变差函数

$f \in BV[0,1]$ 的点态逼近. 我们的主要结果是

定理3 设 $f \in BV[0,1]$，则对任意的 $x \in (0,1)$，当 n 充分大时，有

$$\left| S_{n,\alpha}(f,x) - \left[\frac{1}{2^{\alpha}} f(x+) + \left(1 - \frac{1}{2^{\alpha}} f(x-) \right) \right] \right|$$

$$\leq \frac{5\alpha}{nx(1-x)+1} \sum_{k=1}^{n} \bigvee_{x-x/\sqrt{k}}^{x+(1-x)/\sqrt{k}} (g_x) +$$

$$\frac{\alpha}{2} \frac{\alpha(n)}{\sqrt{nx(1-x)+1}} |f(x+) - f(x-)| +$$

$$\frac{5\alpha}{nx(1-x)+1} (|f(x+) - f(x-)| +$$

$$e_n(x) |f(x) - f(x-)|) \tag{7}$$

此处

$$e_n(x) = \begin{cases} 0, \text{对任意自然数 } k, x \neq k/(n+a(n)) \\ 1, \text{存在自然数 } k \text{ 使 } x = k/(n+a(n)) \end{cases}$$

定理4 设 $f \in BV[0,1]$，则对任意 $x \in (0,1)$，当 n 充分大时成立

$$\left| S^*_{n,\alpha}(f,x) - \left[\frac{1}{2^{\alpha}} f(x+) + \left(1 - \frac{1}{2^{\alpha}} \right) f(x-) \right] \right|$$

$$\leq \frac{5\alpha}{nx(1-x)+1} \sum_{k=1}^{n} \bigvee_{x-x/\sqrt{k}}^{x+(1-x)/\sqrt{k}} (g_x) +$$

$$\frac{4\alpha}{\sqrt{nx(1-x)}+1} |f(x+) - f(x-)| +$$

$$\frac{\alpha}{2} \frac{a(n)}{\sqrt{nx(1-x)}+1} |f(x+) - f(x-)| \tag{8}$$

特别的，当 $\alpha = 1$ 时，定理3改进了定理1的结论.

注 式(7)右边的项

$$\frac{2\alpha}{\sqrt{nx(1-x)}+1}e_n(x)\left|f(x+)-f(x-)\right|$$

是不能少的,甚至当 $\alpha=1$ 时也是如此.定理 1 对非规范的有界变差函数并不成立.例如,考虑如下函数

$$f_0(t)=\begin{cases}1,t=\dfrac{1}{2}\\[2mm]0,0\leqslant t\leqslant\dfrac{1}{2}\text{ 或 }\dfrac{1}{2}<t<1\end{cases}$$

$f_0(t)$ 是 $[0,1]$ 上的有界变差函数,当 $n=2m$, $x=\dfrac{1}{2}$,定理 1 的结论不成立.

2. **一些引理**

首先我们定义如下函数

$$\mathrm{sgn}(t)=\begin{cases}2^\alpha-1,t>0\\0,t=0\\-1,t<0\end{cases}$$

和

$$\delta_x(t)=\begin{cases}1,t=x\\0,t\neq x\end{cases}$$

由于

$$f(t)=\frac{1}{2^\alpha}f(x+)+\left(1-\frac{1}{2^\alpha}\right)f(x-)+g_x(t)+$$

$$\frac{f(x+)-f(x-)}{2^\alpha}\mathrm{sgn}((t-x),x)+$$

$$\left[f(x)-\frac{1}{2^\alpha}f(x+)-\left(1-\frac{1}{2^\alpha}\right)f(x-)\right]\delta_x(t)\ (9)$$

因此,为证定理 3 和定理 4,估计下面的量是重要的

411

（注意到 $S_{n,\alpha}^*(\delta_x,x)=0$）

$$s_{n,\alpha}(\operatorname{sgn}(t-x),x),S_{n,\alpha}(\delta_x,x),S_{n,\alpha}(g_x,x)$$

$$S_{n,\alpha}^*(\operatorname{sgn}(t-x),x),S_{n,\alpha}^*(g_x,x)$$

为此我们给出下面的一系列引理.

引理 1 对任意的 $x\in(0,1)$，有

$$\left|\sum_{nx<k\leqslant n}p_{nk}(x)-\frac{1}{2}\right|<\frac{0.8(2x^2-2x+1)}{\sqrt{nx(1-x)}}$$

$$\leqslant\frac{4}{5\sqrt{nx(1-x)}} \tag{10}$$

引理 2 对任意 $x\in(0,1),0\leqslant k\leqslant n$，成立

$$p_{nk}(x)\leqslant\frac{1}{\sqrt{2c}}\frac{1}{\sqrt{nx(1-x)}} \tag{11}$$

引理 3 对任意的 $x\in[0,1]$，有

$$\left|\sum_{\varphi_n,x<k\leqslant n}p_{nk}(x)-\frac{1}{2}\right|$$

$$\leqslant\frac{2}{\sqrt{nx(1-x)}+1}+\frac{1}{2}\frac{a(n)}{\sqrt{nx(1-x)}+1} \tag{12}$$

和

$$\left|\sum_{(\varphi_n+1)x<k\leqslant n}p_{nk}(x)-\frac{1}{2}\right|$$

$$\leqslant\frac{2}{\sqrt{nx(1-x)}+1}+\frac{1}{2}\frac{a(n)}{\sqrt{nx(1-x)}+1} \tag{13}$$

证明 由于

$$\left|\sum_{\varphi_n x<k\leqslant n}p_{nk}(x)-\frac{1}{2}\right|$$

$$\leqslant\left|\sum_{nx<k\leqslant n}p_{nk}(x)-\frac{1}{2}\right|+\left|\sum_{nx<k\leqslant\varphi_n x}p_{nk}(x)\right|$$

因为区间 $(nx,\varphi_n x)$ 中的整数个数不超过 $[a(n)x]+1$

（$[a(n)]$ 表示 $a(n)x$ 的整数部分），故由引理 1 和引理 2 知，当 $x \in (0,1)$ 时，有

$$\left| \sum_{\varphi_n x < k \leqslant n} p_{nk}(x) - \frac{1}{2} \right|$$

$$\leqslant \frac{4}{5} \frac{1}{\sqrt{nx(1-x)}} + \frac{1}{\sqrt{2e}} \frac{a(n)x + 1}{\sqrt{nx(1-x)}} \qquad (14)$$

又因为 $\left| \sum_{\varphi_n, x < k \leqslant n} p_{nk}(x) - \frac{1}{2} \right| \leqslant \frac{1}{2}$，对任意 $x \in [0,1]$ 成立. 结合式（14）即得式（12）.

　　因为在区间 $(\varphi_n x, \varphi_n x + x)$ 中至多包含一个整数 k_0. 故由引理 2 及式（14）可知，当 $x \in (0,1)$ 时，有

$$\left| \sum_{(\varphi_n+1)x < k \leqslant n} p_{nk}(x) - \frac{1}{2} \right|$$

$$\leqslant \left| \sum_{\varphi_n x < k \leqslant n} p_{nk}(x) - \frac{1}{2} \right| + p_{nk_0}(x)$$

$$\leqslant \frac{4}{5} \frac{1}{\sqrt{nx(1-x)}} + \frac{1}{\sqrt{2e}} \frac{a(n)x + 1}{\sqrt{nx(1-x)}} +$$

$$\frac{1}{\sqrt{2e}} \frac{1}{\sqrt{nx(1-x)}}$$

又因为 $\left| \sum_{(\varphi_n+1)x < k \leqslant n} p_{nk}(x) - \frac{1}{2} \right| \leqslant \frac{1}{2}$，$x \in [0,1]$. 结合上式即得式（13）.

　　引理 4　对任意的 $x \in [0,1]$，有

$$S_{n,\alpha}(\mathrm{sgn}(t-x), x)$$

$$= 2^\alpha \Big(\sum_{\varphi_n x < k \leqslant n} p_{nk}(x) \Big)^\alpha - 1 + e_n(x) Q_{nk}^{(\alpha)}(x) \qquad (15)$$

　　证明　因为

$$S_{n,\alpha}(\mathrm{sgn}(t-x), x)$$

$$= (2^{\alpha} - 1) \sum_{\varphi_n x < k \leqslant n} Q_{nk}^{(\alpha)}(x) - \sum_{0 \leqslant k < \varphi_n x} Q_{nk}^{(\alpha)}(x)$$

且

$$1 = S_{n,\alpha}(1,x)$$

$$= \sum_{\varphi_n x < k \leqslant n} Q_{nk}^{(\alpha)}(x) + \sum_{0 \leqslant k < \varphi_n x} Q_{nk}^{(\alpha)}(x) + e_n(x) Q_{nk}^{(\alpha)}(x)$$

从而

$$S_{n,\alpha}(\operatorname{sgn}(t - x), x)$$

$$= (2^{\alpha} - 1) \sum_{\varphi_n x < k \leqslant n} Q_{nk}^{(\alpha)}(x) -$$

$$\left[1 - \sum_{0 \leqslant k < \varphi_n x} Q_{nk}^{(\alpha)}(x) - e_n(x) Q_{nk}^{(\alpha)}(x) \right]$$

$$= 2^{\alpha} \left(\sum_{\varphi_n x < k \leqslant n} p_{nk}(x) \right)^{\alpha} - 1 + e_n(x) Q_{nk}^{(\alpha)}(x)$$

引理5 对任意 $x \in [0,1]$，成立

$$Q_{nk}^{(\alpha)}(x) < \frac{3}{2} \frac{\alpha}{\sqrt{nx(1-x)} + 1} \tag{16}$$

引理6 对任意的 $x \in [0,1]$，成立

$$\left| \frac{f(x+) - f(x-)}{2^{\alpha}} S_{n,\alpha}(\operatorname{sgn}(t - x), x) + \right.$$

$$\left. \left[f(x) - \frac{1}{2^{\alpha}} f(x+) - \left(1 - \frac{1}{2^{\alpha}}\right) f(x-) \right] S_{n,\alpha}(\delta_x, x) \right|$$

$$\leqslant \frac{2\alpha}{\sqrt{nx(1-x)} + 1} \left(|f(x+) - f(x-)| + \right.$$

$$\left. e_n(x) |f(x) - f(x-)| \right) +$$

$$\frac{\alpha}{2} \frac{a(n)}{\sqrt{nx(1-x)} + 1} |f(x+) - f(x-)| \tag{17}$$

和

$$\left| \frac{f(x+) - f(x-)}{2^{\alpha}} S_{n,\alpha}^*(\operatorname{sgn}(t - x), x) \right|$$

$$\leqslant \frac{4\alpha}{\sqrt{nx(1-x)}+1}(\,|f(x+)-f(x-)|\,)+$$

$$\frac{\alpha}{2}\frac{a(n)}{\sqrt{nx(1-x)}+1}|f(x+)-f(x-)|\quad(18)$$

证明　由于

$$S_{n,\alpha}(\delta_x,x)=e_n(x)Q_{nk}^{(\alpha)}(x)$$

故由引理 3—5,可得

$$\left|\frac{f(x+)-f(x-)}{2^{\alpha}}S_{n,\alpha}(\mathrm{sgn}(t-x),x)+\right.$$

$$\left.\left[f(x)-\frac{1}{2^{\alpha}}f(x+)-\left(1-\frac{1}{2^{\alpha}}\right)f(x-)\right]S_{n,\alpha}(\delta_x,x)\right|$$

$$=\left|\frac{f(x+)-f(x-)}{2^{\alpha}}\left[2^{\alpha}\left[\sum_{\varphi_n x<k\leqslant n}p_{nk}(x)\right]^{\alpha}-1\right]+\right.$$

$$\left.[f(x)-f(x-)]e_n(x)Q_{nk}^{(\alpha)}(x)\right|$$

$$\leqslant \frac{2\alpha}{\sqrt{nx(1-x)}+1}(\,|f(x+)-f(x-)|+$$

$$e_n(x)|f(x)-f(x-)|\,)+$$

$$\frac{\alpha}{2}\frac{a(n)}{\sqrt{nx(1-x)}+1}|f(x+)-f(x-)|$$

下面证明式(18). 设存在 k_0 使 $x\in\left[\dfrac{k_0}{\varphi_n+1},\dfrac{k_0+1}{\varphi_n+1}\right]$,则

$$S_{n,\alpha}^*(\mathrm{sgn}(t-x),x)$$

$$=(\varphi_n+1)\sum_{k=0}^{n}Q_{nk}^{(\alpha)}(x)\int_{I_k}\mathrm{sgn}(t-x)\,\mathrm{d}t$$

$$=(\varphi_n+1)\left[\sum_{k=0}^{k_0-1}+\sum_{k=k_0+1}^{n}\right]Q_{nk}^{(\alpha)}(x)\int_{I_k}\mathrm{sgn}(t-x)\,\mathrm{d}t+$$

$$Q_{nk}^{(\alpha)}(x)\int_{I_{k_0}}\mathrm{sgn}(t-x)\mathrm{d}t$$

$$= -\sum_{k=0}^{k_0-1}Q_{nk}^{(\alpha)}(x)+(k_0-(\varphi_n+1)x)Q_{nk}^{(\alpha)}(x)+$$

$$(2^\alpha-1)(k_0-(\varphi_n+1)x+1)Q_{nk}^{(\alpha)}(x)+$$

$$(2^\alpha-1)\sum_{k=k_0+1}Q_{nk}^{(\alpha)}(x)$$

$$= 2^\alpha\sum_{k=k_0}^{n}Q_{nk}^{(\alpha)}(x)-1+2^\alpha Q_{nk_0}^{(\alpha)}(x)(k_0-(\varphi_n+1)x)$$

$$\leqslant \left|2^\alpha\big[\sum_{(\varphi_n+1)x<k\leqslant n}p_{nk}(x)\big]^\alpha-1\right|+2^\alpha Q_{nk}^{(\alpha)}(x)$$

再由引理 3 的式(13),引理 5 即得所证.

记

$$K_{n,\alpha}^{(1)}(x,t) = \begin{cases}\sum_{k\leqslant\varphi_n t,k\leqslant n}Q_{nk}^{(\alpha)}(x),0<t\leqslant 1\\0,t=0\end{cases}$$

和

$$K_{n,\alpha}^{(2)}(x,t) = \sum_{k=0}^{n}(\varphi_n+1)Q_{nk}^{(\alpha)}(x)\chi_k(t)$$

其中 χ_k 是 I_k 相对于 I 的特征函数.

由 Lesbesgue-Stieltjes 积分表示知

$$S_{n,\alpha}(f,x) = \int_0^1 f(t)\mathrm{d}t K_{n,\alpha}^{(1)}(x,t) \tag{19}$$

$$S_{n,\alpha}^*(f,x) = \int_0^1 f(t)K_{n,\alpha}^{(2)}(x,t)\mathrm{d}t \tag{20}$$

引理 7　对任意 $x\in(0,1)$,当 n 充分大时成立

$$S_{n,1}((t-x)^2,x) < \frac{2x(1-x)}{n} \tag{21}$$

$$S_{n,1}^{*}((t-x)^{2},x) < \frac{2x(1-x)}{n} \tag{22}$$

证明 不难计算

$$S_{n,1}((t-x)^{2},x) = \frac{nx(1-x)}{(n+a(n))^{2}} + \left[\frac{a(n)x}{n+a(n)}\right]^{2}$$

$$< \frac{x(1-x)}{n} + \frac{a^{2}(n)}{n} \cdot \frac{x^{2}}{n}$$

由于条件(3),故当 n 充分大进,上式第二项必小于 $\frac{x(1-x)}{n}$,即式(21)成立.

类似的,经过计算,我们有

$$S_{n,1}^{*}(1,x) = 1$$

$$S_{n,1}^{*}(t,x) = \frac{nx}{\varphi_{n}+1} + \frac{1}{2(\varphi_{n}+1)}$$

$$S_{n,1}^{*}(t^{2},x) = \frac{n^{2}-n}{(\varphi_{n}+1)^{2}} + \frac{2nx}{(\varphi_{n}+1)^{2}} + \frac{1}{3(\varphi_{n}+1)^{2}}$$

于是

$$S_{n,1}^{*}((t-x),x)$$

$$= \frac{x(1-x)}{\varphi_{n}+1} +$$

$$\frac{3(a(n)+1)(a(n)+2)x^{2} - 6(1+a(n))x + 1}{3(\varphi_{n}+1)^{2}}$$

$$< \frac{x(1-x)}{n} + \frac{(a(n)+3)^{2}}{n} \frac{1}{n}$$

因为由条件(3)知,当 n 充分大时

$$\frac{(a(n)+3)^{2}}{n} < x(1-x)$$

故式(22)也成立.

417

引理8 设 $x \in (0,1)$，则当 n 充分大时，有：

①若 $0 \leqslant y < x$，有

$$K_{n,\alpha}^{(1)}(x,y) \leqslant \frac{2\alpha x(1-x)}{n(x-y)^2}$$

②若 $x < z \leqslant 1$，有

$$1 - K_{n,\alpha}^{(1)}(x,z) \leqslant \frac{2\alpha x(1-x)}{n(x-z)^2}$$

证明 由于当 $\alpha \geqslant 1, 0 \leqslant a, b \leqslant 1$ 时，有

$$|a^\alpha - b^\alpha| \leqslant \alpha |a - b|$$

故

$$K_{n,\alpha}^{(1)}(x,y) \leqslant \alpha K_{n,1}^{(1)}(x,y)$$

$$= \alpha \int_0^y \mathrm{d}t K_{n,1}^{(1)}(x,y)$$

$$\leqslant \alpha \int_0^y \left(\frac{x-t}{x-y}\right)^2 \mathrm{d}t K_{n,1}^{(1)}(x,t)$$

$$\leqslant \frac{\alpha}{(x-y)^2} \int_0^y (x-t)^2 \mathrm{d}t K_{n,1}^{(1)}(x,t)$$

$$= \frac{\alpha}{(x-y)^2} S_{n,1}((x-t)^2, x)$$

$$\leqslant \frac{2\alpha x(1-x)}{n(x-y)^2}$$

故①成立. 类似地可证式②.

利用同样的方法，可以证明如下引理

引理9 对任意的 $x \in (0,1)$，当 n 充分大时，有：

①若 $0 \leqslant y \leqslant x$，则

$$\int_0^y K_{n,\alpha}^{(2)}(x,t)\,\mathrm{d}t \leqslant \frac{2\alpha x(1-x)}{n(x-y)^2}$$

②若 $x \leqslant z \leqslant 1$，则

$$\int_z^1 K_{n,\alpha}^{(2)}(x,t)\,\mathrm{d}t \leqslant \frac{2\alpha x(1-x)}{n(x-z)^2}$$

下面我们可以给出 $S_{n,\alpha}(g_x,x)$，$S_{n,\alpha}^{*}(g_x,x)$ 的估计式.

引理 10 对任意 $x\in[0,1]$，当 n 充分大时，有

$$|S_{n,\alpha}(g_x,x)| \leqslant \frac{5\alpha}{nx(1-x)+1} \sum_{k=1}^{n} \bigvee_{x-x/\sqrt{k}}^{x+(1-x)/\sqrt{k}} (g_x)$$

$$(23)$$

证明 将区间 $[0,1]$ 分为三部分

$$I_1^{*}=[0,x-x/\sqrt{n}]$$
$$I_2^{*}=[x-x/\sqrt{n},x+(1-x)/\sqrt{n}]$$
$$I_3^{*}=[x+(1-x)/\sqrt{n},1]$$

由式（19），有

$$S_{n,\alpha}(g_x,x) = \int_0^1 g_x(t)\,\mathrm{d}t K_{n,\alpha}^{(1)}(x,t)$$
$$= L_n(f,x) + M_n(f,x) + R_n(f,x)$$

应用文献[3]完全相同的方法，并结合引理 8 可得以下估计式

$$|M_n(f,x)| \leqslant \bigvee_{x-x/\sqrt{k}}^{x+(1-x)/\sqrt{k}} (g_x) \qquad (24)$$

$$|L_n(f,x)|$$
$$\leqslant \frac{2\alpha}{nx(1-x)} \bigvee_0^x (g_x) + \frac{2\alpha}{nx(1-x)} \sum_{k=1}^{n} \bigvee_{x-x/\sqrt{k}}^{x} (g_x)$$

$$(25)$$

$$|R_n(f,x)|$$
$$\leqslant \frac{2\alpha}{nx(1-x)} \bigvee_x^1 (g_x) + \frac{2\alpha}{nx(1-x)} \sum_{k=1}^{n} \bigvee_x^{x+(1-x)/\sqrt{k}} (g_x)$$

$$(26)$$

从式（24）（25）和（26）可得

$$S_{n,\alpha}(g_x,x) \leqslant \frac{4\alpha}{nx(1-x)} \sum_{k=1}^{n} \bigvee_{x-x/\sqrt{k}}^{x+(1-x)/\sqrt{k}} (g_x)$$

又因为 $|S_{n,a}(g_{x,x})| \leqslant \bigvee_{0}^{1}(g_x)$，结合上式即得（23）.

利用同一方法，我们可证明

引理 11 对任意 $x \in [0,1]$，当 n 充分大时成立

$$|s_{n,a}^{*}(g_x,x)| \leqslant \frac{5\alpha}{nx(1-x)+1} \sum_{k=1}^{n} \bigvee_{x-x/\sqrt{k}}^{x+(1-x)/\sqrt{k}} (g_x)$$

$$(27)$$

3. 定理的证明

由（9）及

$$S_{n,\alpha}(\delta_x,x) = e_n(x) Q_{nk}^{(\alpha)}(x)$$

$$S_{n,\alpha}^{*}(\delta_x,x) = 0$$

得

$$\left| S_{n,\alpha}(f,x) - \left[\frac{1}{2^{\alpha}} f(x+) + \left(1 - \frac{1}{2^{\alpha}}\right) f(x-) \right] \right|$$

$$\leqslant |S_{n,\alpha}(g_x,x)| +$$

$$\left| \frac{f(x+) - f(x-)}{2^{\alpha}} S_{n,\alpha}(\text{sgn}(t-x),x) \right] +$$

$$\left[f(x) - \frac{1}{2^{\alpha}} f(x+) - \left(1 - \frac{1}{2^{\alpha}}\right) f(x-) \right] S_{n,\alpha}(\delta_x,x) \right|$$

$$(28)$$

以及

$$\left| S_{n,\alpha}^{*}(f,x) - \left[\frac{1}{2^{\alpha}} f(x+) + \left(1 - \frac{1}{2^{\alpha}}\right) f(x-) \right] \right|$$

$$\leqslant |S_{n,\alpha}^{*}(g_x,x)| +$$

$$\left| \frac{f(x+) - f(x-)}{2^\alpha} S_{n,\alpha}^*(\operatorname{sgn}(t-x), x) \right| \qquad (29)$$

因此,由引理 6 的式(17) 和引理 10 即得定理 3,由引理 6 的式(18) 和引理 11 即可得定理 4.

最后,我们指出定理中的阶对有界变差函数而言是不可改进的.

当 $\alpha = 1$ 时,文献[1]已经证明.

现设 $\alpha \geqslant 1$,记

$$S_{n,\alpha}(f, x)\big|_{a(n)=0} = B_n^{(\alpha)}(f, x)$$

$$S_{n,\alpha}^*(f, x)\big|_{a(n)=0} = L_n^{(\alpha)}(f, x)$$

取 $f(t) = t$,由文献[3]知,当 n 充分大时成立

$$C_1 \frac{\sqrt{x(1-x)}}{\sqrt{n}} \leqslant \left| B_n^{(\alpha)}(t, x) - x \right|$$

$$\leqslant \frac{6\alpha}{\sqrt{n}\, x(1-x) + \dfrac{1}{\sqrt{n}}} \qquad (30)$$

$$C_2 \frac{\sqrt{x(1-x)}}{\sqrt{n}} \leqslant \left| L_n^\alpha(t, x) - x \right|$$

$$\leqslant \frac{10\alpha}{\sqrt{n}\, x(1-x) + \dfrac{1}{\sqrt{n}}} \qquad (31)$$

其中,C_1, C_2 是正常数,由于

$$\left| S_{n,\alpha}(t, x) - B_n^\alpha(t, x) \right|$$

$$= \left| \sum_{k=0}^n \left[\frac{k}{n + a(n)} - \frac{k}{n} \right] Q_{nk}^{(\alpha)}(x) \right|$$

$$= \frac{a(n)}{n(n + a(n))} \sum_{k=0}^n k Q_{nk}^{(\alpha)}(x)$$

$$\leqslant \frac{\alpha a(n)x}{n+a(n)}$$

$$= o\left(\frac{1}{\sqrt{n}}\right) \qquad (32)$$

同理

$$\left| S_{n,\alpha}^{*}(t,x) - L_{n}^{(\alpha)}(t,x) \right| = o\left(\frac{1}{\sqrt{n}}\right) \qquad (33)$$

由于

$$\left| S_{n,\alpha}(t,x) - x \right|$$

$$\leqslant \left| S_{n,\alpha}(t,x) - B_{n}^{(\alpha)}(t,x) \right| + \left| B_{n}^{(\alpha)}(t,x) - x \right| \qquad (34)$$

$$\left| S_{n,\alpha}^{*}(t,x) - x \right|$$

$$\leqslant \left| S_{n,\alpha}^{*}(t,x) - L_{n}^{(\alpha)}(t,x) \right| + \left| L_{n}^{(\alpha)}(t,x) - x \right| \qquad (35)$$

从而,由式(30)—(35)知存在正常数 C_3,C_4,当 n 充分大时成立

$$C_3 \frac{\sqrt{x(1-x)}}{\sqrt{n}} \leqslant \left| S_{n,\alpha}(t,x) - x \right|$$

$$\leqslant \frac{7\alpha}{\sqrt{n}x(1-x) + \frac{1}{\sqrt{n}}} \qquad (36)$$

$$C_4 \frac{\sqrt{x(1-x)}}{\sqrt{n}} \leqslant \left| S_{n,\alpha}^{*}(t,x) - x \right|$$

$$\leqslant \frac{11\alpha}{\sqrt{n}x(1-x) + \frac{1}{\sqrt{n}}} \qquad (37)$$

这说明定理3,定理4的阶是不可改进的.

参考文献

[1]郭顺生.关于SBK算子对有界变差函数的点态逼

422

近度[J]. 科学通报,1986,20:1521-1526.

[2]BEZIER P. Numerical Contiol Mathematics and Applications[M]. London:Wiley, 1972.

[3]ZENG X M, PIRIOU A. On the Rate of Convergence of Two Bernstein-Bézier Type Operators for Bounded Variation Function [J]. J. A. T., 1998, 95:369 -387.

[4]ZENG X M. Bounds for Bernstein Basis and Meywer-Koning and Zeller Basis Function[J]. J. A. M., 1998,219:364-376.

有界变差函数的 Durrmeyer-Bézier 算子收敛阶的估计[①]

第 38 章

1. 问题的提出

文献［1-5］分别估计了 Durrmeyer-Bézier 等算子的收敛阶. 文献［1］主要研究了有界变差函数 f 的 Durrmeyer-Bézier 算子收敛于

$$(1/(\alpha+1))f(x+) + (\alpha/(\alpha+1))f(x-)$$

的收敛阶的估计,其结果拓广了 S. Guo 在文献［5］中的成果. 泉州师范学院数学系的王平华教授 2007 年讨论了文献［1］关于 Durrmeyer-Bézier 算子收敛阶,利用基函数的概率性质等方法,在其基础上给出了更精确的估计. 首先我们介绍文献［1］所给 Durrmeyer-Bézier 算子的收敛阶的估计和一些引理. 文中所采用的记号与文献［1］同.

---

① 引自 2007 年第 3 卷第 1 期的《大学数学》,原作者为泉州师范学院数学系的王平华.

设 f 是定义在区间 $[0,1]$ 上的有界变差函数（记为 $f \in BV[0,1]$），称下列算子为 Durrmeyer-Bézier 算子

$$D_{n,\alpha}(f,x) = (n+1) \sum_{k=0}^{n} Q_{nk}^{(\alpha)}(x) \int_0^1 f(t) p_{nk}(t) \mathrm{d}t \qquad (1)$$

其中

$$\alpha \geqslant 1, Q_{nk}^{(\alpha)}(x) = J_{nk}^{\alpha}(x) - J_{n,k+1}^{\alpha}(x)$$

$$J_{nk}(x) = \sum_{j=k}^{n} P_{nj}(x) \quad (k=0,1,2,\cdots,n)$$

$$P_{nk}(x) = \frac{n!}{k!(n-k)!} x^k (1-x)^{n-k} \quad (k=0,1,2,\cdots,n)$$

称为 Bernstein 基函数.

2. Durrmeyer-Bézier 算子的收敛阶

文献 [1] 中关于 $D_{n,\alpha}(f,x)$ 算子的收敛阶的估计为

定理 1　设 $f \in BV[0,1], \alpha \geqslant 1$，则对一切 $x \in (0,1)$ 及 $n \geqslant 1/x(1-x)$，有

$$\left| D_{n,\alpha}(f,x) - \left[\frac{1}{\alpha+1} f(x+) + \frac{\alpha}{\alpha+1} f(x-) \right] \right|$$

$$\leqslant \frac{8\alpha}{nx(1-x)} \sum_{k=1}^{n} \bigvee_{x-x/\sqrt{k}}^{x+(1-x)/\sqrt{k}} (g_x) +$$

$$\frac{2\alpha}{\sqrt{nx(1-x)}} |f(x+) - f(x-)| \qquad (2)$$

其中 $\bigvee_a^b (g_x)$ 为 g_x 在 $[a,b]$ 的全变差

$$g_x(t) = \begin{cases} f(t) - f(x+), & x < t \leqslant 1 \\ 0, & t = x \\ f(t) - f(x-), & 0 \leqslant t < x \end{cases}$$

本章我们得到如下更好的估计：

定理2 设 $f \in BV[0,1]$, $\alpha \geq 1$, 则对一切 $x \in (0,1)$ 及 $n \geq 1/x(1-x)$, 有

$$\left| D_{n,\alpha}(f,x) - \left[\frac{1}{\alpha+1}f(x+) + \frac{\alpha}{\alpha+1}f(x-) \right] \right|$$

$$\leq \frac{5\alpha}{nx(1-x)} \sum_{k=1}^{n} \bigvee_{x-x/\sqrt{k}}^{x+(1-x)/\sqrt{k}} (g_x) +$$

$$\frac{\alpha}{\sqrt{nx(1-x)}} |f(x+) - f(x-)| \qquad (3)$$

其中 $\bigvee_a^b (g_x)$ 及 g_x 同式(2)中的定义.

3. 一些引理

为证明定理2, 我们需要如下引理.

引理1 设 $\{\xi_i : i = 1, 2, \cdots\}$ 为独立同分布的随机变量序列, ξ_1 服从两点分布

$$P(\xi_1 = 1) = x, P(\xi_1 = 0) = 1 - x \quad (0 < x < 1)$$

$$\eta_n = \sum_{k=1}^{n} \xi_k$$

其数学期望为 $E\eta_n = \mu_n \in (-\infty, +\infty)$, 方差为 $D\eta_n = \sigma_n^2 > 0$, 则对于 $k = 1, 2, \cdots, n+1$

$$|P(\eta_n \leq k-1) - P(\eta_{n+1} \leq k)| \sigma_{n+1}/\mu_{n+1} \qquad (4)$$

$$|P(\eta_n \leq k) - P(\eta_{n+1} \leq k)| \leq \sigma_{n+1}/(n+1-\mu_{n+1}) \qquad (5)$$

证明 因为

$$P(\xi_1 = 1) = x, P(\xi_1 = 0) = 1 - x \quad (0 < x < 1)$$

所以

$$P(\eta_n = j) = \frac{n!}{j!(n-j)!} x^j (1-x)^{n-j} \quad (0 \leq j \leq n)$$

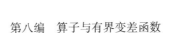

注意到 $\mu_{n+1} = (n+1)x$,及

$$P(\eta_n = j-1) = \frac{j}{(n+1)x}P(\eta_{n+1} = j) \quad (1 \leqslant j \leqslant n+1)$$

我们有

$$|P(\eta_n \leqslant k-1) - P(\eta_{n+1} \leqslant k)|$$

$$= \left| \sum_{j=1}^{k} P(\eta_n = j-1) - \sum_{j=1}^{k} P(\eta_{n+1} = j) - P(\eta_{n+1} = 0) \right|$$

$$= \left| \sum_{j=0}^{k} \left[\frac{j}{(n+1)x} - 1 \right] P(\eta_{n+1} = j) \right|$$

$$\leqslant \frac{1}{(n+1)x} \sum_{j=0}^{k} |j - (n+1)x| P(\eta_{n+1} = j)$$

$$\leqslant \frac{1}{(n+1)x} \sum_{j=0}^{n+1} |j - (n+1)x| P(\eta_{n+1} = j)$$

$$\leqslant \frac{1}{\mu_{n+1}} E|\eta_{n+1} - \mu_{n+1}|$$

$$\leqslant \frac{\sqrt{E(\eta_{n+1} - \mu_{n+1})^2}}{\mu_{n+1}}$$

由施瓦茨不等式得

$$E|\eta_{n+1} - \mu_{n+1}| \leqslant \sqrt{E(\eta_{n+1} - \mu_{n+1})^2} = \sigma_{n+1}$$

故式(4)成立.

同时注意到

$$n+1-\mu_{n+1} = (n+1)(1-x)$$

及

$$P(\eta_n = j) = \frac{(n+1)-j}{(n+1)(1-x)}P(\eta_{n+1} = j) \quad (1 \leqslant j \leqslant n+1)$$

类似(4)的证明可得式(5).

引理 2 设

$$\alpha \geqslant 1, J_{nk}(x) = \sum_{j=k}^{n} P_{nj}(x)$$

$$(k = 0, 1, 2, \cdots, n, J_{n,n+1}(x) \equiv 0)$$

$$P_{nk}(x) = \frac{n!}{k!(n-k)!} x^{k}(1-x)^{n-k}$$

则

$$\left| J_{nk}^{\alpha}(x) - J_{n+1,k+1}^{\alpha}(x) \right| \leqslant \frac{\alpha}{\sqrt{nx(1-x)}} \qquad (6)$$

$$\left| J_{nk}^{\alpha}(x) - J_{n+1,k(x)}^{\alpha} \right| \leqslant \frac{\alpha}{\sqrt{nx(1-x)}} \qquad (7)$$

证明 由于 $0 \leqslant J_{nk}(x), J_{n+1,k+1}(x) \leqslant 1, \alpha \geqslant 1$, 故

$$\left| J_{nk}^{\alpha}(x) - J_{n+1,k+1}^{\alpha}(x) \right|$$

$$\leqslant \alpha \left| J_{nk}(x) - J_{n+1,k+1}(x) \right|$$

$$= \alpha \left| \sum_{j=k}^{n} P_{nj} - \sum_{j=k+1}^{n+1} P_{n+1,j} \right|$$

$$= \alpha \left| \left(1 - \sum_{j=k}^{n} P_{nj}\right) - \left(1 - \sum_{j=k+1}^{n+1} P_{n+1,j}\right) \right|$$

$$= \alpha \left| P(\eta_n \leqslant k-1) - P(\eta_{n+1} \leqslant k) \right|$$

注意到

$$\mu_{n+1} = (n+1)x, \sigma_{n+1}^2 = (n+1)x(1-x)$$

由引理 1 的式(4),得

$$\left| J_{nk}^{\alpha}(x) - J_{n+1,k+1}^{\alpha}(x) \right|$$

$$\leqslant \alpha \frac{1-x}{\sqrt{(n+1)x(1-x)}}$$

$$\leqslant \frac{\alpha}{\sqrt{nx(1-x)}}$$

同理有

$$\left| J_{nk}^{\alpha}(x) - J_{n+1,k}^{\alpha}(x) \right|$$

$$\leqslant \alpha \left| P(\eta_n \leqslant k-1) - P(\eta_{n+1} \leqslant k-1) \right|$$

由引理 1 的式(5)

$$\left| J_{nk}^{\alpha}(x) - J_{n+1,k}^{\alpha}(x) \right|$$

$$\leqslant \alpha \frac{x}{\sqrt{(n+1)x(1-x)}}$$

$$\leqslant \frac{\alpha}{\sqrt{nx(1-x)}}$$

则式(7)成立.

4. 定理 2 的证明

设 f 满足定理 2 条件,则我们把 f 分解为

$$f(t) = \frac{1}{\alpha+1}f(x+) + \frac{\alpha}{\alpha+1}f(x-) + g_x(t) +$$

$$\frac{f(x+) - f(x-)}{2}\left[\operatorname{sgn}(t-x) + \frac{\alpha-1}{\alpha+1} \right] +$$

$$\delta_x(t)\left[f(x) - \frac{1}{2}f(x+) - \frac{1}{2}f(x-) \right] \qquad (8)$$

其中

$$\operatorname{sgn}(t) = \begin{cases} 1, & t > 0 \\ 0, & t = 0 \\ -1, & t < 0 \end{cases}$$

$$\delta_x(t) = \begin{cases} 0, & t \neq x \\ 1, & t = x \end{cases}$$

明显的,$D_{n,\alpha}(\delta_x, x) = 0$,因此从式(8)导出

B - 数列与有界变差

$$\left| D_{n,\alpha}(f,x) - \left[\frac{1}{\alpha+1}f(x+) + \frac{\alpha}{\alpha+1}f(x-) \right] \right|$$

$$\leqslant |D_{n,\alpha}(g_x,x)| + \left| \frac{f(x+) - f(x-)}{2} \left[D_{n,\alpha}(\operatorname{sgn}(t - x),x) + \frac{\alpha-1}{\alpha+1} \right] \right| \tag{9}$$

对于式(9),首先估计 $\left| D_{n,\alpha}(\operatorname{sgn}(t-x),x) + \frac{\alpha-1}{\alpha+1} \right|$,由文献[1]定理的证明中已得到等式

$$D_{n,\alpha}(\operatorname{sgn}(t-x),x) + \frac{\alpha-1}{\alpha+1}$$

$$= 2\sum_{k=0}^{n+1} p_{n+1,k}(x) J_{nk}^{\alpha}(x) - 2\sum_{k=0}^{n+1} p_{n+1,k}(x)\gamma_{nk}^{\alpha}(x)$$

这里 $J_{n+1,k+1}^{\alpha}(x) < \gamma_{nk}^{\alpha}(x) < J_{n+1,k}^{\alpha}(x)$. 所以由式(6)和(7)得

$$|J_{nk}^{\alpha}(x) - \gamma_{nk}^{\alpha}(x)| \leqslant \frac{\alpha}{\sqrt{nx(1-x)}}$$

及概率的性质 $\sum\limits_{k=0}^{n+1} p_{n+1,k}(x) = 1$,则

$$\left| D_{n,\alpha}(\operatorname{sgn}(t-x),x) + \frac{\alpha-1}{\alpha+1} \right|$$

$$= \left| 2\sum_{k=0}^{n+1} p_{n+1,k}(x)(J_{nk}^{\alpha}(x) - \gamma_{nk}^{\alpha}(x)) \right|$$

$$\leqslant \frac{2\alpha}{\sqrt{nx(1-x)}} \tag{10}$$

其次,由文献[1]引理 1 我们得到 $|D_{n,\alpha}(g_x,x)|$ 估计式

$$\left| D_{n,\alpha}(g_x, x) \right| \leqslant 4\alpha \frac{nx(1-x)+1}{n^2x^2(1-x)^2} \sum_{k=1}^{n} \bigvee_{x-x/\sqrt{k}}^{x+(1-x)/\sqrt{k}} (g_x)$$

经变形为

$$n^2x^2(1-x)^2 \left| D_{n,\alpha}(g_x, x) \right|$$

$$\leqslant 4\alpha(nx(1-x)+1) \sum_{k=1}^{n} \bigvee_{x-x/\sqrt{k}}^{x+(1-x)/\sqrt{k}} (g_x) \qquad (11)$$

同时,我们又有

$$\left| D_{n,\alpha}(g_x, x) \right|$$

$$\leqslant D_{n,\alpha}(\left| g_x(t) - g_x(x) \right|, x)$$

$$\leqslant \bigvee_{0}^{1}(g_x) D_{n,\alpha}(1, x)$$

$$= \bigvee_{0}^{1}(g_x) \qquad (12)$$

$$= \bigvee_{x-x/\sqrt{1}}^{x+(1-x)/\sqrt{1}} (g_x)$$

$$\leqslant \sum_{k=1}^{n} \bigvee_{x-x/\sqrt{k}}^{x+(1-x)/\sqrt{k}} (g_x)$$

综合式(11)和式(12),我们得到

$$\left| D_{n,\alpha}(g_x, x) \right|$$

$$\leqslant \frac{4\alpha nx(1-x)+4\alpha+5}{n^2x^2(1-x)^2+5} \sum_{k=1}^{n} \bigvee_{x-x/\sqrt{k}}^{x+(1-x)/\sqrt{k}} (g_x) \qquad (13)$$

注意到 $nx(1-x) \geqslant 1$ 及 $\alpha \geqslant 1$,我们有

$$5\alpha[n^2x^2(1-x)^2+5] - 4nx(1-x)[\alpha nx(1-x) + \alpha] + 5 \geqslant \alpha[nx(1-x)-5]^2 \geqslant 0$$

得

$$\frac{4(\alpha nx(1-x)+\alpha)+5}{n^2x^2(1-x)^2+5} \leqslant \frac{5\alpha}{nx(1-x)} \qquad (14)$$

把式(14)与(13)比较,我们得到$|D_{n,\alpha}(g_x,x)|$一个改进的估计

$$|D_{n,\alpha}(g_x,x)| \leqslant \frac{5\alpha}{nx(1-x)} \sum_{k=1}^{n} \bigvee_{x-x/\sqrt{k}}^{x+(1-x)/\sqrt{k}} (g_x)$$

(15)

把式(10)(15)代入式(9)即得式(3),定理2得证.

5. 结论

通过对定理2的式(3)与定理1的式(2)的系数进行比较,显然本章所得到的Durrmeyer-Bézier算子的收敛阶的估计比文献[1]的估计更为精确.

参考文献

[1] ZENG XIAO-MING, CHEN W Z. On the rate of convergence of the generalized Durrmeyer type operators for functions of bounded variation[J]. J. Approx. Theory,2000,102:1-12.

[2] GUPTA V, PANT R P. Rate of convergence for the modified Szasz-Mirakyan operators on functions of bounded variation [J]. J. Math. Anal. Appl., 1999,233:476-483.

[3] GUPTA V, ARYA K. On the rate of pointwise convergence of modified Baskakov type operators for functions of bounded variation [J]. Kyungpook Math. J. ,1998,38:283-291.

[4] ZENG XIAO-MING, GUPTA V. Rate of convergence

of Baskakov-Bézier type operators [J]. Computers and Mathematics with Applications, 2002, 44 (10-11) :1445-1453.

[5] GUO S. On the rate of convergence of the Durrmeyer operators for functions of bounded variation [J]. J. Approx. Theory, 1987, 51 :183-192.

修正的 Baskakov-Beta 算子对有界变差函数的逼近[①]

1994 年,V. Gupta 给出了如下修正的 Baskakov 型算子

$$L_n(f,x) = \sum_{k=0}^{\infty} P_{n,k}(x) \int_0^{\infty} b_{n,k}(t) f(t) \, \mathrm{d}t$$

式中

$$P_{n,k}(x) = \binom{n+k-1}{k} x^k (1+x)^{-n-k}$$

$$b_{n,k}(t) = t^k / \left[B(k+1,n)(1+t)^{n+k+1} \right]$$

$$B(k+1,n) = \frac{k! \, (n-1)!}{(n+k)!}$$

并指出在点态意义下 $L_n(f,x)$ 的逼近性质优于其 Durrmeyer 变形 $D_n(f,x)$. 本章在此基础上研究一类应用更广泛的算子:修正的 Baskakov-Beta 算子

$$L_{n,\alpha}(f,x) = \sum_{k=0}^{\infty} P_{n,k,\alpha}(x) \int_0^{\infty} b_{n,k,\alpha}(t) f(t) \, \mathrm{d}t$$

---

① 引自 2008 年第 29 卷第 3 期的《宁夏大学学报(自然科学版)》,原作者为宁夏大学数学计算机学院的王丽.

式中

$$P_{n,k,\alpha}(x) = \frac{\Gamma((n/\alpha)+k)}{k!\ \Gamma(n/\alpha)}(\alpha x)^k(1+\alpha x)^{-(n/\alpha)-k}$$

$$b_{n,k,\alpha}(x) = \alpha(\alpha x)^k / \left[(1+\alpha x)^{(n/\alpha)+k+1}B(k+1,n/\alpha)\right]$$

文献[2]研究了该算子的 Voronovskaja 型渐近公式,文献[3]讨论了其线性组合算子的同时逼近,宁夏大学数学计算机学院的王丽教授 2008 年运用概率论理论研究该类算子对有界变差函数的点态逼近,推广了文献[4]的结果.

1. 引理

引理1　设独立随机变量序列$\{\xi_i\}$具有相同的分布

$$P(\xi_i = k) = A_k t^k(1-t)^{1/\alpha} \quad (0 \leqslant t \leqslant 1, i=1,2,\cdots)$$

其中$\alpha > 0, k=0,1,2,\cdots, A_k = (1/\alpha)^{k-1}(1/k!)$是函数$(1-x)^{-1/\alpha}$的幂级数展开式中$x^k$项的系数,则数学期望

$$E\xi_i = t/(1-t)$$

$$方差\ D\xi_i = t/\left[\alpha(1-t)^2\right]$$

且$\eta_n = \sum_{j=0}^{n}\xi_i$的分布为

$$P(\eta_n = k) = \frac{\Gamma((n/\alpha)+k)}{k!\ \Gamma(n/\alpha)}(\alpha x)^k(1+\alpha x)^{-(n/\alpha)-k}$$

其中

$$x^{(k-s)} = x(x+s)(x+2s)\cdots(x+(k-1)s)$$

证明　由题设条件知

$$\sum_{k=0}^{\infty}A_k t^k = (1-t)^{-(1/\alpha)}$$

从而

$$\sum_{k=0}^{\infty} kA_k t^k$$

$$= \sum_{k=1}^{\infty} \frac{(1/\alpha)\big[(1/\alpha)+1\big]\cdots\big[(1/\alpha)+k-1\big]}{(k-1)!} - t^{k-1}t$$

$$= \sum_{k=0}^{\infty} \frac{(1/\alpha)\big[(1/\alpha)+1\big]\cdots\big[(1/\alpha)+k\big]}{k!} - t^k t$$

$$= \frac{t}{\alpha}(1-t)^{-(1/\alpha)-1}$$

$$= \frac{t}{\alpha(1-t)^{(1/\alpha)+1}}$$

同理可得

$$\sum_{k=0}^{\infty} k^2 A_k t^k = \frac{t(t+\alpha)}{\alpha^2(1-t)^{2+(1/\alpha)}}$$

由于

$$E\xi_i = \sum_{k=0}^{\infty} kP(\xi_i = k)$$

$$= \sum_{k=0}^{\infty} kA_k t^k (1-t)^{1/\alpha}$$

$$= \frac{t}{\alpha(1-t)}$$

$$D\xi_i = E\xi_i^2 - (E\xi_i)^2 = \frac{t}{\alpha(1-t)^2}$$

所以

$$P(\eta_n = k) = P\big(\sum_{j=0}^{n} \xi_j = k\big) = b_{n,k,\alpha}(x)$$

$$= \frac{\Gamma((n/\alpha)+k)}{k!\Gamma(n/\alpha)}(\alpha x)^k (1+\alpha x)^{-(n/\alpha)-k}$$

引理 1 说明 Baskakov-Beta 算子的由来与概率论

436

中随机变量的分布有关.

引理 2 对任意 $x \in (0, +\infty), k \in \mathbf{N}$, 有

$$P_{n,k,\alpha}(x) \leqslant \frac{8\sqrt{1+9x(1+\alpha x)}+2}{5\sqrt{nx(1+\alpha x)}}$$

证明 用与文献[4]中引理 2.3 相同的方法即可证得.

引理 3 对于 $x \in (0, +\infty)$, 有

$$\int_x^\infty b_{n,k,\alpha}(t)\,\mathrm{d}t = \sum_{j=0}^k P_{n,j,\alpha}(x)$$

证明 由简单的计算可得

$$\int_0^\infty b_{n,k,\alpha}(t)\,\mathrm{d}t = 1$$

$$\sum_{j=0}^\infty P_{n,j,\alpha}(x) = 1$$

要证

$$\int_x^\infty b_{n,k,\alpha}(t)\,\mathrm{d}t = \sum_{j=0}^k P_{n,j,\alpha}(x)$$

即证

$$\int_0^x b_{n,k,\alpha}(t)\,\mathrm{d}t = \sum_{j=k+1}^\infty P_{n,j,\alpha}(x)$$

由分部积分得

$$\int_0^x b_{n,k,\alpha}(t)\,\mathrm{d}t = \sum_{j=k+1}^\infty P_{n,j,\alpha}(x)$$

引理 4 令

$$K_{n,\alpha}(x,t) = \sum_{k=0}^\infty P_{n,k,\alpha}(x)b_{n,k,\alpha}(t)$$
$$(n > N(\lambda,x), \lambda > 0)$$

则

$$\int_0^y K_{n,\alpha}(x,t)\mathrm{d}t \leqslant \frac{\lambda x(1+\alpha x)}{n(x-y)^2} \quad (0 \leqslant y < x) \quad (1)$$

$$\int_z^\infty K_{n,\alpha}(x,t)\mathrm{d}t \leqslant \frac{\lambda x(1+\alpha x)}{n(z-x)^2} \quad (x < z < +\infty)$$

$$(2)$$

证明 当 $0 \leqslant y < x$ 时

$$(x-t)/(x-y) \geqslant 1 \quad (t \in [0,y])$$

令

$$U_{n,m,\alpha}(x) = \sum_{k=0}^\infty P_{n,k,\alpha}(x) \int_0^\infty b_{n,k,\alpha}(t)(t-x)^m \mathrm{d}t$$

易知,对任何 $x \in [0,+\infty)$

$$U_{n,m,\alpha}(x) = O(n^{-[(m+1)/2]})$$

特别的,对任意 $\lambda > 2, x > 0$,存在 $N(\lambda,x) > 2$,使得

$$U_{n,2,\alpha}(x) \leqslant \lambda x(1+\alpha x)n^{-1} \quad (n \geqslant N(\lambda,x))$$

从而对充分大的 n 有

$$\int_0^y K_{n,\alpha}(x,t)\mathrm{d}t \leqslant \int_0^y \left(\frac{x-t}{x-y}\right)^2 K_{n,\alpha}(x,t)\mathrm{d}t$$

$$\leqslant \frac{1}{(x-y)^2} B_{n,\alpha}((t-x)^2,x)$$

$$\leqslant \frac{2x(1+\alpha x)}{n(x-y)^2}$$

同理可得式(2).

2. 定理及其证明

定理 1 若 f 为 $[0,+\infty)$ 的任意有界区间上定义的有界变差函数,令

$$g_x(t) = \begin{cases} f(t) - f(x+), & x < t < +\infty \\ 0, & t = x \\ f(t) - f(x-), & 0 \leqslant t < x \end{cases}$$

$\overset{b}{\underset{a}{\bigvee}}(g_x)$ 为 $[a,b]$ 上的全变差. 若 $|f(t)| \leqslant M(1+\alpha t)^{\beta}$,

$t \in [0, +\infty)$, $M > 0$, $\beta \in \mathbf{N}^*$, 任取 $\lambda > 2$, 则对于

$$n > \max\{1+\beta, N(\lambda, x)\}$$

有

$$\left| L_{n,\alpha}(f,x) - \frac{1}{2}[f(x+) + f(x-)] \right|$$

$$\leqslant |f(x+) - f(x-)| \frac{4[1+9x(1+\alpha x)]^{1/2} + 1}{5\sqrt{nx(1+\alpha x)}} +$$

$$\frac{5\lambda + (5\lambda + 1)}{nx} \sum_{k=1}^{\infty} \overset{x+(x/\sqrt{k})}{\underset{x-(x/\sqrt{k})}{\bigvee}}(g_x) +$$

$$M(2^{\beta} - 1) \frac{(1+\alpha x)^b}{x^{2\beta}} O(n^{-\beta}) + \frac{2\lambda M(1+\alpha x)^{\beta+1}}{nx}$$

证明 首先

$$\left| L_{n,\alpha}(f,x) - \frac{1}{2}[f(x+) + f(x-)] \right|$$

$$\leqslant |L_{n,\alpha}(g_x, x)| + \frac{1}{2}|f(x+) - f(x-)| \cdot$$

$$|L_{n,\alpha}(\text{sign}(t-x), x)|$$

下面估计 $L_{n,\alpha}(g_x, x)$ 和 $L_{n,\alpha}(\text{sign}(t-x), x)$

$$L_{n,\alpha}(\text{sign}(t-x), x)$$

$$= \int_0^{\infty} \text{sign}(t-x) K_{n,\alpha}(x,t) \, dt$$

$$= \int_x^{\infty} K_{n,\alpha}(x,t) \, dt - \int_0^x K_{n,\alpha}(x,t) \, dt$$

$$= A_n(x) - B_n(x)$$

由引理 3 得

$$A_n(x) = \sum_{k=0}^{\infty} P_{n,k,\alpha}(x) \int_x^{\infty} b_{n,k,\alpha}(t) \, dt$$

$$= \sum_{k=0}^{\infty} P_{n,k,\alpha}(x) \sum_{j=0}^{k} P_{n,j,\alpha}(x)$$

为简便起见,以 P_k 代替 $P_{n,k,\alpha}(x)$

$$I = \sum_{k=0}^{\infty} \sum_{j=0}^{\infty} P_j P_k = \sum_{k=0}^{\infty} \left(\sum_{j=0}^{k} + \sum_{j=k+1}^{\infty} \right) P_j P_k$$

$$= \sum_{k=0}^{\infty} \sum_{j=0}^{k} P_j P_k + \sum_{k=0}^{\infty} \sum_{j=k}^{\infty} P_j P_k - \sum_{k=0}^{\infty} P_k^2$$

而

$$\sum_{k=0}^{\infty} \sum_{j=k}^{\infty} P_j P_k = \sum_{j=0}^{\infty} \sum_{k=0}^{j} P_j P_k = \sum_{k=0}^{\infty} \sum_{j=0}^{\infty} P_k P_j = A_n$$

根据引理 2 得

$$|2A_n(x) - I| \leqslant \frac{8 \sqrt{1 + 9x(1 + \alpha x)} + 2}{5 \sqrt{nx(1 + \alpha x)}} \sum_{k=0}^{\infty} P_{n,k,\alpha}(x)$$

$$= \frac{8 \sqrt{1 + 9x(1 + \alpha x)} + 2}{5 \sqrt{nx(1 + \alpha x)}}$$

由于

$$A_n(x) + B_n(x) = \int_0^{\infty} K_{n,\alpha}(x,t)\,\mathrm{d}t = 1$$

所以

$$|A_n(x) - B_n(x)| = |2A_n(x) - 1|$$

$$\leqslant \frac{8 \sqrt{1 + 9x(1 + \alpha x)} + 2}{5 \sqrt{nx(1 + \alpha x)}}$$

$$L_{n,\alpha}(g_x, x)$$

$$= \int_0^{\infty} K_{n,\alpha}(x,t) g_x(t)\,\mathrm{d}t$$

$$= \left(\int_0^{x-(x/\sqrt{n})} + \int_{x-(x/\sqrt{n})}^{x+(x/\sqrt{n})} + \int_{x+(x/\sqrt{n})}^{\infty} \right) \cdot K_{n,\alpha}(x,t) g_x(t)\,\mathrm{d}t$$

$$= \left(\int_{I_1} + \int_{I_2} + \int_{I_3} \right) K_{n,\alpha}(x,t) g_x(t) \mathrm{d}t$$

$$\xrightarrow{\Delta} R_1 + R_2 + R_3$$

令

$$\lambda_{n,\alpha}(x,t) = \int_0^t K_{n,\alpha}(x,u) \mathrm{d}u$$

首先估计 R_1. 令 $y = x - (x/\sqrt{n})$，利用分部积分得

$$R_1 = \int_0^y g_x(t) \mathrm{d}t(\lambda_{n,\alpha}(x,t))$$

$$= g_x(y+)\lambda_{n,\alpha}(x,y) - \int_0^y \lambda_{n,\alpha}(x,t) \mathrm{d}t(g_x(t))$$

由于

$$|g_x(y+)| = |g_x(y+) - g_x(x)| \leqslant \bigvee_{y^+}^{x}(g_x)$$

根据引理 4 得

$$|R_1|$$

$$\leqslant \bigvee_{y^+}^{x}(g_x)\lambda_{n,\alpha}(x,y) + \int_0^y \lambda_{n,\alpha}(x,t) \mathrm{d}t\left(- \bigvee_{t}^{x}(g_x) \right)$$

$$\leqslant \bigvee_{y^+}^{x}(g_x) \frac{\lambda x(1 - \alpha x)}{n(x - y)^2} +$$

$$\frac{\lambda x(1 + \alpha x)}{n} \int_0^y \frac{1}{(x - t)^2} \mathrm{d}t\left(- \bigvee_{t}^{x}(g_x) \right)$$

又

$$\int_0^y \frac{1}{(x - t)^2} \mathrm{d}t\left(- \bigvee_{t}^{x}(g_x) \right)$$

$$= - \frac{\bigvee_{y^+}^{x}(g_x)}{(x - y)^2} + \frac{\bigvee_{0}^{x}(g_x)}{x^2} + 2 \int_0^y \frac{\bigvee_{t}^{x}(g_x)}{(x - t)^3} \mathrm{d}t$$

所以

$$|R_1| \leqslant \frac{\lambda x(1+\alpha x)}{n}\left[\frac{\bigvee\limits_0^x (g_x)}{x^2} + 2\int_0^y \frac{\bigvee\limits_t^x (g_x)}{(x-t)^3}\mathrm{d}t\right]$$

将上式积分中的 y 换成 $x-(x/\sqrt{n})$，可得

$$\int_0^{x-(x/\sqrt{n})} \frac{\bigvee\limits_t^x (g_x)}{(x-t)^3}\mathrm{d}t = \frac{1}{2x^2}\int_1^n \bigvee\limits_{x-(x/\sqrt{n})}^x (g_x)\mathrm{d}t$$

$$\leqslant \frac{1}{2x^2}\sum_{k=1}^n \bigvee\limits_{x-(x/\sqrt{n})}^x (g_x)$$

因此

$$|R_1| \leqslant 2\frac{\lambda x(1+\alpha x)}{nx}\sum_{k=1}^n \bigvee\limits_{x-(x/\sqrt{k})}^x (g_x)$$

下面估计 R_2. 对 $x \in I_2$，有

$$g_x(t) \leqslant \bigvee\limits_{x-(x/\sqrt{n})}^{x+(x/\sqrt{n})} (g_x)$$

由于

$$\int_a^b \mathrm{d}t(\lambda_{n,\alpha}(x,t))$$

$$\leqslant \int_0^\infty \mathrm{d}t(\lambda_{n,\alpha}(x,t))$$

$$= 1 \quad ((a,b) \subset [0,+\infty))$$

所以

$$|R_2| \leqslant \bigvee\limits_{x-(x/\sqrt{n})}^{x+(x/\sqrt{n})} (g_x)$$

$$\leqslant \frac{1}{n}\sum_{k=1}^n \bigvee\limits_{x-(x/\sqrt{k})}^{x+(x/\sqrt{k})} (g_x)$$

最后估计 R_3，令 $z = x+(x/\sqrt{n})$，则

$$R_3 = \int_z^\infty g_x(t)\mathrm{d}t(\lambda_{n,\alpha}(x,t))$$

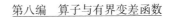

定义 $Q_{n,\alpha}(x,t), t \in [0, 2x]$ 如下

$$Q_{n,\alpha}(x,t) = \begin{cases} 1 - \lambda_{n,\alpha}(x,t), 0 \le t < 2x \\ 0, t = 2x \end{cases}$$

则

$$R_3 = -\int_z^{2x} g_x(t) \, \mathrm{d}t(Q_{n,\alpha}(x,t)) -$$

$$g_x(2x) \int_{2x}^{\infty} K_{n,\alpha}(x,t) \, \mathrm{d}t +$$

$$\int_{2x}^{\infty} g_x(t) \, \mathrm{d}t(\lambda_{n,\alpha}(x,t))$$

$$\xlongequal{\Delta} R_{31} + R_{32} + R_{33}$$

由分部积分得

$$R_{31} = g_x(z)Q_{n,\alpha}(x, z-) + \int_z^{2x} Q_{n,\alpha}(x,t) \, \mathrm{d}t(g_x(t))$$

由于

$$Q_{n,\alpha}(x, z-) = Q_{n,\alpha}(x, z)$$

并且

$$|g_x(z-)| \le \bigvee_x^{z^-}(g_x)$$

所以

$$|R_{31}| \le \bigvee_x^{z^-}(g_x)Q_{n,\alpha}(x,z) + \int_z^{2x} Q_{n,\alpha}(x,t) \, \mathrm{d}t(\bigvee_x^t(g_x))$$

由引理 4 得（因为 $Q_{n,\alpha}(x,z) = 1 - \lambda_{n,\alpha}(x,z) = 1 -$

$$\int_0^z K_{n,\alpha}(x,u) \, \mathrm{d}u = \int_z^{\infty} K_{n,\alpha}(x,u) \, \mathrm{d}u)$$

$$|R_{31}|$$

$$\le \bigvee_x^{z^-}(g_x) \frac{\lambda x(1 - \alpha x)}{n(z - x)^2} +$$

$$\frac{\lambda x(1 + \alpha x)}{n} \int_z^{2x} \frac{1}{(x - t)^2} dt \left(\bigvee_x^t (g_x) \right)$$

$$= \bigvee_x^{z^-} (g_x) \frac{\lambda x(1 + \alpha x)}{n(z - x)^2} + \frac{\lambda x(1 + \alpha x)}{n} \left[\frac{\bigvee_x^{2x} (g_x)}{x^2} - \right.$$

$$\frac{\bigvee_x^{z^-} (g_x)}{(z - x)^2} + 2 \int_z^{2x} \frac{\bigvee_x^t (g_x)}{(x - t)^3} dt$$

$$= \frac{\lambda x(1 + \alpha x)}{n} + \left[\frac{\bigvee_x^{2x} (g_x)}{x^2} 2 \int_z^{2x} \frac{\bigvee_x^t (g_x)}{(x - t)^3} dt \right]$$

将 $z = x + (x/\sqrt{n})$ 代入得

$$\int_z^{2x} \frac{\bigvee_x^t (g_x)}{(t - x)^3} dt = \frac{1}{2x^2} \int_1^n \bigvee_x^{x+(x/\sqrt{n})} (g_x) dt$$

$$\leqslant \frac{1}{2x^2} \sum_{k=1}^n \bigvee_x^{x+(x/\sqrt{k})} (g_x)$$

所以

$$|R_{31}|$$

$$\leqslant \frac{\lambda x(1 + \alpha x)}{nx^2} \left[\bigvee_x^{2x} (g_x) + \sum_{k=1}^n \bigvee_x^{x+(x/\sqrt{k})} (g_x) \right]$$

$$\leqslant \frac{2\lambda(1 + \alpha x)}{nx} \sum_{k=1}^n \bigvee_x^{x+(x/\sqrt{k})} (g_x)$$

再次利用引理 4 得

$$|R_{32}| \leqslant g_x(2x) \frac{\lambda x(1 + \alpha x)}{nx^2}$$

$$\leqslant \frac{\lambda(1 + \alpha x)}{nx} \sum_{k=1}^n \bigvee_x^{x+(x/\sqrt{k})} (g_x)$$

最后, 对 $n > \beta$ 有

444

$$|R_{33}| \le M \sum_{k=0}^{\infty} P_{n,k,\alpha}(x) \int_{2x}^{\infty} \big[(1 + \alpha t)^{\beta} +$$

$$(1 + \alpha x)^{\beta} \big] b_{n,k,\alpha}(t) \, \mathrm{d}t$$

因为

$$(1 + \alpha t)^{\beta} - (1 + \alpha x)^{\beta}$$

$$\le (2^{\beta} - 1)(1 + \alpha t)^{\beta} x^{-\beta}(t - x)^{\beta} \quad (2x \le t)$$

所以

$$|R_{33}|$$

$$\le M \sum_{k=0}^{\infty} P_{n,k,\alpha}(x) \cdot \int_{2x}^{\infty} \Big[(2^{\beta} - 1) \frac{(1 + \alpha x)^{\beta}}{x^{\beta}}(t - x)^{\beta} +$$

$$2(1 + \alpha x)^{\beta} \Big] b_{n,k,\alpha}(t) \, \mathrm{d}t$$

$$\le M(2^{\beta} - 1) \frac{(1 + \alpha x)^{\beta}}{x^{\beta}} \sum_{k=0}^{\infty} P_{n,k,\alpha}(x) \cdot$$

$$\int_{2x}^{\infty} b_{n,k,\alpha}(t) \frac{(t - x)^{2\beta}}{x^{\beta}} \mathrm{d}t + 2M \frac{(1 + \alpha x)^{\beta}}{x^{2}} \sum_{k=0}^{\infty} P_{n,k,\alpha}(x) \cdot$$

$$\int_{0}^{\infty} b_{n,k,\alpha}(t)(t - x)^{2} \mathrm{d}t$$

$$= M(2^{\alpha} - 1) \frac{(1 + \alpha x)^{\beta}}{x^{2\beta}} O(n^{-\beta}) +$$

$$\frac{2M(1 + \alpha x)^{\beta}}{x^{2}} \frac{\lambda x(1 + \alpha x)}{n}$$

综合以上证明,可得定理结论.

参考文献

[1]GUPTA V. A note on modified Baskakov type operators[J]. Approx Theory & Appl. , 1994, 10(3): 74 -78.

[2]王丽. 修正的 Baskakov-Beta 算子的 Voronovskaja

型渐近展开公式[J]. 宝鸡文理学院学报：自然科学版,2005,25(2):94-97.

[3] 王丽,薛银川. 一类新算子的同时逼近[J]. 吉首大学学报：自然科学版,2003,24(2):47-51.

[4] GUPTA V. On the rate of convergence of modified Baskakov type operators for functions of bounded variation[J]. Kyungpook Math. J.,1998,38:283-291.

446

有界变差函数的 Baskakov 算子的收敛速度①

第 40 章

　　福建省泉州市经贸职业技术学院的黄培鸿教授 2011 年对概率型 Baskakov 算子在 $(0, +\infty)$ 上收敛于 $[f(x^+) + f(x^-)]/2$ 的收敛速度进行研究,利用概率论等方法,对 Guo 和 Khan 等学者关于 Baskakov 算子的收敛速度的估计作进一步的改进,得到更精确的系数估计.

1. 问题的提出

　　对于概率型算子的逼近性质的研究,有人作了不少的工作,Guo 和 Khan 在文献[1]中拓广了 Cheng 在文献[2]中关于 Bernstein 多项式的极限问题,利用概率论的极限理论,把该问题推广为一类由独立同分布随机变量之和的分布构造的逼近算子 $L_n(f, x)$ 的极限问题,文中给出包括

---

　　①　引自 2011 年第 5 期总第 107 期的《佳木斯教育学院学报》,原作者为福建省泉州市经贸职业技术学院的黄培鸿教授.

了 Baskakov 算子在内的一些概率型算子收敛速度的估计. 文献[4]对 Baskakov 算子的收敛速度进行改进, 本章也对文献[1,4]中的 Baskakov 算子的收敛速度作进一步的改进工作, 得到更佳的收敛速度, 为了便于叙述文中所采用的符号参见文献[1]. 以下我们介绍 Baskakov 算子:

定义 1 如果 $f(x)$ 为 $[0, +\infty)$ 上的可测函数, 对一切 $x \in (0, +\infty)$, 称以下为 Baskakov 算子

$$B_n^*(f,x) = \frac{1}{(1+x)^n} \sum_{k=0}^{\infty} f(k/n) \binom{n+k-1}{k} \left(\frac{x}{1+x}\right)^k \tag{1}$$

与文献[1]一样, 对 Baskakov 算子给出极限, 即

$$\lim_{n \to \infty} B_n^*(f,x) = [f(x^+) + f(x^-)]/2 \tag{2}$$

记 $\hat{f}(x) = [\hat{f}(x^+) + f(x^-)]/2$, 把区间 I 上有界变差函数 f 记为 $f \in BV(I)$.

文献[1]和[4]给出的 Baskakov 算子的收敛速度的估计依次为:

如果 $f \in BV[0, +\infty)$, 对一切 $x \in (0, +\infty)$, 则

$$|B_n^*(f,x) - \hat{f}(x)| \leqslant \frac{2x(1+x)+1}{n} \sum_{k=0}^{\infty} V_{I_k}(g_x) +$$

$$\frac{2(16x^2+9x+1)}{(1+x)^{3/2}\sqrt{nx}} \tilde{f}(x) \tag{3}$$

$$|B_n^*(f,x) - \hat{f}(x)| \leqslant \frac{2x(1+x)+1}{n} \sum_{k=0}^{\infty} V_{I_k}(g_x) +$$

$$\frac{2H(x)}{(1+x)^{3/2}\sqrt{nx}} \tilde{f}(x) \tag{4}$$

其中

$$H(x) = \begin{cases} 4x^3 + 3x^2 + 1, 0 < x \leqslant x_0 \\ 3x(x+1)^2, x > x_0 \end{cases}$$

$$x_0 = \frac{3 + \sqrt{17}}{2}$$

$$I_k = [x - 1/\sqrt{k}, x + 1/\sqrt{k}] \quad (k = 1, 2, \cdots, n)$$

$$I_0 = (-\infty, +\infty)$$

$V_I(f)$ 表示 f 在区间 I 上的全变差

$$\overset{\vee}{f}(x) = |f(x^+) - f(x^-)|$$

以及

$$g_x(x) = \begin{cases} f(t) - f(x^+), t > x \\ 0, t = x \\ f(t) - f(x^-), t < x \end{cases}$$

我们将对式(4)重新估计,设 $\{X_n, n \geqslant 1\}$ 为一列独立同分布的随机变量序列,随机变量 X_1 的分布函数为 $F(x)$,其数学期望为

$$EX_1 = \int_{-\infty}^{+\infty} x \mathrm{d}F(x)$$

二阶中心矩有界

$$\mathrm{var}(X_1) = E(X_1 - EX_1)^2 > 0$$

四阶矩存在. $\Sigma_n = \sum_{i=1}^{n} X_i$,如果 f 为区间 I 上的有界变差函数,对于 f 定义逼近算子为

$$L_n(f, x) = E\{f(\Sigma_n/n)\} = \int_{-\infty}^{+\infty} f(t/n) \mathrm{d}F_{n,x}(t)$$

$$(5)$$

其中 $F_{n,x}(t)$ 为 Σ_n 的分布函数,如果 X_t 为离散型随机变量,则式(6)可改写为

$$L_n(f,x) = \sum_{k=0}^{\infty} f(k/n) P_{n,k} \qquad (6)$$

其中 $P_{n,k}(t)$ 为 Σ_n 的分布列,对于所述定义的算子 $L_n(f,x)$ 有估计式

引理 1 设 $f \in BV(-\infty, +\infty)$, $x \in (-\infty, +\infty)$,对于 $n = 1, 2, \cdots$,有

$$\left| L_n(f,x) - \hat{f}(x) \right| \leqslant \frac{P(x)}{n} \sum_{k=0}^{\infty} V_{I_k}(g_x) + \frac{Q(x)}{\sqrt{n}} \overset{\vee}{f}(x)$$

$$\qquad (7)$$

其中

$$P(x) = 2E(X_1 - EX_1)^2 + 1$$

$$Q(x) = E|X_1 - EX_1|^3 / [E(X_1 - EX_1)^2]^{3/2}$$

$$E(X_1 - EX_1)^2 = \int_{-\infty}^{+\infty} (k - EX_1)^2 dF(x)$$

$$E|X_1 - EX_1|^3 = \int_{-\infty}^{+\infty} |k - EX_1|^3 dF(x)$$

如果 X_t 为离散型随机变量,其分布列为 $P(X_1 = k) = p_k, k = 0, 1, 2, \cdots$,则相应的

$$EX_1 = \sum_{k=0}^{\infty} k p_k$$

$$E(X_1 - EX_1)^2 = \sum_{k=0}^{\infty} (k - EX_1)^2 p_k$$

$$E|X_1 - EX_1|^3 = \sum_{k=0}^{\infty} |k - EX_1|^3 p_k$$

引理 2 设随机变量 X 服从几何分布

$$P(X = k) = \left(\frac{1}{1+x}\right)\left(\frac{x}{1+x}\right)^{k} \quad (k = 0, 1, 2, \cdots) \quad (8)$$

则三阶中心绝对矩为

$$E|X - EX|^{3} \leqslant 4x^{3} + 3x^{2} + x \quad\quad (9)$$

2. 主要结果

定理 1　如果 $f \in BV[0, +\infty)$，对一切 $x \in (0, +\infty)$，则

$$|B_{n}^{*}(f,x) - \hat{f}(x)| \leqslant \frac{2x(1+x)+1}{n} \sum_{k=0}^{\infty} V_{I_k}(g_x) +$$

$$\frac{2(3x^{2} + 6x + 1)}{(1+x)^{3/2}} \frac{\mathring{f}(x)}{\sqrt{nx}} \quad\quad (10)$$

定理 2　如果 $f \in BV[0, +\infty)$，对一切 $x \in (0, +\infty)$，则

$$|B_{n}^{*}(f,x) - \hat{f}(x)| \leqslant \frac{2x(1+x)+1}{n} \sum_{k=0}^{\infty} V_{I_k}(g_x) +$$

$$\frac{2H^{*}(x)}{(1+x)^{3/2}} \frac{\mathring{f}(x)}{\sqrt{nx}} \quad\quad (11)$$

其中

$$H^{*}(x) = \begin{cases} 4x^{3} + 3x^{2} + 1, & 0 < x \leqslant 3 \\ 3x^{3} + 6x^{2} + 1, & x > 3 \end{cases}$$

式（10）（11）中的 $I_k (k = 0, 1, 2, \cdots, n)$，$V_{I}(f)$，$\mathring{f}(x)$ 及 $g_x(x)$．同式（3）（4）中定义，以下同．

3. 定理的证明

设随机变量序列 $\{X_n, n \geqslant 1\}$ 独立同分布，服从几何分布（8），则分别求得一、二、三和四阶原点矩为

$$EX_{1} = \sum_{k=0}^{\infty} k\left(\frac{1}{1+x}\right)\left(\frac{x}{1+x}\right)^{k} = x$$

$$EX_1^2 = \sum_{k=0}^{\infty} k^2 \left(\frac{1}{1+x}\right)\left(\frac{x}{1+x}\right)^k = 2x^2 + x$$

$$EX_1^3 = \sum_{k=0}^{\infty} k^3 \left(\frac{1}{1+x}\right)\left(\frac{x}{1+x}\right)^k = 6x^3 + 6x^2 + x$$

$$EX_1^4 = \sum_{k=0}^{\infty} k^4 \left(\frac{1}{1+x}\right)\left(\frac{x}{1+x}\right)^k = 24x^4 + 36x^3 + 14x^2 + x$$

并分别求得二和四阶中心矩为

$$E(X_1 - EX_1)^2 = E(X_1 - x)^2 = x^2 + x \qquad (12)$$

$$E(X_1 - EX_1)^4 = E(X_1 - x)^4 = 9x^4 + 18x^3 + 10x^2 + x$$

$$E(X_1 - EX_1)^4 E(X_1 - EX_1)^2$$
$$= (9x^4 + 18x^3 + 10x^2 + x)(x^2 + x)$$
$$= 9x^6 + 27x^5 + 28x^4 + 11x^3 + x^2$$
$$\leqslant 9x^6 + 36x^5 + 42x^4 + 12x^3 + x^2$$
$$= (3x^3 + 6x^2 + x)^2$$

根据赫尔德不等式,得三阶中心绝对矩

$$E|X_1 - EX_1|^3 \leqslant \sqrt{E(X_1 - EX_1)^2 E(X_1 - EX_1)^4}$$
$$\leqslant 3x^3 + 6x^2 + x \qquad (13)$$

由于 $X_t, t = 0,1,2,\cdots,n$ 独立同分布,服从几何分布(8),其和 $\Sigma_n = \sum_{t=1}^{n} X_t$ 的分布为离散型分布,分布列为

$$P(\Sigma_n = k)\binom{n+k-1}{k}\left(\frac{1}{1+x}\right)^n\left(\frac{x}{1+x}\right)^k$$

代入式(6)即得 Baskakov 算子

$$L_n(f,x) = \frac{1}{(1+x)^n}\sum_{k=0}^{\infty} f(k/n)\binom{n+k-1}{k}\left(\frac{x}{1+x}\right)^k$$
$$= B_n^*(f,x) \qquad (14)$$

把式(12)—(14)代入式(7)即得式(10),定理1得证.

往证定理2,由式(9)和(12),得

$$E|X_1-EX_1|^3 \leqslant \min_{x>0}\{3x^3+6x^2+x,4x^3+3x^2+x\}$$

即

$$E|X_1-EX_1|^3 \leqslant \begin{cases} 4x^3+3x^2+1, & 0<x\leqslant 3 \\ 3x^3+6x^2+1, & x>3 \end{cases} \quad (15)$$

把式(12)和(15)代入式(7)即得式(11),定理2得证.

结论　对本章及文献[1,4]关于 Baskakov 算子的收敛速度的估计进行比较,当 $x>0$ 时

$$\max_{x>0}\{3x^2+6x+1,4x^2+3x+1\} \leqslant 16x^2+9x+1$$

又比较式(4)与(11)

$$H^*(x) \leqslant H(x)$$

可见在一般情况下,本章所得到的 Baskakov 算子估计更精确.

参考文献

[1]GUO S S, KHAN M K. On the rate of convergence of some operaters on functions of bounded variation [J]. J. Approx. Theory,1989(58):90-101.

[2]CHENG F. On the rate of convergence of Bernstein poiynomials of functions of bounded variation[J]. J. Approx. Theory,1983(39):259 -247.

[3] FELLER W. An introduction to probability theory and its applications Ⅱ [M]. New York:Wiley,

1996：503-521.

［4］王平华,林丽玉. Baskakov 算子的收敛速度的估计［J］. 华侨大学学报：自然科学版,2002,23（1）：16 -18.

［5］WANG P H, ZHOU Y L. A New Estimate on the Rate of Convergence of Durrmeyer-Bézier Operators［J］. J. Inequal. Appl. ,2009（12）：262-267.

一类变差缩减算子的迭代极限[①]

1978 年中国科学院数学研究所的胡莹生、徐叔贤两位研究员对样条函数的变差缩减算子,在等距节点及样条函数为三次多项式样条的条件下,证明了它的迭代过程的收敛性,此外,他们还给出了它的极限的具体表达式.

1. 引言

关于 Bernstein 多项式具有变差缩减 (variation diminishing)性质的讨论由 I. J. Schoenberg 给出. 故 Bernstein 多项式是一类变差缩减的线性算子. 若记定义于 $[0, 1]$ 上的函数 $f(x)$ 的 Bernstein 多项式为

$$B_n(f,x) = \sum_{k=0}^{n} f\left(\frac{k}{n}\right)\binom{n}{v} x^v (1-x)^{n-v} \tag{1}$$

---

① 引自 1978 年第 1 卷第 3 期的《应用数学学报》,原作者为中国科学院数学研究所的胡莹生、徐叔贤.

命

$$B_n^k(f,x) = B_n(B_n^{k-1}(f;x),x) \quad (k \geqslant 1) \quad (2)$$

于是得到 Bernstein 多项式算子 B_n 的迭代过程. 由

$$\operatorname{var}(B_n(f,x)) \leqslant \operatorname{var}(f(x)) \quad (3)$$

$\operatorname{var}(f)$ 表示 f 在 $[0,1]$ 上的全变差.

后来,文献[1]证明了

$$\lim_{k \to \infty} B_n^k(f,x) = f(0) + [f(1) - f(0)]x \quad (4)$$

这就是 Bernstein 多项式算子的迭代极限.

2. 符号与概念

因为今后所考虑的样条函数是等距节点的三次多项式样条函数,故不失一般性可以假定所讨论的区间为 $[0,n]$,而 $x_i = i, 1 \leqslant i \leqslant n-1$ 为样条函数的节点.

引进 x_{-i} 与 $x_{n+i}, 1 \leqslant i \leqslant 3$,并规定

$$x_{-i} = 0 = x_0, x_{n+i} = x_n = n \quad (1 \leqslant i \leqslant 3)$$

于是,根据文献[4]可知 $[0,n]$ 上的以 $x_i, 1 \leqslant i \leqslant n-1$ 为节点的任何三次多项式样条函数可由 $M_i(x), -3 \leqslant j \leqslant n-1$ 的线性组合唯一地表示,这里

$$M_j(x) = \omega_j(4(t-x)_+^3 x_j, x_{j+1}, x_{j+2}, x_{j+3}, x_{j+4})$$
$$(j = -3, -2, \cdots, n-1) \quad (5)$$

而

$$x_+^m = \begin{cases} x^m, & x \geqslant 0 \\ 0, & x < 0 \end{cases} \quad (6)$$

$\omega_t(g(t); t_1, \cdots, t_5)$ 表示对定义于 $[0,n]$ 上的函数 $g(t)$ 沿点列 $t_1, \cdots, t_5$ 求四阶差商而得的值.

按照求普通差商与聚合差商的"三角表"过程,易知

$$M_{-3}(x) = \begin{cases} 4(1-x)_+^3, 0 \leqslant x \leqslant 1 \\ 0, 其他 \end{cases} \tag{7}$$

$$M_{-2}(x) = \begin{cases} \dfrac{(2-x)_+^3}{2} - 4(1-x)_+^3, 0 \leqslant x < 2 \\ \\ 0, 其他 \end{cases} \tag{8}$$

$$M_{-1}(x) = \begin{cases} \dfrac{2}{9}(3-x)_+^3 - (2-x)_+^3 + 2(1-x)_+^3, \\ \qquad 0 \leqslant x < 3 \\ 0, 其他 \end{cases} \tag{9}$$

$$M_{n-3}(x) = \begin{cases} \dfrac{2}{9}(x-n+3)_+^3 - (x-n+2)_+^3 + \\ \qquad 2(x-n+1)_+^3, n-3 \leqslant x < n \\ 0, 其他 \end{cases} \tag{10}$$

$$M_{n-2}(x) = \begin{cases} \dfrac{(x-n+2)_+^3}{2} - 4(x-n+1)_+^3, \\ \qquad n-2 \leqslant x \leqslant n \\ 0, 其他 \end{cases} \tag{11}$$

$$M_{n-1}(x) = \begin{cases} 4(x-n+1)_+^3, n-1 \leqslant x \leqslant n \\ 0, 其他 \end{cases} \tag{12}$$

$$M_0(x) = \begin{cases} 0, x < 0 \\ \dfrac{1}{6}x^3, 0 \leqslant x < 1 \\ \dfrac{1}{6}x^3 - \dfrac{4}{6}(x-1)^3, 1 \leqslant x \leqslant 2 \\ \dfrac{1}{6}(4-x)^3 - \dfrac{4}{6}(3-x)^3, 2 \leqslant x < 3 \\ \dfrac{1}{6}(4-x)^3, 3 \leqslant x < 4 \\ 0, x \geqslant 4 \end{cases} \tag{13}$$

此外，$M_j(x)$，$1 \leq j \leq n - 4$ 系由 $M_0(x)$ 的图形按等于 1 的步长往右逐次移动而得.

令

$$N_j(x) = \frac{x_{j+4} - x_j}{4} M_j(x) \quad (-3 \leq j \leq n-1) \quad (14)$$

文献[2,3]中都证明了

$$\begin{cases} \sum_{j=-3}^{n-1} N_j(x) = 1, \sum_{j=-3}^{n-1} \xi_j N_j(x) = x (\xi_j \text{的定义} \\ \qquad \text{见式(16))} \\ N_j(x) = 0, x \notin [x_j, x_{j+4}] \end{cases} \quad (15)$$

$M_j(x)$，$N_j(x)$，$j = -3, \cdots, n-1$ 都称之为 B 样条.

引入

$$\xi_j = \frac{x_{j+1} + x_{j+2} + x_{j+3}}{3} \quad (j = -3, \cdots, n-1) \quad (16)$$

显然

$$\xi_{-3} = 0$$
$$\xi_{-2} = 1/3$$
$$\xi_j = j + 2$$
$$(j = -1, 0, \cdots, n-3)$$
$$\xi_{n-2} = n - \frac{1}{3}$$
$$\xi_{n-3} = n - 1 \quad (17)$$

定义 1 若 $f(x)$ 定义于 $[0, n]$ 上，则

$$S(f) = \sum_{j=-3}^{n-1} f(\xi_j) N_j(x) \quad (18)$$

称为 f 的变差缩减样条逼近，而由式(18)所定义的算子 S 称为样条的变差缩减算子.

由式(18)与(15)可见

$$\begin{cases} S(af + bg) = aS(f) + bS(g) \\ S(a + bx) = a + bx \end{cases}$$

这里 a, b 为任意实数. 根据文献[1]还可知上述算子 S 还有如下的

性质 1 （ⅰ）$S(f)\big|_{x=a} = f(a)$，$S(f)\big|_{x=b} = f(b)$；

（ⅱ）$\mathrm{var}(S(f)) \leqslant \mathrm{var}(f)$；　　　　　　(19)

此处根据文献[5]中的式(12)—(15)，可知成立

性质 2 （ⅲ）若 $f \in C'[0, n]$，且为单调函数，则 $S(f)$ 亦为单调函数；

（ⅳ）若 $f \in C^2[0, n]$，且为凸函数，则 $S(f)$ 亦为凸函数.

性质 1、性质 2 的（ⅰ）—（ⅳ）联合表明变差缩减的逼近方法在保持原函数 f 的形态特点方面有着良好的性能. 关于这些方面的讨论可参看文献[2]. （ⅱ）是 S 所以称为"变差缩减"逼近算子这一名称的由来之一.（所以说它是"之一"，是因为它可以有另一种说法（参看文献[2]）因详细说明它将牵涉较多与本章主要结果无多大关系的论述，故从略.）

3. 迭代的极限过程及其存在性

假定 $f(x)$ 定义于 $[0, n]$ 上，命

$$S^k(f) = S(S^{k-1}(f)) \quad (k \geqslant 1) \qquad (20)$$

本章的主要目的就是要证明上述的迭代逼近过程当 $k \to \infty$ 时的极限存在.

由于

$S(f)$

$$= \sum_{j=-3}^{n-1} f(\xi_j) N_j(x)$$

$$= (N_{-3}(x), \cdots, N_{n-1}(x)) \begin{pmatrix} f(\xi_{-3}) \\ \vdots \\ f(\xi_{n-1}) \end{pmatrix} \qquad (21)$$

因此

$$S^k(f) = (S^{k-1}N_{-3}(x), \cdots, S^{k-1}N_{n-1}(x)) \begin{pmatrix} f(\xi_{-3}) \\ \vdots \\ f(\xi_{n-1}) \end{pmatrix}$$

$$(22)$$

根据式(6)—(18),容易计算得

$$S(N_{-3}) = N_{-3}(x) + \frac{8}{27}N_{-2}(x)$$

$$S(N_{-2}) = \frac{61}{108}N_{-2}(x) + \frac{1}{4}N_{-1}(x)$$

$$S(N_{-1}) = \frac{43}{324}N_{-2}(x) + \frac{7}{12}N_{-1}(x) + \frac{1}{6}N_0(x)$$

$$S(N_0) = \frac{1}{162}N_{-2}(x) + \frac{1}{6}N_{-1}(x) + \frac{2}{3}N_0(x) + \frac{1}{6}N_1(x)$$

$$S(N_k) = \frac{1}{6}N_{k-1}(x) + \frac{2}{3}N_k(x) + \frac{1}{6}N_{k+1}(x)$$

$$(k = 1, \cdots, n-5)$$

460

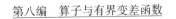

$$S(N_{n-4}) = \frac{1}{6}N_{n-5}(x) + \frac{2}{3}N_{n-4}(x) +$$

$$\frac{1}{6}N_{n-3}(x) + \frac{1}{162}N_{n-2}(x)$$

$$S(N_{n-3}) = \frac{1}{6}N_{n-4}(x) + \frac{7}{12}N_{n-3}(x) +$$

$$\frac{43}{324}N_{n-2}(x)$$

$$S(N_{n-2}) = \frac{1}{4}N_{n-3}(x) + \frac{61}{108}N_{-2}(x)$$

$$S(N_{n-1}) = \frac{8}{27}N_{n-2}(x) + N_{n-1}(x)$$

因此

$$(SN_{-3}, \cdots, SN_{n-1}) = (N_{-3}, \cdots, N_{n-1})A \qquad (23)$$

这里

$$A = \begin{pmatrix} 1 & & & & & & & \\ \frac{8}{27} & \frac{61}{108} & \frac{43}{324} & \frac{1}{162} & & & & \\ & \frac{1}{4} & \frac{7}{12} & \frac{1}{6} & & & & \\ & & \frac{1}{6} & \frac{2}{3} & \frac{1}{6} & & & \\ & & \ddots & \ddots & \ddots & & & \\ & & & \frac{1}{6} & \frac{2}{3} & \frac{1}{6} & & \\ & & & & \frac{1}{6} & \frac{7}{12} & \frac{1}{4} & \\ & & & & \frac{1}{162} & \frac{43}{324} & \frac{61}{108} & \frac{8}{27} \\ & & & & & & & 1 \end{pmatrix}_{(n+3)\times(n+3)}$$

$$(24)$$

461

将式 (23) 与 (24) 代入 (22) 即知

$$S^{k+1}(f) = (N_{-3}, \cdots, N_{n-1}) A^k \begin{pmatrix} f(\xi_{-3}) \\ \vdots \\ f(\xi_{n-1}) \end{pmatrix} \quad (25)$$

所以欲证 $\lim\limits_{k\to\infty} S^k(f)$ 存在, 只须证明 $\lim\limits_{n\to\infty} A^k$ 存在.

定理 1 $\lim\limits_{k\to\infty} A^k$ 存在.

证明 因为 A 为非负矩阵, 并且 A 的每一行的元素和都等于 1, 故 A 实际上是马尔科夫链的转移概率矩阵. 这些转移概率表明状态 1, 状态 $n+3$ 为其吸收壁. 因此根据文献 [6] 只须说明 A 为正常的转移概率矩阵. 换言之, 我们要说明 A 除了有等于 1 的特征值之外, 不存在模为 1 的特征值. 根据 A 的形式显然 1 至少是 A 的二重特征值. 注意到

$$A' = \begin{pmatrix} \dfrac{61}{108} & \dfrac{43}{324} & \dfrac{1}{162} & & & & \\ \dfrac{1}{4} & \dfrac{7}{12} & \dfrac{1}{6} & & & & \\ & \dfrac{1}{6} & \dfrac{2}{3} & \dfrac{1}{6} & & & \\ & & \ddots & \ddots & \ddots & & \\ & & & \dfrac{1}{6} & \dfrac{2}{3} & \dfrac{1}{6} & \\ & & & & \dfrac{1}{6} & \dfrac{7}{12} & \dfrac{1}{4} \\ & & & & \dfrac{1}{162} & \dfrac{43}{324} & \dfrac{61}{108} \end{pmatrix}_{(n+1)\times(n+1)}$$

$$(26)$$

为非负的不可约矩阵, 且行元素之和的最小值为 $19/$

27,最大值为 1. 于是再一次利用文献[6]443 页最末两行的说明立即可知 A' 的特征值其最大模必小于 1. (或参阅文献[7]第 7 页 3.Ⅲ′). 综合上述可见 1 是 A 的二重特征值,且无形如 $e^{i\varphi}$ 的特征值. 定理 1 证毕.

性质 3
$$\det(A - \lambda I) = k \times (36)^2 (1 - \lambda)^2 \{F(\lambda)\} \quad (27)$$

这里
$$k = \left(\frac{1}{324}\right)^2 \left(\frac{1}{12}\right)^2 \times \left(\frac{1}{6}\right)^{n-3} \quad (28)$$

$$F(\lambda) = (108\lambda^2 - 124\lambda + 32)^2 D_{n-3}(\lambda) -$$
$$4(5 - 9\lambda)(108\lambda^2 - 124\lambda + 32) D_{n-4}(\lambda) +$$
$$4(4 - 9\lambda)^2 D_{n-5}(\lambda) \quad (29)$$

$$D_k(\lambda) = \det \begin{pmatrix} 4-6\lambda & 1 & & & & \\ 1 & 4-6\lambda & 1 & & & \\ & 1 & 4-6\lambda & 1 & & \\ & & \ddots & & \ddots & & \ddots \\ & & 1 & & 4-6\lambda & & 1 \\ & & & & 1 & & 4-6\lambda \end{pmatrix}_{k \times k}$$
$$(30)$$

证　这是将 $\det(A - \lambda I)$ 沿最前三行与最后三行展开的直接结果.

性质 4
$$\begin{cases} D_k(1) = (1+k)(-1)^k \\ D_k\left(\dfrac{1}{3}\right) = (1+k) \end{cases} \quad (k \geqslant 1) \quad (31)$$

证明　用归纳法立即得到.

由性质 3,4 立即得
$$F(1) = \{64n\}(-1)^{n-3} \quad (32)$$

$$\Delta^{(2)}(1) = \frac{d^2}{d\lambda^2}\det(\boldsymbol{A} - \lambda\boldsymbol{I})\mid_{\lambda=1}$$

$$= 2k \cdot (36)^2(-1)^{n-3}\{64n\} \qquad (33)$$

以下进入 $\boldsymbol{A}^\infty$ 的具体表达式的讨论.

4. 迭代过程的极根公式

根据文献[6](中译本 449 页)知

$$\boldsymbol{A}^\infty = (-1)^{n+4}\frac{2B'(1)}{\Delta^{(2)}(1)} \qquad (34)$$

（注意：式(34)与文献[6]449 页式略有不同，因为文献[6]中的特征多项式系以 $\det(\lambda\boldsymbol{I} - \boldsymbol{P})$ 来计算的，而我们这里采用 $\det(\boldsymbol{P} - \lambda\boldsymbol{I})$ 来计算，因此相差了 $(-1)^{n+4}$ 的幂次. 当然式(34)中的 $B(\lambda)$ 在我们的情形下应该是 $(\boldsymbol{A} - \lambda\boldsymbol{I})$ 的附加矩阵，并且

$$B'(1) = \frac{d}{d\lambda}B(\lambda)\mid_{\lambda=1} \qquad (35)$$

记

$$B'(1) = (b_{ij})_{1 \leqslant i,j \leqslant n+3} \qquad (36)$$

于是根据

$$\boldsymbol{A} - \lambda\boldsymbol{I} = \begin{pmatrix} 1-\lambda & & & & & & & \\ \frac{8}{27} & \frac{61}{108}-\lambda & \frac{43}{324} & \frac{1}{162} & & & & \\ & \frac{1}{4} & \frac{7}{12}-\lambda & \frac{1}{6} & & & & \\ & & \frac{1}{6} & \frac{2}{3}-\lambda & \frac{1}{6} & & & \\ & & \ddots & \ddots & \ddots & & & \\ & & & \frac{1}{6} & \frac{2}{3}-\lambda & \frac{1}{6} & & \\ & & & & \frac{1}{6} & \frac{7}{12}-\lambda & \frac{1}{4} & \\ & & & & \frac{1}{162} & \frac{43}{324} & \frac{61}{108}-\lambda & \frac{8}{27} \\ & & & & & & & 1-\lambda \end{pmatrix}$$

$$(37)$$

的具体形式,不难看出 $b_{ij},1 \leqslant i,j \leqslant n+3$ 具有下述特殊的性质:

（1）下列花括弧中的元素均为 0

$$\left\{ \begin{matrix} b_{22} & \cdots & b_{2,n+2} \\ \vdots & & \vdots \\ b_{n+2,2} & \cdots & b_{n+2,n+2} \end{matrix} \right\}$$

这是因为与这些 b_{ij} 所相应的. 附加矩阵的位置均含有 $(1-\lambda)^2$ 的因子,故对它求 λ 的微商并令 $\lambda=1$ 时应为 0.

（2）$b_{12},b_{13},\cdots,b_{1,n+3}$ 与 $b_{n+3,1},\cdots,b_{n+3,n+2}$ 亦均为 0. 这是因这些 b_{ij} 相应的附加矩阵位置其元素由 $A-\lambda I$ 的代数余子式构成,而这些代数余子式必有（最前或最后）一行均为 0 元素,故知这些 b_{ij} 均为零！

（3）

$$b_{11}=b_{n+3,n+3}=(-1)^{n+4}k \cdot (36)^2 \cdot (64n) \qquad (38)$$

这由式（37）及

$$\det \begin{pmatrix} \frac{61}{108}-1 & \frac{43}{324} & \frac{1}{162} & & & & \\ \frac{1}{4} & \frac{7}{12}-1 & \frac{1}{6} & & & & \\ & \frac{1}{6} & \frac{2}{3}-1 & \frac{1}{6} & & & \\ & \ddots & \ddots & \ddots & & \\ & & \frac{1}{6} & \frac{2}{3}-1 & \frac{1}{6} & \\ & & & \frac{1}{6} & \frac{7}{12}-1 & \frac{1}{4} \\ & & & & \frac{1}{162} & \frac{43}{324} & \frac{61}{108}-1 \end{pmatrix}$$

$$=k(36)^2 F(1)$$

和式(32)得到.

性质5

$$\begin{cases} b_{21} = (-1)^{n+2}k \cdot 96 \cdot 144 [6n-2] \\ b_{l1} = (-1)^{n+2}k \cdot 96 \cdot 144 [6n-6l+12] \\ b_{n+2,1} = (-1)^{n+2}k \cdot 96 \cdot 144 \cdot 2 \\ 3 \leqslant l \leqslant n+1 \end{cases} \quad (39)$$

并且

$$\begin{pmatrix} b_{11} \\ b_{21} \\ \vdots \\ b_{n+2,1} \end{pmatrix} = \begin{pmatrix} b_{n+3,n+3} \\ b_{n+2,n+3} \\ \vdots \\ b_{2,n+3} \end{pmatrix} \quad (40)$$

证明 因按照式(37)及附加矩阵的求法可知 $b_{21}, \cdots, b_{n+2,1}$ 分别由下列长方阵中划去第二,第三,$\cdots$,第 $n+2$ 列的元素并计算其行列式之值后乘以 (-1) 的适当幂次(例如 b_{l1} 应乘以 $(-1)^{l+l+1}$)而得到

$$\begin{pmatrix} \frac{8}{27} & \frac{61}{108}-1 & \frac{43}{324} & \frac{1}{162} & & & \\ \frac{1}{4} & \frac{7}{12}-1 & \frac{1}{6} & & & & \\ & \frac{1}{6} & \frac{2}{3}-1 & \frac{1}{6} & & & \\ & & \ddots & \ddots & \ddots & & \\ & & & \frac{1}{6} & \frac{2}{3}-1 & \frac{1}{6} & \\ & & & & \frac{1}{6} & \frac{7}{12}-1 & \frac{1}{4} \\ & & & & \frac{1}{162} & \frac{43}{324} & \frac{61}{108}-1 \end{pmatrix}_{(n+1)\times(n+2)}$$

$$(41)$$

同理 $b_{2,n+3}, \cdots, b_{n+2,n+3}$ 分别由下列矩阵中依次划去第一列,第二列,$\cdots$,第 $n+1$ 列后计算其行列式并乘以(-1)的适当幂次而得

$$\begin{pmatrix} \frac{61}{108}-1 & \frac{43}{324} & \frac{1}{162} & & & & \\ \frac{1}{4} & \frac{7}{12}-1 & \frac{1}{6} & & & & \\ & \frac{1}{6} & \frac{2}{3}-1 & \frac{1}{6} & & & \\ & & \ddots & \ddots & \ddots & & \\ & & & \frac{1}{6} & \frac{2}{3}-1 & \frac{1}{6} & \\ & & & & \frac{1}{6} & \frac{7}{12}-1 & \frac{1}{4} \\ & & & & \frac{1}{162} & \frac{43}{324} & \frac{60}{108}-1 & \frac{8}{27} \end{pmatrix}_{(n+1)\times(n+2)}$$

$$(42)$$

故立即可见式(40)成立. 式(39)就是按上述步骤并利用 $D_k(1)$ 的结果(见性质4)而得,这里就不再赘述. 性质5 证毕.

定理2

$$\boldsymbol{A}^{\infty}=\begin{pmatrix} 1 & 0 & \cdots & 0 & 0 \\ a_2 & 0 & & 0 & a_{n+2} \\ a_3 & 0 & & 0 & a_{n+1} \\ \vdots & \vdots & & \vdots & \vdots \\ a_{n+2} & 0 & & 0 & a_2 \\ 0 & 0 & \cdots & 0 & 1 \end{pmatrix} \qquad (43)$$

这里

$$a_2 = \frac{3n-1}{3n}$$

$$a_l = \frac{3n-3l+6}{3n} \quad (3 \leqslant l \leqslant n+1) \tag{44}$$

$$a_{n+2} = \frac{1}{3n}$$

证明 这是式（34）（36）与性质（1）（2）（3）及性质 5 立即得到. 定理 2 证毕.

式（43）给出了马尔科夫链转移概率矩阵 $\boldsymbol{A}$ 的终极条件概率. 从直观上我们也可看出 $\boldsymbol{A}^{\infty}$ 只能是如式（43）的形式. 因为状态 1 与状态 $n+3$ 是吸收壁，它一旦进入这两个状态之一时就永远不会再改变其状态了. 因此终极条件概率只可能在第一列与第 $n+3$ 列取值.

根据式（43）的性质不难看出

$$a_s + a_{n-(s-4)} = 1 \quad (s = 2, \cdots, n)$$

定理 3 对任意 $f(x), x \in [0, n]$ 成立

$$\lim_{k \to \infty} S^k(f) = f(0) + [f(n) - f(0)] \frac{x}{n} \tag{45}$$

证明 按照式（25）立即知

$$\lim_{k \to \infty} S^k(f) = (N_{-3}, \cdots, N_{n-1}) \boldsymbol{A}^{\infty} \begin{pmatrix} f(\xi_{-3}) \\ \vdots \\ f(\xi_{n-1}) \end{pmatrix} \tag{46}$$

将式（43）式代入上式即知（$\xi_{-3} = 0, \xi_{n-1} = 0$）

$$\lim_{k \to \infty} S^k(f) = \sum_{j=-3}^{n-1} (a_{j+4} f(0) + a_{n-j} f(n)) N_j(x) \tag{47}$$

这里 $a_1 = 1$，并规定 $a_{n+3} = 0$. 式（47）表明 $\lim_{k \to \infty} S^k(f)$ 仅

依赖 $f(x)$ 在点 0 与点 n 处的值,与 $f(x)$ 在 $(0, n)$ 内的形式无关. 特别取 $g_1(x)$ 与 $g_2(x)$,使得

$$g_1(0) = g_2(0) = f(0), \quad g_1(n) = g_2(n) = f(n)$$

并且 g_1 为 $C^2[0, n]$ 中的凸函数,g_2 为 $C^2[0, n]$ 中的凹函数,则按照性质 2(iv)立即可知 $S^k(g_1)$ 与 $S^k(g_2)$ 分别为凸、凹函数. 但凸(凹)函数序列的极限函数必然是凸(凹)函数,故知式(47)右端的函数必定是属于 $C^2[0, n]$ 的既凸又凹的函数. 因此

$$\lim_{k \to \infty} S^k(f) = ax + b \quad (x \in [0, n]) \qquad (48)$$

又由性质 1(i)可知对任意 k 恒有

$$S^k(f)\big|_{x=0} = f(0), \quad S^k(f)\big|_{x=n} = f(n) \qquad (49)$$

因此,由式(49)立即定出式(48)中的 a 与 b. 证得定理 3.

把定理 3 的结果与式(4)相比较可见变差缩减的样条逼近法与 Bernstein 多项式逼近法其迭代极限是一致的.

可以证明对非等距的任意多项式样条函数其变差缩减的逼近方法也有类似于定理 3 的结果. 本章对于三次等距样条的限制无非是对 A^∞ 可以进行更简单彻底的计算. 显然马氏链终极条件概率方面的理论是解决这类问题的主要工具.

参考文献

[1]KELISKY R P, RIVLIN T J. Iterates of Bernstein Polynomials[J]. Pacific Journal of Math. , 1967, 21(3):511-520.

[2]SCHOENBERG I J. On Spline Functions[M]. Pitts-

burgh：Academic Press，1967.

［3］MARSDEN M. An Identity for Spline functions and Its application to variation diminishing spline approximations［J］. J. Approx. Th. ，1970（3）：7-49.

［4］CURRY H B，SCHOENBERG I J. On Polya frequency functions Ⅳ：The fundamental spline functions and their limits ［J］. J. Anal. Math. ，1966（17）：71-107.

［5］BOOR DE. On Calculating with B-splines［J］. J. Approx. Th. ，1972（6）：50-62.

［6］甘特马赫尔. 矩阵论（下卷）［M］. 北京：高等教育出版社，1957：446.

［7］罗曼诺夫斯基 B И. 疏散的马尔可夫链［M］. 梁文骐，译. 北京：科学出版社，1958.

第 九 编
特殊群及空间上的有界变差函数

取值于一类 p - 巴拿赫空间的有界变差函数[①]

第

42

章

关于巴拿赫空间中取值的有界变差函数的研究始于 I. M. Gefand. 我国李文清教授和吴从炘教授等在这方面的研究都有许多很好的成果. 辽宁师范大学数学系的王晶昕、王炜两位教授 1994 年讨论了取值于一类 p - 巴拿赫空间中的有界变差函数. 关于 p - 巴拿赫空间的概念可见文献 $[2,3]$.

本章所论及的线性空间均指实数域上的线性空间.

定义 1　设 $x = x(t)$ 是定义在 $[a,b]$ 上取值于 p - 巴拿赫空间 X 的向量值函数. 对于 $[a,b]$ 的任意一个分划 $\pi: a = t_0 < t_1 < \cdots < t_n = b$, 称

$$V_\pi(x) = \sum_{s=1}^n \| x(t_i) - x(t_{i-1}) \|$$

---

① 本章引自 1994 年第 17 卷第 2 期的《辽宁师范大学学报（自然科学版）》, 原作者为辽宁师范大学数学系的王晶昕、王炜.

为 $x = x(t)$ 关于 π 的变差. 而称

$$\overset{b}{\underset{a}{\bigvee}}(x) = \sup_{\pi} V_{\pi}(x)$$

为 $x = x(t)$ 在 $[a, b]$ 上的全变差. 如果这个全变差是有限数,则称 $x = x(t)$ 是向量值 p – 有界变差函数.

定义2 设 $x = x(y)$ 是 $[a, b]$ 上的实值函数,$0 < p \leqslant 1$. 对于 $[a, b]$ 的任意一个分划 $\pi: a = t_0 < t_1 < \cdots < t_n = b$,称

$$(p)V_{\pi}(x) = \sum_{i=1}^{n} \left| x(t_i) - x(t_{i-1}) \right|^p$$

为 $x = x(t)$ 关于 π 的 p – 变差,而称

$$(p)\overset{b}{\underset{a}{\bigvee}}(x) = \sup_{\pi}(p)V_{\pi}(x)$$

为 $x = x(t)$ 在 $[a, b]$ 上的全变差. 当此值为有限数时,称 $x = x(t)$ 为 $[a, b]$ 上的 p – 有界变差函数.

定义3 设 X 是 p – 巴拿赫空间,如果存在连续对偶空间 X^* 可分离 X 中的点,当 $x = x(t)$ 是 $[a, b]$ 上的取值于 X 中的向量值函数,并且对任意的 $f \in X^*$,$f[x(t)]$ 都是 $[a, b]$ 上的有界变差函数时,称 $x = x(t)$ 是 $[a, b]$ 上的弱有界变差函数. 如果 $f[x(t)]$ 是 $[a, b]$ 上的 q – 有界变差函数(对任意的 $f \in X^*$),则称 $x = x(t)$ 是 $[a, b]$ 上的 q – 弱有界变差函数($0 < p, q \leqslant 1$).

定理1 设 $x = x(t)$ 是 $[a, b]$ 上的取值于 p – 巴拿赫空间 X 的向量值函数,则:

(1)如果 $x = x(t)$ 是 p – 有界变差函数,则它必为 p – 弱有界变差函数.

(2)如果 $x = x(t)$ 是 p – 弱有界变差函数,则它必为弱有界变差函数.

证明 （1）对于任意的 $f \in X^*$ 及任意的分划 π:
$a = t_0 < t_1 < \cdots < t_n = b$, 有

$$\sum_{i=1}^{n} \left| f[x(t_i)] - f[x(t_{i-1})] \right|^p$$

$$\leqslant \|f\|^p \sum_{i=1}^{n} \|x(t_i) - x(t_i)\|$$

$$\leqslant \|f\|^p \bigvee_{a}^{b} (x)$$

可知（1）成立.

（2）设 $x = x(t)$ 是 p - 弱有界变差函数, 对于任意 $f \in X^*$ 及任意分划 π: $a = t_0 < t_1 < \cdots < t_n = b$, 有

$$V_\pi(f(x(t)))$$

$$= \sum_{i=1}^{n} \left| f[x(t_i) - x(t_{i-1})] \right|$$

$$= \sum_{1} \left| f[x(t_i) - x(t_{i-1})] \right| +$$

$$\sum_{2} \left| f[x(t_i) - x(t_{i-1})] \right|$$

这里, $\sum_{1}$ 是对满足 $\left| f[x(t_i) - x(t_{i-1})] \right| \geqslant 1$ 的那些项求和, $\sum_{2}$ 是对满足 $\left| f[x(t_i) - x(t_{i-1})] \right| < 1$ 的那些项求和.

由于 $f[x(t)]$ 是 p - 弱有界变差函数, 故存在 $n_0 \in \mathbf{N}$, 使得

$$\sum_{i=1}^{n} \left| f[x(t_i) - x(t_{i-1})] \right|^p \leqslant (p) \bigvee_{a}^{b} (f(x(t))) \leqslant n_0$$

故 $\sum_{1}$ 中的项不会超过 n_0 个, 从而知

$$V_\pi(f(x(t))) \leqslant n_0^{p-1} \cdot n_0 + n_0$$

对任意分划 π 都成立. 故 $x = x(t)$ 是弱有界变差函数. 证毕.

分别以 $V(X), wV(X)$ 及 $p-wV(X)$ 表示定义在 $[a,b]$ 上的取值于 $p-$ 巴拿赫空间 X 的有界变差函数全体、弱有界变差函数全体以及 $p-$ 弱有界变差函数全体组成的集合,则它们都依通常的加法与数乘运算构成线性空间,并且 $V(X) \subset p-wV(X) \subset wV(X)$.

下面的定理是容易证明的:

定理2　如果 X 是 $p-$ 巴拿赫空间,且存在可分离 X 中的点的连续对偶空间 X^*. $a < c < b$,则 $x = x(t)$ 在 $[a,b]$ 上的($p-$范、$p-$弱、弱)全变差等于 $x = x(t)$ 在 $[a,c]$ 及 $[c,b]$ 上的($p-$范、$p-$弱、弱)全变差的和.

定理3　设 $x = x(t)$ 是 $[a,b]$ 上的取值于 $p-$ 巴拿赫空间 X 的 $p-$ 弱有界变差函数,则存在 $M > 0$,使对任意 $f \in X^*$,有

$$\bigvee_a^b (f(x(t))) \leq M\|f\| \quad (0 < p \leq 1)$$

证明　首先,对于 $f \in X^*$

$$\|f\| = \sup_{\|x\| \leq 1} |f(x)| = \sup_{\substack{x \in X \\ x \neq 0}} \frac{|f(x)|}{\|x\|^{1/p}}$$

故

$$|f(x)| \leq \|f\|\|x\|^{1/p}$$

对于任意分划 $\pi: a = t_0 < t_1 < \cdots < t_n = b$,对任意的 $f \in X^*$,定义

$$F_n(f) = \sum_{i=1}^n |f[x(t_i) - x(t_{i-1})]|$$

则对于任意 $f, g \in X^*$,由

$$|(f-q)(x(t_i))| \leq \|f-g\|\|x(t_i)\|^{1/p}$$

得

$$F_\pi(f-g)$$

$$\leqslant \sum_{i=1}^{n} \left| (f-g)(x(t_i)) \right| + \sum_{i=1}^{n} \left| (f-g)(x(t_{i-1})) \right|$$

$$\leqslant \|f-g\| \sum_{i=1}^{n} (\|x(t_i)\|^{1/p} + \|x(t_{i-1})\|^{1/p})$$

从而知 F_π 是定义于 X^* 上的连续半范. 则由文献 $[2]$ 第四章定理 11 知存在 $M>0$，使对所有的 $f \in X^*$ 以及任意分划 π，都有 $F_n(f) \leqslant M\|f\|$，故可推得对于任意的 $f \in X^*$，有

$$\bigvee_a^b (f(x(t))) = \sup_\pi F_\pi(f) \leqslant M\|f\|$$

推论　如果 $x = x(t)$ 是 $[a,b]$ 上的取值于 p – 巴拿赫空间 X 的弱有界变差函数，则它必为有界函数.

证明　对任意 $t \in [a,b]$，对任意 $f \in X^*$，由

$$|f[x(t)]| \leqslant \bigvee_a^b (f(x(t))) + |f(x(a))|$$
$$\leqslant M\|f\| + \|f\|\|x(a)\|^{1/p}$$

可知 $\|x(t)\| \leqslant M + \|x(a)\|^{1/p} (t \in [a,b])$. 故 $x = x(t)$ 是有界的，证毕.

定理 4　设 $x = x(t) = \{u_k(t)\}$ 是定义于 $[a,b]$ 上而取值于 $l_p(0 < p \leqslant 1)$ 的向量值函数，则 $x = x(t)$ 是有界变差函数当且仅当：

（1）$\forall k \in \mathbf{N}, u_k = u_k(t)$ 都是 p – 有界变差函数；

（2）$\{(p) \bigvee_a^b (u_k(t))\} \in l_1$.

证明　（必要性）. 设 $x = x(t)$ 是有界变差函数，则对于任意分划 $\pi: a = t_0 < t_1 < \cdots < t_n = b$，则

$$\sum_{i=1}^{n} \left| u_k(t_i) - u_k(t_{i-1}) \right|^p$$

$$\leqslant \sum_{i=1}^{n} \sum_{k=1}^{\infty} \left| u_k(t_i) - u_k(t_{i-1}) \right|^p$$

$$= \sum_{i=1}^{n} \| x(t_i) - x(t_{i-1}) \|$$

$$\leqslant \bigvee_{a}^{b} (x)$$

知 $u_k = u_k(t)$ 是 p － 有界变差函数,(1)得证. 对于(2),由于

$$\sum_{k=1}^{m} \sum_{i=1}^{n} \left| u_k(t_i) - u_k(t_{i-1}) \right|^p$$

$$= \sum_{i=1}^{n} \sum_{k=1}^{m} \left| u_k(t_i) - u_k(t_{i-1}) \right|^p$$

$$\leqslant \sum_{i=1}^{n} \sum_{k=1}^{\infty} \left| u_k(t_i) - u_k(t_{i-1}) \right|^p$$

$$\leqslant \bigvee_{a}^{b} (x)$$

对任意分划 π 及 $m \in \mathbf{N}$ 都成立,故有

$$\sum_{k=1}^{m} (p) \bigvee_{a}^{b} (u_k) \leqslant \bigvee_{a}^{b} (x) \quad (m \in \mathbf{N})$$

从而知(2)成立.

（充分性）设(1)(2)成立,则对任意分划 $\pi: a = t_0 < t_1 < \cdots < t_n = b$,有

$$\sum_{i=1}^{n} \sum_{k=1}^{\infty} \left| u_k(t_i) - u_k(t_{i-1}) \right|^p$$

$$= \sum_{k=1}^{\infty} \sum_{i=1}^{n} \left| u_k(t_i) - u_k(t_{i-1}) \right|^p$$

$$\leqslant \sum_{k=1}^{\infty} (p) \bigvee_{a}^{b} (u_k)$$

从而知 $x = x(t)$ 是有界变差函数,证毕.

参考文献

[1]吴从炘,等.有界变差函数及其应用[M].哈尔滨：

黑龙江科技出版社,1988:159-198.

[2]MADDOX I J.泛函分析初步[M].朱晓亮,等译.北京:人民教育出版社,1981:104-127.

[3]ARINO M A. Sequences and bascs in p-Banach spaces[J]. Bull Austral Math. Soc. , 1986(34): 87-92.

局部凸空间上矢值测度某些有界变差的等价性[①]

第 43 章

哈尔滨工业大学数学系的武立中、孙立民两位教授 1995 年讨论了局部凸空间上矢值测度的某些有界变差的等价关系,主要结果是当 X 为半核桶空间时,矢值测度 $F: \mathscr{F} \to X$ 关于弱有界变差,有界半变差,H – 有界变差及有界变差是等价的.

本章是文献[1]的继续,未加说明的术语或符号可参见文献[1,2].

定义 1 设 $F: \mathscr{F} \to X$ 为矢值测度,如果对 X 上每个连续半范 $P(x)$,存在 $M_p > 0$,使

$$\|F\|_p(\Omega) = \sup_{\substack{f \in X \\ \|f\|_p \leqslant 1}} \sup_{\pi} \sum_{A \in \pi} |f(F(A))| \leqslant M_p$$

则称 F 为有界半变差.

定理 1 对给定的矢值测度 $F: \mathscr{F} \to X$,以下的命题等价:

---

① 本章引自 1995 年第 27 卷第 4 期的《哈尔滨工业大学学报》,原作者为哈尔滨工业大学数学系的武文中、孙立民.

（1）F 有界；

（2）F 为 $\sigma(X, X^*)$ 有界；

（3）F 为弱有界变差；

（4）F 为有界半变差.

仅给出（3）$\Rightarrow$（4）的证明：任取 X 上连续半范 $P(x)$，在 X_p^* 上定义泛函

$$V_p(f) = \sup_{\pi} \sum_{A_i \in \pi} \left| f(F(A_i)) \right|$$

则对任 $\varepsilon > 0$，存在 Ω 的 $\mathscr{F}$ 元分划 $\pi = \{A_1, A_2, \cdots, A_n\}$ 使

$$V_p(f) - \sum_{A_i \in \pi} \left| f(F(A_i)) \right| < \frac{\varepsilon}{2}$$

再选取 $\delta > 0$，使对任 $g \in X_p^*$ 且 $\|g - f\|_p \leqslant \delta$ 时，有

$$\sum_{A_i \in \pi} \left| g(F(A_i)) \right| > \sum_{A_i \in \pi} \left| f(F(A_i)) \right| - \frac{\varepsilon}{2}$$

于是必有

$$V_p(f) - \sum_{A_i \in \pi} \left| g(F(A_i)) \right| < \varepsilon$$

即有

$$V_p(f) - V_p(g) \leqslant \varepsilon$$

故 $V_p(f)$ 下半连续. 又明显可知 $V_p(f)$ 是 X_p^* 上次可加齐次泛函，于是由文献［3］Гельфпд 引理存在 $M_p > 0$，使得

$$V_p(f) \leqslant M_p \|f\|_p$$

于是

$$\sup_{\substack{f \in \lambda_p \\ \|f\|_p \leqslant 1}} \sup_{\pi} \sum_{A_i \in \pi} \left| f(F(A_i)) \right| \leqslant M_p$$

B – 数列与有界变差

定理 2　矢值测度 $F: \mathscr{F} \to X$ 的 H 有界变差与 $\beta(X, X^*)$ 有界变差等价.

仅证明充分性:设 B 为 $\sigma(X^*, X)$ 有界集,则极 B° 为 $\beta(X, X^*)$ 零点邻域,由文献[2]129 页推论 5 知 $B^{\circ\circ}$ 为 $\beta(X, X^*)$ 的等度连续泛函族,但 $B \subset B^{\circ\circ}$,则

$$U = \{x \in X: |f(x)| \leqslant 1, f \in B\}$$

是关于 $\beta(X, X^*)$ 的零点邻域. 从而存在关于 $\beta(X, X^*)$ 的有限个连续半范 $P_1(x), P_2(x), \cdots, P_m(x)$ 及 $\varepsilon_0 > 0$,使 $\prod\limits_{i=1}^{m} \{x \in X: P_i(x) < \varepsilon_0\} \subset U$,此时对任意 $x \in X$,若 $\sum\limits_{i=1}^{m} P_i(x) \neq 0$,则

$$\frac{\varepsilon_0}{\sum\limits_{i=1}^{m} P_i(x)} x \in \prod_{i=1}^{m} \{x \in X: P_i(x) < \varepsilon_0\} \subset U$$

于是对每个 $f \in B$,成立 $\left| f\left(\dfrac{\varepsilon_0 x}{\sum\limits_{i=1}^{m} P_i(x)} \right) \right| \leqslant 1$,即

$$|f(x)| \leqslant \frac{1}{\varepsilon_0} \sum_{i=1}^{m} P_i(x) \qquad (*)$$

而当 $\sum\limits_{i=1}^{m} P_i(x) = 0$ 时,则对任意 $K > 0$ 亦有

$$\sum_{i=1}^{m} P_i(Kx) = K \sum_{i=1}^{m} P_i(x) = 0$$

故 $Kx \in U$,于是成立

$$|f(x)| \leqslant \frac{1}{K} \quad (f \in B)$$

则必

$$f(x) = 0$$

因此式(*)也成立.

由以上证明可知对 $\mathscr{F}$ 元的有限分划 π 必有

$$\sum_{A_i \in \pi} \sup_{f \in B} |f(F(A_i))| \leqslant \frac{1}{\varepsilon_0} \sum_{A_i \in \pi} \sum_{j=1}^{m} P_j(F(A_i))$$

$$= \frac{1}{\varepsilon_0} \sum_{j=1}^{m} \sum_{A_i \in \pi} P_j(F(A_i))$$

$$\leqslant \frac{1}{\varepsilon_0} \sum_{j=1}^{m} \sup_{\pi} \sum_{A_i \in \pi} P_j(F(A_i))$$

再注意 F 为 $\beta(X, X^*)$ 有界变差及分划 π 的任意性立即推知 F 亦为 H 有界变差. 证毕.

已知矢值测度 F: $\mathscr{F} \to X$ 的某些变差的关系是 F 为 H 有界变差 $\Rightarrow F$ 为有界变差 $\Rightarrow F$ 为弱有界变差. 但其逆一般未必成立. 以下分别给出 H 有界变差与有界变差等价以及弱有界变差与有界变差等价的一个充分条件,证明都略去.

定理 3　若 X 为桶空间时,则矢值测度 F: $\mathscr{F} \to X$ 的 H 有界变差等价于有界变差.

定义 2　称 X 局部凸空间为半核的,若对每个连续半范 $P(x)$,存在连续半范 $g(x)$,使有 $g(x) \geqslant P(x)$, $\forall x \in X$ 并且从 (X, g) 到 (X, P) 的典型算子 T_p^g 是可和的.

定理 4　设 X 是半核空间,则矢值测度 F: $\mathscr{F} \to X$ 的弱有界变差等价于有界变差.

推论　若 X 为半核桶空间,则对矢值测度 F: $\mathscr{F} \to X$,以下命题等价:

（1）F 有界;

（2）F 为 $\sigma(X,X^*)$ 有界；

（3）F 为 $\beta(X,X^*)$ 有界；

（4）F 为有界变差；

（5）F 为弱有界变差；

（6）F 为有界半变差；

（7）F 是 H 有界变差.

参考文献

［1］武立中,孙立民. 矢值测度的有界变差与级数收敛的等价性［J］.哈尔滨工业大学学报,1991:119-122.

［2］WILANSKY A. Modern Methods in Topological Vector Spaccs［M］. New York：Mc Graw Hill，Inc. ,1978.

［3］ГЕЛЬФАПД Н М. Абстрактная функция и лкнейное олератор［J］. Мат. Сборник,1938,46(4):235-286.

［4］吴从炘,薛小平. 取值于局部凸空间中的抽象圃变函数［J］.数学学报,1990,331(1):107-112.

取值于局部凸空间的有界变差函数与绝对连续函数①

第 44 章

1991 年胡传淦与王治玟在《南开大学报》发表的文章,以及吴从炘与薛小平在《数学年刊》发表的文章分别在局部凸空间中引入了有界变差函数和绝对连续函数,推广了取值于巴拿赫空间的抽象函数理论. 华北水利水电学院基础部的丁天彪教授 1996 年在此基础上继续探讨以及有界变差函数与绝对连续函数之间的关系. 必要的记号和概念叙述如下.

X 表示完备分离的局部凸空间,X^* 表示 X 的共轭空间,$x(t):[T,U]\to X$ 是抽象函数.

定义 1 （1）如果对 $\forall f\in X^*$,$f[x(t)]$ 是有界变差函数,则称 $x(t)$ 是弱有界变差函数.

---

① 引自 1996 年第 17 卷第 3 期的《华北水利水电学院学报》,原作者为华北水利水电学院基础学部的丁天彪.

（2）若对$[T,U]$中任意有限个互不相交的开区间$(a_i,b_i)\subset[T,U]$，有

$$\bigvee_T^U(x,p)\overset{\mathrm{d}}{=}\sup p\sum_i[x(b_i)-x(a_i)]<+\infty$$

对X上任何连续半范p成立，则称$x(t)$是有界变差函数.

（3）若对$[T,U]$中任意有限个互不相交的开区间$(a_i,b_i)\subset[T,U]$，有

$$(s)\bigvee_T^U(x,p)\overset{\mathrm{d}}{=}\sup\sum_i p(x(b_i)-x(a_i))<+\infty$$

对X上任何连续半范p成立，则称$x(t)$是强有界变差函数.

（4）若

$$\sup_{T\leqslant t\leqslant U} p(x(t))<+\infty$$

对X上任何连续半范p成立，则称$x(t)$是有界函数.

定义 2 称$x(t)$是(强)绝对连续的,是指对X上任何连续半范p及$X>0$存在$W>0$,使对$[T,U]$中任何有限个互不相交的开区间(a_i,b_i)满足

$$\sum_i(b_i-a_i)<W$$

时成立

$$\sum_i p(x(b_i)-x(a_i))<X$$

$$p\sum_i(x(b_i)-x(a_i))<X$$

又称$x(t)$是弱绝对连续的,如果对$\forall f\in X^*,f[x(t)]$是绝对连续的.

486

首先给出有界变差函数和有界函数的性质.

定理 1 （1）若 $T = x_0 < x_1 < \cdots < x_n = U$，则 $x(t)$ 是 $[T, U]$ 上的有界变差函数的充要条件是 $x(t)$ 是 $[x_{i-1}, x_i]$ $(i = 1, 2, \cdots, n)$ 上的有界变差函数.

（2）若 $x(t)$ 是有界变差函数，则 $x(t)$ 是有界函数.

（3）若 $x(t)$ 和 $y(t)$ 是有界变差函数，则 $ax(t) \pm by(t)$ 也是有界变差函数，其中 a 和 b 为常数.

（4）$x_n(t): [T, U] \to X$ 是有界变差函数（$n = 1, 2, \cdots$），$x_n(t) \to x(t)$，若对 X 上任何连续半范 p 存在 $K > 0$，使

$$\bigvee_T^U (x_n, p) \leqslant K$$

对一切 n 成立，则 $x(t)$ 是有界变差函数.

（5）$x(t)$ 是有界函数的充要条件是

$$A = \{ x(t) \mid t \in [T, U] \}$$

为 X 中的拓扑有界集.

证明 仅证（1）和（5），其余结论的证明是简单的.

（1）的证明. 必要性是显然的，以下证明充分性. 不失一般性，就 $T < c < U$ 的情形给出证明. 对 X 上任何连续半范 p 及 $[T, U]$ 中任意有限个互不相交的开区间 $\{(a_i, b_i)\}_{i=1}^m$，记

$$A = \{ (a_i, b_i) \mid (a_i, b_i) \text{ 含于 } [T, c] \text{ 内} \}$$

$$B = \{ (a_i, b_i) \mid (a_i, b_i) \text{ 含于 } [c, U] \text{ 内} \}$$

若 (a_i, b_i) $(i = 1, 2, \cdots, m)$ 均不以 c 为内点，则

$$p \sum_{i=1}^{m} \left[x(b_i) - x(a_i) \right]$$

$$\leqslant p \sum_{(a_i,b_i) \in A} \left[x(b_i) - x(a_i) \right] +$$

$$p \sum_{(a_i,b_i) \in B} \left[x(b_i) - x(a_i) \right]$$

$$\leqslant \bigvee_{T}^{c} (x,p) + \bigvee_{c}^{U} (x,p)$$

若有某个 (a_j,b_j) 含有 c，则

$$p \sum_{i=1}^{m} \left[x(b_i) - x(a_i) \right]$$

$$\leqslant p \Big(\sum_{(a_i,b_i) \in A} \left[x(b_i) - x(a_i) \right] + \left[x(c) - x(a_j) \right] \Big) +$$

$$p \Big(\sum_{(a_i,b_i) \in B} \left[x(b_i) - x(a_i) \right] + \left[x(b_j) - x(c) \right] \Big)$$

$$\leqslant \bigvee_{T}^{c} (x,p) + \bigvee_{c}^{U} (x,p)$$

（5）的证明，对 X 上任何连续半范 p，记

$$M_p = \sup_{T \leqslant t \leqslant U} p(x(t))$$

$$M_p = \sup \{ p(x(t_1) - x(t_2)) \mid t_1, t_2 \in [T, U] \}$$

显然 $M_p < +\infty$ 时，$N_p \leqslant 2M_p < +\infty$. 反之，$N_p < +\infty$ 时，$M_p \leqslant N_p + p(x(T)) < +\infty$. 证毕.

注 定理 1 的（1）—（4）中的有界变差函数换为强（弱）有界变差函数时，相应的命题仍然成立（4）. 关于（1）在强有界变差函数情形，还成立等式

$$(s) \bigvee_{T}^{U} (x,p) = \sum_{i=1}^{n} (s) \bigvee_{x_{i-1}}^{x_i} (x,p)$$

以下给出有界变差函数与绝对连续函数之间的关系.

定理 2 （1）$x(t)$ 为弱绝对连续函数时必为有界

488

变差函数.

(2)$x(t)$为弱绝对连续函数时必为强有界变差函数.

证明　（1）$\forall f \in X^*$，由 $f(x(t))$ 绝对连续知 $f(x(t))$ 是有界变差函数，可知 $x(t)$ 是有界变差函数.

（2）对 X 上任何连续半范 p 存在 $W > 0$，使当 $[T, U]$ 上任何有限个互不相交的开区间 $\{(a_i, b_i)\}_{i=1}^{m}$ 满足

$$\sum_{i=1}^{m}(b_i - a_i) < W \text{ 时，有}$$

$$\sum_{i=1}^{m} p(x(b_i) - x(a_i)) < 1$$

分划 $[T, U]$：$T = x_0 < x_1 \cdots < x_n = U$，使 $x_i - x_{i-1} < W$，则

$(s) \bigvee_{x_{i-1}}^{x_i}(x, p) \leqslant 1$，由定理 1 的注知

$$(s) \bigvee_{T}^{U}(x, p) \leqslant n$$

证毕.

Heisenberg 群 H^n 上的有界变差函数[①]

第 45 章

1. 引入和记号

湖南城市学院的宋迎清与南京理工大学的杨孝平两位教授 2003 年研究了 H^n 上有界变差函数的理论,重点在 $u \in BV_H(\Omega)$ 的 $D_H u$ 作为 Radon 测度的分解,因为它具有基本的重要性. 作此分解的动机部分地来自于变分学. 在研究和证明这些结论的过程中,有一些新的和精妙的地方. 不同于欧氏空间的有界变差函数,Heisenberg 群没有线性结构,故采用 H – 线性映射来研究 u 的近似可微性;由于欧氏空间的 Rectifiability 理论不适合 H^n,我们采用 Franchi-Serapioni-Serra Cassano's H-Rectifiability 来导出 BV_H 函数的水平弱导数的跳跃部分的表达式,它包含了低维的球面豪

---

① 引自 2003 年第 24 卷第 5 期的《数学年刊》,原作者为湖南城市学院的宋迎清与南京理工大学的杨孝平.

斯多夫测度. 特别是, 为证明 u 的近似可微性引入沿次黎曼度量的测地线的变量替换, 建立了如下不等式

$$\int_{U(Q,\tau)} \frac{|u(P) - \tilde{u}(Q)|}{d(P,Q)} \mathrm{d}h$$

$$\leq C \int_0^1 \frac{|D_H u|(U(Q,tr))}{t^Q} \mathrm{d}t$$

用 H^n 表示 n 维的由向量场 $X_1, \cdots, X_n, Y_1, \cdots, Y_n$, 其中 $X_j = \dfrac{\partial}{\partial x_j} + 2y_j \dfrac{\partial}{\partial t}, Y_j = \dfrac{\partial}{\partial y_j} - 2x_j \dfrac{\partial}{\partial t}, j = 1, \cdots, n$ 生成的 Heisenberg 群. 定义 $\delta_r(P) := [rz, r^2 t]$ 为各向异性的伸缩 $(r > 0)$, $\tau_P(Q) := P \cdot Q (P$ 固定$)$ 为从 H^n 到 H^n 的平移

$$\|P\|_\infty := \max\{|z|, |t|^{\frac{1}{2}}\}$$

为 H^n 的齐次范数

$$d(P,Q) := \|P^{-1} \cdot Q\|_\infty$$

为点 P 和 Q 关于上述范数的距离. $d_C(\cdot, \cdot)$ 表示上面的向量场诱导的 $C - C$ 距离. $U(P, r)$ 和 $U_C(P, r)$ 分别表示度量 d 和 d_C 下以 P 为中心, 半径为 r 的开球. $C(P)$ 表示向量场构成的矩阵. 众所周知, (H^n, d) 的豪斯多夫维数为 $Q = 2n + 2$. 文中 $\mathfrak{H}^s(\mathfrak{S}^s), \mathfrak{H}_d^s(\mathfrak{S}_d^s)$ 分别表示欧氏度量和度量 d 下 s 维的豪斯多夫(球面豪斯多夫)测度. 如果 $f: \Omega \subset H^n \to \mathbf{R}^1$ 沿 $X_j(Y_j)$ 在 $P_0 \in \Omega$ 可微, $j = 1, \cdots, n$, 定义 $D_H f = (X_1 f, \cdots, X_n f, Y_1 f, \cdots, Y_n f)$ 为 f 的 H-Gradient, ϕ 的散度为

$$\operatorname{div}_H \phi := \sum_{j=1}^n (X_j \phi_j + Y_j \phi_{n+j})$$

令 $[z,t]$, $P_0 \in H^n$, 置投影算子为

$$\pi_{P_0}([z,t]) := \sum_{j=1}^{n} (x_j X_j(P_0) + y_j Y_j(P_0))$$

对任意集合 $E \subset H^n$, $P_0 \in H^n$ 和 $r > 0$, E 的平移和伸缩集定义为

$$E_{r,P_0} = \{P: P_0 \cdot \delta_r(P) \in E\} = \delta_{\frac{1}{r}}(\tau_{P_0^{-1}}(E))$$

若 P_0 固定而又不致引起混淆, 常简写为 E_r. 若 $v \in HH_{P_0}^n$, 半空间 $S_H^+(v)$ 和 $S_H^-(v)$ 定义为

$$S_H^+(v) := \{P: \langle \pi_{P_0} P, v \rangle_{P_0} \geq 0\}$$

$$S_H^-(v) := \{P: \langle \pi_{P_0} P, v \rangle_{P_0} \leq 0\}$$

其公共拓扑边界 $T_H^g(v)$ 为 H^n 的子群. 正交于 v 通过 P_0 的超平面可定义为

$$T_H(P_0, v) := P_0 \cdot T_H^g(v)$$

对 H-Caccioppoli 集 $E \subset H^n$, Riesz 表示定理表明存在 HH^n 上的 $|\partial E|_H$ – 可测 Section v_E, 使得

$$|v_E(P)| = 1$$

对 $|\partial E|_H$ – a. e. P 和所有 $\phi \in C_0^1(H^n, HH^n)$ 成立, 有

$$\int_E \operatorname{div}_H \phi \, dh = \int_{H^n} \langle v_E, \phi \rangle d|\partial E|_H$$

这样的 Section v_E 称为 E 的广义 H – 外法向. 用 $\partial_H^* E$, $\partial_{*,H} E$, $\partial_M E$ 分别表示 E 的 Reduced 边界、测度论边界和本性边界.

定义 1 令 $E \subset H^n$ 为勒贝格可测集. 单位向量 $\mu = \mu(P, E) \in HH^n$ 称为 E 在 P 的测度论边界, 如果

$$\lim_{r \to 0} r^{-Q} |U(P,r) \cap E^C \cup S_H^-(\mu)| = 0$$

且

$$\lim_{r\to 0} r^{-Q} \mid U(P,r) \cup E \cap S_H^+(\mu) \mid =0$$

从而可定义 E 的测度论边界为

$$\partial_{*,H}E := \{P \in H^n : \mu(P,E) 存在\}$$

有时 $S_H^\pm(\mu(P,E))$ 也记做 $S_H^\pm(P)$，只要 $P \in \partial_{*,H}E$ 且不引起混淆.

定义 2　称集合 $E \subset H^n$ 为 H-Rectifiable，如果 $E = N \cup \bigcup_{h=1}^{\infty} K_h$，其中 $\mathfrak{S}_d^{Q-1}(N) =0$ 且 K_h 为 H – 正则超曲面 S_h 的紧子集.

引理 1　（1）H-Perimeter 在群平移下不变，即

$$\mid \partial \tau_P E \mid_H (\tau_P(\Omega)) = \mid \partial E \mid_H(\Omega)$$

（2）$\mid \partial(\delta_\lambda(E)) \mid_H (U(0,L)) = \lambda^{1-Q} \mid \partial E \mid_H (U(0,\lambda L))$.

（3）若 $f \in BV(\Omega)$（欧氏意义下），则 $f \in BV_H(\Omega)$，$\mid D_H f \mid \leqslant C(\Omega) \mid \nabla f \mid$.

引理 2　假定 E 为 H-Caccioppoli 集，则：

（1）$\lim_{r\to 0} f_{U(p,r)} v_E d \mid \partial E \mid_H = v_E(P)$ 对 $\mid \partial E \mid_H$ – a. e. P 成立；

（2）$\partial_H^* E$ 为 H-Rectifiable，即，$\partial_H^* E = N \cup \bigcup_{h=1}^{\infty} K_h$，其中 $\mathfrak{S}_d^{2n+1}(N) =0$ 且 K_h 为 H – 正则超曲面 S_h 的紧子集；

（3）$v_E(P)$ 为 S_h 在 P 的 H – 法向，$\forall P \in K_h$，即 $v_E(P) \in HH_p^n$ 且 $\langle v_E(P),v \rangle_P = 0$ 对所有 $v \in \tau_P S_h(P)$ 成立；

（4）$\mid \partial E \mid_H = \dfrac{2\omega_{2n-1}}{\omega_{2n+1}} S_d^{2n+1} \mid \partial_H^* E$；

（5）（散度定理）如果 E 还具有 C^1 边界,则

$$\int_E \mathrm{div}_H \phi \mathrm{d}h$$

$$= \frac{2\omega_{2n-1}}{\omega_{2n+1}} \int_{\partial_M E} \langle v_E, \phi \rangle \mathrm{d}S_d^{2n+1} \quad (\forall \phi \in C_0^1(H, HH^n))$$

（6）$S_d^{2n+1}(\partial_M E - \partial_H^* E) = 0.$

引理 3 如果 $E \subset H^n$ 为 H-Caccioppoli 集, $P_0 \in \partial_H^* E$ 和 $v_E(P_0) \in HH_{P_0}^n$ 为由 Riesz 表示定理定义的外法向,则依 $L_{\mathrm{loc}}^1(H^n)$ 有

$$\lim_{r \to 0} \chi_{E,r,P_0} = \chi_{S_{\bar{H}}}(v_E(P_0))$$

且

$$\lim_{r \to 0} |\partial E_{r,P_0}|_H(U(0, R))$$

$$= |\partial S_H^-(v_E(P_0))|_H(U(0, R))$$

$$= 2\omega_{2n-1} R^{2n+1} \quad (\forall R > 0)$$

2. H-Caccioppoli 集边界的几何性质

这里为以后的需要证明 H^n 上 H-Caccioppoli 集的几何性质. 证明了 $\partial_H^* E \subset \partial_{*,H} E \subset \partial_M E \subset \partial E$ 成立. 运用 blow-up 技巧和特征点分析考虑了 $E \subset H^n$ 的欧氏 Reduced 边界和 H-Reduced 边界的关系. 此外,还得到了 $|\partial E|_H$ 关于 $\mathfrak{H}_d^{Q-1}$ 的密度估计. 最后改进了散度定理.

定义 3 设 $v_E(P_0) \in HH^n$, $|v_E(P_0)| = 1$. 对 $\varepsilon > 0$, 令

$$C(\varepsilon)$$

$$:= C(P_0, \varepsilon)$$

$$= \{P : \langle \pi_{P_0}(\tau_{P_0-1}P), v_E(P_0) \rangle \varepsilon \|P_0^{-1}P\|_\infty\}$$

称 $C(\varepsilon)$ 为顶点在 P_0 以 $v_E(P_0)$ 为主轴的锥.

易证 $C(\varepsilon)_{\tau,P_0} = C(\varepsilon)$,如果 $\Sigma = \{P:f(P)=0\}$ 为满足 $D_H f(P_0) = v(P_0) \neq 0$ 的光滑超曲面,则对每个 $\varepsilon > 0, C(\varepsilon) \cap \Sigma \cap U(P_0,r) = \varnothing$ 对所有充分小的 $r > 0$ 成立.

定理 1 设 $E \subset H^n$ 为 H-Caccioppoli 集. 假设 $0 \in \partial_H^* E$. 设 v 为 E 的广义外法向,则

$$\lim_{r \to 0} r^{1-Q} |\partial E|_H (C(\varepsilon) \cap U(r)) = 0 \qquad (1)$$

$$\lim_{r \to 0} r^{-Q} |E \cap S_H^+ \cap U(r)| = 0 \qquad (2)$$

$$\lim_{r \to 0} r^{-Q} |(U(r) - E) \cap S_H^-| = 0 \qquad (3)$$

其中 $S_H^{\pm} := S_H^{\pm}(0,v), U(r) := U(0,r)$.

证明 由引理 1 有

$$|\partial E_r|_H (U(1)) = r^{1-Q} |\partial E|_H (U(r))$$

和

$$\delta_{\frac{1}{r}} |C(\varepsilon) \cap U(1)| = C(\varepsilon) \cap U(r)$$

于是

$$|\partial E_r|_H |C(\varepsilon) \cap U(1)|$$

$$= r^{1-Q} |\partial E|_H [\delta_{\frac{1}{r}} (C(\varepsilon) \cap U(1))]$$

$$= r^{1-Q} |\partial E|_H [C(\varepsilon) \cap U(r)]$$

由引理 3 有

$$r^{1-Q} |\partial E|_H [C(\varepsilon) \cap U(r)] \to$$

$$|\partial S_H^+(v)|_H (C(\varepsilon) \cap U(1)) = 0 \quad (r \to 0)$$

最后一个等式是由于

$$\partial S_H^+(v) \cap C(\varepsilon) = \varnothing$$

式(1)得证.

类似的,有

$$r^{1-Q}\left|E\cap U(r)\cap S_H^+(v)\right| = \left|E_r\cap U(1)\cap S_H^+\right|$$

由引理 3 依 $L_{\mathrm{loc}}^1(H^n)$

$$\chi_{E_r} \xrightarrow{} \chi_{S_{\bar{H}}}$$

$$\lim_{r\to 0}\left|E_r\cap U(1)\cap S_H^+\right| = \left|S_H^-\cap U(1)\cap S_H^+\right| = 0$$

式(2)得证. 同理可证式(3).

定理 2 假设 $E\subset H^n$ 为 H-Caccioppoli 集,则:

(1) $\partial_H^* E\subset\partial_{*,H}E\subset\partial_M E\subset\partial E$;

(2) $\partial_{*,H}E$ 和 $\partial_M E$ 都为 H-Rectifiable.

证明 式(2)(3)和定义 1 表明 $\partial_H^* E\subset\partial_{*,H}E$,于是得到(1). 由(1),引理 3(2)和 $\mathfrak{H}_d^{Q-1}(\partial_m E-\partial_H^* E)=0$ 推得(2).

定理 3 假设 $P\in\partial_{*,H}E$,则存在常数 $C=C(n)>0$,使得

$$\liminf_{r\to 0}\frac{|\partial_E|_H(U_C(P,r))}{r^{Q-1}}\geqslant C$$

证明 为简单计不妨设 $P=0$ 和 $S_H^\pm := S_H^\pm(0)$. 由定义 1,有

$$\lim_{r\to 0}r^{-Q}\left|U_C(r)\cup E\cap S_H^+\right| = 0$$

$$\lim_{r\to 0}r^{-Q}\left|(U_C(r)-E)\cap S_H^-\right| = 0$$

由于

$$U_C(r)\cap S_H^- = (U_C(r)-E)\cap S_H^-\cup(U_C(r)\cap E\cap S_H^-)$$

这就蕴含了

$$\liminf_{r\to 0}\frac{\left|U_C(r)\cap E\right|}{\left|U_C(r)\right|}\geqslant\lim_{r\to 0}\frac{\left|U_C(r)\cap E\cap S_H^-\right|}{\left|U_C(r)\right|}$$

$$= \lim_{r \to 0} \frac{|U_C(r) \cap S_H^-|}{|U_C(r)|}$$

$$= \frac{1}{2}$$

类似的,$\lim\inf\limits_{r \to 0} \dfrac{|U_C(r) - E|}{|U_C(r)|} \geqslant \dfrac{1}{2}$,从而

$$\lim_{r \to 0} \frac{|U_C(r) \cap E|}{|U_C(r)|} = \lim_{r \to 0} \frac{|U_C(r) - E|}{|U_C(r)|} = \frac{1}{2}$$

由等周不等式和 $|U_C(r)| = c \cdot r^Q$ 可得结论.

定理4 令 $E \subset H^n$ 为欧氏 Caccioppoli 集

$$\vec{n}(P, E) = \vec{n}$$

为 E 在点 P 由 Reduced 边界定义的广义外法向(欧氏意义下),假设 P 不是 E 的特征点,则:

$(1) P \in \partial_H^* E$ 和 $v_E = \dfrac{C \cdot \vec{n}}{|C \cdot \vec{n}|}$ 为 E 在点 P 的广义 H – 外法向;

$(2) \mathfrak{H}_d^{Q-1}(\partial_H^* E - \partial^* E) = 0$;

$(3) |\partial E|_H = |C \cdot \vec{n}| \mathfrak{H}^{2n}(\partial^* E \setminus C(\partial^* E))$;

$(4) \displaystyle\int_E \mathrm{div}_H \phi \mathrm{d}h = \int_{\partial^* E} \langle C \cdot \vec{n}, \phi \rangle \mathrm{d}\mathfrak{H}^{2n}, \forall \phi \in C_0^1(H^n, HH^n)$.

证明 (1)由于 $P \in \partial^* E, \partial^* E$ 是 Rectifiable,可设存在 P 的一邻域 $N(P)$,使得 $N(P) \cap \partial^* E$ 处处正则,即 $N(P) \cap \partial^* E$ 局部地由集合 $\{P' \in H^n, f(P') = 0, f \in C^1\}$ 确定. 这些条件蕴含了:

① $\vec{n} = D_H f(P)$;

② $|C \cdot \vec{n}| \vec{v}_E = C \cdot \vec{n} = D_H f(P) \in HH^n$;

③$D_H f(P) \neq 0$,从而 $\vec{v}_E \neq 0$;

④$D_H f(P) \neq 0$,从而 $\vec{v}_E \neq 0$;

⑤在 $N(P)$ 上,$|C \cdot \vec{n}| \geqslant C_0 > 0$(由于 P 不是特征点).

文献[1]中的命题 2.2 蕴含了

⑥$|\partial E|_H(U(P,r)) = \int_{U(P,r) \cap \partial^* E} |C \cdot \vec{n}| d\mathfrak{H}^{2n} \geqslant$

$C_0 \int_{U(P,r) \cap \partial^* E} d\mathfrak{H}^{2n} = C_0 |\partial E|(U(P,r)) > 0, \forall r > 0$(由于 $P \in \partial^* E$)).

运用文献[9]定理 2.9.8 得

⑦$\lim_{r \to 0} f_{U(P,r)} v_E d|\partial E|_H = \lim_{r \to 0} \dfrac{\int_{U(P,r)} C \cdot \vec{n} d\mathfrak{H}^{2n}}{\int_{U(P,r)} |C \cdot \vec{n}| d\mathfrak{H}^{2n}}$ 存

在且等于单位向量.

于是由⑥和⑦可得(1).

(2)由 Zoltan Balogh 的结果得 $\partial^* E$ 的特征点集 $C(\partial^* E)$ 为 $\mathfrak{H}_d^{Q-1}$ – 零测集,(2)可由等式 $\mathfrak{H}_d^{Q-1}(\partial_M E - \partial_H^* E) = 0$ 和 $\mathfrak{H}_d^{2n}(\partial_M E - \partial^* E) = 0$ 直接推得.

(3)由引理 3 和 $\partial^* E$ 是 Rectifiable 的事实,可设 $\partial^* E$ 为处处光滑的超曲面. 从而 $C(\partial^* E)$ 是 $\mathfrak{H}_d^{Q-1}$ – 零测集,进一步不妨假设 $\partial^* E$ 无特征点. (3)可由(2)和文献[7]命题 2.2 证得.

(4)保持以上假设,文献[9]推论 7.7 表明

$$\int_E \operatorname{div}_H \phi \, dh = \frac{2\omega_{2n-1}}{\omega_{2n+1}} \int_{\partial^* E} \langle v_E, \phi \rangle dS_d^{2n+1} \tag{4}$$

$$= \frac{2\omega_{2n-1}}{\omega_{2n+1}} \int_{\partial * E} \left(\frac{C \cdot \vec{n}}{|C \cdot \vec{n}|}, \phi \right) \mathrm{d}S_d^{2n+1} \qquad (5)$$

$$= \int_{\partial * E} \langle C \cdot \vec{n}, \phi \rangle \mathrm{d}H^{2n}$$

$$(\forall \phi \in C_0^1(H^n, HH^n)) \qquad (6)$$

3. $u \in BV_H(\Omega)$ 的近似连续性

定理 5　设 $u \in BV_H(H^n)$. 如果

$$\mu(Q) = ap \lim_{P \to Q} \sup u(P)$$

$$\lambda(Q) = ap \lim_{p \to Q} \inf u(P)$$

为 Federer 意义下的近似极限,且

$$E = H^n \cap \{Q: \lambda(Q) < \mu(Q)\}$$

则:

(1) E 为 H-Rectifiable;

(2) $-\infty < \lambda(Q) \leqslant \mu(Q) < +\infty$ 对 H_d^{Q-1} – a.e.
$Q \in H^n$ 成立;

(3) 对 $\mathfrak{H}_d^{Q-1}$ – a.e. $Q \in E$, 存在 $v \in HH_Q^n$ 及
$|v(Q)| = 1$, 使得 A_s 在 Q 的广义外法向 $\vec{n}(A_s, Q)$ 与
$v(Q)$ 一致,只要 $\lambda(Q) < s < \mu(Q)$.

证明　由余面积公式和引理 2(2),存在 $\mathbf{R}^1$ 的可
数稠密子集 M,使得 $|\partial A_t|_H(H^n) < +\infty$ 且 $\partial_{*,H} A_t$ 是
H – Rectifiable,只要 $t \in M$. 由文献[10]的注 5.9.2 知

$$\mathfrak{H}_d^{Q-1}(\cup(\partial_m A_t - \partial_{*,H} A_t) : t \in M) = 0$$

根据 Federer 近似极限的定义有 $\{Q: \lambda(Q) < t < \mu(Q)\} \subset \partial_M A_t, t \in \mathbf{R}^1$,故

$$E \subset \{\cup \partial_M A_t : t \in M\}, \mathfrak{H}_d^{2n}[E - \{\cup \partial_{*,H} A_t, t \in M\}] = 0$$

由于 $\partial_{*,H} A_t$ 是 H-Rectifiable 的,可得 E 是 H-Rectifia-

ble.

令

$$I = \{Q : \lambda(Q) = -\infty\} \cup \{Q : \mu(Q) = +\infty\}$$

以下证明 $\mathfrak{H}_d^{Q-1}(I) = 0$. 为此只要证明 u 有紧支集的情形. 先证

$$\mathfrak{H}_d^{Q-1}(\{Q : \lambda(Q) = +\infty\}) = 0$$

令 $L_t = \{P : \lambda(P) > t\}$, 注意到当 $P \in L_t$ 时, $D(L_t, P) = 1$. 由文献[11]定理 1.5 得到存在球的序列 $\{U(r_i)\}$, 其并集包含 L_t, 使得

$$\sum_{i=1}^{\infty} r_i^{2n+1} \leqslant C |\partial L_t|_H(H^n)$$

由于 u 具紧支集, 假定 $\operatorname{diam} U(r_i) < a, a$ 为某正数. 由余面积公式可得

$$\mathfrak{H}_{d,a}^{2n+1}[\{Q : \lambda(Q) = \infty\}]$$

$$= \mathfrak{H}_{d,a}^{2n+1}[\{\cap L_t : t \in \mathbf{R}^1\}]$$

$$\leqslant C \liminf_{t \to \infty} |\partial L_t|_H(\mathfrak{H}^n)$$

$$= 0$$

其中 $\mathfrak{H}_{d,a}^{2n+1}$ 可见文献[10]定义 1.4.1.

同理有

$$\mathfrak{H}_d^{Q-1}[\{Q : \mu(Q) = -\infty\}] = 0$$

于是集合 $\{Q : \mu(Q) - \lambda(Q)\}$ 对 $\mathfrak{H}_d^{Q-1}$ - a.e. Q 有定义, 只要证明

$$\mathfrak{H}_d^{Q-1}[\{Q : u(Q) - \lambda(Q) = +\infty\}] = 0$$

即可得 (2). 因 E 是 H-Rectifiable, 它关于 $\mathfrak{H}_d^{Q-1}E$ 是 σ - 有限的. 由文献[11]定理 1.5.1 得

$$\int_E (\mu - \lambda) \, d\mathfrak{H}_d^{Q-1}$$

$$= \int_0^\infty \mathfrak{H}_d^{Q-1}(\{Q : \lambda(Q) < t < \mu(Q)\}) \, \mathrm{d}t$$

$$\leqslant \int_0^\infty \mathfrak{H}_d^{Q-1}(\partial_M A_t) \, \mathrm{d}t$$

$$= \int_0^\infty \mathfrak{H}_d^{Q-1}(\partial_{*,H} A_t) \, \mathrm{d}t$$

$$\leqslant C \int_0^\infty |\partial A_t|_H (H^n) \, \mathrm{d}t \quad (\text{由文献}[2] \text{ 的}(65))$$

$$\leqslant C |D_H u| (H^n) \quad (\text{由余面积公式})$$

$$< \infty \quad (\text{因 spt } u \text{ 为紧集})$$

以下证对每个 $Q \in E - \{\cup(\partial_M A_t - \partial_{*,H} A_t) : t \in M\}$ (3) 成立. 若 $t \in M$, $\lambda(Q) < t < \mu(Q)$, 则 $Q \in \partial_M A_t$, 从而 $Q \in \partial_{*,H} A_t$, $H -$ 外法向 $\vec{n}(A_t, Q)$ 存在. 只须证当 $\lambda(Q) < s < \mu(Q)$ 时, $\vec{n}(A_t, Q) = \vec{n}(A_s, Q)$.

由定义 1 得

$$D(A_t, Q) = \frac{1}{2} = D(A_s, Q)$$

其中 $D(\cdot, Q)$ 集合在点 Q 的密度. 若 $s < t$, 则 $A_s \supset A_t$, 从而

$$D(A_s - A_t, Q) = 0$$

由此可得

$$\vec{n}(A_t, Q) = \vec{n}(A_s, Q)$$

现从几何角度讨论 $u \in BV_H(H^n)$ 在近似不连续点 Q 的几何性质, 这些是研究 $D_H u$ 的分解的必要工具. 下面的定理具体描述了 $u \in BV_H(H^n)$ 在近似跳跃点 Q

的特征.

定理 6　符号同定理 5. 若 $u \in BV_H(H^n)$，则

$$\lim_{r \to 0} \int_{U(Q,r)} |u(P) - u(Q)|^\sigma dh = 0 \qquad (7)$$

对 $\widetilde{\mathfrak{H}}_d^{Q-1} - a.\,e.\ Q \in E^C$ 成立并且

$$\lim_{r \to 0} \int_{U^+(Q,r)} |u(P) - \lambda(Q)|^\sigma dh = 0 \qquad (8)$$

$$\lim_{r \to 0} \int_{U^-(Q,r)} |u(P) - \mu(Q)|^\sigma dh = 0 \qquad (9)$$

对 $\widetilde{\mathfrak{H}}_d^{Q-1} - a.\,e.\ Q \in E$ 成立，其中

$$U^+(Q,r) := U(Q,r) \cap S_H^+(Q,v)$$

$$U^-(Q,r) := U(Q,r) \cap S_H^-(Q,v)$$

$$\sigma = \frac{2n+2}{2n+1}$$

证明　想法部分地来源于文献［10］. 考虑两种情形. 情形 A：u 有界；情形 B：u 无界.

情形 A 的证明：先证式（7）.

因 u 在 Q 近似连续，故存在勒贝格可测集 A，使得 $D(A,Q) = 1$ 且 $\lim\limits_{\substack{P \to Q \\ P \in A}} u(P) = u(Q)$，则

$$\lim_{r \to 0} r^{-Q} \int_{U(Q,r)} |u(P) - u(Q)|^\sigma dh$$

$$= \lim_{r \to 0} r^{-Q} \int_{U(Q,r) \cap A} |u(P) - u(Q)|^\sigma dh +$$

$$\lim_{r \to 0} r^{-Q} \int_{U(Q,r) \cap A^C} |u(P) - u(Q)|^\sigma dh$$

由 $u \mid A$ 的连续性上式第一项趋于 0. 由于 u 有界且 $D(A^c, Q) = 0$，第二项也趋于 0.

现证式（8）. 由 $\lambda(Q)$ 的定义，对每个 $t < \lambda(Q)$ 有

$D(B_t,Q)=0.$ 由定理 $5(3)$ 得

$$D(\overline{B}_s \cap S_H^+(Q,v))=0$$

对 $\lambda(Q)<s<\mu(Q)$ 成立. 于时, 如果 $\varepsilon>0,t-s<\varepsilon,$ $s<\lambda(Q)<t,$ 就有

$$\limsup_{r\to 0} r^{-Q}\int_{U^+(Q,r)}|u(P)-\lambda(Q)|^{\sigma}\mathrm{d}h \leqslant$$

$$\limsup_{r\to 0} r^{-Q}\int_{U^+(Q,r)\cap(B_t-B_s)}\varepsilon^{\sigma}\mathrm{d}h + \sup_{P\in H^n}|u(P)-\lambda(Q)|^{\sigma}\cdot$$

$$\limsup_{r\to 0}\frac{|U^+(Q,r)\cap(B_s\cup\overline{B}_t)|}{r^Q}$$

因 u 有界上式最后一项趋于 0. 由 ε 的任意性, 结论得证. 同理可证式 (9).

为证情形 B, 需下列引理.

引理 4　若 $u\in BV_H(H^n),Q\in\Omega$ 且 $\lambda(Q)=\mu(Q)$, 则

$$\limsup_{r\to 0}\left(\int_{U(Q,r)}|u(P)-u(Q)|^{\sigma}\mathrm{d}h\right)^{\frac{1}{\sigma}}$$

$$\leqslant C\limsup_{r\to 0} r^{1-Q}|D_H u|(U(Q,r))$$

现回到证明定理 6 的情形 B.

对每个正整数 i, 令

$$u_i(P)=\begin{cases}i,\text{若 }u(P)>i\\u(P),\text{若 }|u(P)|\leqslant i\\-i,\text{若 }u(P)<-i\end{cases}$$

$$W_i=\{P:-i\leqslant\lambda(P)\leqslant\mu(P)\leqslant i\}$$

观察定理 $5(2)$ 得

$$\mathfrak{H}_d^{Q-1}\Big(H^n-\bigcup_{i=1}^{\infty}W_i\Big)=0 \tag{10}$$

B - 数列与有界变差

对每个 ε，令

$$Z_i = \left\{ Q: \limsup_{r \to 0} \frac{|D_H(u - u_i)|(U(Q,r))}{r^{Q-1}} \leqslant \varepsilon \right\}$$

应用文献[2]定理 2.1 结论得，只要 $U \subset H^n$ 为开集，就有

$$\varepsilon \mathfrak{H}_d^{Q-1}(U - Z_i) \leqslant |D_H(u - u_i)|(U) \qquad (11)$$

由余面积公式

$$|D_H(u - u_i)|(U) \qquad (12)$$

$$\leqslant \int_0^{+\infty} |\partial[\{u - u_i \geqslant s\} \cap U]|_H ds +$$

$$\int_{-\infty}^0 |\partial[\{u - u_i < s\} \cap U]|_H ds \qquad (13)$$

$$= \int_0^{+\infty} |\partial[\{u \geqslant i + s\} \cap U]|_H ds +$$

$$\int_{|s|>i} |\partial[\{u > s\} \cap U]|_H ds \qquad (14)$$

若 u 有界，则

$$\int_{-\infty}^{+\infty} |\partial[\{u > s\} \cap U]|_H ds = |D_H u|(U) < \infty$$

从而知，当 $i \to \infty$ 时，式(14)中最后的积分趋于 0. 故由式(11)可得，当 $i \to \infty$ 时，$\mathfrak{H}_d^{Q-1}(U - Z_i) \to 0$ 且

$$\mathfrak{H}_d^{Q-1}\left[H^n - \bigcap_{j=1}^{\infty} \bigcup_{i=j}^{\infty} Z_j\right] = 0 \qquad (15)$$

由于式(10)，为证式(7)，只须考虑 $Q \in \bigcup_{i=1}^{\infty} W_i \backslash E.$ 因

$$ap \lim_{P \to Q} (u - u_i)(P) = 0$$

对每个 Q 成立，由引理 4 可知

$$\limsup_{r \to 0} \left(\int_{U(Q,r)} |u(P) - u_i(P)|^\sigma dh \right)^{\frac{1}{\sigma}}$$

504

$$\leqslant C \limsup_{n \to 0} r^{1-Q} \left| D_H (u - u_i) \right| (U(Q, r)) \qquad (16)$$

考虑到式(15),甚至可设 $Q \in \bigcap_{j=1}^{\infty} \bigcup_{i=j}^{\infty} Z_j$. 对充分大的 i,由情形 A 知,式(2)对 $u - u_i$ 成立,即

$$\lim_{r \to 0} \left(\int_{U(Q, r)} |u - u_i|^{\sigma} \mathrm{d}h \right)^{\frac{1}{\sigma}} = 0$$

由式(16),存在 i 充分大,使得

$$\lim_{r \to 0} \left(\int_{U(Q, r)} |u - u_i|^{\sigma} \mathrm{d}h \right)^{\frac{1}{\sigma}} \leqslant C \varepsilon$$

于是由 Minkovski 不等式可得式(7). 同理可证式(8)(9).

定理 6 有一直接推论.

推论 1 令 $\Omega \subset H^n$ 为开集且 $u \in BV_H(\Omega)$,则式(7)对 $\mathfrak{H}_d^{Q-1}$ - a. e. $Q \in \Omega \backslash E$ 成立并且

$$\lim_{r \to 0} \int_{U(Q, r)} u(P) \mathrm{d}x = u(Q)$$

对 $\mathfrak{H}_d^{Q-1}$ - a. e. $Q \in \Omega$ 成立.

注 1 推论 1 表明一重要事实,即 H. Federer 关于 $u \in BV_H(\Omega)$ 的近似连续性的定义除一个 $\mathfrak{H}_d^{Q-1}$ - 零测集外等价于以下的定义 4,而定义 4 源于 L. Ambrosio 的文献[12]定义 3.67. 由于 $\mathfrak{H}_d^{Q-1}$ - 零测集对我们的讨论几乎无影响,故以下采用定义 1 和文献[12]中的符号. 定义 5 为首次给出.

定义 4 令 $\Omega \subset H^n$ 为开集,$u \in L^1(\Omega)$,称 u 在 $Q \in \Omega$ 有近似极限,若存在 $a \in \mathbf{R}^1$,使得

$$\lim_{r \downarrow 0} \frac{\int_{U(Q, r)} |u(P) - a| \mathrm{d}h}{r^Q} = 0 \qquad (17)$$

使上式不成立的点的集合 S_u 称为近似不连续点集,而 a 称为 u 在 Q 处的近似极限,记为 $\tilde{u}(Q)$.

定义 5　令 $\Omega \subset H^n$ 为开集,$u \in L^1(\Omega)$,称 u 有近似跳跃点 $Q \in \Omega$,如果存在 $a, b \in \mathbf{R}^1$ 和 $v \in HH^n$ 满足 $|v(Q)| = 1, a \neq b$ 且

$$\lim_{r \downarrow 0} \int_{U^+(Q,v)} |u(P) - a| \mathrm{d}h = 0$$

$$\lim_{r \downarrow 0} \int_{U^-(Q,v)} |u(P) - b| \mathrm{d}h = 0$$

由上式确定的三元组 (a, b, v) 称为 u 的近似上极限、近似下极限和跳跃方向,记为 $(u^+(Q), u^-(Q), v_u(Q))$. u 的近似跳跃点的集合记为 J_u.

由式(8)(9)和定理 5(1),易得

推论 2　若 $u \in BV_H(\Omega)$,则 S_u, J_u 均为 H-Rectifiable.

定理 7　令 $u \in L^1(\Omega)$,则:

(1) S_u 为 $\mathfrak{L}^{2n+1}$-Borel 零测集,$\tilde{u}: \Omega \setminus S_u \to \mathbf{R}^1$ 为与 u 一致的 Borel 函数而 J_u 为 S_u 的 Borel 子集.

(2) 若 $Q \in \Omega \setminus S_u$,当 $\varepsilon \downarrow 0$ 时,磨光函数

$$J_\varepsilon u(Q) = u * J_\varepsilon(Q) = \int_{H^n} u(\tau_Q \delta_\varepsilon(K)) J(K) \mathrm{d}K$$

收敛于 $\tilde{u}(Q)$,其中 $J(K)$ 为 H^n 上在单位球 $U(0,1)$ 具紧支集的标准磨光子且满足

$$\int_{H^n} J(K) \mathrm{d}K = 1$$

(3) 若 $Q \in J_u$,则当 $\varepsilon \downarrow 0$ 时

$$J_\varepsilon u(Q) \to \frac{u^+(Q) + u^-(Q)}{2}$$

证明　（1）依赖于 H. Federer 关于 doubling 型空间的微分定理，证明是平凡的，可参见文献［1］命题 3.64.

（2）由 Harr 测度的性质并作变量替换，有

$$\left| J_\varepsilon u(Q) - \widetilde{u}(Q) \right|$$

$$\leqslant \int_{U(Q,1)} \left| u(\tau_Q \delta_\varepsilon(K)) - \widetilde{u}(Q) \right| J(K) \mathrm{d}K$$

$$\leqslant \|J\|_\infty \int_{U(Q,\varepsilon)} \varepsilon^{-Q} \left| u(P) - \widetilde{u}(Q) \right| \mathrm{d}P \to 0 \quad （由定义5）$$

（3）类似于文献［12］推论 3.10 的证明.

注 2　所有近似极限、近似跳跃点的概念可借助 Rescaling 函数重新表述.

（1）u 在 Q 有近似极限 z 当且仅当 $r \downarrow 0$ 时，Rescaled 函数 $u^{Q,r}(P) := u(\tau_Q \delta_r(P)) \to z$ 依 $L^1_{\mathrm{loc}}(H^n)$，L^1_{loc} 有定义，因为任意 H^n 的有界集包含于 $\Omega_{r,Q}$.

（2）$Q \in J_u,(u^+(Q), u^-(Q), v_u(Q)) = (a,b,v)$ 当且仅当依 $L^1_{\mathrm{loc}}(H^n) u^{Q,r} \to u_{a,b,v}$，其中

$$u_{a,b,v} = \begin{cases} a, \langle \pi_Q(\tau_{Q-1}P), v \rangle Q > 0 \\ b, \langle \pi_Q(\tau_{Q-1}P), v \rangle Q < 0 \end{cases}$$

4. 近似可微性

本节借助 H^n 的 H－线性结构提出了 $u \in L^1(\Omega)$ 近似可微的概念. 证明了 $u \in BV_H(\Omega)$ 在 Ω 的 $\mathfrak{L}^{2n+1}-$ a. e. 的点上近似可微. 定理 8 建立的不等式有其独立

的兴趣. 它是从 Radon 测度 $D_H u$ 中分离出绝对连续部分的关键一步.

定义 6 令 $u \in L^1(\Omega), Q \in \Omega \setminus S_u$, 称 u 在 Q 是近似可微的, 如果存在向量 $(a, b) \in HH^n \cong \mathbf{R}^{2n}, a, b \in \mathbf{R}^n$, 使得

$$\lim_{r \downarrow 0} \int_{U(Q, r)} \frac{|u(P) - \tilde{u}(Q) - \langle (a, b), \pi_Q(\tau_{Q-1} P) \rangle|}{d(P, Q)}$$
$$= 0 \tag{18}$$

向量 (a, b) 称为 u 在 Q 的近似微分, 记为 $L_u(Q)$. 所有近似可微点的集合记为 $\mathfrak{D}_u$.

显然 $\mathfrak{D}_u \subset \Omega \setminus S_u$. $L_u: \mathfrak{D}_u \to \mathbf{R}^{2n}$ 是 H - 线性的, 依注 1 的思想, u 有近似微分 $L_u(Q)$ 当且仅当

$$v^r(P) = \frac{u(\tau_Q \delta_\varepsilon(P)) - \tilde{u}(Q)}{r}$$

依 $L^1_{\mathrm{loc}}(H^n)$ 收敛于 $L_u(P), L_u(P)$ 是 H - 线性的.

命题 1 令 $u \in L^1(\Omega)$, 则 $\mathfrak{D}_u \in \mathfrak{B}(\Omega), L_u: \mathfrak{D}_u \to \mathbf{R}^{2n}$ 为 Borel 映射.

为进一步估计 BV_H 函数, 先计算沿测地线的变量替换的雅可比式. 一般性讨论可参见文献 [14].

引理 5 对适当小的 $T_0 > 0$, 令 $\gamma(t): [0, T_0] \to H^n$ 为连接点 P 和 Q 的测地线, 使得 $\gamma(0) = P, \gamma(T_0) = Q$, 则对某个 $0 < s < 1$, 变量替换 $Q \to \tilde{Q}$ 的雅可比式能用 $s^{-Q}(1 + O(s))$ 估计.

证明 不失一般性取 P 为原点 O. 采用和文献 [13] 同样的符号, 令 $(\gamma(t), \xi(t))$ 为 $\gamma(t)$ 的余切提

升,它满足如下的 Hamilton-Jacobi 方程

$$\frac{\mathrm{d}\gamma^k(t)}{\mathrm{d}t} = g^{kj}(\gamma(t))\xi_j(t)$$

$$\frac{\mathrm{d}\xi_k(t)}{\mathrm{d}t} = -\frac{1}{2}\frac{\partial g^{pq}}{\partial \gamma^k}(\gamma(t))\xi_p(t)\xi_q(t)$$

和初始条件 $\gamma(0) = 0, \xi(0) = u \in T_0^* H^n$. 设 $\boldsymbol{u}$ 为单位向量,$\boldsymbol{u} = (u^1, \cdots, u^{2n}, u^{2n+1})$. 类似于文献[13],可计算 $\gamma(t) = \exp_0(t\boldsymbol{u})$ 的泰勒展开式如下

$$\gamma^k(t)$$
$$= \exp_0(t\boldsymbol{u})^k$$
$$= tg^{kp}(0)u_p + \frac{t^2}{2}\gamma^{kp_1p_2}u_{p_1}u_{p_2} + \frac{t^3}{3!}\gamma^{kp_1p_2p_3}u_{p_1}u_{p_2}u_{p_3} + O(|t|^4)$$

其中

$$g(2n+1)\times(2n+1) = (g^{kp}(0))$$

$$= \begin{pmatrix} 1 & \cdots & 0 & 0 & & 0 & 0 \\ \vdots & & \vdots & \vdots & & \vdots & \vdots \\ 0 & \cdots & 1 & 0 & & 0 & 0 \\ 0 & \cdots & 0 & 1 & \cdots & 0 & 0 \\ \vdots & & \vdots & \vdots & & \vdots & \vdots \\ 0 & \cdots & 0 & 0 & \cdots & 1 & 0 \\ 0 & \cdots & 0 & 0 & \cdots & 0 & 0 \end{pmatrix}$$

$$\gamma^{kp_1p_2}$$
$$= -\Gamma^{kp_1p_2}$$
$$= \frac{1}{2}g^{jp_1}(0)\frac{\partial g^{kp_2}}{\partial \gamma^j}(0) + g^{jp_2}(0)\frac{\partial g^{kp_1}}{\partial \gamma^j}(0) - g^{jk}(0)\frac{\partial g^{p_1p_2}}{\partial \gamma^j}(0)$$

$$\gamma^{kp_1p_2p_3} = \left(\frac{\partial \Gamma^{kp_1p_2}(\gamma(t))}{\partial \gamma^i}g^{ip_3}(\gamma(t)) + \right.$$

$$\frac{1}{2}\Gamma^{kp_1i}(\gamma(t))\frac{\partial g^{p_3p_2}(\gamma(t))}{\partial\gamma^i}\Bigg)\Bigg|_{\gamma=0}$$

注意到 H^n 上 Lie 代数的结构,通过适当选择,可取 $(u_1,\cdots,u_{2n},t)$ 作为测地线 $\exp_0(t\boldsymbol{u})=\gamma(t)$ 上点 $\widetilde{Q}$ 的新的局部坐标. 直接计算得

$$\mathrm{d}\exp_0(t\boldsymbol{u})=t^{-Q}(1+O(|t|))\mathrm{d}u_1\wedge\cdots\mathrm{d}u_{2n}\wedge\mathrm{d}t$$

引理得证.

定理 8 令 $u\in BV_H(U(Q,r))$ 且 u 在点 Q 有近似极限,则存在 $r_0>0$,使得对 $0<r<r_0$

$$\int_{U(Q,r)}\frac{|u(P)-\tilde{u}(Q)|}{d(P,Q)}\mathrm{d}h\leqslant C\int_0^1\frac{|D_Hu|(U(Q,tr))}{t^Q}\mathrm{d}t$$

其中 C 为一致常数.

证明 无妨设 $Q=0$. 先设 u 光滑,$e\in(0,1)$. 由文献 [7] 命题 2.4,可令 $\gamma:[0,T]\to H^n$ 为连接 0 和 P 的测地线,使得 $\gamma(0)=0,\gamma(T)=P$. 取 $\xi\in\gamma$,使 $d(\xi,0)=eT$(等价地,$\xi=\gamma(eT)$),$f(t)=u(\gamma(tT))$,$e\leqslant t\leqslant 1$. 欲估计 $u(P)-u(\xi)$. 易知

$$\begin{aligned}
u(P)-u(\xi)&=u(\gamma(T))-u(\gamma(eT))\\
&=f(1)-f(e)\\
&=\int_e^1 f'(t)\mathrm{d}t\\
&=\int_e^1 Du\cdot\dot{\gamma}\cdot d(P,0)\mathrm{d}t
\end{aligned}$$

由于 $D_Hu=Du\cdot X$,存在 $h(t)$ 满足 $|h(t)|\leqslant1$,使得 $\dot{\gamma}=X\cdot h(t)$,可得

$$\frac{|u(P)-u(\xi)|}{d(P,0)}\leqslant\int_e^1|D_Hu(\gamma(td(P,0)))|\mathrm{d}t$$

积分上述不等式并运用 Fubini 定理得

$$\int_{U(r)} \frac{|u(P) - u(\xi)|}{d(P,0)} \mathrm{d}h$$

$$\leqslant \int_e^1 \int_{U(r)} |D_H u(\gamma(td(P,0)))| \mathrm{d}h\mathrm{d}t \qquad (4.2)$$

作变量替换 $\gamma(td(P,0)) = \tau$,引理 8 表明上式右端不

大于 $C \int_e^1 \int_{U(tr)} t^{-Q} |D_H u(\tau)| \mathrm{d}\tau\mathrm{d}t$, 从而

$$\int_{U(r)} \frac{|u(P) - u(\xi)|}{d(P,0)} \mathrm{d}h \leqslant C \int_e^1 t^{-Q} |D_H u|(U(tr)) \mathrm{d}t$$

令 $e \downarrow 0$,定理得证.

现考虑 u 不必光滑的情形,则有

$$\int_{U(r)} \frac{|J_\varepsilon u(P) - J_\varepsilon u(0)|}{d(P,0)} \qquad (20)$$

$$\leqslant C \int_0^1 t^{-Q} |D_H J_\varepsilon u|(U(tr)) \mathrm{d}t$$

由文献[3]引理 A.3,得

$$|D_H J_\varepsilon u|(U(tr)) = \int_{U(tr)} |J_\varepsilon D_H u + \tilde{J}_\varepsilon u| \mathrm{d}h \qquad (21)$$

当 $\varepsilon \downarrow 0$ 时,上式收敛于 $\int_{U(tr)} |D_H u| \mathrm{d}h$. 在式(21)中令

$\varepsilon \downarrow 0$ 即可.

定理 9　$u \in BV_H(\Omega)$ 在 Ω 的 $\mathfrak{L}^{2n+1}$ – a.e. 的点是

近似可微的而且近似微分 L_u 就是绝对连续部分 $D_H u$

关于 $\mathfrak{L}^{2n+1}$ 的密度,即 $D_H u = L_u \cdot \mathfrak{L}^{2n+1} + \nabla_H^s u$.

5. $u \in BV_H(\Omega)$ 的导数 $D_H u$ 的分解

现对 $u \in BV_H(\Omega)$ 的测度 $D_H u$ 进行分解. 关键在于

寻找 Radon 测度 $D_H u \lfloor J_u$ 的表达式.

B – 数列与有界变差

定理 10 令 $u \in BV_H(\Omega)$，则

$$D_H u \geqslant \frac{2\omega_{2n-1}}{\omega_{2n+1}} \left| u^+ - u^- \right| S_d^{Q-1} \lfloor J_u \tag{22}$$

对任意 Borel 集 $B \subset \Omega$，下列蕴含关系成立

$$\mathfrak{H}^{Q-1}(B) = 0 \Rightarrow |D_H u| = 0 \tag{23}$$

$$\mathfrak{H}_d^{Q-1}(B) < \infty, B \cap S_u = \varnothing \Rightarrow |D_H u| = 0 \tag{24}$$

证明 为证式 (22)，只须证

$$\lim_{r \downarrow 0} \inf \frac{|D_H u|(U(Q, r))}{2\omega_{2n-1} r^{2n+1}} \geqslant \left| u^+ - u^- \right|$$

为简单起见，设 $Q = 0 \in J_u$. 由注 1，Rescaled 函数族 $u(\delta_r(P))$ 收敛于

$$w_0(P) = \begin{cases} u^+(0), \text{若 } P \in S_H^+(v(0)) \\ u^-(0), \text{若 } P \in S_H^-(v(0)) \end{cases} \tag{25}$$

$r \downarrow 0$ 并且

$$\lim_{r \downarrow 0} \inf \frac{|D_H u|(U(r))}{2\omega_{2n-1} r^{Q-1}}$$

$$= \lim_{r \downarrow 0} \inf \frac{\int_{\mathbf{R}^1} |\partial E_t|_H (\delta_r U(1)) \mathrm{d}t}{2\omega_{2n-1} r^{Q-1}} \quad (\text{由余面积公式})$$

$$= \lim_{r \downarrow 0} \inf \int_{\mathbf{R}^1} \frac{|\partial_r E_t|_H (U(1)) \mathrm{d}t}{2\omega_{2n-1}} \quad (\text{由引理 } 1(2))$$

$$= \lim_{r \downarrow 0} \inf \frac{|D_H u|(\delta_r(P))(U(1))}{2\omega_{2n-1}}$$

$$\geqslant \frac{|D_H w_0|(U(1))}{2\omega_{2n-1}} \quad (\text{由变差的下半连续性})$$

$$= \left| u^+(0) - u^-(0) \right|$$

于是由 S_d^{Q-1} 的定义可得

$$\lim_{r\downarrow 0}\inf\frac{|D_H u|(U(r))}{S_d^{Q-1}(U(r))}\geqslant\frac{2\omega_{2n-1}}{\omega_{2n+1}}|u^+-u^-|$$

由 Vatali 型覆盖定理知,式(22)成立.

对任意满足 $S_d^{Q-1}(B)=0$ 的 Borel 集 $B\subset\Omega$ 有

$$S_d^{Q-1}\partial_H^* E_t(B)=0$$

由余面积公式

$$|D_H u|(B)=\int_{\mathbf{R}^1}|\partial E_t|_H(B)\mathrm{d}t$$

$$=\int_{\mathbf{R}^1}\frac{2\omega_{2n-1}}{\omega_{2n+1}}S_d^{Q-1}\partial_H^* E_t(B)\mathrm{d}t$$

$$=0$$

式(23)得证. 证明式(24)的想法源于文献[12]. 首先注意到对任意 $Q\in\Omega\setminus S_u$,至少存在一个 t,如 $\tilde{u}(Q)$,使得 $Q\in\partial_M\{u>t\}$. 事实上,若 $t>\tilde{u}(Q)$,可得

$$|\{u>t\}\cap U(Q,r)|$$

$$\leqslant\frac{1}{t-\tilde{u}(Q)}\int_{U(Q,r)}|u(P)-\tilde{u}(Q)|\mathrm{d}h$$

$$=o(r^Q)$$

从而 $\{u>t\}$ 在点 Q 的密度为 0,矛盾! 类似的,若 $t<\tilde{u}(Q)$,可知 $\{u>t\}$ 在点 Q 的密度为 1. 因为 $B\in\mathfrak{B}(\Omega)$ 有有限的 $\mathfrak{S}_d^{Q-1}$ – 测度且与 $\mathfrak{S}_u$ 不相交,由式(24),Fubini 定理和引理 3(4)得

$$|D_H u|(B)=\int_{\mathbf{R}^1}\frac{2\omega_{2n-1}}{\omega_{2n+1}}\mathfrak{S}_d^{Q-1}B(\partial_M\{u>t\})\mathrm{d}t$$

$$=\int_B\frac{2\omega_{2n-1}}{\omega_{2n+1}}\mathfrak{L}^1(t\in\mathbf{R}^1,P\in$$

B – 数列与有界变差

$$\partial_M \{u > t\}) \mathfrak{S}_d^{Q-1}$$

$$= 0$$

定理 11　令 $u \in BV_H(\Omega)$，则

$$D_H u J_u = \frac{2\omega_{2n-1}}{\omega_{2n+1}}(u^+ - u^-) v_u \mathfrak{S}_d^{Q-1} J_u$$

其中 v_u 是 u 在跳跃点的 H – 法向.

证明　由定理 $10, \mathfrak{S}_d^{Q-1} J_u < \infty$. 令

$$D_1 u = D_H u \mid J_u, D_2 u = D_H u - D_1 u$$

由式（23）可得

$$D_{1u} << \frac{2\omega_{2n-1}}{\omega_{2n+1}} \mathfrak{S}_d^{Q-1} J_u := \mu J_u$$

从而由类似于文献 [2] 定理 7.1（ⅲ）的论证（此处必须作这种论证代替 Besicovitch 导数定理），只须对 $Q \in J_u$ 证明

$$\lim_{r \downarrow 0} \frac{D_1 u(U(Q,r))}{\mu(J_u \cap U(Q,r))} = (u^+(Q) - u^-(Q)) v_u$$

考虑到

$$|D_2 u|(U(Q,r)) = o(r^{Q-1})$$

$$\lim_{r \downarrow 0} \frac{\mathfrak{S}_d^{Q-1}(J_u \cap U(Q,r))}{2\omega_{2n-1} r^{Q-1}} = 1$$

只须证明存在趋于 0 的无穷序列 $(r_i) \subset (0, +\infty)$，使得

$$\lim_{i \to \infty} \frac{D_H u(U(Q,r_i))}{2\omega_{2n-1} r_i^{Q-1}} = (u^+(Q) - u^-(Q)) v_u(Q)$$

由于当 $r \downarrow 0$ 时，$|D_H u^r|(U(1)) = \dfrac{|D_H u|(U(Q,r))}{r^{Q-1}}$ 有界，可知 $|D_H u^r|$ 在 $U(1)$ 中弱 $*$ 收敛于 $D_{w_Q}, r \downarrow 0$. 令

$\eta_i \subset (0, +\infty)$ 为趋于 0 的无穷序列, 使得 $|D_H u^{\eta_i}|$ 在 $U(1)$ 中弱 $*$ 收敛于测度 σ, 令 $t \in (0, 1)$, 使得 $\sigma(\partial U(t)) = 0$ 且 $r_i = t\eta_i$. 由文献 [12] 命题 1.62(b) 得

$$\lim_{i \to \infty} \frac{D_H u(U(Q, r_i))}{2\omega_{2n-1} r_i^{Q-1}} = \lim_{i \to \infty} \frac{D_H u^{\eta_i}(U(t))}{2\omega_{2n-1} r_i^{Q-1}}$$
$$= \frac{D_H w_Q(U(t))}{2\omega_{n-1} t^{Q-1}}$$

因

$$D_H w_Q = \frac{2\omega_{2n-1}}{\omega_{2n+1}} (u^+ - u^-) v_u \mathfrak{S}_d^{Q-1} \lfloor \mathfrak{S}_H^+(v_u)$$
$$= \frac{2\omega_{2n-1}}{\omega_{2n+1}} (u^+ - u^-) v_u \mathfrak{S}_d^{Q-1} J_u$$

定理得证.

定义 7　根据定理 9, 对 $u \in BV_H(\Omega)$ 测度

$$\nabla_H^j u := \nabla_H^s u J_u, \quad \nabla_H^c u := \nabla_H^s u(\Omega \setminus \mathfrak{S}_u)$$

分别称为导数 $D_H u$ 的跳跃部分和 Cantor 部分.

定理 12（分解定理）　令 $u \in BV_H(\Omega)$, 则

$$D_H u = L_u \cdot \mathfrak{L}^{2n+1} + \frac{2\omega_{2n-1}}{\omega_{2n+1}} (u^+ - u^-) v_u \mathfrak{S}_d^{Q-1} J_u + \nabla_H^c u$$

其中 L_u 为 u 的近似微分, u^+, u^-, v_u 分别称为 u 在近似跳跃点的近似上极限、下极限和跳跃方向.

证明　由于 $D_H u$ 在 $\mathfrak{S}_d^{Q-1}$ – 零测集 $\mathfrak{S}_u \setminus J_u$ 上为 0, 由上述定义、定理 9 和定理 11 可直接得证.

当 $u \in BV_H(\Omega)$ 时有 $D_H u$ 的更为明确的表达式.

推论 3　若 $u \in BV(\Omega)$, 则

$$D_H u = L_u \cdot \mathfrak{L}^{2n+1} + (u^+ - u^-) C \cdot \vec{n} \mathrm{d} \mathfrak{H}^{2n} J_u + \nabla_H^c u$$

其中 $\vec{n}$ 为 u 在跳跃点的欧氏法向.

证明 令 $C(J(u))$ 表示 J_u 的特征点集. 由定理 12 和定理 4, 只须对 $Q \in J_u \setminus C(J(u))$ 证明

$$\frac{2\omega_{2n-1}}{\omega_{2n+1}} v_u \mathfrak{S}_d^{Q-1} J_u = C \cdot \vec{n} \mathrm{d}\mathfrak{H}^{2n} J_u \qquad (26)$$

由定理 4 (1) 知 $v_u = \dfrac{C \cdot \vec{n}}{|C \cdot \vec{n}|}$, 在引理 3 (4) 中取 $E = U(Q, r)$ 得

$$\frac{2\omega_{2n-1}}{\omega_{2n+1}} \mathfrak{S}_d^{Q-1} (\partial U(Q, r) \cap J_u) = |\partial U(Q, r)|_H J_u$$

故

$$1 = \lim_{r \downarrow 0} \frac{\dfrac{2\omega_{2n-1}}{\omega_{2n+1}} \mathfrak{S}_d^{Q-1}(\partial U(Q, r) \cap J_u)}{|\partial U(Q, r)|_H |J_u}$$

$$= \frac{\dfrac{2\omega_{2n-1}}{\omega_{2n+1}} \mathfrak{S}_d^{Q-1} |J_u}{|C \cdot \vec{n}| \mathrm{d}\mathfrak{H}^{2n} J_u}$$

即

$$\frac{2\omega_{2n-1}}{\omega_{2n+1}} \mathfrak{S}_d^{Q-1} J_u = |C \cdot \vec{n}| \mathrm{d}\mathfrak{H}^{2n} J_u$$

从而式(26)得证.

致谢 感谢 L. Ambrosio, F. H. Lin 和 V. Magnani 三位先生的非常有益的建议和指导.

参考文献

[1] AMBROSIO L. Some fine properties of sets of finite perimeter in Ahlfors regular metric measure spaces [J]. Adv. Math. ,2001(159):51-67.

[2]FRANCHI B, SERAPIONI R,CASSANO F S. Recti-fiablity and perimeter in the Hensenberg group[J]. Math. Ann. ,2001(321):479-531.

[3] GAROFALO N, NHIEU D M. Isoperimetric and Sobolev inequalities for Carnot-Carathéodory spaces and the existence of minimal surfaces[J]. Comm. Pure Appl. Math. ,1996(49):1081-1144.

[4]GROMOV M. Carnot-Carathéodory spaces seen from within[M] Basel: Birkhauser,1996:79-323.

[5]CAPOGNA L, LIN F H. Legendrian energy minimiz-ers Part I, Heisenberg group target[J]. Calc. Var. , 2001(12):145-171.

[6]FEDERER H. Geometric measure theory[M]. Ber-lin, Heidelberg, New York:Springer-Verlag, 1969.

[7] MONTI R, CASSANO F S. Surface measures in Carnot-Carathéodry spaces [J]. Calc. Var. , 2001(13):339-376.

[8]LIN F H, YANG, X P. An introduction to geometric measure theory[M]. Beijing:Science Press, 2002.

[9]GROMOV M. Structures metriques pour les varietes Rimannienners[M]. Paris:CEDIC,1981.

[10] ZIEMER W P. Weakly differentiable functions [M]. New York: Springer-Verlag,1989.

[11]DANIELLI D, GAROFALO N, NHIELL D. Trace inequalities for Carnot-Carathéodory spaces and applications[J]. Ann. Scuola Norm Sup. Pisa

CI. Sci. ,1998,27(4):195-252.

[12] AMBROSIO L, FUSCO N, PALLARA D. Functions of bounded variation and free discontinuity problems [M]: Oxford: Oxford University Press,2000.

[13] STRICHARTZ R S. Sub-Riemannian geometry[J]. J. Differential Geometry,1986(24):221-263.

[14] SONG Y Q, YANG X P. Decomposition of BV functions in the Carnot-Carathédory spaces [J] . Acta Mathmatica Scientia,2003,44(3).

[15] AMBROSIO, KIRCHHEIM L B. Rectifiable sets in metric and Banach spaces [J]. Math. Ann. , 2000(318):527-555.

取值于局部凸空间中的几种有界变差函数的等价性[①]

第46章

文献[1]研究了取值于局部凸空间的抽象囿变函数,文献[2]引入了取值于局部凸空间矢值测度的几种抽象有界变差函数,在此基础上,广东石油化工学院理学院的金祥菊、孙立民两位教授2010年又引入了 H 界变差函数,研究了这几种抽象有界变差函数的关系,从而改进了文献[1,2]的结果. 本章恒假设 (X,T) 为局部凸的豪斯多夫空间,表示 $Xp(X,T)$ 上的连续半范 $p(x)$ 所产生的半范空间,R 是非空集 Ω 生成的 σ 代数,有关局部凸空间和矢值测度方面的记号和术语参见文献[2,4,5].

定义1 设 $F:R\rightarrow(X,T)$ 为一矢值测度,若对 (X,T) 上任何连续半范 $p(x)$,存在 $Mp>0$,使

① 引自 2012 年第 20 卷第 6 期的《茂名学院学报》,原作者为广东石油化工学院理学院的金祥菊、孙立民.

$$\|F\|_r(\Omega) = \sup_\pi \sum_{A\pi} P(F(A)) \leqslant M_p$$

其中 π 是 Ω 的有限 R 分划,则称 F 是有界变差的,同样可定义 $\beta(X, X^*)$ 有界变差,$\sigma(X, X^*)$ 有界变差,后一种有界变差又称弱有界变差.

定义 2 设 $F: R \rightarrow (X, T)$ 为一矢值测度,若对 (X, T) 上任何连续半范 $p(x)$,存在 $Mp > 0$,使

$$\|F\|_p\Omega = \sup_{fX_p^*, \|f\|_p \leqslant 1} \sup_\pi \sum_{A\pi} |f(F(A))| \leqslant M$$

则称 F 是有界半变差的;若对 $\sigma(X^*, X)$ 中有界集 B,存在 $M_B > 0$,使

$$\sup_\pi \sum_{A\pi} \sup_{fB} |f(F(A))| \leqslant M_B$$

则称 F 是 H 有界变差的.

定义 3 设 $(X, p(\circ))$ 和 $(Y, q(\circ))$ 是两个半范空间,称线性算子 $T: X \rightarrow Y$ 是可和的,如果存在常数 $C > 0$,使得对任意 $x_1, x_2, \cdots, x_n \in X$,有

$$\sum_{i=1}^n q(Tx_i) \leqslant c \sup_{\|f\| \leqslant 1, f \in X_q^*} \sum_{i=1}^n |f(x_i)|$$

定义 4 称局部凸空间 (X, T) 是半核空间,如果对 (X, T) 上任何连续半范 $p(x)$,存在连续半范 $q(x)$ 使得 $q(\circ) \geqslant p(\circ)$,且从 $(X, P(\circ))$ 到 $(Y, q(\circ))$ 的典型算子 T_p^q 是可和的.

定理 1 矢值测度 $F: R \rightarrow (X, T)$ 弱有界 $\Leftrightarrow F$ 弱有界变差.

证明 $(\Rightarrow)$ 因为 F 是 $\sigma(X, X^*)$ 有界测度,所以,$\{F(A): A \in R\}$ 是 $\sigma(X, X^*)$ 有界集,故对任意 $f \in X^*$,存在 $\delta > 0$ 使得

$$\delta\{F(A):A\in R\}\subset\{x:|f(x)|<1\}$$

即

$$\{F(A):A\in R\}\subset\{x:|f(x)|<\frac{1}{\delta}\}$$

又对 Ω 的任意 R 元分划 $\pi=\{A_1,A_2,\cdots,A_n\}$,当 f 为实泛函数,记

$$I_1=\{i:f(F(A_i))\geqslant 0\}$$
$$I_2=\{i:f(F(A_i))<0\}$$

则

$$\sum_{A\pi}|f(F(A))|=\left|f(\sum_{I_1}F(A))\right|+\left|f(\sum_{I_2}F(A))\right|$$

因为 $\displaystyle\sum_{I_1}F(A)$, $\displaystyle\sum_{I_2}(A)\in\{F(A):A\in R\}$,于是有

$$\sum_{A\pi}|f(F(A))|<\frac{2}{\delta}$$

当 f 为复泛函时,由于

$$\sum_{A\pi}|f(F(A))|$$

$$\leqslant+\sum_{A\pi}|\operatorname{Re}f(F(A))|+\sum_{A\pi}|\operatorname{Im}f(F(A))|$$

$$\leqslant\frac{4}{\delta}$$

故 F 弱有界变差.

($\Leftarrow$)对 $\sigma(X,X^*)$ 的任意邻域 U,存在 $f_1,f_2,\cdots,$ $f_m\in X^*$ 及 $\varepsilon>0$,使

$$\bigcap_{i=1}^{m}\{x:|f_i(x)|<\varepsilon\}\subset U$$

对任意 $A\in R$,由 F 弱有界变差知存在 $M_i>0$,使

$$|f_i(F(A))|M_i\quad(1\leqslant i\leqslant m)$$

取 $M = \max\limits_{1 \le i \le m} M_i$, 则 $|f_i(A)| M (1 \le i \le m)$. 取 $\delta > 0$, 使 $\delta M < \varepsilon$, 则当 $|t| < \delta$ 时, 有

$$|f_i(tF(A))| = |tf_i(F(A))| \le |t| M < \varepsilon$$

所以 $t(F(A)) \subset U$, 由 A 的任意性可知

$$t\{F(A) : A \in R\} \subset U$$

故 F 是 $\sigma(X, X^*)$ 有界测度.

定理 2 矢值测度 $F : R \to (X, T)$ 弱有界变差与有界半变差等价.

证明 弱有界变差 $\Rightarrow$ 有界半变差. 对 (X, T) 上任何连续半范 $P(x)$, 在 X_p^* 上定义泛函 $V_p(f)$ 如下

$$V_p(f) = \sup_{\pi} \sum_{A\pi} f(F(A))$$

则对任意 $\varepsilon > 0$, 存在 Ω 的 R 元分划 $\pi = \{A_1, A_2, \cdots, A_n\}$ 满足

$$V_p(f) - \sum_{i=1}^{n} |f(F(A_i))| < \frac{\varepsilon}{2} \qquad (1)$$

选取正数 $\delta > 0$, 使对任何 $g \in X_p^*$, 且 $\|g - f\|_p < \delta$ 时, 有

$$\sum_{i=1}^{n} g(F(A_i)) > \sum_{i=1}^{n} |f(F(A_i))| - \frac{\varepsilon}{2} \qquad (2)$$

由式 (1)(2) 得

$$V_p(f) - \sum_{i=1}^{n} |g(F(A_i))| < \varepsilon$$

即 $V_p(f) - V_p(g) < \varepsilon$, 即 $V_p(f)$ 下半连续, 显然 $V_p(f)$ 是 X_p^* 上次可加齐次泛函, 故存在 $M_p > 0$, 使得

$$V_p(f) \le M_p \|f\|_p$$

所以

$$\sup_{f \in X_p^*, \|f\|_p \le 1} \sup_{\pi} \sum_{A\pi} |f(F(A))| \le M_p$$

有界半变差$\Rightarrow$弱有界变差.

由于$X^* = \cup X_p^*$,所以,对任何$f \in X$,必存在(X,T)上连续半范$P_0(X)f$使$f \in X_{p_0}^*$,从而知,有界半变差可推出弱有界变差.

定理 3　若(X,T)为桶形空间,则矢值测度$F: R \to (X,T)$的H有界变差与有界变差等价.

证明　若F是有界变差测度,设B是$\sigma(X^*, X)$任一有界集,则$B^0 = \{x: |f(x)| \leqslant 1, f \in B\}$为$(X,T)$的零点邻域,相应于$B^0$的 Minkowski 泛函为$P_{B^0}(x)$,那么$P_{B^0}(x)$是$(X,T)$上连续半范,且$B^0 = \{x: |f(x)| \leqslant 1\}$,由$F$有界变差和 Hahn-Banach 定理,对$P_{B^0}(x)$,存在$M_{B^0} > 0$,使

$$\sup_{f \in X_p^*, \|f\|_p \leqslant 1} \sup_{\pi} \sum_{A\pi} |f(F(A))| \leqslant M_{B^0}$$

而$B \subset B^{00} \subset \{f: f \in X_{p_{b0}}^*, \|f\|_p \leqslant 1\}$,所以有

$$\sup_{\pi} \sum_{A\pi} \sup_{f \in B} |f(F(A))| \leqslant M_{B^0}$$

定理 4　若(X,T)是半核空间,则矢值测度$F: R \to (X,T)$弱有界变差与有界变差等价.

证明　若F弱有界变差,由定理 2 知F有界半变差,由于(X,T)是半核空间,所以,对(X,T)上任何连续半范$p(x)$,存在连续半范$q(x)$使得$q(\circ) \geqslant p(\circ)$,且从$(X, P(\circ))$到$(Y, q(\circ))$的典型算子$T_p^q$是可和的. 这样,存在常数$c > 0$,使得对任意$x_1, x_2, \cdots, x_n \in X$,成立

$$\sum_{i=1}^n P(x_1) \leqslant c \sup_{\|f\|_q \leqslant 1, f \in X_q^*} \sum_{i=1}^n |f(x_i)|$$

对Ω的任意有限R元分划π,由上式有

$$\sum_{A_\pi} P(F(A)) \leq c \sup_{\|f\|_q \leq 1, f \in X_q^*} \sum_{i=1}^{n} |f(F(A))| < cM_q$$

证得 F 有界变差.

参考文献

[1] 吴从炘, 薛小平. 取值于局部凸空间的抽象囿变函数[J]. 数学学报, 1990, 331(1):107-112.

[2] 孙立民. 取值于局部凸空间矢值测度的几种抽象有界变差函数[J]. 哈尔滨理工大学学报, 2008, 13(4):97-98.

[3] ROLEWICZ S. Metric linear spaces[M]. Warsaw: PWN-Polish Scientific Publishes, 1972.

[4] WILANSKY A. Morden methods in topological vector spaces[M]. New York: Mc Graw Hill, Inc, 1978.

[5] DIESTEL I J, UHL J J. Tr Vector Measures, Math Suiveys[J]. Amer. Math. Soc. Providence R. I., 1977(15):15-16.

巴拿赫空间中广义常微分方程的 Φ 有界变差解[①]

第 47 章

广义常微分方程由 Kurzweil 于 1957 年提出,他建立这种方程的背景和动机来源于解决微分方程问题. 经过近几十年的发展,广义常微分方程理论在处理常微分方程解对参数的连续依赖性、测度微分方程、脉冲微分方程、拓扑动力系统及滞后型泛函微分方程方面已有许多很好的结果. Musielak 及 Orlicz 等人提出了 Φ 有界变差函数理论,它是通常意义下有界变差函数理论的推广与发展. 西北师范大学数学与信息科学学院的李宝麟、苟海德两位教授 2012 年将 Φ 有界变差函数理论与广义常微分方程结合起来,讨论巴拿赫空间中广义常微分方程 Φ 有界变差解的存在唯一性,所得结果是对文献[6]中广义常

① 引自 2012 年第 48 卷第 2 期的《西北师范大学学学报(自然科学版)》,原作者为西北师范大学数学与信息科学学院的李宝麟、苟海德.

微分方程有界变差解存在唯一性定理的推广. 以下假设 X 是一个巴拿赫空间, $\|\cdot\|_x$ 是 X 中的范数.

1. 预备知识

定义1 称函数 $U:[a,b]\times[a,b]\to X$ 在 $[a,b]$ 上是 Kurzweil 可积的, 如果存在函数 $I\in X$, 使得对任意的 $\varepsilon>0$, 存在正值函数 $\delta:[a,b]\to(0,+\infty)$, 使得对 $[a,b]$ 的任何 $\delta(\tau)$ 精细分划 $D=\{(\tau_j;[\alpha_{j-1},\alpha_j]),j=1,2,\cdots,k\}$, 其中 $\tau_j\in[\alpha_{j-1},\alpha_j]\subset[\tau_j-\delta(\tau_j),\tau_j+\delta(\tau_j)]$, 有

$$\Big\|\sum_{j=1}^{k}[U(\tau_j,\alpha_j)-U(\tau_j,\alpha_{j-1})]-I\Big\|_x<\varepsilon$$

I 称为 U 在 $[a,b]$ 上的 Kurzweil 积分, 记作

$$I=\int_a^b DU(\tau,t)$$

如果积分 $\int_a^b DU(\tau,t)$ 存在, 则定义

$$\int_b^a DU(\tau,t)=-\int_a^b DU(\tau,t)$$

且规定: 当 $a=b$ 时

$$\int_a^b DU(\tau,t)=0$$

设 $\Omega\subset X\times R$ 是开集, $G:\Omega\to X$ 是对 $(x,t)\in\Omega,x\in X,t\in R$ 定义的 X – 值函数.

定义2 函数 $x:[a,b]\to X$ 称为广义常微分方程

$$\frac{\mathrm{d}x}{\mathrm{d}\tau}=DG(x,t) \tag{1}$$

在区间 $[\alpha,\beta]\subset[a,b]$ 上的解是指: 对所有 $t\in[\alpha,\beta]$, $(x(t),t)\in\Omega$, 且对每个 $s_1,s_2\in[\alpha,\beta]$, 有

$$x(s_2) - x(s_1) = \int_{s_1}^{s_2} DG(x,t) \qquad (2)$$

成立,其中 $\int_{s_1}^{s_2} DG(x,t)$ 是对函数

$$U(x(\tau),t) = G(x(\tau),t)$$

求 Kurzweil 积分,详见文献[7].

2. 广义常微分方程的 Φ 有界变差解

设 $\Phi(u)$ 是对 $u \geqslant 0$ 定义的连续不减函数,且满足: $\Phi(0) = 0$,对 $u > 0$,$\Phi(u) > 0$. 下面将用到以下条件:

(1)存在 $u_0 \geqslant 0$ 及 $L > 0$,使得对 $0 < u < u_0$,$\Phi(2u) \leqslant L\Phi(u)$;

(2) $\Phi(u)$ 是凸函数.

设 $[a,b] \subset \mathbf{R}$,$-\infty < a < b < +\infty$,考虑函数 $x:$ $[a,b] \to X.$ $x(t)$ 称为 $[a,b]$ 上的 Φ 有界变差函数是指: 对 $[a,b]$ 的任何分划 $\pi: a = t_0 < t_1 < \cdots < t_m = b$,有

$$V_\Phi(x;[a,b]) = \sup_\pi \sum_{j=1}^m \Phi(\|x(t_j) - x(t_{j-1})\|_X) < \infty$$

并称 $V_\Phi(x;[a,b])$ 为函数 $x(t)$ 在 $[a,b]$ 上的 Φ 变差. 用 BV_Φ 表示区间 $[a,b]$ 上的所有 Φ 有界变差函数 x 满足 $x(a) = 0$ 且按范数 $\|x\|_\Phi = \inf\{k > 0: V_\Phi(\frac{x}{k}) \leqslant 1\}$ 构成的集合. 如果 $\Phi(u)$ 满足条件(1)和(2),则 $(BV_\Phi,$ $\|\cdot\|_X)$ 在通常意义的元素的加法和纯量乘法运算下是一个巴拿赫空间.

以下讨论中总假定 Φ 满足条件(1)和(2). 给定 $c > 0$,记 $B_c = \{x \in X: \|x\|_X < c\} \subset X$ 是开集,设 $(a,b) \subset$

B－数列与有界变差

$\mathbf{R}, -\infty < a < b < +\infty, \Omega = B_c \in (a,b), h: [a,b] \to \mathbf{R}$
是定义在 $[a,b]$ 上的不减函数.

定义 3 称函数 $G: \Omega \to X$ 属于 $F_\Phi(\Omega, h)$, 如果:

(1) 对所有的 $(x, s_1), (x, s_2) \in \Omega$, 有

$$\|G(x, s_2) - G(x, s_1)\|_X \leqslant \Phi(|h(s_2) - h(s_1)|) \quad (3)$$

(2) 对所有 $(x, s_2), (x, s_1), (y, s_2), (x, s_1) \in \Omega$, 有

$$\|G(x, s_2) - G(x, s_1) - G(y, s_2) - G(y, s_1)\|_X$$
$$\leqslant \|x - y\|_X \Phi(|h(s_2) - h(s_1)|) \quad (4)$$

引理 1 假定 $G: \Omega \to X$ 满足式(3), 如果

$$x: [\alpha, \beta] \to X, [\alpha, \beta] \subset [a, b]$$

且对每个 $t \in [\alpha, \beta]$, 有 $(x(t), t) \in G$ 且 Kurzweil 积分
$\int_\alpha^\beta DG(x(\tau), t)$ 存在, 则对每个 $s_1, s_2 \in [\alpha, \beta]$, 有

$$\left\| \int_{s_1}^{s_2} DG(x(\tau), t) \right\|_X \leqslant V_\Phi(h; [s_1, s_2]) \quad (5)$$

证明 对任意 $\varepsilon > 0$, 因为积分

$$\int_\alpha^\beta DG(x(\tau), t)$$

存在, 所以对每个 $s_1, s_2 \in [\alpha, \beta]$, Kurzweil 积分

$$\int_{s_1}^{s_2} DG(x(\tau), t)$$

存在. 由定义 1 及式(3), 存在正值函数 $\delta(\tau)$, 使得对
$[s_1, s_2]$ 的任何 $\delta(\tau)$ 精细分划

$$D = \{\tau_j; [t_{j-1}, t_j], j = 1, 2, \cdots, k\}$$

有

$$\left\| \int_{s_1}^{s_2} DG(x(\tau), t) \right\|_X$$

$$\leqslant \left\| \int_{s_1}^{s_2} DG(x(\tau),t) - \sum_{j=1}^{k} \left[G(x(\tau_j),t_j) - \right. \right.$$

$$\left. \left. G(x(\tau_j),t_{j-1}) \right] \right\|_{X} +$$

$$\left\| \sum_{j=1}^{k} \left[G(x(\tau_j),t_j) - G(x(\tau_j),t_{j-1}) \right] \right\|_{X}$$

$$< \varepsilon + \sum_{j=1}^{k} \left\| G(x(\tau_j),t_j) - G(x(\tau_j),t_{j-1}) \right\|_{x}$$

$$< \varepsilon + \sum_{j=1}^{k} \Phi(|h(t_j) - h(t_{j-1})|)$$

$$\leqslant \varepsilon + V_{\Phi}(h;[s_1,s_2])$$

因为 $\varepsilon > 0$ 是任意的,所以不等式(5)成立.

推论 1 假定 $G:\Omega \rightarrow X$ 满足式(3),如果

$$x:[\alpha,\beta] \rightarrow X, [\alpha,\beta] \subset [a,b]$$

是方程(1)的一个解,则 x 在 $[\alpha,\beta]$ 上是 Φ 有界变差的,且

$$V_{\Phi}(x;[\alpha,\beta]) \leqslant \Phi(V_{\Phi}(h;[\alpha,\beta])) < +\infty \quad (6)$$

证明 设 $\alpha = s_0 < s_1 < \cdots < s_k = \beta$ 是区间 $[\alpha,\beta]$ 的任意分划,由式(5),有

$$\sum_{i=1}^{k} \Phi(\|x(t_i) - x(t_{i-1})\|_{X})$$

$$= \sum_{i=1}^{k} \Phi\left(\left\| \int_{t_{i-1}}^{t_i} DG(x(\tau),t) \right\|_{X} \right)$$

$$\leqslant \sum_{i=1}^{k} \Phi(V_{\Phi}(h;[t_{i-1},t_i])) \quad (7)$$

由 $\Phi(u)$ 满足条件(1)可知 $\dfrac{\Phi(u)}{u}$ 不减(见文献[6]定理1.03),所以

$$\sum_{i=1}^{k} \varPhi(V_{\varPhi}(h;[t_{i-1},t_i]))$$

$$= \sum_{i=1}^{k} \frac{\varPhi(V_{\varPhi}(h;[t_{i-1},t_i]))}{V_{\varPhi}(h;[t_{i-1},t_i])} V_{\varPhi}(h;[t_{i-1},t_i])$$

$$\leqslant \frac{\varPhi(V_{\varPhi}(h;[\alpha,\beta]))}{V_{\varPhi}(h;[\alpha,\beta])} \sum_{i=1}^{k} V_{\varPhi}(h;[t_{i-1},t_i])$$

由式(7),有

$$\sum_{i=1}^{k} \varPhi(\|x(t_i) - x(t_{i-1})\|_X)$$

$$\leqslant \sum_{i=1}^{k} \varPhi(V_{\varPhi}(h;[t_{i-1},t_i]))$$

$$\leqslant \frac{\varPhi(V_{\varPhi}(h;[\alpha,\beta]))}{V_{\varPhi}(h;[\alpha,\beta])} \sum_{i=1}^{k} \varPhi(h(t_i) - h(t_{i-1}))$$

$$\leqslant \frac{\varPhi(V_{\varPhi}(h;[\alpha,\beta]))}{V_{\varPhi}(h;[\alpha,\beta])} V_{\varPhi}(h;[\alpha,\beta])$$

$$= \varPhi(V_{\varPhi}(h;[\alpha,\beta])) < +\infty$$

在上式右端对$[\alpha,\beta]$的所有分划取上确界即可得到式(6).

定义4 函数$x:[a,b] \to X$ 称为在$[a,b]$上是正则的,如果对每个$s \in [a,b)$,存在$x(s+) \in X$,使得

$$\lim_{t \to s+} \|x(t) - s(s+)\|_X = 0$$

且对每个$s \in (a,b]$,存在$x(s-) \in X$,使得

$$\lim_{t \to s-} \|x(t) - s(s-)\|_X = 0$$

引理2 如果$G \in F_{\varPhi}(\Omega,h)$,$x:[a,b] \to X$是$[\alpha,\beta]$上$\varPhi$有界变差且正则的函数,对每个$s \in [a,b]$,$(x(s),s) \in G$,则积分$\int_a^b DG(x(\tau),t)$存在.

证明　由文献[7]推论 3.16 易知.

3. Φ 有界变差解的存在唯一性

下面将建立方程(1)满足初值条件 $x(t_0) = x$ 的 Φ – 有界变差解的存在唯一性定理. 仍记 $\Omega = B_c \times (a,b)$,假定函数 $h:[a,b] \to \mathbf{R}$ 是 $[a,b]$ 上不减的左连续函数,如果 $G \in F_\Phi(\Omega,h)$,由推论 1,方程(1)的解是 Φ 有界变差函数,此时,方程(1)的 Φ 有界变差解具有第一类间断点,即如果对某个 $t_0 \in (a,b)$,方程(1)的解 x 满足 $x(t_0) = \tilde{x}$,则

$$x(t_0+) = x(t_0) + G(x(t_0),t_0+) - G(x(t_0),t_0)$$
$$= \tilde{x} + G(\tilde{x},t_0+) - G(\tilde{x},t_0)$$

由于对某个 $\tilde{x} \in B_c$,解的间断可能出现,即对某个 $(\tilde{x},t_0) \in G$

$$\tilde{x}+ = \tilde{x} + G(\tilde{x},t_0+) - G(\tilde{x},t_0)$$

不属于 B_c,这意味着相应地满足 $x(t_0) = \tilde{x}$ 的解 x 在 t_0 时刻跳出集合 B_c,而不能对 $t > t_0$ 延拓,所以我们自然假定

$$\tilde{x}+ = \tilde{x} + G(\tilde{x},t_0+) - G(\tilde{x},t_0) \in B_c \qquad (8)$$

定理 1　设 $G \in F_\Phi(\Omega,h)$,并设 $(\tilde{x},t_0) \in \Omega$,使得 $(\tilde{x},t_0+) \in \Omega$,则存在 $\Delta > 0$,使得在区间 $[t_0,t_0+\Delta]$ 上方程(1)存在唯一的 Φ 有界变差解 $x:[t_0,t_0+\Delta] \to X$ 且满足 $x(t_0) = \tilde{x}$.

证明　首先假设函数 h 在点 t_0 连续,即

$$h(t_0 + 1) = h(t_0)$$

因为 B_c 为开集,所以存在 $\Delta > 0$,使得如果 $[t_0, t_0 + \Delta] \subset (a, b)$,则

$$V_\Phi(h; [t_0, t_0 + \Delta]) < \frac{1}{2}$$

且

$$\|x - \tilde{x}\|_X \leqslant V_\Phi(h; [t_0, t_0 + \Delta])$$

那么 $x \in B_c$.

记 Q 表示所有函数 $z: [t_0, t_0 + \Delta] \to X$,使得 $z \in BV_\Phi([t_0, t_0 + \Delta])$,且当 $t \in [t_0, t_0 + \Delta]$ 时

$$\|z(t) - \tilde{x}\|_X \leqslant V_\Phi([t_0, t])$$

容易验证 $Q \subset BV_\Phi([t_0, t_0 + \Delta])$ 是闭子集. 即令 $z_k \in Q, k \in \mathbf{N}$ 是一个在 $BV_\Phi([t_0, t_0 + \Delta])$ 中收敛于函数 z 的序列,则由文献[8]定理 3.11,有

$$V_\Phi(z_k - z; [t_0, t_0 + \Delta]) \to 0 \quad (k \to \infty)$$

从而 $z_k(t)$ 在 $[t_0, t_0 + \Delta]$ 中一致收敛于函数 $z(t)$,所以对任意 $\varepsilon > 0$,当 $k \in \mathbf{N}$ 充分大时,有

$$\|z(t) - \tilde{x}\|_X \leqslant \|z_k(t) - z(t)\|_X + \|z_k(t) - \tilde{x}\|_X$$
$$< \varepsilon + V_\Phi(h; [t_0, t]) \quad (t \in [t_0, t_0 + \Delta])$$

从而

$$\|z(t) - \tilde{x}\|_X \leqslant V_\Phi(h; [t_0, t]) \quad (t \in [t_0, t_0 + \Delta])$$

即 Q 是闭集. 对 $s \in [t_0, t_0 + \Delta], z \in Q$,定义映射

$$Tz(s) = \tilde{x} + \int_{t_0}^s DG(z(\tau), t) \tag{9}$$

由引理 1,对 $s \in [t_0, t_0 + \Delta]$, $\int_{t_0}^s DG(z(\tau), t)$ 存在,由

式(5),有

$$\| Tz(s) - \tilde{x} \|_X = \int_{t_0}^s DG(z(\tau),t) \leqslant V_\Phi(h;[t_0,s])$$

事实上,不难证明 Tz 属于 $BV_\Phi[t_0,t_0+\Delta]$,因此 T 是 Q 到 Q 的映射.

　下证映射 $T: Q \rightarrow Q$ 是压缩映射. 令 $t_0 \leqslant s_1 \leqslant s_2 \leqslant t_0 + \Delta, z_1, z_2 \in Q$,则由式(9),有

$$\| Tz_2(s_2) - Tz_1(s_2) - Tz_2(s_1) + Tz_1(s_1) \|_X$$

$$= \left\| \int_{s_1}^{s_2} D[G(z_2(\tau),t) - G(z_1(\tau),t)] \right\|_X$$

对任意 $\varepsilon > 0$,因为积分 $\int_\alpha^\beta DG(x(\tau),t)$ 存在,所以对每个 $s_1, s_2 \in [\alpha,\beta]$,积分

$$\int_{s_1}^{s_2} DG(z_2(\tau),t) \text{ 与 } \int_{s_1}^{s_2} DG(z_1(\tau),t)$$

存在. 由定义 1 及式(4),存在正值函数 $\delta(\tau)$,使得对 $[s_1,s_2]$ 的任何 $\delta(\tau)$ 精细分划 $D = \{(\tau_j;[t_{j-1},t_j]), j = 1, 2, \cdots, k\}$,有

$$\left\| \int_{s_1}^{s_2} D[G(z_2(\tau),t) - G(z_1(\tau),t)] \right\|_X$$

$$\leqslant \left\| \int_{s_1}^{s_2} DG(z_2(\tau),t) - \sum_{i=1}^k [G(z_2(\tau_i),t_i) - G(z_2(\tau_i),t_{i-1})] - \int_{s_1}^{s_2} DG(z_1(\tau),t) + \sum_{i=1}^k [G(z_1(\tau_i),t_i) - G(z_1(\tau_i),t_{i-1})] \right\|_X + \sum_{i=1}^k \left\| [G(z_2(\tau_i),t_i) - G(z_i(\tau_i),t_{i-1}) - G(z_i(\tau_i),t_i) + G(z_1(\tau_i),t_{i-1})] \right\|_X$$

$$\leqslant \varepsilon + \sup_{r \in [t_0,t_0+\Delta]} \| z_2(\tau) - z_1(\tau) \|_X \cdot$$

$$\sum_{i=1}^{k} \Phi(\mid h(t_i) - h(t_{i-1}) \mid)$$

$$\leq \varepsilon + \|z_2 - z_1\|_X V_\Phi(h;[s_1,s_2])$$

由 $\varepsilon < 0$ 的任意性,对 $s_1, s_2 \in [t_0, t_0 + \Delta]$,有

$$\|Tz_2(s_2) - Tz_1(s_2) - Tz_2(s_1) + Tz_1(s_1)\|_X$$

$$\leq \|z_2 - z_1\|_X V_\Phi(h;[s_1,s_2])$$

因为 $(BV_\Phi \| \cdot \|_\Phi)$ 在通常意义的元素的加法和纯量乘法运算下是一个巴拿赫空间且范数 $\|x\|_\Phi$ 满足通常范数的性质,于是有

$$\|Tz_2 - Tz_1\|_\Phi \leq \|z_2 - z_1\|_\Phi V_\Phi(h;[t_0,t_0+\Delta])$$

$$< \frac{1}{2}\|z_2 - z_1\|_\Phi$$

即 T 是压缩的. 由巴拿赫不动点定理,存在唯一的 $x \in Q$,使 $x = Tx$,也就是说 $x = x(t)$ 是方程(1)在 $[t_0, t_0 + \Delta]$ 上满足 $x(t_0) = \tilde{x}$ 的唯一的 Φ 有界变差解.

下面考虑函数 h 在点 t_0 不连续的情形,令

$$\widetilde{h}(t) = \begin{cases} h(t), & t \leq t_0 \\ h(t) - h(t_0 +), & t > t_0 \end{cases}$$

则函数 $\widetilde{h}$ 在点 t_0 连续且对 $t > t_0$ 是不减的左连续函数. 定义

$$\widetilde{G}(x,t) = \begin{cases} G(x,t), & t \leq t_0 \\ G(x,t) - [G(\tilde{x},t_0 +) - G(\tilde{x},t_0)], \\ \qquad t > t_0 \end{cases}$$

易知 $\widetilde{G} \in F_\Phi(\Omega, \widetilde{h})$. 由以上的讨论知,方程 $\dfrac{\mathrm{d}z}{\mathrm{d}\tau} = \widetilde{DG}(z,$

$t)$ 满足 $z(t_0) = \tilde{x} +$ 的解 z 存在. 对 $t > t_0$, 定义 $x(t_0) = \tilde{x}$

与 $x(t) = z(t)$, 则方程(1)有一个解满足 $x(t_0) = \tilde{x}$.

说明1 对函数 $\Phi(u)$, 如果 $0 < \dfrac{\Phi(u)}{u} < +\infty$, 则

由文献[8]定义 1.15, 有

$$BV_\varphi[t_0, t_0 + \Delta] = BV[t_0, t_0 + \Delta]$$

其中 $BV[t_0, t_0 + \Delta]$ 表示通常意义下 $[t_0, t_0 + \Delta]$ 上的有界变差函数的全体. 所以在此情形下定理 1 的结果等价于文献[6]中的定理 2.15.

4. 应用举例

以下给出这类方程在脉冲微分系统中的应用. 设巴拿赫空间 $X = \mathbf{R}^n$, 考查固定时刻一阶脉冲微分系统初值问题

$$\begin{cases} \overset{\cdot}{x} = f(x, t), t \neq t_k, k = 1, 2, \cdots \\ \Delta x \mid_{t = t_k} = I_k(x(t_k)), t = t_k, k = 1, 2, \cdots \\ x(t_0 +) = x_0 \end{cases} \quad (10)$$

其中 $f: \mathbf{R}^n \times \mathbf{R} \to \mathbf{R}^n, I_k: \mathbf{R}^n \to \mathbf{R}^n$ 连续, $k = 1, 2, \cdots, \boldsymbol{x}_0 \in \mathbf{R}^n, t_0 < t_1 < t_2 < \cdots < +\infty, t_k \to +\infty$

$$\Delta \boldsymbol{x} \mid_{t = t_k} = \boldsymbol{x}(t_k +) - \boldsymbol{x}(t_k)$$

$\boldsymbol{x}(t_k +)$ 表示 $\boldsymbol{x}$ 在 $t = t_k$ 处的右极限.

令 $\Omega \subset \mathbf{R}^{n+1}$ 为开集, $(\boldsymbol{x}_0, t_0) \in \Omega$

$$\widetilde{\Omega} = \{\boldsymbol{x} \in \mathbf{R}^n: \|\boldsymbol{x} - \boldsymbol{x}_0\| < \Delta\} \times \{t \in \mathbf{R}: \|t - t_0\| < \Delta\} \subset \Omega$$

记

$$B = \{\boldsymbol{x} \in \mathbf{R}^n: \|\boldsymbol{x} - \boldsymbol{x}_0\| < \Delta\}$$

$$I = \{\, t \in \mathbf{R} : \|t - t_0\| < \Delta \,\}$$

$$\widetilde{\Omega} = B \times I$$

以下假设 $f: \Omega \to \mathbf{R}^n$ 为 Carathéodory 函数且满足下列条件：

①存在正值函数 $\delta: I \to (0, +\infty)$，对每个区间 $[u, v]$，满足 $\tau \in [u, v] \subset [\tau - \delta(\tau), \tau + \delta(\tau)] \subset I$ 及 $x \in B$，有

$$\|f(x, \tau)(v - u)\| \leqslant \Phi(|h(v) - h(u)|) \qquad (11)$$

②对每个区间 $[u, v]$，满足 $\tau \in [u, v] \subset [\tau - \delta(\tau), \tau + \delta(\tau)] \subset I$ 及 $x, y \in B$，有

$$\begin{aligned} &\|f(x, \tau) - f(y, \tau)\|(v - u) \\ &\leqslant \omega(\|x - y\|)\Phi(|h(v) - h(u)|) \end{aligned} \qquad (12)$$

其中 $h: I \to \mathbf{R}$ 是定义于 I 上的单调增加左连续函数，而 $\omega: [0, +\infty) \to \mathbf{R}$ 是单调增加的连续函数，且满足 $\omega(0) = 0$.

③对 $t_1, t_2 \in I, (x(s), s) \in \widetilde{\Omega}$，Kurzweil 积分

$$\int_{t_1}^{t_2} f(x(s), s)\mathrm{d}s \text{ 存在.} \qquad (13)$$

引理 3 设 $f: \Omega \to \mathbf{R}^n$ 为 Carathéodory 函数且 $f(x, t)$ 满足条件式 (11)—(13)，则对任意 $x, y \in B, t_1, t_2 \in I$，有

$$\|G(x, t_2) - G(x, t_1)\| \leqslant \Phi(|h(t_2) - h(t_1)|)$$

$$\|G(x, t_2) - G(x, t_1) - G(y, t_2) + G(y, t_1)\|$$

$$\leqslant \omega(\|x - y\|)\Phi(|h(t_2) - h(t_1)|)$$

即 $G \in F_\Phi(\Omega, h, \omega)$，其中 $G(x, t) = \displaystyle\int_0^t f(x(s), s)\mathrm{d}s$.

证明　因为 $f\colon \Omega \to \mathbf{R}^n$ 为 Carathéodory 函数且满足条件(11)—(13)，任取 $t_1, t_2 \in I$，不妨设 $t_1 < t_2$，则对 $\forall \varepsilon > 0$ 及区间 $[t_1, t_2]$ 的任意 δ 精细分划 $\{(\tau_j; [\alpha_{j-1}, \alpha_j]), j = 1, 2, \cdots, m\}$，其中 $\tau_j \in [\alpha_{j-1}, \alpha_j] \subset [\tau_j - \delta(\tau_j), \tau_j + \delta(\tau_j)]$，$\tau \in [t_1, t_2]$，由文献 [8] 定理 1.03，有

$$\|G(x, t_2) - G(x, t_1)\|$$

$$= \left\| \int_{t_1}^{t_2} f(x(\tau), \tau) \, d\tau \right\|$$

$$\leqslant \left\| \int_{t_1}^{t_2} f(x(\tau), \tau) \, d\tau - \sum_{j=1}^{m} f(x(\tau_j), \tau_j)(\alpha_j - \alpha_{j-1}) \right\| +$$

$$\left\| \sum_{j=1}^{m} f(x(\tau_j), \tau_j)(\alpha_j - \alpha_{j-1}) \right\|$$

$$\leqslant \varepsilon + \sum_{j=1}^{m} \|f(x(\tau_j), \tau_j)(\alpha_j - \alpha_{j-1})\|$$

$$\leqslant \varepsilon + \sum_{j=1}^{m} \Phi(|h(\alpha_j) - h(\alpha_{j-1})|)$$

$$< \varepsilon + \Phi(|h(t_2) - h(t_1)|)$$

由 ε 的任意性，有

$$\|G(x, t_2) - G(x, t_1)\| \leqslant \Phi(|h(t_2) - h(t_1)|)$$

用类似的方法，可得

$$\|G(x, t_2) - G(x, t_1) - G(y, t_2) + G(y, t_1)\|$$

$$\leqslant \omega(\|x - y\|) \Phi(|h(t_2) - h(t_1)|)$$

即 $G \in F_\Phi(\Omega, h, \omega)$.

定理 2　设 $f\colon \Omega \to \mathbf{R}^n$ 为 Carathéodory 函数且满足条件(11)—(13)，对 $(x_0, t_0) \in \Omega$，$t_i \in [\alpha, \beta]$，$i = 1, 2, \cdots, k$，则 $x\colon [\alpha, \beta] \subset (t_0, t_0 + \Delta)$，$\Delta > 0$ 是问题(10)

的 Φ 有界变差解的充分条件：x 是广义常微分方程初值问题

$$\begin{cases} \dfrac{\mathrm{d}x}{\mathrm{d}\tau} = DG(x,t) \\ x(t_0) = x_0 \end{cases}$$

在 $[\alpha,\beta]$ 上的 Φ 有界变差解，其中

$$G(x,t) = \int_0^t f(x(s),s)\mathrm{d}s + \sum_{i=1}^k I_i(x)H_{t_i}(t)$$

$$H_{t_i}(t) = \begin{cases} 0, t \leqslant t_i \\ 0, t > t_i \end{cases}$$

说明2　若 $\omega(r) = r, r > 0$，则记

$$F_\Phi(\Omega,h,\omega) = F_\Phi(\Omega,h)$$

参考文献

[1] KURZWEIL J. Generalized ordinary differential equations and continuous dependence on a parameter [J]. Czech Math J. ,1957,7:418-449.

[2] AFONSO S, BONOTTO E M, SCHWABIK S. Discontinuous local semi-flows for Kurzweil equations leading to LaSalle's invariance principle for nonautonomous systems with impulses[J]. J. Differential Equations,2011,250:2969-3001.

[3] HALAS Z, TVRDY M. Singular periodic impulse problems [J]. Nonlinear Oscillations, 2008, 11:32-44.

[4] FEDERSON M, TABOAS P Z. Toplogical dynamics of retarded functional differential equation [J]. J.

Differential Equations,2003,195:313-331.

[5]FEDERSON M, SCHWABIK S. Stability for retarded functional differential equation[J]. Ukr Math Journal,2008,60:107-126.

[6]FEDERSON M, SCHWABIK S. Generalized ODE approach to impulsive retarded functional differential equations[J]. Differential Integral Equation,2006, 19(11):1201-1234.

[7]SCHWABIK S. Generalized Ordinary Differential Equations[M]. Singapore：World Scientific,1992.

[8]MUSIELAK J, ORLICZ W. On generalized variations (Ⅰ)[J]. Studia Math. ,1959,18:11-41.

[9]李宝麟,吴从炘. Kurzweil 方程的 Φ 有界变差解[J]. 数学学报,2003,46(3):561-570.

[10]李宝麟,梁雪峰. 一类脉冲微分系统的 Φ 有界变差解[J]. 西北师范大学学报:自然科学版,2007, 43(4):1-5.

李文清论 P 次有界变差函数

1. 定义及问题

定义 1 $f(x)$ 在 $[a,b]$ 上的有限函数作分割 D

$$D: x_0 = a < x_1 < x_2 < \cdots < x_n = b$$

作

$$V_p(f) = \sum_{k=0}^{n-1} |f(x_{k+1}) - f(x_k)|^P$$

P 满足 $0 < P < +\infty$

$$\sup_D V_P = \overset{b}{\underset{a}{V}}_P(f)$$

当 $\overset{b}{\underset{a}{V}}_P(f) < \infty$ 时,则 $f(x)$ 叫 P 次有界变差函数.

上面定义,当 $P=1$ 时即有界变差函数. $P=2$ 即二次有界变差函数. 此定义 1 比 N. Wiener 的定义较广义的. 以下把 N. Wiener 的定义写出做参考.

定义 2 其他条件与定义 1 同,在分割时加一条件 $x_{i+1} - x_i < \varepsilon$,则命

$$\sup_D V_P = \overset{b}{\underset{a}{V}}{}^{(\varepsilon)}_{(P)}(f)$$

若 $\lim\limits_{\varepsilon\to 0}V_P^{(\varepsilon)}\!\!{}^b_a(f)<\infty$,则称 $f\in V_P$.

以下我们再介绍一个较强的定义

定义 3　设 $f(x)$ 在 $[a,b]$ 连续,作分割

$$D: a=x_0<x_1<\cdots<x_n=b$$

$$\max[\,x_{i+1}-x_i\,]\leqslant\lambda\,,当\,\lambda\to 0\,\,时$$

若

$$\sum_{i=1}^{n-1}\,|f(x_i)-f(x_{i+1})\,|^{\,P}\quad(P>0)$$

趋于一极限,此极限叫

$$V_P^*\!\!{}^b_a(f)$$

则称

$$f(x)\in V_P^*$$

很显然的当 $f(x)$ 是连续的有界变差函数定义 1,定义 2 及定义 3 是等价的.

巴拿赫曾证明,连续的有界变差函数之充要条件为巴拿赫指示函数 $N(y)$ 是 L_1 可积函数. 我们要问对于 P 次变差函数有没有相应的定理成立. 本章对这一问题得到结果如下,即当巴拿赫指示函数是 L_P 可积分时,则 $f(x)\in V_P^*$ 当 $P\geqslant 1$. 又 $f(x)\in V_{\frac{1}{P}}^*$ 时,则巴拿赫函数属于 $L_P,P\geqslant 1$. 因 $P=1$ 已证明了. 本章只讨论 $P>1$ 的情况. 又在开头一部先把一些简单 $f(x)\in V_P$ 的性质加以叙述. 第二部分把巴拿赫定理推广. 以下只考虑 $P>1$ 的情况.

定理 1　$f\in V_P(f(x)$ 是 P 次有界变差函数),则 $f(x)$ 有界.

证明 作

$$V_P(f) = |f(x) - f(a)|^P + |f(b) - f(x)|^P \leqslant \overset{b}{\underset{a}{V}}_P(f)$$

所以

$$|f(x) - f(a)|^P \leqslant \overset{b}{\underset{a}{V}}_P(f)$$

所以

$$|f(x)| \leqslant |f(a)| + (\overset{b}{\underset{a}{V}}_P(f))^{\frac{1}{P}}$$

定理 2 若

$$f(x), g(x) \in V_P$$

则

$$f(x) \pm g(x), f(x) \cdot g(x) \in V_P$$

且 $|g(x)| > \sigma > 0$ 时

$$\frac{f(x)}{g(x)} \in V_P$$

证明 （1）由

$$|f(x_i) \pm g(x_i) - \{f(x_{i+1}) \pm g(x_{i+1})\}|^P$$
$$\leqslant 2^P \{|f(x_i) - f(x_{i+1})|^P + |g(x_i) - g(x_{i+1})|^P\}$$

两端取 $\sum$，再取 sup.

（2）可得

$$|f(x_i)g(x_i) - f(x_{i+1})g(x_{i+1})|^P$$
$$= |f(x_i)g(x_i) - f(x_i)g(x_{i+1}) + f(x_i)g(x_{i+1}) - f(x_{i+1})g(x_{i+1})|^P$$
$$\leqslant 2^P |f(x_i)g(x_i) - f(x_i)g(x_{i+1})|^P +$$
$$2^P |f(x_i)g(x_{i+1}) - f(x_{i+1})g(x_{i+1})|^P$$
$$\leqslant 2^P |f(x_i)|^P |g(x_i) - g(x_{i+1})|^P +$$

$$2^P \left| g(x_{i+1}) \right|^P \left| g(x_i) - f(x_{i+1}) \right|^P$$

按定理 1, $f, g \in V_P$, 故有界.

设

$$\left| f(x_i) \right|^P \leqslant A, \left| g(x_i) \right|^P \leqslant B$$

得

$$\left| f(x_i) g(x_i) - g(x_{i+1}) g(x_{i+1}) \right|^P$$

$$\leqslant 2^P A \left| g(x_i) - g(x_{i+1}) \right|^P + 2^P B \left| f(x_i) - f(x_{i+1}) \right|^P$$

由此不等式得 $f(x) \cdot g(x) \in V_P$, 且

$$\overset{b}{\underset{a}{V}}(f(x) \cdot g(x)) \leqslant 2^P A V_P(g) + 2^P B V_P(f)$$

（3）可得

$$\left| \frac{f(x_i)}{g(x_i)} - \frac{f(x_{i+1})}{g(x_{i+1})} \right|^P$$

$$= \frac{\left| f(x_i) g(x_{i+1}) - f(x_{i+1}) g(x_i) \right|}{\left| g(x_i) g(x_{i+1}) \right|^P}$$

$$\leqslant \frac{2^P}{\sigma^2 P} B \left| f(x_i) - f(x_{i+1}) \right|^P + \frac{2^P}{\sigma^2 P} A \left| g(x_{i+1}) - g(x_i) \right|^P$$

由此不等式得

$$\frac{f(x)}{g(x)} \in V_P$$

定理 3　$f(x) \in V_P, P < P_1$, 则 $f(x) \in V_{P_1}$.

证明　设 $f \in V_P$, 作

$$V = \sum_{i=1}^{n-1} \left| f(x_i) - f(x_{i+1}) \right|^{P_1}$$

$$= \sum_{i=1}^{n-1} \left| f(x_i) - f(x_{i+1}) \right|^{P_1 - P} \left| f(x_i) - f(x_{i+1}) \right|^P$$

$$\leqslant \sum_{i=1}^{n-1} \left\{ \left| f(x_i) \right| + \left| f(x_{i+1}) \right| \right\}^{P_1 - P} \left| f(x_i) - f(x_{i+1}) \right|^P$$

$$\leqslant \sum_{i=1}^{n-1} M \left| f(x_i) - f(x_{i+1}) \right|^P$$

$$\leqslant M \overset{b}{\underset{a}{V}}_P(f) \quad （按定理1）$$

故 $f(x) \in V_{P_1}$（定理已为 N. Wiener 所证,不过定义 1 是较弱的定义）.

定理 4 $\overset{b}{\underset{a}{V}}_P(f) \geqslant \overset{c}{\underset{a}{V}}_P(f) + \overset{b}{\underset{a}{V}}_P(f)$, $P > 1$, 当 $a < c < b$, $P = 1$ 时等号成立.

证明 当 $P = 1$ 时等号成立, 见 И. П. Натасон 的实函数论.

设

$$y_0 = a < y_1 < \cdots < y_m = c$$
$$z_0 = c < z_1 < \cdots < z_m = b$$

作

$$V_P^{(1)} = \sum_{k=1}^{m-1} \left| f(y_{k+1}) - f(y_k) \right|^P$$

$$V_P^{(2)} = \sum_{k=0}^{n-1} \left| f(z_{k+1}) - f(z_k) \right|^P$$

所以

$$V_P^{(1)}(f) + V_P^{(2)}(f) \leqslant \overset{b}{\underset{a}{V}}_P(f)$$

$$\overset{c}{\underset{a}{V}}_P(f) + \overset{b}{\underset{c}{V}}_P(f) \leqslant \overset{b}{\underset{a}{V}}_P(f)$$

例 1 取 $f(x) = x$ 在 $[0,1]$. 取 $c = \dfrac{1}{2}$, $a = 0$, $b = 1$, 则 $V_2' = |f(0) - f(1)|^2 = 1$, 但

$$V_2'' = \left| f(0) - f\left(\frac{1}{2}\right) \right|^2 + \left| f\left(\frac{1}{2}\right) - f(1) \right|^2$$

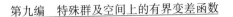

$$= \frac{1}{4} + \frac{1}{4} = \frac{1}{2}$$

故

$$V''_2 < V'_2$$

故不等式 $\overset{b}{\underset{a}{V}}_P(f) > \overset{c}{\underset{a}{V}}_P(f) + \overset{b}{\underset{c}{V}}_P(f)$ 可能成立.

定理 4a　若 $f \in \overline{V}_P$（在 Wiener 定义下），且 $f(x)$ 是连续函数得

$$\overset{b}{\underset{a}{\overline{V}}}_P(f) = \overset{c}{\underset{a}{\overline{V}}}_P(f) + \overset{b}{\underset{c}{\overline{V}}}_P(f)$$

证明　$\overset{c}{\underset{a}{\overline{V}}}_P(f) + \overset{b}{\underset{c}{\overline{V}}}_P(f) \leqslant \overset{b}{\underset{a}{\overline{V}}}_P(f)$ 与定理 3 相同. 故只证

$$\overset{b}{\underset{a}{\overline{V}}}_P(f) + \overset{c}{\underset{a}{\overline{V}}}_P(f) \geqslant \overset{b}{\underset{a}{\overline{V}}}_P(f)$$

对任一分割 $a = x_0 < x_1 < \cdots < x_n = b$ 满足

$$x_{i+1} - x_i < \varepsilon$$

若有一 $x_i = c$，即得 $a < x_1 < \cdots < c$ 及 $c < x_{i+1} < \cdots < b$ 两分割. 否则加添 $x_i < c < x_{i+1}$ 一分割点 c. 但加添 c 与不加添 c 至多增加或减少

$$\left| f(x_i) - f(x_{i+1}) \right|^P - \{ \left| f(x_i) - f(c) \right|^P +$$
$$\left| f(c) - f(x_{i+1}) \right|^P \}$$

按 $f(x)$ 是连续的, 故上述之量 $< \eta$. 当 $\varepsilon > 0$ 适当小时（η 取任一小正数）, 故得

$$\sum_{k=1}^{i-1} \left| f(x_k) - f(x_{k+1}) \right|^P + \left| f(x_i) - f(c) \right|^P +$$
$$\left| f(c) - f(x_{i+1}) \right|^P + \sum_{k=i+1}^{n} \left| f(x_k) - f(x_{k+1}) \right|^P >$$

$$\sum_{k=1}^{n} \mid f(x_k) - f(x_{k+1}) \mid^P - \eta$$

所以

$$\overline{V}_P^c(f) + \overline{V}_P^b(f) \geqslant \overline{V}_P^b(f) + \eta$$

此 η 是任一小正数，所以

$$\overline{V}_P^c(f) + \overline{V}_P^b(f) \geqslant \overline{V}_P^b(f)$$

所以

$$\overline{V}_P^c(f) + \overline{V}_P^b(f) = \overline{V}_P^b(f)$$

定理 5　$f(x)$ 连续且 $f \in V_P$，则

$$\pi_P(x) = \overline{V}_P^x(f) \quad (a \leqslant x \leqslant b)$$

为一连续渐增函数.

证明　$\pi_P(x)$ 是渐增函数，由定理 4a 得：

设 $f(x)$ 是连续函数. 按 $f \in \overline{V}_P$ 之定义对任一 $\varepsilon > 0$ 存在一分割

$$a = x_0 < x_1 < \cdots < x_{n-1} < x_n = x \quad (当 x_i - x_{i-1} < \eta)$$

使

$$\overline{V}_P^x(f) - \varepsilon < \sum_{i=1}^{n-1} \mid f(x_i) - f(x_{i+1}) \mid^P$$

因 $f(x)$ 是连续的，当 η 适当小时可使

$$\mid f(x_i) - f(x_{i+1}) \mid^P < \varepsilon \quad (i = 1, 2, \cdots, n-1)$$

所以

$$\overline{V}_P^x(f) - 2\varepsilon < \sum_{i=1}^{n-2} \mid f(x_i) - f(x_{i+1}) \mid^P$$

所以

$$\overset{x}{\underset{a}{\overline{V}}}_P(f) - 2\varepsilon \leqslant \overset{x_{n-1}}{\underset{a}{\overline{V}}}_P(f)$$

所以

$$\overset{\varepsilon}{\underset{x_{n-1}}{V}}_P(f) \leqslant 2\varepsilon$$

所以

$$\pi_P(x) - \pi_P(x_{n-1}) \leqslant 2\varepsilon$$

所以

$$\pi_P(x) - \pi_P(x-0) = 0 \quad (当\ \varepsilon \to 0)$$

同理可证

$$\pi_P(x+0) - \pi_P(x) = 0$$

2. 巴拿赫指示函数

已知一 $f(x)$ 在 $[a,b]$ 连续,设

$$\min_{a \leqslant x \leqslant b} f(x) = m, \max_{a \leqslant x \leqslant b} f(x) = M, m \leqslant y \leqslant M$$

$f(x) = y$ 之解的个数为 $N(y)$, $N(y)$ 叫关于 $f(x)$ 的指示函数.

巴拿赫定理: $f(x)$ 在 $[a,b]$ 连续为有界变差函数的充要条件为 $N(y) \in L$, 且

$$\int_m^M N(y)\mathrm{d}y = \overset{b}{\underset{a}{V}}(f)$$

以下我们讨论 $f \in V_P^*$ 的情况.

定理 6　$f \in V_P^*$, 则 $f \in V_P$.

证明　设定理不成立,则

$$\sup_D \sum_{i=1}^{n-1} |f(x_i) - f(x_{i+1})|^P \to \infty$$

必存在一列分割法

$$D_m: a = x_0^m < x_1^m < \cdots < x_{n_m}^n = b$$

使

$$V_P^m = \sum_{k=c}^{n_{m-1}} |f(x_m^k) - f(x_{k+1}^m)|^P, \max[x_{s+1}^m - x_1^m] \le \lambda_m$$

$$\lim_{m \to \infty} V_P^m = \infty$$

若 $\lambda_m \to 0$,此不可能因与定义 $f \in V^*$ 矛盾. 设 $\varepsilon > 0$ 之任一小正数,且设

$$\lambda_m \ge \varepsilon \quad (m = 1, 2, 3, \cdots)$$

在 D_m 中加 $\left[\dfrac{b-a}{\varepsilon}\right]$ 个分点得新分割 $D_{m'}$. 加入分点为

$$a < a + \varepsilon < a + 2\varepsilon < \cdots < a + \left[\frac{b-a}{\varepsilon}\right]\varepsilon \le b$$

结果使 V_P^m 至多增加或减少

$$2^P \max |f(x)|^P \times \frac{b-a}{\varepsilon}$$

故 V_P^m 仍 $\to \infty$. 故可设 $\sup \lambda_m$ 小于任一小正数,换言之 $\lambda_m \to 0$. 故 $f \in V_P^*$ 时,则 $f \in V_P$. 故 V_P^* 为 V_P 之一子集,且当 $f(x)$ 连续 $P = 1$, V_1^* 与 V_1 是一回事.

定理 7 当 $N(y) \in L_2$,则 $f(x) \in V_2^*$.

证明 命 $L_i(y)$ 表示如下的函数,作

$$d_1 = \left[a, a - \frac{b-a}{2^a}\right]$$

$$\vdots$$

$$d_k = \left[a + (k-1)\frac{b-a}{2^n}, a + k\frac{b-a}{2^n}\right]$$

$f(x) = y$ 在 $x \in d_i$ 有解时命 $L_i(y) = 1$. 其他 $L_i(y) = 0$. 命

$$N_n = \sum_{i=1}^{2^n} L_i(y)$$

则

$$N(y) = \lim_{n \to \infty} N_n(y)$$

$$\left(\int_m^M L_i(y) \, \mathrm{d}y \right)^2 = \omega_i^2 \quad (\omega_i \text{ 表 } f(x) \text{ 在 } d_i \text{ 之振动})$$

$$\sum_{i=1}^{2^n} \omega_i^2 = \sum_{i=1}^{2^n} \left(\int_m^M L_i(y) \, \mathrm{d}y \right)^2$$

$$\leqslant \left(\sum_{i=1}^{2^n} \int_m^M L_i(y) \, \mathrm{d}y \right)^2$$

$$\leqslant \left(\int_m^M N_n(y) \, \mathrm{d}y \right)^2$$

$$\leqslant \int_m^M N_n^2(y) \, \mathrm{d}y \cdot \int_m^M \mathrm{d}y$$

$$\leqslant (M - m) \int_m^M N_n^2(y) \, \mathrm{d}y$$

又

$$N_n^2(y) \leqslant N_{n+1}^2(y) \leqslant \cdots$$

$$\lim_{n \to \infty} N_n^2(y) = N^2(y)$$

所以

$$\sup \sum_{i=1}^{2^n} \omega^2 \leqslant (M - m) \int_m^M N^2(y) \, \mathrm{d}y$$

所以

$$V_2^*(f) \leqslant (M - m) \int_m^M N^2(y) \, \mathrm{d}y$$

证毕.

注意　以上的计算只能在定义 V^* 成立,至于 $f(x) \in V_P$ 能否成立还是问题.

定理 8　$f(x) \in V_{\frac{1}{2}}^{*}$，且连续，则 $N(y) \in L_2$.

证明　因为

$$\int_m^M N^2(y)\,\mathrm{d}y = \lim_{n\to\infty}\int_m^M N_n^2(y)\,\mathrm{d}y$$

$$\int_m^M N_n^2(y)\,\mathrm{d}y = \int_m^M \left[L_1(y) + L_2(y) + \cdots + L_{2^n}(y)\right]^2\mathrm{d}y$$

$$= \int_m^M \sum_{i,j}^{2^n} L_i(y)L_j(y)\,\mathrm{d}y$$

$$\leqslant \sum_{i,j}^{2^n}\sqrt{\int_m^M L_i^2(y)\,\mathrm{d}y}\sqrt{\int_m^M L_j^2(y)\,\mathrm{d}y}$$

$$\leqslant \sum_{i,j}^{2^n}\omega_j^{\frac{1}{2}}\cdot\omega_i^{\frac{1}{2}}$$

$$= \left(\sum_{i=1}^{2^n}\omega_i^{\frac{1}{2}}\right)^2$$

所以

$$\int_m^M N_n^2(y)\,\mathrm{d}y \leqslant \left(V_{\frac{1}{2}}^{*}(f)\right)^2$$

上列式中 $\lim\limits_{n\to\infty}\sum\limits_{i=1}^{2^n}\omega_i^{\frac{1}{2}} = V_{\frac{1}{2}}^{*}(f)$，可由下列证明.

因

$$\sum_{i=1}^{m}\left|f(x_i) - f(x_{i+1})\right|^{\frac{1}{2}} < \sum_{i=1}^{m}\omega_i^{\frac{1}{2}}$$

同时已知 $\sum\limits_{i=1}^{m}\omega_i^{\frac{1}{2}}$ 时可再分割，得

$$\sum_{i=1}^{m'}\left|f(x_i) - f(x_{i+1})\right|^{\frac{1}{2}} > \sum_{i=1}^{m}\omega_i^{\frac{1}{2}}$$

设 $\left|f(x_i) - (x_{i+1})\right|$ 恰好是 ω_i，则在 $x_i < x < x_{i+1}$ 不加新分点. 若 $f(x_i)$ 及 $f(x_{i+1})$ 非 $x_i \leqslant x \leqslant x_{i+1}$ 上 $f(x)$ 之最小值 m_i 及最大值 M_i，必有 $f(\xi_i)$ 为 $f(x)$ 之最小值，$f(\eta_i)$

为 $f(x)$ 之最大值,此时加入新分点.

设 $x_i < \xi_i < \eta_i < x_{i+1}$,则得

$$|f(x_i) - f(\zeta_i)|^P + |f(\zeta_i) - f(\eta_i)|^P +$$

$$|f(\eta_i) - f(x_{i+1})|^P \geqslant |f(\zeta_i) - f(\eta_i)|^P = \omega_i^P$$

设 $x_i < \eta_i < \xi_i < x_i$,则

$$|f(x_i) - f(\eta_i)|^P + |f(\eta_i) - f(\xi_i)|^P +$$

$$|f(\xi_i) - f(x_{i+1})|^P \geqslant |f(\eta_i) - f(\xi_i)|^P = \omega_i^P$$

故 $\sum \omega_i^P$ 及 $\sum |f(x_i) - f(x_{i+1})|^P$ 同趋一值 $\overset{b}{\underset{a}{V}}{}^*_P$.

定理 8 可作下列推广

$$f(x) \in V^*_{\frac{1}{P}}$$

则

$$N(y) \in L_P \quad \left(P > 1, \frac{1}{P} + \frac{1}{Q} = 1 \right)$$

证明　因为

$$\int_m^M N_n^P(y)\,\mathrm{d}y$$

$$= \int_m^M [L_1(y) + \cdots + L_{2^n}(y)]^P \mathrm{d}y$$

$$= \sum_{i=1}^{2^n} \int_m^M L_i(y) \cdot N_n^{P-1}(y)\,\mathrm{d}y$$

$$\leqslant \sum_{i=1}^{2^n} \int_m^M L_i^P(y)\,\mathrm{d}y \left(\int_m^M N_N^{(P-1)Q}(y)sy \right)^{\frac{1}{Q}}$$

$$\leqslant \left(\sum_{i=1}^{2^n} \omega_i^{\frac{1}{P}} \right) \left(\int_m^M N_n^Q(y) \right)^{\frac{1}{Q}}$$

所以

$$\left(\int_m^M N_n^P(y)\,\mathrm{d}y \right)^{\frac{1}{P}} \leqslant \sum_{i=1}^{2^n} \omega^{\frac{1}{P}}$$

所以

$$f(x) \in V_{\frac{1}{P}}^*$$

得

$$N(y) \in L_P$$

定理 7 的推广　$N(y) \in L^P, P > 1$，则

$$f(x) \in V_P^*$$

证明　先考虑定积分，当 $x, y > 0, P > 1$，得

$$\frac{1}{P} \int_x^{x, P} x^{P-1} \mathrm{d}x \geqslant \frac{1}{P} \int_0^y x^{P-1} \mathrm{d}x$$

所以

$$(x + y)^P - x^P \geqslant y^P$$

所以

$$(x + y)^P \geqslant x^P + y^P$$

由归纳法得

$$\sum_{i=1}^m x_i^P \leqslant \left(\sum x_i \right)^P$$

所以

$$\begin{aligned} \sum_{i=1}^{2^n} \omega_i^P &= \sum_{i=1}^{2^n} \left(\int_m^M L_i(y) \, \mathrm{d}y \right)^P \\ &\leqslant \left(\int_m^M \sum_{i=1}^{2^n} L_i(y) \, \mathrm{d}y \right)^P \\ &\leqslant \left(\int_m^M N_n(y) \, \mathrm{d}y \right)^P \\ &\leqslant \left(\int_m^M N_n^P(y) \, \mathrm{d}y \right) (M - m)^{\frac{P}{Q}} \end{aligned}$$

所以

$$N(y) \in L_P$$

得

$$f \in V_P^*$$

李文清论巴拿赫空间上有界变差函数

1. 引言

本章厦门大学的李文清教授曾讨论了定义在实数区间的向量函数,其值域为巴拿赫空间(或简称(B)空间).前半部分是(B)空间的有界变差函数的定义及一些由定义直接导出的结果.后半部分指出某些特殊(B)空间的有界变差函数的充分条件及在(l)空间的充要条件,亦即在(l)空间中有界变差函数的表达式.

定义 1 一向量函数 $x(t)$ 定义于 $[0, 1]$,取值于(B)型空间(完备的、就范的、向量空间)X,这称为广义的有界变差函数.若 $x^*[x(t)]$ 对任一 $x^* \in X^*$(X 之共轭空间)是有界变差函数(普通意义下),$x(t)$ 叫狭义的有界变差函数,若

$$\sup_D \sum_{i=0}^{n-1} \|x(t_{i+1}) - x(t_i)\| \text{有界}$$

$$D: t_0 = 0 < t_1 < t_2 < \cdots < t_n = 1$$

第 49 章

此上确界叫强全变差,以 $\bigvee_0^1 (x(t))$ 表之.

由上列定义,很容易知道狭义的有界变差函数必是广义的变差函数,只要注意

$$\sum_{i=0}^{n-1} \left| x^*(x(t_{i+1})) - x^*(x(t_i)) \right|$$

$$= \sum_{i=0}^{n-1} \left| x^*(x(t_{i+1})) - x(t_i) \right|$$

$$\leqslant \sum_{i=0}^{n-1} \| x^* \| \cdot \| x(t_{i+1}) - x(t_i) \|$$

$$= \| x^* \| \sum_{i=0}^{n-1} \| x(t_{i+1}) - x(t_i) \|$$

两端取 sup,即得所求结果

由狭义的有界变差,可导致一致有界性

$$\| x(0) - x(t) \| \leqslant \sup \sum_{i=0}^{n-1} \| x(t_{i+1}) - x(t_i) \|$$

所以

$$\| x(t) \| \leqslant \| x(0) \| + \sup \sum_{i=0}^{n-1} \| x(t_{i+1}) - x(t_i) \|$$

$x(t)$ 在 $[0,1]$ 是狭义的有界变差函数,至多有可列个不连续点.

命 $\Omega_\delta = \sup\limits_\delta \| x(t') - x(t'') \|$ 此 $t', t'' \in [t_0 - \delta, t_0 + \delta]$.

当 $\lim\limits_{\delta \to 0} \Omega_\delta = 0$ 时,$x(t)$ 在 t_0 连续. 当 $\lim\limits_{b \to 0} \Omega_\delta = \Omega(t_0) > 0$ 不连续. Ω 称为点 t_0 的跳跃.

可见 $\Omega(t) > 1, \Omega(t) > \dfrac{1}{2}, \cdots, \Omega(t) > \dfrac{1}{n}, \cdots$ 的点

皆为有限个.

设 $x(t)$ 在 $[0,1]$ 连续, 且为狭义的有界变差函数, 以 $\pi(t_0)$ 表示 $\bigvee\limits_0^{t_0}(x(t))$, 则 $\pi(i)$ 为在 $[0 \leqslant t \leqslant 1]$ 的连续函数.

证明　由

$$\pi(t) = \bigvee_0^t (x(t))$$

设 $0 < t_0 < 1$, 令证 $\pi(t)$ 右连续于 t_0. 作分点

$$t_0 < t_1 < t_2 < \cdots < t_n = 1$$

使

$$V = \sum_{k=0}^{n-1} \|x(t_{k+1}) - x(t_k)\| > \bigvee_{t_0}^1 (x(t)) - \varepsilon$$

因增加一分点, V 不减少故可假定

$$\|x(t_1) - x(t_0)\| < \varepsilon$$

所以

$$\bigvee_{t_0}^1 (x(t)) < \varepsilon + \sum_{k=0}^{n-1} \|x(t_{k+1}) - x(t_k)\|$$

$$< 2\varepsilon + \sum_{k=0}^{n-1} \|x(t_{k+1}) - x(t_k)\|$$

$$\leqslant 2\varepsilon + \bigvee_{t_1}^1 (x(t))$$

所以

$$\bigvee_{t_0}^1 (x(t)) - \bigvee_{t_1}^1 (x(t)) \leqslant 2\varepsilon$$

即

$$\bigvee_{t_0}^{t_1} (x(t)) < 2\varepsilon$$

所以

$$\pi(t_0 + 0) - \pi(t_0) = 0$$

同法可证得

$$\pi(t_0 - 0) = \pi(t_0)$$

在上列证明中利用

$$\overset{t_0}{\underset{0}{\bigvee}} (x(t)) + \overset{1}{\underset{t_0}{\bigvee}} (x(t)) = \overset{1}{\underset{0}{\bigvee}} (x(t))$$

证法参看那汤松的《实变函数论》第八章 §3 定理 5.

2. 在 $L^{(P)}, l^P, (l)$ 空间的有界变差函数

设 $x(t) \in L^{(P)}$,对任一 $0 \le t \le 1$,则

$$x(t) = K(u,t) \quad (0 \le t \le 1)$$

$$\|x(t)\| = \left(\int_0^1 |K(u,t)| \mathrm{d}t \right)^{\frac{1}{P}} = M(t) < \infty$$

上列之 $x(t)$ 亦可写作 $K(\cdot, t)$

定理 1 设 $x(t) = K(\cdot, t) \in L^P, P > 1, t$ 是任一数 $0 \le t \le 1$. 若 $K(u,t) = g(u) \cdot f(t), g(u) \in L^P, f(t)$ 是有界变差函数(在普通的意义下),则 $x(t)$ 是狭义的有界变差函数. 若 $g(u) \in L^P, f(t)$ 在普通的意义下非有界变差函数,则 $x(t)$ 亦非狭义有界变差函数于 (B).

证明 作

$$D: t_0 = 0 < t_1 < t_2 < \cdots < t_n = 1$$

$$\sup_D \sum_{i=0}^{n-1} \|x(t_{i+1}) - x(t_i)\|$$

$$= \sup_D \sum_{i=0}^{n-1} \|K(u, t_{i+1}) - K(u, t_i)\|$$

$$= \sup_D \sum_{i=0}^{n-1} \left(\int_0^1 |K(u, t_{i+1}) - K(u, t_i)|^P \mathrm{d}u \right)^{1/P}$$

556

$$= \sup_D \sum_{i=0}^{n-1} \left(\int_0^1 |g(u)f(t_{i+1}) - g(u)f(t_i)|^P du \right)^{1/P}$$

$$= \sup_D \sum_{i=0}^{n-1} \left(\int_0^1 |g(u)|^P du \right)^{1/P} \cdot |f(t_{i+1}) - f(t_i)|$$

$$= \left(\int_0^1 |g(u)|^P du \right)^{1/P} \cdot \sup_D \sum_{i=0}^{n-1} |f(t_{i+1}) - f(t_i)|$$

$$= \left(\int_0^1 |g(u)|^P du \right)^{1/P} \cdot \bigvee_0^1 (f(t))$$

设 $f(t)$ 非有界变差函数,由上列计算可得

$$\sup_D \sum_{i=0}^{n-1} \|x(t_{i+1}) - x(t_i)\| = \infty$$

证毕.

系1 设

$$x(t) = K(\cdot, t) = K(u, t)$$

$$|K(u, t_1) - K(u, t_2)| \leqslant |g(u)| \cdot |f(t_1) - f(t_2)|$$

$g(u) \in L^P, f(t)$ 为有界变差函数(在普通意义下),则 $x(t)$ 为狭义有界变差函数于 (B).

系2 由

$$x(t) = K(\cdot, t) = K(u, t)$$

$$|K(u, t_1) - K(u, t_2)| \leqslant |g(u)| \cdot |t_1 - t_2| \quad (g(u) \in L^P)$$

则 $x(t)$ 为狭义的有界变差函数.

现在我们讨论 $x(t) = K(\cdot, t)$ 在什么条件下是广义的有界变差函数.

定理2 $x(t) = K(\cdot, t) \in L^P$,若当 u 固定,$K(u, t)$ 在普通意义下是有界变差函数,且 $\bigvee_0^1 (K(u, t) = v(u)$ 为其全变差. 若 $v(u) \in L^P$,则 $x(t)$ 是广义的有界

变差函数.

证明 按 L^P 的线型泛函数一般形式，可写成

$$x^*(x(t)) = \int_0^1 K(u,t)g(u)\,\mathrm{d}u$$

$$x(t) = K(u,t) \in L^P$$

此

$$g(u) \in L^q$$

$$\frac{1}{q} + \frac{1}{P} = 1$$

$$\sup \sum_{i=0}^{n-1} |x^*(x(t_{i+1})) - x^*(x(t_i))|$$

$$= \sup \sum_{i=0}^{n-1} \left| \int_0^1 \{K(u,t_{i+1})g(u) - K(u,t_i)g(u)\}\,\mathrm{d}u \right|$$

$$\leqslant \sup \sum_{i=0}^{n-1} \int_0^1 |K(u,t_{i+1}) - K(u,t_i)| \cdot |g(u)|\,\mathrm{d}u$$

$$\leqslant \int_0^1 \sup \sum_{i=0}^{n-1} |K(u,t_{i+1}) - K(u,t_i)| \cdot |g(u)|\,\mathrm{d}u$$

（法都定理）

$$= \int_0^1 v(u) |g(u)|\,\mathrm{d}u$$

$$\leqslant \left(\int_0^1 (v(u))^P\,\mathrm{d}u \right)^{1/P} \cdot \left(\int_0^1 |g(u)|^q \right)^{1/q}$$

（（l）空间）一切绝对收敛的级数空间为（l）

$$x(t): \{x_1(t), x_2(t), \cdots\}$$

$$\|x(t)\| = \sum_{i=1}^{\infty} |x_i(t)|$$

$x(t)$ 定义在 $[0,1]$.

定理3 设 $x(t) \in (1)$ 为 $[0,1]$ 上的函数，其为强

有界变差的充分及必要条件为:

(1)各支量 $x_i(t), i = 1, 2, \cdots$ 为有界变差函数.

(2) $\sum\limits_{i=1}^{\infty} \bigvee\limits_0^1 (x_i(t)) < \infty$.

证明　充分性:考虑

$$\sup \sum_{i=0}^{n-1} \| x(t_{i+1}) - x(t_i) \|$$

$$(t_0 = 0 < t_1 < t_2 < \cdots < t_n = 1)$$

$$= \sup \sum_{i=0}^{n-1} \sum_{k=0}^{\infty} | x_k(t_{i+1}) - x_k(t_i) |$$

$$= \sup \sum_{k=1}^{\infty} \sum_{i=0}^{n-1} | x_k(t_{i+1}) - x_k(t_n) |$$

（按 $\|x(t)\|$ 为绝对收敛级数）

$$\leqslant \sum_{k=1}^{\infty} \sup \sum_{i=0}^{n-1} | x_k(t_{i+1}) - x_k(t_i) |$$

$$= \sum_{k=1}^{\infty} \bigvee_0^1 (x_k(t)) < \infty$$

必要性:(1)设有一 $x_i(t)$ 使

$$\bigvee_0^1 (x_i(t)) = + \infty$$

则对任一 $M > 0$,有分割

$$t_0 = 0 < t_1 < t_2 < \cdots < 1$$

使

$$\sum_{k=1}^{\infty} \sum_{i=0}^{n-1} | x_k(t_{i+1}) - x_k(t_i) | \geqslant \sum_{i=1}^{n-1} | x_i(t_{i+1}) - x_k(t_i) | > M$$

故有

$$\sum_{i=0}^{n-1} \| x(t_{i+1}) - x(t_i) \| > M$$

所以 $x(t)$ 非狭义有界变差函数. 所以任一 $x_i(t)$,
$$\bigvee_0^1 (x_i(t)) < \infty.$$

（2）设
$$\sum_{n=1}^{\infty} \bigvee_0^1 (x_n(t)) = \infty$$

则对任一 $M > 0$, 有一 N 存在, 使
$$\sum_{n=1}^{N} \bigvee_0^1 (x_n(t)) > M + 1$$

因 $x_n(t)$ 是有界变差函数, 存在分割
$$\{t_i^n\}: t_0^n = 0 < t_1^n < \cdots < t_{m_n}^n = 1$$
$$\bigvee_0^1 (x_n(t)) < \sum_{i=0}^{m_n-1} |x_n(t_{i+1}^n) - x_n(t_i^n)| + \frac{1}{N}$$
$$(n = 1, 2, \cdots, N)$$

今作一更细分割, 含有上列 N 组分点 $\{t_i^n\}$, 再排列之使成为 $t_0 = 0 < t_1 < t_2 < \cdots < t_m = 1$ (把重点去掉), 则
$$\bigvee_0^1 (x_n(t)) < \sum_{i=0}^{m-1} |x_n(t_{i+1}) - x_n(t_i)| + \frac{1}{N}$$
$$(n = 1, 2, \cdots, N)$$

故得
$$\sum_{n=1}^{N} \bigvee_0^1 (x_n(t)) < \sum_{n=1}^{N} \sum_{i=0}^{m-1} |x_n(t_{i+1}) - x_n(t_i)| + 1$$

所以
$$M < \sum_{n=1}^{N} \sum_{i=0}^{m-1} |x_n(t_{i+1}) - x_n(t_i)|$$
$$= \sum_{i=0}^{m-1} \sum_{n=1}^{\infty} |x_n(t_{i+1}) - x_n(t_i)|$$

$$= \sum_{i=0}^{m-1} \| x(t_{i+1}) - x(t_i) \|$$

故 $x(t)$ 非狭义的有界变差函数,所以

$$\sum_{n=1}^{\infty} \bigvee_0^1 (x_n(t)) < \infty$$

定理 4 $x(t) \in (1)$,$t \in [0,1]$ 为广义有界变差函

数的充要条件为 $f(t) = \sum_{k=1}^{\infty} x_k(t)$ 是一有界变差函数.

证明 充分性:设 $\sum_{k=1}^{\infty} x_k(t) = f(t)$ 为在 $[0,1]$ 的

有界变差函数. 因

$$x^*(x(t)) = \sum_{k=1}^{\infty} c_k x_k(t) \quad (0 \leqslant t \leqslant 1)$$

此 c_k 满足

$$\sup_{1 \leqslant k \leqslant \infty} |c_k| < \infty$$

则

$$\sum_{i=0}^{m-1} | x^*(x(t_{i+1})) - x^*(x(t_i)) |$$

$$= \sum_{i=0}^{m-1} \left| \sum_{k=1}^{\infty} c_k \{ x_k(t_{i+1}) - x_k(t_i) \} \right|$$

$$\leqslant \sum_{i=0}^{m-1} \left| \sum_{k=1}^{\infty} \{ x_k(t_{i+1}) - x_k(t_i) \} \right| \cdot \sup_{1 \leqslant k \leqslant \infty} |c_k|$$

$$\leqslant \sup_{1 \leqslant k \leqslant \infty} |c_k| \cdot \bigvee_0^1 (f(t))$$

必要性:设 $x^*(x(t)) = \sum_{k=1}^{\infty} c_k x_k(t)$ 为一有界变

差函数,选

$$c_k = 1 \quad (k = 1,2,\cdots)$$

则 $x^*(x(t)) = \sum_{i=1}^{\infty} x_k(t)$ 是一有界变差函数.

$(l^P)P \geq 1, x^P \in (l^P)$.

$x(t): \{x_1(t), x_2(t), \cdots\}$.

$\|x(t)\| = \left(\sum_{n=1}^{\infty} |x_n(t)|^P\right)^{1/P}$.

定理 5 设 $x_n(t) = c_n g(t), c_n \in l^P, g(t)$ 为普通意义下的有界变差函数,则 $x(t)$ 为狭义有界变差函数于 l^P. 当 $g(t)$ 非有界变差时,则 $x(t)$ 非狭义有界变差数于 l^P.

证明 考查 $\sup \sum_{i=0}^{m-1} \left(\sum_{n=1}^{\infty} |x_n(t_{i+1}) - x_n(t_i)|^P\right)^{1/P} =$

$\sup \sum_{i=0}^{m-1} \left(\sum_{n=1}^{\infty} |c_n|^P\right)^{1/P} |g(t_{i+1}) - g(t_i)|$,其他明显.

结束语 按现在文献,只有(M)空间被盖尔方特及其他数学家讨论. 本章只完全地解决了小(l)空间的情况,至于 L^P, l^P 还没有好的解决,可作进一步的讨论.

有界变差与向量值函数[①]

第 50 章

1. 引言

现在我们推广实变量和复变量理论中的基本概念,为取值于巴拿赫空间的函数的理论准备一个骨架. 我们从研究定义在实数上的向量值函数以及这种函数的黎曼积分开始. 然后研究定义在抽象的测度空间上的向量值函数,推广勒贝格积分理论. 定义在复数上的向量值函数的讨论导致抽象的解析函数论;而且还可以进一步地推广:允许定义域是复向量空间.

2. 向量值函数的某些性质

整个的函数理论是以极限过程为基础的,所以最终地是以收敛概念为基础. 在(B)-空间中按我们的意愿而有很多种拓扑. 为了简单起见,我们将限于考虑范数

---

① 摘自《泛函分析与半群》(上册),E. 希尔,R. S. 菲列浦斯著;吴智泉,王振鹏,刘隆复译,上海科学技术出版社,1964.

拓扑(或称为模拓扑)与弱拓扑.类似的,对于线性有界变换的巴拿赫空间,我们将只讨论一致算子拓扑、强算子拓扑和弱算子拓扑.相应于每个这样的拓扑,我们对于分析的若干基本概念有不同的观念.但是,有时一概念在弱拓扑和强拓扑中是一样的.

我们来研究定义在某个抽象集合 $\mathfrak{S}$ 上而取值于(B)－空间 $\mathfrak{X}$ 的向量值函数 $x(\sigma)$.这时对每个 $\sigma \in \mathfrak{S}$ 都有属于 $\mathfrak{X}$ 的唯一的向量 $x(\sigma)$ 与之对应.如果(B)－空间 $\mathfrak{X}$ 是从 $\mathfrak{X}$ 到 $\mathfrak{Y}$ 线性有界算子的空间,即 $\mathfrak{S}(\mathfrak{X}, \mathfrak{Y})$,我们就说函数是一算子函数且记作 $U(\sigma)$.实数系统记作 E_1.

定义 1 定义在 E_1 的子集 $\mathfrak{S}$ 上而在(B)－空间 $\mathfrak{X}$ 中取值的向量函数 $x(\xi)$:(1)在 $\xi = \xi_0$ 弱连续,如果对于每个 $x^* \in \mathfrak{X}^*$,$\lim\limits_{\xi \to \xi_0} |x^*[x(\xi) - x(\xi_0)]| = 0$;(2)在 $\xi = \xi_0$ 强连续,如果

$$\lim\limits_{\xi \to \xi_0} \|x(\xi) - x(\xi_0)\| = 0$$

定义 2 我们说定义在实数系统的子集 $\mathfrak{S}$ 上而取值于 $\mathfrak{S}(\mathfrak{X}, \mathfrak{Y})$ 的算子函数 $U(\xi)$:(1)于 $\xi = \xi_0$ 处在弱算子拓扑下连续,如果对于每个 $x \in \mathfrak{X}$ 和 $y^* \in \mathfrak{Y}^*$,有 $\lim\limits_{\xi \to \xi_0} |y^* \{[U(\xi) - U(\xi_0)](x)\}| = 0$;(2)于 $\xi = \xi_0$ 处在强算子拓扑下连续,如果对于每个 $x \in \mathfrak{X}$,有 $\lim\limits_{\xi \to \xi_0} \|[U(\xi) - U(\xi_0)]x\| = 0$;(3)于 $\xi = \xi_0$ 处在一致算子拓扑下连续,如果 $\lim\limits_{\xi \to \xi_0} \|U(\xi) - U(\xi_0)\| = 0$.在不引起

混淆时我们将简称之为弱连续,强连续和一致连续.

对于从区间 $[\alpha,\beta]$ 到 $\mathfrak{X}$ 的弱连续向量值函数 $x(\xi)$,显然对于每个 $x^* \in \mathfrak{X}^*$,$x^*[x(\xi)]$ 皆在 $[\alpha,\beta]$ 上连续,从而有界,由一致有界性定理即知,$\|x(\xi)\|$ 也在 $[\alpha,\beta]$ 上有界. 又,若 $\xi_n \to \xi_0 \in [\alpha,\beta]$,则 $x(\xi_0)$ 属于包含 $[x(\xi_n)]$ 的最小闭线性子空间. 从而 $x(\xi)(\xi \in [\alpha,\beta])$ 的值域包含在由 $[x(\xi);\xi$ 是 $[\alpha,\beta]$ 中的有理数] 张成的可分闭子空间中,类似的,如果 $U(\xi)$ 是从 $[\alpha,\beta]$ 到 $\mathfrak{C}(\mathfrak{X},\mathfrak{Y})$ 的算子值函数,在弱算子拓扑下连续,则我们便看出 $\|U(\xi)\|$ 在 $[\alpha,\beta]$ 上有界,不过,$U(\xi)(\xi \in [\alpha,\beta])$ 的值域不一定包含于 $\mathfrak{C}(\mathfrak{X},\mathfrak{Y})$ 的可分子空间中.

定义 3 我们说从区间 (α,β) 到 (B) – 空间 $\mathfrak{X}$ 的向量函数 $x(\xi)$ 在 $\xi = \xi_0$ 弱(强)可微,如果有元素 $x'(\xi_0) \in \mathfrak{X}$ 使得当 $\delta \to 0$ 时差商 $\delta^{-1}[x(\xi_0 + \delta) - x(\xi_0)]$ 弱(强)趋于 $x'(\xi_0)$,我们称 $x'(\xi_0)$ 为 $x(\xi)$ 在 ξ_0 处的弱(强)导数.

我们指出:$x(\xi)$ 在 ξ_0 弱可微蕴涵着对所有的 $x^* \in \mathfrak{X}^*$,$x^*[x(\xi)]$ 是在 $\xi = \xi_0$ 处可微的数值函数;但是逆命题一般不真,上述定义以明显的方式推广到多元函数的偏导数. 在算子函数的情形,我们也按增量比在弱算子拓扑,强算子拓扑或一致算子拓扑下收敛到导数而有三种可能性,弱(强,一致)可微函数显然是弱(强,一致)连续的.

B - 数列与有界变差

定理1 如果 $x(\xi)$ 的弱导数在 (α,β) 中处处等于 θ,则 $x(\xi)$ 是常量.

证明 题设蕴涵 $\mathrm{d}x^*[x(\xi)]/\mathrm{d}\xi = 0$ 对所有 x^* 成立,从而对所有 x^*, $x^*[x(\xi)] = x^*[x(\xi_0)]$,其中 $\xi_0 \in (\alpha,\beta)$ 是固定的. 对所有 $\xi \in (\alpha,\beta)$,有 $x(\xi) = x(\xi_0)$.

定义4 从区间 $[\alpha,\beta]$ 到 (B) - 空间 $\mathfrak{X}$ 的向量函数 $x(\xi)$:(1)称为在 $[\alpha,\beta]$ 中弱有界变差的,如果对所有 $x^* \in \mathfrak{X}^*$,$x^*[x(\xi)]$ 都是有界变差的;(2)称为有界变差的,如果对 $[\alpha,\beta]$ 中的所有有限个不交的区间 (α_i,β_i) 而取的上确界

$$\sup \left\| \sum_i [x(\beta_i) - x(\alpha_i)] \right\| < \infty$$

(3)称为强有界变差的,如果对于 $[\alpha,\beta]$ 的所有可能的有限分划而取的上确界

$$\sup \sum_i \|x(\alpha_i) - x(\alpha_{i-1})\| < \infty$$

这两个上确界分别称为全(或总)变差和强全(或总)变差.

容易验证强有界变差蕴涵有界变差,而有界变差又蕴涵弱有界变差. 正如数值函数的情形一样,由 $[\alpha,\beta]$ 到 (B) - 空间 $\mathfrak{X}$ 的强有界变差向量函数只能有可数个不连续点,且在区间 $[\alpha,\beta]$ 内的每一点单侧极限总是存在的.

定理2 弱有界变差函数是有界变差的(但不一定是强有界变差的).

证明 取 $\mathrm{var}\{x^*[x(\xi)]\}$ 是 $x^*[x(\xi)]$ 在区间

566

$[\alpha,\beta]$ 上的全变差，则对于 $[\alpha,\beta]$ 中任取的有限个不交区间 (α_i,β_i)，我们都有

$$\left| x^* \left\{ \sum_i [x(\beta_i) - x(\alpha_i)] \right\} \right| \leq \sum_i |x^*[x(\beta_i)] - x^*[x(\alpha_i)]|$$

$$\leq \mathrm{var}\{x^*[x(\xi)]\}$$

由一致有界性定理，有 $M>0$ 使得对于 $[\alpha,\beta]$ 中任取的有限个不交区间都有

$$\left\| \sum_i [x(\beta_i) - x(\alpha_i)] \right\| < M$$

定理的第二部分利用反例来说明. 设 $\mathfrak{X}$ 是区间 $[0,1]$ 上所有的有界复函数 $f(x)$ 的空间

$$\|f\| = \sup[|f(\tau)| ; 0 \leq \tau \leq 1]$$

其次，我们定义由 $[0,1]$ 到 $\mathfrak{X}$ 的向量函数 $x(\xi) = f_\xi(\cdot)$ 如下：当 $0 \leq \tau \leq \xi$ 时 $f_\xi(\tau) = 1$，当 $\xi < \tau \leq 1$ 时 $f_\xi(\tau) = 0$；$f_1(\tau) \equiv 1$. 对于 $[0,1]$ 中任取的有限个不交区间 (α_i,β_i)，我们有

$$\left\| \sum_i [x(\beta_i) - x(\alpha_i)] \right\| \leq 1$$

另一方面，对于任取的 $\sigma, \tau \in [0,1]$，$\sigma \neq \tau$，有 $\|x(\tau) - x(\sigma)\| = 1$；显然 $x(\xi)$ 不是强有界变差的.

函数理论性质的强形式和弱形式绝不是彼此无关的. 如果适当地给出定义，则强形式总是蕴涵弱形式. 有时反之也真，于是两种形式实际上等价. 前面的定理 2 和后面的定理 3 给出了这种例子. 在某些类型的（B）－空间中可有下述事实：强的和弱的函数的理论上的性质是等价的. 定理 12（按此定理，在可分空间中弱可测与强可测一致)就是说明这种可能性的实例.

我们来列出若干关于无穷级数的习惯用语,这些级数的项是(B) - 空间 $\mathfrak{X}$ 的元素.级数称为强(弱)收敛于和 $s \in \mathfrak{X}$,如果其部分和强(弱)收敛到 s. $\sum u_n$ 称为绝对收敛的,如果级数 $\sum \|u_n\|$ 收敛;绝对收敛的级数显然是强收敛的.如果 $u_n = u_n(\sigma)$, $\sigma \in \mathfrak{S}$,则强或弱收敛有可能关于 σ 是一致的;正式的定义留给读者.在算子函数的级数 $\sum U_n(\sigma)$ 的情形,必须注意区别一致收敛性的不同类型.如此的级数可以对于固定的 σ 在一致算子拓扑之下收敛,或者可在这种或那种算子拓扑之下关于 σ 一致收敛.

按照 W. Orlicz 的说法,我们再引进(B) - 空间中的无穷和的另一种收敛概念,即无条件收敛.这种收敛性有非常有益的应用,主要是在积分理论中.这个概念在数值级数的情形没有多大价值,因为此时,无条件收敛与绝对收敛一致.

定义 5 无穷级数 $\sum u_n$ 称为强(弱)无条件收敛的,当且仅当它的所有子级数都强(弱)收敛的.

下面的引理和定理基本上属于 W. Orlicz,他对于弱完全的空间证明了它们.我们的证明属于 N. Dunford.

引理 1 如果 $\sum u_n$ 是弱无条件收敛的,则

$$\lim_{N \to \infty} \sum_{n=N}^{\infty} |x^*(u_n)| = 0 \qquad (1)$$

在 $\mathfrak{X}$ 的单位球 $\mathfrak{S}_1^*$ 上一致地成立.

证明　由假设,对于整数序列的任给的子序列 $\pi = (n_1, n_2, \cdots)$,存在 $x \in \mathfrak{X}$ 使得对所有 $x^* \in \mathfrak{X}^*$

$$\sum_{n \in \pi} x^*(u_n) = x^*(x_\pi)$$

由此即知,对每个 $x^* \in \mathfrak{X}$ 皆有 $\sum_{n=1}^{\infty} |x^*(u_n)| < \infty$,所以我们可以定义由 $\mathfrak{X}$ 到 l 的函数 $V(x^*) = \{x^*(u_n)\}$;V 显然是线性的,封闭的,V 必有界. 现在我们来证明 V 还是紧致的. 设 $\mathfrak{Y}$ 是包含 $\{u_n\}$ 的最小闭线性子空间. 由于 x_π 是 $\mathfrak{Y}$ 中元素的弱极限,于是得知 x_π 同样属于 $\mathfrak{Y}$. 设 $\{x_k^*\}$ 是 $\mathfrak{S}_1^*$ 中的序列,又设 y_k^* 是 x_k^* 在 $\mathfrak{Y}$ 上的限制. 由于 $\mathfrak{Y}$ 可分,所以能抽出子序列 $y_{k_j}^*$,使它在 $\mathfrak{Y}^*$ 的弱 * 拓扑之下收敛到泛函 $y_0^* \in \mathfrak{Y}^*$. 最后,设 x_0^* 是 y_0^* 在 $\mathfrak{X}$ 上的线性扩张. 我们希望证明在 l 中 $V(x_{k_j}^*)$ 弱收敛到 $V(x_0^*)$. 由于 V 是有界的,所以只须证明:对于 $m = l^*$ 中一基本集合的每个有界线性泛函 f 都有

$$\lim_{j \to \infty} f\left[V(x_{k_j}^*)\right] = f\left[V(x_0^*)\right]$$

诸集合 π(每个 π 都是一些整数的集合) 的特征函数的集合组成一个如此的基本集. 设 f_π 就是这样一个属于 m 的泛函,则

$$f_\pi\left[V(x_{k_j}^*)\right] = \sum_{n \in \pi} x_{k_j}^*(u_n) = x_{k_j}^*(x_\pi)$$

$$= y_{k_j}^*(x_\pi) \to y_0^*(x_\pi) = x_0^*(x_\pi)$$

$$= \sum_{n \in \pi} x_0^*(u_n) = f_\pi[V(x_0^*)]$$

l 中的弱收敛蕴涵强收敛. 所以 $V(x_{k_j}^*)$ 按范数收敛到 $V(x_0^*)$. 这说明 $V(\mathfrak{S}_1^*)$ 是 l 的紧致子集.

定理 3　弱无条件收敛的级数一定是强无条件收敛的.

证明　再设 π 是整数序列的子序列,则由假设,有 $x_\pi \in \mathfrak{X}$ 使得对每个 $x^* \in \mathfrak{X}^*$ 都有

$$\sum_{n \in \pi} x^*(u_n) = x^*(x_\pi)$$

显然

$$\left\| \sum_{\substack{n \in \pi \\ n \leqslant N}} u_n - x_\pi \right\| \leqslant \sup_{x^* \in \mathfrak{S}_1^*} \left[\sum_{\substack{n \in \pi \\ n > N}} |x^*(u_n)| \right]$$

由引理,$N \to \infty$ 时右端趋于零.

3. Riemann-Stieltjes 积分

发展抽象积分理论的任务近年来吸引了很多作者. Riemann 积分被 L. M. Graves(1927) 推广了; Lebesgue 积分被 T. H. Hidebrandt(1927),S. Bochner(1933),G. Birkhoff(1935—1937;两个定义 B_0, B_1),N. Dunford(1935—1938;两个定义 D_0 和 D_1), I. Gelfand(1936—1938),B. J. Pettis(1938) 和 R. S. Phillips(1940) 所推广了. G. B. Price 和 C. E. Rickart 曾表述了一种更为一般的积分概念. Hildebrandt 积分,Bochner 积分和 D_0 积分是等价的,而且是 Lebesgue

积分的最大限制. Phillips 曾证明,其他的各种积分都是定义在凸线性拓扑空间上的 B_1 积分的各种不同的表现形式;诸积分之差异只是所用的拓扑不同. B_0 积分用的是范数拓扑,Pettis 积分用弱拓扑,Gelfand 积分和 D_1 积分是对于具有弱 * 拓扑的共轭(B)-空间定义的. 但是,在初读本章时并不要求具有抽象 Lebesgue 积分的知识;有抽象 Riemann-Stieltjes 积分的知识看来就够了.

Riemann-Stieltjes 积分可用两种办法推广到向量值函数:或者是被积函数或者是积分子(integrator)可以是向量值的. 设 $x(\xi)$ 是由 $[\alpha,\beta]$ 到 $\mathscr{X}$ 的向量值函数,又设 $g(\xi)$ 是同一区间上的数值函数. 我们以 π 表示分划($\sigma_0 = \alpha \leqslant \sigma_1 \leqslant \cdots \leqslant \sigma_n = \beta$)以及一组点 $\tau_i(\sigma_{i-1} \leqslant \tau_i \leqslant \sigma_i)$,令 $|\pi| = \max_i |\sigma_i - \sigma_{i-1}|$.

定义 6 设

$$S_\pi(x,g) = \sum_{i=1}^n x(\tau_i)[g(\sigma_i) - g(\sigma_{i-1})] \quad (2)$$

若在给定的拓扑之下,$\lim_{|\pi| \to 0} S_\pi$ 存在,我们就定义此极限为关于这个拓扑的积分

$$\int_\alpha^\beta x(\xi) \mathrm{d}g(\xi) \quad (3)$$

定义 7 设

$$s_\pi(x,g) = \sum_{i=1}^n g(\tau_i)[x(\sigma_i) - x(\sigma_{i-1})] \quad (4)$$

若在给定的拓扑之下,$\lim_{|\pi| \to 0} s_\pi$ 存在,我们就定义此极限

为关于这个拓扑的积分

$$\int_{\alpha}^{\beta} g(\xi)\,\mathrm{d}x(\xi) \tag{5}$$

定理 4　如果积分(3)或(5)中有一个在给定的拓扑之下存在,则在此拓扑之下二者皆存在且

$$\int_{\alpha}^{\beta} x(\xi)\,\mathrm{d}g(\xi) = x(\xi)g(\xi)\Big|_{\alpha}^{\beta} - \int_{\alpha}^{\beta} g(\xi)\,\mathrm{d}x(\xi) \tag{6}$$

证明　这是下述恒等式及其(交换 $x(\xi)$ 和 $g(\xi)$ 的地位而得的)对偶恒等式的直接推论

$$\sum_{i=1}^{n} x(\tau_i)\big[g(\sigma_i) - g(\sigma_{i-1})\big]$$

$$= x(\beta)g(\beta) - x(\alpha)g(\alpha) - \sum_{i=0}^{n} g(\sigma_i)\big[x(\tau_{i+1}) - x(\tau_i)\big]$$

其中我们令

$$\tau_0 = \alpha,\ \tau_{n+1} = \beta$$

因为($\tau_0 = \alpha \leqslant \tau_1 \leqslant \cdots \leqslant \tau_{n+1} = \beta$)显然也是 $[\alpha,\beta]$ 的分划,而 $\tau_i \leqslant \sigma_i \leqslant \tau_{i+1}$,且还有

$$\max_i |\tau_{i+1} - \tau_i| \leqslant 2|\pi|$$

于是我们将只考虑两个积分(3)和(4)中之一的存在性.

定理 5　假定:(1)$x(\xi)$ 是由 $[\alpha,\beta]$ 到 $\mathfrak{X}$ 的强连续向量值函数,而 $g(\xi)$ 是 $[\alpha,\beta]$ 上的有界变差数值函数,或者(2)$x(\xi)$ 是由 $[\alpha,\beta]$ 到 $\mathfrak{X}$ 的(在定义4的意义下的)有界变差向量值函数,而 $g(\xi)$ 是 $[\alpha,\beta]$ 上的连续数值函数.这时积分

$$\int_\alpha^\beta x(\xi)\,\mathrm{d}g(\xi) \text{ 和} \int_\alpha^\beta g(\xi)\,\mathrm{d}x(\xi)$$

在范数拓扑之下存在. 又,如果 T 是由 $\mathfrak{X}$ 到 $\mathfrak{Y}$ 的封闭线性算子, $x(\xi) \in \mathfrak{D}(T)$, $T[x(\xi)]$ 在情形(1)中是强连续的,而在情形(2)中是有界变差的,则有

$$T\left\{\int_\alpha^\beta x(\xi)\,\mathrm{d}g(\xi)\right\} = \int_\alpha^\beta T[x(\xi)]\,\mathrm{d}g(\xi) \qquad (7)$$

和

$$T\left\{\int_\alpha^\beta g(\xi)\,\mathrm{d}x(\xi)\right\} = \int_\alpha^\beta g(\xi)\,\mathrm{d}T[x(\xi)] \qquad (8)$$

证明　在情形(1)中 $x(\xi)$ 显然在 $[\alpha,\beta]$ 上按范数拓扑一致连续. 所以对于给定的 $\varepsilon > 0$,有 $\delta > 0$ 使得 $|\xi' - \xi''| < \delta$ 时 $\|x(\xi') - x(\xi'')\| < \varepsilon$. 从而如果 $|\pi_1|$, $|\pi_2| < \delta/2$,则通过简单的计算就能证明

$$\|S_{\pi_1} - S_{\pi_2}\| \leqslant 2\varepsilon\,\mathrm{var}[g(\xi)]$$

这就对情形(1)证明了强积分的存在性. 对于情形(2), $g(\xi)$ 在 $[\alpha,\beta]$ 上一致连续. 用同上的办法选取 ε 和 δ,当 $|\pi_1|$, $|\pi_2| < \delta/2$ 时我们就得到

$$|x^*(s_{\pi_1} - s_{\pi_2})| \leqslant 2\varepsilon\,\mathrm{var}\{x^*[x(\xi)]\}$$

现在

$$\mathrm{var}\{x^*[x(\xi)]\} \leqslant \mathrm{var}\{\Re\{x^*[x(\xi)]\}\} + \mathrm{var}\{\Im\{x^*[x(\xi)]\}\}$$

$$\leqslant 4\sup\left|x^*\left\{\sum_i [x(\beta_i) - x(\alpha_i)]\right\}\right|$$

其中上确界是对于 $[\alpha,\beta]$ 中的所有互不重叠的有限个开区间 (α_i,β_i) 取的. 于是由定义4,有 $M > 0$ 使得 $\mathrm{var}\{x^*[x(\xi)]\} \leqslant M\|x^*\|$. 从而

$$\|s_{\pi_1} - s_{\pi_2}\| = \sup_{|x^*|=1} |x^*(s_{\pi_1} - s_{\pi_2})| \leqslant 2M\varepsilon$$

这就对于情形(2)证明了强积分的存在性. 根据定理4,在每种情形中两个积分都是存在的. 现在我们来证明定理的第二部分. 因为 T 是线性的,故对于任何 π,我们总有

$$T[S_\pi(x,g)] = S_\pi[T(x),g]$$

又,我们方才证明了

$$\lim_{|x| \to 0} S_\pi(x,g) = \int_\alpha^\beta x(\xi)\mathrm{d}g(\xi)$$

以 $T[x(\xi)]$ 代替 $x(\xi)$,再应用上述结果就得到

$$\lim_{x \to 0} T[S_\pi(x,g)] = \lim_{|x| \to 0} S_\pi[T(x),g]$$

$$= \int_\alpha^\beta T[x(\xi)]\mathrm{d}g(\xi)$$

由于 T 是封闭的,故 $\int_\alpha^\beta x(\xi)\mathrm{d}g(\xi) \in \mathfrak{D}(T)$ 且式(7)成立. 在上述论断中以 s_π 代替 S_π 就得到式(8).

如果 T 是从 $\mathfrak{X}$ 到 $\mathfrak{Y}$ 的有界线性算子,而且 $x(\xi)$ 是强连续的(或是有界变差的),则 $T[x(\xi)]$ 自然是强连续的(或是有界变差的). 从而式(7)和(8)在这种情形是成立的.

推论 1 对于在定理5中所考虑的类型的函数偶,我们有:

（ⅰ） $\int_\alpha^\beta [\gamma_1 x_1(\xi) + \gamma_2 x_2(\xi)]\mathrm{d}g(\xi)$

$$= \gamma_1 \int_\alpha^\beta x_1(\xi)\mathrm{d}g(\xi) + \gamma_2 \int_\alpha^\beta x_2(\xi)\mathrm{d}g(\xi)$$

（ ii ） $\int_{\alpha}^{\beta} x(\xi)\mathrm{d}\big[\gamma_1 g_1(\xi) + \gamma_2 g_2(\xi)\big]$

$$= \gamma_1 \int_{\alpha}^{\beta} x(\xi)\mathrm{d}g_1(\xi) + \gamma_2 \int_{\alpha}^{\beta} x(\xi)\mathrm{d}g_2(\xi)$$

（ iii ）

$$\int_{\alpha}^{\beta} x(\xi)\mathrm{d}g(\xi) = \int_{\alpha}^{\gamma} x(\xi)\mathrm{d}g(\xi) + \int_{\gamma}^{\beta} x(\xi)\mathrm{d}g(\xi)$$

其中 $\alpha < \gamma < \beta$；对于（1）型的函数，我们还有：

（ iv ） $\left\| \int_{\alpha}^{\beta} x(\xi)\mathrm{d}g(\xi) \right\| \leqslant \big\{ \sup_{\alpha \leqslant \xi \leqslant \beta} \|x(\xi)\| \big\} \mathrm{var}[g(\xi)]$

（ v ）如果在 $[\alpha,\beta]$ 中一致地有 $x_n(\xi) \to x(\xi)$，则

$$\lim_{n \to \infty} \int_{\alpha}^{\beta} x_n(\xi)\mathrm{d}g(\xi) = \int_{\alpha}^{\beta} x(\xi)\mathrm{d}g(\xi)$$

证明　如果以线性有界泛函 $x^* \in \mathcal{X}^*$ 来代替 T，则显然可以应用定理 5，于是

$$x^* \Big\{ \int_{\alpha}^{\beta} x(\xi)\mathrm{d}g(\xi) \Big\} = \int_{\alpha}^{\beta} x^*[x(\xi)]\mathrm{d}g(\xi)$$

$$= \int_{\alpha}^{\gamma} x^*[x(\xi)]\mathrm{d}g(\xi) + \int_{\gamma}^{\beta} x^*[x(\xi)]\mathrm{d}g(\xi)$$

$$= x^* \Big\{ \int_{\alpha}^{\gamma} x(\xi)\mathrm{d}g(\xi) + \int_{\gamma}^{\beta} x(\xi)\mathrm{d}g(\xi) \Big\}$$

由于 $\mathcal{X}^*$ 在 $\mathcal{X}$ 上完整，于是（iii）得证. 同理，直接由数值函数的 Riemann-Stieltjes 积分的相应性质得到（ i ）和（ ii ）. 由简单的估计式

$$\|S_\pi(x,g)\| \leqslant \big[\sup_{\alpha \leqslant \xi \leqslant \beta} \|x(\xi)\| \big] \mathrm{var}[g(\xi)]$$

就能推出性质（ iv ）. 最后，（ v ）是（ iv ）的明显的推论.

推论2 设 $\{g_n(\xi)\}$ 是 $[\alpha,\beta]$ 上的一串有界变差数值函数,又设在 $C^*[\alpha,\beta]$ 的弱 * 拓扑之下,$g_n(\cdot) \to g(\cdot)$. 如果 $x(\xi)$ 是由 $[\alpha,\beta]$ 到 $\mathcal{X}$ 的强连续向量值函数,则在范数拓扑之下

$$\lim_{n\to\infty}\int_\alpha^\beta x(\xi)\,\mathrm{d}g_n(\xi) = \int_\alpha^\beta x(\xi)\,\mathrm{d}g(\xi)$$

证明 根据一致有界性定理,有 $M > 0$ 使得

$$\mathrm{var}[g_n(\xi)] \leqslant M \quad (n = 1,2,\cdots)$$

如果所求证之断语不真,则我们能找到子叙列 $\{g_{n_k}(\xi)\}$ 和 $\varepsilon > 0$,使得对所有 $k \geqslant 1$ 都有

$$\left\|\int_\alpha^\beta x(\xi)\,\mathrm{d}g_{n_k}(\xi) - \int_\alpha^\beta x(\xi)\,\mathrm{d}g(\xi)\right\| \geqslant \varepsilon$$

而且对于所有的 $\xi \in [\alpha,\beta]$,极限

$$\lim_{k\to\infty} g_{n_k}(\xi) \equiv g_0(\xi)$$

恒存在(根据 Helley 定理). 因为从定理 5 的证明中可知

$$\lim_{|x|\to 0} S_\pi(x,g_{n_k}) = \int_\alpha^\beta x(\xi)\,\mathrm{d}g_{n_k}(\xi)$$

关于 k 是一致的. 又,对于每个分划 π,显然有

$$\lim_{k\to\infty} S_\pi(x,g_{n_k}) = S_\pi(x,g_0)$$

于是应用累次极限定理就得到

$$\lim_{k\to\infty}\int_\alpha^\beta x(\xi)\,\mathrm{d}g_{n_k}(\xi) = \int_\alpha^\beta x(\xi)\,\mathrm{d}g_0(\xi)$$

由假设,在弱拓扑之下

$$\int_\alpha^\beta x(\xi)\,\mathrm{d}g_n(\xi) \to \int_\alpha^\beta x(\xi)\,\mathrm{d}g(\xi)$$

所以

$$\int_{\alpha}^{\beta} x(\xi)\,\mathrm{d}g_0(\xi) \;=\; \int_{\alpha}^{\beta} x(\xi)\,\mathrm{d}g(\xi)$$

而这是不可能的.

定理 6　如果 $U(\xi)$ 是由 $[\alpha,\beta]$ 到 $\mathfrak{C}(\mathfrak{X},\mathfrak{Y})$ 的算子值函数,在一致算子拓扑之下连续,$g(\xi)$ 是 $[\alpha,\beta]$ 上的有界变差数值函数,则

$$\left\{\int_{\alpha}^{\beta} U(\xi)\,\mathrm{d}g(\xi)\right\}^{*} \;=\; \int_{\alpha}^{\beta} U^{*}(\xi)\,\mathrm{d}g(\xi) \qquad (9)$$

这里的两个积分都在一致算子拓扑之下存在,左端的积分在 $\mathfrak{C}(\mathfrak{X},\mathfrak{Y})$ 中,而右端的积分在 $\mathfrak{C}(\mathfrak{Y}^{*},\mathfrak{X}^{*})$ 中.

证明　由 $\mathfrak{C}(\mathfrak{X},\mathfrak{Y})$ 到 $\mathfrak{C}(\mathfrak{Y}^{*},\mathfrak{X}^{*})$ 中的映射 $U\to U^{*}$ 是等距的. 所以 $U^{*}(\xi)$ 在 $[\alpha,\beta]$ 上按 $\mathfrak{C}(\mathfrak{Y}^{*},\mathfrak{X}^{*})$ 的一致算子拓扑连续. 于是由定理 5 便知式(9)的右端的积分是存在的. 现在

$$\left[S_{\pi}(U,g)\right]^{*} \;=\; S_{\pi}(U^{*},g)$$

从而

$$\left[\lim_{|\pi|\to0} S_{\pi}(U,g)\right]^{*} \;=\; \lim_{|\pi|\to0}\left[S_{\pi}(U,g)\right]^{*} \;=\; \lim_{|\pi|\to0} S_{\pi}(U^{*},g)$$

式(9)得证.

定理 7　如果 $U(\xi)$ 是从 $[\alpha,\beta]$ 到 $\mathfrak{C}(\mathfrak{X},\mathfrak{Y})$ 的算子值函数,按强算子拓扑连续,$g(\xi)$ 是 $[\alpha,\beta]$ 上的有界变差数值函数,则积分

$$\int_{\alpha}^{\beta} U(\xi)\,\mathrm{d}g(\xi) \;\text{和}\; \int_{\alpha}^{\beta} g(\xi)\,\mathrm{d}U(\xi)$$

按强算子拓扑存在,而且

$$\left\{\int_\alpha^\beta U(\xi)\,\mathrm{d}g(\xi)\right\}[x] = \int_\alpha^\beta U(\xi)[x]\,\mathrm{d}g(\xi)$$

$$\left\{\int_\alpha^\beta g(\xi)\,\mathrm{d}U(\xi)\right\}[x] = \int_\alpha^\beta g(\xi)\,\mathrm{d}U(\xi)[x]$$

证明 对于每个 $x \in \mathfrak{X}$，由定理 5，$\int_\alpha^\beta U(\xi)(x)\,\mathrm{d}g(\xi)$ 显然存在；它是 $\mathfrak{Y}$ 中一元素，记为 $V(x)$. 由定理 5 的推论 1 可知 $V(x)$ 是线性的，且对某些 $M > 0$ 使

$$\|V(x)\| \leqslant \left[\sup_{\alpha \leqslant \xi \leqslant \beta}\|U(\xi)(x)\|\right]\mathrm{var}[g(\xi)] \leqslant M\|x\|\mathrm{var}[g(\xi)]$$

所以 $V \in \mathfrak{E}(\mathfrak{X}, \mathfrak{Y})$. 其次，对于每个 $x \in \mathfrak{X}$

$$S_\pi(U,g)(x) \to \int_\alpha^\beta U(\xi)(x)\,\mathrm{d}g(\xi) = V(x)$$

所以在强算子拓扑之下，$S_\pi(U,g) \to V$.

如果底空间（underlying space）$\mathfrak{X}$ 是巴拿赫代数 $\mathfrak{B}$，则 Riemann-Stieltjes 积分能有另一类型的推广. 设 $y = f(x)$ 是从 $\mathfrak{B}$ 到其自身的函数，按范数拓扑连续. 设 Γ 是 $\mathfrak{B}$ 中的可求长曲线，这是指：Γ 由方程 $x = x(\xi)$ 给定，$0 \leqslant \xi \leqslant 1$，$x(\xi)$ 是连续的，且是定义 4 意义下的强有界变差函数. 这时我们定义

$$\int_\Gamma f(x) \cdot \mathrm{d}x = \lim_{|\pi| \to 0}\sum_{i=1}^n f(x(\tau_i))[x(\sigma_i) - x(\sigma_{i-1})]$$

$$(10)$$

用通常的办法就能证明这个积分存在，而且它还具有我们所期待的线性与有界性性质. 特别是

$$\left\|\int_\Gamma f(x) \cdot \mathrm{d}x\right\| \leqslant \max\|f(x)\|l(\Gamma) \qquad (11)$$

其中 $l(\Gamma)$ 是 Γ 的长度,即 $x(\xi)$ 在 $[0,1]$ 中的强全变差. 由于通常 $\mathcal{B}$ 是非可易的,所以还有一个积分 $\int_{\Gamma} \mathrm{d}x \cdot f(x)$,一般说来,它与 $\int_{\Gamma} f(x) \cdot \mathrm{d}x$ 不同.

4. 微积分

现在我们已有了微积分学的主要工具 —— 微分和积分. 我们希望把古典分析中的很多结果推广到现在的一般情形中. 例如,如果 $x(\xi)$ 是从 $[\alpha,\beta]$ 到 $\mathcal{X}$ 的向量值函数,按范数拓扑连续,则易见不定积分 $\int_{\alpha}^{\xi} x(\tau)\mathrm{d}\tau$ 是强可微的,而且其导数就是 $x(\xi)$. 作为更进一步的例证,我们将证明微分方程的一个基本的存在定理.

定理 8　设 $y = f(\xi,x)$ 是从 $E_1 \times \mathcal{X}$ 到 $\mathcal{X}$ 的函数, 在 $|\xi - \xi_0| \leqslant \alpha, \|x - x_0\| \leqslant \beta$ 中按每个变量连续,对于前述区域中的 ξ,x,x_1,x_2 满足条件

$$\|f(\xi,x)\| \leqslant \mu, \|f(\xi,x_1) - f(\xi,x_2)\| \leqslant \gamma \|x_1 - x_2\|$$

$$(12)$$

此处 α,β,γ,μ 都是固定的正数且 $\alpha\mu \leqslant \beta$,这时有且仅有一个强连续可微函数 $x(\xi)$,使得在 $|\xi - \xi_0| \leqslant \alpha$ 中

$$\frac{\mathrm{d}x(\xi)}{\mathrm{d}\xi} = f[\xi, x(\xi)] \qquad (13)$$

而且 $x(\xi_0) = x_0$.

证明　显然,按每个变量的连续性加上李普希茨条件 (12) 就蕴涵着 $f(\xi,x)$ 确是关于两个变量连续的.

古典的逐步逼近法现在是可以应用的. 在 $|\xi - \xi_0| \leq \alpha$ 中用

$$x_0(\xi) = x_0, x_n(\xi) = x_0 + \int_{\xi_0}^{\xi} f[\tau, x_{n-1}(\tau)] d\tau$$

定义了一串函数 $x_n(\xi)$, 其中的积分是关于强拓扑取的. 由归纳法看出 $x_n(\xi)$ 是强连续的, 且当 $|\xi - \xi_0| \leq \alpha$ 时

$$\|x_n(\xi) - x_0\| \leq \beta$$

始终以范数代替绝对值便可逐步地按古典证明那样推下去. 这时能证明

$$\|x_n(\xi) - x_{n-1}(\xi)\| \leq \mu \gamma^{n-1} |\xi - \xi_0|^n / n!$$

从而 $x_n(\xi)$ 在 $|\xi - \xi_0| \leq \alpha$ 中一致地收敛到一强连续函数 $x(\xi)$. 于是在 $|\xi - \xi_0| \leq \alpha$ 中一致地有

$$\|f[\xi, x(\xi)] - f[\xi, x_n(\xi)]\| \leq \gamma \|x(\xi) - x_n(\xi)\| \to 0$$

应用定理 5 的推论 1 我们便得到

$$x(\xi) = x_0 + \int_{\xi_0}^{\xi} f[\tau, x(\tau)] d\tau$$

显然 $x(\xi)$ 连续可微, $x'(\xi) = f[\xi, x(\xi)]$, 且 $x(\xi_0) = x_0$. 用通常的办法就能证明唯一性.

　　如果 $\mathfrak{X}$ 是巴拿赫代数, 则 $f(\xi, x) = ax$(其中, a, $x \in \mathfrak{X}$) 满足上述定理的假设(此处 $\gamma = \|\alpha\|$). 微分方程

$$\frac{dx}{d\xi} = ax, x(0) = e \qquad (14)$$

在半群理论中是有兴趣的. 这时逐步逼近法给出唯

一解

$$x(\xi) = e + \sum_{n=1}^{\infty} \frac{\xi^n a^n}{n!} = \exp(\xi a) \qquad (15)$$

我们把这个级数作为指数函数 $\exp(\xi a)$ 的定义. 显然,当 $\mathfrak{X}$ 是全体复数组成的代数时,它就成为古典的指数函数.

（B）－空间 $\mathfrak{X}$ 经常是数值函数的空间或定义在某个抽象集合 $\mathfrak{S}$ 上的函数组成的类. 在这种情形中能期望以某种方法将微分方程(13)与具有初始条件 $\varphi(\xi_0, \sigma) = \varphi_0(\sigma)$ 的偏微分方程

$$\frac{\partial \varphi(\xi, \sigma)}{\partial \xi} = f[\xi, \varphi(\xi, \cdot)](\sigma), |\xi - \xi_0| \leqslant \alpha$$

$$(16)$$

联系起来. 确切的关系与空间 $\mathfrak{X}$ 本身有关.

如果 $\mathfrak{X} = M(\mathfrak{S})$ 是所有以 σ 为变量的有界函数按范数 $\|\varphi\| = \sup_{\sigma \in \mathfrak{S}} |\varphi(\sigma)|$ 而组成的空间,则这种联系是非常明显的. 事实上,设 $x(\xi)$ 是方程(13)的用定理8所得到的解. 对于固定的 $\xi, x(\xi)$ 在 $M(\mathfrak{S})$ 中有唯一的表示 $\varphi(\xi, \sigma)$. 由于 $x(\xi)$ 是强连续可微的,所以 $\dfrac{\partial \varphi(\xi, \sigma)}{\partial \xi}$ 关于 σ 一致存在,且对所有的 $|\xi - \xi_0| \leqslant \alpha$ 和 $\sigma \in \mathfrak{S}$,满足式(16).

如果每个 $x \in \mathfrak{X}$ 对应一个数值函数类,则这种联系就很不明显了. 在定理8中所得到的解并不暗示我们对于每个向量 $x(\xi)$ (ξ 是固定的) 应如何选取表示

函数;而为了赋予式(16)以意义,这显然是必需的. 我们把具有类似性质的空间称 $\mathfrak{S}$ 为 L 型空间,其定义如下.

设 $\mathfrak{S}$ 是一抽象集合,$\mathfrak{C}$ 是 $\mathfrak{C}$ 的一些子集组成的 σ – 环,$m(E)$ 是 $\mathfrak{C}$ 上的 σ – 有限测度. 两个数值函数说是等价的,记作 $\varphi_1(\sigma) \approx \varphi_2(\sigma)$,如果它们充其量在一零测度集合上不相等. 我们说(B) – 空间 $\mathfrak{X}$ 是 L 型的,如果它是由数值函数的等价类组成的,而且它有下述两性质:

(1)如果 $x(\xi)$ 是定义在区间 $I = [\alpha,\beta]$ 上的强连续向量值函数,则有乘积集合 $I \times \mathfrak{S}$ 上的可测函数 $\varphi(\xi,\sigma)$,使得对于每个 $\xi \in I$,都有 $x(\xi) = \varphi(\xi,\cdot)$.

(2)设 $x(\xi)$ 在区间 $I = [\alpha,\beta]$ 上强连续,$\varphi(\xi,\sigma)$ 在 $I \times \mathfrak{S}$ 上可测且对于每个 $\xi \in I$,恒有 $x(\xi) = \varphi(\xi,\cdot)$,则

$$\left[\int_\alpha^\beta x(\xi)\mathrm{d}\xi\right](\sigma) \approx \int_\alpha^\beta \varphi(\xi,\sigma)\mathrm{d}\xi \qquad (17)$$

其中左端的积分是抽象 Riemann 积分,而右端的积分是数值函数的普通的 Lebesgue 积分.

易证 $L_p(\mathfrak{S},m)(1 \leqslant p \leqslant \infty)$ 是 L 型的. 事实上,设 $x(\xi)$ 是 $I = [\alpha,\beta]$ 上的强连续向量值函数. 现在我们对于每个 $\xi \in I$,任意取定 $x(\xi)$ 的一个表示 $\varphi_0(\xi,\sigma)$. 设 $\xi_0 = \alpha < \xi_1 < \cdots < \xi_n = \beta$ 将 $[\alpha,\beta]$ 分成 n 等份,又令 $\varphi_n(\xi,\sigma) = \varphi_0(\xi_{k-1},\sigma)$,当 $\xi_{k-1} \leqslant \xi < \xi_k(k = 1, 2,\cdots,n)$

$$\varphi_n(\beta,\sigma) = \varphi_0(\beta,\sigma)$$

显然 $\varphi_n(\xi,\sigma)$ 在乘积集合 $I \times \mathfrak{S}$ 上可测,而且对于 $\xi \in I$ 一致地有 $\|\varphi_n(\xi,\,\cdot\,) - x(\xi)\| \to 0$. 首先假设 $1 \leqslant p < \infty$,则

$$\lim_{k,n\to\infty} \int_\alpha^\beta \int_{\mathfrak{S}} |\varphi_n(\xi,\sigma) - \varphi_k(\xi,\sigma)|^p \mathrm{d}m \mathrm{d}\xi = 0$$

从而由空间 L_p 的完全性,有 $I \times \mathfrak{S}$ 上的可测函数 $\varphi(\xi,\sigma)$ 使得

$$\lim_{n\to\infty} \int_\alpha^\beta \int_{\mathfrak{S}} |\varphi_n(\xi,\sigma) - \varphi(\xi,\sigma)|^p \mathrm{d}m \mathrm{d}\xi = 0$$

固定 n,由 Fubini 定理便有

$$\int_{\mathfrak{S}} |\varphi_n(\xi,\sigma) - \varphi(\xi,\sigma)|^p \mathrm{d}m < \infty$$

在 I 中几乎处处成立,从而在 I 中几乎处处地有 $\varphi(\xi,\,\cdot\,) \in L_p(\mathfrak{S},m)$. 最后

$$\int_\alpha^\beta \|x(\xi) - \varphi(\xi,\,\cdot\,)\|^p \mathrm{d}\xi$$

$$\leqslant \int_\alpha^\beta \|x(\xi) - \varphi_n(\xi,\,\cdot\,)\|^p \mathrm{d}\xi +$$

$$\int_\alpha^\beta \|\varphi_n(\xi,\,\cdot\,) - \varphi(\xi,\,\cdot\,)\|^p \mathrm{d}\xi$$

在 $n \to \infty$ 时上式右端两项皆趋于零,所以 $x(\xi) = \varphi(\xi,\,\cdot\,)$ 在 I 中几乎处处成立. 现在我们在零测度的 ξ – 集合上重新定义 $\varphi(\xi,\sigma)$,使得 $x(\xi) = \varphi(\xi,\,\cdot\,)$ 对所有 $\xi \in I$ 都成立. 如此重新定义的 $\varphi(\xi,\sigma)$ 显然仍在 $I \times \mathfrak{S}$ 上可测. 这就是 $1 \leqslant p < \infty$ 时的性质(1). 其次,假定 $\mathfrak{X} = L_\infty(\mathfrak{S};m)$ 且令

$$F_{nm} = \left[\, (\xi,\sigma)\,;\, |\varphi_n(\xi,\sigma) - \varphi_n(\xi,\sigma)| > \right.$$
$$\left. \|\varphi_n(\xi,\cdot) - \varphi_m(\xi,\cdot)\| \,\right]$$

则 F_{nm} 一定是 $I \times \mathfrak{S}$ 中的可测集,且对每个 $\xi \in I$ 是零测度的;从而 F_{nm} 是 $I \times \mathfrak{S}$ 中的零测度集合. 所以 $F_0 \equiv \cup F_{nm}$ 对于每个 $\xi \in I$ 都是零测度集合,又是 $I \times \mathfrak{S}$ 中的零测度集合. 现在 $\lim\limits_{m,n \to \infty} |\varphi_n(\xi,\sigma) - \varphi_m(\xi,\sigma)| = 0$ 在 $(I \times \mathfrak{S}) \ominus F_0$ 上一致成立. 在 $(I \times \mathfrak{S}) \ominus F_0$ 上定义 $\varphi(\xi,\sigma)$ 为极限函数,在 F_0 上定义 $\varphi(\xi,\sigma)$ 为零. 则 $\varphi(\xi,\sigma)$ 几乎处处等于一串可测函数在 $I \times \mathfrak{S}$ 中的一致极限,于是 $\varphi(\xi,\sigma)$ 可测. 显然,对所有的 $\xi \in I$ 都有 $x(\xi) = \varphi(\xi,\cdot)$.

为了证明性质(2),我们指出:$\mathfrak{X}^*$ 包含了具有有限 m – 测度的集合的特征函数 $\psi(\sigma)$. 对于 $x^* = \psi(\cdot)$,我们有

$$\int_{\mathfrak{S}} \psi(\sigma) \left[\int_\alpha^\beta x(\xi)\,\mathrm{d}\xi\right](\sigma)\,\mathrm{d}m = x^*\left[\int_\alpha^\beta x(\xi)\,\mathrm{d}\xi\right]$$
$$= \int_\alpha^\beta x^*[x(\xi)]\,\mathrm{d}\xi$$

由 Fubini 定理

$$\int_\alpha^\beta x^*[x(\xi)]\,\mathrm{d}\xi = \int_\alpha^\beta \left[\int_{\mathfrak{S}} \psi(\sigma)\varphi(\xi,\sigma)\,\mathrm{d}m\right]\mathrm{d}\xi$$
$$= \int_{\mathfrak{S}} \psi(\sigma)\left[\int_\alpha^\beta \varphi(\xi,\sigma)\,\mathrm{d}\xi\right]\mathrm{d}m$$

所以对于所有的特征函数 $\psi(\sigma)$

$$\int_{\mathfrak{S}} \psi(\sigma)\left[\int_\alpha^\beta x(\xi)\,\mathrm{d}\xi\right](\sigma)\,\mathrm{d}m$$

$$= \int_{\mathfrak{S}} \psi(\sigma) \left[\int_{\alpha}^{\beta} \varphi(\xi,\sigma) \mathrm{d}\xi \right] \mathrm{d}m$$

而这蕴涵式(17).

定理 9 设 $\mathfrak{X}$ 是 L 型(B) – 空间. 如果 $x(\xi)$ 是由 $I = [\alpha,\beta]$ 到 $\mathfrak{X}$ 的 n 次连续可微的向量值函数,则有 $I \times \mathfrak{S}$ 上的可测数值函数 $\varphi(\xi,\sigma)$,使得 $0 \leqslant k \leqslant n-1$ 时对于每个 $\sigma \in \mathfrak{S}, \partial^k \varphi(\xi,\sigma)/\partial \xi^k$ 是绝对连续的,而对于每个 $\xi \in I, \partial^k \varphi(\xi, \cdot)/\partial \xi^k = x^{(k)}(\xi)$; 又,$\partial^n \varphi(\xi,\sigma)/\partial \xi^n$ 在 $I \times \mathfrak{S}$ 中几乎处处存在,对于所有的 $\xi \in I$ 有 $\partial^n \varphi(\xi, \cdot)/\partial \xi^n = x^{(n)}(\xi)$.

证明 设 $y(\xi) = x^{(n)}(\xi)$. 由性质(1),有 $I \times \mathfrak{S}$ 上的可测数值函数 $\psi_0(\xi,\sigma)$,使得对于所有的 $\xi \in I$,皆有

$$\psi_0(\xi, \cdot) = y(\xi)$$

现在我们令

$$\psi_1(\xi,\sigma) = \int_{\alpha}^{\xi} \psi_0(\tau,\sigma) \mathrm{d}\tau$$

由性质(2) 知

$$\psi_1(\xi, \cdot) = \int_{\alpha}^{\xi} x^{(n)}(\tau) \mathrm{d}\tau = x^{(n-1)}(\xi) - x^{(n-1)}(\alpha)$$

积分 $\int_{\alpha}^{\beta} \psi_0(\tau,\sigma) \mathrm{d}\tau$ 可以在 σ 的零测度集合上不存在. 在这种情形中,对于这样的 σ,我们重新定义 $\psi_0(\xi,\sigma)$ 恒等于零. 显然,和原来的函数一样,如此重新定义的函数 $\psi_0(\xi,\sigma)$ 也能应用于上面的讨论. 在这种情形中,对于所有的 $\sigma \in \mathfrak{S},\psi_1(\xi,\sigma)$ 是 ξ 的绝对连续函

数. 又，因为 $I \times \mathfrak{S}$ 上的可测函数的不定积分还在 $I \times \mathfrak{S}$ 上可测，所以 $\psi_1(\xi, \sigma)$ 在 $I \times \mathfrak{S}$ 上可测. 由此知 $\lim_{\delta \to 0} \sup[\psi_1(\xi + \delta, \sigma) - \psi_1(\xi, \sigma)]/\delta$ 是 $I \times \mathfrak{S}$ 上的可测函数. 设 F 是 $I \times \mathfrak{S}$ 的可测子集. 因为对于每个 $\sigma \in \mathfrak{S}$，增量比的极限（关于 ξ）几乎处处等于 $\psi_0(\xi, \sigma)$，所以 F 的每个 σ – 截口都是零测度的，从而 F 是乘积集合中的零测度集合. 上述论证对于增量比的 $\lim \inf$ 同样适用. 由此知在 $I \times \mathfrak{S}$ 中 $\dfrac{\partial \psi_1(\xi, \sigma)}{\partial \xi} = \psi_0(\xi, \sigma)$ 几乎处处成立；所以对于几乎所有的 $\xi \in I$，等式（关于 σ）几乎处处成立；即对于几乎所有的 $\xi \in I$，有

$$\frac{\partial \psi_1(\xi, \cdot)}{\partial \xi} = y(\xi)$$

其次，我们应用性质（2）于 $\psi_1(\xi, \sigma)$，便得到

$$\psi_2(\xi, \sigma) = \int_\alpha^\xi \psi_1(\tau, \sigma) d\tau$$

其中

$$\psi_2(\xi, \cdot) = \int_\alpha^\xi [x^{(n-1)}(\tau) - x^{(n-1)}(\alpha)] d\tau$$

$$= x^{(n-2)}(\xi) - x^{(n-2)}(\alpha) - (\xi - \alpha)x^{(n-1)}(\alpha)$$

$\psi_2(\xi, \sigma)$ 仍是 $I \times \mathfrak{S}$ 上的可测函数. 因为对于每个 $\sigma \in \mathfrak{S}$, $\psi_1(\xi, \sigma)$ 是 ξ 的绝对连续函数，所以对于 $I \times \mathfrak{S}$ 的所有的点，显然有

$$\frac{\partial \psi_2(\xi, \sigma)}{\partial \xi} = \psi_1(\xi, \sigma)$$

继续用这个方法，最后我们得到

$$\psi_n(\xi,\sigma) = \int_\alpha^\xi \psi_{n-1}(\tau,\sigma)\,\mathrm{d}\tau$$

其中

$$\psi_n(\xi,\cdot) = x(\xi) - \sum_{k=0}^{n-1} \frac{(\xi-\alpha)^k}{k!} x^{(k)}(\alpha)$$

现在,如果我们把 $x^{(k)}(\alpha)$ 的任何实现代入这个公式中,便得到所要求的 $x(\xi)$ 的实现,即

$$\psi(\xi,\sigma) = \psi_n(\xi,\sigma) + \sum_{k=0}^{n-1} \frac{(\xi-\alpha)^k}{k!} x^{(k)}(\alpha)(\sigma)$$

注　可用下述方法将上面的结果加以推广. 在 L 型空间的定义中我们要求,当 $x(\xi)$ 只是 Bochner 可积函数时结论仍真. 仍然能证明 $L_p(\mathfrak{S},m)(1 \leqslant p \leqslant \infty)$ 是 L 型的. 对于具有 n 阶导数而导数是 Bochner 可积的函数 $x(\xi)$,定理 9 还是对的. 加以必要的改动就可应用前述的相应的证明.

5. 可测函数

设 $\mathfrak{S}$ 是一抽象集合,$\mathfrak{C}$ 是 $\mathfrak{S}$ 的一些子集组成的 σ - 环,$m(E)$ 是定义在 $\mathfrak{C}$ 上的 σ - 有限测度函数. 这里我们要研究 $\mathfrak{S}$ 上的向量值函数关于测度函数 $m(E)$ 的可测性的概念. 对于向量值函数而言,正如有几种连续性概念一样,它有几种可测性概念.

定义 8　设 $x(\sigma)$ 和 $\{x_n(\sigma)\}$ 是从 $\mathfrak{S}$ 到 $\mathfrak{X}$ 的函数. 我们说序列 $\{x_n(\sigma)\}$ 在 $\mathfrak{S}$ 中:

(1) 几乎一致地收敛到 $x(\sigma)$,如果对于每个 $\varepsilon > 0$,有满足条件 $m(E_s) < \varepsilon$ 的集合 $E_s \in \mathfrak{C}$,并且对于每

个 $\delta > 0$，有整数 $n(\delta,\varepsilon)$，使得 $\sigma \in \mathfrak{S} \ominus E_s$ 且 $n \geqslant n(\delta,\varepsilon)$ 时 $\|x(\sigma) - x_n(\sigma)\| < \delta$；

（2）几乎处处收敛到 $x(\sigma)$，如果有零集（null set）[①]$E_0 \in \mathfrak{C}$，使得对于每个 $\sigma \in \mathfrak{S} \ominus E_0$ 都有 $\lim\limits_{n \to \infty}\|x(\sigma) - x_n(\sigma)\| = 0$；

（3）按测度收敛到 $x(\sigma)$，如果对于每个 $\varepsilon > 0$，$\mathfrak{S}$ 中使 $\|x(\sigma) - x_n(\sigma)\| > \varepsilon$ 的点的集合的外测度趋于零（$n \to \infty$）.

定理 10 前一定义中的三种收敛性之间的关系如下：（1）蕴涵（2）和（3）；如果 $\|x(\sigma) - x_n(\sigma)\|$ 可测且 $m(\mathfrak{S}) < \infty$，则（2）蕴涵（1）和（3）；（3）既不蕴涵（1），也不蕴涵（2）. 但若（3）成立，则恒能找到 $\{x_n(\sigma)\}$ 的一子序列，它几乎一致收敛到 $x(\sigma)$.

其证明与数值函数的情形是一模一样的，所以此处从略.

定义 9 （1）$x(\sigma)$ 称为有限值的，如果它在有限个两两不交的可测集 E_j 中的每个可测集上为常量，而在 $\mathfrak{S} \ominus \cup E_j$ 上等于 θ. （2）$x(\sigma)$ 称为简单函数，如果它是有限值的，而且使 $\|x(\sigma)\| > 0$ 的点的集合是有限测度的. （3）$x(\sigma)$ 称为可数值的，如果它在 $\mathfrak{X}$ 中最多取可数个值，而且每个异于 θ 的值是在一可测子集上取的.

---

① 即测度为零的集合.——原译者注

定义 10 $x(\sigma)$ 称为可分值的，如果它的值域 $x(\mathfrak{S})$ 是可分的. $x(\sigma)$ 称为几乎可分值的，如果存在零集 $E_0 \in \mathfrak{C}$，使得 $x(\mathfrak{S} \ominus E_0)$ 是可分的.

定义 11 （1）如果对于每个 $x^* \in \mathfrak{X}^*$，数值函数 $x^*[x(\sigma)]$ 总是可测的，则说 $x(\sigma)$ 在 $\mathfrak{S}$ 中弱可测. （2）如果有一串可数值函数在 $\mathfrak{S}$ 中几乎处处收敛到 $x(\sigma)$，则说 $x(\sigma)$ 是强可测的.

如果 $m(\mathfrak{S}) < \infty$，则易见的上述定义的（2）中可用"简单函数"来代替"可数值函数".

定理 11 如果 $x(\sigma)$ 是弱可测的，而 $\mathfrak{X}$ 有可数确定集 Λ，则数值函数 $\|x(\sigma)\|$ 是可测的.

证明 设 $\Lambda = \{x_n^*\}$，则 $\|x(\sigma)\| = \sup_n |x_n^*[x(\sigma)]|$. 由假设，$x_n^*[x(\sigma)]$ 在 $\mathfrak{S}$ 中可测，所以 $|x_n^*[x(\sigma)^n]|$ 在 $\mathfrak{S}$ 中可测，从而 $\sup_n |x_n^*[x(\sigma)]|$ 亦然.

如果 $\mathfrak{X}$ 可分或者 $\mathfrak{X}$ 是可分（B）- 空间的共轭空间，则 $\mathfrak{X}$ 有可数的确定集 Λ. 所以定理 11 可应用于这两种情形. 下述的定理将向量值函数的两种可测性概念联系起来了.

定理 12 一向量值函数是强可测的，当且仅当它弱可测且为几乎可分值的.

证明 我们从必要性开始，如果 $x(\sigma)$ 强可测，则存在零集 $E_0 \in \mathfrak{C}$ 和可数值函数序列 $\{x_n(\sigma)\}$，使得对于每个 $\sigma \in \mathfrak{S} \ominus E_0$ 都有

$$\|x(\sigma) - x_n(\sigma)\| \to 0 \quad (n \to \infty)$$

如果 $x^* \in \mathfrak{X}^*$，则对于每个 $\sigma \in \mathfrak{S} \ominus E_0$ 更有

$$|x^*[x(\sigma) - x_n(\sigma)]| \to 0$$

显然，数值函数 $x^*[x_n(\sigma)]$ 是可测的. 由于 $x^*[x(\sigma)]$ 是可测函数序列的几乎处处极限，所以 $x^*[x(\sigma)]$ 也是可测的，从而 $x(\sigma)$ 弱可测. 诸函数 $\{x_n(\sigma)\}$ 所取的值组成一可数集合，从而包含这个集合的最小闭线性子空间是可分的. 显然 $x(\mathfrak{S} \ominus E_0)$ 含于这个可分子空间中，所以是可分的. 于是 $x(\sigma)$ 是几乎可分值的.

现在我们来证明充分性. 不失一般性，可以假设 $x(\sigma)$ 就是可分值的. 以包含 $x(\mathfrak{S})$ 的最小闭线性子空间来代替 $\mathfrak{X}$，则假设 $\mathfrak{X}$ 本身可分显然不会失去一般性. 于是应用定理 11 而知 $\|x(\sigma)\|$ 是可测的. 设 $S_0 = [\sigma; \|x(\sigma)\| > 0]$，则 $S_0 \in \mathfrak{C}$，且对于每个 $x_0 \in \mathfrak{X}, x(\sigma) - x_0$ 在 S_0 上弱可测. 再据定理 11，$\|x(\sigma) - x_0\|$ 在 S_0 内可测. 但 $x(\mathfrak{S})$ 是可分的，故存在序列 $\{x_n\}$，它在 $x(\mathfrak{S})$ 中稠密. 给定 $\varepsilon > 0$，我们现在定义

$$E_n = [\sigma; \|x(\sigma) - x_n\| < \varepsilon, \sigma \in S_0]$$

则 $E_n \in \mathfrak{C}$，且由于 $\{x_n\}$ 在 $x(\mathfrak{S})$ 中稠密而有 $\cup E_n = S_0$. 令 $F_n = E_n \ominus \bigcup_{k<n} E_k$，则我们看出 F_n 是可测的，两两不交的，而且 $\cup F_n = S_0$. 现在我们定义

$$x_s(\sigma) = \begin{cases} x_n, \text{当 } \sigma \in F_n (n = 1, 2, \cdots) \\ \theta, \text{在 } \mathfrak{S} \ominus S_0 \text{ 上} \end{cases}$$

显然 $x_s(\sigma)$ 是可数值函数，并且对于所有的 $\sigma \in \mathfrak{S}$ 都

有 $\|x(\sigma) - x_s(\sigma)\| < \varepsilon$. 所以 $x(\sigma)$ 是可数值函数的一致极限, 从而是强可测的. 证毕.

实际上我们证明了比定理陈述的事实更强一些的结果.

推论 1　函数 $x(\sigma)$ 是强可测的, 当且仅当它是一串可数值函数的几乎处处一致极限.

推论 2　如果 $\mathcal{X}$ 可分, 则强可测性与弱可测性是等价的概念.

我们指出, 定义在区间 $[\alpha, \beta]$ 上的单边弱连续的 (比如说右弱连续的) 向量值函数是强可测的. 它显然是弱可测的, $x([\alpha, \beta])$ 包含于由 $[x(\xi); \xi$ 是 $[\alpha, \beta]$ 中的有理数] 所张成的最小闭线性子空间中. 所以 $x(\xi)$ 还是可分值的, 从而是强可测的.

强可测向量值函数具有类似于可测数值函数所具有的性质.

定理 13　(1) 如果 $x(\sigma)$ 和 $y(\sigma)$ 在 $\mathfrak{S}$ 中强可测, γ_1 和 γ_2 是常数, 则 $\gamma_1 x(\sigma) + \gamma_2 y(\sigma)$ 是强可测的. (2) 如果 $f(\sigma)$ 是有限的可测数值函数, $x(\sigma)$ 是强可测的, 则 $f(\sigma) x(\sigma)$ 是强可测的. (3) 如果 $x(\sigma)$ 是一串强可测函数的几乎处处极限, 则 $x(\sigma)$ 强可测. (4) 如果在(3)中将"极限"(即强极限) 代以"弱极限", 则(3) 之结论仍真. (5) 如果将"几乎处处极限"代以"测度极限", 则结论仍真.

证明　由定义 11 直接导出(1). 如果记住 $f(\sigma)$

是可数值数值函数的几乎处处极限,则用同样的办法就导出(2). (3) 如果 $x(\sigma)$ 是强可测函数序列 $\{x_n(\sigma)\}$ 的几乎处处极限,则除零测度集合 E_0 之外, $x_n(\sigma) \to x(\sigma)$. 由定理 12,存在零测度集合 E_n 使得 $x_n(\mathfrak{S} \ominus E_n)$ 可分. 显然 $F = \cup E_k$ 是零测度的. 现在包含 $[x_n(\mathfrak{S} \ominus F); n = 1, 2, \cdots]$ 的最小闭线性子空间 $\mathfrak{X}_0$ 是可分的,且包含 $X(\mathfrak{S} \ominus F)$. 又,对于每个 $x^* \in \mathfrak{X}^*$, 在 $\mathfrak{S} \ominus F$ 上 $x^*[x_n(\sigma)]$ 可测且

$$x^*[x_n(\sigma)] \to x^*[x(\sigma)]$$

所以 $x(\sigma)$ 是弱可测的且为几乎可分值的. (3) 的论证对于(4) 也同样是对的. 此时,$x(\mathfrak{S} \ominus F)$ 属于 $\mathfrak{X}_0$.

(5) 如果 $x_n(\sigma)$ 按测度收敛到 $x(\sigma)$,则存在几乎处处强收敛到 $x(\sigma)$ 的子序列,由(3) 就导出所求证之结果.

在(B) - 空间中 $x(\sigma)y(\sigma)$ 通常是没有意义的, 但若 $\mathfrak{X}$ 不仅是一巴拿赫空间而且是一巴拿赫代数,则乘积是有意义的,且当两个因子都强可测时乘积是强可测的.

上述考虑也适用于 $x(\sigma)$ 是算子值函数的情形. 但在这种情形中,一批新的定义更适合于应用.

定义 12 (1)算子值函数 $U(\sigma)$ 说是在 $\mathfrak{S}$ 中一致可测的,如果有 $\mathfrak{C}(\mathfrak{X}, \mathfrak{Y})$ 中的可数值算子函数序列按一致算子拓扑几乎处处收敛到 $U(\sigma)$. (2)$U(\sigma)$ 说是在 $\mathfrak{S}$ 中强可测的,如果对于所有的 $x \in \mathfrak{X}$,向量值函数 $U(\sigma)[x]$ 都是定义 11(2) 意义下的强可测函数.

(3) $U(\sigma)$ 说是在 $\mathfrak{S}$ 中弱可测的,如果对于所有的 $x \in \mathfrak{X}$ 和 $y^* \in \mathfrak{Y}^*, y^* \{U(\sigma)[x]\}$ 是可测的.

显然,算子值函数 $U(\sigma)$ 的一致可测性就是把 $U(\sigma)$ 视为 (B) – 空间 $\mathfrak{C}(\mathfrak{X}, \mathfrak{Y})$ 中的向量值函数的强可测性. 算子函数的三种不同的可测之间的关系由下述属于 N. Dunford 的定理给出.

定理 14　(1) 使 $U(\sigma)$ 强可测的充要条件是,$U(\sigma)$ 弱可测且对于每个 $x \in \mathfrak{X}, U(\sigma)[x]$ 在 $\mathfrak{Y}$ 中是几乎可分值的;(2) 使 $U(\sigma)$ 一致可测的充要条件是,$U(\sigma)$ 弱可测且在 $\mathfrak{C}(\mathfrak{X}, \mathfrak{Y})$ 中是几乎可分值的.

证明　(1) 是定理 12 和定义 12 的直接推论. (2) 的证明路线与定理 12 的证明路线相同,但在证明 $\|U(\sigma)\|$ 的可测性时要做些修改. 首先应当指出,如果 $U(\sigma)$ 在 $\mathfrak{C}(\mathfrak{X}, \mathfrak{Y})$ 中几乎可分值,则对于每个 x,$U(\sigma)[x]$ 在 $\mathfrak{Y}$ 中几乎可分值. 于是从 (2) 的假设推导出的第一个结论是,$U(\sigma)$ 强可测. 为了证明 $\|U(\sigma)\|$ 可测,我们论证如下. 不失一般性我们可设 $U(\mathfrak{S})$ 可分. 于是有可数集合 $\{U_n\} \subset \mathfrak{C}(\mathfrak{X}, \mathfrak{Y})$ 在 $U(\mathfrak{S})$ 中稠密. 对于每个 n,我们能找到序列 $\{x_{mn}\}$ 使得 (i) $\|x_{mn}\| = 1$, (ii) $\|U_n(x_{mn})\| \geqslant \|U_n\| - 1/m$. 因 $U(\sigma)$ 是强可测的, 所以所有的数值函数 $\|U(\sigma)[x_{mn}]\|$ 都是可测的. 于是

$$F(\sigma) = \sup_{m, n} \|U(\sigma)[x_{mn}]\|$$

也是可测的. 显然

$$F(\sigma) \leqslant \|U(\sigma)\|$$

实际上, 等式成立. 对于给定的 $\sigma \in \mathfrak{S}$ 和 m, 有依赖于 σ 和 m 的 n 使得

$$\|U(\sigma) - U_n\| \leqslant 1/m$$

所以对于每个 m

$$F(\sigma) \geqslant \|U(\sigma)[x_{mn}]\| \geqslant \|U_n[x_{mn}]\| = \|\{U(\sigma) - U_n\}[x_{mn}]\|$$
$$\geqslant \|U_n\| - 2/m \geqslant \|U(\sigma)\| - 3/m$$

于是对于所有的 σ 都有 $F(\sigma) = \|U(\sigma)\|$, 从而 $\|U(\sigma)\|$ 是可测的. 现在便可像定理 12 中那样来完成证明.

6. 可数可加集合函数

可数可加集合函数的研究构成测度理论的一个重要部分. 这里我们要研究定义在 σ – 环 $\mathfrak{C}$ 上而取值于巴拿赫空间 $\mathfrak{X}$ 的可数可加集合函数. 还将讨论一些熟悉的概念的弱推广和强推广之间的关系.

定义 13　从 $\mathfrak{C}$ 到 $\mathfrak{X}$ 的集合函数 $x(E)$ 称为强(弱)可数可加的, 如果对于 $\mathfrak{C}$ 中两两不交的子集组成的任何可数序列 $\{E_n\}$ 都有

$$x(\bigcup_n E_n) = \sum_{n=1}^{\infty} x(E_n)$$

其中的和是在范数(弱)拓扑之下收敛的.

定理 15　如果 $x(E)$ 是从 $\mathfrak{C}$ 到 $\mathfrak{X}$ 的弱可数可加集合函数, 则 $\|x(E)\|$ 在 $\mathfrak{C}$ 上有界.

证明　在数值函数的情形已知定理为真. 所以对

于每个 $x^* \in \mathfrak{X}^*$，$|x^*[x(E)]|$ 在 $\mathfrak{C}$ 上有界. 于是由一致有界定理即推出所求证的结论.

定理 16　如果 $x(E)$ 是从 $\mathfrak{C}$ 到 $\mathfrak{X}$ 的弱可数可加集合函数，则 $x(E)$ 一定是从 $\mathfrak{C}$ 到 $\mathfrak{X}$ 的强可数可加集合函数.

证明　设 $\{E_n\}$ 是 $\mathfrak{C}$ 中的一串两两不交的集合，又设 $\pi = (n_1, n_2, \cdots)$ 是全体正整数所作成的序列的任一子序列. 则对于弱可数可加集合函数 $x(E)$，显然，当 $x^* \in \mathfrak{X}^*$ 时，有

$$x^*\left[x\left(\bigcup_{n \in \pi} E_n\right)\right] = \sum_{n \in \pi} x^*\left[x(E_n)\right]$$

于是 $\sum\limits_n x(E_n)$ 是弱无条件收敛的，从而由定理 3，和数是强收敛的.

定义 14　从 $\mathfrak{C}$ 到 $\mathfrak{X}$ 的集合函数 $x(E)$：(1) 称为关于 σ - 有限测度 $m(E)$ 绝对连续，如果对于每个 $\varepsilon > 0$，有 $\delta > 0$ 使得 $m(E) < \delta$ 时

$$\|x(E)\| < \varepsilon$$

(2) 称为关于 $m(E)$ 强绝对连续，如果对于每个 $\varepsilon > 0$，有 $\delta > 0$ 使得对于每个满足 $\sum\limits_n m(E_n) < \delta$ 的两两不交的集合序列 $\{E_n\}$ 都有

$$\sum_n \|x(E_n)\| < \varepsilon$$

定理 17　如果 $x(E)$ 是从 $\mathfrak{C}$ 到 $\mathfrak{X}$ 的弱可数可加集合函数，且 $m(E) = 0$ 蕴涵 $x(E) = \theta$，则 $x(E)$ 关于 $m(E)$ 绝对连续.

B － 数列与有界变差

证明　我们注意,在数值函数的情形已知定理为真. 所以对所有形如 $x^*[x(E)]$ 的集合函数定理为真, 其中 $x^* \in \mathcal{X}^*$. 现在假设定理不对, 则有 $\varepsilon > 0$ 和一属于 $\mathfrak{C}$ 的集合序列 $\{E_k\}$ 使得 $\|x(E_k)\| > 2\varepsilon$ 且 $m(E_k) < 2^{-k}$. 显然

$$\lim_{n \to \infty} m(\bigcup_{k \geqslant n} E_k) = 0$$

我们能找到 $x_1^* \in \mathcal{X}^*, \|x_1^*\| = 1$, 使得

$$|x_1^*[x(E_1)]| > 2\varepsilon$$

因为 $x_1^*[x(E)]$ 关于 $m(E)$ 绝对连续, 所以存在 n_1 使得对于所有的 $E \subset \bigcup_{k \geqslant n_1} E_k$ 都有

$$|x_1^*[x(E)]| < \varepsilon$$

令 $F_1 = E_1 \ominus \bigcup_{k \geqslant n_1} E_k$, 我们看到

$$\|x(F_1)\| \geqslant |x_1^*[x(F_1)]| > \varepsilon$$

且当 $k \geqslant n_1$ 时 F_1 与 E_k 不交. 现在我们以类似的方式来讨论 E_{n_1}, 就得到 $n_2 > n_1$ 和集合

$$F_2 = F_{n_1} \ominus \bigcup_{k \geqslant n_1} E_k$$

使得

$$\|x(F_2)\| > \varepsilon$$

F_2 显然与 F_1 不交, 且在 $k \geqslant n_2$ 时与 E_k 不交. 用这个方法我们得到 $\mathfrak{C}$ 中的一串两两不交的集合 $\{F_k\}$, 满足

$$\|x(F_k)\| > \varepsilon$$

但由定理 16, $\sum_k x(F_k)$ 按范数收敛到 $x(\bigcup_k F_k)$, 而这

蕴涵

$$\|x(F_k)\| \longrightarrow 0$$

所以定理不真的假定导出了矛盾.

7. 勒贝格积分

勒贝格积分曾被用两种不同的方法推广到向量值函数. 第一种推广是 Bochner 做的, 可描述如下, 从简单函数开始, 将仅在一零集上不同的任一对简单函数加以等置. 于是如此的函数的类按范数

$$\|x(\cdot)\| = \int \|x(\sigma)\| \mathrm{d}m$$

成一线性赋范空间. 以明显的方法定义积分 $\int x(\sigma)\,\mathrm{d}m$, 显然

$$\left\|\int x(\sigma)\,\mathrm{d}m\right\| \leqslant \|x(\cdot)\|$$

如果把这个空间加以完全化, 就能把积分推广到所有的柯西序列而得到 Bochner 积分. 至于另一种推广, 是从 $\mathfrak{X}$ 上的给定的拓扑开始, 定义关于这个拓扑的积分如下, 设 $\{E_n\}$ 是集合

$$S_0 \equiv \left[\sigma; \|x(\sigma)\| > 0\right]$$

的可数分划. 我们能赋予和式 $\sum x(\sigma_n)m(E_n)$（此处 $\sigma_n \in E_n$）以确定的意义；如果在分划加细时这些和式在给定的拓扑之下是收敛的, 则此极限就定义为积分 $\int x(\sigma)\,\mathrm{d}m$ 的值. 我们将给出这两种积分的例子. 由于 Bochner 积分更适合于我们的目的, 所以将给予更多

的注意. 但是我们先从 Pettis 积分的扼要讨论开始, 它可以定义为关于 $\mathcal{X}$ 上的弱拓扑的第二种积分. 我们发现, Bochner 积分和 Pettis 积分的更直接的定义在应用上比上面指出的定义要方便一些.

我们的第一个结果是分别由 I. Gelfand 和 N. Dunford 独立发现的.

定理 18　如果 $x(\sigma)$ 弱可测, 且对于每个 $x^* \in \mathcal{X}^*$ 都有 $x^*[x(\sigma)] \in L(\mathfrak{S}, m)$, 则存在 $x^{**} \in \mathcal{X}^{**}$, 使得对所有 $x^* \in \mathcal{X}^*$

$$x^{**}(x^*) = \int_{\mathfrak{S}} x^*[x(\sigma)] \mathrm{d}m$$

证明　令

$$F(x^*) = \int_{\mathfrak{S}} x^*[x(\sigma)] \mathrm{d}m$$

显然 F 在 $\mathcal{X}^*$ 上有定义, 而且是线性的. 只须证明 F 是有界的即可. 为此我们定义由 $\mathcal{X}^*$ 到 $L(\mathfrak{S}, m)$ 的线性算子 $W: W(x^*) = x^*[x(\sigma)]$. 易于验证 W 是封闭的, W 还是有界的. 于是

$$|F(x^*)| \leqslant \int_{\mathfrak{S}} |x^*[x(\sigma)]| \mathrm{d}m \leqslant \|W\| \|x^*\|$$

此即欲证之结果.

作为上述定理的推论, 我们可令

$$x^{**} = \int_{\mathfrak{S}} x(\sigma) \mathrm{d}m$$

一般的, x^{**} 不能代以 $\mathcal{X}$ 的元素; 在能作这种代替时, 积分称为 Pettis 积分. 这样更确切些.

定义 15 从 $\mathfrak{S}$ 到 $\mathfrak{X}$ 的函数 $x(\sigma)$ 称为(Pettis)可积的,当且仅当相应于每个 $E \in \mathfrak{C}$ 有 $\mathfrak{X}$ 的元素 x_E,使得对于所有的 $x^* \in \mathfrak{X}^*$,都有

$$x^*(x_E) = \int_E x^*[x(\sigma)] \mathrm{d}m$$

上式右端的积分假定是在勒贝格意义下存在的. 定义

$$(\mathrm{P})\int_E x(\sigma) \mathrm{d}m = x_E$$

实际可用的判别一函数是否 Pettis 可积的充要条件还不知道. 但如果 $\mathfrak{X}$ 是自反的,则由定理 18 便知,对于 $x(\sigma)$,当且仅当对于每个 $x^* \in \mathfrak{X}^*$ 皆有

$$x^*[x(\sigma)] \in L(\mathfrak{S}, m)$$

时,$x(\sigma)$ 是 Pettis 可积的.

下述事实是定义的一些直接推论. (1)可积函数是弱可测的(但不一定强可测). (2)积分是唯一确定的. (3)如果 $x_1(\sigma)$ 和 $x_2(\sigma)$ 都是 Pettis 可积的,则 $\gamma_1 x_1(\sigma) + \gamma_2 x_2(\sigma)$ 亦然,而且

$$(\gamma_1 x_1 + \gamma_2 x_2)_E = \gamma_1 x_{1E} + \gamma_2 x_{2E}$$

(4)在定义 9(2)意义下的简单函数是可积的,而且

$$(\mathrm{P})\int_E x(\sigma) \mathrm{d}m = \sum_k x_k m(E_k \cap E)$$

其中 $x(\sigma) = x_k, \sigma \in E_k$. (5)如果 $\mathfrak{X}$ 是复数空间,则所述之定义与勒贝格积分相同.

定理 19 如果 $x(\sigma)$ 是 Pettis 可积的,则

$$x_E = (\mathrm{P})\int_E x(\sigma) \mathrm{d}m$$

是强可数可加的,而且关于 $m(E)$ 是绝对连续的.

证明　设 $\{E_n\}$ 是 $\mathfrak{C}$ 中的两两不交集合的一个可数序列,则

$$x^*(x_{\cup E_n}) = \int_{\cup E_n} x^*[x(\sigma)] \, dm$$

$$= \sum_{n=1}^{\infty} \int_{E_n} x^*[x(\sigma)] \, dm$$

$$= \sum_{n=1}^{\infty} x^*(x_{E_n})$$

于是 x_E 是弱可数可加的,从而由定理 16, x_E 是强可数可加的. 再从定理 17 便知, x_E 还关于 $m(E)$ 绝对连续.

积分的基本性质包含于

定理 20　如果 T 是从(B)－空间 $\mathfrak{X}$ 到具有同一纯量域的(B)－空间 $\mathfrak{Y}$ 的线性有界变换, $x(\sigma) \in \mathfrak{X}$ 是 (Pettis) 可积的,则 $T[x(\sigma)]$ 也(Pettis) 可积且

$$(\mathrm{P}) \int_E T[x(\sigma)] \, dm = T(x_E) \tag{18}$$

证明　这可由共轭变换 T^* 的性质推出. 要求证明,对于所有的 $y^* \in \mathfrak{Y}^*$, $y^*\{T[x(\sigma)]\}$ 是(勒贝格) 可积的,而且在 E 上的积分值就是 $y^*[T(x_E)]$. 现在对于给定的 $y^* \in \mathfrak{Y}^*$

$$y^*[T(x)] = x^*(x)$$

界定唯一的 $x^* \in \mathfrak{X}^*$ $(x^* = T^*(y^*))$ 与之对应,而且正如所断言的那样,对于所有的 $y^* \in \mathfrak{Y}^*$

$$\int_E y^*\{T[x(\sigma)]\} \, dm = \int_E x^*[x(\sigma)] \, dm$$

$$= x^*(x_E) = y^*[T(x_E)]$$

其次,我们来引进 Bochner 积分. 虽然它在广泛性方面不如 Pettis 积分,但它比 Pettis 积分更易于应用.

定义 16　从 $\mathfrak{S}$ 到 $\mathfrak{X}$ 的可数值函数 $x(\sigma)$ 说是 (Bochner) 可积的,当且仅当 $\|x(\sigma)\|$ 是(勒贝格) 可积的. 定义

$$(\mathrm{B})\int_E x(\sigma)\mathrm{d}m = \sum_{k=1}^{\infty} x_k m(E_k \cap E)$$

其中 $x(\sigma) = x_k, \sigma \in E_k \in \mathfrak{C}(k = 1,2,\cdots)$.

对于所有的 $E \in \mathfrak{C}$ 和 $\mathfrak{S}$ 自身,积分的定义都是合理的. 这是因为根据

$$\sum_{k=1}^{\infty} \|x_k\| m(E_k \cap E) = \int_E \|x(\sigma)\| \mathrm{d}m$$

而知定义 16 中的级数是绝对收敛的. 从而对于可数值函数有

$$\left\| (\mathrm{B})\int_E x(\sigma)\mathrm{d}m \right\| \leqslant \int_E \|x(\sigma)\| \mathrm{d}m \qquad (19)$$

又,对于所有的 $x^* \in \mathfrak{X}^*$

$$x^*\left[\int_E x(\sigma)\mathrm{d}m\right] = \sum_{k=1}^{\infty} x^*(x_k)m(E_k \cap E) = \int_E x^*[x(\sigma)]\mathrm{d}m$$

级数还是绝对收敛的. 所以,这种函数的(B) – 积分与 (P) – 积分是相同的.

定义 17　从 $\mathfrak{S}$ 到 $\mathfrak{X}$ 的函数 $x(\sigma)$ 说是(Bochner) 可积的, 当且仅当存在一可数值可积函数序列 $\{x_n(\sigma)\}$,它几乎处处收敛到 $x(\sigma)$,使得

$$\lim_{n\to\infty}\int_{\mathfrak{S}} \|x(\sigma) - x_n(\sigma)\| \mathrm{d}m = 0 \qquad (20)$$

这时,对于每个 $E \in \mathfrak{C}$ 以及 $E = \mathfrak{S}$,定义

$$(\mathrm{B})\int_E x(\sigma)\mathrm{d}m = \lim(\mathrm{B})\int_E x_n(\sigma)\mathrm{d}m \quad (21)$$

我们来证明式(20)有意义,而且式(21)中的极限存在且唯一. 首先,按定义,$x(\sigma)$ 是强可测的,于是 $\|x(\sigma) - x_n(\sigma)\|$ 可测,从而式(20)有意义. 式(21)中极限的存在性是由于,从

$$\left\| \int_E (x_n(\sigma)\mathrm{d}m - \int_E x_m(\sigma)\mathrm{d}m \right\|$$

$$= \left\| \int_E [x_n(\sigma) - x_m(\sigma)]\mathrm{d}m \right\|$$

$$\leqslant \int_E \|x_n(\sigma) - x_m(\sigma)\|\mathrm{d}m$$

$$\leqslant \int_{\mathfrak{S}} \|x_n(\sigma) - x(\sigma)\|\mathrm{d}m + \int_{\mathfrak{S}} \|x(\sigma) - x_m(\sigma)\|\mathrm{d}m$$

能看出式(21)右端的积分组成 $\mathfrak{X}$ 中的柯西序列. 最后,这个极限显然与所取的序列无关,这是因为对于任何两个这样的序列,将其诸项交错地排列便得到一新的序列,此新序列满足原来的二序列所满足的条件.

假设 $x(\sigma)$ 是(B) - 可积的,其 Bochner 积分由可数值可积函数序列 $\{x_n(\sigma)\}$ 所确定. 则对于每个 $x^* \in \mathfrak{X}^*$,$\{x^*[x_n(\sigma)]\}$ 几乎处处收敛到 $x^*[x(\sigma)]$,且一阶平均收敛到 $x^*[x(\sigma)]$. 于是

$$x^*\left[\int_E x_n(\sigma)\mathrm{d}m\right] = \int_E x^*[x_n(\sigma)]\mathrm{d}m \to \int_E x^*[x(\sigma)]\mathrm{d}m$$

另一方面,由于 x^* 是按范数拓扑连续的泛函,故我们有

$$x^* \left[\int_E x_n(\sigma) \mathrm{d}m \right] \to x^* \left[\int_E x(\sigma) \mathrm{d}m \right]$$

所以对于所有的 $x^* \in \mathfrak{X}^*$ 都有

$$x^* \left[\int_E x(\sigma) \mathrm{d}m \right] = \int_E x^* [x(\sigma)] \mathrm{d}m \qquad (22)$$

换句话说,每个(B) - 可积函数也是(P) - 可积的,而且两积分值相同. 于是可由定理 19 得出结论,集合函数 $x_E = (B) \int_E x(\sigma) \mathrm{d}m$ 是强完全可加的,而且关于 $m(E)$ 绝对连续.

（B）- 积分的巨大价值在于(B) - 可积函数类易于表征. 这是下述定理的推论.

定理 21　从 $\mathfrak{S}$ 到 $\mathfrak{X}$ 的函数 $x(\sigma)$ (Bochner) 可积的充要条件是, $x(\sigma)$ 强可测且

$$\int_{\mathfrak{S}} \|x(\sigma)\| \mathrm{d}m < \infty$$

证明　如果 $x(\sigma)$ 是(B) - 可积的,则它一定是强可测的, $\|x(\sigma)\|$ 更是可测的. 最后,就可数值可积函数的逼近序列而言,对于每个整数 n,我们有

$$\int_{\mathfrak{S}} \|x(\sigma)\| \mathrm{d}m \leqslant \int_{\mathfrak{S}} \|x(\sigma) - x_n(\sigma)\| \mathrm{d}m +$$

$$\int_{\mathfrak{S}} \|x_n(\sigma)\| \mathrm{d}m < \infty$$

反之, 设 $x(\sigma)$ 强可测且 $\|x(\sigma)\|$ 可和. 令 $S_0 \equiv [\sigma; \|x(\sigma)\| > 0]$. 则 $S_0 \in \mathfrak{C}$,从而有分划将 S_0 分成两两不交的集合 $\{S_n\} \subset \mathfrak{C}$,使得 $S_0 = \underset{n}{\cup} S_n$,且对每个 $n \geqslant 1$,都有 $0 < m(S_n) < \infty$. 对于给定的 $\varepsilon > 0$,据定

理 12 的推论 1，我们能找到可数值函数 $x_{\varepsilon,n}(\sigma)$，使得

$$\|x_{\varepsilon,n}(\sigma) - x(\sigma)\| < 2^{-n}\varepsilon/m(S_n) \quad (\sigma \in S_n)$$

(23)

定义

$$x_{\varepsilon}(\sigma) = \begin{cases} x_{\varepsilon,n}(\sigma), & 当\ \sigma \in S_n(n = 1,2,\cdots) \\ \theta, & 当\ \sigma \in \mathfrak{S} \ominus S_0 \end{cases}$$

则 $x_{\varepsilon}(\sigma)$ 显然是可数值的，且

$$\int_{\mathfrak{S}} \|x(\sigma) - x_{\varepsilon}(\sigma)\| dm < \sum_{n=1}^{\infty} 2^{-n}[\varepsilon/m(S_n)]m(S_n) = \varepsilon$$

又

$$\int_{\mathfrak{S}} \|x_{\varepsilon}(\sigma)\| dm \leqslant \int_{\mathfrak{S}} \|x_{\varepsilon}(\sigma) - x(\sigma)\| dm + \int_{\mathfrak{S}} \|x(\sigma)\| dm$$
$$< \infty$$

于是相应于收敛到零的一串 ε_n，我们能找到可数值可积函数的一个序列，它在定义 17 的意义下逼近到 $x(\sigma)$. 这蕴涵 $x(\sigma)$ 的可积性.

从上述证明中构造 $x_{\varepsilon}(\sigma)$ 的办法可以看出，实际上我们得到了一个更强的结果.

推论 假设 $x(\sigma)$ 是（B）- 可积的，又令 $S_0 \equiv [\sigma; \|x(\sigma)\| > 0]$. 则对于给定的 $\varepsilon > 0$，有将 S_0 分成两两不交的集合 $\{E_k\} \subset \mathfrak{C}$ 的分划，使得对于任意的 $\sigma_k \in E_k$，函数

$$x_s(\sigma) = \begin{cases} x(\sigma_k), & 当\ \sigma \in E_k(k = 1,2,\cdots) \\ \theta, & 当\ \sigma \in \mathfrak{S} \ominus S_0 \end{cases}$$

是可数值可积的，且满足关系式

$$\int_{\mathfrak{S}} \| x(\sigma) - x_s(\sigma) \| \mathrm{d}m < \varepsilon$$

并且对于上述分划的所有更细密的分划,这仍然是对的.

证明　设 $\{E_k\}$ 是至少使上述证明中的诸函数 $\{x_{\varepsilon,n}\}$ 之一为常量的集合的全体. 则在 E_k 上按推论中所提出的方法重新定义 $x_{s,n}(\sigma)$ 时,只能使式(23)的右端增大为原来的两倍.

我们把从 $\mathfrak{S}$ 到 $\mathfrak{X}$ 的关于 $m(E)$ 为 Bochner 可积的函数的类记为 $B(\mathfrak{S};\mathfrak{X};m)$. 正如我们将要看到的那样,如果元素 $x(\cdot)$ 的范数定义为

$$\| x(\cdot) \| = \int_{\mathfrak{S}} \| x(\sigma) \| \mathrm{d}m \qquad (24)$$

则 $B(\mathfrak{S};\mathfrak{X};m)$ 就成为一巴拿赫空间.

定理22　如果 $x_1(\sigma), x_2(\sigma) \in B(\mathfrak{S};\mathfrak{X};m)$, γ_1, γ_2 是常数,则 $\gamma_1 x_1(\sigma) + \gamma_2 x_2(\sigma) \in B(\mathfrak{S};\mathfrak{X};m)$,且

$$\int_E [\gamma_1 x_1(\sigma) + \gamma_2 x_2(\sigma)] \mathrm{d}m = \gamma_1 \int_E x_1(\sigma) \mathrm{d}m +$$
$$\gamma_2 \int_E x_2(\sigma) \mathrm{d}m$$

证明　对于可数值可积函数,定理显然是对的,而通过极限过程便知一般情形亦真.

我们能类似地证明

定理23　如果 $x(\sigma) \in B(\mathfrak{S};\mathfrak{X};m)$,则

$$\left\| \int_E x(\sigma) \mathrm{d}m \right\| \leqslant \int_E \| x(\sigma) \| \mathrm{d}m \qquad (25)$$

定理24　如果对于所有的 $n, x_n(\sigma) \in B(\mathfrak{S};\mathfrak{X};$

m），而且

$$\lim_{m,n\to\infty}\int_{\mathfrak{S}}\|x_m(\sigma)-x_n(\sigma)\|\mathrm{d}m = 0$$

则有元素 $x(\sigma) \in B(\mathfrak{S};\mathfrak{X};m)$，使得

$$\lim_{n\to\infty}\int_{\mathfrak{S}}\|x(\sigma)-x_n(\sigma)\|\mathrm{d}m = 0 \qquad (26)$$

如果 $y(\sigma)$ 有相同的性质，则 $x(\sigma) = y(\sigma)$ 几乎处处成立. 最后

$$\lim_{n\to\infty}\int_E x_n(\sigma)\mathrm{d}m = \int_E x(\sigma)\mathrm{d}m \qquad (27)$$

证明 由于现在的论证与古典证明极其相似，故此处只作一简洁的陈述就够了. 我们选取子序列 $\{x_{n_j}(\sigma)\}$，使满足条件

$$\int_{\mathfrak{S}}\|x_{n_j}(\sigma)-x_n(\sigma)\|\mathrm{d}m < 2^{-j} \quad (n > n_j)$$

级数

$$x_{n_1}(\sigma) + \sum_{j=2}^{\infty}\left[x_{n_j}(\sigma)-x_{n_{j-1}}(\sigma)\right]$$

对于几乎所有的 σ 都是收敛的：这是因为范数的和的积分是收敛的. 由定理 13(3)，和 $x(\sigma)$ 是强可测的，而且 $\|x(\sigma)\|$ 是可积的. 所以 $x(\sigma) \in B(\mathfrak{S};\mathfrak{X};m)$. 于固定的 n，对所有的 j，函数 $\|x_{n_j}(\sigma)-x_n(\sigma)\|$ 被一固定的可积函数所控制，而且对于几乎所有的 σ

$$\|x_{n_j}(\sigma)-x_n(\sigma)\| \to \|x(\sigma)-x_n(\sigma)\| \quad (j \to \infty)$$

所以

$$\int_{\mathfrak{S}}\|x(\sigma)-x_n(\sigma)\|\mathrm{d}m \leqslant 2^{-j} \quad (n > n_j)$$

极限的几乎处处唯一性可用通常的论证来证明. 最后, 由式(25)和(26)可直接推出(27).

这个结果证明了 $B(\mathfrak{S};\mathfrak{X};m)$ 的完全性.

定理25　如果把 $B(\mathfrak{S};\mathfrak{X};m)$ 中只在一零测度集合上不同的函数加以等置, 则 $B(\mathfrak{S};\mathfrak{X};m)$ 成为一巴拿赫空间.

在积分号下取极限的古典的勒贝格定理对于(B) – 积分仍然成立.

定理26　如果 $\{x_n(\sigma)\} \subset B(\mathfrak{S};\mathfrak{X};m)$ 几乎处处收敛到一极限函数 $x(\sigma)$, 且有一固定的函数

$$F(\sigma) \in L(\mathfrak{S};m)$$

使得

$$\|x_n(\sigma)\| \leqslant F(\sigma)$$

对所有的 σ 和 n 都成立, 则 $x(\sigma) \in B(\mathfrak{S};\mathfrak{X};m)$ 且

$$\lim_{n \to \infty} \int_E x_n(\sigma)\,\mathrm{d}m = \int_E x(\sigma)\,\mathrm{d}m$$

证明可留给读者. 特别的, 我们看到, 如果 $x_n(\sigma)$ 有界收敛到 $x(\sigma)$, 且 $m(\mathfrak{S}) < \infty$, 则结论是成立的.

对于(B) – 积分, 我们能改进定理19和定理20的结果.

定理27　设 $\{E_n\}$ 是 $\mathfrak{S}$ 中两两不交集合的可数序列, 则对于 $x(\sigma) \in B(\mathfrak{S};\mathfrak{X};m)$ 有

$$\int_{\cup E_n} x(\sigma)\,\mathrm{d}m = \sum_{n=1}^{\infty} \int_{E_n} x(\sigma)\,\mathrm{d}m$$

这里右端的和式是绝对收敛的.

证明　令 $x_E = \int_E x(\sigma)\mathrm{d}m$，则如同定理 19 的证明，我们看到 $x^*[x_{\cup E_n}] = \sum_{n=1}^{\infty} x^*[x_{E_n}]$ 对每个 $x^* \in \mathfrak{X}^*$ 都成立．但由式（25）立即看出，求证之等式的右端的和式还是绝对收敛的．所以 $x^*[x_{\cup E_n}] = x^*[\sum_{n=1}^{\infty} x_{E_n}]$，而这蕴涵所要证的结果.

定理 28　设 $x(\sigma) \in B(\mathfrak{S}; \mathfrak{X}; m)$，则集合函数 $x_E = \int_E x(\sigma)\mathrm{d}m$ 是强绝对连续的.

证明　这个结果由式（25）和积分 $\int_E \|x(\sigma)\|\mathrm{d}m$ 的绝对连续性推出.

E. Hille 证明了下述定理而推广了定理 5.

定理 29　设 T 是由 $\mathfrak{X}$ 到 $\mathfrak{Y}$ 的封闭线性变换．如果 $x(\sigma) \in B(\mathfrak{S}; \mathfrak{X}; m)$ 且 $T[x(\sigma)] \in B(\mathfrak{S}; \mathfrak{Y}; m)$，则对于所有的 $E \in \mathfrak{C}$ 和 $E = \mathfrak{S}$，都有

$$T\Big[\int_E x(\sigma)\mathrm{d}m\Big] = \int_E T[x(\sigma)]\mathrm{d}m \qquad (28)$$

证明　我们利用定理 21 的推论而得到

$$S_0 \equiv [\sigma; \|x(\sigma)\| > 0]$$

的两个分划．一个分划提供 $x(\sigma)$ 的 ε - 逼近，而另一个分划提供 $T[x(\sigma)]$ 的 ε - 逼近．设 $[E_n]$ 是比这两个分划都更细密的分划，又设 $\sigma_n \in E_n$．然后令

$$x_\varepsilon(\sigma) = \begin{cases} x(\sigma_n)，当 \sigma \in E_n(n = 1, 2, \cdots) \\ \theta，当 \sigma \in \mathfrak{S} \ominus S_0 \end{cases}$$

于是

$$\int_{\mathfrak{S}} \| x(\sigma) - x_{\varepsilon}(\sigma) \| \mathrm{d}m < \varepsilon$$

$$\int_{\mathfrak{S}} \| T[x(\sigma)] - T[x_{\varepsilon}(\sigma)] \| \mathrm{d}m < \varepsilon$$

现在

$$\int_E x_{\varepsilon}(\sigma) \mathrm{d}m = \sum_{n=1}^{\infty} x(\sigma_n) m(E_n \cap E)$$

$$= \lim_{N \to \infty} \sum_{n=1}^{N} x(\sigma_n) m(E_n \cap E)$$

$$\int_E T[x_{\varepsilon}(\sigma)] \mathrm{d}m = \sum_{n=1}^{\infty} T[x(\sigma_n)] m(E_n \cap E)$$

$$= \lim_{N \to \infty} T\Big[\sum_{n=1}^{N} x(\sigma_n) m(E_n \cap E) \Big]$$

由于 T 是封闭的,所以

$$\int_E x_{\varepsilon}(\sigma) \mathrm{d}m \in \mathfrak{D}(T)$$

且

$$T\Big(\int_E x_{\varepsilon}(\sigma) \mathrm{d}m \Big) = \int_E T[x_{\varepsilon}(\sigma)] \mathrm{d}m$$

如果我们现在取一收敛到零的序列 $\{\varepsilon_n\}$,则由定理 24,有

$$\int_E x_{\varepsilon_n}(\sigma) \mathrm{d}m \to \int_E x(\sigma) \mathrm{d}m$$

$$T\Big[\int_E x_{\varepsilon_n}(\sigma) \mathrm{d}m \Big] = \int_E T[x_{\varepsilon_n}(\sigma)] \mathrm{d}m \to \int_E T[x(\sigma)] \mathrm{d}m$$

再应用 T 的封闭性就得到式(28).

特别的,如果 T 是从 $\mathfrak{X}$ 到 $\mathfrak{Y}$ 的线性有界变换,则只

要 $x(\sigma) \in B(\mathfrak{S}; \mathfrak{X}; m)$ 就可应用定理. 事实上,如果 $\{x_n(\sigma)\}$ 是可数值可积函数序列,在定义 17 的意义下逼近于 $x(\sigma)$,则 $T[x_n(\sigma)]$ 是几乎处处收敛到 $T[x(\sigma)]$ 的可数值可积函数,且

$$\int_{\mathfrak{S}} \|T[x(\sigma)] - T[x_n(\sigma)]\| \mathrm{d}m$$

$$\leqslant \|T\| \int_{\mathfrak{S}} \|x(\sigma) - x_n(\sigma)\| \mathrm{d}m$$

$$\to 0$$

所以

$$T[x(\sigma)] \in B(\mathfrak{S}; \mathfrak{X}; m)$$

对于 (B) – 积分,我们也有类似于 Fubini 定理的结果. 设 $\mathfrak{S}$ 和 $\mathfrak{T}$ 是具有由一些子集组成的 σ – 环 $\mathfrak{C}$ 和 $\mathfrak{F}$ 的抽象集合,σ – 有限测度 $m(E)$ 和 $n(F)$ 分别定义在 $\mathfrak{C}$ 和 $\mathfrak{F}$ 上. 我们用 $\mathfrak{C} \times \mathfrak{F}$ 表 $\mathfrak{S} \times \mathfrak{T}$ 的一些子集的,由所有形如 $E \times F$ 的矩形集合的类所生成的 σ – 环,其中 $E \in \mathfrak{C}, F \in \mathfrak{F}$. 最后,我们用 $m \times n$ 表示乘积测度.

定理 30 如果 $x(\sigma, \tau)$ 在 $\mathfrak{S} \times \mathfrak{T}$ 上 (B) – 可积,则 $y(\sigma) = \int_{\mathfrak{T}} x(\sigma, \tau) \mathrm{d}n$ 和 $z(\tau) = \int_{\mathfrak{S}} x(\sigma, \tau) \mathrm{d}m$ 分别在 $\mathfrak{S}$ 和 $\mathfrak{T}$ 中几乎处处有定义,而且

$$\int_{\mathfrak{S} \times \mathfrak{T}} x(\sigma, \tau) \mathrm{d}(m \times n) = \int_{\mathfrak{S}} y(\sigma) \mathrm{d}m = \int_{\mathfrak{T}} z(\tau) \mathrm{d}n$$

$$(29)$$

证明 不失一般性我们可以假定 $x(\sigma, \tau)$ 是可分值的. 于是对每个 $x^* \in \mathfrak{X}^*$ 和 $\sigma, x^*[x(\sigma, \tau)]$ 是 τ 的

可测函数,所以对每个 $\sigma, x(\sigma, \tau)$ 是 τ 的强可测函数. 同理, 对 每个 $\tau, x(\sigma, \tau)$ 是 σ 的强可测函数. 对 $\|x(\sigma, \tau)\|$ 应用 Fubini 定理就知道,$\int_{\mathfrak{T}} \|x(\sigma, \tau)\| \mathrm{d}n$ 和 $\int_{\mathfrak{S}} \|x(\sigma, \tau)\| \mathrm{d}m$ 分别对几乎所有的 σ 和几乎所有的 τ 是有限的. 所以定义 $y(\sigma)$ 和 $z(\tau)$ 的积分分别在 $\mathfrak{S}$ 和 $\mathfrak{T}$ 中几乎处处存在. 又

$$x^*[y(\sigma)] = \int_{\mathfrak{T}} x^*[x(\sigma, \tau)] \mathrm{d}n$$

所以 $x^*[y(\sigma)]$ 可测. 由于 $y(\sigma)$ 属于包含 $[x(\sigma, \tau)$; $(\sigma, \tau) \in \mathfrak{S} \times \mathfrak{T}]$ 的最小闭线性子空间,所以 $y(\sigma)$ 是可分值的,从而是强可测的. 此外

$$\int_{\mathfrak{S}} \|y(\sigma)\| \mathrm{d}m \leqslant \int_{\mathfrak{S} \times \mathfrak{T}} \|x(\sigma, \tau)\| \mathrm{d}(m \times n)$$

所以 $y(\sigma)$ 是 (B) – 可积的. 同理,$z(\tau)$ 是 (B) – 可积的. 对于每个 $x^* \in \mathfrak{X}^*$,如果我们现在对 $x^*[x(\sigma, \tau)]$ 应用 Fubini 定理,我们就得到

$$\int_{\mathfrak{S} \times \mathfrak{T}} x^*[x(\sigma, \tau)] \mathrm{d}(m \times n) = \int_{\mathfrak{S}} x^*[y(\sigma)] \mathrm{d}m$$
$$= \int_{T} x^*[z(\tau)] \mathrm{d}n$$

而这蕴涵式(29).

8. (B) – 积分的其他性质

现在我们来考虑有关(B) – 积分的几个问题的概貌,这对我们以后的工作有特殊的兴趣. 我们从映 $\mathfrak{S}$ 到 $\mathfrak{C}(\mathfrak{X}, \mathfrak{Y})$ 的算子值函数开始. 这里必须区别一致

（B）- 积分和强（B）- 积分. 如果 $U(\sigma)$ 是一致可测的
且 $\int_{\mathfrak{S}} \| U(\sigma) \| \mathrm{d}m < \infty$，则

$$U(\sigma) \in B(\mathfrak{S}; \mathfrak{E}(\mathfrak{X}, \mathfrak{Y}); m)$$

前述理论可直接应用. 在这种情形中

$$\int_{\mathfrak{S}} U(\sigma) \mathrm{d}m \in \mathfrak{E}(\mathfrak{X}, \mathfrak{Y})$$

并且是逼近积分在一致算子拓扑下的极限. 另一方
面, 如果对于每个 $x \in \mathfrak{X}$ 都有

$$U(\sigma)(x) \in B(\mathfrak{S}; \mathfrak{Y}; m)$$

则前述理论只是断定, $\int_{S} U(\sigma)(x) \mathrm{d}m = V(x)$ 是 $\mathfrak{Y}$ 的
一个元素. 为了证明 $V \in \mathfrak{E}(\mathfrak{X}, \mathfrak{Y})$, 还需要有补充的论
证.

定理 31 如果 $U(\sigma) \in B(\mathfrak{S}; \mathfrak{E}(\mathfrak{X}, \mathfrak{Y}); m)$, 则
$U^{*}(\sigma) \in B(\mathfrak{S}; \mathfrak{E}(\mathfrak{Y}^{*}, \mathfrak{X}^{*}); m)$ 且

$$\left[\int_{\mathfrak{S}} U(\sigma) \mathrm{d}m \right]^{*} = \int_{\mathfrak{S}} U^{*}(\sigma) \mathrm{d}m \qquad (30)$$

证明 设 $\{U_n(\sigma)\}$ 是一串可数值可积函数, 在定
义 17 的意义下逼近到 $U(\sigma)$. 现在 $U \to U^{*}$ 是从 $\mathfrak{E}(\mathfrak{X}, \mathfrak{Y})$ 到 $\mathfrak{E}(\mathfrak{Y}^{*}, \mathfrak{X}^{*})$ 内的等距映射. 所以 $\{U_n^{*}(\sigma)\}$ 在
定义 17 的意义下逼近到 $U^{*}(\sigma)$ 且

$$U^{*}(\sigma) \in B(\mathfrak{S}; \mathfrak{E}(\mathfrak{Y}^{*}, \mathfrak{X}^{*}); m)$$

同理, 如果 $\sum V_n$ 是绝对收敛的, 则

$$\left(\sum_{n=1}^{\infty} V_n \right)^{*} = \lim_{N \to \infty} \left(\sum_{n=1}^{N} V_n \right)^{*} = \lim_{N \to \infty} \sum_{n=1}^{N} V_n^{*} = \sum_{n=1}^{\infty} V_n^{*}$$

从而对于每个可数值函数 $U_n(\sigma)$，式(30) 都成立. 最后，通过极限过程($n \to \infty$) 就知道式(30) 对于 $U(\sigma)$ 也是对的.

定理 32　如对每个 $x \in \mathfrak{X}$，都有

$$U(\sigma)(x) \in B(\mathfrak{S};\mathfrak{Y};m)$$

则

$$V(x) = \int_{\mathfrak{S}} U(\sigma)(x)\mathrm{d}m$$

定义一个从 $\mathfrak{X}$ 到 $\mathfrak{Y}$ 的线性有界算子.

证明　显然 V 在 $\mathfrak{X}$ 上有定义，而且是线性的. 为了证明 V 是有界的，我们考虑从 $\mathfrak{X}$ 到 $B(\mathfrak{S};\mathfrak{Y};m)$ 的，用 $W(x) = U(\sigma)(x)$ 定义的辅助变换 W. 直接看出 W 是线性的封闭的. 由 W 是有界的，故

$$\|V(x)\| \le \int_{\mathfrak{S}} \|U(\sigma)(x)\|\mathrm{d}m \le \|W\|\|x\| \quad (31)$$

在积分理论中，有某些结果要依赖于底空间 (underlying space) $\mathfrak{S}$ 的拓扑性质和群性质. 于是我们将问题加以特殊化：取 $\mathfrak{S}$ 为 k 维欧氏空间 E_k 的勒贝格可测子集. 进而限制 $m(E)$ 为勒贝格测度函数且把相应的(B) – 可积向量函数族记为 $B(\mathfrak{S};\mathfrak{X})$. 最后，我们用黑体字表示 E_k 中的点，即 k 数组 ($\sigma = (\sigma_1, \sigma_2, \cdots, \sigma_k)$).

定义 17 说明：可数值函数在 $B(\mathfrak{S};\mathfrak{X})$ 中稠密，而这又蕴涵简单函数也在 $B(\mathfrak{S};\mathfrak{X})$ 中稠密，这意味着只取两个值的简单函数(在 E_1 上 $x(\sigma) = a$，在 $\mathfrak{S} \ominus E_1$

上 $x(\sigma) = \theta$) 构成 $B(\mathfrak{S};\mathfrak{X})$ 中的一个基本集合. 这个集合可进一步化简, 但是要假定 $\mathfrak{S}$ 是连通凸集, 不过, 这并不破坏一般性. 经典的论证方法说明, 只须取 E_1 是 k 维矩形 $I:(\alpha_1 < \sigma_1 < \beta_1, \cdots, \alpha_k < \sigma_k < \beta_k)$ 就够了. 相应的诸函数 $x(\sigma)$ (当 $\sigma \in I$ 时等于 a, 当 $\sigma \in \mathfrak{S} \ominus I$ 时等于 θ) 构成一基本集合. 如此的阶梯函数显然可用连续函数一阶平均逼近. 所以只在有界集上不为 θ 的连续函数也在 $B(\mathfrak{S};\mathfrak{X})$ 中稠密. 为了简化下述定理的叙述, 我们取 $\mathfrak{S} = E_k$.

定理 33　如果 $x(\sigma) \in B(E_k;\mathfrak{X})$, 则

$$\lim_{\alpha \to 0} \int_{E_k} \|x(\sigma + \alpha) - x(\sigma)\| \mathrm{d}\sigma = 0$$

这里 $x(\sigma + \alpha) = x(\sigma_1 + \alpha_1, \cdots, \sigma_k + \alpha_k)$.

证明　对于只在有界集上异于 θ 的连续函数, 定理显然为真. 对于给定的 $x(\sigma) \in B(E_k;\mathfrak{X})$ 和 $\varepsilon > 0$, 有这一类型的连续函数 $x_\varepsilon(\sigma)$, 使得

$$\|x(\cdot) - x_\varepsilon(\cdot)\| < \varepsilon$$

由此推出

$$\int_{E_k} \|x(\sigma + \alpha) - x_\varepsilon(\sigma + \alpha)\| \mathrm{d}\sigma < \varepsilon$$

从而

$$\lim_{\alpha \to 0} \sup \int_{E_k} \|x(\sigma + \alpha) - x(\sigma)\| \mathrm{d}\sigma$$

$$\leqslant 2\varepsilon + \lim_{\alpha \to 0} \sup \int_{E_k} \|x_\varepsilon(\sigma + \alpha) - x_\varepsilon(\sigma)\| \mathrm{d}\sigma \leqslant 2\varepsilon$$

定理 34　如果 $x(\sigma) \in B(E_k;\mathfrak{X})$, $f(\sigma)$ 是有界的

可测数值函数,则

$$y(\xi) = \int_{E_k} f(\sigma) x(\sigma + \xi) d\sigma$$

是 ξ 的连续函数.

证明　积分显然存在且定义了 $\mathfrak{X}$ 中一元素. 如果 $|f(\sigma)| \leqslant M$,则我们有

$$\|y(\xi + \alpha) - y(\xi)\|$$

$$\leqslant \int_{E_k} |f(\sigma)| \|x(\sigma + \xi + \alpha) - x(\sigma + \xi)\| d\sigma$$

$$\leqslant M \int_{E_k} \|x(\tau + \alpha) - x(\tau)\| d\tau \to 0 \quad (当 \alpha \to 0)$$

其次,考虑不定积分的可微性问题. 设 $C(\xi, \gamma)$ 是立方体

$$\xi_1 - \gamma < \sigma_1 < \xi_1 + \gamma, \cdots, \xi_k - \gamma < \sigma_k < \xi_k + \gamma$$

定理 35　设 $x(\sigma) \in B(E_k; \mathfrak{X})$,则对于几乎所有的 ξ

$$\lim_{\gamma \to 0} (2\gamma)^{-k} \int_{C(\xi, \gamma)} \|x(\sigma) - x(\xi)\| d\sigma = 0 \quad (32)$$

证明　不失一般性,我们可设 $x(\sigma)$ 是可分值的. 设 $\{x_n\}$ 是在 $x(E_k)$ 中稠密的可数集合,则由古典的勒贝格定理,对于每个 n

$$\lim_{\gamma \to 0} (2\gamma)^{-k} \int_{C(\xi, \gamma)} \|x(\sigma) - x_n\| d\sigma = \|x(\xi) - x_n\|$$

$$(33)$$

对于几乎所有的 ξ 都成立,从而对几乎所有的 ξ 和所有的 n 都成立. 如果 ξ 是那样的一个点:在 ξ 处式(33) 对

B – 数列与有界变差

所有的 n 都成立,则对于给定 $\varepsilon > 0$,选 x_n 使
$$\|x(\xi) - x_n\| < \varepsilon$$
于是我们有

$$\limsup_{\gamma \to 0}(2\gamma)^{-k}\int_{C(\xi,\gamma)}\|x(\sigma) - x(\xi)\|\mathrm{d}\sigma$$

$$\leqslant \limsup_{\gamma \to 0}(2\gamma)^{-k}\int_{C(\xi,\gamma)}\big[\|x(\sigma) - x_n\| +$$

$$\|x_n - x(\xi)\|\big]\mathrm{d}\sigma < 2\varepsilon$$

由于 ε 是任意的,这就蕴涵了式(32).

推论1 设 $x(\sigma) \in B(E_k; \mathfrak{X})$,则对于几乎所有的 ξ
$$\lim_{\gamma \to 0}(2\gamma)^{-k}\int_{C(\xi,\gamma)}x(\sigma)\mathrm{d}\sigma = x(\xi)$$

证明 由于

$$\left\|(2\gamma)^{-k}\int_{C(\xi,\gamma)}x(\sigma)\mathrm{d}(\sigma) - x(\xi)\right\|$$

$$\leqslant (2\gamma)^{-k}\int_{C(\xi,\gamma)}\|x(\sigma) - x(\xi)\|\mathrm{d}\sigma$$

所以所求证者为上述定理的直接推论.

在定理 35 中,我们可用其他的可测点集 $S(\xi, \gamma)$(在 $\gamma \to 0$ 时 $S(\xi, \gamma)$ 收缩到点 ξ)来替立方体 $C(\xi, \gamma)$. 量 $(2\gamma)^k$ 就代之以 $m[S(\xi, \gamma)]$. 如果 $k = 1$,我们特别地可以取区间 $(\xi - \gamma, \xi)$ 或 $(\xi, \xi + \gamma)$. 这导致下述的

推论2 设 $x(\sigma) \in B(E_1; \mathfrak{X})$,则对于几乎所有的 ξ

$$\lim_{\gamma \to 0}\frac{1}{\gamma}\int_\xi^{\xi+\gamma}x(\sigma)\mathrm{d}\sigma = x(\xi)$$

$$\lim_{\gamma \to 0}\frac{1}{\gamma}\int_\xi^{\xi+\gamma}\|x(\sigma) - x(\xi)\|\mathrm{d}\sigma = 0$$

(34)

由定理 28 和上述推论便知,Bochner 可积函数的不定积分 $y(\xi) \equiv \int_{\alpha}^{\xi} x(\sigma)\,\mathrm{d}\sigma$ 强绝对连续且几乎处处有等于被积函数 $x(\xi)$ 的强导数. 另一方面,强绝对连续函数可能处处都是不可微的. 例如:由 $0 \leqslant \xi \leqslant 1$ 到 $\mathfrak{X} = L_1(E_1)$ 的函数 $y(\xi) = \varphi(\xi, \cdot)$,此处 $\varphi(\xi, \sigma)$ 在 $0 \leqslant \sigma \leqslant \xi$ 时等于 1,否则为 0. 但是我们有

定理 36　如果 $y(\xi)$ 是从 E_1 到 $\mathfrak{X}$ 的强有界变差函数,且几乎处处有弱导数 $x(\xi)$,则 $x(\xi) \in B(E_1; \mathfrak{X})$. 如果 $y(\xi)$ 还是弱绝对连续的,则它能表成 $x(\xi)$ 的不定积分.

证明　我们首先指出,$y(\xi)$ 只能有可数个不连续点,从而它包含于 $\mathfrak{X}$ 的一个闭可分子空间 $\mathfrak{X}_0$ 中. 由于 $\mathfrak{X}_0$ 中元素的弱极限还在 $\mathfrak{X}_0$ 中,所以 $x(\xi)$ 的值几乎全部在 $\mathfrak{X}_0$ 中. 于是 $x(\xi)$ 是弱可测的,几乎可分值的;从而是强可测的. 现在我们定义

$$x_n(\xi) = 2^n[y(k2^{-n}) - y((k-1)2^{-n})]$$

此处 $(k-1)2^{-n} \leqslant \xi < k2^{-n}(k = 0, \pm 1, \pm 2, \cdots)$. 于是显然有 $\int \|x_n(\sigma)\|\mathrm{d}\sigma \leqslant \mathrm{var}[y(\xi)]$. 又,$\{x_n(\sigma)\}$ 几乎处处弱收敛到 $x(\sigma)$,从而几乎处处有

$$\|x(\sigma)\| \leqslant \lim_n \inf \|x_n(\sigma)\|$$

Faton 引理断言

$$\int \|x(\sigma)\|\mathrm{d}\sigma \leqslant \mathrm{var}[y(\xi)]$$

于是 $x(\xi) \in B(E_1; \mathfrak{X})$. 如果还假设 $y(\xi)$ 弱绝对连续,

则对于每个 $x^* \in \mathfrak{X}^*$,都有

$$x^*[y(\xi)]\Big|_\alpha^\beta = \int_\alpha^\beta x^*[x(\sigma)]\mathrm{d}\sigma = x^*\left[\int_\alpha^\beta x(\sigma)\mathrm{d}\sigma\right]$$

所以 $y(\xi)\Big|_\alpha^\beta = \int_\alpha^\beta x(\sigma)\mathrm{d}\sigma$.

除了类 $B(\mathfrak{S};\mathfrak{X};m) = B_1(\mathfrak{S};\mathfrak{X};m)$ 之外,还应当注意类 $B_p(\mathfrak{S};\mathfrak{X};m)(1 < p < \infty)$. 从 $\mathfrak{S}$ 到 $\mathfrak{X}$ 的函数 $x(\sigma)$ 说是属于 $B_p(\mathfrak{S};\mathfrak{X};m)$ 的,如果 $x(\sigma)$ 在 $\mathfrak{S}$ 中强可测且

$$\int_\mathfrak{S} \|x(\sigma)\|^p \mathrm{d}m < \infty$$

类似的,$x(\sigma) \in B_\infty(\mathfrak{S};\mathfrak{X};m)$ 是指 $x(\sigma)$ 在 $\mathfrak{S}$ 中强可测且 $\|x(\sigma)\|$ 在一零集之外有界. 在范数

$$\|x(\cdot)\|_p = \left\{\int_\mathfrak{S} \|x(\sigma)\|^p \mathrm{d}m\right\}^{1/p}$$

$$\|x(\cdot)\|_\infty = \operatorname{ess\ sup}\|x(\sigma)\|$$

之下 $B_p(\mathfrak{S};\mathfrak{X};m)$ 成为一(B) - 空间. 在 $\mathfrak{X}$ 自反且当 $1 < p < \infty$ 时,Phillips 曾证明,$B_p(\mathfrak{S};\mathfrak{X};m)$ 的共轭空间只不过就是 $B_{p'}(\mathfrak{S};\mathfrak{X}^*;m)$,其中 $1/p + 1/p' = 1$. 定理33和定理34的明显的推广也是对的. 不过对于定理34,我们现在要假设 $f(\sigma) \in L_{p'}(E_k)$.

9. 奇异积分

古典的奇异积分理论的相当大的一部分被推广到向量值函数的情形. 我们将要叙述关于这种积分的若干定理,并且给出其证明的简要提示,它们完全是公式化的. 在整个讨论中,核 $K(\xi,\sigma;\omega)$ 是定义在

$-\infty < \xi,\sigma < \infty,\omega > 0$ 上的数值函数,既关于(ξ,σ)可测,又对于任意取定的σ关于ξ可测,对于任意取定的ξ关于σ可测. 令

$$x(\xi;\omega) = \int_{E_1} K(\xi,\sigma;\omega)x(\sigma)\mathrm{d}\sigma \qquad (35)$$

其中$x(\sigma)$是向量值函数,积分的存在性将由其他假设来加以保证.

定理37　设$K(\xi,\sigma;\omega)$满足条件:

(1)在ω为任意的固定的数时,$K(\xi,\sigma;\omega)$对于所有的σ作为ξ的函数以及对于所有的ξ作为σ的函数都是属于$L_1(E_1)$的;

(2)对于所有的σ和ω,$\int_{E_1}|K(\xi,\sigma;\omega)|\mathrm{d}\xi < A$;

(3)对于每个包含σ的开区间I

$$\lim_{\omega\to\infty}\int_{E_1\ominus I}|K(\xi,\sigma;\omega)|\mathrm{d}\xi = 0$$

(4)对于每个包含ξ的开区间I

$$\lim_{\omega\to\infty}\int_I K(\xi,\sigma;\omega)\mathrm{d}\sigma = 1$$

(5)对于每个开区间I,有可数函数$M(\xi,I)$,使得对所有的ω都有$\left|\int_I K(\xi,\sigma;\omega)\mathrm{d}\sigma\right| \leqslant M(\xi,I)$且$\int_I M(\xi,I)\mathrm{d}\xi < \infty$.

如果$x(\sigma) \in B_1(E_1;\mathfrak{X})$,则

(ⅰ)对几乎所有的$\xi,x(\xi;\omega)$存在且属于$B_1(E_1;\mathfrak{X})$;

（ⅱ）$\|x(\cdot;\omega)\|_1 \leqslant A\|x(\cdot)\|_1$;

（ⅲ）$\lim\limits_{\omega\to\infty}\|x(\cdot) - x(\cdot;\omega)\|_1 = 0$.

证明　可测性的假设保证式(35)中的被积函数对于所有的 ξ 和 ω 都是 σ 的强可测函数. 依据蕴涵于（1）和（2）的不等式

$$\int_{E_1}\left\{\int_{E_1}|K(\xi,\sigma;\omega)|\|x(\sigma)\|\mathrm{d}\xi\right\}\mathrm{d}\sigma \leqslant A\|x(\cdot)\|_1$$

从 Fubini 定理推出，$|K(\xi,\sigma;\omega)|\|x(\sigma)\|$ 对于几乎所有的 ξ 都是可积的. 这证明了（ⅰ）和（ⅱ）. 如果 $x(\sigma)$ 是阶梯函数

$$x_1(\sigma) = \begin{cases} a,\text{当 } \sigma \in I \\ \theta,\text{在 } I \text{ 外}\end{cases},m(I) < \infty$$

则

$$\|x_1(\cdot) - x_1(\cdot;\omega)\|_1 = \|a\|\int_I\left|\int_I K(\xi,\sigma;\omega)\mathrm{d}\sigma - 1\right|\mathrm{d}\xi +$$

$$\|a\|\int_{E_1\ominus I}\left|\int_I K(\xi,\sigma;\omega)\mathrm{d}\sigma\right|\mathrm{d}\xi$$

在 $\omega\to\infty$ 时右端的两项皆趋于零：第一项是根据条件（4）和（5），而第二项是根据条件（2）和（3）. 现在这种阶梯函数组成 $B_1(E_1;\mathfrak{X})$ 中的一基本集合，而变 $x(\cdot)$ 为 $x(\cdot;\omega)$ 的运算是线性的且关于 ω 是一致有界的. 于是 Banach-Steinhans 定理就说明对于每个 $x(\cdot)\in B_1(E_1;\mathfrak{X})$，（ⅲ）都成立.

对于讨论逐点收敛性，定理 37 的诸条件不是适当的. 为了讨论在连续点的收敛性，补充条件的选择是

最简单的.

定理 38　设 $K(\xi,\sigma;\omega)$ 满足前一定理的条件（1）和（4）以及：

（6）对于每个 ξ，有有限的 $M_1(\xi,\omega)$，使得 $|K(\xi,\sigma;\omega)|\leqslant M_1(\xi,\omega)$ 对所有的 σ 都成立；

（7）对于每个 ξ 和每个 $\varepsilon>0$，有有限的 $M_2(\xi,\varepsilon)$ 使得当 σ 在 $(\xi-\varepsilon,\xi+\varepsilon)$ 之外时 $|K(\xi,\sigma;\omega)|\leqslant M_2(\xi,\varepsilon)$ 对所有的 ω 都成立；

（8）对于每个 ξ，有有限的 $M(\xi)$ 使得 $\int_{\xi-1}^{\xi+1}|K(\xi,\sigma;\omega)|\mathrm{d}\sigma\leqslant M(\xi)$ 对所有 ω 都成立.

如果 $x(\sigma)\in B_1(E_1;\mathfrak{X})$，则 $x(\xi;\omega)$ 对所有的 ξ 都存在，且在 $x(\sigma)$ 的所有的连续点处

$$\lim_{\omega\to\infty}x(\xi;\omega)=x(\xi)$$

证明　由可测性假设连同（6）推出 $x(\xi;\omega)$ 的存在性. 其次，我们指出，（4）蕴涵

$$\lim_{\omega\to\infty}\int_I K(\xi,\sigma;\omega)\mathrm{d}\sigma=0$$

对所有不包含点 ξ 的闭区间 I 都成立.

设 ξ 是 $x(\sigma)$ 的连续点，以 $\sigma=\xi-\varepsilon$ 和 $\xi+\varepsilon$ 作为分点将定义 $x(\xi;\omega)$ 的积分分成为三部分：J_1,J_2 和 J_3. 这里 $\varepsilon=\varepsilon(\delta)$ 选得充分小，使得 $|\sigma-\xi|\leqslant\varepsilon$ 时

$$\|x(\sigma)-x(\xi)\|\leqslant\delta$$

于是

$$J_2-x(\xi)=\left\{\int_{\xi-\varepsilon}^{\xi+\varepsilon}K(\xi,\sigma;\omega)\mathrm{d}\sigma-1\right\}x(\xi)+$$

$$\int_{\xi-\varepsilon}^{\xi+\varepsilon} K(\xi,\sigma;\omega)\left[x(\sigma)-x(\xi)\right]\mathrm{d}\sigma$$

由(4),在 $\omega\to\infty$ 时右端第一项趋于零,而由(8),第二项的范数小于 $\delta M(\xi)$. 故 $\lim\limits_{\omega\to\infty}\sup\|J_2-x(\xi)\|\leqslant\delta M(\xi)$.

如果 $x(\sigma)$ 是阶梯函数,我们便有

$$J_1+J_3=\sum_{j=1}^{n}a_j\int_{I_j}K(\xi,\sigma;\omega)\mathrm{d}\sigma$$

又由于 ξ 是在所有的区间 I_j 之外的,故 $\omega\to\infty$ 时积分趋于零. 在一般情形中,我们可用阶梯函数 $x_0(\sigma)$ 一阶平均地逼近 $x(\sigma)$,使得

$$\|x(\cdot)-x_0(\cdot)\|_1<\eta$$

于是由(7),我们用明显的记号,有

$$\|J_1+J_3-J_{10}-J_{30}\|<\eta M_2(\xi,\varepsilon)$$

从而

$$\lim_{\omega\to\infty}\sup\|x(\xi)-x(\xi;\omega)\|\leqslant\delta M(\xi)+\eta M_2(\xi,\varepsilon(\delta))$$

此处 η 是任意的,故

$$\lim_{\omega\to\infty}\sup\|x(\xi)-x(\xi;\omega)\|\leqslant\delta M(\xi)$$

在这个式子中 δ 是任意的,所以可以换成零. 这就完成了证明.

注 设条件(4)在下述更强的形式下被满足:

(4′) 对于每个 $\delta>0$ 和所有的 ξ

$$\lim_{\omega\to\infty}\int_{\xi-\delta}^{\xi} K(\xi,\sigma;\omega)\mathrm{d}\sigma=\mu_1$$

$$\lim_{\omega\to\infty}\int_{\xi}^{\xi+\delta} K(\xi,\sigma;\omega)\mathrm{d}\omega=\mu_2$$

其中,$\mu_1+\mu_2=1$,而 μ_1,μ_2 与 ξ 无关.

则在假设 $(1)(4')(6)(7)$ 和 (8) 之下,在 $x(\sigma)$ 有左极限和右极限的所有点处

$$\lim_{\omega \to \infty} x(\xi;\omega) = \mu_1 x(\xi - 0) + \mu_2 x(\xi + 0)$$

这可用与前一定理相同的方法证明.

为了获得几乎处处收敛性,需要具有更特殊的性质的假设.

定理 39 设 $K(\xi,\sigma;\omega)$ 满足条件 $(1)(4)(7)$ 以及

(9) 有非负函数 $P(\beta,\omega)$ 使得:

$(\text{i})\,|K(\xi,\sigma;\omega)| \leqslant P(|\sigma - \xi|;\omega)$ 对所有的 ω 以及所有满足 $|\sigma - \xi| \leqslant 1$ 的 σ,ξ 都成立;

(ii) 对于固定的 $\omega,P(\beta;\omega)$ 是 β 的有界递降函数;

$(\text{iii})\int_0^1 P(\beta;\omega)\mathrm{d}\beta \leqslant M$ 对所有 $\omega > 0$ 都成立.

如果 $x(\sigma) \in B_1(E_1;\mathfrak{X})$,则对所有的 $\xi,x(\xi;\omega)$ 都存在,且 $\lim_{\omega \to \infty} x(\xi;\omega) = x(\xi)$ 几乎处处成立,特别的,在 $x(\sigma)$ 的勒贝格集合(在这个集合上式 (34) 为真)上成立.

证明 从可测性连同条件 (7) 和 $(9)(\text{ii})$ 导出 $x(\xi;\omega)$ 对所有 ξ 的存在性. 现在设 ξ 是使式 (34) 成立的点,再像前一定理那样把定义 $x(\xi;\omega)$ 的积分成三部分. 关于 $J_1 + J_3$ 的基于 (4) 和 (7) 的讨论,与前面一样. 在有关 J_2 的讨论中我们指出

$$\left\| \int_{\xi-\varepsilon}^{\xi+\varepsilon} K(\xi,\sigma;\omega)[x(\sigma) - x(\xi)]d\sigma \right\|$$

$$\leqslant \int_{-\varepsilon}^{\varepsilon} P(|\beta|;\omega)\|x(\xi+\beta) - x(\xi)\|d\beta \equiv J_4$$

现在如果

$$X(\beta;\xi) = \int_0^{\beta} \|x(\xi+\tau) - x(\xi)\|d\tau$$

则由式(34)便知,当 $|\beta| \leqslant \varepsilon = \varepsilon(\delta)$ 时

$$|X(\beta;\xi)| < \delta|\beta|$$

分部积分给出

$$J_4 = [X(\varepsilon;\xi) - X(-\varepsilon;\xi)]P(\varepsilon;\omega) -$$

$$\int_{-\varepsilon}^{\varepsilon} X(\beta;\xi)d_{\beta}P(|\beta|;\omega)$$

$$< 2\delta\left[\varepsilon P(\varepsilon;\omega) - \int_0^{\varepsilon}\beta d_{\beta}P(\beta;\omega)\right]$$

$$= 2\delta\int_0^{\varepsilon} P(\beta;\omega)d\beta \leqslant 2\delta M$$

如果 $\varepsilon < 1$ 的话. 于是像前面一样地完成证明.

这三条定理是奇异积分理论中的典型的结果,读者能无困难地对其他函数类证明类似的定理.